AF475037

ENCYCLOPÉDIE THÉORIQUE & PRATIQUE DES CONNAISSANCES CIVILES & MILITAIRES

PARTIE CIVILE

COURS DE CONSTRUCTION

Publié sous la direction de

G. OSLET, INGÉNIEUR DES ARTS ET MANUFACTURES

DIX-NEUVIÈME PARTIE

MÉTRÉ

DE

SERRURERIE, QUINCAILLERIE CHARPENTE EN FER, FERRONNERIE & GRILLAGE

PAR

CH. GUILLAUME

Architecte-Vérificateur,

Métreur spécial de Serrurerie,

Professeur à l'Association Polytechnique,

Membre de la Chambre syndicale des métreurs-vérificateurs spécialistes du département de la Seine.

PARIS

GEORGES FANCHON, ÉDITEUR

25, RUE DE GRENELLE, 25

MÉTRÉ

DE

SERRURERIE, QUINCAILLERIE

CHARPENTE EN FER

FERRONNERIE ET GRILLAGE

TOURS. — IMPRIMERIE DESLIS FRÈRES, RUE GAMBETTA, 6.

ENCYCLOPÉDIE THÉORIQUE & PRATIQUE DES CONNAISSANCES CIVILES & MILITAIRES

PARTIE CIVILE

COURS DE CONSTRUCTION

Publié sous la direction de

G. OSLET, INGÉNIEUR DES ARTS ET MANUFACTURES

DIX-NEUVIEME PARTIE

MÉTRÉ

DE

SERRURERIE, QUINCAILLERIE

CHARPENTE EN FER, FERRONNERIE & GRILLAGE

PAR

CH. GUILLAUME

Architecte-Vérificateur,

Métreur spécial de Serrurerie,

Professeur à l'Association Polytechnique,

Membre de la Chambre syndicale des métreurs-vérificateurs spécialistes du département de la Seine.

PARIS

GEORGES FANCHON, ÉDITEUR

25, RUE DE GRENELLE, 25

MÉTRÉ

DE

SERRURERIE, QUINCAILLERIE

CHARPENTE EN FER, FERRONNERIE & GRILLAGE

PROGRAMME SOMMAIRE

CHAPITRE PREMIER

Définitions générales.

Métrés. — Attachements. — Mémoires en demande, en règlement, en argent, en timbres. — Devis et cahiers des charges. — Honoraires.

CHAPITRE II

Matériaux

Fers marchands, fers spéciaux. — Classification et cours des fers et tôles. — Cours des fontes.

CHAPITRE III

Composition des prix de règlement.

Déboursé, faux-frais, bénéfice.

Heures d'ouvriers.

Heure de jour, heure supplémentaire, heure de nuit.
Travaux faits à la lumière.

Charpente en fer.
Ferronnerie et Serrurerie.

Echelle mobile.

Définition de l'échelle mobile. — Différents exemples de son application.

Gros fers à bâtiment.

Fentons, fers coupés, fers coudés, fers contrecoudés, cintrés ou à tiges taraudées, fermes de planchers et poitrails, fermes de combles.

Fers spéciaux.

Plancher ordinaire, plancher assemblé; pans de fer; poitrails, filets ou poutrelles; chevronnage, pannes, faîtages, sablières ou plates-formes de combles ; fermes de combles. — Plus-values diverses.

Fers façonnés.

Fer et tôle assemblés.

Poitrails, filets, poutrelles et poteaux; poutres à croisillons, poutres tubulaires, fermes de combles, jambes de force, arêtiers. — Plus-values diverses.

Fers à vitrage.

Combles en appentis, lanternes, marquises ou châssis de combles à 2, 3 et 4 croupes. — Plus-values diverses.

Fers forgés.

Grilles.

Grilles dormantes. — Grilles ouvrantes. — Grilles refaçonnées.

Grands balcons et balcons saillants.

Tôles.

Tôle striée. — Tôle des Ardennes. — Planage. — Dressement des rives. — Trous d'aération. — Découpage de tôle.

Clous à bateaux.

Rappointis.

Fontes.

Colonnes pleines et creuses. — Pose desdites. — Tuyaux. — Balcons. — Barres d'appui. — Panneaux de portes. — Garnitures de rampe et pilastres d'escaliers.

Plomb pour scellements.

Peinture au minium.

Quincaillerie.

Manière de métrer tous les articles de quincaillerie indiqués ou non aux différentes séries de prix en usage, avec figures dans le texte de tous ces articles.

Grillage.

Tableau du poids des fils de fer. — Heure de grillageur. — Grillage à la main. — Grillage ondulé sans torsion, en fil de fer rond et carré. — Encadrements, assemblages, sertissage ou bouclage, trous pour fil.

Plus-values diverses.

Grillage mécanique. — Grillage artistique

CHAPITRE IV

Exemples de métré de travaux neufs.

Maisons de rapport. — Pavillons. — Villas. — Hôtels particuliers. — Ecoles et constructions diverses.

Exemples de métré de portes de vestibule. — Balcons et panneaux de portes en *fer forgé*. — Combles et marquises. — Bow-windows. — Vérandas. — Grilles dormantes et ouvrantes de différents modèles. — Persiennes et fermetures en fer. — Menuiserie en fer composé. — Portes à coulisses avec montures à galet roulant. — Quincaillerie de luxe. — Décors. — Articles d'écurie, etc., etc.

Exemples de métré de réparations.

Établissement des devis estimatifs sur plans avec différents modèles de bâtiments et devis descriptifs.

Manière d'établir des mémoires en timbres des travaux exécutés pour les administrations (Ville de Paris, département, etc.).

SUPPLÉMENT

Poids des fers.

Fers plats, fers carrés, fers ronds, fer à I a. o., acier à I a. o., fer à I l. a., acier à IPN, fer à U, fer à T à vitrage, fer à moulure à vitrage, fers cornières égales, fers cornières inégales, fers 1/2 ronds.

Poids des tôles par mètre carré.

Poids des fontes.

Colonnes pleines et creuses. — Tuyaux unis, cannelés et à pans. — Caniveaux avec plaques, gargouilles de trottoirs. — Tampons de fosse. — Châssis de regard. — Réchauds ronds, carrés et économiques.

AVANT-PROPOS

Depuis longtemps déjà la nécessité s'est fait sentir d'établir un ouvrage complet et détaillé du Métré de Serrurerie, Quincaillerie, Charpente en fer, Ferronnerie et Grillage. Cet ouvrage servira, comme ceux existants déjà pour les autres corps d'état, à faciliter aux jeunes l'étude du métré. Il pourra, en outre, être consulté avec profit par toutes les personnes s'occupant à un titre quelconque de travaux de serrurerie : architectes, vérificateurs, entrepreneurs.

Pour faciliter les recherches, nous établirons pour chaque bâtiment le métré des gros fers dans l'ordre de l'exécution des travaux, c'est-à-dire, en commençant par les caves et en finissant par les combles.

Pour la quincaillerie, au contraire, nous commencerons à l'étage des combles pour finir par le rez-de-chaussée et les caves.

Aussi bien pour les gros fers que pour la quincaillerie, nous joindrons au texte de nombreux dessins, de manière à ce que l'application des prix ne donne lieu à aucune hésitation. Quant aux objets dont les prix ne sont pas inscrits aux Séries de la Société centrale, nous donnerons les sous-détails nécessaires à l'établissement de ces prix.

La table des matières qui se trouvera à la fin du volume indiquera, dans l'ordre alphabétique, tous les travaux et fournitures dont il est question dans cet ouvrage avec les numéros des pages où ils sont étudiés.

Enfin, nous tâcherons de rendre ce Traité aussi clair et complet que possible et d'y donner tous les renseignements nécessaires à l'établissement des mémoires, devis, etc.

CHAPITRE PREMIER

DÉFINITIONS GÉNÉRALES

Métrés.

1. Le métré est l'art d'établir, d'après le relevé sur place ou d'après des feuilles d'ouvriers, un mémoire des travaux exécutés par un entrepreneur. Il faut un apprentissage sérieux et une longue pratique pour faire un bon métreur. Le métreur, en général, est apte à faire le métré de tous les corps d'état ; mais pour les travaux d'une certaine importance, les entrepreneurs les confient de préférence à un spécialiste qui, ne travaillant que dans une seule partie, la connaît plus à fond et sait présenter le travail d'une façon plus avantageuse pour son client. Les bons métreurs, même à Paris, sont rares, et nombreux sont les entrepreneurs qui végètent par la faute de métreurs incapables.

Attachements.

2. Les attachements sont des documents servant à constater l'exécution de travaux qui ne sont plus visibles lors de la vérification du mémoire ou pour lesquels il pourrait se produire des contestations en ce qui concerne leur poids (colonnes, balcons, etc.). Ils doivent contenir tous les renseignements nécessaires à l'établissement du mémoire.

Dans les travaux neufs exécutés au métré, on doit toujours faire reconnaître par attachement la fourniture des planchers, filets, pans de fer, en un mot, de tous les gros fers qui sont destinés à être cachés par la maçonnerie.

Les attachements doivent être remis en double expédition aussitôt le travail fait, et vérifiés immédiatement. Une des expéditions doit être rendue à l'entrepreneur, signée par l'architecte ou le vérificateur. Il est prudent d'adresser les attachements à l'architecte par lettre recommandée, de manière à pouvoir établir qu'ils ont été remis en temps utile, dans le cas où l'architecte refuserait à les signer.

Mémoires.

3. On appelle mémoire un état détaillé des travaux exécutés par un entrepreneur et contenant la nomenclature des travaux et fournitures, avec les mesures, quantités, poids et prix. Les mémoires sont établis en double : la *minute* qui est conservée par l'entrepreneur, et l'*expédition* qui est remise au propriétaire ou à son mandataire.

Le mémoire doit être établi avec méthode et clarté, de manière à ce que le vérificateur puisse suivre sans peine le détail et se rendre compte du travail exécuté sans procéder à des recherches et des tâtonnements qui lui font perdre son temps et l'indisposent à l'égard de l'entrepreneur.

L'en-tête du mémoire doit contenir :

1° La nature des travaux ;

2° Le nom du client au compte duquel les travaux ont été exécutés ;

3° L'indication du lieu où ces travaux ont été exécutés ;

4° L'année de l'exécution ;

5° Le nom de l'architecte ;

6° Le nom et l'adresse de l'entrepreneur ;

7° La Série de prix d'après laquelle le mémoire a été établi, en indiquant s'il est fait en demande ou en règlement ;

8° La date de la remise et le numéro d'enregistrement.

EXEMPLE :

Remis le	N° d'enregistrement
31-12-1904	4632

MÉMOIRE

des travaux de **Serrurerie** exécutés pour le compte de Monsieur DURAND, en sa propriété, 118, rue de Chabrol, à Paris.

Courant de 1904.

Sous la direction de Monsieur DUVAL, architecte.

Par G. DUPUIS, entrepreneur, 4, rue des Charpentiers à Paris.

Savoir :

SÉRIE DE LA SOCIÉTÉ CENTRALE
ÉDITION 1903
EN DEMANDE

A Paris et dans les environs, il est d'usage d'établir les mémoires *en demande*, c'est-à-dire majorés d'un quart. Ces mémoires doivent, par conséquent, subir, avant tout règlement, une diminution d'un cinquième. Par exemple, un mémoire qui sera de 200f,00 à prix juste, se montera en demande à 200f,00 + 50f,00 (1/4) = 250f,00. En faisant la diminution du cinquième, il sera ramené à sa juste valeur, soit 250f,00 — 50f,00 = 200f,00.

L'habitude de la majoration des mémoires date d'au moins soixante ans et est tellement ancrée dans les mœurs du bâtiment qu'il sera bien difficile de la changer. Une lettre du 4 mars 1904, adressée par le président des Chambres syndicales du département de la Seine (industrie et bâtiment) aux Sociétés d'architectes et à la Chambre syndicale des métreurs-vérificateurs spécialistes du département de la Seine, demandant leur avis sur la suppression des mémoires en demande, a donné lieu, dans les assemblées de ces Sociétés, à d'interminables discussions qui ont abouti presque toutes à des décisions demandant le maintien du *statu quo*.

Voici, à titre de document, un extrait de la réponse adressée au président des Chambres syndicales par la Société des Architectes diplômés par le Gouvernement :

« Après étude, le Comité de la Société me « charge de vous faire connaître qu'il ne lui « paraît pas qu'il y ait lieu, pour lui, d'in- « tervenir directement dans la question.

« Il estime que, pendant la durée des tra- « vaux, l'architecte est maître de l'œuvre « et doit mener son chantier comme il « l'entend, sous sa responsabilité. Il estime « aussi que, les travaux terminés, il appar- « tient aux entrepreneurs et aux fournisseurs « de présenter leurs mémoires sous la forme « qui leur paraîtra la plus avantageuse à « l'appréciation de l'architecte, qui les règlera « équitablement. »

De son côté, le 32e Congrès des architectes français réunis à Paris, auquel la question avait été soumise par la Société Centrale des architectes français, a, dans sa séance du 13 juin 1904, voté le projet de résolution suivant :

« Le Congrès des architectes français, con- « sulté sur la question des majorations de « toutes sortes que contiennent générale- « ment les mémoires des entrepreneurs, est « d'avis que ces majorations présentent tou- « jours de sérieux inconvénients, et qu'il « serait à souhaiter que les demandes conte- « nues dans les mémoires de travaux fussent « présentées à prix aussi justes que pos- « sible. »

Quant à la Chambre syndicale des métreurs-vérificateurs spécialistes, elle a, dans une proposition motivée, adoptée par l'Assemblée générale du 9 avril 1904, conclu au maintien du *statu quo*.

Il est donc à présumer, que pendant bien des années encore, les mémoires s'établiront en demande, malgré la lettre adressée par le président des Chambres syndicales en date du 10 novembre 1904 à tous les entrepreneurs, les invitant à établir leurs mémoires à prix justes à partir du 1er janvier 1905. Du reste, les tribunaux, lorsqu'ils ont à trancher un règlement de travaux, appliquent d'office la diminution de la demande d'usage.

Par contre, les mémoires pour les administrations (Ville de Paris, Départements, Etat, Banque de France, Compagnies de chemins de fer et d'assurances) s'établissent à prix justes d'après des Séries spéciales et des bordereaux de prix.

Il y a deux manières de faire les mémoires, *en argent* ou *en timbres*. Dans le premier cas, on sort la valeur du travail ou de la fourniture en chiffres, immédiatement après l'énoncé de chaque article, à l'extrémité de la ligne, tandis que, pour les mémoires en timbres, on ne sort aucun prix dans le courant du mémoire. Chaque article est répété dans la marge de droite avec sa dénomination (appelée timbre) et sa quantité, et porte un numéro d'ordre. Pour faire le *résumé* de tous les articles à la fin du mémoire, on établit un *tableau de classement*, dans lequel on additionne toutes les quantités ayant le même timbre. Ces divers timbres sont classés ensuite dans l'ordre de la Série, en indiquant à la suite les numéros de Série et les prix qui s'y rapportent.

Nous donnerons, du reste, dans le courant de cet ouvrage, des exemples de mémoires établis *en timbres* avec *tableaux de classement* et *résumés*.

Devis et cahiers des charges.

4. On appelle *devis estimatif* un état détaillé, établi sur plans, de tous les travaux nécessaires à l'édification d'un bâtiment ou à la construction d'un ouvrage quelconque, avec l'estimation des dépenses. Ces devis doivent être faits avec beaucoup de soin pour éviter les erreurs ou omissions; ils servent de base au prix à forfait auquel l'entrepreneur traite un bâtiment ou un travail.

Les *devis descriptifs* n'indiquent aucune somme ; ils contiennent la description des travaux à exécuter par l'entrepreneur en donnant tous les détails, mesures et quantités, et sont ordinairement accompagnés de plans.

Quant aux *cahiers des charges*, ils indiquent toutes les charges qui incombent à l'entrepreneur pendant la durée jusqu'au parfait achèvement des travaux.

Honoraires.

5. Nous donnons ci-dessous un extrait du tarif de la Chambre syndicale des métreurs, en ce qui concerne le métré des travaux de serrurerie. Ce tarif est aujourd'hui appliqué par les tribunaux dans les différends qui se produisent entre les métreurs et entrepreneurs. Les prix de ce tarif sont établis pour métré et expédition de travaux exécutés dans Paris, pour le compte des particuliers, fait en demande, suivant l'usage, c'est-à-dire majoré de 1/4 sur les prix de Série :

Métrés de bâtiment de rapport (construction neuve).		
Gros fers et fonte	le mille	15f,00
Serrurerie et quincaillerie	»	20f,00
Métré de travaux d'entretien, transformation, réparation, adjonction, surélévation, installation, travaux vieux ou neufs, en plus des prix ci-dessus	»	5f,00
Les mémoires dits d'administration, Etat, Bâtiments civils, Ville de Paris, Assistance publique, etc., et ceux analogues, en raison de leur façon spéciale dite en timbres (compris le tableau de classement) supporteront sur le montant, majoré de la demande d'usage, une augmentation (sur les chapitres précédents) de	»	5f,00
Métré de travaux supplémentaires, mêmes prix que les genres de travaux correspondants, mais augmentés de	»	5f,00
Ceux pour les travaux en déduction prendront le prix des devis, affaires traitées (voir plus loin)	Observation	

Métrés de travaux de tâche.

Métré de pose sur place, serrurerie..............................	le mille	20f,00
Les métrés de travaux, qui ne produiront pas dans leur ensemble une somme de 100 francs par rôle, seront payés..........................	le rôle	1f,50
Les prix d'établissement de mémoires ci-dessus comprennent une copie ou expédition pour les travaux de gros fers et fontes, mais non pour ceux de serrurerie, quincaillerie et les travaux de tâche.......	Observation	
Les copies en plus, libres ou timbrées, tableaux de classement, résumés, etc., seront rémunérés suivant leur valeur................	»	
Dans le cas d'un même chantier, comportant travaux neufs et travaux de transformations, etc., les honoraires seront calculés suivant le prix de chaque catégorie..................................	»	

Attachements.

Comprenant déplacements et pour moins de 6 rôles, seront fixés en vacations..	»	
Au-delà de 6 rôles, 1re copie....................................	Le rôle	1f,00
Les doubles copies..	»	0f,50

Vacations.

La présence à la vérification, les démarches de représentation, d'acceptation de règlement, de réclamation et métrés de petite importance, seront payés en vacations.

Le prix de la vacation est fixé à 6 francs pour tous les travaux....	Vacation	6f,00

La journée entière est fixée à 4 vacations.

Devis.

Les devis de travaux neufs pour bâtiment de rapport, établis sur plans, à prix de série sans expédition, *pour affaires non traitées :*

Pour gros fers et fontes, jusqu'à 30.000 francs....................	le mille	5f,00
Au-dessus de 30.000 francs, l'excédent...........................	»	3f,00
Pour serrurerie et quincaillerie, jusqu'à 20.000 francs............	»	7f,00
L'excédent au-dessus de 20.000 francs............................	»	3f,50

Ces prix seront doublés lorsque l'entrepreneur aura l'affaire.

Pour tous devis autres que ceux de bâtiments de rapports, ou avant-métrés :

Au-dessus de 10.000 francs..	»	10f,00
Au-dessous de 10.000 francs, même prix que les métrés correspondants au genre de travail...	Observation	

Travaux hors Paris.

Les honoraires seront calculés comme ci-dessus augmentés de tous les frais de voyage en 2me classe (aller et retour) et des déplacements, débours pour voitures, frais d'hôtel, etc., ainsi que le temps de voyage qui sera payé en vacations.

CHAPITRE II

MATÉRIAUX

6. Les *fers* se divisent en deux grandes catégories : les *fers marchands* et les *fers spéciaux*. Les fers marchands comprennent les fers carrés, plats, ronds, demi-ronds et feuillards. Tous les autres fers de n'importe quel profil font partie de la catégorie des fers spéciaux.

Voici la classification de ces fers avec les prix au 29 octobre 1904, cours qui a servi de base à l'établissement de la Série de prix de la Société centrale des Architectes français, édition 1905 :

Fers marchands *au coke* (exempts de droits d'octroi).

1re *classe* (jusqu'à 7m,00 de longueur) :

Fers carrés de 0.020 à 0.054.
» plats de 0.027 à 0.039 sur 0.011 et plus.
» de 0.040 à 0.115 sur 0.009 à 0.040.
» ronds de 0.030 à 0.061.
Verges ou fentons.................................... les 100 kil. 16f,00

2me *classe* (jusqu'à 7m,00 de longueur) :

Fers carrés de 0.016 à 0.019.
» » de 0.055 à 0.069.
» plats de 0.020 à 0.039 sur 0.008 et plus.
» » de 0.040 à 0.081 sur 0.006 à 0.0085.
» » de 0.116 à 0.165 sur 0.012 à 0.040.
» » de 0.040 à 0.115 sur 0.041 et plus.
» ronds de 0.017 à 0.029.
» » de 0.062 à 0.074.................................. » 16f,50

3e *classe* (jusqu'à 7m,00 de longueur) :

Fers carrés de 0.011 à 0.015.
» » de 0.070 à 0.081.
» plats de 0.020 à 0.039 sur 0.0055 à 0.0075.
» » de 0.040 à 0.081 sur 0.0045 à 0.0055.
» » de 0.116 à 0.165 sur 0.007 à 0.011.
» » de 0.082 à 0.115 sur 0.0065 à 0.0085.
» ronds de 0.012 à 0.016.
» » de 0.075 à 0.090.
» 1/2 ronds de 0.026 à 0.080 sur toutes épaisseurs......... » 17f,00

4e *classe* (jusqu'à 7m,00 de longueur) :

Fers carrés de 0.005 à 0.010.
» » de 0.082 à 0.110.
» plats de 0.013 à 0.039 × 0.0045 et plus.
» » de 0.116 à 0.165 × 0.0055 à 0.0065.
» » de 0.082 à 0.115 × 0.0045 à 0.006.
» ronds de 0.006 à 0.011.
» » de 0.091 à 0.110.
» 1/2 ronds de 0.015 à 0.025 sur toutes épaisseurs.......... » 17f,50

Hors classe :

Feuillards de 0.013 à 0.019 sur 0.0035 à 0.004.		
» de 0.020 à 0.081 sur 0.003 à 0.004.		
» de 0.120 sur 0.005 jusqu'à 7^{m},00 de longueur........	les 100 kil.	19^{f},00
» de 0.082 à 0,115 sur 0.003 à 0.004.		
» de 0.013 à 0.019 sur 0.003 jusqu'à 7^{m},00 de longueur.	»	20^{f},00
Gros ronds et carrés de 0.111 à 0.135 jusqu'à 5^{m},00	»	20^{f},00
» » de 0,136 à 0.150 jusqu'à 5^{m},00............	»	21^{f},00
» » de 0.151 à 0.165 jusqu'à 4^{m},00............	»	22^{f},00
» » de 0.166 à 0.200 jusqu'à 3^{m},00............	»	23^{f},00

Plus-value de 1^{f},00 par 100 kil. par mètre ou fraction de mètre pour fers demandés à des longueurs au-dessus de celles indiquées. Observation

Fers spéciaux subissant un droit d'octroi de 3^{f},60 par 100 kil.

Fers larges plats (jusqu'à 8^{m},00 de longueur) :

1re classe, de 0.170 à 0.300 sur 0.009 et plus..................	les 100 kil.	21^{f},50
2e classe, de 0.170 à 0.300 sur 0.007 à 0.0085		
de 0.301 à 0.400 sur 0.009 et plus..................	»	22^{f},00
3e classe, de 0.170 à 0.300 sur 0.006 à 0.0065.		
de 0.301 à 0.400 sur 0.007 à 0.0085.		
de 0.401 à 0.500 sur 0.009 et plus..................	»	22^{f},50
4e classe, de 0.301 à 0.400 sur 0.006 à 0.0065.		
de 0.401 à 0.500 sur 0.0075 à 0.0085.		
de 0.501 à 0.600 sur 0.009 et plus..................	»	23^{f},00
5e classe, de 0.501 à 0.600 sur 0.008 à 0.0085................	»	23^{f},50

Fers à planchers à double I, ailes ordinaires, jusqu'à 10^{m},00 de longueur (*fig.* 1).

1re série de 0.080 à 0.160....................................	»	20^{f},60
2e série de 0.180 à 0.220....................................	»	21^{f},10
3e série de 0.240 et 0.260	»	21^{f},60

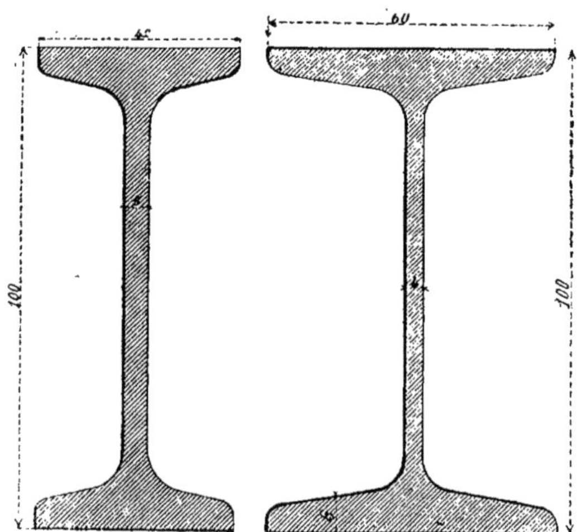

Fig. 1 et 2.

Fers à planchers à double **I**, larges ailes, jusqu'à 10m,00 de longueur (*fig.* 2).

1re classe de 0.100 à 0.160	les 100 kil.	21f,10
2e » de 0.080, 0.180 à 0.220	»	21f,60
3e » de 0.240 à 0.260	»	22f,10
4e » de 0.280 et 0.300	»	23f,10
5e » de 0.350	»	23f,60

FERS SPÉCIAUX SUBISSANT UN DROIT D'OCTROI DE 3f,60 PAR 100 KIL.

JUSQU'A 8m,00 DE LONGUEUR	1re CATÉGORIE	2e CATÉGORIE	3e CATÉGORIE	4e CATÉGORIE	5e CATÉGORIE	6e CATÉGORIE	7e CATÉGORIE
Cornières égales.. (*fig.* 3)	40 à 100	30 à 35	110 à 130	25 à 27	20 — 22 1/2 140 à 150		
Cornières inégales (*fig.* 4)			60×40— 65×45 70×50— 70×60 80×50— 80×60 95×60—100×80	110×70—50×40 55×35—120×80	40×25— 45× 30 130×90—130×120 135×90—135×120 [illegible]×90—140×110 [illegible]×70—150× 90		
Fers à T simples. (*fig.* 5)				30×35—35×35 35×40—35×45 40×40—40×45 40×50—40×55 45×50—50×50 50×60—55×60 60×65—75×80	23×23 — 23×25 25×25 — 25×27 25×30 — 27×27 27×30 — 30×27 30 × 30	18×18—20×18 18×20—20×20 23×20—20×23 20 × 25	130× 70 130× 90 150×100 200×100
Fers à T inégaux. (*fig.* 6)					30×20 — 36×18 35×25 — 40×25	30 × 13	
Fers en U JUSQU'A 10m,00 DE LONGUEUR (*fig.* 7)				100—120—140	50 — 55 — 60 62 — 80 — 150 160 — 175	30 — 35 — 40 200 — 220 235 — 250	
Fers à vitrages et demi-vitrages (*fig.* 8 et 9)				35 à 60	27 — 30		
Fers rainés à vasistas.... (*fig.* 10)						16—18—20—23	11 — 14
Petits bois demi-ronds... (*fig.* 11)						14—16—18—20 23 — 25	
Les 100 kil. (compris octroi).	20f,10	21f,10	22f,10	T, U et vitrage 21f,10 Corn. inégales 23f,10 Corn. égales 23f,60	T et vitrage 22f,10 U 21f,60 Cornières égales et inégales 24f,60	U 22f,10 T simples et inégaux 24f,10 Fers rainés 26f,10 Petits bois 1/2 ronds 27,60	24f,60

FERS ZORÈS (*fig.* 12 et 13), toutes classes, jusqu'à 7m,00 de longueur...........	Les 100 kil.	46f,10
Plus-value de 0f,50 par 100 kil. par mètre ou fraction de mètre pour fers demandés à des longueurs au-dessus de celles indiquées............	....	Observation

7. Comme *tôle*, nous avons les tôles puddlées fortes, pour constructions, les tôles anglaises ou tôles des Ardennes, les tôles en acier doux et les tôles striées Voici leur prix de déboursé (cours du 29 octobre 1904) :

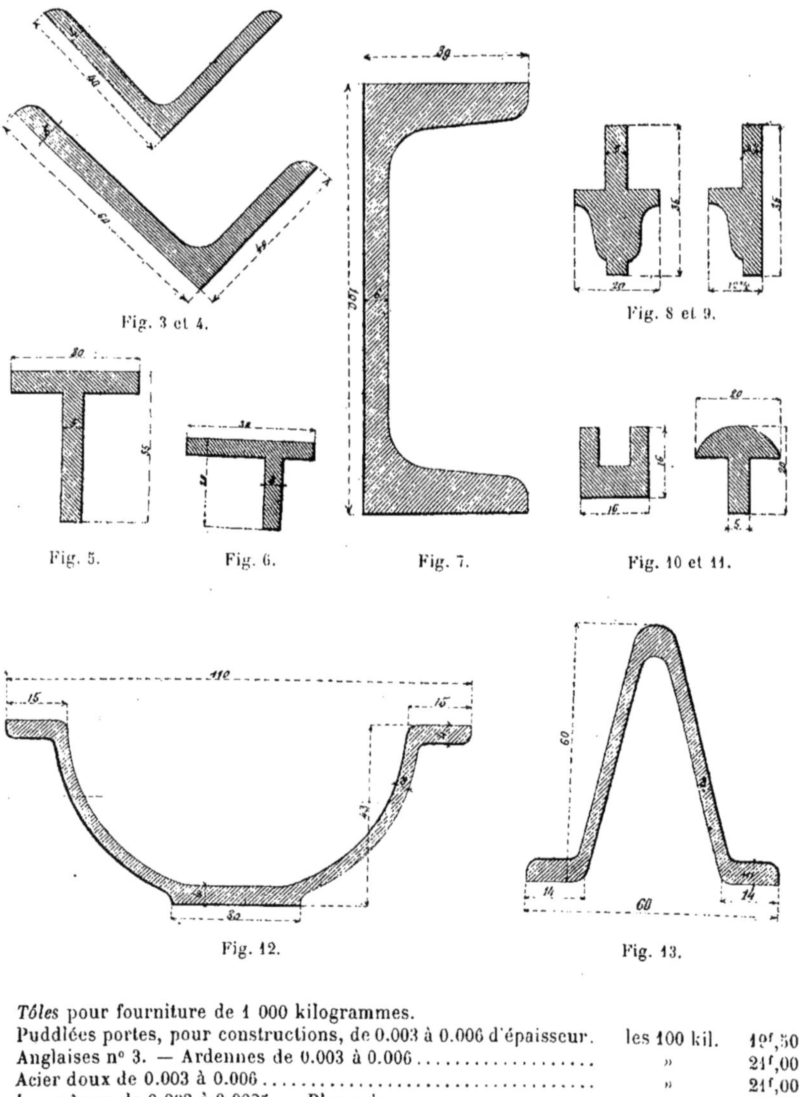

Fig. 3 et 4. Fig. 5. Fig. 6. Fig. 7. Fig. 8 et 9. Fig. 10 et 11. Fig. 12. Fig. 13.

Tôles pour fourniture de 1 000 kilogrammes.

Puddlées portes, pour constructions, de 0.003 à 0.006 d'épaisseur.	les 100 kil.	19f,50
Anglaises n° 3. — Ardennes de 0.003 à 0.006	»	21f,00
Acier doux de 0.003 à 0.006	»	21f,00
Les mêmes de 0.002 à 0.0025. — Plus-value....................	»	2f,00
Au-dessous de 1.000 kilos. — Plus-value.......................	»	1f,00
Pour les tôles de 0.006 et au-dessus, ajouter octroi	»	3f,60
Striées (*fig.* 14 et 15), compris droits d'octroi, prix moyen.......	»	22f,50

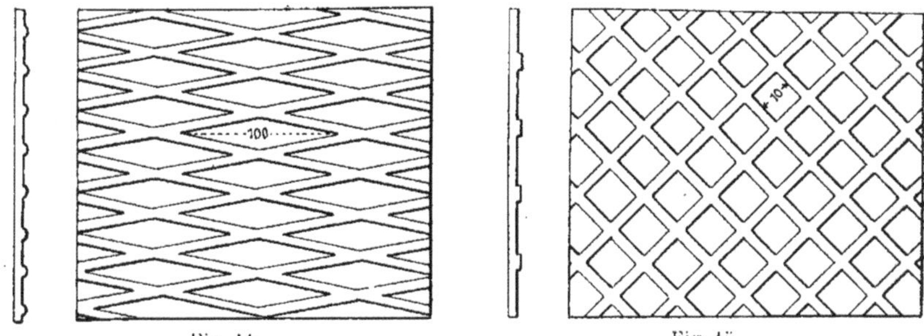

Fig. 14. Fig. 15.

8. Pour ce qui concerne *les fontes*, voici leur prix de débours é à la même date, compris droits d'octroi ($2^{f},40$ par 100 kil.) et transport :

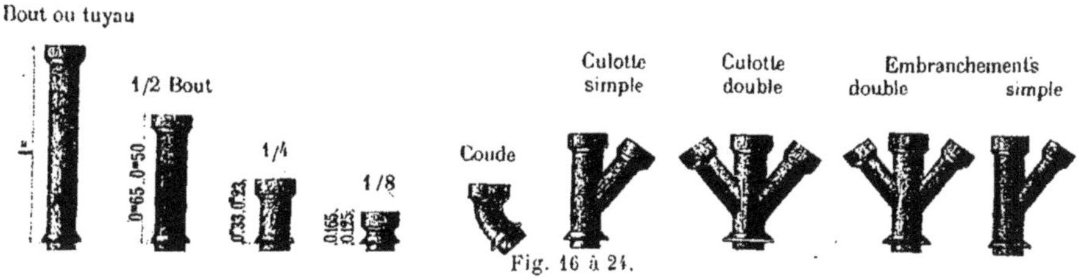

Bout ou tuyau
1/2 Bout
1/4
1/8
Coude
Culotte simple
Culotte double
Embranchements double simple

Fig. 16 à 24.

Fig. 25.

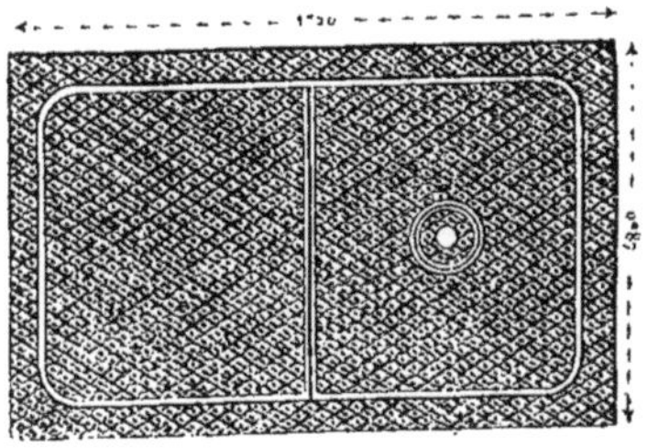

Fig. 27.

Fig. 26.

Fig. 28.

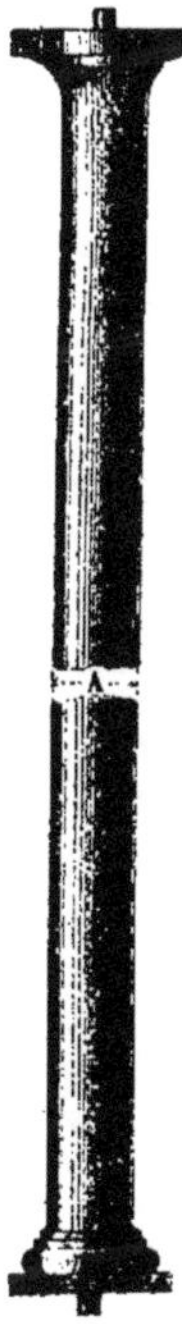

Fig. 29.

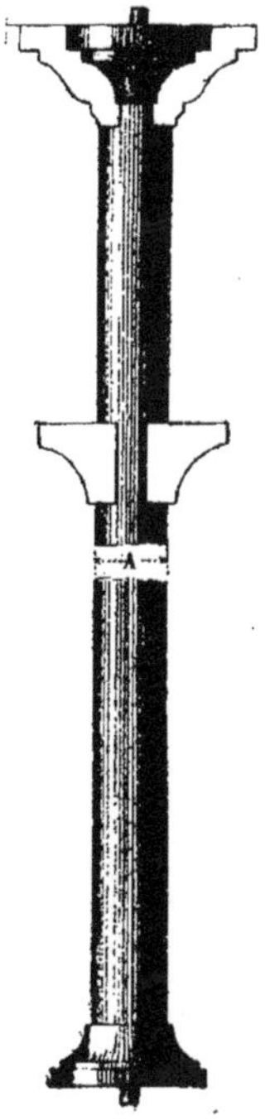

Fig. 30.

Fig. 31.

Fig. 32.

Fig. 33.

Fig. 34.

Tuyaux unis ronds (*fig.* 16)	les 100 kil.	16f,50
Raccords desdits (*fig.* 17 à 24)	»	18f,50
Tuyaux unis ovales	»	22f,00
Raccords desdits	»	24f,00
Tuyaux cannelés (*fig.* 25)	»	22f,00
Raccords desdits	»	24f,00

Gargouilles simples (*fig.* 26)	les 100 kil.	17f,50
» doubles	»	17f,50
Tampons de fosse (*fig.* 27). — Légers	»	25f,00
» » Lourds	»	20f,00
Châssis de regard (*fig.* 28). — Légers	»	21f,00
» » Lourds	»	20f,00
Colonnes pleines unies (*fig.* 29)	»	15f,50
Colonnes à double étage (*fig.* 30)	»	15f,50
Colonnes creuses	»	19f,50
Balcons en tableau (*fig.* 31) et grandes balustrades (*fig.* 32)	»	29f,00
Petites balustrades à monter sur fer (*fig.* 33) et barres d'appui (*fig.* 34)	»	31f,00
Plus-value pour balcons recoupés (c'est-à-dire balcons faits sur commande, dont les dimensions ne figurent pas aux albums des fabricants)	»	10f,00
Balcons droits, *cintrés en plan* suivant rayon	»	60f,00 à 90f,00
Balcons *galbés*, droits en plan	»	61f,00
Balcons *galbés* et *cintrés en plan*		100f,00 à 190f,00

CHAPITRE III

Les prix appliqués dans ce Traité sont ceux de la Série de la Société centrale des Architectes français, édition 1905.

Composition des prix de règlement.

9. Les prix de règlement sont composés :

1. — Des déboursés pour les fournitures et la main-d'œuvre ;

2. — Des faux frais appliqués à la main-d'œuvre seulement ;

3. — Des bénéfices appliqués aux prix des fournitures, de la main-d'œuvre et des faux frais.

Pour la serrurerie (charpente en fer et ferronnerie), les faux frais sont fixés à 27,75 0/0 ; pour la quincaillerie à 23 0/0 et pour le grillage à 30 0/0, y compris les risques d'accidents (loi du 9 avril 1898)

Le bénéfice est fixé à 10 0/0.

Le prix du plancher ordinaire en fer à I qui est de 0,27 le kilog (Série n° 81) se compose donc comme suit :

Cours I 0.08 à 0.16 = 20f,60		
I 0.18 à 0.22 = 21f,10		
Ensemble .... 41f,70 : 2		
= moyenne		20f,85
1° Déboursé pour fourniture 1k,00 à 20f,85	0f,208	
2° Déboursé pour main-d'œuvre :		
Coupe 0f,012		
Montage et pose .. 0f,020	0f,032	
3° Faux frais 25,75 0/0 sur 0,032	0f,008	
Ensemble	0f,248	
4° Bénéfice 10 0/0	0f,025	
Total	0f,273 = 0f,27	

En procédant toujours de la même façon, le prix d'une serrure à deux pènes première qualité de 0,14 qui est de 4f,95 (Série n° 1559), se compose comme suit :

1° Déboursé pour fourniture :

Achat de la serrure.......	3f,25
Vis, entrée et rosette......	0f,15
2° Déboursé pour la main-d'œuvre.....................	0f,91
3° Faux frais 23 0/0 sur 0,91.	0f,21
Ensemble............	4f,52
4° Bénéfice 10 0/0..........	0f,45
Ensemble............	4f,97=4f,95

Les prix de règlement pour fournitures seulement se composent (Série, observ. n° 69) :

1° Du prix de déboursé ;

2° Du transport ;

3° Du bénéfice de 10 0/0.

Tous les prix de règlement s'appliquent à des travaux faits avec des matériaux de première qualité et avec toute la perfection possible d'exécution ; ils comprennent le nettoyage et l'enlèvement de tous résidus provenant du travail exécuté.

Heures d'ouvriers.

10. *Heures de jour.* — Les prix des heures d'ouvriers varient suivant le travail auquel l'ouvrier est employé. Ils sont les suivants :

Forgeron (grande forge)................................	1f,17 (Série N° 56)
Frappeur ou tireur de soufflet (grande forge)..........	0f,76 (» N° 57)
Forgeron (petite forge)................................	0f,97 (» N° 58)
Frappeur ou tireur de soufflet (petite forge)...........	0f,69 (» N° 59)
Ajusteur, ferreur, charpentier en fer et homme de ville ou ouvrier sans désignation spéciale....................	1f,00 (» N° 60)
Perceur et homme de peine..........................	0f,73 (» N° 61)

Ces prix se composent :

1° Du déboursé ;

2° Des faux frais ;

3° Du bénéfice.

Ainsi le prix de 1f,00 de l'heure pour un ouvrier serrurier quelconque, prix qui est le plus souvent employé (car il est bien rare qu'un forgeron et son frappeur exécutent du travail à l'heure pour le compte d'un particulier) se compose comme suit :

1° Déboursé (Série n° 5).....	0f,725
2° Faux frais 25f,75 + 23f,00 = 48f,75 : 2 = 24,38 0/0 sur 0,725........	0f,177
Ensemble...........	0f,902
3° Bénéfice 10 0/0.........	0f,090
Total...........	0f,992=1f,00

Les prix des salaires portés à la Série sont des prix moyens ayant servi de base pour l'établissement des sous-détails. Ils sont variables suivant la valeur de l'ouvrier ; mais à défaut de conventions préalables pour certains cas spéciaux ou exceptionnels, l'entrepreneur n'a droit qu'aux prix de la Série (nos 62 et 63 de la Série).

Aucun travail ne devra être exécuté à l'heure que sur un ordre écrit et, dans ce cas, des attachements journaliers constateront le temps passé et les travaux auxquels il aura été employé. L'entrepreneur devra dresser ces attachements en double et les faire reconnaître en temps utile (Série n° 64).

Par conséquent, chaque fois qu'un entrepreneur aura à exécuter un travail ne comportant pas de fournitures et pour lequel il n'existe pas de prix de façon à la Série, il devra, pour éviter toute discussion lors de la production de son mémoire, convenir à l'avance d'un prix à l'heure suivant la catégorie des ouvriers employés à ce travail et faire reconnaître par attachement le temps passé.

Chaque ouvrier devra être muni des outils de sa profession conformément à l'usage (Série 65).

Contrairement à ce qui se fait dans d'autres corps d'état, ces outils ne sont pas la propriété de l'ouvrier, mais de l'entrepreneur.

11. *Heures supplémentaires.* — Les heures supplémentaires jusqu'à huit heures du soir sont payées le même prix que les heures de jour (Série n° 66).

12. *Heures de nuit.* — Les travaux de nuit commencent à huit heures du soir et finissent à six heures du matin. A défaut de convention, les heures de nuit sont payées le double des heures de jour (Série n° 67).

13. *Travaux faits à la lumière.* — La Série de la Société Centrale (n° 68) n'accorde, pour les travaux faits à la lumière, d'autre plus-value que celle relative aux fournitures d'éclairage déboursées par l'entrepreneur. Il est évident que s'il est employé un aide pour tenir la lumière, le temps passé par lui devra être ajouté aux prix des travaux, s'il a été régulièrement constaté par attachement.

CHARPENTE EN FER, FERRONNERIE ET SERRURERIE

Echelle mobile.

14. L'échelle mobile est applicable à tous les fers et tôles payés au kilogramme, c'est-à-dire à tous les prix du n° 72 au n° 173 inclus de la Série.

Voici l'observation n° 70 de la Série concernant l'échelle mobile :

« Les prix des ouvrages au kilogramme « ont été établis d'après les prix déjà indi- « qués aux prix élémentaires, et ci-dessous, « c'est-à-dire suivant le cours du 29 oc- « tobre 1904. S'il survenait des changements, « soit en augmentation, soit en diminution, « il y aura lieu d'augmenter ou de diminuer « les prix des travaux de 0f,011 par kilo- « gramme pour chaque franc de déboursé « en plus ou en moins, et cela selon la caté- « gorie et la nature des fers employés. A « défaut de convention préalable, le prix de « base à appliquer sera celui du cours du « jour de la commande du travail, d'après le « *Bulletin des Constructeurs*, annexe de « l'Architecture. »

Au n° 71, la Série donne un exemple de la façon dont a été établi le prix moyen qui a servi à composer les prix de règlement des fers marchands :

Achat des fers marchands (spécialement) :

1re classe (n° 10 des prix élémentaires)	16f,00
2e classe (n° 11 des prix élémentaires)	16f,50
3e classe (n° 12 des prix élémentaires)	17f,00
4e classe (n° 14 des prix élémentaires)	17f,50
Ensemble	67f,00
Prix moyen	16f,75

Cet exemple ne s'applique qu'aux fers marchands, les prix d'achat étant différents selon la catégorie et la nature des fers employés.

Pour bien démontrer les divers cas de l'application de l'échelle mobile, nous donnerons un exemple pour chaque catégorie de fers, en supposant que les cours soient ceux du 26 mai 1900 (*Bulletin des constructeurs* du 2 juin 1900) :

1° *Fers marchands :*

Prix d'achat :

1re classe	29f,00	
2e »	30f,00	
3e »	31f,00	
4e »	32f,00	
Ensemble	122f,00	
Prix moyen		30f,50
Moyenne des prix élémentaires de la Série (voir ci-dessus)		16f,75
Différence		13f,75

Soit une augmentation par kilogramme de 13.75 × 0.011 = 0.151 ou 0.15

Par conséquent tous les prix de règlement des fers marchands devront être augmentés de 0f,15.

2° *Fers spéciaux* (fers à double I ordinaires de 0.08 à 0.22 de hauteur jusqu'à 10.00 de longueur) :

Prix d'achat :

1re série	27f,60	
2e »	28f,10	
Ensemble	55f,70	
Prix moyen		27f,85
Prix élémentaires de la Série :		
1re série (n° 27)	20f,60	
2e » (n° 28)	21f,10	
Ensemble	41f,70	
Prix moyen		20f,85
Différence		7f,00

Soit une augmentation par kilogramme

des prix de règlement de tous les fers spéciaux de 7.00 × 0.011 = 0.077 ou.... 0.08

3° *Fer et tôle.*

Prix d'achat :

Cours moyen des fers larges plats	37f,10	
Cours moyen des cornières égales	32f,60	
Ensemble	69f,70	
Prix moyen		34f,85

Prix élémentaires de la Série :

Cours moyen des fers larges plats (nos 22 à 26)	22f,50	
Cours moyen des cornières égales (nos 36 à 40)	22f,30	
Ensemble	44f,80	
Prix moyen		22f,40
Différence		12f,45

Soit une augmentation par kilogramme des prix de règlement des ouvrages en fer et tôle de 12.45 × 0.011 = 0.137 ou......... 0.14

4° *Fers à vitrage.*

Prix d'achat :

4e catégorie	33f,10	
5e »	33f,60	
Ensemble	66f,70	
Prix moyen		33f,35

Prix élémentaires de la Série :

4e catégorie (n° 39)	21f,10	
5e » (n° 40)	22f,10	
Ensemble	43f,20	
Prix moyen		21f,60
Différence		11f,75

Soit une augmentation par kilogramme des prix de règlement des fers à vitrage de 11.75 × 0.011 = 0.129 ou............ 0.13

Quand le cours des fers est inférieur aux prix élémentaires de la Série, l'opération à faire est absolument la même, mais la différence des cours multipliée par 0f,011 représente dans ce cas la diminution à faire subir aux prix de règlement.

Pour bien démontrer que nous sommes d'accord avec les auteurs de la Série, nous citerons *in extenso* l'article suivant émanant de la Commission de la Série et publié dans le journal *l'Architecture*, du 8 mars 1902.

« Commission de la Série, édition 1901-1902.
« **Serrurerie, ferronnerie.**
« **Échelle mobile.**

« Comment doit-on se servir de l'échelle mobile ?

« Il est dit, article 70 : Les prix des « ouvrages au kilogramme ont été éta- « blis, etc....

« A l'article *Achat des fers*, il est donné un « exemple :

« On a additionné les prix des quatre « classes de fer ; on a indiqué une moyenne. « *On remarquera que les prix des quatre* « *classes sont ceux des fers marchands.* Cela « veut dire que, lorsqu'on aura à établir le « prix de fers marchands, on fera la « moyenne des quatre classes de fers mar- « chands, au jour de leur fourniture. On « prendra la différence entre cette moyenne « et celle indiquée à la Série.

« Cette différence, multipliée par 0f,011, « sera ajoutée à chacun des prix des « ouvrages façonnés avec des fers mar- « chands ou en sera retranchée.

« Les rédacteurs de la Série n'ont eu « d'autre but que d'indiquer une méthode « générale pour appliquer l'échelle mobile ; « ils ne pouvaient supposer que cette obser- « vation serait interprétée ainsi qu'il suit :

« Certains métreurs estiment que ladite « observation a le sens suivant :

« *On devra ajouter au prix de tous les* « *fers façonnés ou en retrancher, suivant les* « *cas, une somme obtenue en multipliant* « *par* 0f,011 *la différence entre la moyenne des* « *prix des fers marchands mentionnés à la* « *Série et la moyenne des prix des fers mar-* « *chands au cours du jour.*

« Cette interprétation est erronée, en « effet. La différence des moyennes ne « peut et ne doit être faite qu'entre des « moyennes de fers de même nature : « moyenne pour les fers marchands, « moyenne pour les fers double T, etc. « Exemple :

« Pour les fers double T, on procédera « ainsi :

Cours, 30 juin 1900	Cours, 3 décembre 1898 (cours de la Série)
27f,60	22f,10
28f,10	22f,60
28f,60	23f,10
84f,30	67f,80

Différence
84f,30
67f,80
16f,50 dont la moyenne est 5f,50.

« Les prix des ouvrages en fer double T « ordinaire seront donc augmentés de 5f,50

« × 0f,011, soit de 0f,06. On pourra se « rendre compte de la grave erreur que l'on « commettrait en adoptant l'interprétation « erronée que nous signalons. En compa- « rant les cours des fers marchands du « 30 juin et ceux des fers marchands indi- « qués à la Série 1899-1900, on constate que la « différence des moyennes est de 10 francs. « Ce serait donc 0f,11 qu'il faudrait ajouter « à tous les prix des fers façonnés de la « Série ; alors, comme nous venons de le « voir, il n'y avait lieu d'ajouter, à la date « du 30 juin 1900 pour les fers double T, « que 0f,06. »

Pour ce qui concerne les tôles, leur prix s'obtient en ajoutant 21 0/0 pour déchet et bénéfice aux prix élémentaires, c'est-à-dire 10 0/0 pour déchet ajouté au prix d'achat et 10 0/0 pour bénéfice ajouté à ce résultat (journal *l'Architecture* du 14 novembre 1903). Par conséquent, quel que soit le cours de la tôle, il faut ajouter à ce cours 21 0/0 pour obtenir le prix de règlement de la tôle.

Gros fers à bâtiment.

15. On appelle gros fers à bâtiment les fers marchands employés pour le gros œuvre d'une construction, c'est-à-dire les fers qui sont destinés à être cachés par la maçonnerie. Le prix de ces fers ne doit donc jamais être appliqué à des ouvrages apparents qui ont subi une main-d'œuvre plus soignée que celle exigée par les gros fers à bâtiment. Les barreaux des soupiraux ou jours de souffrance, par exemple, doivent être payés au mètre linéaire comme tringles (N° 1812 à 1821 de la Série) et non au kilogramme, comme gros fers coupés (N° 73); de même qu'un support qui aurait la même forme qu'un harpon, mais qui serait apparent, rentrera dans la catégorie des fers forgés (N° 136) ou devra être détaillé, et non payé comme gros fers coudés (N° 75).

Les gros fers à bâtiment, dont le prix comprend, comme celui de tous les autres fers payés au kilogramme, le transport au bâtiment, le montage à toute hauteur, et la pose, se divisent en six catégories :

1. — *Les fentons*, pour planchers en fer, qui sont payés 0f,20 le kilogramme (N° 72). Ce sont de petits fers carrés de 0m,007 à 0m,011 de côté appelés aussi verges ou côtes de vache, posés par 2 ou 3 dans chaque entrevous de plancher, pour maintenir le hourdis en plâtras et plâtre.

2. — *Les fers coupés*, qui sont payés 0f,24 le kilogramme (N° 73). Cette catégorie comprend tous les fers qui n'ont subi aucune autre main-d'œuvre que la coupe de longueur et un léger dressage; tels que : ancres en fer rond ou carré, linteaux droits, cales et semelles non forgées.

Pour ce qui concerne les ancres, elles doivent toujours être pesées séparément, et payées comme gros fers coupés, quel que soit leur emploi (observation N° 74 de la Série).

3. — *Les gros fers coudés, à scellement*, tels que : chevêtres, bandes de trémies, chaînes, tirants, harpons, plates-bandes, entretoises de plancher, linteaux ou manteaux cintrés, manteaux de cheminées, ceintures de fourneaux ; en un mot tous les fers qui sont coudés une ou plusieurs fois. Le prix de ces fers est de 0f,32 le kilogramme (Série N° 75) et comprend l'entaille des talons ou pattes et la pose avec clous à bâtiment.

Quand les clous sont remplacés par des vis à bois ou des vis à tête carrée, celles-ci sont à payer à part, à la pièce, suivant leur nature (observation N° 77 de la Série).

Les tirants, harpons ou plates-bandes denommées ci-dessus ne sont à payer au prix des fers coudés que lorsqu'ils sont fournis seuls, pour le chaînage d'un plancher ou d'un comble en bois, par exemple. Quand ces fers adhèrent à des solives ou filets en fer, ils sont à peser avec ces derniers et à payer au même prix que lesdits.

4. — *Les fers contre-coudés, cintrés ou à tiges taraudées*, payés 0f,43 le kilogramme (Série N° 76).

Ces fers comprennent les étriers ou embrasures, chapeaux de colonnes, cales et coins forgés, colliers ou ceintures de tuyaux; boulons de 6 kilogrammes et au-dessus et les gros fers à tiges taraudées avec écrous.

Comme pour les fers coudés, le prix

de 0f,43 comprend l'entaille des talons ou pattes et la pose avec clous à bâtiment.

5. — *Les fermes de planchers et poitrails*, compris boulons à 0f,51 le kilogramme (N° 78).

6. — *Les fermes de combles*, compris pannes et chevronnages, quelle que soit la nature ou la forme des ajustements, droits, biais ou cintrés, ces derniers supprimant les coupes biaises, et compris les cornières reliant les coupes, les boulons, rivets et toutes fournitures ou main-d'œuvre accessoires; prix moyen 0f,59 le kilogramme (N° 79).

Les combles circulaires de toutes formes faits sur rayon ou cintre donné, donnent lieu à une plus-value de 0f,07 par kilogramme applicable seulement au poids des pièces de formes curvilignes (Série N° 80).

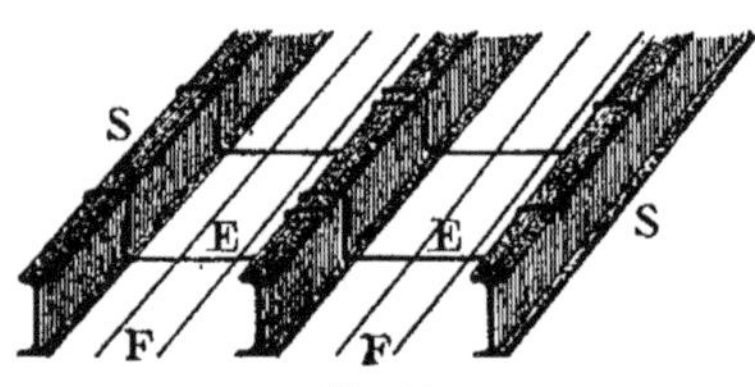

Fig. 35.

Les prix pour fermes de planchers et combles ne servent plus aujourd'hui que très rarement, ces genres d'ouvrages étant exécutés en fers spéciaux ou en fer et tôle et payés comme tels. Le prix pour fermes de combles seulement trouve encore son application pour les pièces des fermes à la Polonceau (tendeurs à lanternes, tirants, aiguilles, etc.) exécutés en fers marchands.

Fers spéciaux.

16. Les fers spéciaux se divisent en sept catégories, suivant la façon qu'ils ont subie :

1. — *Plancher ordinaire* (*fig.* 35), composé de solives en fer double **I** ordinaires de 0m,08 à 0m,22 de hauteur jusqu'à 10 mètres de longueur, coupées de longueur seulement et posées sans entretoises ni fentons, qui seront payés à part. Ces solives, qui sont payées 0f,27 le kilogramme (Série N° 81), ne comprennent d'autre façon que la coupe de longueur (faite par les forges sur commande ou par l'entrepreneur). Les solives qui ont subi la moindre façon en plus de la coupe, ne serait-ce

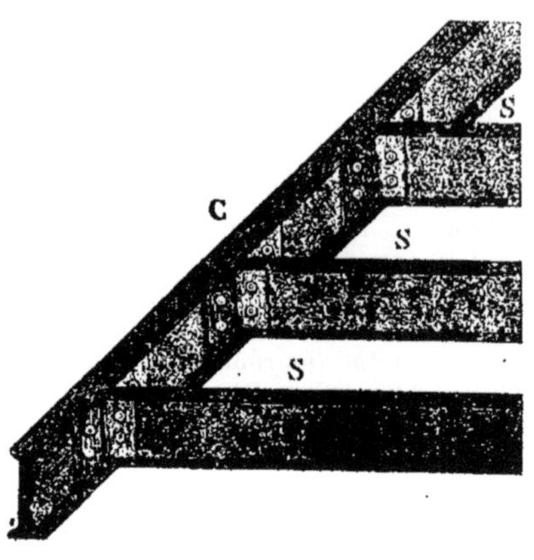

Fig. 36.

que le percement d'un trou, ne sont plus à payer comme plancher ordinaire, mais comme plancher assemblé ou comme filets.

Le même plancher, mais composé de

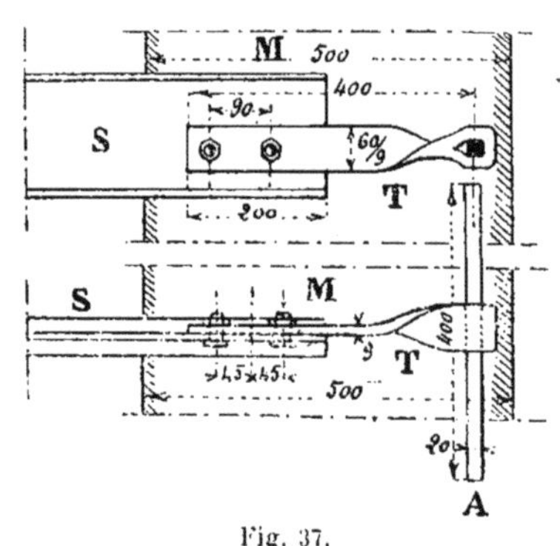

Fig. 37.

solives en fer à double **I** larges ailes ou acier profils normaux, est payé 0f,28 le kilogramme (Série N° 82).

2. — *Plancher assemblé*, composé de solives semblables, mais assemblées avec

des cornières en fer ou solives non assemblées garnies de tirants.

Le prix du plancher assemblé est de 0f,31 (Série N° 83), quand il est composé de solives en fer à double I ordinaires et de 0f,32 (Série N° 84), lorsque les solives sont en fer à double I larges ailes ou acier profils normaux.

Ces prix s'appliquent à toutes les solives comportant une façon quelconque, solives assemblées avec équerres cornières et boulons (*fig.* 36) ou garnies de tirants, harpons ou plates-bandes (*fig.* 37). Ils s'appliquent également aux planchers dont les solives sont entretoisées par des boulons à quatre écrous (*fig.* 38). Dans ce dernier cas, les boulons sont à peser avec le plancher et à payer au même prix.

Quand les solives sont assemblées aux deux extrémités au moyen d'équerres et boulons, il est équitable d'accorder une plus-value de 0f,02 par kilogramme.

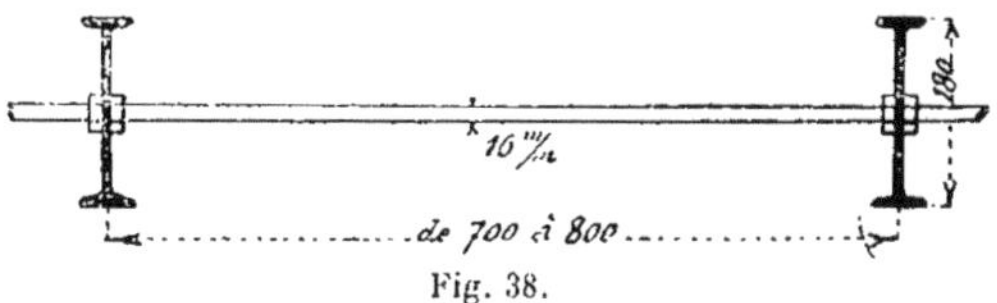

Fig. 38.

Nous faisons remarquer ici que l'édition 1905 de la Série de la Société centrale a supprimé les plus-values qui existaient jusqu'à présent à la fin des fers spéciaux

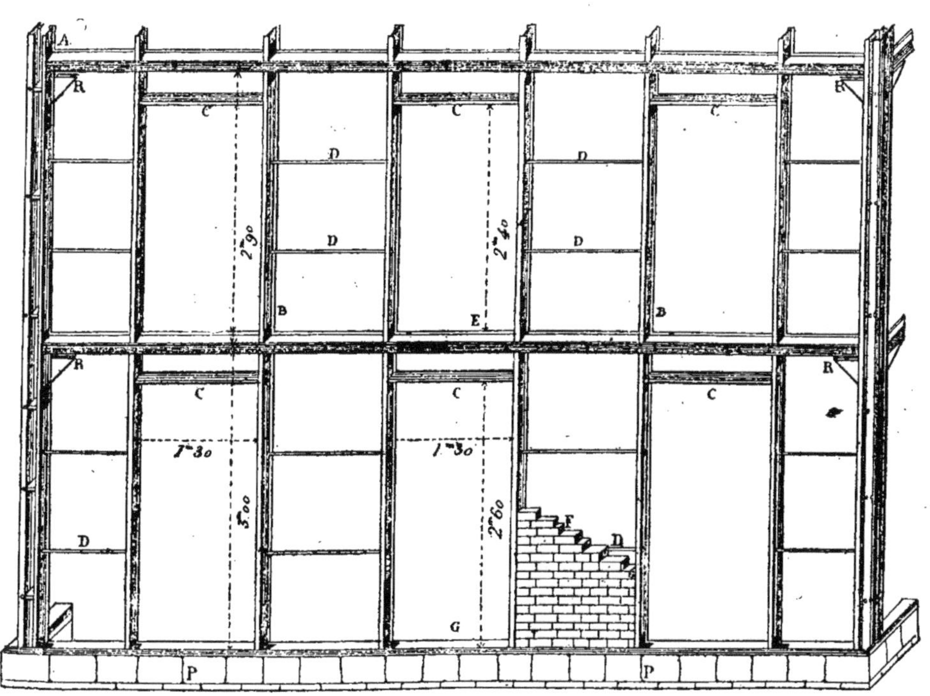

Fig. 39.

pour emploi de fers à I larges ailes ou aciers profils normaux. Il est vrai qu'elle a établi deux prix différents pour les planchers, suivant que ceux-ci sont composés de solives en fer à double I ordinaire ou de solives en fer à double I larges ailes ou aciers profils normaux. Mais elle a omis d'en faire autant pour les pans de fer, filets et combles.

Il faudra donc, quand ces derniers sont en fer à I larges ailes, leur appliquer la même plus-value que celle que la Série accorde pour les planchers, c'est-à-dire 0f,01 par kilogramme.

3° *Pans de fer* assemblés avec ou sans poteaux corniers, compris cornières, plaques de raccords, sabots de pieds et de têtes, boulons, rivets, percements et tous accessoires (0f,43 le kilogramme, Série N° 85).

On appelle *pan de fer*, des fers formant l'armature d'un mur (*fig.* 39), comprenant des sablières posées au niveau de chaque plancher et des poteaux soutenant ces sablières de distance en distance.

Le prix de Série comprend toutes les pièces composant un pan de fer : la semelle traînante (G) au départ, les poteaux corniers ou poteaux d'angle (A), les poteaux intermédiaires (B), que ces poteaux soient composés d'une seule lame ou de deux ou trois lames, les sablières (E), les linteaux de portes et croisées (C), les boulons ou plates-bandes d'écartement (D), les goussets (R), les équerres et boulons ainsi que les fourrures servant à l'assemblage des différentes pièces, les tirants ou harpons, en un mot, tous les fers faisant partie de l'ensemble qui constitue le pan de fer. Ne font exception que les ancres servant au chaînage des sablières et qui sont toujours à payer comme fers coupés.

4° *Poitrails, filets ou poutrelles* en fer à double I ordinaire jusqu'à 0.22 de hauteur, les solives simplement accouplées au moyen de boulons, ou servant d'armature à des poutres en bois (0f,32 le kilogramme, Série N° 89).

Les *poitrails* ou *poutrelles* se posent ordinairement sur les baies de grandes dimensions ; les *filets* sont employés pour des baies de dimensions plus restreintes.

On nomme *linteaux* de petits filets posés au-dessus d'une porte ou d'une croisée. Ces fers se composent de deux ou trois lames et sont à payer au prix de 0f,32 le kilogramme quand l'assemblage est formé uniquement par des boulons (*fig.* 40). Font partie également de cette catégorie de fers, les solives d'armature, c'est-à-dire les solives percées de trous pour être fixées par des boulons ou des vis à tête carrée sur des poutres en bois. Lorsque ces solives sont fixées par des boulons, ces derniers sont à payer au même prix ; les percements de trous dans le bois sont à payer à part à 3 francs le mètre (Série de charpente Nos 328 à 330). Dans le cas de l'emploi de vis à tête carrée, ces dernières sont à payer séparément suivant leur longueur. Quand les ailes de la solive d'armature sont entaillées dans la poutre en bois, ces entailles se paient au mètre linaire :

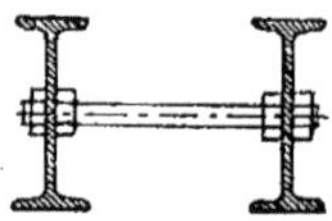

Fig. 40.

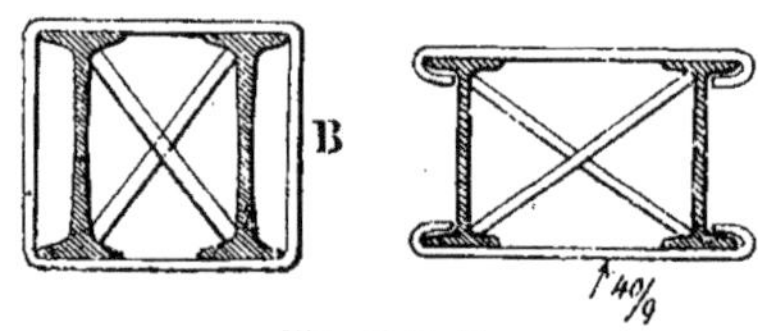

Fig. 41 et 42.

Pour chaque aile de solive en fer à I ordinaire :

	Série de charpente	
Fait au chantier...........	0f,90	N° 290
Sur charpente déjà en place.	1f,80	N° 291
Plus-value pour fers à I larges ailes 1/2 en plus......		N° 292

5° Les *poitrails*, *filets* ou *poutrelles* assemblés au moyen de brides ou boulons avec croisillons en fer ou en fonte à l'intérieur, et garnis ou non aux extrémités de tirants ou harpons, sont à payer au prix de 0f,33 le kilogramme (Série N° 90).

Par conséquent, font partie de cette catégorie de fers tous les filets qui sont assemblés d'une autre manière que sim-

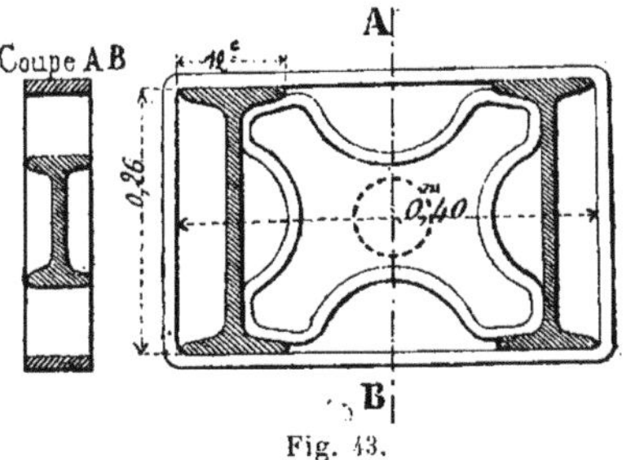

Fig. 43.

plement avec des boulons, que ce soit par des brides ou agrafes en fer méplat avec croisillons en fer carré (*fig.* 41 et 42), par des brides avec croisillons en fonte (*fig.* 43),

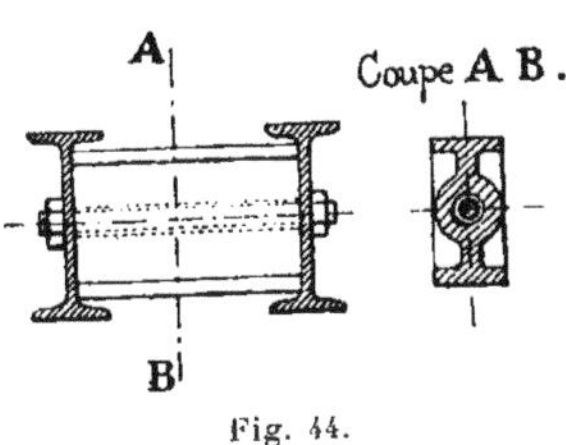

Fig. 44.

par des boulons avec fourrures en fonte (*fig.* 44) ou avec fourrures en fer creux (*fig.* 45), ou tout simplement par des brides ou boulons avec cales en fer carré ou fer

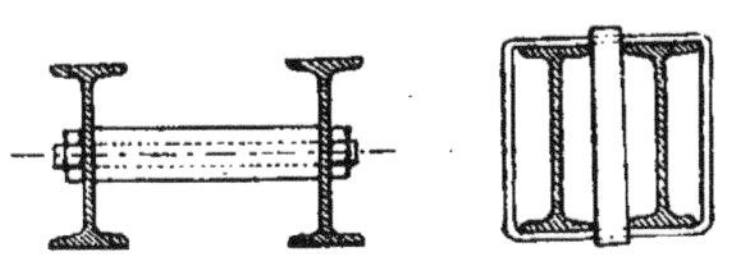

Fig. 45 et 46.

méplat enfoncées verticalement entre les 2 lames et formant serrage (*fig.* 46). Ce prix de 0f,33 s'applique également aux filets de la catégorie précédente, mais garnis aux extrémités de tirants ou harpons.

6° *Chevronnage*, *pannes*, *faîtage*, *sablières* ou plates-formes, assemblés en fer à double **I** pour comble droit ou à ajustement circulaire sans rayon donné, y compris tous percements de trous pour chevrons ou lattis en fer (0f,45 le kilogramme Série N° 93).

7° *Ferme de comble*, quelles que soient la nature ou la forme de leurs ajustements, droits, biais ou autres, y compris pièces d'assemblage en fonte fondues sur modèle (sauf les sabots en fonte qui seront déduits du poids total des fermes). Le prix de ces fers est de 0f,64 le kilogramme (Série N° 96).

Les sabots en fonte recevant les fermes (*fig.* 47) seront toujours pesés séparément,

Vue perspective du Sabot.

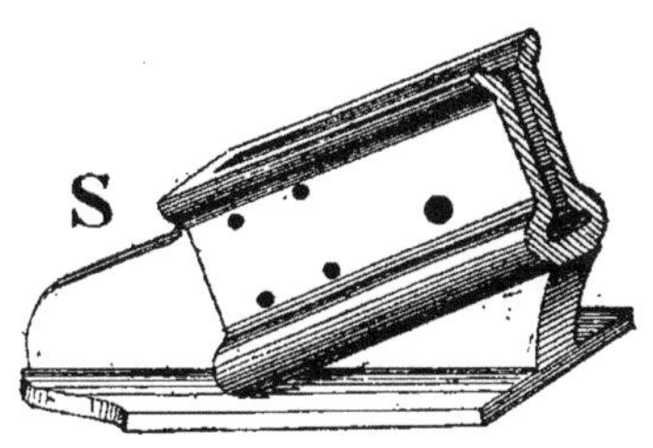

Fig. 47.

quelle que soit leur forme, et seront payés (compris frais de modèle quels qu'ils soient) 0f,42 le kilogramme (Série N° 97).

Dans le métré d'un comble, il faut s'attacher surtout à classer les différentes pièces qui le composent dans la catégorie à laquelle elles appartiennent.

Ainsi, dans le comble dont nous donnons le croquis ci-dessous (*fig.* 48), il faut compter au prix des fermes de combles en fer à **I** (0f,64) les deux arbalétriers (A) et leurs plaques d'assemblage seulement. Les contre-fiches (C) et leurs plaques d'assemblage sont à compter comme fer et tôle au prix de 0f,73 le kilogramme (Série N° 114), les aiguilles pendantes (O) et le tirant en fer rond formant entrait (E), comme comble en fer ordinaire à 0f,59

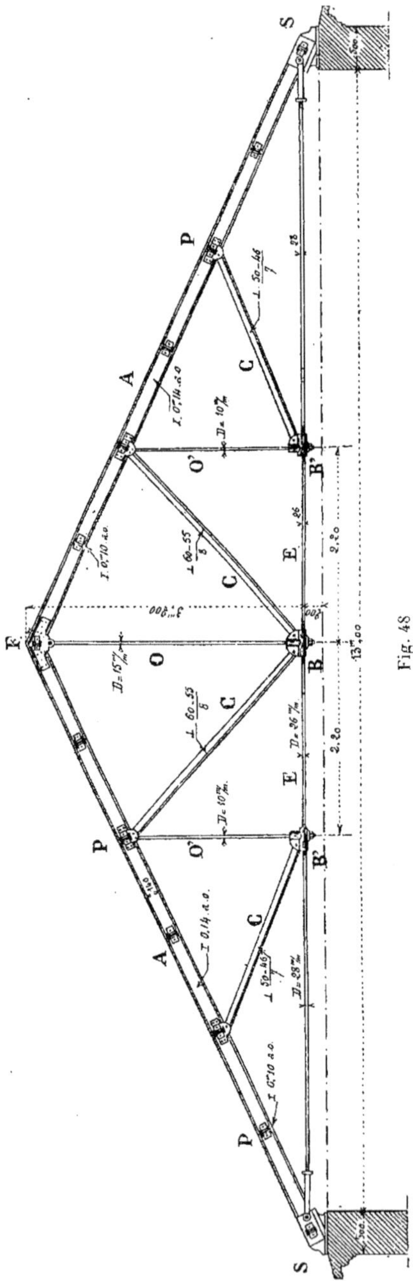

Fig. 48

(N° 79), et les sabots en fonte (S) à 0f,42, comme il est dit ci-dessus.

Le prix de 0f,45 (Série N° 93) est applicable au faîtage (F) et aux pannes (P).

Quand le chevronnage ou le lattis d'un comble sont en fer à simple T ou en cornière, ces fers ont droit à une plus-value de 0f,02 par kilogramme (Série N° 95).

Plus-values diverses. — Quand les fers composant les *planchers assemblés* ou les *pans de fer* comportent des *assemblages biais*, la Série accorde au N° 86 une plus-value de 0f,04 par kilogramme, qui ne s'applique bien entendu qu'aux pièces assemblées en biais et non à l'ensemble des fers.

Les poitrails, filets ou poutrelles assemblés avec planchers droits donnent lieu à une plus-value de 0f,03 par kilogramme (Série N° 91). Cette plus-value est applicable aussi quand les filets sont assemblés entre eux, par analogie à l'article 115 de la Série, qui dit « pour assemblages droits de poutres entre elles ou de planchers droits ». Bien que la Série ne les mentionne pas, les sablières de pans de fer ont également droit à cette plus-value, quand elles sont assemblées avec planchers droits.

La plus-value est de 0f,05 (Série N° 92) lorsque les assemblages sont biais.

La Série accorde la même plus-value de 0f,05 pour les poitrails, filets ou poutrelles *posés en sous-œuvre*, compris toutes plus-values pour montage et pose, les échafauds faits par le maçon, ou payés à part.

Cette plus-value s'applique à tous les gros fers posés en sous-œuvre, qu'il s'agisse de planchers, pans de fers ou filets.

Tous les fers spéciaux, qu'ils appartiennent à n'importe quelle catégorie, profitent, lorsqu'ils sont *cintrés*, d'une plus-value de 0f,07 par kilogramme (Série Nos 87, 94 et 98).

Les fers parfaitement *dressés pour rester apparents* sont à payer avec une plus-value de 0f,02 par kilogramme (Série N° 88).

C'est par erreur, sans doute, que la Série a indiqué au N° 108 une plus-value de 0f,01 pour le même travail. Le prix de 0f,02 est déjà très minime. On pourra s'en rendre compte quand on pense que, pour dresser par exemple une sablière composée de deux lames en fer à I de $0^{m},12$ de 3 mètres de longueur, pesant 60 kilogrammes, l'entrepreneur sera payé $1^{f},20$ lorsqu'il faut au moins une heure à deux hommes pour faire ce travail. Il faut espérer que cette erreur sera rectifiée prochainement par la commission de la Série.

Quand dans les travaux en fers spéciaux il est employé des fers de dimension autres que les fers à double I de 0,08 à 0,22 de 10 mètres de longueur, la Série accorde les plus-values suivantes, en plus de la plus-value de $0^{f},01$ à compter pour emploi de fers à double I larges ailes ou acier profils normaux :

Pour emploi de fer à double I ailes ordinaires de 0.24, 0.25 et 0.26 de hauteur, le kilogramme .... $0^{f},011$ (N° 99)

Pour emploi de fer à double I à ailes inégales ou dissymétriques,
Le kilogramme... $0^{f},011$ (N°s 100 et 101)

Pour emploi de fer à double I à larges ailes de 0.35 sur 0.150 à 0.152,
Le kilogramme .... $0^{f},03$ (N° 102)

Pour emploi de fers en U,
Le kilogramme......... $0^{f},006$ (N° 103)

Pour dimension plus grande en longueur que 10 mètres, pour chaque mètre en plus et par kilogramme .... $0^{f},011$ (N° 104)

(Cette plus-value est applicable aux larges-plats).

Les plus-values ci-dessus ne pourront pas être appliquées à l'ensemble des fers, mais seulement aux parties isolées qui y auront droit et qui devront, par conséquent, être pesées séparément, en observant que la plus-value de longueur sera acquise et comptée par mètres entiers, et non par fractions de mètre sur les barres excédant les longueurs maxima (Série N° 106).

Une barre de fer de $11^{m},25$ de longueur aura donc droit à une plus-value de $2 \times 0^{f},011 = 0^{f},022$ par kilogramme.

La Série accorde, enfin, une plus-value de 1 franc par 100 kilogrammes ou $0^{f},01$ par kilogramme pour double transport sur le poids des fers employés dans les réparations et les travaux faits à l'atelier en cas d'impossibilité du travail sur le chantier (Série N° 107).

Quand les gros fers à bâtiment et les fers spéciaux sont façonnés seulement, c'est-à-dire lorsque l'entrepreneur n'a pas fourni le fer, les prix à payer pour cette façon sont les suivants :

Gros fers à bâtiment (compris clous) :			
Fentons et fers coupés	le kilogramme	$0^{f},05$	(N° 189)
Fers coudés à scellement	»	$0^{f},18$	(N° 190)
Fers contre-coudés, cintrés et à tiges taraudées	»	$0^{f},35$	(N° 191)
Fermes de planchers	»	$0^{f},40$	(N° 192)
Combles en fer ordinaire	»	$0^{f},55$	(N° 193)
Fers spéciaux à simple ou double I :			
Plancher ordinaire	»	$0^{f},05$	(N° 196)
Plancher assemblé	»	$0^{f},11$	(N° 197)
Filets assemblés avec boulons	»	$0^{f},13$	(N° 198)
Fers assemblés avec brides et croisillons	»	$0^{f},19$	(N° 199)
Chevrons, pannes et plates-formes	»	$0^{f},31$	(N° 200)
Fermes de combles	»	$0^{f},47$	(N° 201)

Tous ces prix comprennent la valeur du double transport, le montage à toute hauteur et la pose, ainsi que la fourniture des clous ou rivets nécessaires à la pose des fers façonnés.

Toutefois, lorsque les vieux fers provenant de démolitions auront dû être redressés au feu avant leur transformation, il devra être alloué sur les prix ci-dessus une plus-value de $0^{f},03$ par kilogramme (Série N° 195).

Nous indiquons ici quelques prix qui trouvent souvent leur emploi dans les réparations de planchers. Ces prix n'existent pas, jusqu'ici, dans la Série de la Société centrale des Architectes. Ils sont extrait de la Série des Bâtiments civils, édition 1900 (N°s 150 à 155) :

Coupe sur place au bédane de fers ou aciers à double I :

De 0.08 à 0.12 de hauteur, prix moyen 2f,50
» 0.14 à 0.18 » » 3f,15
» 0.20 à 0.26 » » 4f,00

Les coupes sur fers à I larges ailes seront payés un tiers en plus.

Les coupes à la scie à métaux (dans le cas où la coupe au bédane est impraticable) seront payés moitié en plus.

Trous percés dans les solives restées en place, soit au bédane ou au cliquet. Prix moyen 0f,75

La même Série des Bâtiments civils paie la dépose, descente et rangement des fers assemblés ou non 0f,02 le kilogramme.

Fer et tôle assemblés au moyen de cornières avec rivets bouterollés ou fraisés.

17. Ces fers se divisent en deux catégories :

1° *Poitrails*, *filets*, *poutrelles* ou *poteaux*, y compris percement de trous pour armatures d'ancrages, qui sont payés 0f,57 le kilogramme (Série N° 109).

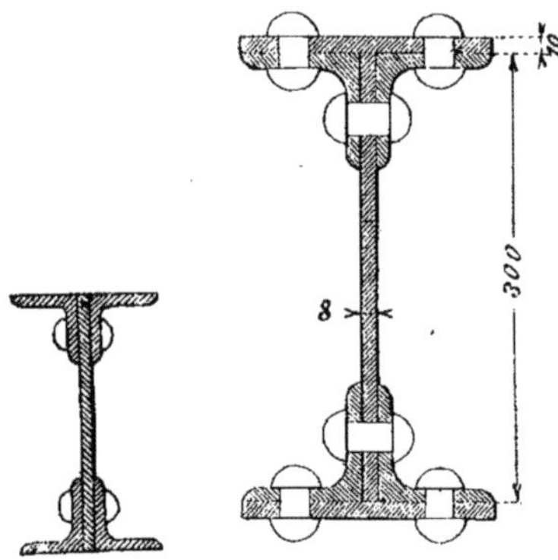

Fig. 49 et 50.

Ce prix s'applique à des pièces de charpente composées d'une âme en fer large-plat garnie de quatre cornières, sans semelles, ou avec deux ou plusieurs semelles (*fig.* 49, 50 et 51), que ces pièces soient posées horizontalement (poitrails, filets ou poutrelles), ou verticalement (poteaux). Quand elles ont deux ou trois âmes au lieu d'une seule (*fig.* 52 et 53),

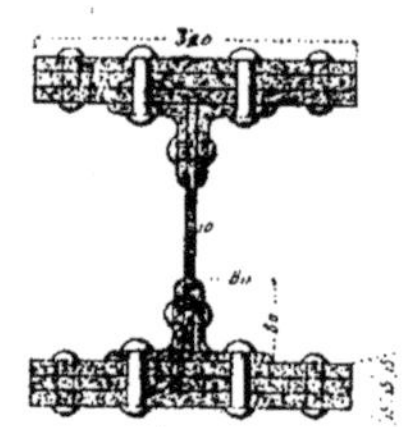
Fig. 51.

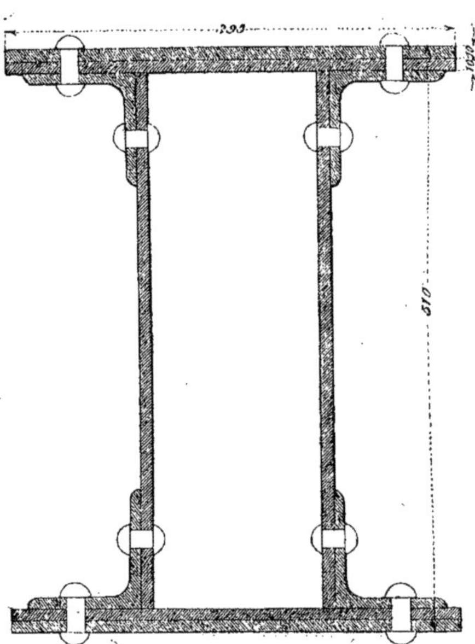

Fig. 52.

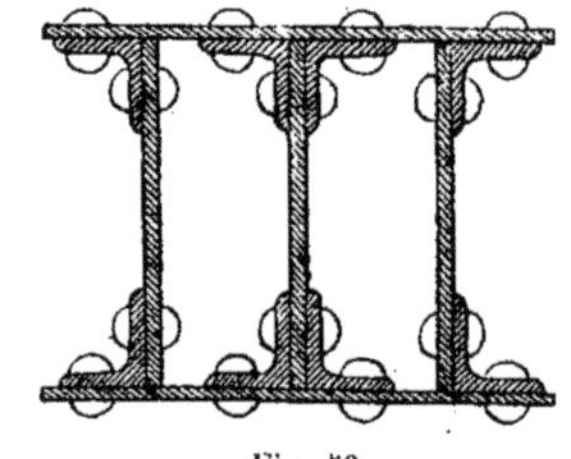
Fig. 53.

ces pièces prennent le nom de poutres tubulaires et sont à payer avec une plus-value de 0f,05 par kilogramme (Série N° 112). Lorsque l'âme, au lieu d'être pleine, est composée de croisillons en fer méplat (*fig.* 54 et 55) ou en fer cornière ou en fer à T (*fig.* 56), les poutres s'appellent *poutres à croisillons* (ou poutres américaines) et profitent d'une plus-value de 0f,07 par kilogramme (Série N° 111).

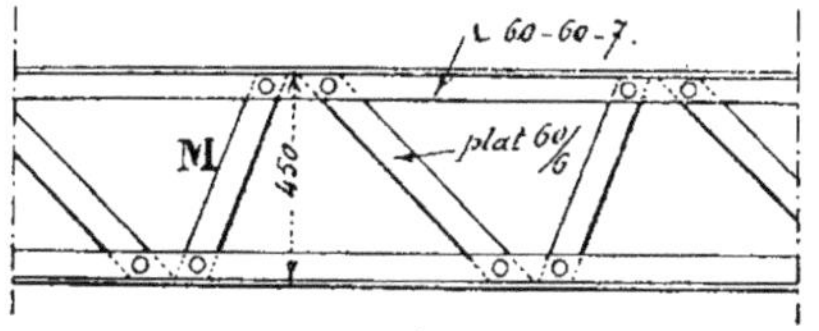

Fig. 54.

Les poutres cintrées en plan sont à payer avec une plus-value de 0f,07 par kilogramme (Série N° 113).

Conformément à l'observation N° 110 de la Série, les équerres et goussets adhérents aux pièces en fer et tôle sont à payer au même prix. Par conséquent, lorsque les poutres sont assemblées avec un plancher, les équerres et boulons servant à l'assemblage des solives sur la poutre

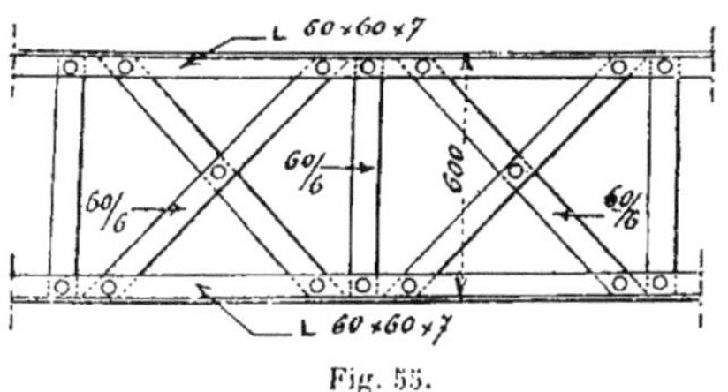

Fig. 55.

sont à peser avec cette dernière et non avec le plancher.

2° *Fermes de combles*, jambes de force, arêtiers, etc., quel que soit le nombre ou la forme des ajustements, droits, biais ou autres, et y compris tous percements de trous pour chevrons, lattis en fer, ajustement de lucarnes, etc. Ces fers sont payés 0f,73 le kilogramme (Série N° 114).

Comme nous l'avons dit précédemment au sujet des fers spéciaux, il ne faut payer dans un comble au prix ci-dessus que les fermes ou pièces de fermes (arbalétriers, entraits, poinçons, etc.), qui sont réellement exécutées en fer et tôle assemblés.

Quand il entre des fers spéciaux ou des fers marchands dans la composition de la ferme, ces fers sont à payer au prix de la catégorie à laquelle ils appartiennent.

Les sabots en fonte sont toujours à peser séparément et à payer au prix indiqué plus haut (0f,42 le kilogramme).

Les fermes à croisillons dites américaines profitent d'une plus-value de 0f,10 par kilogramme (Série N° 118).

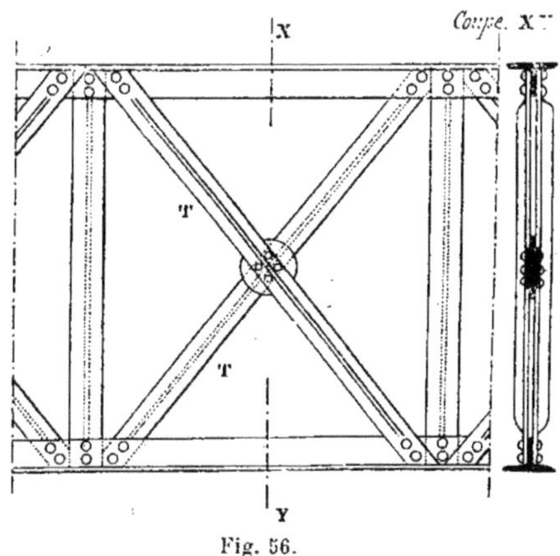

Fig. 56.

Il y a à payer une plus-value de 0f,11 par kilogramme (Série N° 117) pour les fermes de combles circulaires de toutes formes sur cintre donné ; mais cette plus-value s'applique aux membrures cintrées seulement et non au poids total de la ferme. La Série dit au N° 120 que cette plus-value s'applique « exclusivement aux arbalétriers et arêtiers de comble seuls, composés en tout ou partie de pièces circulaire de toutes formes sur rayons donnés, quels que soient le nombre, l'importance des parties circulaires, de leurs ajustements et des déchets en résultant ».

Il est évident que dans une ferme cintrée à croisillons, ces derniers, tout en étant droits, participent à la plus-value.

Quand une ferme de comble porte plancher, les plus-values d'assemblage droits ou biais ne s'appliquent pas à l'ensemble de la ferme, mais seulement au poids réel des pièces recevant le plancher (Série N° 122).

Fers à vitrage.

18. Ces fers sont payés au kilogramme, y compris pattes en fer forgé, percement de trous taraudés et fraisés, vis à métaux, trous de vitrage et garde-verre. La Série les divise en trois catégories :

1° Pour *marquises* ou comble de petite cour en appentis montés sur supports et sommiers en fer ordinaire, c'est-à-dire pour comble à une seule pente ($0^f,72$ le kilogramme, Série N° 124).

Les fers portants assemblages biais profitent d'une plus-value de $0^f,12$ par kilogramme (Série N° 125).

2° Pour *lanternes*, marquises ou châssis de combles à deux égouts montés sur supports et sommiers en fer ordinaire avec ou sans chéneaux unis, c'est-à-dire pour comble à deux pentes ($0^f,99$ le kilogramme, Série N° 126).

Il est à remarquer que la Série ne mentionne pas le chéneau dans le détail des combles à une seule pente.

Comme le travail, quand ces combles ont un chéneau, est absolument le même que pour ceux à deux pentes, il est équi-

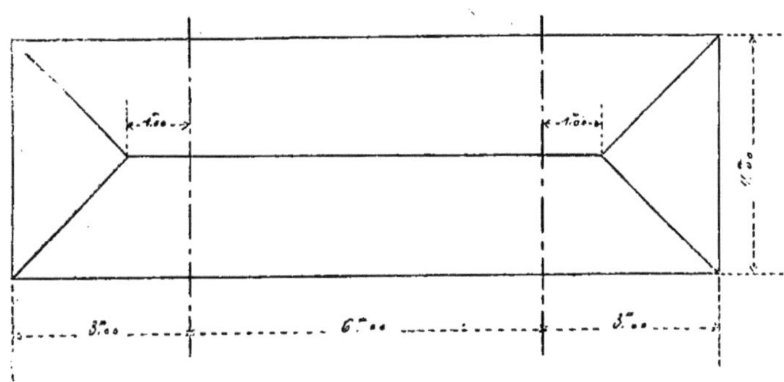

Fig. 57.

table de les payer au prix de ces derniers.

3° Pour *lanternes* de combles à trois et quatre croupes montées comme les précédentes avec ou sans chéneaux unis ($1^f,13$ le kilogramme, Série N° 127).

Quand les marquises, lanternes de combles ou châssis auront une grande longueur terminée par une croupe, il ne sera payé à ce dernier prix que les croupes et une longueur de 1 mètre à partir de la rencontre des arêtiers avec le faîtage, le reste des parties de longs pans intermédiaires sera payé au prix des combles à deux égouts (Série N° 131).

Dans le métré d'un comble à quatre croupes de la forme de celui dont nous donnons ci-dessus le croquis (*fig.* 57), il y aura donc à payer au prix de $1^f,13$ les deux croupes jusqu'aux lignes interrompues et la partie entre ces deux lignes au prix de $0^f,99$ le kilogramme.

Lorsque les marquises, lanternes ou châssis de combles, au lieu d'être montés sur supports ou sommiers en fer ordinaire, seront supportés par des fermes, des poitrails ou des filets en fer ordinaires, spéciaux ou fer et tôle, ces fermes, portraits ou filets seront pesés séparément et payés suivant leur nature. Dans aucun cas, les parties supportant les lanternes ne doivent être assimilées aux lanternes elles-mêmes et confondues avec elles. Elles doivent être pesées à part et payées suivant leur valeur propre (Série N°s 128 à 130).

Les fers à vitrage du comble s'assemblant avec les fermes en fers ordinaires, spéciaux ou fer et tôle doivent être payés avec une plus-value de $0^{f},12$ par kilogramme (Série N° 132).

Les lanternes de forme circulaire ou à côtés irréguliers profitent d'une plus-value de $0^{f},23$ (Série N° 134).

La Série accorde au N° 133 une plus-value de $0^{f},16$ par kilogramme, pour châssis ou lanternes au-dessous de 4 mètres de surface. Nous sommes d'avis que cette plus-value ne doit s'appliquer qu'aux combles qui, malgré leur dimension restreinte, sont exécutés en fer à vitrage de $0^{m},040$ au moins, ou aux combles avec chéneaux.

Tout les combles de moins de 4 mètres de surface exécutés en fer à vitrage de $0^{m},035$ et au-dessous devront être, en considération de leur poids faible, détaillés comme petits bois au mètre linéaire, comme nous le verrons plus loin à l'article « Petit bois ».

Dans tous les cas, les châssis ouvrants devront toujours être comptés au mètre linéaire, et leurs accessoires, y compris ferrures et fermetures, payés séparément.

On doit payer également à part, tous les ornements appliqués sur les chéneaux, car les prix de la Série ne comprennent que les combles avec « chéneaux unis ». Les ornements en fer forgé garnissant les bandeaux des marquises ainsi que les consoles en fer forgé sont aussi à détailler suivant leur nature et leur façon et à payer à part.

Quand les petits bois des marquises, châssis ou lanternes de combles sont en fer à moulures au lieu de fer à vitrage (T ou cornière), il faut appliquer à l'ensemble du comble une plus-value de $0^{f},21$ par kilogramme (Série N° 135).

Fers forgés.

19. Il n'existe à la Série de la Société centrale que quelques prix très incomplets de fers forgés au kilogramme. Ces prix ne comprennent pas les entailles, qui sont toujours à payer à part au mètre linéaire aux prix indiqués à la quincaillerie au mot « Entaille », suivant leur largeur et leur profondeur. Quelques-uns des prix des fers forgés s'appliquent à des ferrures qui sont payées à la quincaillerie à la pièce, y compris les entailles, comme les plates-bandes, pentures, charnières longues et les équerres simples ou doubles. Le prix des fers forgés au kilogramme ne peut donc être appliqué à ces ferrures que lorsqu'elles dépassent les plus grandes dimensions indiquées pour chacune d'elles à la quincaillerie.

Les pentures, par exemple, ne doivent être payées au kilogramme que quand elles ont plus de 1 mètre de longueur. Nous nous bornons à indiquer ici les fers forgés suivant la nomenclature de la Série, en nous réservant de revenir plus longuement sur cette catégorie de fers en même temps que nous traiterons les *façons diverses* figurant à la Série depuis l'édition de 1901, quand nous donnerons les exemples de métré de portes, balcons, rampes, etc., en fer forgé :

Voici donc les articles de la Série :

Équerres, supports ou plates-bandes coudés sur plat ou sur champ, à congés renforcés, fournis et posés.......... le kilogramme $0^{f},60$ (N° 136)

Pentures ordinaires ou renforcées, collets non élargis, mais compris chanfreins (*fig.* 58).......... le kilogramme $0^{f},68$ (N° 137)

Pentures à collets élargis, bien dressées, compris vis (*fig.* 59), charnières longues et soudées (*fig.* 60), fléaux de porte cochère ou charretière (*fig.* 61), embrassures de colonnes accouplées (*fig.* 62).......... le kilogramme $0^{f},73$ (N° 138)

Barres de fermeture avec boutons :

Droites en fer plat ou carré.......... le kilogramme $0^{f},73$ (N° 139)

Coudées avec renflements et congés, bien dressées en fer plat (*fig.* 63).......... le kilogramme $2^{f},25$ (N° 140)

Les chanfreins faits au burin et à la lime seront payés au mètre linéaire au prix de.......... $0^{f},39$ (N° 141)

(Ce prix ne peut s'appliquer qu'à un chanfrein très léger de 0,002 à 0.003 au plus de largeur, comme on a l'habitude de les faire sur les barres de fermeture, c'est-à-dire plutôt un abatage d'angle qu'un chanfrein proprement dit. Quand ce dernier a plus de 0.003 il est à évaluer suivant sa largeur et le temps qu'il a fallu à l'ouvrier pour l'exécuter.)

Pivots, bourdonnières et équerres de porte cochère, compris rivets et vis (*fig*. 64 et 65).. le kilogramme 1^{f},14 (N° 142)

Quand les pivots sont à boudin à boule (*fig*. 66 et 67), il est équitable d'accorder une plus-value de 0^{f},20 par kilogramme.

Armatures de pompes, embrassures de stalles ou bat-flancs (*fig*.68), le kilo. 1^{f},41 (N° 143)

Boulons compris rondelles et écrous :

Pesant chacun moins de 1 kilogramme.......................... 0^{f},82 (N° 144)

» » de 1 à 3 kilogrammes........................ 0^{f},67 (N° 145)

» » de 3 à 6 kilogrammes........................ 0^{f},58 (N° 146)

Les boulons au-dessus de 6 kilogrammes sont à payer comme gros fers à tiges taraudées à 0^{f},43 le kilogramme (Série N° 76)............... (N° 147)

(Les boulons ne sont à payer à part aux prix ci-dessus que lorsqu'ils n'ont pas servi à l'assemblage de fers fournis, soit qu'ils aient été employés pour assembler des fers façonnés ou de la charpente en bois.)

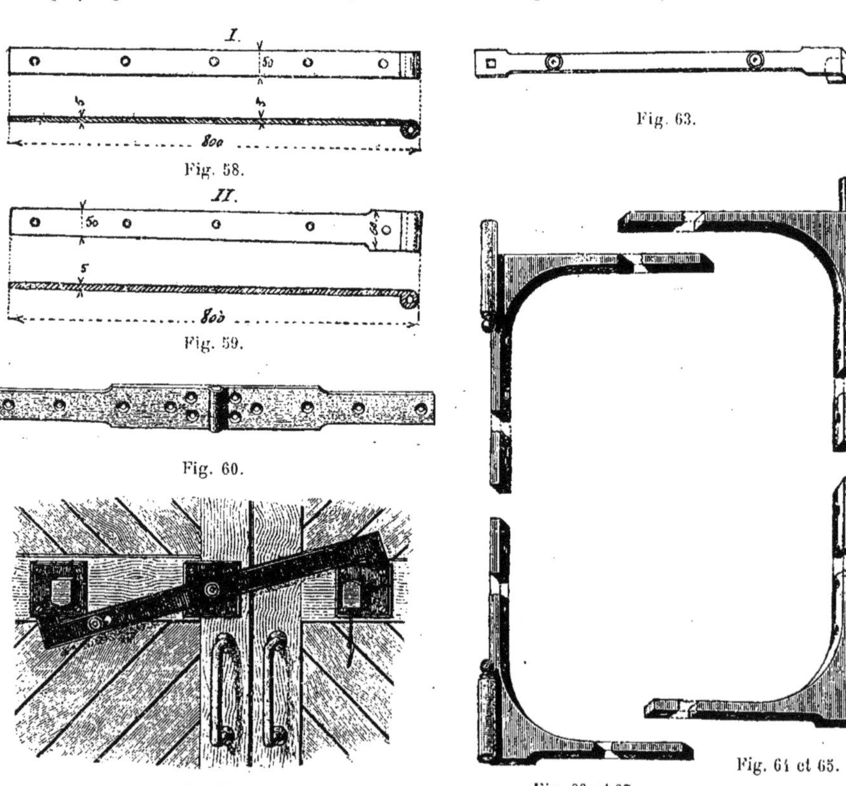

Fig. 58.

Fig. 59.

Fig. 60.

Fig. 63.

Fig. 66 et 67.

Fig. 64 et 65.

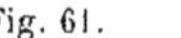

Fig. 61.

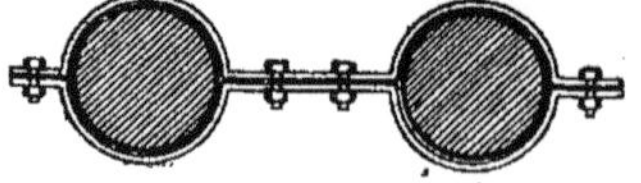

Fig. 62.

Fig. 68.

Grilles en fer à barreaux ronds.

Les grilles se subdivisent en :
1° Grilles dormantes ou fixes;
2° Grilles ouvrantes.

Grilles dormantes

20. La Série indique quatre catégories de grilles dormantes :

1° Pour baies de croisées, les barreaux à scellement de chaque bout, les trous des deux traverses évidés à froid (*fig.* 69), qui

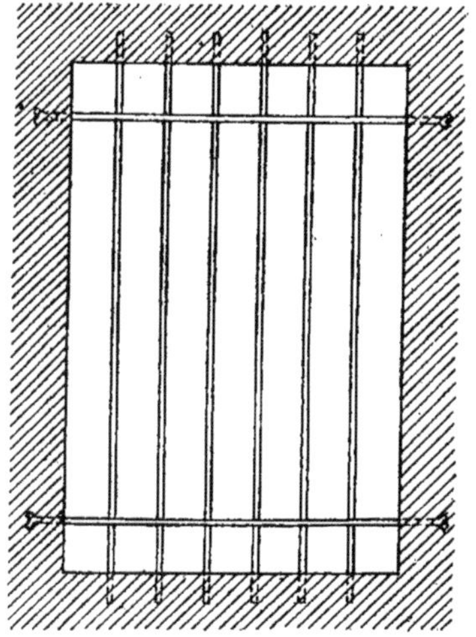

Fig. 69.

sont payés 0f,41 le kilogramme (Série N° 148) ;

2° Les grilles composées de deux sommiers et d'une ou deux traverses (*fig.* 70), lesquelles sont payées 0f,45 le kilogramme (Série N° 149) quand elles n'ont pas d'arcs-boutants, et 0f,54 avec arcs-boutants (Série N° 150).

3° Les grilles composées de deux sommiers et de deux ou trois traverses avec culots ou lances par le haut et pontets par le bas, en fonte sur modèle (*fig.* 71 et 72), payées 0f,56 sans arcs-boutants et 0f,67 avec arcs-boutants (Série Nos 151 et 152) ;

4° Les grilles composées de deux sommiers et de deux traverses assemblées, barreaux ronds assemblés par le bas ou terminés en pontets, le haut terminé en pointes forgées, remplissage en fer forgé

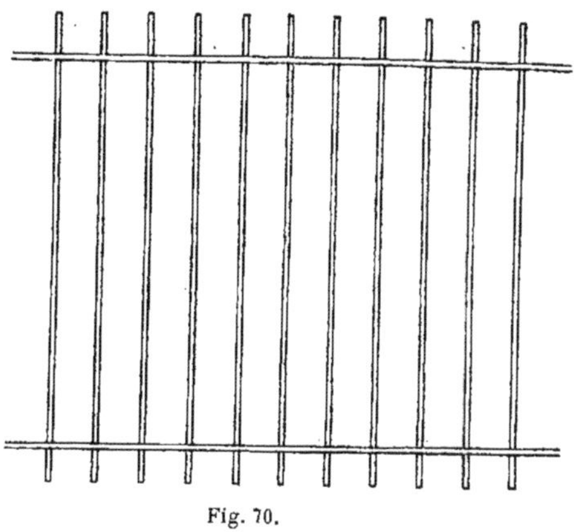

Fig. 70.

entre chaque barreau, C ou enroulements, fixés par des vis à métaux, colliers ou gaines (*fig.* 73), qui sont payées 1f,50 le kilogramme avec ou sans arcs-boutants (Série N° 153).

Fig. 71 et 72.

Tous ces prix s'entendent pour des grilles avec barreaux ronds de 0,016 de diamètre et au dessus. Les grilles exécutées en fer au-dessous de 0,016 de diamètre, sont à traiter de gré à gré suivant leur construction (Série N° 155).

A ce sujet, nous tenons à faire observer qu'il serait préférable de faire partir les prix aux barreaux ronds de 0.018 au lieu de 0.016 et d'indiquer une hauteur minimum de 1^{m},50 pour les barreaux. La main-d'œuvre est, en effet, absolument la même, que les barreaux aient 2^{m},25 ou 1^{m},25 de hauteur et 0,018 ou 0,016 de diamètre; mais, dans ces derniers cas, le poids de la grille est trop faible pour compenser la main-d'œuvre. Du reste, les prix de Série des trois premières catégories de grilles sont insuffisants, ainsi que le prouvera le sous-détail suivant de la première grille :

Fers (prix moyen)	le kil.	0^{f},163
Charbon		0^{f},01
Façon et pose		0^{f},19
Transport		0^{f},01
Faux frais 25,75 0/0 sur 0^{f},19		0^{f},049
Total		0^{f},422
Bénéfice 10 0/0		0^{f},042
Total		0^{f},464

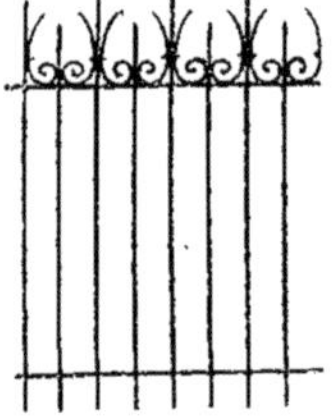

Fig. 73.

soit 0^{f},46 le kilogramme, tandis que le prix de Série n'est que de 0^{f},41.

La proportion entre le prix de Série et le sous-détail est la même pour les autres grilles.

En ce qui concerne le nombre de traverses, la Série en indique aux N°s 151 et 152 jusqu'à cinq (2 sommiers et 2 ou 3 traverses). Il est évident que le prix reste le même ou devrait plutôt être augmenté quand il n'y a que deux traverses en tout, car la traverse est la partie la plus lourde de la grille, qui exige relativement peu de main-d'œuvre. Par conséquent, moins il y a de traverses, plus le prix est onéreux pour l'entrepreneur.

Pour la 2e catégorie de grilles, dans le cas où les barreaux sont terminés en pointes forgées, il y a lieu de compter ces pointes en plus à 0^{f},40 la pièce.

Quant à la dernière catégorie, la Série n'a prévu certainement qu'un cours de

Fig. 74.

remplissages en fer forgé, comme nous l'indiquons (*fig.* 73). S'il en existait plusieurs, on devra appliquer l'article 154 de la Série qui dit :

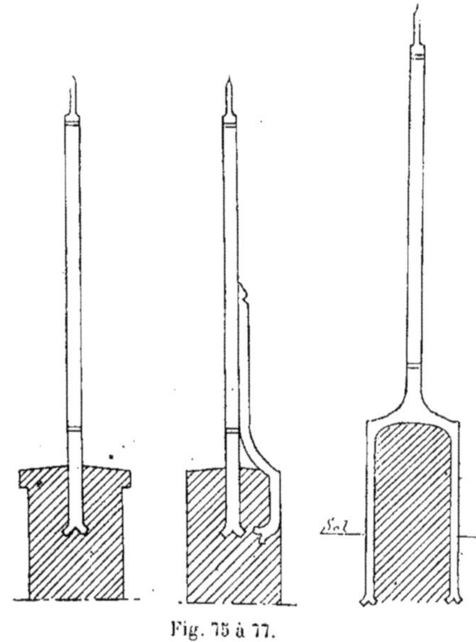

Fig. 75 à 77.

« Les grilles exécutées sur dessin spécial « seront payées le même prix que ci-dessus; « il sera accordé une plus-value pour différence de main-d'œuvre. »

Par conséquent, une grille de la composition de celle indiquée (*fig.* 74) sera à compter d'abord au kilogramme au prix de 1^{f},50 (Série N° 153), y compris le cours d'ornement du haut. Les autres ornements seront à détailler, comme nous l'indiquerons plus loin à l'article *Fer forgé.*

Sont à considérer comme grilles avec

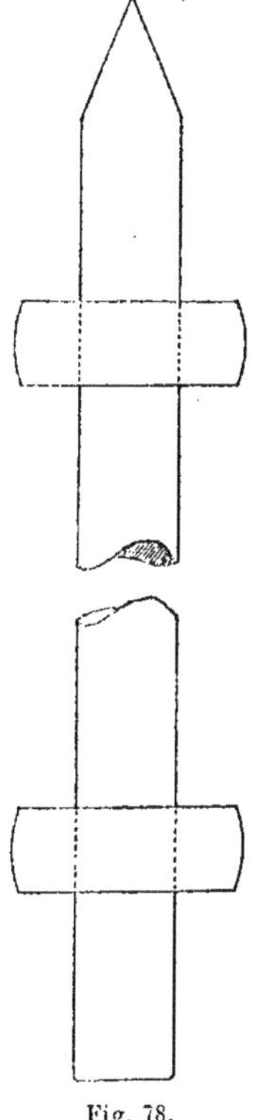

Fig. 78.

arcs-boutants, toutes celles qui ont, de distance en distance, un montant en fer méplat à scellement par le bas, que ce montant soit simple ou muni d'une ou deux jambes de force (*fig.* 75 à 77).

Tous les prix dont nous venons de parler s'appliquent aux grilles à barreaux ronds. Les *grilles avec barreaux en fer carré* sont à payer aux mêmes prix avec une plus-value fixe de 0^{f},30 par kilogramme (Série N° 162).

21. *Plus-values diverses.* — Quand les traverses et arcs-boutants sont arrondis sur champ (*fig.* 78), il y a à appliquer une plus-value de 0^{f},12 par kilogramme à l'ensemble de la grille (Série N° 156).

Pour les grilles circulaires en plan ou avec traverses cintrées en élévation, la plus-value à compter est de 0^{f},08 par kilogramme et par traverse cintrée (Série N° 159).

Lorsque les traverses sont renflées au

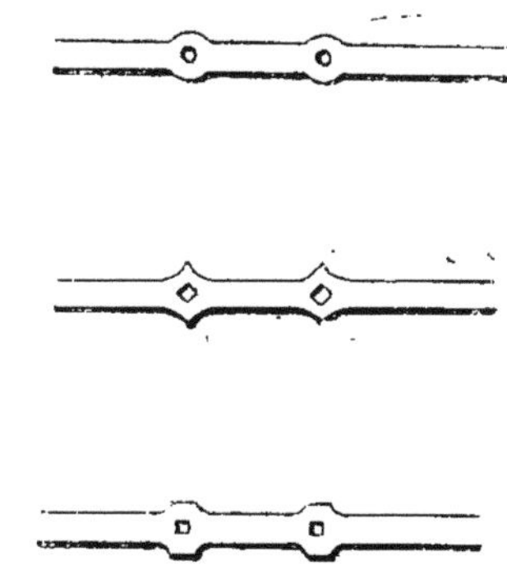

Fig. 79 à 81.

droit des barreaux, la Série prévoit les plus-values suivantes :

Pour les grilles à barreaux ronds :

Pour chaque trou renflé ordinaire (*fig.* 79), la pièce 1^{f},00 (Série N° 157).

Pour les grilles à barreaux carrés :

Pour chaque trou renflé sur l'angle (*fig.* 80), la pièce 1^{f},50 (Série N° 163).

Pour chaque trou renflé sur plat (*fig.* 81), la pièce 2^{f},00 (Série N° 164).

Lorsque les renflements seront obtenus au moyen du rabotage (au lieu d'être forgés), ils seront payés moitié des prix ci-dessus (Série N° 165).

Grilles ouvrantes.

22. Les grilles ouvrantes sont à payer aux mêmes prix que celles dormantes, suivant leur composition, mais avec une plus-value fixe de 0^{f},18 par kilogramme s'appliquant à l'ensemble du poids de la grille (Série N° 158). Cette plus-value comprend les colliers, congés et crapaudines. Quand les grilles sont ferrées avec paumelles, ces dernières sont à payer à part. Sont également à payer à part les crémones, verrous, serrures, targettes, etc., en un mot toutes les pièces de ferrures.

La plupart des grilles ouvrantes ont dans le bas des panneaux de soubassement en tôle qui sont à peser avec la grille et à payer au même prix, ainsi que les cadres en fer cornière ou les croisillons servant à les fixer. Par contre, les cadres en fer à moulures ou en fonte moulurée, les palmettes et les rosaces en fonte formant ornement sur les panneaux, sont à détailler et à payer à part. Les volets en tôle à dents découpées qui se posent souvent sur les grilles pour empêcher la vue à l'intérieur des propriétés, sont également à payer à part suivant leur valeur.

La plus-value pour parties ouvrantes n'est applicable qu'aux vantaux de grilles et aux arcs-boutants qui les supportent; les parties fixes qui viendraient s'assembler dans les arcs-boutants ne participent pas à cette plus-value (Série N° 160).

Dans le cas où il y aurait un guichet ouvrant dans un vantail de grille, il faudrait appliquer la plus-value de 0f,18 d'abord au poids total du vantail et ensuite une deuxième fois au poids du guichet.

Grilles refaçonnées.

23. Quand les grilles sont façonnées seulement, sans fournitures de fer, les prix à payer pour cette façon, compris tous transports et ajustements, sont les suivants :

Grilles dormantes, à barreaux ronds, les barreaux à scellement de chaque bout	le kilogramme	0f,33	(N° 202)
Grilles avec deux sommiers et une ou deux traverses :			
Sans arcs-boutants	le kilogramme	0f,34	(N° 203)
Avec arcs-boutants	»	0f,41	(N° 204)
Grilles composées de deux sommiers et deux ou trois traverses avec culots ou lances par le haut et pontets par le bas, en fonte sur modèle :			
Sans arcs-boutants	le kilogramme	0f,41	(N° 205)
Avec arcs-boutants	»	0f,52	(N° 206)

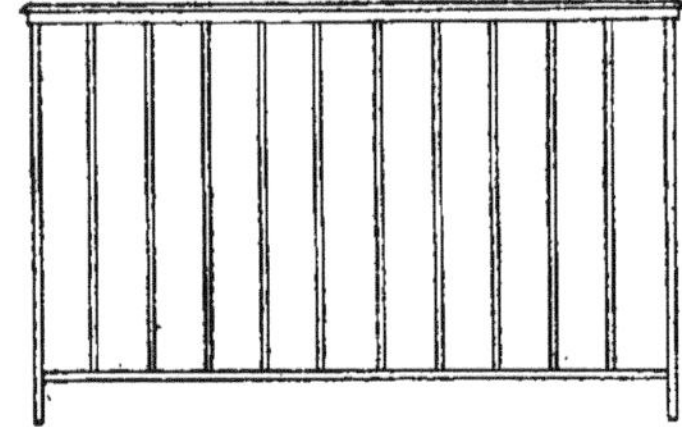

Fig. 82 et 83.

Pour les grilles refaçonnées avec barreaux en fer carré, les prix ci-dessus seront augmentés d'une plus-value fixe de 0f,11 par kilogramme (Série N° 207).

Terrasses et balcons.

24. Il existe, à la Série, trois catégories de grands balcons :

1° Avec ou sans arcs-boutants, à congés, châssis en fer carré, remplissage en barreaux ronds, sans panneaux ni frise (*fig.* 82), le kilogramme 0f,56 (Série N° 166) ;

2° Avec ou sans arcs-boutants, à congés, châssis en fer carré, remplissage en barreaux ronds, avec double châssis par le haut et frise en fonte (*fig.* 83), le kilogramme 0f,72 (Série N° 167);

3° Avec ou sans arcs-boutants, à congés, châssis en fer carré, remplissage en panneaux de fonte ornée du commerce, avec ou sans frise ou double châssis (*fig.* 84), le kilogramme 0f,90 (Série N° 168).

Les *balcons saillants*, semblables aux précédents, pour baies jusqu'à 1m,50 de largeur seront payés 1f,13 le kilogramme (Série N° 170). Au-dessus de cette largeur, ils seront payés comme grands balcons (Série N° 171).

La Série paie les balcons saillants, plus cher que les grands balcons, en raison de leur faible poids par rapport au montage qui est le même que celui des grands balcons. Elle fixe comme limite une largeur de baie de 1m,50. A ce propos, il nous semble qu'il serait plus rationnel de classer les balcons suivant leur hauteur et de payer, par exemple, comme grands balcons, ceux de 0m,80 et plus, et comme balcons saillants ceux de moins de 0m,80 de hauteur.

En effet, pour une baie de 1m,80 de largeur avec une allège de 0m,50, l'entrepreneur aura à fournir un balcon saillant de 0m,45 de hauteur et de 2 mètres de longueur pesant 40 kilogrammes, qui, aux termes de la Série, sera payé comme grand balcon, tandis qu'un balcon de 1m,50 de longueur, mais de 1 mètre de hauteur, pesant 55 kilogrammes, pour lequel la main-d'œuvre aura été absolument la même que pour le précédent, sera payé comme balcon saillant. Il y a là une anomalie que nous signalons à la commission de revision de la Série.

Fig. 84.

Les mains-courantes en fer des balcons, ainsi que les ajustements, les trous fraisés et taraudés et les vis à métaux sont à payer à part (Série N° 169).

Tôles.

25. Ainsi que nous l'avons dit à l'article traitant de l'échelle mobile, le prix de règlement des tôles s'obtient en ajoutant 21 0/0 au prix d'achat. Les prix de la Série sont les suivants :

1° *Tôle striée*, pour seuils, etc., pour quantité inférieure à la feuille entière ; le kilogramme, 0f,32 (Série N° 172) ;

2° *Tôle des Ardennes*, pour soupiraux, recouvrements, etc., au-dessous de 5mm 1/2 ; le kilogramme, 0f,26 (Série N° 173) ;

La même, de 5mm 1/2 et au-dessus ; le kilogramme, 0f,30 (Série N° 173 *bis*) ;

Le *planage* de la tôle se paie 6 francs le mètre superficiel (Série N° 174).

Le *dressement des rives* au burin et à la lime que la Série a fixé uniformément à 1 franc le mètre linéaire (n° 175), devrait être payé suivant l'épaisseur de la tôle, car plus la tôle est épaisse, plus le dressement des rives est coûteux. La Série admet elle-même ce principe, parce qu'elle a indiqué aux N°s 177 à 186 dix prix différents pour le découpage de la tôle suivant son épaisseur de 0^m,001 à 0^m,010, prix variant de 0^f,75 à 3^f,92 le mètre linéaire.

En ce qui concerne ces derniers prix, la Série spécifie qu'ils sont applicables pour le découpage à la machine et pour ajours ou contours dessinés seulement. Ils ne s'appliquent, par conséquent, pas aux parties droites, qui devront être payées séparément comme dressement de rives, à moins qu'ils ne fassent partie du dessin découpé.

Le même travail exécuté à la scie à main, quand le découpage à la machine aura été reconnu impossible, sera payé une fois et demie le prix du découpage à la machine (Série n° 187). Nous croyons que cet article est rarement applicable, si on le prend au pied de la lettre, car il est presque toujours possible de faire faire le découpage à la machine. Par contre, sommes-nous d'avis de l'appliquer chaque fois que le découpage a été fait sur une petite quantité de plaques ou que son développement a été trop peu important pour le faire faire dans une maison spéciale. Il est évident que l'on ne peut pas demander à un entrepreneur ayant à exécuter 2 mètres de découpage sur de la tôle de 0^m,002 (découpage qui lui sera payé 1^f,17 le mètre), de dépenser 2 heures d'ouvrier ou d'aide pour le transport de la plaque chez un découpeur.

L'article 188 de la Série paie le découpage au poinçon, fini au burin et à la lime, la moitié des prix du découpage à la machine, en ajoutant que cet article s'applique aux ajours ou contours pouvant être obtenus par simple poinçonnage, et dont l'abatage des bavures est fait au burin et à la lime, c'est-à-dire un simple ébarbage.

Les *trous d'aération* de 0^m,005 à 0^m,030 percés à la machine dans la tôle, compris tracé et division, sont payés 0^f,05 la pièce (Série N° 176).

26. Les *clous à bateaux* sont employés dans le bâtiment pour faciliter l'adhérence des enduits en plâtre, et pour le scellement des poteaux d'huisserie et des lambourdes. Ceux ordinaires sont payés 0^f,49 le kilogramme et les clous à bateaux HLB, dits mariniers, 0^f,60 (Série N°s 246 et 247). Ces derniers, qui sont employés de préférence par les entrepreneurs, sont facilement reconnaissables à la lettre H qu'ils portent sur la tête.

27. Les *rappointis* servent au maçon pour maintenir les bandeaux et corniches ou d'autres ouvrages en plâtre d'une grande épaisseur. Ils sont payés 0^f,34 le kilogramme (Série N° 251).

Fontes.

Colonnes.

28. Le prix des colonnes au kilogramme est le même pour celles des modèles du commerce et pour celles fondues sur modèles faits exprès, sans moulures. Pour ces dernières, les frais de modèles seuls sont à payer à part. Voici les prix de la Série :

Colonnes pleines (*fig.* 29)	le kilogramme	0^f,18	(N° 267)
Colonnes pleines à double étage (*fig.* 30)	»	0^f,18	(N° 268)
Colonnes creuses :			
Parois de 0^m,03 d'épaisseur	»	0^f,22	(N° 269)
Parois au-dessous de 0^m,03 d'épaisseur	»	0^f,29	(N° 270)

Tous ces prix s'appliquent à des colonnes unies. Les colonnes moulurées ou ornées, qu'elles soient pleines ou creuses, sont à payer suivant le prix du fabricant, augmenté de 10 0/0 pour bénéfice.

La pose des colonnes est payée au kilogramme : 0^f,02 pour les colonnes pleines et 0^f,03 pour celles creuses ou à deux étages (Série N°s 281 et 282).

Le montage par chaque étage de colonnes superposées ou non doit être payé moitié en plus de ces deux prix.

Tuyaux.

29. La Série a, depuis quelques années, supprimé le prix des tuyaux en fonte à la serrurerie, sans doute avec intention. Car s'il était, dans ces derniers temps encore, d'usage de faire fournir par le serrurier (à son grand détriment) les tuyaux nécessaires à la construction d'un bâtiment, l'habitude se répand aujourd'hui de plus en plus de faire fournir les tuyaux par ceux des entrepreneurs qui en font la pose (les tuyaux de chute par le maçon et les tuyaux de descente par le couvreur). Nous donnons ci-dessous les prix de règlement de la Série de plomberie, édition 1905, pour les tuyaux de descente en fonte (Canalisation d'eau N°s 70 et 71) :

	UNIS	OVALES	CANNELÉS
De 0^{m},65 de longueur et au-dessus	0^{f},19	0^{f},22	0^{f},25
Raccords desdits ..	0^{f},21	0^{f},24	0^{f},27

Ces prix sont applicables aux fournitures de tuyaux faites par l'entrepreneur de serrurerie, conformément à l'article 2041 de la Série, qui dit : « Les fournitures ou « ouvrages non compris dans la présente « Série, s'ils se trouvent inscrits dans l'une « quelconque des Séries de prix éditées « par la Société centrale, seront payés « aux prix portés auxdites Séries. »

Balcons.

30. Les prix indiqués à la Série sont ceux des balcons en fonte à poser en tableaux, livrés par le fondeur directement au bâtiment et n'ayant subi aucune façon. Ces prix s'appliquent aussi bien aux balcons des modèles du commerce qu'à ceux faits sur modèle. Dans ce dernier cas, les frais de modèles seuls sont à payer en plus. Les balcons en fonte (*fig.* 31) sont payés 0^{f},34 le kilogramme (Série N° 253). Ceux recoupés, c'est-à-dire les balcons faits sur commande dont les dimensions ne figurent pas aux albums des fabricants, sont payés 0^{f},44 le kilogramme (Série N° 255).

Ne doivent pas être considérés comme balcons recoupés ceux auxquels on a coupé simplement les scellements des traverses, pour les mettre en saillie sur pitons en fonte. Dans ce cas, les coupes sont à payer à part à la pièce, ainsi que les pitons en fonte et les mains-courantes en fer.

Pour les balcons avec feuilles détachées, les prix du balcon lui-même ne changent pas ; mais les feuilles détachées sont à payer en plus 0^{f},83 le kilogramme (Série N° 254). Les trous et les vis à métaux servant à fixer ces feuilles sont également à payer à part.

Nous trouvons ensuite à la Série les prix ci-dessous pour balcons en fonte, sans cadre, pour mettre en saillie :

Balcons ordinaires, sans feuilles détachées..........	le kilogramme	0^{f},35	(N° 257)
Balcons *idem*, avec feuilles détachées (le balcon au prix ci-dessus). Les feuilles détachées................	»	0^{f},82	(N° 258)
Les mêmes recoupés (le balcon proprement dit).....	»	0^{f},46	(N° 259)
Balcons à motifs cintrés en plan :			
Flèche inférieure à 1/20 de la longueur............	»	0^{f},67	(N° 260)
» supérieure » »	»	0^{f},68	(N° 261)
Les mêmes recoupés :			
Flèche inférieure à 1/20 de la longueur	»	0^{f},76	(N° 262)
» supérieure » »	»	0^{f},88	(N° 263)
Balcons à motifs cintrés en élévation (c'est-à-dire balcons galbés)..	»	0^{f},85	(N° 264)
Balcons à motifs cintrés en élévation et en plan (prix moyen)..	»	1^{f},77	(N° 265)

Ces prix figurent à la Série à titre de renseignement, car il n'est pas d'usage de livrer à un propriétaire des balcons en fonte sans cadre et sans être montés. Mais ils sont utiles pour établir le détail des grands balcons ou des balcons saillants montés avec des panneaux autres que ceux ordinaires.

Voici, comme exemple, le détail d'un balcon saillant à motifs cintrés en élévation :

Numéros de Série				
170	Fourniture d'un balcon galbé de 1m,50 de longueur sur 0m,60 de hauteur avec châssis en fer carré de 0m,020, remplissage en panneaux de fonte ornée du commerce (*fig.* 85), pesant	48k,00	1f,13	54f,24
Différence entre les nos 257 et 264	Plus-value pour panneaux de fonte cintrés en élévation au lieu de panneaux ordinaires, pesant	34k,00	0f,50	17f,00
1156	Fourni une main-courante en fer à moulures 1/2 rond de 0.040 de 1m,90 développé	1m,90	2f,05	3f,90
1167, 1170	Fait 2 ajustements d'angle à double onglet	2	1f,05	2f,10
1116, 1122	Pour la fixer percé 8 trous fraisés	8	0f,12	0f,96
1117, 1123	Contrepercé 8 trous de 0.010 et taraudés	8	0f,22	1f,76
2026	Fourni 8 vis à métaux de 0.015 et posés	8	0f,20	1f,60

Fig. 85.

Nous donnerons d'autres exemples de l'application de ces prix dans les métrés de maisons de rapport (chapitre IV).

31. Voici les autres prix de règlement indiqués à la Série pour la fonte :

Barres d'appui (*fig.* 34)	le kilogramme	0f,35	(No 266)
Garnitures de rampes sans pièces battues et pilastres d'escaliers en fonte ornée	»	0f,58	(No 271)
Garnitures de rampes à pièces battues et pilastres d'escaliers à pièces battues	»	0f,79	(No 272)

(Ces deux derniers prix ne figurent à la Série qu'à titre de renseignement, pour établir la plus-value à compter pour une rampe à pitons en fonte, quand les garnitures sont à pièces battues. Même observation pour les pilastres.)

Panneaux de portes (*fig.* 86) :

Ordinaires, sans appliques détachées	»	0f,67	(No 273)
» sur mesures spéciales (panneaux recoupés)	»	0f,84	(No 274)
Avec appliques détachées	»	0f,84	(No 275)
» » » sur mesures spéciales	»	1f,00	(No 276)

(Dans le cas où il aura été percé des trous dans les

panneaux en fonte, ces trous seront à payer en plus, ainsi que les vis s'il en a été fourni.)

Pilastres de rampes d'escalier :

Fonte unie	le kilogramme	$0^f,46$	(N° 277)
» ornée	»	$0^f,52$	(N° 278)

Ces deux derniers prix ne sont applicables, que lorsque les pilastres ne rentrent pas dans la catégorie de ceux indiqués à la quincaillerie aux articles 1173 à 1182. Dans ce cas, il y a à payer, en plus du prix de la fonte au kilogramme, tous les accessoires du pilastre, tige à scellement, soie taraudée, trous, etc., ainsi que la pose.

Le prix de $0^f,52$ pour pilastre en fonte ornée (Série N° 278) fait double emploi et est erroné, ce même pilastre étant payé $0^f,58$ au N° 271 de la Série.

Les prix des fournitures de fonte seront modifiés, s'il y a lieu, et appliqués suivant les prix courants à l'époque de la fourniture avec 10 0/0 en plus pour tous frais et bénéfice (Série N° 280).

Dans le cas où un double transport aura été nécessaire par suite d'un travail d'assemblage ou autre façon n'ayant pu s'effectuer au chantier, la Série accorde une plus-value de $0^f,01$ par kilogramme sur les fontes (N° 279).

Plomb pour scellements.

32. La fourniture de plomb vieux pour scellement de grilles, balcons, pilastres, etc., est à payer suivant le prix marchand (sans remise) du plomb neuf au cours du jour de la fourniture, avec une moins-value de $0^f,11$ par kilogramme sur le cours du plomb neuf (Série N° 283).

Le coulage du plomb, compris charbon et résine, est payé $0^f,11$ le kilogramme (Série N° 284).

Par conséquent, le plomb vieux fourni pour scellement, y compris la façon, est à payer au cours du plomb neuf (parce qu'on doit déduire $0^f,11$ d'une part et ajouter $0^f,11$ de l'autre).

Peinture de fer ou fonte.

33. La peinture au minium, oxyde de fer ou goudron de gaz, se compte au mètre superficiel pour les gros fers, à $0^f,37$ le mètre et par couche (Série N° 285).

La peinture des fers au-dessous de $0^m,14$ de développement, est payée au mètre linéaire à $0^f,05$ le mètre (Série N° 286).

La Série indique également un prix de $0^f,01$ par kilogramme, lorsque le

Fig. 86.

métrage présentera de grandes difficultés (N° 287).

Il est toujours préférable de compter la peinture au mètre superficiel, d'autant plus que les difficultés de métrage sont plus apparentes que réelles. La peinture d'une solive en fer à I de $0^m,12$ développant $0^m,40$ de superficie et pesant 10 kilogrammes par mètre sera, par exemple, payée au mètre superficiel $0^m,40$ à $0^f,37 = 0^f,15$, tandis qu'au poids elle ne sera payée que 10 kilogrammes à $0^f,01 = 0^f,10$. La proportion est à peu de chose près la même pour tous les fers spéciaux.

Lorsque, pour les peindre, il aura été nécessaire de déplacer les fers, ce ripage, y compris agrès (quand il n'aura pu être évité), donnera lieu à une plus-value de 0f,005 par kilogramme (Série N° 288).

QUINCAILLERIE

34. Nous ne parlerons pas, dans ce chapitre, des articles de quincaillerie qui se comptent à la pièce ou au mètre linéaire, et pour lesquels l'application des prix de Série les concernant ne fait aucun doute. Nous donnerons la figure de ces articles dans le courant du chapitre IV (exemples de métré) en indiquant la manière de prendre leur mesure suivant la désignation de la Série. Nous nous bornerons donc à traiter ici des articles dont le texte de la Série pourrait donner lieu à controverse ou qui demandent une explication au sujet du détail à faire dans l'établissement d'un mémoire. Pour plus de clarté, nous ne parlerons que des articles figurant à la Série de la Société centrale des Architectes, et nous donnerons à la fin du présent traité un résumé de tous ceux dont il n'est pas fait mention dans cette Série, mais qui figureront dans nos exemples de métré.

35. Les *crémones* sont payées à la Série jusqu'à 2 mètres de longueur. Quand cette mesure est dépassée, il y a à payer la longueur en plus suivant le diamètre de la tringle, ainsi que la soudure qu'on est obligé de faire pour allonger la crémone. Cette soudure est payée 0f,60 (Série N° 1329). Il arrive quelquefois qu'il y a nécessité de faire deux soudures pour mettre le bouton de la crémone au niveau d'un petit bois horizontal. Dans ce cas, les deux soudures sont à payer à l'entrepreneur.

Les crémones dites de Paris R.G. — L. R. — D. P. 1re qualité, doivent avoir leurs fers complètement demi-ronds, c'est-à-dire les tringles de 0m,018 doivent avoir 0m,009 d'épaisseur (*fig.* 87), et leur excentrique doit être en fer estampé. Les crémones ne remplissant pas ces conditions sont à payer comme crémones ordinaires (Série N° 668).

36. La Série indique deux prix pour entaille dans le bois de ferrures comptées au kilogramme jusqu'à 0m,011 de profondeur :

1° *Entaille ordinaire*, de 0m,02 de largeur à 1f,05 le mètre, avec une plus-value de 0f,15 par chaque centimètre de largeur en plus (Série Nos 694 et 695).

2° *Entaille bien faite* de 0m,03 de largeur à 1f,70 le mètre, avec une plus-value

Fig. 87.

de 0f,20 par chaque centimètre de largeur en plus (Série Nos 696 et 697).

Le prix pour entaille ordinaire ne s'applique qu'à des ferrures (équerres, plates-bandes, etc.) posés sur charpente en bois non apparente. Pour toutes celles posées sur bois de menuiserie ou charpente apparente, il faut appliquer le prix de l'entaille bien faite.

Les entailles de plus de 0m,011 de profondeur sont à compter à raison de 1/3 en plus des prix ci-dessus pour fraction de 0m,005 de profondeur (Série N° 699).

Prenons, par exemple, l'entaille d'un pivot de porte cochère en fer de 0m,060 × 0m,020. Cette entaille sera à payer au prix de 3f,83 le mètre, se composant comme suit :

Entaille bien faite de 0m,03 de largeur, le mètre	1f,70
0m,03 de largeur en plus, à 0f,20 le centimètre	0f,60
Ensemble	2f,30
Entaille de 0m,020 de profondeur au lieu de 0m,011, soit en plus pour 2 fractions de 0m,005 de profondeur, 2/3 de 2f,30	1f,53
Total	3f,83

Les *entailles cintrées* seront payées 50 0/0 au plus (Série N° 698). Cette plus-value s'applique au prix total de l'entaille établi suivant la largeur et la profondeur (dans le cas ci-dessus sur le prix de 3f,83), mais pour les parties cintrées seulement.

Fig. 88.

37. Il n'y a rien à dire au sujet des *équerres simples* du commerce, qui sont payées suivant la longueur de la branche, compris entaille et pose avec vis à garnir. Posées avec vis à bois tournées, elles sont à payer 0f,10 en plus par équerre.

En ce qui concerne les *équerres doubles du commerce*, la Série indique un prix à la pièce pour 1 mètre de développement. Il faut donc, quand ces équerres ont plus ou moins de 1 mètre, augmenter ou diminuer leur prix en prenant le chiffre de la Série comme valeur d'un mètre.

Quant aux *équerres fortes de façon*, la Série les divise en deux catégories, celles *sans congé*, coudées sur plat ou sur champ, et celles *à congé*, coudées sur plat seulement, demi-blanchies, les arêtes bien dressées, entaillées et posées avec vis, et les paie suivant qu'elles sont en fer de 0m,025 × 0m,005, 0m,030 × 0m,006 ou 0m,035 × 0m,007. Chaque équerre est payée d'abord un prix fixe pour 0m,20 de développement, et les branches en plus sont payées au mètre linéaire.

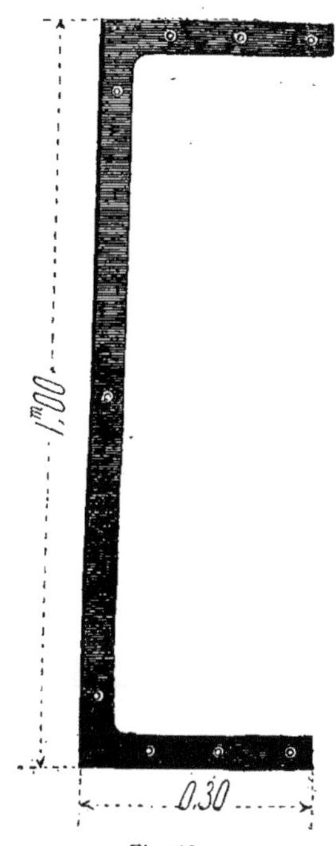

Fig. 89.

Exemple :

Equerre forte de façon à congé en fer de 0m,035 × 0m,007 de 0m,50 développé (*fig.* 88), entaillée et posée avec vis, valeur pour 0m,20 (Série N° 717)	2f,05
Linéaire de branches en plus, 0m,50 — 0m,20 = 0m,30 à 4f,60 le mètre (Série N° 718)	1f,38
Total	3f,43

Lorsque les équerres seront doubles, la valeur de 0m,20 sera doublée (Série N° 719).

Exemple :

Equerre forte de façon à congé en fer de 0m,035 × 0m,007 de 1m,60 développé (*fig.* 89), entaillée et posée avec vis, valeur pour 0m,20 .... 2f,05

Plus-value pour équerre double, la valeur de 0m,20 doublée 2f,05

Linéaire de branches en plus, 1m,60 — 0m,40 = 1m,20 à 4f,60 le mètre 5f,52

Total 9f,62

Les équerres à congé sont employées principalement pour le ferrage des portes vitrées. Il arrive quelquefois que les vérificateurs les règlent comme équerres sans congé, sous prétexte que l'entrepreneur a plus de facilité à les faire à congé que de faire un angle à vive arête à la lime. Nous ne voulons pas faire ici une dissertation sur le plus ou moins de facilité de la fabrication des équerres avec ou sans congé ; nous tenons tout simplement, à faire remarquer que la Série a voulu payer les équerres des portes comme équerre à congé, vu qu'à l'article 931, où

Fig. 90.

il est question des paumelles doubles, *à équerres doubles, à congé*, il est dit expressément que le surplus des branches doit être payé aux prix des équerres de façon Nos 713 à 721, c'est-à-dire des équerres à congé. Il est évident que, lorsqu'une équerre doit être payée d'une certaine manière quand elle fait partie d'une paumelle, elle doit être payée de même quand elle est seule.

Les équerres formant T simple (*fig.* 90) seront payées comme les équerres simples, et les équerres formant T double (*fig.* 91) seront payées comme les équerres doubles (Série N° 721).

Au N° 720 de la Série, il est dit :

Lorsque les équerres n'auront été ni entaillées, ni chanfreinées, on déduira, par mètre de développement des branches :

1° Pour celles sans congé, le prix des entailles ordinaires sous les Nos 694 et 695 ;

2° Pour celles à congé, le prix des entailles bien faites sous les Nos 696 et 697.

Au sujet du principe de cette déduction, il n'y a rien à dire; mais, en l'appliquant telle que la Série l'indique, il arrive qu'une équerre sans congé non entaillée sera payée plus chère qu'une équerre à congé.

Prenons, par exemple, une équerre sans congé en fer de 0m,030 × 0m,006 de 1m,00 développé non entaillée ni chanfreinée. Elle sera payée pour un développement de 0m,20 (Série N° 709) 1f,60

Linéaires de branches en plus 0m,80 à 3f,65 le mètre (Série N° 710) 2f,92

Ensemble 4f,52

A déduire 1m,00 d'entailles ordinaires de 0m,030 de largeur (Série Nos 694 et 695) 1f,20

Reste 3f,32

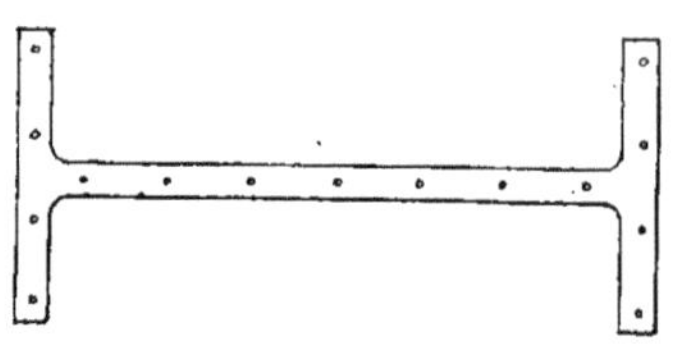

Fig. 91.

La même équerre, mais à congé, sera payée pour 0m,20 de développement (Série N° 715) 1f,85

Linéaire de branches en plus 0m,80 à 3f,75 le mètre (Série N° 716) 3f,00

Ensemble 4f,85

A déduire 1m,00 d'entailles bien faites de 0m,030 de largeur (Série N° 696) 1f,70

Reste 3f,15

Il serait donc plus logique de déduire pour toutes les équerres le prix des entailles bien faites, d'autant plus que les équerres de façon se posent ordinairement sur de la menuiserie, et que le prix des entailles ordinaires ne doit pas s'appliquer dans ce cas-là.

38. Espagnolettes. — Il ne figure plus aujourd'hui à la Série de la Société centrale que l'*espagnolette à poignée verticale* S. T. (*fig.* 92). Les prix sont établis pour une longueur de 2 mètres, suivant le diamètre de la tringle et comprennent l'espagnolette complète avec garniture en fonte unie, deux embases et crochets de rappel. Les gâches seules sont à payer en plus aux prix indiqués également à la Série (N°s 740 et 741). Quand les espagnolettes ont plus de 2 mètres, il y a à payer la longueur en plus, suivant le diamètre de la tringle et une soudure au prix de 0f,60 (Série N° 1342).

Comme il arrive encore parfois que l'on ait à fournir dans d'anciennes maisons des *espagnolettes ordinaires*, nous reproduisons ci-dessous le détail des prix de ces espagnolettes, tel qu'il existait dans les premières éditions de la Série de la Société centrale et qu'il existe encore aujourd'hui à la Série de la Ville de Paris, édition 1882 (N°s 749 à 770) :

Espagnolette ordinaire (au mètre linéaire).

Tringle noire, lacet rond :

De 0.013 de diamètre........	2f,50
De 0.016 »	2 ,55
De 0.018 »	3 ,05

Tringle noire, lacet carré :

De 0.013 de diamètre........	3 ,40
De 0.016 »	3 ,65
De 0.018 »	4 ,00

Tringle blanchie :

Plus-value par mètre linéaire...	0 ,65

Accessoires d'espagnolette (à la pièce) :

Gâche renforcée, entaillée, posée avec vis........................	0 ,40

Poignée pleine :

De 0.16 de longueur.........	1 ,05
De 0.19 »	1 ,25
Forte et polie, en plus.......	1 ,10

Poignée évidée à feuille, bouton à patère :

De 0.16 de longueur.........	1 ,25
De 0.19 »	1 ,60

Poignée à la grecque, bouton à patère :

De 0.16 de longueur.........	1f,50
De 0.19 »	1 ,80
De 0.19 demi-renforcée......	1 ,90
De 0.19 renforcée...........	2 ,20

Support plein, à charnière, demi-renforcée	0 ,85

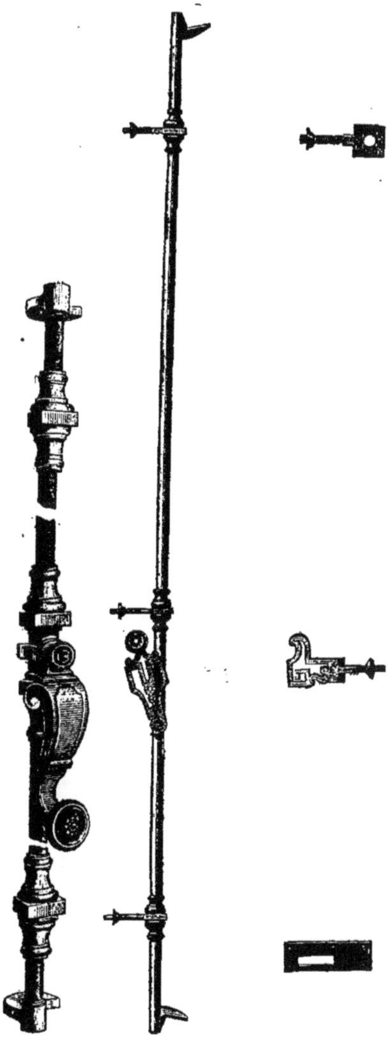

Fig. 92 et 93.

Support évidé :

A console 1f,25
A console et renforcé 1,35
A la grecque 1,55
A la grecque et renforcé 1,75

Par conséquent, une espagnolette ordinaire semblable à celle de notre figure 93 se détaille comme suit :

Espagnolette ordinaire, tringle noire, lacet carré, de 0.018 de diamètre et de 2m,00 de longueur, posée à 4f,00 le mètre 8f,00

Poignée à la grecque, bouton à patère, de 0.19 renforcée 2,20

Support évidé, à la grecque et renforcé 1,75

2 gâches entaillées et posées avec vis à 0f,40 l'une 0,80

39. Les *gâches* indiquées à la Série

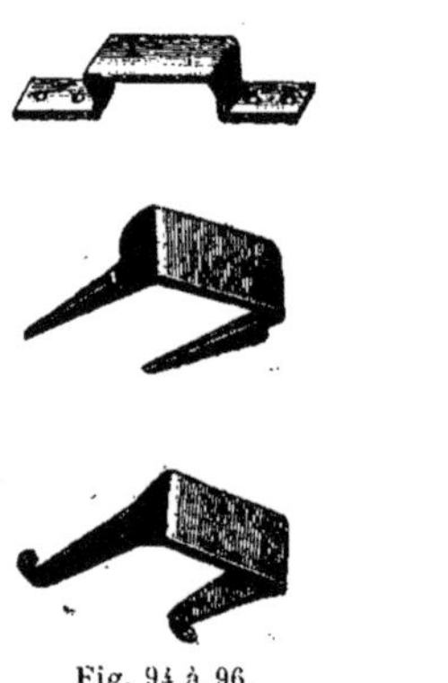

Fig. 94 à 96.

du N° 778 au N° 797 sont toujours à payer en plus des ferrures dont elles font partie. En ce qui concerne les gâches platines, droites ou coudées, pour verrous et targettes, la Série n'indique pas de mesure. Nous sommes d'avis que ces gâches doivent être payées au prix de la Série Nos 778 et 779 jusqu'à 0m,13 à l'équerre. Au-dessus de cette mesure, il y a lieu de les compter comme plaques de recouvrement en tôle avec entailles et empênages. Il est, en effet, logique de n'appliquer les prix de Série qu'aux gâches du commerce et de ne pas payer une gâche qui, par suite de manque de bois ou de pierre ou pour toute autre raison, aura 0m,25 à l'équerre le même prix qu'une gâche de 0m,04 × 0m,03.

Quant aux gâches pour becs-de-cane et serrures, toutes celles qui ne sont pas vendues par le quincaillier avec la serrure, c'est-à-dire qui ne sont pas des gâches encloisonnées, sont à payer à part, qu'elles soient à pattes, à pointes ou à scellement. Dans l'édition de 1905, la Série paie les gâches à scellement, qui formaient auparavant un article spécial, aux mêmes prix que les gâches à pattes ou à pointes, compris le scellement. Ce sont les seules ferrures de la Série de serrurerie, dont le prix comprend le scellement, de même que les gâches à pointes sont les seules ferrures pour lesquelles les trous tamponnés sont compris dans le prix.

Les prix Nos 790 à 792 de la Série s'appliquent à des gâches ordinaires, c'est-à-dire des gâches du commerce (*fig.* 94 à 96). Quand ces gâches sont faites exprès, elles sont à payer suivant leur valeur.

Pour les portes en poussant, on emploie des gâches platines ou coudées. Nous sommes d'avis de payer ces gâches aux mêmes prix que celles à pattes quand elles ne dépassent pas 0m,13 à l'équerre et de les compter au-dessus de cette mesure comme plaques de recouvrement en tôle avec entailles, empênages et coudes, s'il y a lieu.

40. Paumelles. — Il n'y a rien à dire pour les paumelles simples et doubles, dont le prix dépend de la hauteur de branche et dont nous donnerons les différentes figures dans le courant des exemples de métré.

Quant aux *paumelles à équerre*, la Série indique deux dimensions dont la première est celle de la paumelle et la seconde celle de la branche de l'équerre. Les mesures indiquées à la Série sont celles des paumelles à équerre vendues par les quincailliers. Quand les paumelles sont à équerre double à congé, les prix des paumelles à équerre sont augmentés de 0f,80 et le surplus des branches payé aux prix des équerres de façon (Série Nos 930 et 931).

Exemple :

Paumelle double à boules, à équerre double, broche bague fer de 0m,30 avec branches en fer de 0m,035 × 0m,007 de 1m,40 développé (*fig.* 97), entaillée et posée avec vis, valeur pour paumelle de 0m,30 × 0m,40 (Série N° 976) 5f,40

Plus-value pour paumelle à équerre double, à congé (Série N° 930) 0f,80

Linéaire de branches en plus, 1m,40 — 0m,70 = 0m,70 à 4f,60 le mètre (Série N° 718) 3f,22

Total 9f,42

Il peut se présenter un autre cas, celui où le fer des branches aura plus de 0m,035 × 0m,007. Il faut, alors, compter le surplus des branches au poids comme équerres de porte cochère et les entailles en plus.

Exemple :

Paumelle double à boules, à équerre double, broche bague fer de 0m,50 avec branches en fer de 0m,050 × 0m,011 de 2m,20 développé, entaillée et posée avec vis, valeur pour paumelle de 0m,50 × 0m,60 (Série N° 979) 13f,90

Plus-value pour paumelle à équerre double, à congé (Série N° 930) 0f,80

Linéaire de branches en plus, 2m,30 — 1m,10 = 1m,20 pesant 4k,285 le mètre, ensemble 5k,140 à 1f,14 le kilogramme (Série N° 142) 5f,86

Entailles bien faites de 0m,050 de largeur, 1m,20 à 2f,10 le mètre (Série Nos 696 et 697) 2f,52

Total 23f,08

La plus-value de 0f,30 par paumelle pour

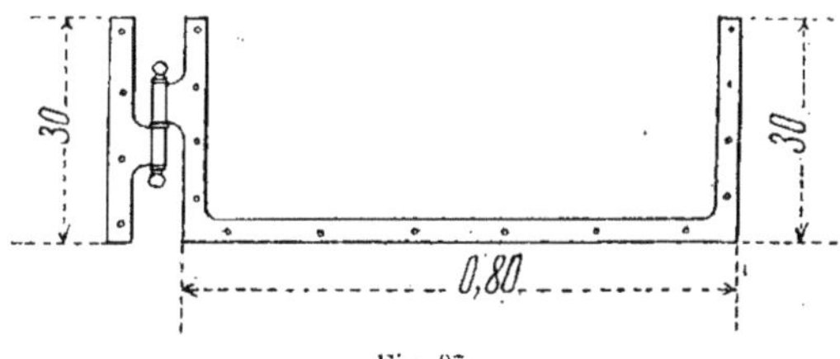

Fig. 97.

pose soignée sur chêne poli (Série N° 1098) s'applique chaque fois qu'une paumelle est posée sur bois apparent non peint (pitchpin, acajou, etc.).

41. Pentures. — La Série indique deux catégories de pentures : les pentures ordinaires et les pentures élargies au collet. Sont à payer comme *pentures ordinaires*, celles, élargies ou non au collet, qui ne sont pas chanfreinées ou chanfreinées simplement au marteau, posées sans entailles.

Les prix des *pentures élargies au collet* s'appliquent seulement à celles dressées à la lime sur l'épaisseur, entaillées, ou chanfreinées à la lime.

Quand les pentures sont fixées avec boulons à tête ronde, ces boulons sont à payer à part aux prix portés à la Série Nos 437 à 439. Ces prix ne comprennent pas le percement dans le bois, qui est à compter au prix de la Série de sonnettes.

Les gonds à scellement, à pointe ou à patte sont toujours à payer à part.

42. Percement de trous. — Les percements de *trous de foret*, à l'atelier, pour passage de vis, sont payés aux Nos 1.116 à 1.121 de la Série jusqu'à 0m,011 de diamètre et suivant leur profondeur. Les *trous fraisés* valent la moitié en plus et les *trous taraudés* le double des trous de foret (Série Nos 1122 et 1123). Quand les trous dépassent le diamètre de 0m,011 indiqué à la Série, on leur applique une plus-value proportionnée à ce diamètre. Un trou de foret de 0m,011 de diamètre et de 0m,007 de profondeur étant payé 0f,08, un trou de 0m,015 de diamètre sera à payer 0f,12, et un trou de 0m,020 de diamètre, 0f,16.

Au N° 1124, la Série dit que les percements sur place, à l'arçon ou au cliquet, seront payés suivant le temps employé. Dans la pratique, on compte ces trous ordinairement le double des trous percés à l'atelier, à moins que ce travail n'exige un temps très long, par suite de la difficulté d'accès ou d'une raison quelconque à spécifier dans le détail du mémoire.

Les *trous en mur avec scellement* sont payés comme à la maçonnerie, augmentés de 1/5 (Série N° 1125).

Pour faciliter l'emploi de ces prix, sans être obligé de les décomposer comme à la maçonnerie, nous avons dressé le tableau ci-dessous permettant de les compter au mètre linéaire ou à la pièce, et suivant les matériaux dans lesquels les percements ont été faits :

Trou, compris scellement, sans raccord, jusqu'à $0^m,32$ de côté, au mètre linéaire :

En moellon ou plâtras, ou en mur sans autre désignation	$5^f,04$
En meulière ou béton	7 ,56
En brique	7 ,68
En pierre tendre (taille N° 9)	5 ,52
En pierre demi-dure (tailles N°s 8 à 6)	8 ,46
En pierre dure (tailles N°s 5 à 3)	15 ,60
En pierre très dure (tailles N°s 2 et 1)	23 ,00
Plus-value pour scellement en ciment, sur tous les prix ci-dessus.	1 ,26

Ces prix sont calculés suivant les prix de la Série de maçonnerie, augmentés de la plus-value de 1/5 accordée par la Série de serrurerie.

Le prix pour trou en brique et scellement se décompose, par exemple, comme suit :

Trou en brique, le mètre	$4^f,30$
Scellement $0^m,50$ de légers à $4^f,20$	$2^f,10$
Ensemble	$6^f,40$
1/5 en plus	$1^f,28$
Total	$7^f,68$

Par conséquent, un trou de $0^m,10$ de profondeur dont la brique et scellement en plâtre sera à payer $0^m,10 \times 7^f,68 = 0^f,77$.

Les prix ci-dessus ne comprennent pas les raccords d'enduit. Quand ces raccords ont été réellement faits, il faut les compter à part en estimation (environ 1/5 de la valeur du scellement pour raccords unis) en tenant compte des arêtes, champs, feuillures, moulures, encoches de dégondage, d'arrêts, de gâches et autres.

Il est toujours préférable d'indiquer dans un mémoire la profondeur réelle des trous. Nous donnons ci-dessous un extrait du tableau figurant à la Série de maçonnerie et fixant les dimensions des trous auxquelles le règlement devra les arbitrer à défaut des constatations :

Anneau d'écurie, compris pose	$0^m,08$
Balcon de croisée, par chaque bout de fer et compris revêtissement	0 ,08
Balcon en fer, y compris barre d'appui en bois (pose de)	0 ,10
Grand balcon	0 ,10
Barre d'appui, y compris revêtissement	0 ,06
Barre d'appui, en fer et bois (pose de)	0 ,08
Barre de languette	0 ,05
Barre de manteau	0 ,08
Barreau de croisée ou de grille, y compris revêtissement	0 ,09
Bride ou collier ordinaire	0 ,08
Ceinture de fourneau	0 ,08
Chevêtre en fer	0 ,14
Décrottoir, chaque branche	0 ,08
Entretoise de cloison (tendeur)	0 ,05
» de mangeoire d'écurie	0 ,08
Gâche ordinaire	0 ,08
» forte	0 ,12
Gond ordinaire	0 ,15
» de forte dimension	0 ,25
» de porte cochère ou charretière	0 ,35
Gond de persienne	0 ,14
Goujon	0 ,05
Harpon	0 ,15
Linteau, pour chaque about	0 ,15
Mangeoire (about de), compris fond et face	0 ,25
Manteau de cheminée et barre	0 ,12
Mentonnet	0 ,05
Patte	0 ,10
Piton	0 ,04
Poitrail en fer (en réparation)	0 ,35
Râtelier	0 ,15
Tirefond sans plate-bande	0 ,15
Tourniquet ou arrêt	0 ,06

Les descellements et rebouchements de

trous, sans raccord, sont payés la moitié, et les descellements sans bouchements de trous le quart des trous et scellements (Série de Maçonnerie N^os^ **1237** et **1238**).

43. Les *petits bois* en fer à **T** et fer à moulures se paient au mètre linéaire, la dimension prise en hauteur sur la feuillure (*fig.* 98), les pattes et assemblages comptés à part. Les petits bois en fer cornière ou fer à demi-moulures (*fig.* 99) pour châssis d'encadrement, sont payés les mêmes prix que les petits bois en fer à **T** ou fer à moulures (Série N° 1172).

44. Rampes d'escaliers. — Les rampes d'escaliers à barreaux ronds sont payées

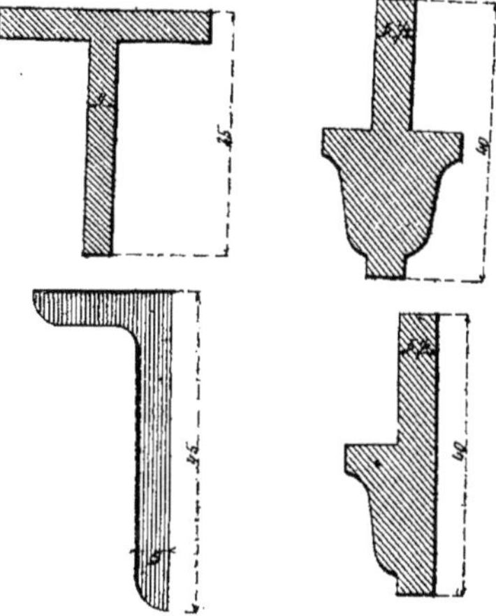

Fig. 98 et 99.

au mètre linéaire (Série N^os^ **1258** à **1271**). La mesure se prend à l'extérieur de la bandelette, c'est-à-dire sur le côté le plus long, la volute de départ est comptée pour $0^m,10$ en plus-value.

Les prix de la Série s'appliquent aux rampes à barreaux ronds. Celles à barreaux carrés doivent être payés un tiers en plus, pour tenir compte de l'excédent de fer et de la plus-value de main-d'œuvre. Il y a lieu également d'accorder une plus-value de $2^f,50$ par mètre pour pose sur limon en fer avec tiges taraudées garnies d'écrous.

Pour prendre la mesure d'une rampe avant l'exécution pour l'établissement d'un devis, la longueur développée de cette rampe est représentée par l'hypoténuse d'un triangle rectangle dont l'un des côtés est formé par la hauteur totale à monter et l'autre par le développement du jour en plan multiplié par le nombre d'étages.

Exemple :

Quel est le développement d'une rampe d'un immeuble de 6 étages dont le jour en plan est de $1^m,70$ de longueur sur $0^m,30$ de largeur et la hauteur totale à monter de $18^m,00$?

Le développement du jour en plan est de $4^m,00$ multiplié par 6 étages = ... $24^m,00$
Arrivée au dernier étage......... $1^m,00$
Ensemble................. $25^m,00$

Pour opérer mathématiquement, on additionnera les carrés des deux côtés du triangle et on extraira ensuite la racine carrée du total pour avoir la longueur de l'hypoténuse :

$$\sqrt{18^2 + 25^2} = 30^m,80.$$

Dans la pratique, on trace le triangle avec les côtés comme ci-dessus à une assez grande échelle. La longueur de l'hypoténuse, prise à l'échelle adoptée, donnera le développement de la rampe.

GRILLAGE.

TABLEAU DU POIDS DES FILS DE FER :

JAUGE DE PARIS 1857

NUMÉROS de la JAUGE	DIAMÈTRE des FILS	FIL ROND poids PAR MÈTRE	FIL CARRÉ poids PAR MÈTRE
4	0.0009	0.0049	»
5	0.0010	0.0061	»
6	0.0011	0.0074	»
7	0.0012	0.0088	»
8	0.0013	0.010	0.0128
9	0.0014	0.012	0.0153
10	0.0015	0.014	0.0180
11	0.0016	0.016	0.020
12	0.0018	0.020	0.025
13	0.0020	0.024	0.030
14	0.0022	0.029	0.037
15	0.0024	0.035	0.044
16	0.0027	0.044	0.056
17	0.0030	0.054	0.069
18	0.0034	0.070	0.089
19	0.0039	0.093	0.119
20	0.0044	0.118	0.149
21	0.0049	0.147	0.188
22	0.0054	0.178	0.227
23	0.0059	0.212	0.271
24	0.0064	0.250	0.320
25	0.0070	0.299	0.383
26	0.0076	0.353	0.457
27	0.0082	0.410	0.524

45. Heure de grillageur. — L'heure de jour est payée 1f,15 (Série N° 56).

Pour les heures supplémentaires, heures de nuit et travaux faits à la lumière, mêmes observations que pour la serrurerie.

46. Les prix du grillage varient suivant le numéro du fil et la grandeur des mailles prise aux vides (*fig.* 100). La Série publie trois tableaux de grillages :

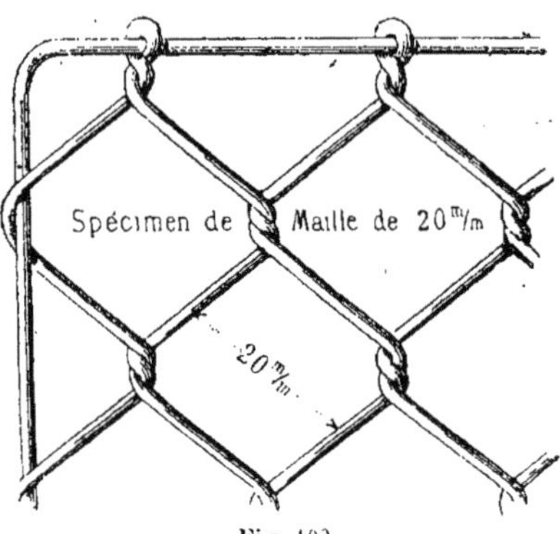

Fig. 100.

1° Grillage à la main (*fig.* 100);

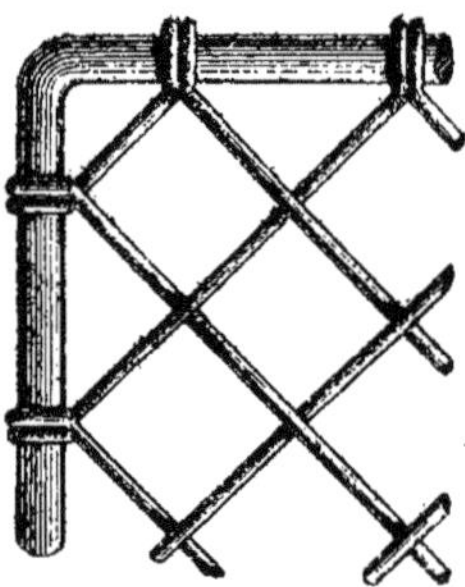

Fig. 101.

2° Grillage ondulé sans torsion en fil de fer rond (*fig.* 101);

3° Grillage ondulé sans torsion en fil de fer carré (*fig.* 102);

Les encadrements de ces grillages sont payés au mètre linéaire. Ils peuvent être en fil de fer, en fer rond, en fer rainé ou en fer à U. Les assemblages, coudes et soudures se paient séparément à la pièce. La façon de fixer les grillages ondulés sans torsion sur les encadrements en fer rond s'appelle bouclage (*fig.* 101), et sertissage quand le cadre est en fer rainé ou en fer à U (*fig.* 103). Ce bouclage ou sertissage se paie au mètre linéaire suivant le numéro du fil de fer. Les trous pour le

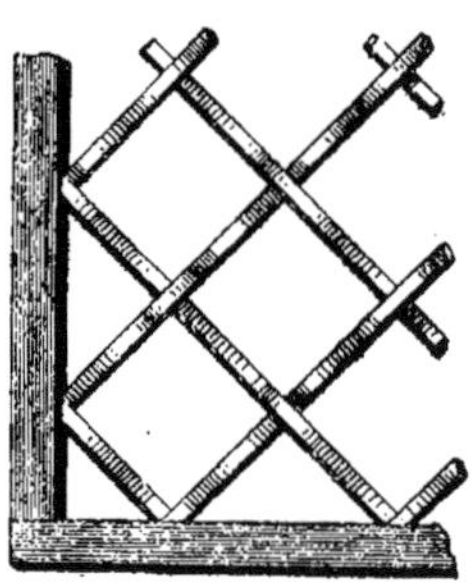

Fig. 102.

passage du fil de fer dans le fer rainé et le fer à U se paient à la pièce, également suivant la grosseur du fil.

Les prix des trois tableaux de la Série s'appliquent aux grillages en fil de fer noir, d'une forme régulière d'au moins

Fig. 103.

un mètre de superficie. Suivant leur forme et leur composition, la Série accorde les plus-values suivantes (Nos 675 à 685) :

Pour grillage en fil de fer galvanisé	20 0/0
Pour grillage en fil de fer étamé	30 0/0

Pour grillage en fil de laiton.	120 0/0
» » en fil de cuivre.	150 0/0
Pour toute partie de grillage formant pointe, triangle, trapèze, quelle que soit sa surface.	20 0/0
Pour les grillages faits sur bois et les châssis grillagés avec trous..................	20 0/0
Pour les panneaux d'une surface inférieure à 1 mètre.....	20 0/0
Pour les panneaux d'une surface inférieure à 0m,50........	50 0/0
Pour les panneaux d'une surface inférieure à 0m,10, on paiera comme s'ils avaient 0m,10 et on accordera une plus-value de...	50 0/0
Dans les travaux en réparation, les parties de moins de 0m,10 seront payées à leur valeur réelle, et pour chacune d'elles on paiera en plus......	1f,00
Les travaux exécutés sur place dans Paris seront payés en plus.	15 0/0

La pose sans échafaudage des panneaux ou châssis grillagés sera payée 0f,05 par lien ou par clou (Série N° 658).

Les coupes de grillage jusqu'à 0m,10 (de grandeur de mailles) seront payées 0f,50 le mètre superficiel (Série N° 659).

Les prix des grillages de moins de 0m,008 de mailles sont à fixer de gré à gré (Série N° 674).

47. Les *grillages mécaniques* se paient comme ceux à la main, mais avec une moins-value de 25 0/0 pour ceux à simple torsion et 50 0/0 pour ceux à triple torsion, compris la galvanisation (Série N° 686).

L'édition 1905 de la Série de la Société centrale indique une moins-value de 80 0/0 pour les grillages mécaniques à triple torsion ; mais nous pensons que ce doit être une erreur typographique qui sera bientôt rectifiée, car, dans le cas contraire, ces grillages seraient payés à l'entrepreneur moins cher que leur prix d'achat en gros.

48. A côté des grillages dont les prix figurent à la Série, il se fait des *grillages artistiques* ou *grillages ornés* en fil carré (*fig.* 104 à 107), dont chaque fabricant

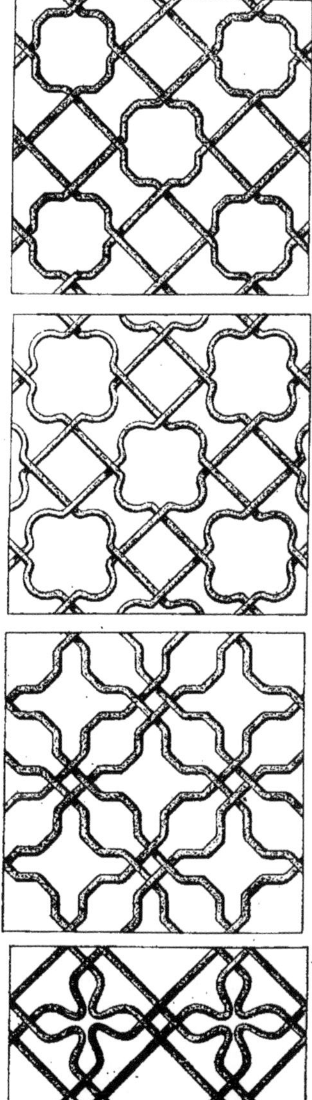

Fig. 104 à 107.

possède plusieurs modèles. Ces grillages doivent être payés suivant les prix des tarifs des fabricants augmentés de 10 0/0 pour bénéfice. Les prix ainsi obtenus sont environ le double des prix de Série pour grillage ondulé sans torsion en fil carré. Le sertissage de ces grillages artistiques doit être payé 1f,50 le mètre ; les autres prix et plus-values sont les mêmes que pour les autres grillages.

CHAPITRE IV

EXEMPLES DE MÉTRÉS DE TRAVAUX NEUFS

Métré n° 1.

Maison de rapport à Paris (*Appartements moyens*).

(Le métré des gros fers a été établi *en timbres*, comme cela se fait dans la pratique chaque fois qu'un même article se répète souvent. En résumant les timbres à la fin du mémoire, on n'a qu'un seul calcul à faire pour chaque catégorie de fers au lieu d'en faire un à chaque article, ce qui abrège considérablement le travail du métreur et du vérificateur, tout en diminuant la chance des erreurs de calcul.)

GROS FERS

		KILOG.	
	Attachement n° 1.		
	Caves (*fig.* 108).		
	Soupiraux sur rue.		
1.	Fourni 2 linteaux en fer à I $0^m,08$ de $1^m,10$ de longueur, pesant..............	15.000	Plancher ordinaire en fer à I ordinaire.
2.	Pour la baie du grand soupirail et la descente des tonneaux, fourni 2 linteaux en fer carré de 0.030 dont un de $2^m,00$ et un de $1^m,60$ de longueur, pesant........	25.270	Gros fers coupés.
	Soupiraux sur les deux courettes et sur la grande cour.		
3.	Fourni 15 linteaux en fer à I de 0.08 de $1^m,10$ de longueur, pesant...........	111.000	Plancher ordinaire en fer à I ordinaire.
	Porte dans le mur de refend perpendiculaire à gauche.		
4.	Fourni un linteau à 2 lames I 0.10 de $1^m,50$, assemblé par 2 boulons de 0.014 de $0^m,20$ de longueur, pesant.............	27.000	Filets assemblés avec boulons.
	Premier mur de refend parallèle.		
5.	Fourni 3 linteaux à 2 lames I 0.12 de $1^m,50$, assemblés chacun par 4 agrafes en fer de 0.040 × 0.009 de $0^m,55$ développé		

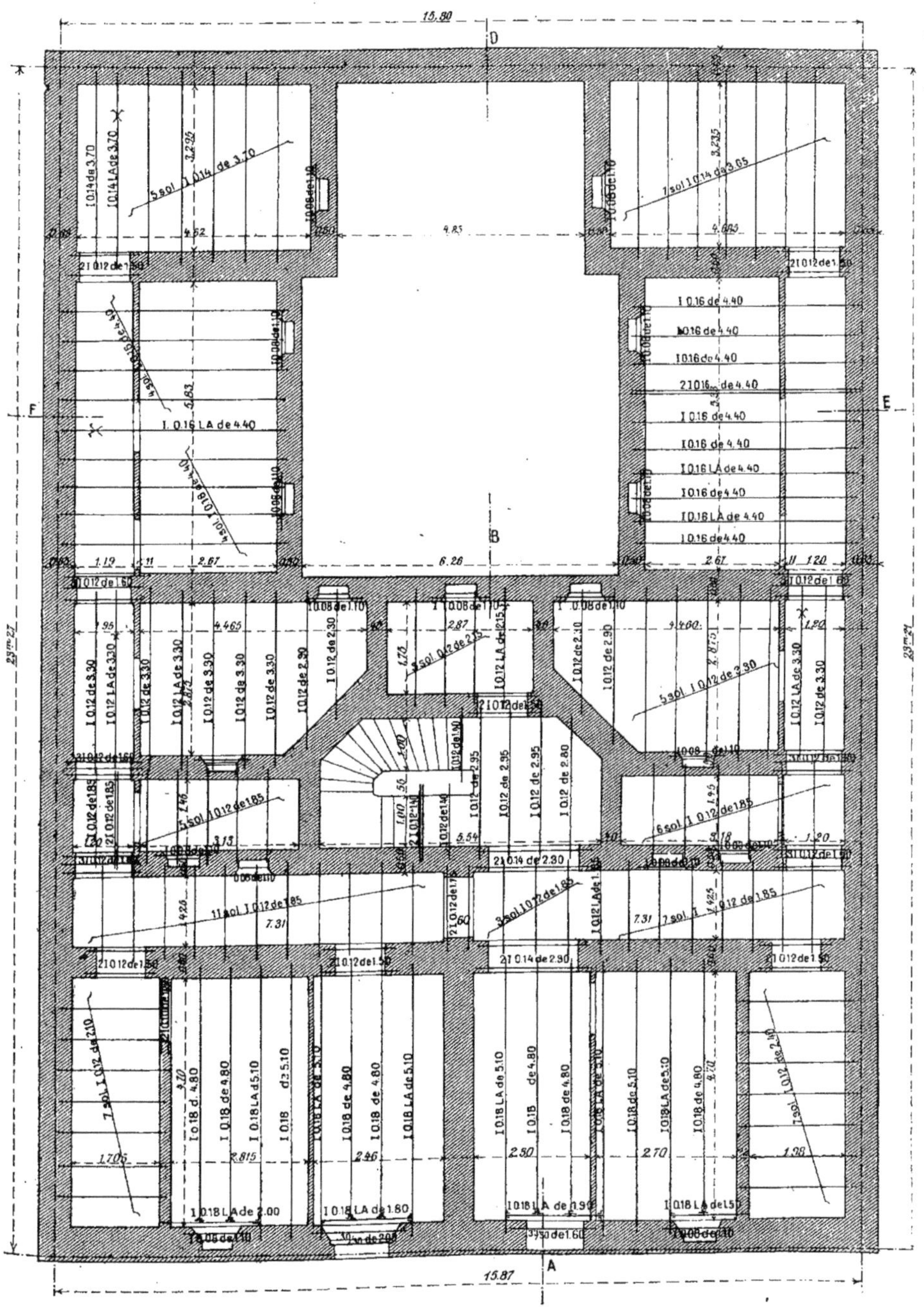

Fig. 108. — Plancher haut des caves.

N°	Désignation	Poids partiels	Poids totaux	Observations
	avec croisillons en fer carré de 0.020 de 0m,45 de longueur, pesant......	126.000	KILOG.	
	Fourni un filet à 2 lames I 0.14 de 2m,30, assemblé par 2 brides en fer de 0.040 × 0.009 de 1m,25 développé, avec croisillons en fer carré de 0.020 de 0m,45 de longueur, pesant...........	72.000		
	Mur de refend perpendiculaire du milieu.			
	Fourni un filet à 2 lames I 0.12 de 1m,75, assemblé avec brides et croisillons *idem*, pesant........	48.000		
	Deuxième mur de refend parallèle.			
	Fourni un filet à 2 lames I 0.14 de 2m,30, assemblé avec brides et croisillons *idem*, pesant......	70.000		
	Baies dans les couloirs à droite et à gauche, au droit des murs mitoyens.			
	Fourni 6 linteaux à 3 lames I 0.12 de 1m,60, assemblés avec agrafes et croisillons, pesant...	360.000		
	Fourni 2 linteaux à 2 lames I 0.12 de 1m,50, assemblés avec agrafes et croisillons, pesant...	84.000		
	Porte derrière la descente de cave.			
	Fourni un linteau à 2 lames I 0.12 de 1.50, assemblé avec agrafes et croisillons, pesant...	40.000		
	Ensemble................		800.000	Filets assemblés avec brides et croisillons.
	Plancher.			
	(Le plancher haut des caves étant hourdé en briques, il n'y a ni entretoises ni fentons.			
	Travée sous le vestibule à gauche.			
6.	Fourni 7 solives en fer à I 0.12 de 2m,10 de longueur, pesant	147.000		
	Travée sous le vestibule à droite.			
	Fourni 7 solives en fer à I 0.12 de 2.40, pesant...........	168.000		
	Travées sur rue entre les deux vestibules.			
	Fourni en plancher ordinaire 2 solives I 0.18 de 5m,10, pesant	189.000		
	Ensemble................		504.000	Plancher ordinaire en fer à I ordinaire.
7.	Fourni en plancher assemblé 6 solives d'enchevêtrure en fer à I larges ailes de 0.18 de 5m,10,			
	4 chevêtres en même fer dont un			

		KILOG.	
	de 2^{m},00, un de 1^{m},80, un de 1^{m},90 et un de 1^{m},50 de longueur, assemblés par 12 équerres cornières et boulons, pesant........................	1042.000	Plancher assemblé en fer à I larges ailes.
8.	Fourni 7 solives de remplissage I 0.18 de 4^{m},80, assemblées par 12 équerres cornières et boulons, pesant................	647.000	Plancher assemblé en fer à I ordinaire.
	Travées entre les 1er et 2me murs de refend.		
9.	Fourni 21 solives I 0.12 de 1^{m},85, pesant..................................	388.000	Plancher ordinaire en fer à I ordinaire.
10.	Sous la cloison de l'office, fourni une solive I 0.12 L. A. de 1^{m},85, pesant.....	26.000	Plancher ordinaire en fer à I larges ailes.
	Travées à gauche de l'escalier.		
11.	Fourni 6 solives I 0.12 de 1^{m},85, pesant..................................	111.000	Plancher ordinaire en fer à I ordinaire.
12.	Sous la cloison de la courette, fourni un filet à 2 lames I 0.12 de 1^{m},85, assemblé par 2 boulons de 0.014 de 0^{m},12 de longueur, pesant.......................	38.000	Filets assemblés avec boulons.
13.	Fourni 5 solives I 0.12 de 3^{m},30 1 » » » 2^{m},90 1 » » » 2^{m},30 pesant ensemble......................	217.000	Plancher ordinaire en fer à I ordinaire.
14.	Sous les cloisons des W.-C. et de la cuisine, fourni 2 solives I 0.12 L. A. de 3^{m},30, pesant............................	92.000	Plancher ordinaire en fer à I larges ailes.
	Cage d'escalier.		
15.	Fourni 3 solives I 0.12 de 2^{m},95 1 » » » 2^{m},80 2 » » » 1^{m},40 pesant ensemble......................	144.000	Plancher ordinaire en fer à I ordinaire.
16.	Sous la marche de départ fourni un filet à 2 lames I 0.12 de 1^{m},40, assemblé avec boulons, pesant................	29.000	Filets assemblés avec boulons.
	Travée derrière l'escalier.		
17.	Fourni 3 solives I 0.12 de 2^{m},15, pesant.	64.000	Plancher ordinaire en fer à I ordinaire.
18.	Sous la cloison des W.-C., fourni une solive I 0.12 L.A. de 2^{m},15, pesant......	30.000	Plancher ordinaire en fer à I larges ailes.
	Travées à droite de l'escalier.		
19.	Fourni 6 solives I 0.12 de 1^{m},85, pesant.	111.000	Plancher ordinaire en fer à I ordinaire.
20.	Fourni 6 solives I 0.12 de 3^{m},30 1 » » » 2^{m},90 1 » » » 2^{m},30 pesant ensemble......................	250.000	Plancher ordinaire en fer à I ordinaire.
21.	Sous la cloison de la loge, fourni une solive I 0.12 L.A. de 3^{m},30, pesant.....	46.000	Plancher ordinaire en fer à I larges ailes.
	Bâtiment en aile à gauche.		
22.	Fourni 8 solives I 0.16 de 4^{m},40, pesant.	493.000	Plancher ordinaire en fer à I ordinaire.
23.	Sous la cloison entre le bureau et la chambre, fourni une solive I 0.16 L.A. de 4^{m},40, pesant..........................	97.000	Plancher ordinaire en fer à I larges ailes.

N°	Désignation		KILOG.	Observations
24.	Fourni 6 solives I 0.14 de $3^{m},70$, pesant		289.000	Plancher ordinaire en fer à I ordinaire.
25.	Sous la cloison du couloir fourni une solive I 0.14 L.A. de $3^{m},70$, pesant......		67.000	Plancher ordinaire en fer à I larges ailes.
	Bâtiment en aile à droite.			
26.	Fourni 7 solives I 0.16 de $4^{m},40$, pesant		431.000	Plancher ordinaire en fer à I ordinaire.
27.	Sous les cloisons, fourni 2 solives I 0.16 L.A. de $4^{m},40$, pesant..................		194.000	Plancher ordinaire en fer à I larges ailes.
28.	Fourni un filet à 2 lames I 0.16 de $4^{m},40$, assemblé par 4 boulons, pesant....		125.000	Filets assemblés avec boulons.
29.	Fourni 7 solives I 0.14 de $3^{m},65$, pesant		332.000	Plancher ordinaire en fer à I ordinaire.
	Attachement n° 2.			
	Rez-de-chaussée (*fig.* 109).			
	Baies sur rue.			
30.	Fourni 5 linteaux en fer carré de 0.030 de $1^{m},90$ de longueur, pesant...	66.690		
	Fourni un linteau en fer carré de 0.040 de $2^{m},20$, pesant......	27.460		
	Ensemble................		94.150	Gros fers coupés.
	Mur de refend perpendiculaire.			
31.	Baie entre salon et salle à manger. Fourni un filet à 2 lames I 0.18 de $2^{m},90$, assemblé avec brides et croisillons, pesant........................	122.000		
	Baie dans la grande galerie. Fourni un filet à 2 lames I de 0.14 de $2^{m},00$, assemblé avec brides et croisillons, pesant....	60.000		
	Premier mur de refend parallèle.			
	Baie du vestibule de gauche sur la grande galerie. Fourni un filet à 2 lames I 0.14 de $2^{m},10$, assemblé avec brides et croisillons, pesant....	63.000		
	Baie dans le vestibule de droite. Fourni un filet à 2 lames I 0.14 de $2^{m},30$, assemblé avec brides et croisillons, pesant....	68.000		
	Portes du salon et de la salle à manger. Fourni 4 linteaux à 2 lames I de 0.12 de $1^{m},80$, assemblés avec brides et croisillons, pesant....	176 000		
	Deuxième mur de refend parallèle.			
	Baie de la grande galerie sur le dégagement. Fourni un linteau à 2 lames I de 0.10 de $1^{m},30$, assemblé avec brides et croisillons, pesant....	31.000		
	Baie sur la courette. Fourni un linteau à 2 lames I			

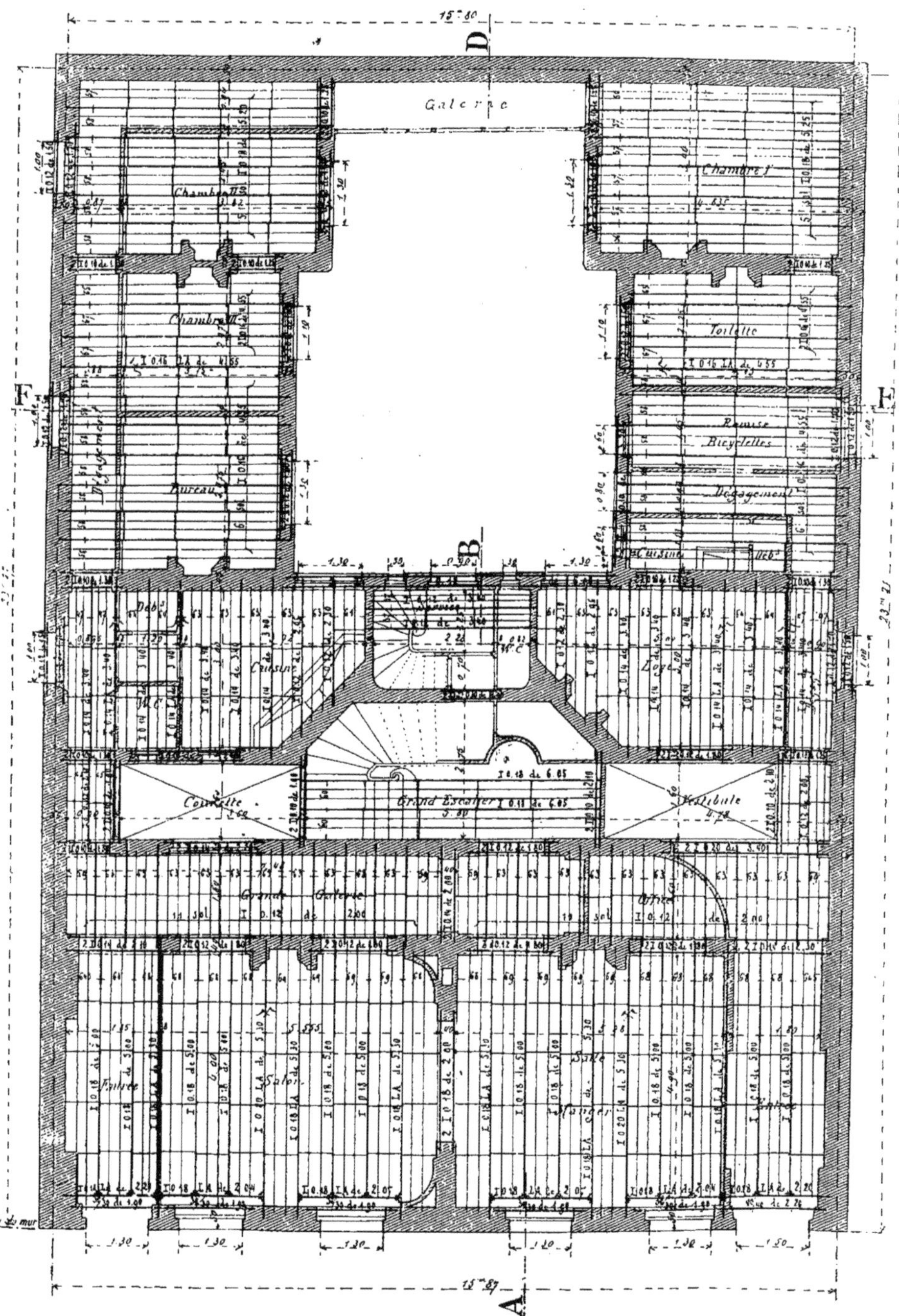

Fig. 109. — Plancher du rez-de-chaussée.

N°	Désignation	Poids partiels	Poids totaux	Observations
	0.14 de 2^{m},20, assemblé avec brides et croisillons, pesant....	65.000	KILOG.	
	Baie de la galerie sur l'escalier.			
	Fourni un linteau à 2 lames I de 0.12 de 1^{m},80, assemblé avec brides et croisillons, pesant....	44.000		
	Baie dans le vestibule de droite.			
	Fourni un filet à 2 lames I de 0.20 de 3^{m},40, assemblé par 3 brides et croisillons, pesant....	158.000		
	Ensemble................		787.000	Filets assemblés avec brides et croisillons.
	Courettes.			
32.	Sous les cloisons, fourni 4 filets à 2 lames I de 0.10 dont 2 de 1^{m},90 et 2 de 2^{m},10 de longueur, assemblés avec boulons et garnis aux extrémités de tirants en fer de 0.040 × 0.009 de 0^{m},70 développé, fixés avec boulons, pesant....................		160.000	Filets assemblés avec brides et croisillons.
33.	Fourni 8 ancres en fer carré de 0.027 de 0^{m},60 de longueur, pesant...........		27.290	Gros fers coupés.
	Mur de refend parallèle à gauche du grand escalier.			
34.	Fourni un linteau à 2 lames I de 0.10 de 1^{m},30, assemblé avec brides et croisillons, pesant....	31.000		
	Fourni un linteau à 2 lames I de 0.10 de 2^{m},40, assemblé avec brides et croisillons, pesant....	50.000		
	Mur de refend parallèle à droite du grand escalier.			
	Fourni un linteau à 2 lames I 0.12 de 1^{m},80, assemblé avec brides et croisillons, pesant....	44.000		
	Fourni un linteau à 2 lames I de 0.10 de 1^{m},25, assemblé avec brides et croisillons, pesant....	30.000		
	Porte de descente de cave entre le grand escalier et l'escalier de service.			
	Fourni un linteau à 2 lames I de 0.10 de 1^{m},30, assemblé avec brides et croisillons, pesant....	31.000		
	Baies dans les dégagements à droite et à gauche, au droit des murs mitoyens.			
	Fourni 3 linteaux à 2 lames I 0.10 de 1^{m},30, assemblés avec brides et croisillons, pesant....	93.000		
	Porte de la loge sur la cuisine.			
	Fourni un linteau à 2 lames I 0.10 de 1^{m},20, assemblé avec boulons et croisillons, pesant...	29.000		

		KILOG.	
	Grande cour. Façade parallèle à la façade sur rue.		
	Fourni un filet à 2 lames I 0.12 de $6^m,90$, assemblé par 6 brides et croisillons et garni aux extrémités de 2 tirants en fer de 0.040 × 0.009 de $1^m,00$ développé, fixés avec boulons, pesant. 168.000		
	Ensemble................	476.000	Filets assemblés avec brides et croisillons.
35.	Fourni 2 ancres en fer carré de 0.027 de $0^m,60$, pesant......................	6.820	Gros fers coupés.
	Façade de gauche.		
36.	Fourni 2 linteaux à 2 lames I 0.12 de $1^m,80$, assemblés avec brides et croisillons, pesant.... 88.000		
	Fourni un linteau à 2 lames I de 0.12 de $1^m,60$, assemblé avec brides et croisillons, pesant..... 40.000		
	Fourni un linteau à 2 lames I de 0.10 de $1^m,25$, assemblé avec brides et croisillons, pesant..... 30.000		
	Façade de droite.		
	Fourni un filet à 2 lames I de 0.10 de $3^m,20$, assemblés avec brides et croisillons, pesant... 68.000		
	Fourni un linteau à 2 lames I de 0,12 de $1^m,60$, assemblé avec brides et croisillons, pesant.... 40.000		
	Fourni un linteau à 2 lames I de 0.12 de $1^m,80$, assemblé avec brides et croisillons, pesant.... 44.000		
	Fourni un linteau à 2 lames I de 0.10 de $1^m,25$, assemblé avec brides et croisillons, pesant.... 30.000		
	Porte de la chambre II à la chambre III.		
	Fourni un linteau à 2 lames I de 0.10 de $1^m,25$, assemblé avec brides et croisillons, pesant.... 30.000		
	Porte de la chambre I au cabinet de toilette.		
	Fourni un linteau semblable, pesant........................ 30.000		
	Jours de souffrance dans les murs mitoyens à gauche et à droite.		
	Fourni 5 linteaux à 2 lames I de 0.12 dont une lame de $1^m,50$ et une de $1^m,70$ de longueur, assemblés avec brides et croisillons, pesant............... 200.000		
	Ensemble.................	600.000	Filets assemblés avec brides et croisillons.

		KILOG.	
	Plancher haut du rez-de-chaussée. Travée sur rue.		
37.	Sous les cloisons, fourni 2 solives I 0.20 L.A. de 5^{m},30, garnies aux extrémités de 2 tirants en fer de 0.040 × 0.009 de 0^{m},70 développé, fixés avec boulons, 6 solives d'enchevêtrure I de 0.18 L.A. de 5^{m},30, 6 chevêtres en même fer, dont 2 de 2^{m},20, 2 de 2^{m},04 et 2 de 2^{m},07 de longueur, assemblés par 20 équerres cornières et boulons, pesant........................	1547.000	Plancher assemblé en fer à I larges ailes.
38.	Fourni 4 ancres en fer carré de 0.027 de 0^{m},60, pesant........................	13.650	Gros fers coupés.
39.	Fourni 12 solives de remplissage I de 0.18 de 5^{m},00, assemblées par 24 équerres et boulons, pesant........................	1153.000	Plancher assemblé en fer à I ordinaire.
40.	Fourni 88 entretoises en fer carré de 0.014 dont 72 de 1^{m},15, 8 de 1^{m},06 et 8 de 1^{m},03 développé, pesant................	152.000	Gros fers coudés.
41.	Fourni 44 fentons de 0.009 dont 8 de 5^{m},30 et 36 de 5^{m},00 de longueur, pesant.	140.330	Fentons.
	Travée entre les 2 murs de refend parallèles.		
42.	Fourni 22 solives I de 0.12 de 2^{m},00, pesant................................	440.000	Plancher ordinaire en fer à I ordinaire.
43.	Fourni 24 entretoises en fer carré de 0.014 dont 20 de 0.97 et 4 de 0.91 développé, pesant................................	35.200	Gros fers coudés.
44.	Fourni 48 fentons de 0.009 de 2^{m},00 de longueur, pesant........................	60.570	Fentons.
	Travées au droit des courettes.		
45.	Fourni 2 solives I de 0.12 de 2^{m},00, pesant................................	40.000	Plancher ordinaire en fer à I ordinaire.
46.	Fourni 4 entretoises en fer carré de 0.014 de 0^{m},75 développé, pesant.........	4.590	Gros fers coudés.
47.	Fourni 8 fentons de 0.009 de 2^{m},00, pesant................................	10.100	Fentons.
	Grand escalier.		
48.	Fourni 2 solives I de 0.18 de 6^{m},05, pesant................................	224.000	Plancher ordinaire en fer à I ordinaire.
49.	Fourni 8 entretoises en fer carré de 0.014 dont 4 de 1^{m},06 et 4 de 0^{m},98 développé, pesant........................	12.470	Gros fers coudés.
50.	Fourni 4 fentons de 0.009 de 6^{m},05, pesant................................	15.270	Fentons.
	Escalier de service.		
51.	Fourni 2 solives I 0.12 de 3^{m},40, pesant.	68.000	Plancher ordinaire en fer à I ordinaire.
52.	Fourni 4 entretoises en fer carré de 0.014 de 0^{m},70 développé, pesant........	4.280	Gros fers coudés.
53.	Fourni 4 fentons de 0.009 de 3^{m},40, pesant................................	8.580	Fentons.

		KILOG.	
	Travées à gauche et à droite de l'escalier.		
54.	Sous les cloisons, fourni 2 solives **I** de 0.14 L.A. de $3^{m},40$, garnies aux extrémités de 2 tirants, pesant....................	127.000	Plancher assemblé en fer à **I** larges ailes.
55.	Fourni 4 ancres en fer carré de 0.027 de $0^{m},60$, pesant..........................	13.650	Gros fers coupés.
56.	Fourni 2 solives **I** 0.14 L.A. de $3^{m},40$, pesant..............................	122.000	Plancher ordinaire en fer à **I** larges ailes.
57.	Fourni 10 solives **I** de 0.14 de $3^{m},40$, 2 » **I** de 0.12 de $2^{m},95$, 2 » » » » $2^{m},30$, pesant ensemble.......................	547.000	Plancher ordinaire en fer à **I** ordinaire.
58.	Fourni 36 entretoises en fer carré de 0.014 dont 24 de $1^{m},02$, 2 de $0^{m},97$, 2 de $0^{m},93$, 4 de $0^{m},87$ et 4 de $0^{m},83$ développé, pesant.	53.600	Gros fers coudés.
59.	Fourni 40 fentons de 0.009 dont 28 de $3^{m},40$, 4 de $3^{m},15$, 4 de $2^{m},55$ et 4 de $1^{m},95$ de longueur, pesant....................	79.380	Fentons.
	Travée en aile à gauche		
60.	Sous la cloison, fourni une solive **I** 0.16 L.A. de $4^{m},55$, garnie aux extrémités de 2 tirants, pesant......................	105.000	Plancher assemblé en fer à **I** larges ailes.
61.	Fourni 2 ancres en fer carré de 0.027 de $0^{m},60$, pesant......................	6.820	Gros fers coupés.
62.	Fourni 8 solives **I** de 0.16 de $4^{m},55$, pesant...............................	510.000	Plancher ordinaire en fer à **I** ordinaire.
63.	Fourni 30 entretoises en fer carré de 0.014 dont 6 de $1^{m},10$, 21 de $1^{m},00$ et 3 de $0^{m},92$ développé, pesant................	46.390	Gros fers coudés.
64.	Fourni 20 fentons de 0.009 de $4^{m},55$, pesant..................................	57.420	Fentons.
	Travée du fond.		
65.	Fourni 5 solives **I** de 0.18 de $5^{m},20$, pesant...............................	481.000	Plancher ordinaire en fer à **I** ordinaire.
66.	Fourni 24 entretoises en fer carré de 0.014 dont 16 de $1^{m},04$ et 8 de $0^{m},95$ développé, pesant......................	37.000	Gros fers coudés.
67.	Fourni 12 fentons de 0.009 de $5^{m},20$, pesant..............................	39.370	Fentons.
	Travée en aile à droite.		
68.	Sous la cloison, fourni une solive **I** 0.16 L.A. de $4^{m},55$, garnie aux extrémités de 2 tirants, pesant.........................	105.000	Plancher assemblé en fer à **I** larges ailes.
69.	Fourni 2 ancres en fer carré de 0.027 de $0^{m},60$, pesant......................	6.820	Gros fers coupés.
70.	Fourni 8 solives **I** de 0.16 de $4^{m},55$, pesant...............................	510.000	Plancher ordinaire en fer à **I** ordinaire.
71.	Fourni 30 entretoises en fer carré de 0.014 dont 6 de $1^{m},10$, 21 de $1^{m},00$ et 3 de $0^{m},92$ développé, pesant................	46.390	Gros fers coudés.
72.	Fourni 20 fentons de 0.009 de $4^{m},55$, pesant..................................	57.420	Fentons.

		KILOG.	
	Travée du fond.		
73.	Fourni 5 solives **I** de 0.18 de $5^m,25$, pesant	486.000	Plancher ordinaire en fer à **I** ordinaire
74.	Fourni 24 entretoises en fer carré de 0.014 dont 16 de $1^m,03$ et 8 de $0^m,94$ développé, pesant	36.680	Gros fers coudés.
75.	Fourni 12 fentons de 0.009 de $5^m,25$, pesant	39.750	Fentons.
76.	Fourni un chaînage en fer de 0.040 × 0.009		

En façade.	
1 cours de	$16^m,35$
1er et 2e murs de refend parallèles	
2 cours de $16^m,35$, ensemble.	32.70
Mur de refend perpendiculaire.	
1 cours de	7.75
Murs sur courettes.	
2 cours de $5^m,40$, ensemble..	10.80
Escaliers.	
2 cours de $2^m,50$, ensemble..	5.00
1 » de	4.80
2 » de $2^m,55$, ensemble..	5.10
Murs de refend à gauche et à droite en prolongation de la façade sur cour.	
2 cours de $4^m,60$, ensemble..	9.20
Murs de refend parallèles du fond.	
1 cours de	5.60
1 » de	5.65
Façades sur grande cour à gauche et à droite.	
2 cours de $6^m,85$, ensemble..	13.70
1 cours de	4.30
1 »	4.25
Mur mitoyen du fond.	
1 cours de	16.30
Mur mitoyen de gauche.	
1 cours de	23.55
Mur mitoyen de droite.	
1 cours de	23.45
Ensemble	188.50
1/7 en plus pour développement des œils, bagues et talons..	26.90
Ensemble	$215^m,40$

Pesant $2^k,804$ le mètre	603.980	Gros fers coudés.

			KILOG.	
77.	Fourni 3 ancres en fer rond de 0.030 de 0m,60 de longueur, pesant...........		9.920	Gros fers coupés.
78.	Fourni 37 ancres en fer carré de 0.027 de 0m,60 de longueur, pesant...........		126.230	Gros fers coupés.
79.	Sous les portées des filets, linteaux et solives, fourni en semelles et cales coupées, pesant..............................		75.000	Gros fers coupés.
80.	Fourni en coins forgés, pesant.......		15.000	Gros fers contrecoudés.
	Attachement n° 3			
	Entresol (*fig.* 110).			
	Baies sur rue.			
81.	Fourni 4 linteaux en fer carré de 0.030 de 1m,80 de longueur, pesant......................	50.540		
	Fourni 2 linteaux en fer carré de 0.040 de 2m,10 de longueur, pesant......................	52.400		
	Ensemble..............		102.960	Gros fers coupés.
	Premier mur de refend parallèle.			
82.	Fourni 4 linteaux à 2 lames I de 0.12 de 1m,75, assemblés avec brides et croisillons, pesant...	172.000		
	Deuxième mur de refend parallèle.			
	Baies sur dégagement.			
	Fourni 2 linteaux à 2 lames I de 0.10 de 1m,30, assemblés avec brides et croisillons, pesant....	62.000		
	Baies sur courettes.			
	Fourni 2 linteaux à 2 lames I de 0.14 de 2m,20, assemblés avec brides et croisillons, pesant....	130.000		
	Baies sur le grand escalier.			
	Fourni 2 linteaux à 2 lames I de 0.12 de 1m,75, assemblés avec brides et croisillons, pesant....	86.000		
	Ensemble................		450.000	Filets assemblés avec brides et croisillons.
	Courettes.			
83.	Sous les cloisons, fourni 4 filets à 2 lames I de 0.10 de 1.90, assemblés avec boulons et garnis aux extrémités de tirants, pesant.		153.000	Filets assemblés avec brides et croisillons.
84.	Fourni 8 ancres en fer carré de 0.027 de 0m,60, pesant..........................		27.290	Gros fers coupés.
	Murs de refend parallèles à gauche et à droite du grand escalier.			
85.	Fourni 2 linteaux à 2 lames I de 0.10 de 1m,30, assemblés avec brides et croisillons, pesant................	62.000		
	Fourni 2 linteaux à 2 lames I de 0.10 de 2m,40, assemblés avec brides et croisillons, pesant....	100.000		

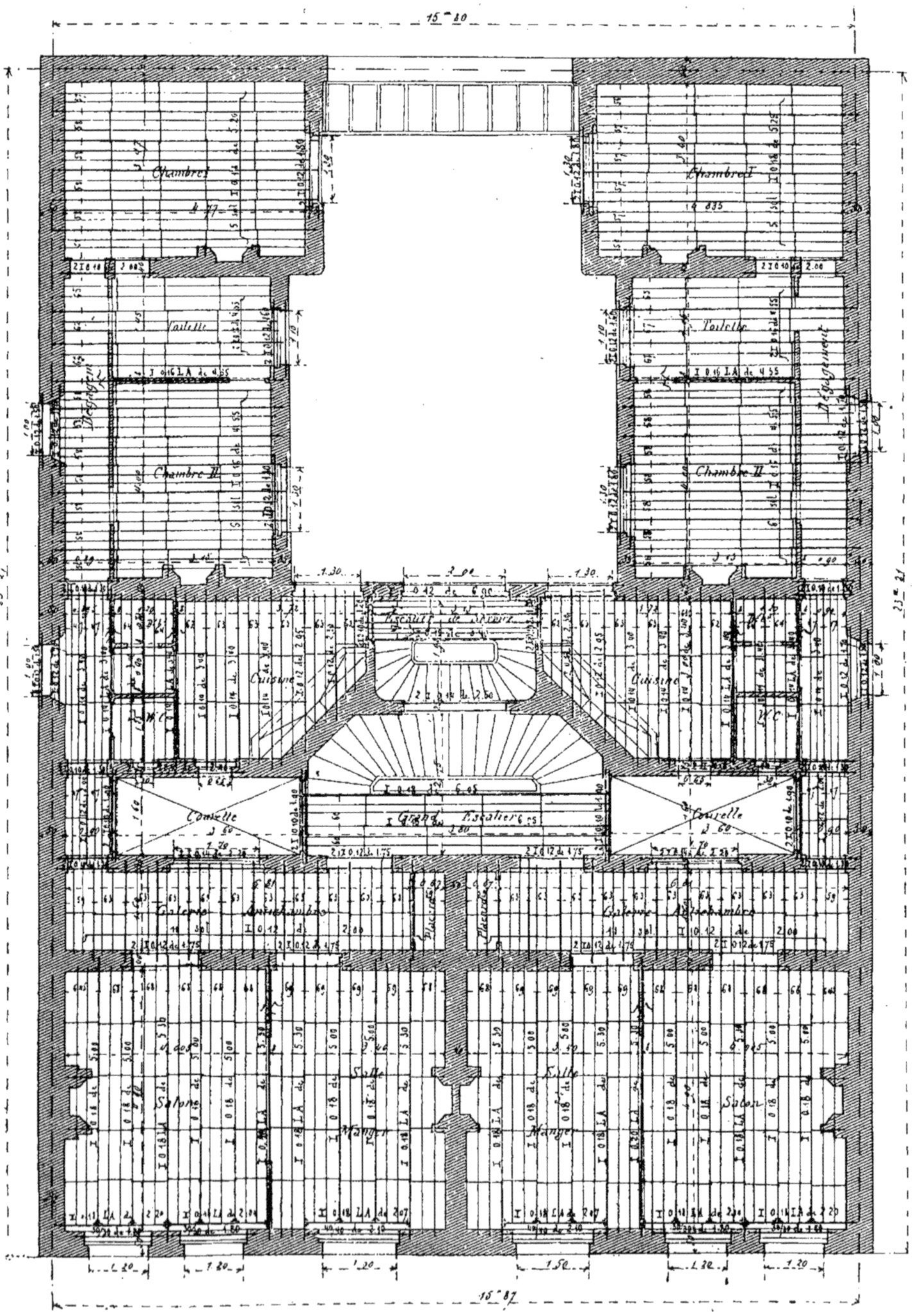

Fig. 110. — Plancher de l'entresol.

N°	Désignation		KILOG.	
	Baie entre le grand escalier et l'escalier de service.			
	Fourni un linteau à 2 lames I de 0.14 de 2m,50, assemblé avec brides et croisillons, pesant....	73.000		
	Ensemble................		235.000	Filets assemblés avec brides et croisillons.
	Portes d'entrée sur l'escalier de service.			
86.	Fourni 2 linteaux à 2 lames I de 0.10 de 1m,20, assemblés avec boulons, pesant.		43.000	Filets assemblés avec boulons.
	Baies dans le dégagement à droite et à gauche, au droit des murs mitoyens.			
87.	Fourni 2 linteaux à 2 lames I 0.10 de 1m,30, assemblés avec brides et croisillons, pesant........................	62.000		
	Grande cour. Façade parallèle à la façade sur rue.			
	Fourni un filet à 2 lames I de 0.12 de 6m,90, assemblé par 6 brides et croisillons et garni aux extrémités de 2 tirants, pesant........................	168.000		
	Ensemble.................		230.000	Filets assemblés avec brides et croisillons.
88.	Fourni 2 ancres en fer carré de 0.027 de 0m,60 pesant..........................		6.820	Gros fers coupés.
	Façades latérales à gauche et à droite.			
89.	Fourni 6 linteaux à 2 lames I 0.12 dont 4 de 1m,80 et 2 de 1m,60 de longueur, assemblés avec brides et croisillons, pesant	256.000		
	Murs de refend parallèles du fond.			
	Fourni 2 linteaux à 2 lames I de 0.10 de 2m,00, assemblés avec brides et croisillons, pesant....	86.000		
	Jours de souffrance dans les murs mitoyens à gauche et à droite.			
	Fourni 4 linteaux à 2 lames I de 0.12 dont une lame de 1m,50 et une de 1m,70 de longueur, assemblés avec brides et croisillons, pesant................	160.000		
	Ensemble.................		502.000	Filets assemblés avec brides et croisillons.
	Plancher haut de l'entresol.			
	En tout semblable au plancher haut du rez-de-chaussée (détaillé sous les numéros 37 à 75) savoir :			
90.	Fentons..............................		508.190	Fentons.
91.	Gros fers coupés......................		40.940	Gros fers coupés.
92.	» » coudés..........................		428.600	Gros fers coudés.

N°	Désignation		KILOG.	
93.	Plancher ordinaire en fer à I ordinaire		3306.000	Plancher ordinaire en fer à I ordinaire.
94.	Plancher ordinaire en fer à I larges ailes		122.000	Plancher ordinaire en fer à I larges ailes.
95.	Plancher assemblé en fer à I ordinaire		1153.000	Plancher assemblé en fer à I ordinaire.
96.	Plancher assemblé en fer à I larges ailes		1884.000	Plancher assemblé en fer à I larges ailes.
97.	Fourni chaînage en fer de 0.040 × 0.009			
	En façade.			
	1 cours de	16m,35		
	1er et 2e murs de refend parallèles.			
	2 cours de 16m,35, ensemble	32.70		
	Mur de refend perpendiculaire.			
	1 cours de	7.75		
	Murs sur courettes.			
	2 cours de 5m,40, ensemble	10.80		
	Escaliers.			
	2 cours de 2m,50, ensemble	5.00		
	1 cours de	4.80		
	2 » de 2m,55, ensemble	5.10		
	Murs de refend à gauche et à droite en prolongation de la façade sur cour.			
	2 cours de 4m,60, ensemble	9.20		
	Murs de refend parallèles du fond.			
	1 cours de	5.60		
	1 » de	5.65		
	Façades sur grande cour à gauche et à droite.			
	2 cours de 6m,85, ensemble	13.70		
	1 cours de	4.30		
	1 » »	4.25		
	Mur mitoyen du fond.			
	1 cours de	5.65		
	1 » »	5.70		
	Mur mitoyen de gauche.			
	1 cours de	23.55		
	Mur mitoyen de droite.			
	1 cours de	23.45		
	Ensemble	183.55		
	1/7 en plus pour développement des œils, bagues et talons	26.20		
	Ensemble	209m,75		
	Pesant		588.140	Gros fers coudés.

N°	Désignation	KILOG.	
98.	Fourni 3 ancres en fer rond de 0.030 de 0m,60, pesant	9.920	Gros fers coupés.
99.	Fourni 39 ancres en fer carré de 0.027 de 0m,60, pesant	133.000	Gros fers coupés.
100.	Sous les portées des filets, linteaux et solives, fourni en semelles et cales coupées, pesant	70.000	Gros fers coupés.
101.	Fourni en coins forgés, pesant	15.000	Gros fers contrecoudés.
	Attachement n° 4.		
	1er Etage (*fig.* 111).		
	Baies sur rue.		
102.	Fourni 6 linteaux en fer carré de 0.030 dont 4 de 1m,80 et 2 de 2m,30 de longueur, pesant	82.840	Gros fers coupés.
103.	Pour recevoir la portée du plancher au-dessus des bows-windows, fourni 2 filets à 2 lames I de 0.16 de 3m,40, assemblés avec brides et croisillons, pesant	214.000	Filets assemblés avec brides et croisillons.
	Les autres filets et linteaux sont en tout semblables à ceux de l'entresol (détaillés sous les nos 82 à 89), savoir :		
104.	Gros fers coupés	34.110	Gros fers coupés.
105.	Filets assemblés avec boulons	43.000	Filets assemblés avec boulons.
106.	Filets assemblés avec brides et croisillons	1570.000	Filets assemblés avec brides et croisillons.
	Plancher haut du 1er étage. *Travée sur rue.*		
107.	Sous les cloisons, fourni 2 solives I 0.20 L.A. de 5m,30, garnies aux extrémités de 2 tirants, 2 solives d'enchevêtrure I 0.18 L.A. de 5m,30, 4 chevêtres en même fer dont 2 de 2m,20 et 2 de 2m,04 de longueur, assemblés par 12 équerres cornières et boulons, pesant	849.000	Plancher assemblé en fer à I larges ailes.
108.	Fourni 4 ancres en fer carré de 0.027 de 0m,60, pesant	13.650	Gros fers coupés.
109.	Fourni 8 solives de remplissage I 0.18 de 5m,00, assemblées par 16 équerres et boulons, pesant	769.000	Plancher assemblé en fer à I ordinaire.
110.	Fourni 8 solives I 0.18 de 6m,15, pesant	910.000	Plancher ordinaire en fer à I ordinaire.
111.	Fourni 88 entretoises en fer carré de 0.014 dont 72 de 1m,15, 8 de 1m,06 et 8 de 1m,03 developpé, pesant	152.000	Gros fers coudés.
112.	Fourni 44 fentons de 0.009 dont 24 de 5m,00 et 20 de 6m,15 de longueur, pesant.	153.330	Fentons.
	Travée entre les deux murs de refend parallèles.		
113.	Fourni 22 solives I 0.12 de 2m,05, pesant	451.000	Plancher ordinaire en fer à I ordinaire.
114.	Fourni 24 entretoises en fer carré de 0.014 dont 20 de 0m,97 et 4 de 0m,91 développé, pesant	35.200	Gros fers coudés.

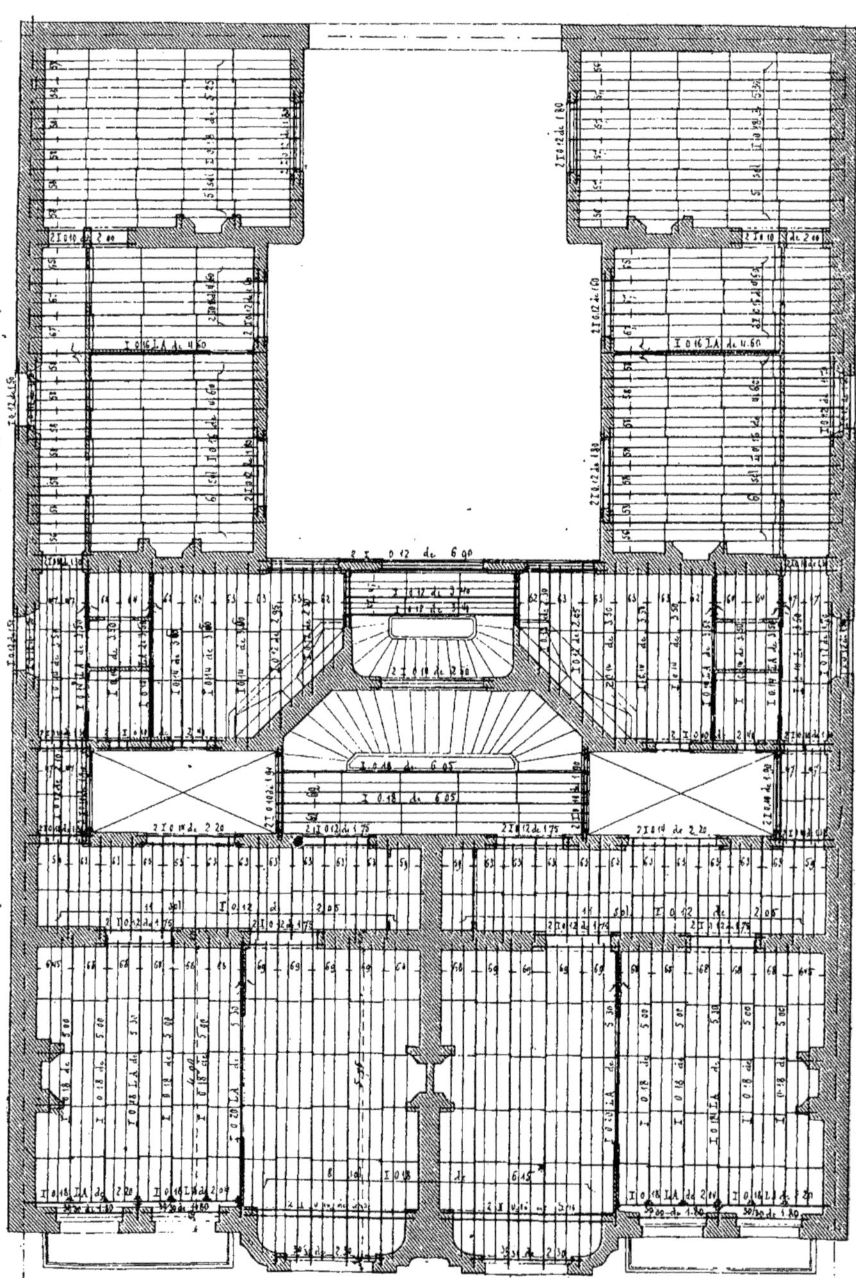

Fig. 111. — Plan du 1er étage.

		KILOG.	
115.	Fourni 48 fentons de 0.009 de $2^{m},05$ de longueur, pesant......................	62.000	Fentons.
	Travées aux droit des courettes.		
116.	Fourni 2 solives I 0.12 de $2^{m},10$, pesant.	42.000	Plancher ordinaire en fer à I ordinaire.
117.	Fourni 4 entretoises en fer carré de 0.014 de $0^{m},75$ développé, pesant........	4.590	Gros fers coudés.
118.	Fourni 8 fentons de 0.009 de $2^{m},10$, pesant..................................	10.600	Fentons.
	Grand escalier.		
119.	Fourni 2 solives I de 0.18 de $6^{m},05$, pesant..................................	224.000	Plancher ordinaire en fer à I ordinaire.
120.	Fourni 8 entretoises en fer carré de 0.014 dont 4 de $1^{m},08$ et 4 de $1^{m},00$ développé, pesant.........................	12.710	Gros fers coudés.
121.	Fourni 4 fentons de 0.009 de $6^{m},05$, pesant..................................	15.270	Fentons.
	Escalier de service.		
122.	Fourni 2 solives I de 0.12 de $3^{m},40$, pesant..................................	68.000	Plancher ordinaire en fer à I ordinaire.
123.	Fourni 4 entretoises en fer carré de 0.014 de $0^{m},74$ développé, pesant.........	4.520	Gros fers coudés.
124.	Fourni 4 fentons de 0.009 de $3^{m},40$, pesant..................................	8.580	Fentons.
	Travées à gauche et à droite de l'escalier.		
125.	Sous les cloisons, fourni 2 solives I de 0.14 L.A. de $3^{m},50$, garnies aux extrémités de 2 tirants, pesant....................	135.000	Plancher assemblé en fer à I larges ailes.
126.	Fourni 4 ancres en fer carré de 0.027 de $0^{m},60$, pesant.......................	13.650	Gros fers coupés.
127.	Fourni 2 solives I 0.14 L.A. de $3^{m},50$, pesant..................................	126.000	Plancher ordinaire en fer à I larges ailes.
128.	Fourni 10 solives I de 0.14 de $3^{m},50$, 2 » I de 0.12 de $2^{m},95$, 2 » » » » de $2^{m},30$, pesant ensemble......................	560.000	Plancher ordinaire en fer à I ordinaire.
129.	Fourni 36 entretoises en fer carré de 0.014 dont 24 de $1^{m},02$, 2 de $0^{m},97$, 2 de $0^{m},93$, 4 de $0^{m},87$ et 4 de $0^{m},83$ développé, pesant	53.600	Gros fers coudés.
130.	Fourni 40 fentons de 0.009 dont 28 de $3^{m},50$, 4 de $3^{m},25$, 4 de $2^{m},65$ et 4 de $2^{m},05$ de longueur, pesant...................	81.900	Fentons.
	Travée en aile à gauche.		
131.	Sous les cloisons, fourni une solive I de 0.16 L.A. de $4^{m},60$, garnie aux extrémités de 2 tirants, pesant...............	106.000	Plancher assemblé en fer à I larges ailes.
132.	Fourni 2 ancres en fer carré de 0.027 de $0^{m},60$, pesant..............................	6.820	Gros fers coupés.
133.	Fourni 8 solives I de 0.16 de $4^{m},60$, pesant..................................	515.000	Plancher ordinaire en fer à I ordinaire.
134.	Fourni 30 entretoises en fer carré de 0.014 dont 6 de $1^{m},10$, 21 de $1^{m},00$ et 3 de $0^{m},92$ développé, pesant................	46.390	Gros fers coudés.

		KILOG.	
135.	Fourni 20 fentons de 0.009 de $4^{m},60$, pesant.	58.000	Fentons.
	Travée du fond.		
136.	Fourni 5 solives **I** de 0.18 de $5^{m},25$, pesant.	486.000	Plancher ordinaire en fer à **I** ordinaire.
137.	Fourni 24 entretoises en fer carré de 0.014 dont 16 de $1^{m}.04$ et 8 de $0^{m}.95$ développé, pesant.	37.000	Gros fers coudés.
138.	Fourni 12 fentons de 0.009 de $5^{m},25$, pesant.	39.750	Fentons.
	Travée en aile à droite.		
139.	Sous la cloison, fourni une solive **I** 0.16 L.A. de $4^{m},60$, garnie aux extrémités de 2 tirants, pesant.	106.000	Plancher assemblé en fer à **I** larges ailes.
140.	Fourni 2 ancres en fer carré de 0.027 de $0^{m},60$, pesant.	6.820	Gros fers coupés.
141.	Fourni 8 solives **I** 0.16 de $4^{m},60$, pesant.	515.000	Plancher ordinaire en fer à **I** ordinaire.
142.	Fourni 30 entretoises en fer carré de 0.014 dont 6 de $1^{m},10$, 21 de $1^{m},00$ et 3 de $0^{m},92$ développé, pesant.	46.390	Gros fers coudés.
143.	Fourni 20 fentons de 0.009 de $4^{m},60$ pesant.	58.000	Fentons.
	Travée du fond.		
144.	Fourni 5 solives **I** 0.18 de $5^{m},30$, pesant.	490.000	Plancher ordinaire. en fer à **I** ordinaire
145.	Fourni 24 entretoises en fer carré de 0.014 dont 16 de $1^{m},03$ et 8 de $0^{m},94$ développé, pesant.	36.680	Gros fers coudés.
146.	Fourni 12 fentons de 0.009 de $5^{m},30$, pesant.	40.130	Fentons.
147.	Fourni un chaînage en fer de 0.040 $\times$ 0.009 semblable à celui de l'entresol, pesant.	588.140	Gros fers coudés.
148.	Fourni 3 ancres en fer rond de 0.030 de $0^{m},60$ de longueur, pesant.	9.920	Gros fers coupés.
149.	Fourni 39 ancres en fer carré de 0.027 de $0^{m},60$ de longueur, pesant.	133.000	Gros fers coupés.
150.	Sous les portées des filets, linteaux et solives, fourni en semelles et cales coupées, pesant.	75.000	Gros fers coupés.
151.	Fourni en coins forgés, pesant.	15.000	Gros fers contrecoudés.

Attachement n° 5

2e et 3e Étages.

En tout semblables au 1er étage, détaillé dans l'attachement n° 4 (nos 102 à 151 du détail métrique), savoir:

152.	Fentons.	$527^{k},560 \times 2$	1055.120	Fentons.
153.	Gros fers coupés.	$375^{k},810 \times 2$	751.620	Gros fers coupés.
154.	» » coudés.	$1017^{k},220 \times 2$	2034.440	Gros fers coudés.
155.	» » contrecoudés	$15^{k},000 \times 2$	30.000	Gros fers contrecoudés.
156.	Plancher ordinaire en fer à **I** ordinaire.	$4261^{k},000 \times 2$	8522.000	Plancher ordinaire en fer à **I** ordinaire.

N°	Désignation	KILOG.	
157.	Plancher ordinaire en fer à I larges ailes .... 126k,000 × 2	252.000	Plancher ordinaire en fer à I larges ailes.
158.	Plancher assemblé en fer à I ordinaire .... 769k,000 × 2	1538.000	Plancher assemblé en fer à I ordinaire.
159.	Plancher assemblé en fer à I larges ailes .... 1196k,000 × 2	2392.000	Plancher assemblé en fer à I larges ailes.
160.	Filets assemblés avec boulons .... 43k,000 × 2	86.000	Filets assemblés avec boulons.
161.	Filets assemblés avec brides et croisillons .... 1784k,000 × 2	3568.000	Filets assemblés avec brides et croisillons.
	Attachement n° 6.		
	4e **Étage** (*fig.* 112).		
162.	Sous les murs en retrait des façades sur rue et sur cour, fourni 5 filets à 2 lames I 0.12 L.A. dont un de 16m,00, 2 de 6m,50 et 2 de 4m,00 de longueur, assemblés avec brides et croisillons et garnis aux extrémités de tirants, pesant	1174.000	Filets assemblés avec brides et croisillons.
	Plus-value pour emploi de fers à I larges ailes, pesant 1.174k,000 à 0f,01 le kilogramme (même différence que pour les planchers) (Série nos 81 à 84)		11f,74
163.	Fourni 10 ancres en fer carré de 0.027 de 0m,60, pesant	34.120	Gros fers coupés.
	Baies sur rue.		
164.	Fourni 6 linteaux en fer carré de 0.030 dont 4 de 1m,80 et 2 de 2m,10 de longueur, pesant	80.000	Gros fers coupés.
	1er *mur de refend parallèle.*		
165.	Fourni 4 linteaux à 2 lames I 0.12 de 1m,75, assemblé e avec brides et croisillons, pesant.... 172k,000		
	2e *mur de refend parallèle.*		
	Baies sur dégagement. Fourni 2 linteaux à 2 lames I 0.10 de 1m,30, assemblés avec brides et croisillons, pesant.... 62.000		
	Baies sur courettes. Fourni 2 linteaux à 2 lames I 0.14 de 2m,20, assemblés avec brides et croisillons, pesant.... 130.000		
	Baies sur le grand escalier. Fourni 2 linteaux à 2 lames I 0.12 de 1m,75, assemblés avec brides et croisillons, pesant.... 86.000		
	Ensemble................	450.000	Filets assemblés avec brides et croisillons.
	Courettes.		
166.	Sous les cloisons fourni 4 filets à 2 lames I 0.10 de 1m,90, assemblés avec boulons et garnis aux extrémités de tirants, pesant.	153.000	Filets assemblés avec brides et croisillons.
167.	Fourni 8 ancres en fer carré de 0.027 de 0m,60, pesant	27.290	Gros fers coupés.

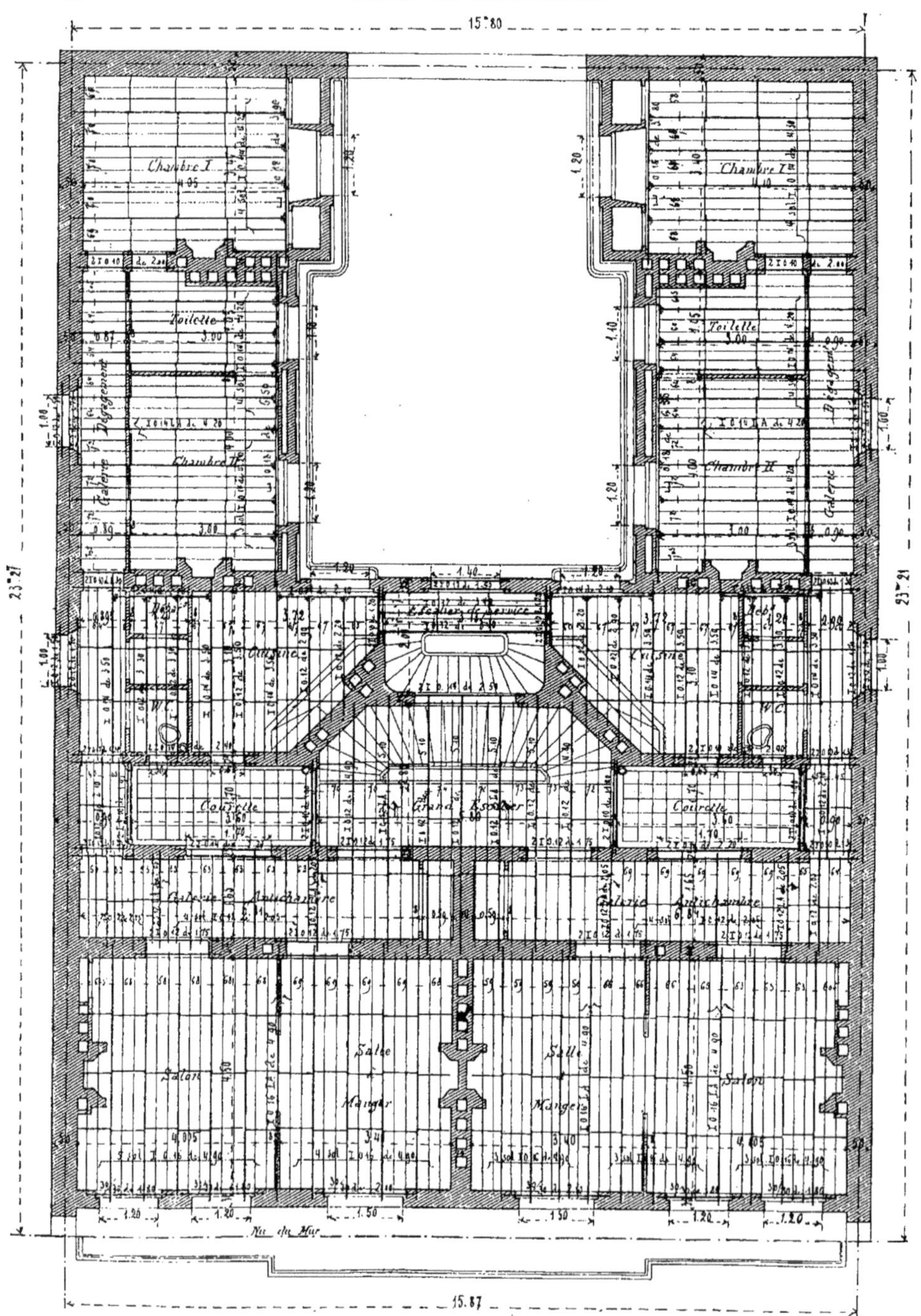

Fig. 112. — Plancher du 4e étage.

			KILOG.	
	Murs de refend parallèles à gauche et à droite du grand escalier.			
168.	Fourni 2 linteaux à 2 lames I 0.10 de 1^{m},30, assemblés avec brides et croisillons, pesant....	62^{k},000		
	Fourni 2 linteaux à 2 lames I 0.10 de 2^{m},40, assemblés avec brides et croisillons, pesant....	100.000		
	Baie entre le grand escalier et l'escalier de service.			
	Fourni un linteau à 2 lames I 0.14 de 2^{m},50, assemblé avec brides et croisillons, pesant....	73.000		
	Ensemble..................		235.000	Filets assemblés avec brides et croisillons.
	Portes d'entrée sur l'escalier de service.			
169.	Fourni 2 linteaux à 2 lames I 0.10 de 2^{m},20, assemblés avec boulons, pesant...		43.000	Filets assemblés avec boulons.
	Baies dans les dégagements à droite et à gauche, au droit des murs mitoyens.			
170.	Fourni 2 linteaux à 2 lames I 0.10 de 1^{m},30, assemblés avec brides et croisillons, pesant....	62.000		
	Grande cour. Croisée de l'escalier de service.			
	Fourni un filet à 2 lames I 0.12 de 1^{m},90, assemblé avec brides et croisillons, pesant....	46.000		
	Murs de refend parallèles du fond.			
	Fourni 2 linteaux à 2 lames I 0.10 de 2^{m},00, assemblés avec brides et croisillons, pesant....	86.000		
	Jours de souffrance dans les 2 murs mitoyens à gauche et à droite.			
	Fourni 4 linteaux à 2 lames I 0.12 dont une lame de 1^{m},50 et une de 1^{m},70 de longueur, assemblés avec brides et croisillons, pesant......................	160.000		
	Ensemble...............		354.000	Filets assemblés avec brides et croisillons.
	Plancher haut du 4e étage. Travée sur rue.			
171.	Sous les cloisons fourni une solive I 0.16 L.A. de 4^{m},90, garnie aux extrémités de 2 tirants, pesant....................		114.000	Plancher assemblé en fer à I larges ailes.
172.	Fourni 2 ancres en fer carré de 0.027 de 0.60, pesant........................		6.820	Gros fers coupés.
173.	Fourni 2 solives I 0.16 L.A. de 4^{m},90, pesant................................		215.000	Plancher ordinaire en fer à I larges ailes.

N°	Désignation	KILOG.	
174.	Fourni une solive I 0.16 de 4^{m},90, garnie aux extrémités de 2 tirants, pesant...	72.000	Plancher assemblé en fer à I ordinaire.
175.	Fourni 2 ancres en fer carré de 0.027 de 0^{m},60, pesant........................	6.820	Gros fers coupés.
176.	Fourni 17 solives I 0.16 de 4^{m},90, pesant.	1166.000	Plancher ordinaire en fer à I ordinaire.
177.	Fourni 69 entretoises en fer carré de 0.014 dont 39 de 1^{m},10, 9 de 1^{m},05, 12 de 1^{m},00, 3 de 0^{m},95 et 6 de 0^{m},90, développé, pesant..............................	110.930	Gros fers coudés.
178.	Fourni 46 fentons de 0.009 de 4^{m},90, pesant..............................	142.230	Fentons.
	Travées entre les deux murs de refend parallèles.		
179.	Sous les cloisons fourni 4 solives I 0.12 L.A. de 2^{m},05, pesant..................	115.000	Plancher ordinaire en fer à I larges ailes.
180.	Fourni 11 solives I 0.12 de 2^{m},05, pesant.	225.000	Plancher ordinaire en fer à I ordinaire.
181.	Fourni 15 entretoises en fer carré de 0.014 dont 5 de 1^{m},03, 6 de 0^{m},97, 1 de 0^{m},90, 2 de 0^{m},87 et 1 de 0^{m},80 développé, pesant..............................	22.000	Gros fers coudés.
182.	Fourni 30 fentons de 0.009 de 2^{m},05, pesant..............................	38.810	Fentons.
	Travée au-dessus du grand escalier.		
183.	Sous les cloisons fourni 2 solives I 0.12 L.A. de 5^{m},10, pesant..................	143.000	Plancher ordinaire en fer à I larges ailes.
184.	Fourni 5 solives I 0.12 dont 3 de 5^{m},10 et 2 de 4^{m},90 de longueur, pesant.......	251.000	Plancher ordinaire en fer à I ordinaire.
185.	Fourni 24 entretoises en fer carré de 0.014 dont 15 de 1^{m},08, 3 de 1^{m},04 et 6 de 0^{m},98 développé, pesant................	38.500	Gros fers coudés.
186.	Fourni 16 fentons de 0.009 dont 12 de 5^{m},10 et 4 de 4^{m},90 de longueur, pesant..	51.000	Fentons.
	Travées au droit des courettes.		
187.	Fourni 2 solives I 0.12 de 2^{m},10, pesant.	42.000	Plancher ordinaire en fer à I ordinaire.
188.	Fourni 4 entretoises en fer carré de 0.014 de 0^{m},75 développé, pesant........	4.590	Gros fers coudés.
189.	Fourni 8 fentons de 0.009 de 2^{m},10, pesant..............................	10.600	Fentons.
	Escalier de service.		
190.	Fourni 2 solives I 0.12 de 3^{m},40, pesant.	68.000	Plancher ordinaire en fer à I ordinaire.
191.	Fourni 4 entretoises en fer carré de 0.014 de 0^{m},74 développé, pesant........	4.520	Gros fers coudés.
192.	Fourni 4 fentons de 0.009 de 3^{m},40, pesant..............................	8.580	Fentons.
	Travées à gauche et à droite de l'escalier.		
193.	Fourni 6 solives d'enchevêtrure I 0.14 de 3^{m},50, 2 chevêtres I 0.14 de 2^{m},00, 2 » » » 2^{m},10, 8 solives de remplissage I 0.12 dont 4 de 3^{m},30, 2 de 2^{m},90 et 2 de 2^{m},20 de longueur, assemblés par 28 équerres cornières et boulons, pesant......................	638.000	Plancher assemblé en fer à I ordinaire

		KILOG.	
194.	Fourni 2 solives I 0.12 de $3^m,50$, pesant.	70.000	Plancher ordinaire en fer à I ordinaire.
195.	Fourni 34 entretoises en fer carré de 0.014 dont 28 de $1^m,05$ et 6 de $0^m,93$ développé, pesant.	53.430	Gros fers coudés.
196.	Fourni 36 fentons de 0.009 dont 12 de $3^m,50$, 16 de $3^m,30$, 4 de $2^m,90$ et 4 de $2^m,20$ de longueur, pesant.	72.690	Fentons.
	Travée en aile à gauche.		
197.	Sur la panne de bris fourni une solive en fer à U de 0.18 de $6^m,50$ de longueur, garnis aux extrémités de 2 tirants, 7 solives I 0.14 de $4^m,20$, assemblés par 14 équerres cornières et boulons, pesant	524.000	Plancher assemblé en fer à I ordinaire.
198.	Plus-value pour emploi de fer à U, pesant	122.000	Plus-value pour emploi de fer à U.
199.	Fourni 2 ancres en fer carré de 0.027 de $0^m,60$, pesant.	6.820	Gros fers coupés.
	Pour fixer la solive en fer à U sur la panne de bris, fourni 10 vis à tête carrée de 0.10 et posées à $0^f,60$ l'une (Série n° 2015).		$6^f,00$
200.	Fourni 27 entretoises en fer carré de 0.013 dont 9 de $1^m,10$, 3 de $1^m,00$, 12 de $1^m,02$ et 3 de $0^m,90$ développé, pesant.	42.540	Gros fers coudés.
201.	Fourni 18 fentons de 0.009 de $4^m,20$, pesant	47.700	Fentons.
	Travée du fond.		
202.	Sur la panne de bris fourni une solive en fer à U de 0.18 de $3^m,90$ de longueur, garnie aux extrémités de 2 tirants, 4 solives I 0.14 de $4^m,25$, assemblées par 8 équerres cornières et boulons, pesant.	308.000	Plancher assemblé en fer à I ordinaire.
203.	Plus-value pour emploi de fer à U, pesant	73.000	Plus-value pour emploi de fer à U.
204.	Fourni 2 ancres en fer carré de 0.027 de 0.60, pesant.	6.820	Gros fers coupés.
	Pour fixer la solive en fer à U sur la panne de bris fourni 7 vis à tête carrée de 0.10 et posées à $0^f,60$ l'une (Série n° 2015).		$4^f,20$
205.	Fourni 15 entretoises en fer carré de 0.014 dont 9 de $1^m,08$ et 6 de $0^m,98$ développé, pesant.	23.840	Gros fers coudés
206.	Fourni 10 fentons de 0.009 de $4^m,25$, pesant.	26.820	Fêntons.
	Travée en aile à droite.		
207.	Sur la panne de bris fourni une solive en fer à U de 0.18 de $6^m,50$ de longueur, garnie aux extrémités de 2 tirants, 7 solives I 0.14 de $4^m,20$, assemblées par 14 équerres cornières et boulons, pesant	524.000	Plancher assemblé en fer à I ordinaire.
208.	Plus-value pour emploi de fer à U, pesant.	122.000	Plus-value pour emploi de fer à U.
209.	Fourni 2 ancres en fer carré de 0.027 de 0.60, pesant	6.820	Gros fers coupés.

N°	Désignation	KILOG.	
	Pour fixer la solive en fer à U sur la panne de bris fourni 10 vis à tête carrée de 0.10 et posées à 0^f,60 l'une (Série n° 2015).		6^f,00
210.	Fourni 27 entretoises en fer carré de 0.014 dont 9 de 1^m,10, 12 de 1^m,02, 3 de 1^m,00 et 3 de 0^m,90 développé, pesant....	42.540	Gros fers coudés.
211.	Fourni 18 fentons de 0.009 de 5^m,20, pesant..............................	47.700	Fentons.
	Travée du fond.		
212.	Sur la panne de bris fourni une solive en fer à U de 0.18, de 3^m,80 de longueur, garnie aux extrémités de 2 tirants, 4 solives I 0.14 de 4^m,30, assemblés par 8 équerres cornières et boulons, pesant.......................	309.000	Plancher assemblé en fer à I ordinaire.
213.	Plus-value pour emploi de fer à U, pesant..............................	71.000	Plus-value pour emploi de fer à U.
214.	Fourni 2 ancres en fer carré de 0.027 de 0^m,60, pesant.....................	6.820	Gros fers coupés.
	Pour fixer la solive en fer à U sur la panne de bris fourni 7 vis à tête carrée de 0.10 et posés à 0^f,60 l'une (Série n° 2015).		4^f,20
215.	Fourni 15 entretoises en fer carré de 0.014 dont 9 de 1^m,06 et 6 de 0^m,96 développé, pesant........................	23.380	Gros fers coudés.
216.	Fourni 10 fentons de 0.009 de 4^m,30, pesant..............................	27.130	Fentons.
217.	Fourni un chainage en fer de 0.040 × 0.009.		
	En façade.		
	1 cours de.................. 16^m35		
	1er et 2e murs de refend parallèles.		
	2 cours de 16^m,35, ensemble.. 32.70		
	Mur de refend perpendiculaire.		
	1 cours de.................. 7.25		
	Murs sur courettes.		
	2 cours de 5^m,40, ensemble... 10.80		
	Escaliers.		
	2 cours de 2^m,50, ensemble... 5.00		
	1 cours de.................. 4.80		
	2 cours de 2^m,50, ensemble... 5.00		
	Murs de refend à gauche et à droite, en prolongation de la façade sur cour.		
	2 cours de 4^m,50, ensemble... 9.00		
	Façade sur cour.		
	1 cours de.................. 3.40		
	Murs de refend parallèles du fond.		
	1 cours de.................. 4.55		
	1 » » 4.60		

			KILOG.	
	Mur mitoyen du fond.			
	1 cours de....................	5.65		
	1 » »	5.70		
	Mur mitoyen de gauche.			
	1 cours de....................	23.10		
	Mur mitoyen de droite.			
	1 cours de....................	23.00		
	Ensemble..................	160.90		
	1/7 en plus pour développement des œils, bagues et talons.	23.00		
	Ensemble................	$183^{m}90$		
	Pesant 2^{k},804 le mètre................		515.660	Gros fers coudés.
218.	Fourni 36 ancres en fer carré de 0.027 de 0^{m},60, pesant......................		122.820	Gros fers coupés.
219.	Sous les portées des filets, linteaux et solives fourni en semelles et cales coupées, pesant..........................		98.000	Gros fers coupés.
220.	Fourni en coins forgés, pesant........		20.000	Gros fers contre-coudés.
	Attachement n° 7.			
	5e **Etage** (Combles *fig.* 113).			
	1er *mur de refend parallèle.*			
221.	Fourni 3 linteaux à 2 lames I 0.10 de 1^{m},25, assemblés avec brides et croisillons, pesant....	83^{k},000		
	Baies sur courettes.			
	Fourni 6 linteaux à 2 lames I 0.10 de 1^{m},50, assemblés avec brides et croisillons, pesant....	193.000		
	Fourni 3 linteaux à 2 lames I 0.10 de 0^{m},80, assemblés avec brides et croisillons, pesant....	60.000		
	Baies dans les couloirs et dégagements.			
	Fourni 8 linteaux à 2 lames I 0.10 de 1^{m},30, assemblés avec brides et croisillons, pesant.....	230.000		
	Fourni un linteau à 2 lames I 0.10 de 1^{m},15, assemblés avec brides et croisillons, pesant....	26.000		
	Fourni 2 linteaux à 2 lames I 0.10 de 1^{m},25, assemblés avec brides et croisillons, pesant....	56.000		
	Jours de souffrance dans les 2 murs mitoyens à gauche et à droite.			
	Fourni 4 linteaux à 2 lames I 0.12 dont une lame de 1^{m},50 et une de 1^{m},70 de longueur, assemblés avec brides et croisillons, pesant..................	160.000		
	Ensemble..................		808.000	Filets assemblés avec brides et croisillons.

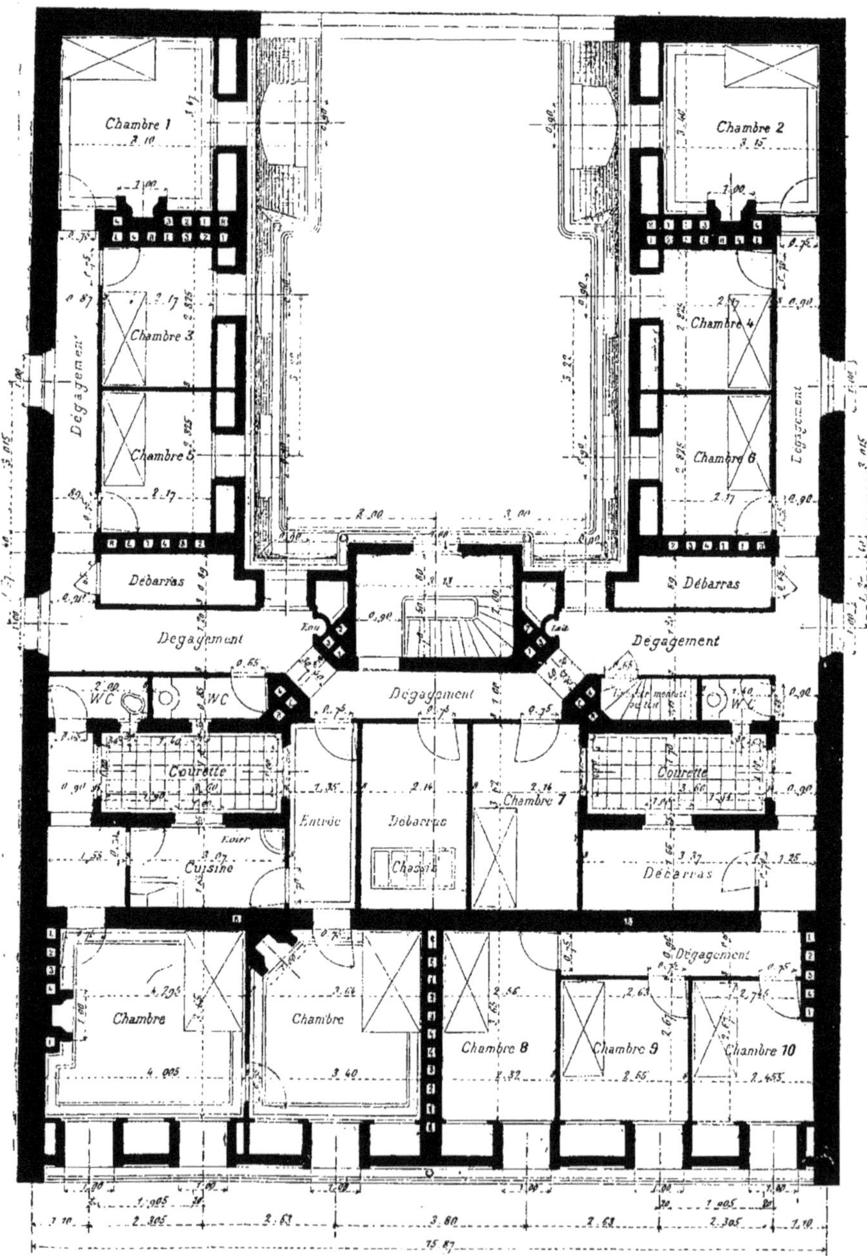

Fig. 113. — 5ᵉ étage (combles).

	KILOG.	
222. Pour le ferrage du faux plancher et du comble fourni 6 chevêtres en fer carré de 0.030 dont 4 de 3^{m},00 et 2 de 1^{m},20 développé, pesant..........................	101.000	Gros fers coudés.
223. Fourni 32 carrillons de 0.014 de 0^{m},60, de longueur, pesant....................	29.340	Gros fers coupés.
224. Fourni 18 fentons de 0.009 dont 12 de 2^{m},30 et 6 de 0^{m},60 de longueur, pesant..	19.690	Fentons.
225. Fourni 38 étriers en fer de 0.040 × 0.009 de 0^{m},80 développé, posés avec clous à bâtiment, pesant......................	87.000	Gros fers contre-coudés.
226. Fourni 28 tirants en fer de 0.040 × 0.009 de 0^{m},70 développé, fixés avec clous *idem*, pesant..............................	56.000	Gros fers coudés.
227. Fourni 28 ancres en fer carré de 0.027 de 0^{m},60, pesant......................	95.520	Gros fers coupés.
228. Fourni 31 plates-bandes à talons en fer de 0.040 × 0.009 de 0.80 de longueur, posés avec clous *idem*, pesant...........	71.000	Gros fers coudés.
229. Fourni 16 équerres en fer de 0.040 × 0.009 de 1^{m},00 développé, posés avec clous *idem*, pesant.....................	46.000	Gros fers coudés.
230. Pour les cheminées des étages et du rez-de-chaussée fourni au maçon 51 linteaux en fer carré de 0.030 dont 18 de 1^{m},40, 9 de 1^{m},30, 13 de 1^{m},20, 4 de 1^{m},10, et 7 de 1^{m},00 de longueur, pesant.......	448.580	Gros fers coupés.
231. Pour les fourneaux de cuisine des appartements fourni 11 manteaux de hottes, composés chacun d'une ceinture en fer carré de 0.025 de 3^{m},50, une ceinture en fer carré de 0.022 de 3^{m},30 et 3 tirants en fer carré de 0.014 de 1^{m},45 développé, pesant...................... 397^{k},840		
Pour les fourneaux de cuisine de la loge et du 5e étage fourni 2 manteaux de hotte composés chacun d'une ceinture en fer carré de 0.020 de 1^{m},70, 2 barres de languette en même fer dont une de 1^{m},10 et une de 0^{m},60 et un tirant en fer carré de 0.014 de 1^{m},25 développé, pesant..... 25.000		
Ensemble..................	422.840	Gros fers coudés.
232. Pour les tuyaux adossés fourni 92 ceintures en fer de 0.040 × 0.005 de 1^{m},06 développé, pesant.....................	152.000	Gros fers contre-coudés.

TABLEAU DE CLASSEMENT DES GROS FERS

1.

FENTONS.

41	140^{k}330
44	60.570
47	10.100
50	15.270
53	8.580
59	79.380
64	57.420
67	39.370
72	57.420
75	39.750
90	508.190
112	153.330
115	62.000
118	10.600
121	15.270
124	8.580
130	81.900
135	58.000
138	39.750
143	58.000
146	40.130
152	1 055.120
178	142.230
182	38.810
186	51.000
189	10.600
192	8.580
196	72.690
201	47.700
206	26.820
211	47.700
216	27.130
224	19.690
	3 092^{k}010

2.

GROS FERS COUPÉS.

2	25^{k}270
30	94.150
33	27.290
35	6.820
38	13.650
55	13.650
61	6.820
69	6.820
77	9.920
78	126.230
79	75.000
81	102.960
84	27.290
88	6.820
91	40.940
98	9.920
99	133.000
100	70.000
A rep.	796^{k}550
Report	796^{k}550
102	82.840
104	34.110
108	13.650
126	13.650
132	6.820
140	6.820
148	9.920
149	133.000
150	75.000
153	751.620
163	34.120
164	80.000
167	27.290
172	6.820
175	6.820
199	6.820
204	6.820
209	6.820
214	6.820
218	122.820
219	98.000
223	29.340
227	95.520
230	448.580
	2 900^{k}570

3.

GROS FERS COUDÉS.

40	152^{k}000
43	35.200
46	4.590
49	12.470
52	4.280
58	53.600
63	46.390
66	37.000
71	46.390
74	36.680
76	603.980
92	428.600
97	588.140
111	152.000
114	35.200
117	4.590
120	12.710
123	4.520
129	53.600
134	46.390
137	37.000
142	46.390
145	36.680
147	588.140
154	2 034.440
177	110.930
181	22.000
185	38.500
188	4.590
191	4.520
195	53.450
A rep.	5 334^{k}970
Report	5 334^{k}970
200	42.540
205	23.840
210	42.540
215	23.380
217	515.660
222	101.000
226	56.000
228	71.000
229	46.000
231	422.840
	6 679^{k}770

4.

GROS FERS CONTRE-COUDÉS.

80	15^{k}000
101	15.000
151	15.000
155	30.000
220	20.000
225	87.000
232	152.000
	334^{k}000

5.

PLANCHER ORDINAIRE
EN FER A I ORDINAIRE.

1	15^{k}000
3	111.000
6	504.000
9	388.000
11	111.000
13	217.000
15	144.000
17	64.000
19	111.000
20	250.000
22	493.000
24	289.000
26	431.000
29	332.000
42	440.000
45	40.000
48	224.000
51	68.000
57	547.000
62	510.000
65	481.000
70	510.000
73	486.000
93	3 306.000
110	910.000
113	451.000
116	42.000
119	224.000
122	68.000
A rep.	11 767.000

TABLEAU DE CLASSEMENT DES GROS FERS *(Suite)*

Report	11 767^{k}000
128	560.000
133	515.000
136	486.000
141	515.000
144	490.000
156	8 522.000
176	1 166.000
180	225.000
184	251.000
187	42.000
190	68.000
194	70.000
	24 677^{k}000

6.

PLANCHER ORDINAIRE EN FER A I LARGES AILES.

10	26^{k}000
14	92.000
18	30.000
21	46.000
23	97.000
25	67.000
27	194.000
56	122.000
94	122.000
127	126.000
157	252.000
173	215.000
179	115.000
183	143.000
	1 647^{k}000

7.

PLANCHER ASSEMBLÉ EN FER A I ORDINAIRE.

8	647^{k}000
39	1 153.000
A rep.	1 800^{k}000

Report	1 800^{k}000
95	1 153.000
109	769.000
158	1 538.000
174	72.000
193	638.000
197	524.000
202	308.000
207	524.000
212	309.000
	7 635^{k}000

8.

PLANCHER ASSEMBLÉ EN FER A I LARGES AILES.

7	1 042^{k}000
37	1 547.000
54	127.000
60	105.000
68	105.000
96	1 884.000
107	849.000
125	135.000
131	106.000
139	106.000
159	2 392.000
171	114.000
	8 512^{k}000

9.

FILETS ASSEMBLÉS AVEC BOULONS.

4	27^{k}000
12	38.000
16	29.000
28	125.000
86	43.000
105	43.000
A rep.	305^{k}000

Report	305^{k}000
160	86.000
169	43.000
	434^{k}000

10.

FILETS ASSEMBLÉS AVEC BRIDES ET CROISILLONS.

5	800^{k}000
31	787.000
32	160.000
34	476.000
36	600.000
82	450.000
83	153.000
85	235.000
87	230.000
89	502.000
103	214.000
106	1 570.000
161	3 568.000
162	1 174.000
165	450.000
166	153.000
168	235.000
170	354.000
221	808.000
	12 919^{k}000

11.

PLUS-VALUE POUR EMPLOI DE FER A U.

198	122^{k}000
203	73.000
208	122.000
213	71.000
	388^{k}000

Fig. 114. — Façade principale.

RÉSUMÉ DES GROS FERS

SÉRIE PAGES	SÉRIE Nos				
406	72	Fentons	3 092k010	0.20	618.40
406	73	Gros fers coupés	2 900.570	0.24	696.14
406	75	Gros fers coudés	6 679.770	0.32	2 137 53
406	76	Gros fers entrecoudés	334.000	0.43	143.62
406	81	Plancher ordinaire en fer à I ordinaire	24 677.000	0.27	6 662.79
407	82	» » en fer à I larges ailes.	1 647.000	0.28	461.16
407	83	Plancher assemblé en fer à I ordinaire	7 635.000	0.31	2 366.85
407	84	» » en fer à I larges ailes	8 512.000	0.32	2 723.84
407	89	Filets assemblés avec boulons	434.000	0.32	138.88
407	90	» assemblés avec brides et croisillons	12 919.000	0.33	4 263.27
408	103	Plus-value pour emploi de fer à U	388.000	0.006	2.33
		Attachement n° 8.			
		Voir façade et coupes (*fig.* 114 à 116).			
		Façade sur la rue.			
		5e *Etage.*			
411	166	Fourni 6 balcons à râtelier avec châssis en fer carré de 0.022 remplissage en barreaux ronds de 0.018, pesant	270k000	0.56	151.20
Estim	ation	Aux extrémités des traverses pour les fixer sur les lucarnes fait 24 pattes, enlevées à même le fer, aplaties et coudées, entaillées et fixées avec vis	24	1.50	36.00
437	1156	Fourni 6 mains-courantes en fer à moulures 1/2 rond de 0.040 de chacune 2m,25 développé, dressées et dégauchies, ensemble	13m50	2.05	27.68
438	1167 1170	Fait 12 ajustements d'angle à double onglet.	12	1.05	12.60
436	1116 1122	Pour les fixer, percé dans chacune 11 trous fraisés, ensemble	66	0.12	7.92
436	1117 1123	Contreperçé 66 trous de 0.010 et taraudés.	66	0.22	14.52
459	2026	Fourni 66 vis à métaux de 0.015 et posées.	66	0.20	13.20
		4e *Etage.*			
411	168	Fourni un grand balcon avec châssis en fer carré de 0.022, arcs-boutants en fer de 0.040 × 0.022 et remplissage en fonte ornée, modèle du Comptoir des Fontes, série S n° 217, développant compris les deux retours et la séparation du milieu 18m,90 et pesant	926k000	0.90	833.40
437	1156	Fourni une main-courante en fer à moulures 1/2 rond de 0.040 de 17m,90 développé, dressée et dégauchie	17m90	2.05	36.70
438	1167 1170	Fait 6 ajustements d'angle à double onglet	6	1.05	6.30
436	1116 1122	Pour la fixer, percé 45 trous fraisés	45	0.12	5.40
436	1117 1123	Contre-percé 45 trous de 0.010 et taraudés.	45	0.22	9.90

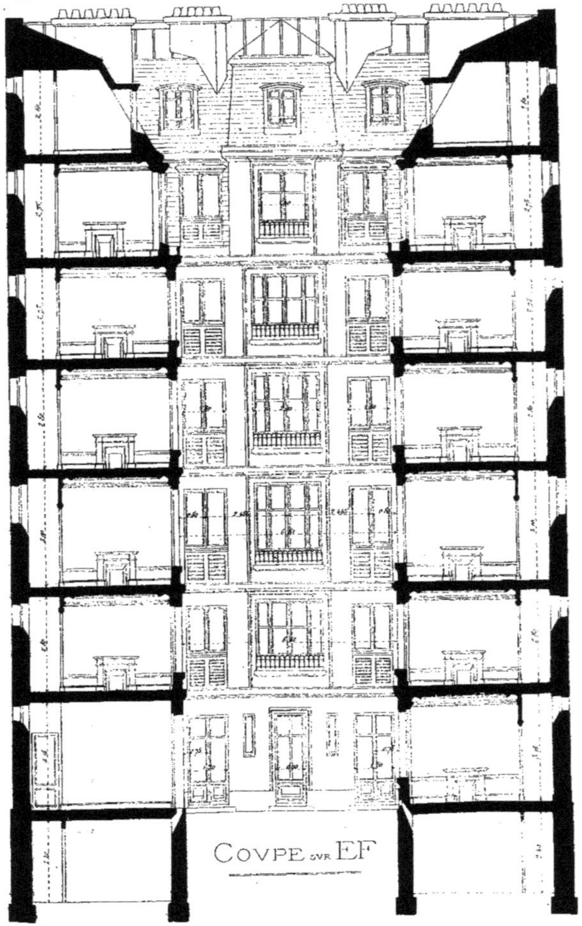

Fig. 115 et 116.

SÉRIE PAGES	SÉRIE Nos				
459	2026	Fourni 45 vis à métaux de 0.015 et posées.	45	0.20	9.00
Estim	ation	Fourni une herse de défense en fonte à chardons (*fig.* 117), pesant................	$47^{k}000$	0.67	31.49

Fig. 117.

SÉRIE PAGES	SÉRIE Nos				
436	1119 1122	Pour la fixer sur la séparation du balcon, percé un trou de 0.20 et fraisé............	1	»	0.23
436	1119 1123	Contre-percé un trou de 0.022 et taraudé.	1	»	0.30
459	2031	Fourni une vis à métaux de 0.040 et posée.	1	»	0.35
		Etages et Entresol.			
		Fourni 6 grands balcons avec châssis en fer carré de 0.022 et remplissage en panneaux de fonte ornée du commerce, semblables aux précédents de 1^{m},90 de longueur, pesant 570^{k},000 Fourni 2 grands balcons semblables de 4^{m},80 développé avec arc-boutant en fer de 0.040 × 0.022 au milieu, pesant.................. 496^{k},000			
411	168	Ensemble = ...	1 $066^{k}00$	0.90	959.40
437	1156	Fourni 8 mains-courantes en fer à moulures 1/2 rond de 0.040 dont 6 de chacune 2.10 et 2 de chacune 4.80 développé, dressées et dégauchies, ensemble.....................	$22^{m}20$	2.05	45.51
438	1167 1170	Fait 16 ajustements d'angle à double onglet.	16	1.05	16.80
436	1116 1122	Pour les fixer, percé 64 trous fraisés......	64	0.12	7.68
436	1117 1123	Contre-percé 64 trous de 0.010 et taraudés.	64	0.22	14.08
459	2026	Fourni 64 vis à métaux de 0.015 et posées.	64	0.20	12.80

SÉRIE PAGES	SÉRIE Nos				
411	170	Fourni 14 balcons saillants avec châssis en fer carré de 0.022, remplissage en panneaux de fonte ornée du commerce, semblables aux précédents dont 12 de 1m,40 et 2 de 1m,50 de longueur[1], pesant	990k000	1.13	1118.70
437	1156	Fourni 14 mains-courantes en fer à moulures 1/2 rond de 0.040 dont 12 de 1.60 et 2 de 1m,70 développé, dressées et dégauchies, ensemble.	22m60	2.05	46.33
438	1167 1170	Fait 28 ajustements d'angle à double onglet.	28	1.05	29.40
436	1116 1122	Pour les fixer, percé 98 trous fraisés......	98	0.12	11.76
436	1117 1123	Contre-percé 98 trous de 0.010 et taraudés.	98	0.22	21.56
459	2026	Fourni 98 vis à métaux de 0.015 et posées.	98	0.20	19.60
		Façade sur la cour.			
		Combles.			
414	266	Fourni 9 barres d'appui en fonte, modèle du Comptoir des Fontes, Série S no 54, de 0.90 de longueur, pesant	63k000	0.35	22.05
		Pour fixer les dites sur les lucarnes en bois, coupé les 4 scellements à la scie à métaux, percé 4 trous dont 2 de revêtissement dans les poteaux en chêne de la lucarne, posé les barres d'appui, calées et réglées	9	1.50	13.50
		Étages et Entresol.			
413	253	Fourni 35 balcons en fonte, modèle du Comptoir des Fontes, Série S no 214, de 0.50 de hauteur dont 4 de 1.90 1 de 1.30 16 de 1.20 4 de 1.10 10 de 1.00 de longueur, pesant ensemble	655k000	0.34	222.70
		Pour fixer 6 des dits sur les lucarnes en bois du 4e étage, coupé les 8 scellements à la scie à métaux, percé 8 trous dont 4 de revêtissement dans les poteaux en chêne, posé les balcons, calés et réglés	6	3.00	18.00
		Attachement no 9.			
413	247	Fourni au maçon 5 tonneaux de clous à bateaux H. L. B. pesant	628k000	0.60	376.80
413	251	Fourni 365k,000 de rappointis	365.000	0.34	124.10
413	247	Fourni au parqueteur 290k,000 de clous à bateaux H. L. B	290.000	0.60	174.00

1. Nous faisons remarquer ici que nous avons compté ces balcons conformément à la Série, bien qu'à notre avis les balcons de 1 mètre de hauteur devraient être considérés comme grands balcons.

SÉRIE PAGES	SÉRIE Nos	Relevé sur place.			
		5e Étage (*fig.* 113).			
		Sur le toit fourni un châssis vitré (*fig.* 118) composé d'une traverse haute en fer à T inégal de 0m,040 de.................. 1m,72 2 petits bois de rives en même fer de 1m,05 de longueur, ensemble.... 2m,10			
437	1135	Ensemble........................	3m82	2.15	8.21
		Fig. 118.			
437	1145 1147	Dans le haut fait 2 ajustements d'angle à double onglet...........................	2	0.92	1.84
437	1139	Dans le bas fait 2 pattes enlevées à même la feuillure et retroussées pour former arrêt au verre................................	2	1.20	2.40
436	1116 1122	Pour fixer ce cadre sur la costière en bois, percé 15 trous fraisés.....................	15	0.12	1.80
459	2001	Fourni 15 vis à bois de 0.030 et posées....	15	0.043	0.64
437	1134	Fourni 4 petits bois en fer à T de 0.035 × 0.030 de chacun 1m,05 de longueur, dressés et dégauchis, ensemble..................	4m20	1.95	8.19
437	1139	Dans le haut fait 4 pattes coudées, enlevées à même la feuillure et percées chacune de 2 trous fraisés...........................	4	1.20	4.80
436	1116 1123	Contre-percé 8 trous taraudés...........	8	0.16	1.28
459	2025	Fourni 8 vis à métaux et posées..........	8	0.20	1.60
437	1139	Dans le bas fait 4 pattes garde-verre......	4	1.20	4.80
436	1116 1122	Percé 8 trous fraisés.....................	8	0.12	0.96
459	2001	Fourni 8 vis à bois de 0.030 et posées.....	8	0.043	0.34
431	883	Pour les bâtis, contre-bâtis et huisseries, fourni 81 pattes à scellement de 0.14 et posées (*fig.* 119)................................	81	0.25	20.25
		Fig. 119.			

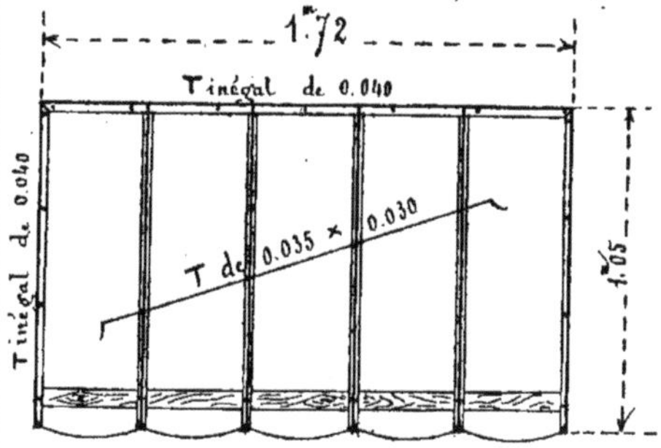

SÉRIE PAGES	SÉRIE Nos				
431	885	Plus-value pour 48 des dites coudées.....	48	0.05	2.40
		Fourni 21 plates-bandes en fer de 0.025 × 0.005 à pattes élargies des 2 bouts, entaillées et posées avec vis (*fig.* 120), dont:			
		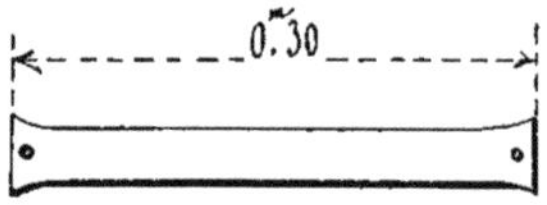 Fig. 120.			
		3 de chacune $0^m,12$, ensemble 0.36 9 » » $0^m,18$, » 1.62 6 » » $0^m,22$, » 1.32 3 » » $0^m,30$, » 0.90			
439	1229	Ensemble........................	4^m20	2.75	11.55
	1232	Fourni 15 plates-bandes en même fer à patte élargie et à scellement fendu, entaillées et posées avec vis (*fig.* 121) dont :			
		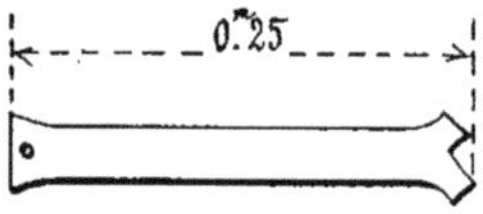 Fig. 121.			
		6 de chacune $0^m,25$, ensemble 1.50 3 » » $0^m,35$, » 1.05 6 » » $0^m,50$, » 3.00			
439	1229	Ensemble........................	5^m55	2.75	15.26
Evaluation		Pour les cloisons, fourni 2 cours de tendeurs en fil de fer galvanisé n° 14 cordelés à 2 fils et posés, développant chacun $46^m,10$, ensemble..	92^m20	0.35	32.27
424	646-652	Fourni 80 pitons à vis de 0.06 et posés (*fig.* 122)......................................	80	0.15	12.00
		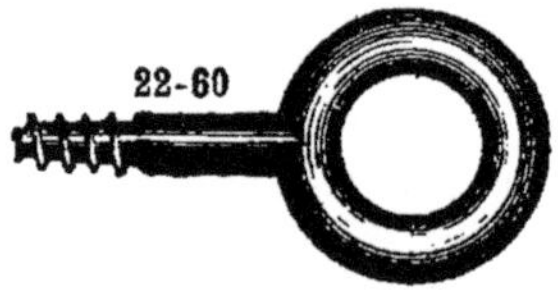 Fig. 122.			
		 Fig. 123.			
Estimation		Fourni 32 pitons à scellement (*fig.* 123)...	32	0.25	8.00

	SÉRIE PAGES	SÉRIE Nos				
			Appartement.			
			Porte d'entrée.			
A	435	1047	Fourni 3 paumelles doubles laminées de 0.14 (*fig.* 124) entaillées et posées avec vis.......	3	0.95	2.85
			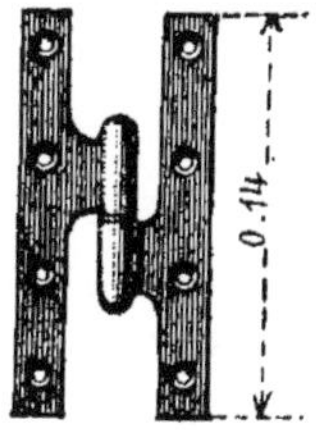 Fig. 124.			
A	448	1580	Fourni une serrure de sûreté à 6 gorges, benarde 1re qualité de 0.14 (*fig.* 125) et posée.	1	»	8.30
			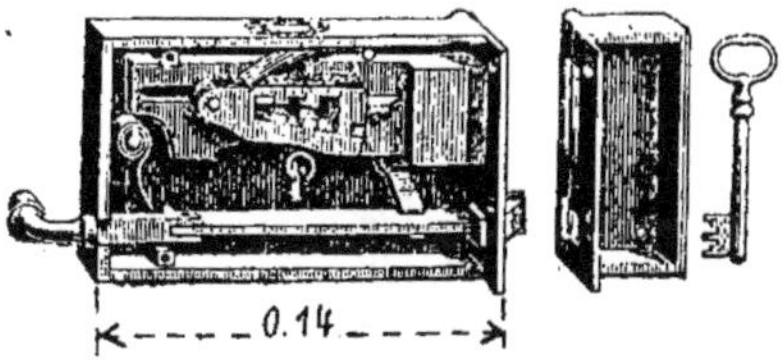 Fig. 125.			
A	449	1599	Plus-value pour pêne à nervure et chanfrein à 32°....................................	1	»	0.25
A	421	527	Fourni un bouton rond de tirage en cuivre creux de 0.060 (*fig.* 126) et posé............	1	»	1.90
			 Fig. 126.			
			Ferré 3 portes de chambres.			
			Détail d'une :			
B	435	1046	Fourni 3 paumelles doubles laminées de 0.11 entaillées et posées..................	3	0.80	2.40
B	447	1559	Fourni une serrure à 2 pênes 1re qualité de 0.14 (*fig.* 127) et posée....................	1	»	4.95
B	420	477	Fourni un bouton double imitation ivoire ovale S. Z. de 0.060 (*fig.* 128)...............	1	»	1.65

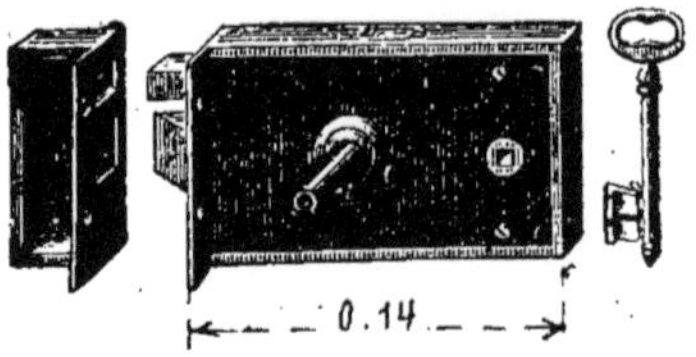

Fig. 127.

Fig. 128.

SÉRIE PAGES	Nos				
		Les 2 autres portes semblables..........	2	9.00	18.00
		Ferré 3 croisées sur rue.			
		Détail d'une :			
435	1046	Fourni 6 paumelles doubles laminées de 0.11 entaillées et posées..................	6	0.80	4.80
		Fourni 8 équerres simples de 0.19 (*fig.* 129)			

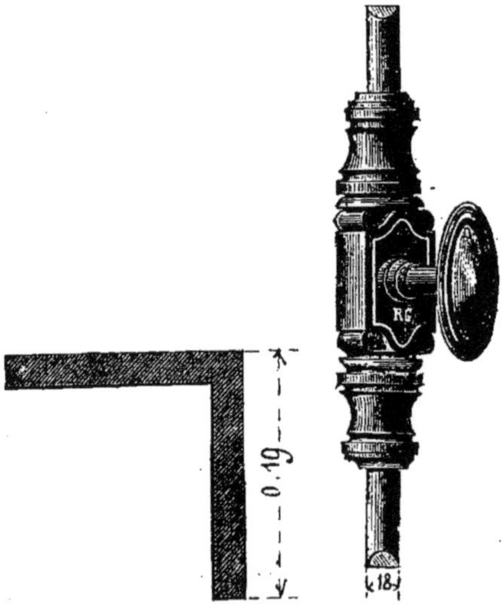

Fig. 129 et 130.

SÉRIE PAGES	Nos				
426	701	entaillées et posées........................	8	0.20	1.60
426	703	Plus-value pour vis tournées............	8	0.10	0.80
425	664	Fourni une crémone R. G. de 0.018 (*fig.* 130) et posée................................	1	»	2.90

C

	SÉRIE PAGES	SÉRIE Nos				
			Les 2 autres croisées semblables..........	2	10.10	20.20
			Ferré 3 armoires sous brisis.			
			Détail d'une :			
D	435	1044	Fourni 2 paumelles doubles laminées de 0.080 entaillées et posées avec vis..........	2	0.65	1.30
D	454	1786	Fourni une targette de sûreté en cuivre à pêne rond de 0.040 (*fig.* 131) et posée......	1	»	1.05
			Fig. 131.			
			Les 2 autres armoires semblables........	2	2.35	4.70
			Cuisine.			
			Ferré 2 portes. Détail d'une :			
E	435	1046	Fourni 3 paumelles doubles laminées de 0.11 entaillées et posées..................	3	0.80	2.40
E	416	332	Fourni un bec de cane 1re qualité de 0.11 (*fig.* 132) et posé........................	1	»	2.80
			Fig. 132.			
E	420	477	Fourni un bouton double imitation ivoire ovale S. Z. de 0.060......................	1	»	1.65
			L'autre porte semblable................	1	»	6.85
			Croisée.			
F	431	883	Fourni 7 pattes à scellement de 0.14 et posées.	7	0.25	1.75
F	431	885	Plus-value pour les dites coudées.........	7	0.05	0.35
F	435	1046	Fourni 6 paumelles doubles laminées de 0.11 entaillées et posées..................	6	0.80	4.80
F	426	701	Fourni 8 équerres simples de 0.19 entaillées et posées..............................	8	0.20	1.60
F	426	703	Plus-value pour vis tournées............	8	0.10	0.80
F	425	664	Fourni une crémone R. G. de 0.018 et posée.	1	»	2.90
			Armoire sous évier.			
G	435	1045	Fourni 2 paumelles doubles laminées de 0.095 entaillées et posées.................	2	0.75	1.50
G	433	1749	Fourni une targette en fer demi-forte, picolet rond de 0.040 (*fig.* 133) et posée...........	1	»	0.85

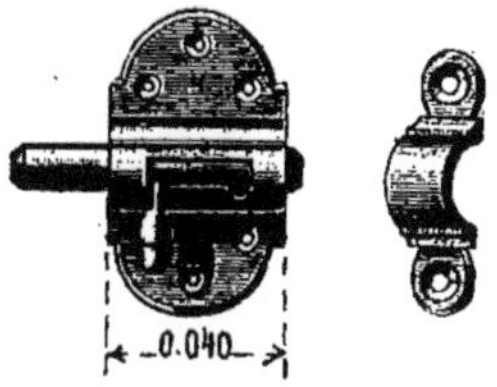

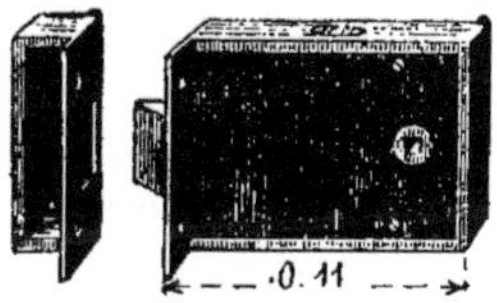

	SÉRIE PAGES	SÉRIE Nos				
			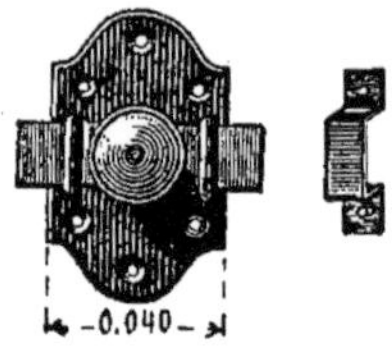 Fig. 133.			
H			Porte des W.-C.			
	435	1046	Fourni 3 paumelles doubles laminées de 0.11 entaillées et posées avec vis............	3	0.80	2.40
	416	332	Fourni un bec de cane 1re qualité de 0.11 et posé..................................	1	»	2.80
	417	344	Plus-value pour verrou de nuit (*fig.* 134, C).	1	»	0.80
			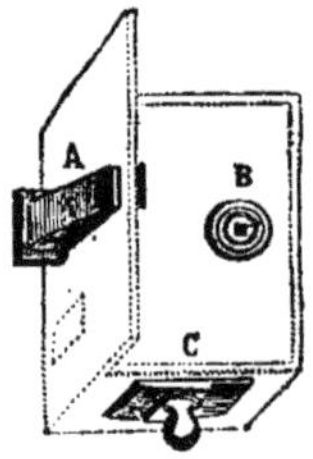 Fig. 134.			
	420	477	Fourni un bouton double imitation ivoire ovale S. Z. de 0.060......................	1	»	1.65
			Châssis.			
I	431	883-885	Fourni 4 pattes à scellement de 0.14 coudées et posées..............................	4	0.30	1.20
	435	1046	Fourni 2 paumelles doubles laminées de 0.11 entaillées et posées avec vis..........	2	0.80	1.60
	426	700	Fourni 4 équerres simples de 0.16 entaillées et posées.............................	4	0.15	0.60
	426	703	Plus-value pour vis tournées............	4	0.10	0.40
	429	826	Fourni un loqueteau d'école en fonte à panneton de 0.095 avec mentonnet (*fig.* 135) et posé..................................	1	»	2.20
			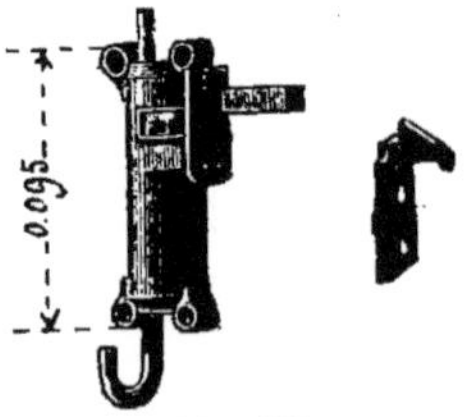 Fig. 135.			
	446	1494	Fourni un tirage en corde septain de 0.005 de 1m,00 de longueur et posé..............	1.00	»	0.30

SÉRIE PAGES	SÉRIE N°s				
		Sur courette ferré 2 croisées en tout semblable à l'accolade F.	2	12.20	24.40
		Ferré 10 portes de chambres de domestique. Détail d'une :			
435	1046	Fourni 3 paumelles doubles laminées de 0.11 entaillées et posées avec vis.	3	0.80	2.40
447	1557	Fourni une serrure de sûreté de comble à tour et demi et à verrou de nuit 1re qualité de 0.14 (*fig.* 136) et posée.	1	»	6.25
		Fig. 136.			
421	526	Fourni un bouton rond de tirage en cuivre creux de 0.050 et posé.	1	»	1.50
		Les 9 autres portes semblables.	9	10.15	91.35
		Ferré 4 portes de débarras. Détail d'une :			
435	1046	Fourni 3 paumelles doubles laminées de 0.11 entaillées et posées avec vis.	3	0.80	2.40
447	1555	Fourni une serrure à tour et demi 1re qualité de 0.14 (*fig.* 137) et posée.	1	»	4.20
		Fig. 137.			
		Les 3 autres portes semblables.	3	6.60	19.80
Analogie 428	791	Pour 2 des dites fourni 2 gâches coudées de façon à empênage (*fig.* 138), entaillées et posées avec vis.	2	1.10	2.20
		Ferré 2 portes de W.-C. communs. Détail d'une :			
435	1046	Fourni 3 paumelles doubles laminées de 0.11 entaillées et posées avec vis.	3	0.80	2.40

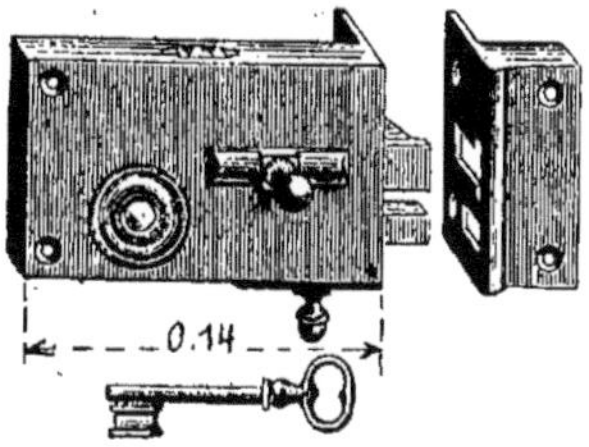

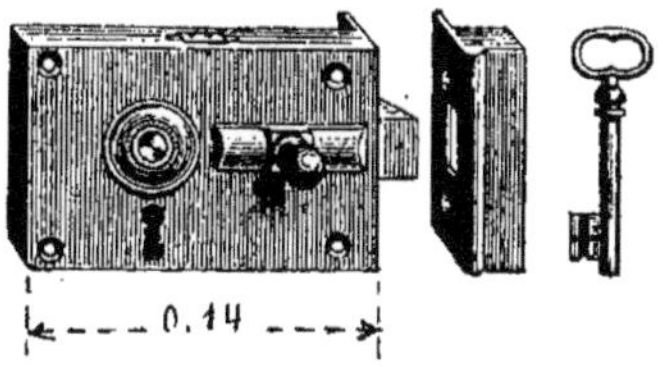

SÉRIE PAGES	SÉRIE Nos				
		Fig. 138.			
416	332	Fourni 1 bec de cane 1re qualité de 0.11 et posé	1	»	2.80
417	344	Plus-value pour verrou de nuit	1	»	0.80
420	455	Fourni un bouton double cuivre creux ovale F. T. n° 4 (*fig.* 139)	1	»	1.65
		L'autre porte semblable	1	»	7.65
		Fig. 139.			
		Porte de l'escalier montant au toit.			
435	1046	Fourni 3 paumelles doubles laminées de 0.11 entaillées et posées	3	0.80	2.40
447	1559	Fourni une serrure à deux pênes 1re qualité de 0.14 et posée	1	»	4.95
420	455	Fourni un bouton double cuivre creux ovale F. T. n° 4	1	»	1.65
428	791	Fourni une gâche coudée de façon à empênages (*fig.* 140) entaillée et posée avec vis.	1	»	1.10
		Fig. 140.			
435	1046	Ferré une trappe de grenier. Fourni 2 paumelles doubles laminées de 0.11 entaillées et posées avec vis	2	0.80	1.60
447	1555	Fourni une serrure à tour et demi 1re qualité de 0.14 et posée	1	»	4.20
		Sur rue et sur grande cour.			
		Ferré 12 croisées de lucarnes semblables à l'accolade C	12	10.10	121.20

SÉRIE PAGES Estim	N°s ation				
		Plus-value pour la crémone de la croisée d'escalier fermant à clef carrée (*fig.* 141)....	»	»	1.65
		Fig. 141.			
		Sur courette de droite, ferré 3 croisées semblables à l'accolade F....................	3	12.20	36.60
		Ferré 2 châssis de W.-C. semblables à l'accolade I................................	2	6.30	12.60
		Ferré 13 armoires sous brisis semblables à l'accolade D..............................	13	2.35	30.55
		Ferré 4 châssis de jours de souffrance. Détail d'un :			
431	883	Fourni 5 pattes à scellement de 0.14 et posées..................................	5	0.25	1.25
435	1046	Fourni 4 paumelles doubles laminées de 0.11 entaillées et posées avec vis...........	4	0.80	3.20
426	701	Fourni 8 équerres simples de 0.19 entaillées et posées..............................	8	0.20	1.60
426	703	Plus-value pour vis tournées............	8	0.10	0.80
425	664	Fourni une crémone R. G. de 0.018 et posée.	1	»	2.90
455	1819	Fourni 6 barreaux en fer rond de 0.018 de chacun 0.80 de longueur, coupés et dressés, ensemble..............................	4^{m}80	1.30	6.24
		Fourni un châssis grillagé en fil de fer galvanisé n° 11 mailles de 0.020 de 1.00 × 0.70, soit en superficie.................. 0^{m},70			
		Plus-value pour grillage de moins de 1^{m},00 superficiel 20/00........... 0^{m},14			
		Plus-value pour fil de fer galvanisé 20/00.......................... 0^{m},14			
464	135	Ensemble......................	0^{m}98	7.35	7.20
467	660	Fourni un encadrement en fil de fer n° 22 de 1^{m},00 × 0.70, soit en développé........	3^{m}40	0.30	1.02
467	658	Pour fixer ce châssis fourni 14 conduits à pointes et posés..........................	14	0.05	0.70
467	658	Fait 12 attaches en fil de fer............	12	0.05	0.60
		Les 3 autres châssis semblables..........	3	25.51	76.53

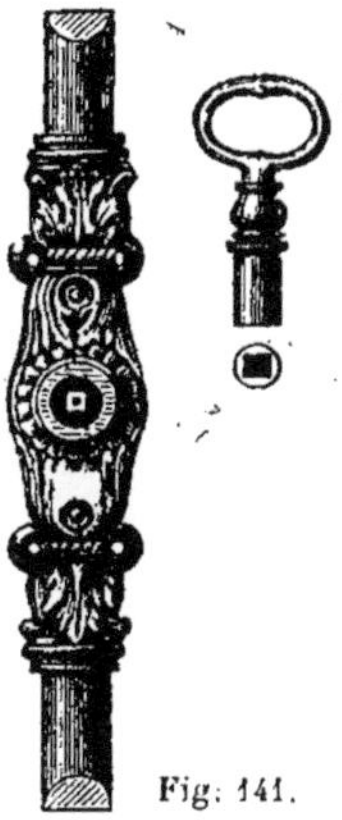

Chambre I
Chambre I
Toilette
Toilette
Galerie Dégagement
Chambre II
Chambre II
Galerie Dégagem.t
Escalier de Service
Déb.t
Déb.t
Cuisine
Cuisine
W.C
W.C
Courette
Grand Escalier
Courette
Galerie Antichambre
Placard
Placard
Galerie Antichambre
Salon
Salle à Manger
Salle à Manger
Salon

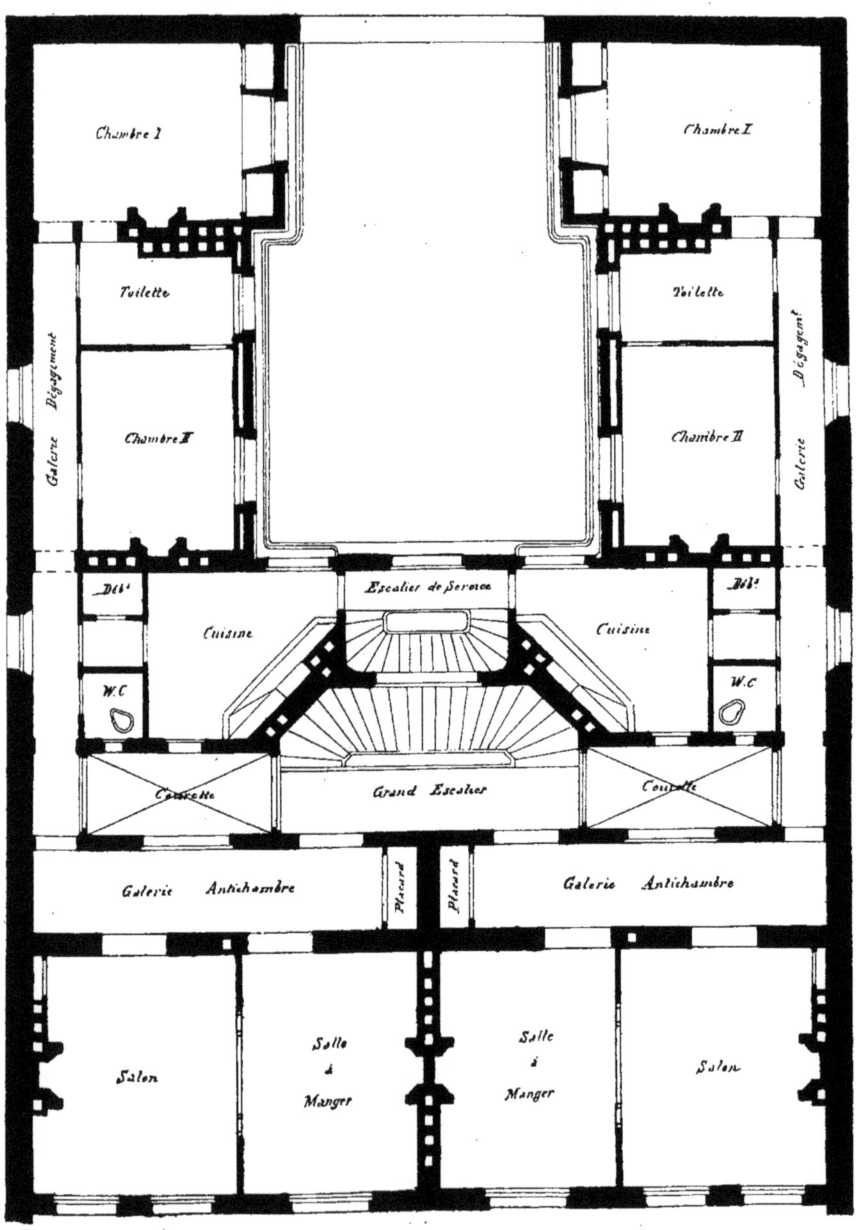

Fig. 142.

SÉRIE PAGES	SÉRIE N°s				
		4e Étage (*fig.* 142).			
431	883	Pour les bâtis, contre-bâtis et huisseries, fourni 90 pattes à scellement de 0.14 et posées..	90	0.25	22.50
431	885	Plus-value pour 78 des dites coudées.....	78	0.05	3.90
		Fourni 18 plates-bandes en fer de 0.025 × 0.005 à patte élargie des 2 bouts, entaillées et posées avec vis, dont : 6 de chacune 0.22, ensemble...... 1m32 12 » » 0.30, » 3.60			
439	1229	Ensemble.....................	4m92	2.75	13.53
		Fourni 24 plates-bandes en même fer à patte élargie et à scellement fendu, entaillées et posées avec vis, dont : 12 de chacune 0.25, ensemble..... 3m,00 6 » » 0.45, » 2m,70 6 » » 0.50, » 3m,00			
439	1229	Ensemble.....................	8m70	2.75	23.92
Estim	ation	Pour les cloisons fourni 2 cours de tendeurs en fil de fer cordelé *idem* développant chacun 25m,20, ensemble.........................	50m40	0.35	17.64
424	646	Fourni 56 pitons à vis de 0.06 et posés....	56	0.15	8.40
Estim	ation	Fourni 24 pitons à scellement............	24	0.25	6.00
		Appartement de droite.			
		Porte d'entrée à 2 vantaux.			
435	1048	Fourni 6 paumelles doubles laminées de 0.16 entaillées et posées..................	6	1.10	6.60
		Fig. 143.			
457	1941	Fourni 2 verrous à tige 1/2 ronde boîte cuivre F. T. de 0.032 (*fig.* 143) dont un de 0.40 et un de 0.60 de longueur et posés, valeur pour 0m,30..............................	2	3.90	7.80

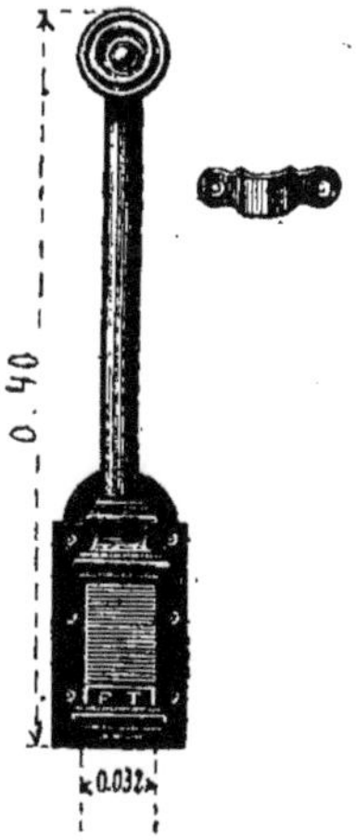

SÉRIE PAGES	SÉRIE Nos				
457	1942	Tige en plus	0m40	1.50	0.60
457	1943	Fourni 2 conduits à pattes en cuivre et posés.	2	0.50	1.00
428	784-789	Fourni une gâche à pattes renforcée en cuivre (*fig.* 144) et posée	1	»	0.80
428	778-789	Fourni une gâche platine en cuivre (*fig.* 145) et posée	1	»	0.80
448	1588	Fourni une serrure de sûreté à 6 gorges forée à garnitures 1re qualité de 0.14 (*fig.* 146) et posée	1	»	14.35
449	1599	Plus-value pour pêne à nervure et chanfrein à 32°	1	»	0.25
Estimation		Fourni 2 boutons de tirage en cuivre fondu et ciselé F. T. n° 379 (*fig.* 147) et posés	2	14.60	29 20

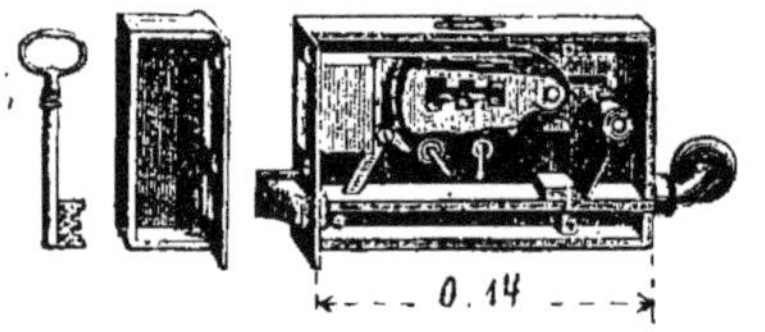

Fig. 144. Fig. 145.

Fig. 146. Fig. 147.

Sous-détail du prix de ces boutons :

Achat, la pièce	13f50
Remise du fabricant 5 0/0	0.70
	12f80
Pose	0.40
Faux frais 23 0/0	0.09
Ensemble	13f29
Bénéfice 10 0/0	1.33
Total	14f62 [1]

1. A moins de conventions spéciales, les prix dont nous donnons le sous-détail ne sont pas susceptibles de rabais (série n° 2043). Par conséquent, si l'entrepreneur avait fait, par exemple, 15 0/0 de rabais, sans conventions spéciales pour la quincaillerie de luxe, il faudrait augmenter le prix ci-dessus de manière à ce qu'après application du rabais de 15 0/0, il soit ramené à 14.60. Pour savoir de combien il faut majorer un prix devant subir un rabais convenu, il faut multiplier le chiffre du rabais par 100 et diviser ensuite le produit par 100 moins le rabais, d'où la formule, en désignant par R le chiffre du rabais :

$$\frac{100 \times R}{100 - R}$$

Remplaçant dans la formule les lettres par leur valeur, on a :

$$\frac{100 \times 15}{100 - 15} = \frac{1\,500}{85} = 17,65.$$

Pour un rabais de 15 0/0, il faut par conséquent majorer le prix de 17.65 0/0.

	SÉRIE PAGES	Nos				
K	Estim	ation	Déposé les 2 boutons pour le décor, repérés et reposés	2	0.40	0.80
	»	»	Dorure desdits à la pile [2]	2	3.65	7.30
			Antichambre.			
	435	1046	Ferré une armoire à 2 vantaux. Fourni 6 paumelles double laminées de 0.11 entaillées et posées	6	0.80	4.80
	445	1493	Fourni un ressort en acier avec mentonnet à vis (*fig.* 148) et posé	1	»	0.70
L						

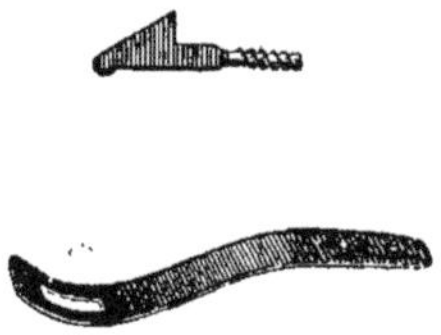

0.07

Fig. 148. 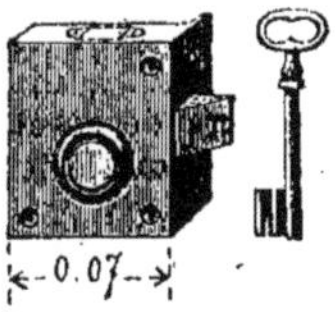 Fig. 149.

	447	1546	Fourni une serrure d'armoire polie à canon 1re qualité de 0.07 (*fig.* 149) et posée	1	»	3.10
			Porte à 2 vantaux de la salle à manger.			
	435	1047	Fourni 6 paumelles doubles laminées de 0.14, entaillées et posées	6	0.95	5.70
	457	1941	Fourni 2 verrous à tige demi-ronde, boîte cuivre F. T. de 0.032 dont un de 0.40 et un de 0.60 de longueur et posés, valeur pour 0.30.	2	3.90	7.80
	457	1942	Tige en plus	0m40	1.50	0.60
	457	1443	Fourni 2 conduits à pattes en cuivre et posés	2	0.50	1.00
	428	784-789	Fourni une gâche à pattes renforcée en cuivre et posée	1	»	0.80
	428	778-789	Fourni une gâche platine en cuivre et posée.	1	»	0.80
	448	1565	Fourni une serrure à deux pênes en long, 1re qualité, de 0.08 (*fig.* 150) et posée	1	»	8.55
M	449	1597	Plus-value pour rondelles au foliot	1	»	0.65
	449	1599	Plus-value pour pêne à nervure et chanfrein à 32°	1	»	0.25

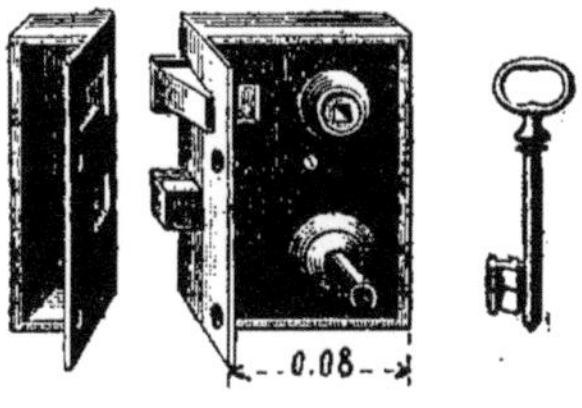

0.08

Fig. 150.  Fig. 151.

2. Les prix de décor donnés dans le présent traité sont des prix moyens. Ils sont variables suivant la surface de l'objet décoré.

	SÉRIE PAGES Ville de Paris	SÉRIE Nos				
		1989	Plus-value pour ressort de béquille.......	1	»	0.85
M	Estim	ation	Fourni une béquille simple, imitation ivoire, à canon, monture cuivre (*fig.* 151)..........	1	»	3.80
	420	477-501	Fourni un bouton simple, imitation ivoire, ovale S. Z. de 0.060......................	1	»	0.99
			Salle à manger.			
	434	1808 1810	Au plafond, fourni un tirefond de suspension en fer blanchi taraudé, de 0.35 de longueur, garni d'une goupille de sûreté et posé (*fig.* 152)................................	1	»	4.90

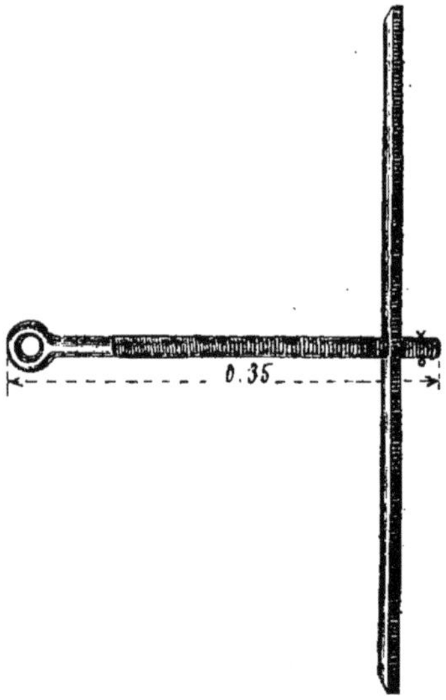

N

Fig. 152.

Fig. 153.

	Estim	ation	Pour ledit, fourni un sommier en fer de 0.040×0.009 de 0.70 de longueur percé d'un trou taraudé pour le passage du tirefond....	1	»	1.40
			Croisée.			
	431	883	Fourni 9 pattes à scellement de 0.14 et posées....................................	9	0.25	2.25
	435	1046	Fourni 8 paumelles doubles laminées de 0.11, entaillées et posées..................	8	0.80	6.40
O	426	702	Fourni 8 équerres simples de 0.22 et posées....................................	8	0.30	2.40
	426	703	Plus-value pour vis tournées.............	8	0.10	0.80
	425	665	Fourni une crémone R. G. de 0.020, de 2m,40 de longueur et posée, vaut pour 2m,00.	1	»	3.85
	425	665	Tringle en plus..........................	0m40	0.70	0.28
	442	1320	Fait une soudure.........................	1	»	0.60

SÉRIE PAGES	Nos				
Estim	ation	Pour cette crémone, fourni un bouton simple ovale en cuivre fondu et ciselé F. T. n° 127 (*fig.* 153) ajusté et goupillé..........	1	»	4.10
		Sous-détail de ce bouton :			
		Achat 3f50			
		Remise du fabricant 5 0/0 .... 0.18			
		3f32			
		Ajustement et pose............... 0.33			
		Faux frais 23 0/0................. 0.08			
		Ensemble................ 3f73			
		Bénéfice 10 0/0................... 0.37			
		Total................... 4f10			
Estim	ation	Déposé le bouton pour le décor, repéré et reposé..	1	»	0.40
»	»	Dorure dudit à la pile	1	»	2.00
		Porte à 4 vantaux de la salle à manger au salon.			
434	1006 1020	Fourni 6 paumelles doubles, à nœuds bouchés, renforcées de façon en fer blanchi de 0.19×0.100 (*fig.* 154), entaillées et posées avec vis..	6	2.60	15.60
435	1047	Fourni 6 paumelles doubles laminées de 0.14, entaillées et posées.................	6	0.95	5.70
		Fig. 154. Fig. 155.			
458	1958 1964	Fourni 4 verrous à coquille, à bascule, à levier et ressort, mécanisme tout cuivre, marqués F. T. de 0.020 (*fig.* 155), dont 2 de 0.40 et 2 de 0.80 de longueur, entaillés en feuillure et posés, valeur pour 0.30.........	4	5.40	21.60

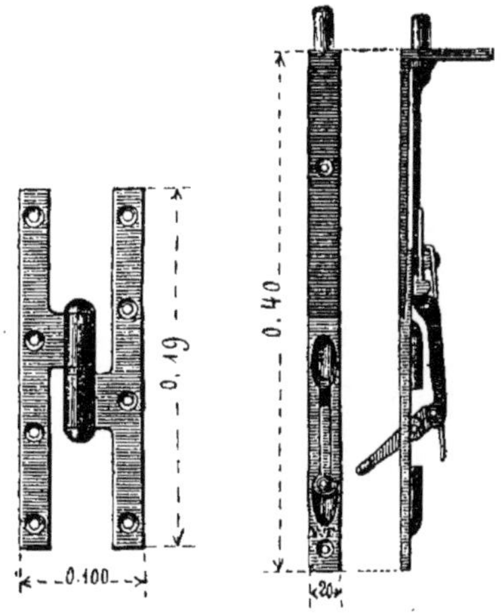

	SÉRIE PAGES	SÉRIE Nos				
	458	1759	Tige en plus	1m20	3.00	3.60
	428	778-789	Fourni 4 gâches platine en cuivre et posées.	4	0.80	3.20
	457	1941	Fourni 2 verrous à tige 1/2 ronde, boîte cuivre F. T. de 0.032 dont un de 0.40 et un de 0.60 de longueur et posés, valeur pour 0.30.	2	3.90	7.80
	457	1942	Tige en plus	0m40	1.50	0.60
	457	1943	Fourni 2 conduits à pattes en cuivre et posés	2	0.50	1.00
	428	784-789	Fourni une gâche à pattes renforcée en cuivre et posée	1	»	0.80
P	428	778-789	Fourni une gâche platine en cuivre et posée.	1	»	0.80
	448	1565	Fourni une serrure à deux pênes en long, 1re qualité, de 0.08 et posée	1	»	8.55
	449	1597	Plus-value pour rondelles au foliot	1	»	0.65
	449	1599	Plus-value pour pêne à nervure et chanfrein à 32°	1	»	0.25
	Ville de Paris	1989	Plus-value pour ressort de béquille	1	»	0.85
	Estimation		Fourni une béquille double, imitation ivoire, à canon, monture cuivre	1	»	6.75
			Salon.			
			Au plafond, fourni un tirefond de suspension semblable à l'accolade N	1	»	6.30
			Ferré deux croisées semblables à l'accolade O	2	23.08	46.16
			Armoire.			
Q	422	546	Fourni 3 charnières en fer, renforcées de 0.11 (*fig.* 156) et posées	3	0.50	1.50
	447	1546	Fourni une serrure polie à canon 1re qualité de 0.07 et posée	1	»	3.10

Fig. 156.

		Porte à 2 vantaux sur l'antichambre.			
		Ferré ladite semblable à l'accolade M	1	»	31.79
		Antichambre.			
		Au plafond, fourni un tirefond de suspension semblable à l'accolade N	1	»	6.30
		Sur la courette ferré une croisée semblable à l'accolade F	1	»	12.20

	SÉRIE PAGES	N°s				
			Porte de l'antichambre sur le dégagement.			
			Ferré ladite semblable à l'accolade E......	1	»	6.85
			Sur la courette ferré une croisée semblable à l'accolade F...........................	1	»	12.20
			Porte des W.-C.			
			Ferré ladite semblable à l'accolade H......	1	»	7.65
			Châssis.			
			Semblable à l'accolade I................	1	»	6.30
			Porte du dégagement de la cuisine.			
			Semblable à l'accolade E................	1	»	6.85
			Porte du débarras.			
			Semblable à l'accolade E................	1	»	6.85
			Porte de la cuisine.			
			Semblable à l'accolade E................	1	»	6.85
			Croisée à un vantail sur la courette.			
	431	883	Fourni 6 pattes à scellement de 0.14 et posées....................................	6	0.25	1.50
	435	1046	Fourni 3 paumelles doubles laminées de 0.11, entaillées et posées..................	3	0.80	2.40
R	426	701	Fourni 4 équerres simples de 0.19 et posées.	4	0.20	0.80
	426	703	Plus-value pour vis tournées............	4	0.10	0.40
	425	663	Fourni une crémone R. G. de 0.016 et posée.	1	»	2.65
			Sur la grande cour ferré une croisée de lucarne semblable à l'accolade C...........	1	»	10.10
			Garde-manger.			
	435	1045	Fourni 4 paumelles doubles laminées de 0.095, entaillées et posées................	4	0.75	3.00
S	445	1493	Fourni un ressort en acier avec mentonnet à vis et posé...........................	1	»	0.70
	453	1750	Fourni une targette en fer demi-forte, picolet rond, de 0.048 et posée..............	1	»	0.90
			Armoire sous évier.			
			Semblable à l'accolade G...............	1	»	2.35
			Porte d'entrée sur l'escalier de service.			
			Ferré ladite semblable à l'accolade A......	1	»	13.30
			Dans le dégagement ferré 2 châssis de jours de souffrance avec barreaux et châssis grillagé semblables à l'accolade J.................	2	25.51	51.02
			Porte de communication dans le dégagement.			
			Ferré ladite semblable à l'accolade E.....	1	»	6.85
			Porte de la chambre.			
			Ferré ladite semblable à l'accolade B......	1	»	9.00
			Ferré une croisée de lucarne semblable à l'accolade C............................	1	»	10.10
			Porte de la chambre sur cabinet de toilette.			
			Ferré ladite semblable à l'accolade B......	1	»	9.00

SÉRIE PAGES	Nos				
		Cabinet de toilette.			
		Ferré une croisée de lucarne semblable à l'accolade C.	1	»	10.10
		Porte sur dégagement.			
		Semblable à l'accolade B.	1	»	9.00
		Porte sur chambre du fond.			
		Semblable à l'accolade B.	1	»	9.00
		Chambre du fond.			
		Ferré une croisée de lucarne semblable à l'accolade C.	1	»	10.10
		Ferré 2 armoires à un vantail semblables à l'accolade Q.	2	4.60	9.20
		Porte de la chambre sur le dégagement.			
		Semblable à l'accolade B.	1	»	9.00
		Appartement de gauche.			
		En tout semblable à l'appartement de droite.	1	»	558.39
		Ferré 3 croisées d'escalier semblables à l'accolade F.	3	12.20	36.60
Estim	ation	Plus-value pour les 3 crémones fermant à clef	3	1.65	4.95
		Châssis dormant entre les deux escaliers.			
431	883-885	Fourni 8 pattes à scellement de 0.14, coudées et posées.	8	0.30	2.40
467	663	Fourni un châssis grillagé en fer rainé de 0.014 de 2m,10 × 0.80, soit en développé...	5m80	2.00	11.60
467	666	Fait 4 ajustements à goujons brasés et à vives arêtes.	4	1.05	4.20
467	667	Plus-value pour lesdits en biais.	4	0.525	2.10
Estim	ation	Pour consolider ces ajustements, fourni 8 goussets en tôle de 0.003 découpés en biais suivant le rampant et chanfreinés.	8	1.25	10.00
436	1116 1122	Pour les fixer, percé dans chacun 5 trous fraisés, ensemble.	40	0.12	4.80
436	1116 1123	Contre-percé 40 trous taraudés.	40	0.16	6.40
459	2025	Fourni 40 vis à métaux et posées.	40	0.20	8.00
Estim	ation	Dans le bas des montants, fourni 2 goujons ronds en fer, ajustés à queue d'aronde et soudés au cuivre.	2	1.50	3.00
428	778-789	Fourni 2 gâches platines en cuivre et posées.	2	0.80	1.60
Estim	ation	Dans le haut, fourni 2 crochets en fer rond, coudés, épaulés, rivés et soudés au cuivre...	2	1.75	3.50
425	692	Fourni 2 douilles montées sur platine (*fig.* 157), posées avec vis.	2	1.65	3.30

Fig. 157.

SÉRIE PAGES	SÉRIE Nos				
437	1126	Percé 8 trous de chacun 0.05 et tamponnés, ensemble...............................	0m40	5.00	2.00
		Grillagé ce châssis en grillage ondulé, fil de fer carré n° 18, mailles de 0.040, de 2.10 × 0.80, soit en superficie.................. 1m,68			
		Plus-value pour grillage formant pointe, 20 0/0..................... 0m,34			
466	541	Ensemble...............	2m02	8.65	17.47
467	668	Sertissage..............................	5m80	0.75	4.35
467	671	Percé 122 trous pour fil.................	122	0.05	6.10
437	1152	Fourni une main-courante en fer, à moulures 1/2 rond de 0.020 de 2m,10 de longueur, dressée et dégauchie	2m10	1.50	3.15
436	1117 1122	Pour la fixer, percé 7 trous de 0.010 et fraisés.......................................	7	0.17	1.19
436	1118 1123	Contre-percé 7 trous de 0.014 et taraudés.	7	0.26	1.82
459	2028	Fourni 7 vis à métaux de 0.025 et posées..	7	0.25	1.75
		3e Étage (*fig.* 158).			
431	883	Pour les bâtis, contre-bâtis et huisseries, fourni 90 pattes à scellement de 0.14 et posées.	90	0.25	22.50
431	885	Plus-value pour 78 desdites coudées......	78	0.05	3.90
		Fourni 18 plates-bandes en fer de 0.025 × 0.005, à patte élargie des deux bouts, entaillées et posées avec vis, dont : 6 de chacune 0.22, ensemble..... 1m32 12 — 0.30, — 3.60			
439	1229	Ensemble................	4m92	2.75	13.53
		Fourni 24 plates-bandes en même fer, à patte élargie et à scellement fendu, entaillées et posées avec vis, dont : 12 de chacune 0.25, ensemble..... 3m00 6 — 0.45, — ..... 2.70 6 — 0.50, — 3.00			
439	1229	Ensemble................	8m70	2.75	23.92
Estim	ation	Pour les cloisons, fourni 2 cours de tendeurs en fil de fer cordelé *idem*, développant chacun 25m,20, ensemble..................	50m40	0.35	17.64
424	646	Fourni 56 pitons à vis de 0.06 et posés....	56	0.15	8.40
Estim	ation	Fourni 24 pitons à scellement............	24	0.25	6.00
		Appartement de droite.			
		Porte d'entrée à deux vantaux.			
		Semblable à l'accolade K.................	1	»	69.50
		Antichambre.			
		Ferré une armoire à deux vantaux semblable à l'accolade L......................	1	»	8.60
		Porte à 2 vantaux de la salle à manger.			
		Semblable à l'accolade M................	1	»	31.79
		Salle à manger.			
		Au plafoud, fourni un tirefond de suspension semblable à l'accolade N.............	1	»	6.30

Chambre I
Chambre I
Toilette
Toilette
Galerie Dégagement
Galerie Dégagement
Chambre II
Chambre II
Escalier de Service
Déb.t
Déb.t
Cuisine
Cuisine
W.C.
W.C
Courette
Courette
Grand Escalier
Galerie Antichambre
Galerie Antichambre
Placard
Placard
Salle à Manger
Salle à Manger
Salon
Salon

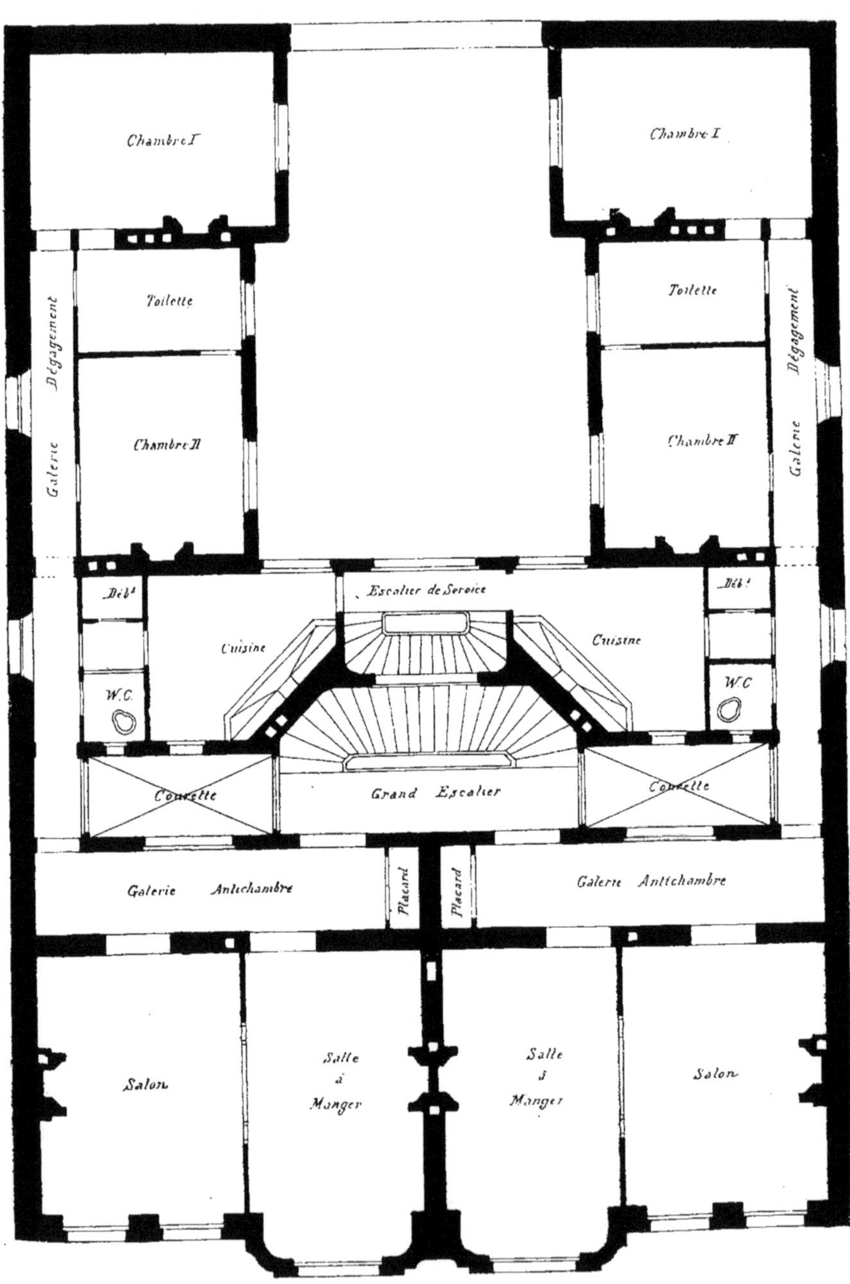

Fig. 158.

SÉRIE PAGES	Nos				
		Croisée.			
431	883	Fourni 7 pattes à scellement de 0.14 et posées	7	0.25	1.75
435	1046	Fourni 8 paumelles doubles laminées de 0.11 entaillées et posées	8	0.80	6.40
426	702	Fourni 4 équerres simples de 0.22 et posées.	4	0.30	1.20
426	703	Plus-value pour vis tournées	4	0.10	0.40
426	713	Dans le haut fourni 4 équerres de façon à congé en fer de 0.025 × 0.005 de 0.50 développé, entaillées et posées avec vis, valeur pour 0.20 développé	4	1.55	6.20
426	714	Linéaire de branches en plus à chacune 0.30, ensemble	1m20	3.25	3.90
413-426	235-698	Plus-value pour ces 4 équerres cintrées sur champ sur un développé de 0.25, compris plus-value pour entailles cintrées, ensemble..	1m00	»	2.87
425	663	Fourni une crémone R. G. de 0.020 de 2m,40 de longueur et posée, vaut pour 2m,00.	1	»	3.85
425	665	Tige en plus	0m40	0.70	0.28
442	1329	Fait une soudure	1	»	0.60
Estim	ation	Pour cette crémone, fourni un bouton simple en cuivre fondu et ciselé semblable à ceux du 4e étage	1	»	4.10
Estim	ation	Déposé ce bouton pour le décor, repéré et reposé	1	»	0.40
Estim	ation	Dorure dudit à la pile	1	»	2.00
		Porte à 4 vantaux de la salle à manger au salon.			
		Semblable à l'accolade P	1	»	77.75
		Salon.			
		Au plafond, fourni un tirefond de suspension semblable à l'accolade N	1	»	6.30
		Ferré 2 croisées semblables à l'accolade U.	2	33.95	67.90
		Porte à 2 vantaux sur l'antichambre.			
		Semblable à l'accolade M	1	»	31.79
		Antichambre.			
		Au plafond, fourni un tirefond de suspension semblable à l'accolade N	1	»	6.30
		Sur la courette ferré une croisée semblable à l'accolade F	1	»	12.20
		Porte de l'antichambre sur le dégagement.			
		Ferré ladite semblable à l'accolade E	1	»	6.85
		Sur la courette ferré une croisée semblable à l'accolade F	1	»	12.20
		Porte des W.-C.			
		Semblable à l'accolade H	1	»	7.65
		Châssis.			
		Semblable à l'accolade I	1	»	6.30
		Porte du dégagement de la cuisine.			
		Semblable à l'accolade E	1	»	6.85
		Porte du débarras.			
		Semblable à l'accolade E	1	»	6.85

U

SÉRIE PAGES	SÉRIE Nos				
		Porte de la cuisine.			
		Semblable à l'accolade E.	1	»	6.85
		Croisée à un vantail sur la courette.			
		Semblable à l'accolade R.	1	»	7.75
		Croisée sur la grande cour.			
		Semblable à l'accolade F.	1	»	12.20
		Garde-manger.			
		Semblable à l'accolade S	1	»	4.60
		Armoire sous évier.			
		Semblable à l'accolade G.	1	»	2.35
		Porte d'entrée sur l'escalier de service.			
		Ferré ladite semblable à l'accolade A	1	»	13.30
		Dans le dégagement ferré 2 châssis de jours de souffrance avec barreaux et châssis grillagé semblables à l'accolade J	2	25.51	51.02
		Porte de communication dans le dégagement.			
		Semblable à l'accolade E.	1	»	6.85
		Porte de la chambre.			
		Semblable à l'accolade B.	1	»	9.00
		Croisée.			
		Semblable à l'accolade F	1	»	12.20
		Persienne.			
431	892	Fourni 6 paumelles simples à T de 0.19 avec gonds à scellement (*fig.* 159), entaillées et posées avec vis	6	0.90	5.40

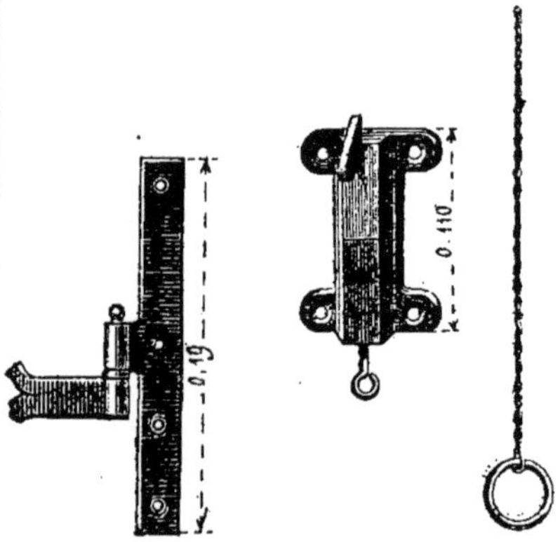

Fig. 159 et 160.

SÉRIE PAGES	SÉRIE Nos				
431	897	Plus-value pour lesdites à nœuds coudés	6	0.05	0.30
Estim	ation	Fourni 6 clous à tête élargie, rivés et affleurés	6	0.15	0.90

SÉRIE PAGES	SÉRIE Nos				
426	701	Fourni 8 équerres simples de 0.19 entaillées et posées	8	0.20	1.60
426	703	Plus-value pour vis tournées	8	0.10	0.80
429	821	Fourni un loqueteau à pompe, boîte fonte, mentonnet cuivre n° 4 avec tirage (*fig.* 160) et posé	1	»	0.75
416	314	Fourni 2 arrêts en fonte à anneau et paillette (*fig.* 161) et posés	2	0.85	1.70

Fig. 161 et 162.

SÉRIE PAGES	SÉRIE Nos				
428	775	Fourni un fléau de façon renforcé de 0.19 garni de son support (*fig.* 162) et posé	1	»	2.00
440	1242	Fourni une poignée à pattes de 0.11 (*fig.* 163) et posée	1	»	0.35
416	324	Fourni un battement à pointe (*fig.* 164) et posé	1	»	0.10
416	325	Fourni 2 battements coudés (*fig.* 165) et posés	2	0.15	0.30

Fig. 163 à 165.

SÉRIE PAGES	SÉRIE Nos				
437	1126	Percé 3 trous de chacun 0.05 et tamponnés, ensemble	0m15	5.00	0.75
		Porte de la chambre sur cabinet de toilette.			
		Semblable à l'accolade B	1	»	9.00
		Croisée.			
		Semblable à l'accolade F	1	»	12.20
		Persienne.			
		Semblable à l'accolade V	1	»	14.95
		Porte sur dégagement.			
		Semblable à l'accolade B	1	»	9.00
		Chambre du fond. Croisée.			
		Semblable à l'accolade F	1	»	12.20

SÉRIE PAGES	N°s				
		Persienne.			
		Semblable à l'accolade V	1	»	14.95
		Porte de la chambre sur le dégagement.			
		Semblable à l'accolade B.................	1	»	9.00
		Appartement de gauche.			
		En tout semblable à l'appartement de droite.	1	»	621.45
		Ferré 3 croisées d'escalier semblables à l'accolade F.............................	3	12.20	36.60
Estim	ation	Plus-value pour les 3 crémones fermant à clef carrée................................	3	1.65	4.95
		Châssis dormant entre les 2 escaliers.			
		Semblable à l'accolade T.................	1	»	98.73
		2e Etage.			
		En tout semblable au 3e étage, se montant à...................... 1479f07 Moins 6 croisées de façade, semblables à l'accolade U, à 33f95 l'une. 203.70 Soit....................	1	»	1275.37
		Ferré 6 croisées de façade semblables à l'accolade O, mais avec crémone de 2m,50 au lieu de 2m,40 de longueur..................	6	23.08	138.48
425	665	Tringle en plus pour crémone de 0.020, à chacune 0.10, ensemble...................	0m60	0.70	0.42
		1er Etage.			
		En tout semblable au 2e étage, se montant à.	1	»	1414.27
425	665	Pour les 6 croisées de façade avec crémone de 2m,75 au lieu de 2m,50 de longueur, à chaque crémone en plus 0.25 de tringle de 0.020, ensemble.........................	1m50	0.70	1.05
		Entresol (*fig.* 166).			
		En tout semblable au 3e étage, se montant à...................... 1479f07 A déduire aux neuf croisées sur cour, avec pattes à scellements droites au lieu de pattes coudées, 63 pattes à 0.05................ 3.15 Soit..................	1	»	1475.92
		Rez-de-chaussée (*fig.* 167).			
431	883	Pour les bâtis, contre-bâtis et huisseries, fourni 117 pattes à scellement de 0.14 et posées.	117	0.25	29.25
431	885	Plus-value pour 70 desdites coudées.......	70	0.05	3.50
		Fourni 15 plates-bandes en fer de			

Chambre I
Chambre I
Toilette
Toilette
Galerie Dégagemt
Dégagement Galerie
Chambre II
Chambre II
Escalier de Service
Déb.t
Déb.t
Cuisine
Cuisine
W.C.
W.C.
Courette
Grand Escalier
Courette
Galerie Antichambre
Placard
Placard
Galerie Antichambre
Salon
Salle à Manger
Salle à Manger
Salon

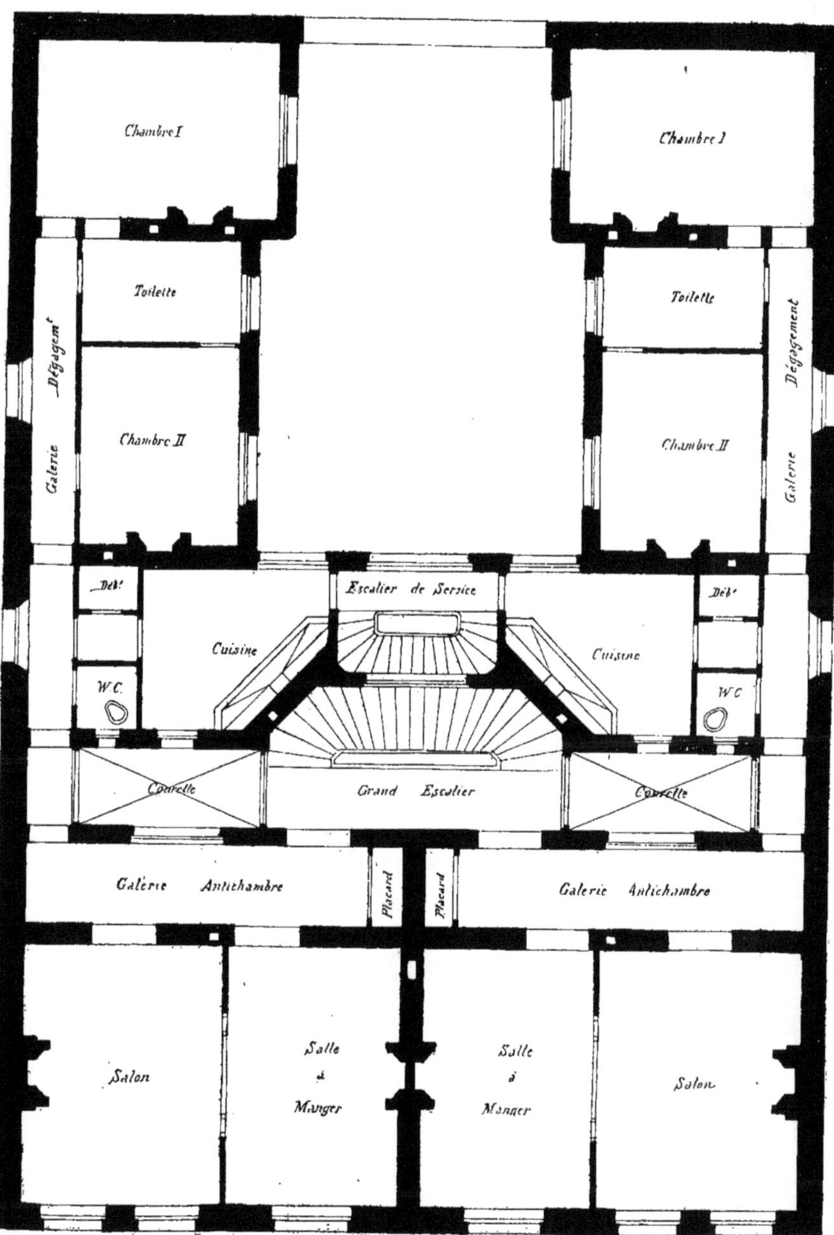

Fig. 166.

Dégagement
Galerie
Chambre I
Chambre II
Chambre III
Galerie Dégagement
Bureau
Toilette
Remise Bicyclettes
Dégagement
Cuisine
Déb.
Service
W.C
Déb.
Cuisine
Loge
W.C
Descente Cave
Galerie
Courette
Grand Escalier
Vestibule
Grande Galerie
Office
Entrée
Salon
Salle à Manger
Entrée

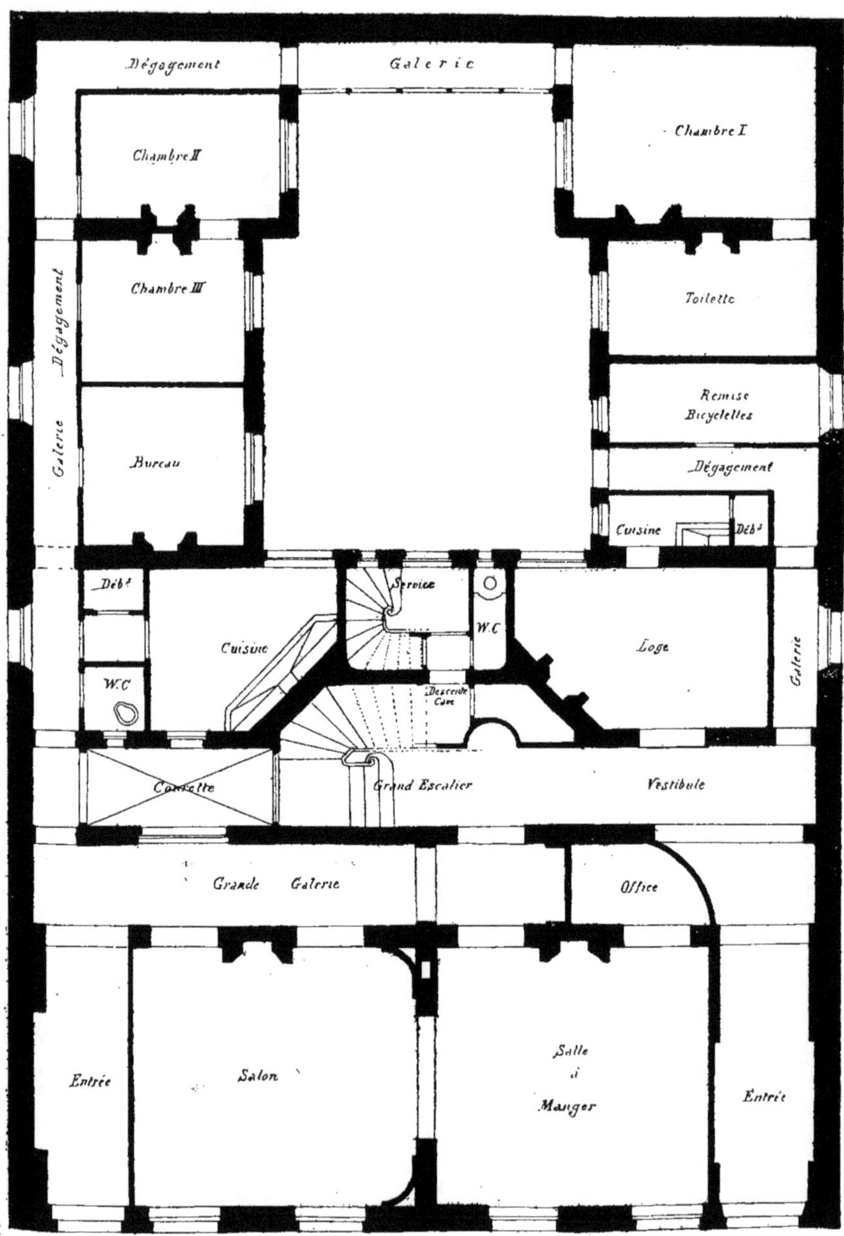

Fig. 167.

SÉRIE PAGES	N°s				
		0.025 × 0.005 à patte élargie des 2 bouts, entaillées et posées avec vis, dont :			
		6 de chacune 0.15, ensemble..... 0m,90			
		3 — 0.22, — ..... 0 ,66			
		6 — 0.30, — ..... 1 ,80			
439	1229	Ensemble..............	3m36	2.75	9.24
		Fourni 6 plates-bandes en même fer à patte élargie et à scellement fendu, entaillées et posées avec vis, dont :			
		3 de chacune 0.45, ensemble..... 1m,35			
		3 — 0.55, — ..... 1 ,65			
439	1229	Ensemble..............	3m00	2.75	8.25
		Pour les cloisons, fourni 2 cours de tendeurs en fil de fer cordelé *idem*, développant chacun 37m,40, ensemble......................			
Estim	ation		74m80	0.35	26.18
424	646	Fourni 64 pitons à vis de 0.06 et posés....	64	0.15	9.60
Estim	ation	Fourni 40 pitons à scellement...........	40	0.25	10.00
		Porte d'entrée de la maison, à droite.			
431	887	Bâti. Fourni 11 pattes à scellement faites exprès en fer de 0.040 × 0.007 de 0.20 de longueur, entaillées et posées avec vis......	11	0.75	8.25
435	1076	Ferré la porte, fourni 6 paumelles doubles en fer forgé, nœuds rabotés S. T. de 0.25 (*fig.* 168), entaillées et posées avec vis.......	6	4.85	29.10

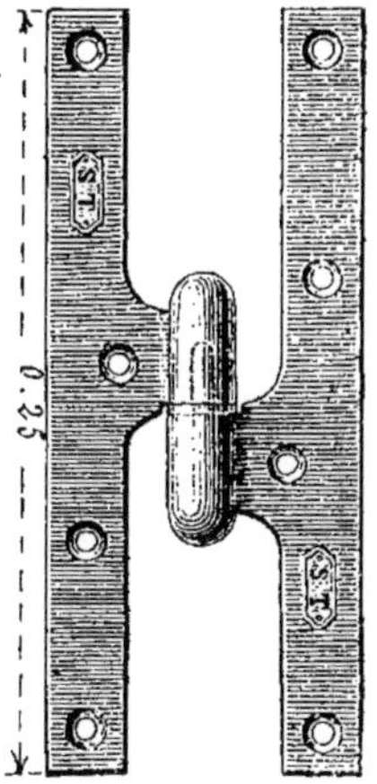

Fig. 168.

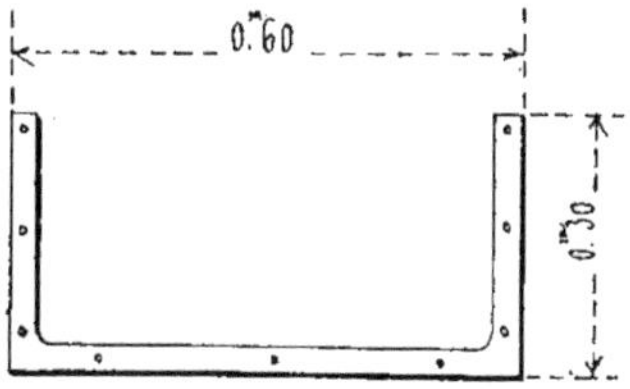

Fig. 169.

435	1098	Plus-value pour pose soignée sur chêne poli.	6	0.30	1.80
426	715	Fourni 4 équerres doubles de façon à congé en fer de 0.030 × 0.006 de 1.20 développé (*fig.* 169), entaillées et posées avec vis, valeur pour équerres simples de 0.20	4	1.85	7.40

SÉRIE PAGES	SÉRIE Nos				
426	719	Plus-value pour équerres doubles, la valeur de 0.20 doublée	4	1.85	7.40
426	716	Linéaire de branches en plus à chacune 0.80, ensemble	3^m20	3.75	12.00
Estim	ation	Plus-value pour pose soignée sur chêne poli de ces 4 équerres, développant ensemble	4^m80	0.85	4.08
(50 de l'entaille	0/0 bien faite)				
425	675	Fourni une crémone de porte d'allée, à tringle 1/2 ronde de 0.025, fermant à clef (*fig.* 170) et posée	1	»	15.10
428	778-789	Dans le bas, fourni une gâche platine en cuivre à empênage et posée	1	»	0.80
Estim	ation	Fait l'entaille de ladite dans la pierre dure	1	»	0.40
»	»	Façon d'un empênage dans la pierre dure	1	»	0.35

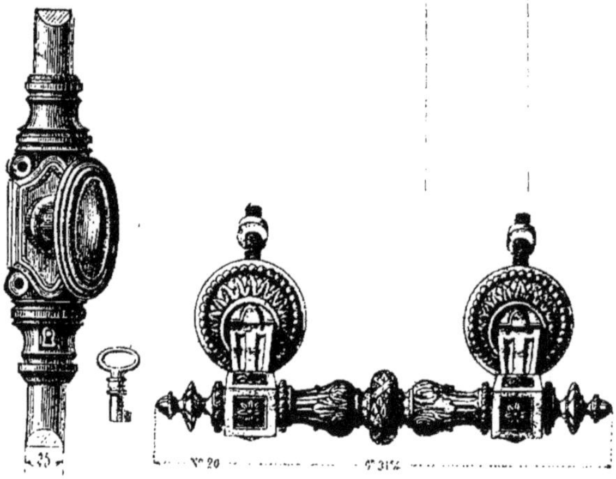

Fig. 170 et 171.

437	1126	Percé 4 trous de chacun 0.04 et tamponnés, ensemble	0^m16	5.00	0.80
		(La serrure et la gâche ont été fournies par l'électricien.)			
Estim	ation	A l'extérieur, fourni 2 poignées de tirage en cuivre fondu et ciselé F. T. n° 20 (*fig.* 171) et posées	2	36.10	72.20

Sous-détail du prix de ces poignées :

Achat, la pièce	33^f00
Remise du fabricant, 5 0/0	1.65
	31^f35
Pose	1.20
Faux frais, 23 0/0	0.28
Ensemble	32^f83
Bénéfice, 10 0/0	3.28
Total	36^f11

SÉRIE PAGES	SÉRIE Nos				
Estim	ation	Déposé ces 2 poignées pour le décor, repérées et reposées avec soin.............	2	0.75	1.50
»	»	Décor desdites vieil argent..............	2	14.00	28.00
	1257	A l'intérieur, fourni une poignée d'artillerie en cuivre de 0.16, entaillée et posée avec vis.	1	»	2.70
440 Estim	1244 ation	Fourni 2 buttoirs en caoutchouc avec monture à balustre en cuivre de 0.105 de saillie (*fig.* 172) et posés........................	2	5.60	11.20
437	1126	Percé 2 trous de chacun 0.05 et tamponnés, ensemble........................	0^{m}10	5.00	0.50
		Fig. 172.			
		Imposte (voir façade, *fig.* 114).			
437	1156 1172	Fourni un châssis en fer 1/2 moulures de 0.040 de 1.40 × 0.90, dressé et dégauchi, soit en développé..........................	4.60	2.05	9.43
438	1167 1170	Dans les angles, fait 4 ajustements à double onglet................................	4	1.05	4.20
436	1116 1122	Pour les fixer, percé 24 trous fraisés......	24	0.12	2.88
459	2001	Fourni 24 vis à bois de 0.030 et posées....	24	0.043	1.03
		Fourni 4 petits bois en fer à moulures de 0.040, de chacun 0.90 de longueur, ensemble .... 3^{m},60			
		2 traverses en même fer, de chacune 1^{m},40, ensemble.................. 2 ,80			
437	1156	Ensemble..............	6^{m}40	2.05	13.12
438	1167 1170	Fait 12 ajustements simples à tenon et mortaise................................	12	1.05	12.60
438	1167	Fait 8 ajustements à moitié fer pour former croisillons à angles droits..................	8	2.10	16.80
437	1150	Percé 38 trous de vitrage	38	0.05	1.90
		Porte du vestibule.			
435	1049	Fourni 6 paumelles doubles laminées de 0.19, entaillées et posées avec vis...........	6	1.30	7.80
426	715	Fourni 4 équerres doubles de façon à congé en fer de 0.030 × 0.006 de 1.30 développé, entaillées et posées avec vis, valeur pour équerres simples de 0.20	4	1.85	7.40
426	719	Plus-value pour équerres doubles, la valeur de 0.20 doublée..........................	4	1.85	7.40
426	716	Linéaire de branches en plus à chacune 0.90, ensemble........................	3^{m}60	3.75	13.58
		Fourni 2 verrous à tige 1/2 ronde, boîte			

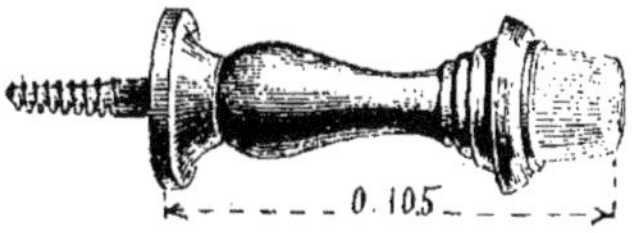

SÉRIE PAGES	SÉRIE Nos				
457	1941	cuivre F. T. de 0.032, dont 1 de 0.40 et un de 0.80 de longueur et posés, valeur pour 0.30.	2	3.90	7.80

Fig. 173.

SÉRIE PAGES	SÉRIE Nos				
457	1942	Tige en plus	0^m60	1.50	0.90
457	1943	Fourni 2 conduits à pattes en cuivre et posés.	2	0.50	1.00
428	784-789	Dans le haut, fourni une gâche à pattes renforcée en cuivre et posée	1	»	0.80
Estim	ation	Dans le bas, fourni une gâche à fourneau et à platine en cuivre (*fig.* 173)	1	»	0.80
»	»	Percé un trou de 0.06 de profondeur dans le carrelage et fait le scellement au ciment..	1	»	0.55
418	378	Fourni un bec-de-cane Gollot noir de 0.070 (*fig.* 174) et posé	1	»	7.45

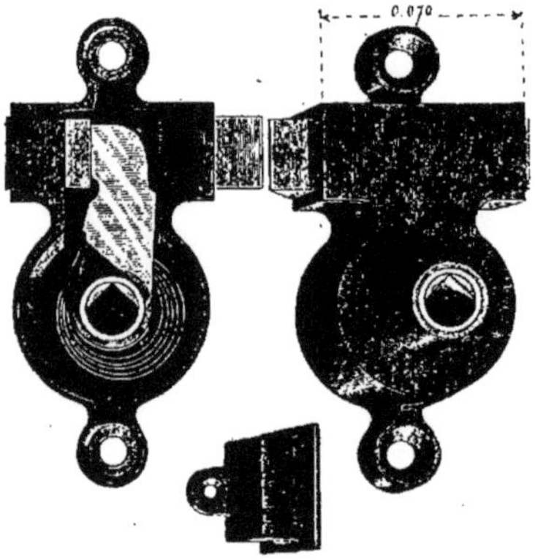

Fig. 174.

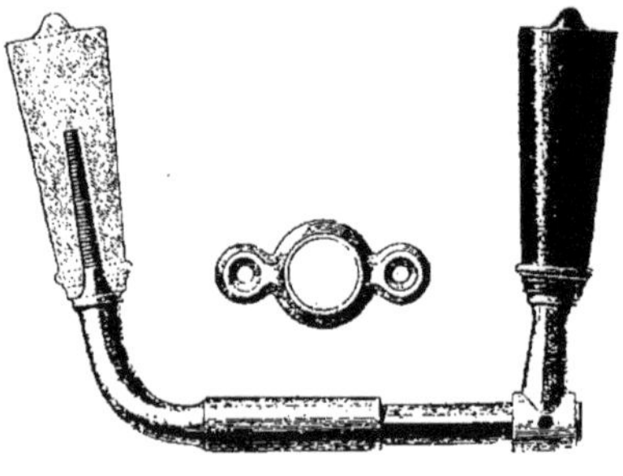

Fig. 175.

SÉRIE PAGES	SÉRIE Nos				
418	396	Fourni une béquille double bulle à garnitures nickelées (*fig.* 175)	1	»	5.65
		Courette de droite au-dessus du vestibule.			
437	1134 1172	Fourni un plafond vitré (*fig.* 176) composé d'un châssis d'encadrement en fer cornière de 0.035 de $3^m,60 \times 1.60$, dressé et dégauchi, soit en développé	10^m40	1.95	20.28
437	1145 1147	Dans les angles fait 4 ajustements à double onglet	4	0.925	3.70

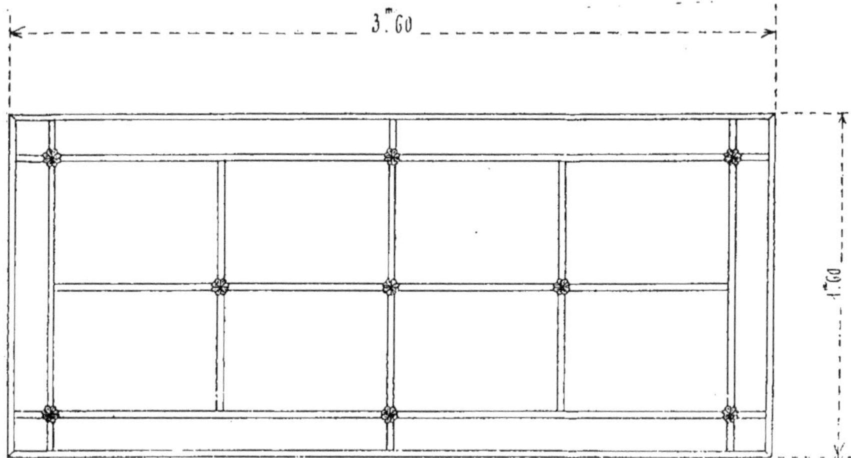

Fig. 176.

SÉRIE PAGES	SÉRIE Nᵒˢ				
426 (moins	709-720 les vis)	Fourni 4 équerres de façon en fer de 0.030 × 0.006 de 0.20 développé, percées chacune de 4 trous fraisés	4	1.25	5.00
436	1116 1123	Contre-percé 16 trous taraudés	16	0.16	2.56
459	2025	Fourni 16 vis à métaux et posées	16	0.20	3.20
431	887	Pour fixer cet encadrement, fourni 14 pattes à scellement faites exprès en fer de 0.040 × 0.007 de 0.16 développé, coudées et percées de 2 trous fraisés	14	0.75	10.50
436	1116 1123	Contre-percé 28 trous taraudés	28	0.16	4.48
459	2025	Fourni 28 vis à métaux et posées	28	0.20	5.60
		Fourni 2 traverses en fer à T de 0.035 × 0.030 de chacune 3ᵐ,60, ensemble.... 7.20			
		1 traverse de 3.20			
		3 petits bois de chacun 1.60, ensemble. 4.80			
		2 petits bois de chacun 1.20, ensemble. 2.40			
437	1134	Ensemble	17.60	1.95	34.32
437	1139	Aux extrémités des traverses et petits bois fait 16 pattes coudées enlevées à même la feuillure et percées chacune de 2 trous fraisés	16	1.20	19.20
436	1116 1123	Contre-percé 32 trous taraudés	32	0.16	5.12
459	2025	Fourni 32 vis à métaux et posées	32	0.20	6.40
437	1145	Fait 9 ajustements à moitié fer pour former croisillons à angles droits	9	1.85	16.65
Estim	ation	Pour consolider lesdits, fourni 9 rosaces d'ornement en fonte de 0.110 de diamètre (*fig.* 177)	9	0.75	6.75

SÉRIE PAGES	Nos				
436	1116 1122	Pour les fixer, percé dans chacune 5 trous fraisés, ensemble........................	45	0.12	5.40
436	1116 1123	Contre-percé 45 trous taraudés............	45	0.16	7.20
549	2025	Fourni 45 vis à métaux et posées.........	45	0.20	9.00
		Fig. 177.			
Estimation		Posé ce plafond vitré, mis bien de niveau, tracé les trous au maçon, calé et réglé, vaut pour temps passé à 2 ouvriers	1	»	10.00
		Au dessus, fourni un comble vitré en appentis (*fig.* 178), composé d'un chéneau en tôle de 0.003 d'épaisseur de 0.15 de hauteur sur 0.20 de largeur et de 3m,60 de longueur, assemblé par 2 cornières de 0.035 et garni d'une cornière ouverte de 0.035 pour recevoir les chevrons,			
		1 faîtage en fer cornière ouverte de 0.035 de 3m,60 de longueur,			
		2 chevrons de rives en fer cornière de 0.035 × 0.020 de 1m,50 de longueur,			
		10 chevrons en fer à T de 0.035 × 0.030 de 1m,50 de longueur,			
409	126	pesant compris pattes à scellement, vis et garde-verre............................	114k000	0.99	112.86
437	1135	Sous le chéneau, fourni 3 corbeaux en fer à T de 0.040 de chacun 0.35 de longueur, dressés et dégauchis, ensemble............	1m05	2.15	2.26

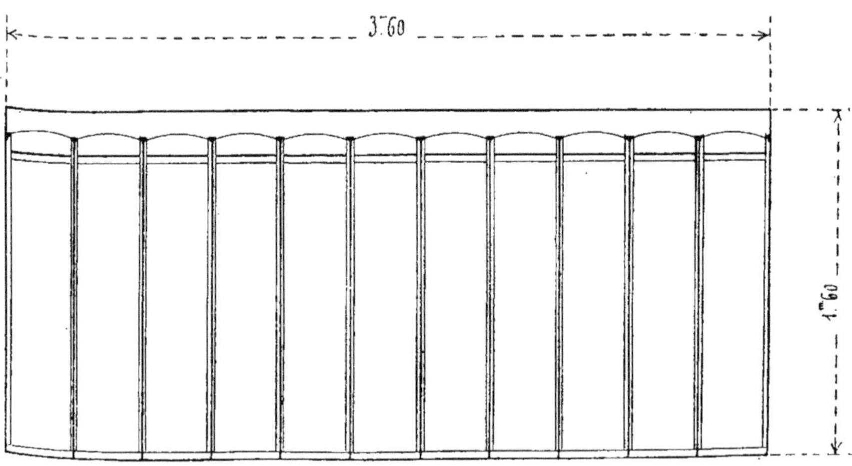

Fig. 178.

SÉRIE PAGES	SÉRIE Nos				
Estim	ation	D'un bout découpé 3 doucines, limées et affleurées..................................	3	0.75	2.25
»	»	A l'autre extrémité fait 3 scellements fendus à chaud................	3	0.40	1.20
411	179-187	Pour le passage du tuyau de descente découpé une ouverture circulaire de 0.11 de diamètre dans le chéneau, limée et affleurée, soit en développé............................	0m35	2.37	0.83
455	1819	Pour recevoir les châssis grillagés, fourni 2 sommiers en fer rond de 0.018 de chacun 3m,70 de longueur, coupés et dressés, ensemble.	7m40	1.30	9.62
Estim	ation	Aux extrémités fait 4 scellements fendus à chaud....................................	4	0.35	1.40
»	»	Pour supporter celui du haut dans la longueur, fourni 2 colliers de façon en fer 1/2 rond, à œil roulé et à scellement fendu..	2	0.85	1.70
453	1740	Pour celui du bas, fourni 2 supports à fourchette de 0,28 de longueur (*fig.* 179) et posés.	2	2.50	5.00

Fig. 179.

436	1116 1123	Pour les fixer sur les chevrons du comble, percé 4 trous taraudés......................	4	0.16	0.64
459	2025	Fourni 4 vis à métaux et posées..........	4	0.20	0.80
		Fourni 3 châssis grillagés en fer rond de 0.018, composés de 6 montants de chacun 1.60, ensemble 9m60			
		9 traverses de chacune 1.20, ensemble 10.80			
467	664	Ensemble...............	20m40	1.25	25.50
467	666	Fait 18 ajustements à tenon et mortaise...	18	0.75	13.50
Estim	ation	Dans le haut des montants, fait 6 crochets cintrés................................	6	0.50	3.00
464	148	Grillagé ces 3 châssis en fil de fer n° 12, mailles de 0.020, de chacun 1.50 × 1.20, soit en superficie.........................	5m40	8.55	46.17
		Porte vitrée à 2 vantaux de la loge.			
435	1048	Fourni 6 paumelles doubles laminées de 0.16, entaillées et posées avec vis	6	1.10	6.60
426	715	Fourni 4 équerres doubles de façon à congé en fer de 0.030 × 0.006 de 1.10 développé, entaillées et posées avec vis, valeur pour équerres simples de 0.20	4	1.85	7.40
426	719	Plus-value pour équerres doubles, la valeur de 0.20 doublée.........................	4	1.85	7.40
426	716	Linéaire de branches en plus à chacune 0.70, ensemble	2m80	3.75	10.50
457	1941	Fourni 2 verrous à tige demi-ronde, boite cuivre F. T. de 0.032, dont un de 0.40 et un de 0.80 de longueur et posés, valeur pour 0.30.	2	3.90	7.80

SÉRIE PAGES	Nos				
457	1942	Tige en plus	0m60	1.50	0.90
457	1943	Fourni 2 conduits à pattes en cuivre et posés.	2	0.50	1.00
428	784-789	Fourni une gâche à pattes renforcée en cuivre et posée	1	»	0.80
428	778-789	Fourni une gâche platine en cuivre et posée.	1	»	0.80
Estim	ation	Fourni un bec-de-cane Gollot noir de 0.070, fermant à clef (*fig.* 180) et posé	1	»	18.45

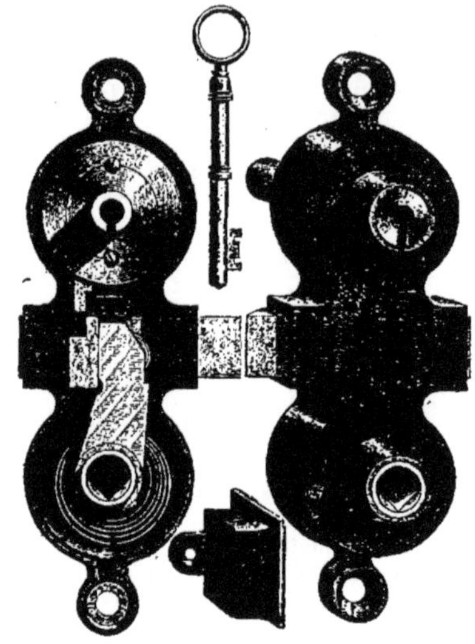

Fig. 180.

Sous-détail :

Achat	15f40
Vis	0.10
Apprêt et pose	1.05
Faux frais, 23 0/0	0.24
Ensemble	16f79
Bénéfice, 10 0/0	1.68
Total	18f47

418	396	Fourni une béquille double buffle à garnitures nickelées	1	»	5.65
		Loge.			
		Au plafond, fourni un tirefond de suspension sur plate-bande semblable à l'accolade N.	1	»	6.30
		Porte vitrée à 2 vantaux de la loge sur cour.			
431	883	Bâti. Fourni 7 pattes à scellement de 0.14 et posées	7	0.25	1.75
435	1048	Ferré la porte. Fourni 6 paumelles doubles laminées de 0.16, entaillées et posées	6	1.10	6.60

SÉRIE PAGES	N°s				
426	715	Fourni 4 équerres doubles de façon à congé en fer de 0.030 × 0.006 de 1.10 développé, entaillées et posées avec vis, valeur pour équerres simples de 0.20	4	1.85	7.40
426	719	Plus-value pour équerres doubles, la valeur de 0.20 doublée	4	1.85	7.40
426	716	Linéaire de branches en plus à chacune 0.70, ensemble	2m80	3.75	10.50
457	1928	Fourni 2 verrous à tige demi-ronde, boîte fonte F. T. de 0.032, dont un de 0.40 et un de 0.60 de longueur et posés, valeur pour 0.40	2	3.05	6.10
457	1929	Tige en plus	0m20	1.00	0.20
457	1937	Fourni 2 conduits à pattes et posés	2	0.60	1.20
428	784	Fourni une gâche à pattes renforcée et posée.	1	»	0.60
428	778	Fourni une gâche platine et posée	1	»	0.60
448	1573	Fourni une serrure de sûreté à foliot 1re qualité de 0.14 (*fig.* 181) et posée	1	»	9.65
		Fig. 181.			
449	1599	Plus-value pour pêne à nervure et chanfrein à 32°	1	»	0.25
420	455	Fourni un bouton double en cuivre creux ovale F. T. n° 4	1	»	1.65
		Porte de la cuisine.			
		Semblable à l'accolade E	1	»	6.85
Analogie 428	790	En plus, fourni une gâche coudée de façon à empênage, entaillée et posée	1	»	1.00
		Cuisine.			
		Armoire sous évier.			
		Semblable à l'accolade G	1	»	2.35
		Croisée à un vantail.			
		Semblable à l'accolade R	1	»	7.75
		Porte du débarras.			
		Ferré ladite semblable à l'accolade Q	1	»	4.60
		Porte vitrée du vestibule sur le dégagement.			
435	1048	Fourni 3 paumelles doubles laminées de 0.16, entaillées et posées	3	1.10	3.30
		Fourni 2 équerres doubles de façon à congé			

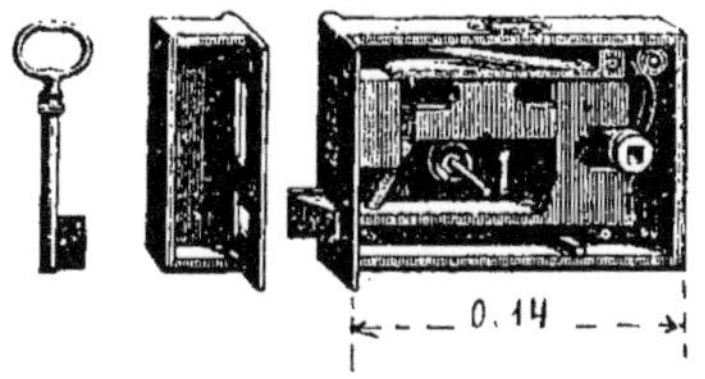

	SÉRIE PAGES	SÉRIE Nos				
	426	715	en fer de 0.030 × 0.006 de 1.20 développé, entaillées et posées avec vis, valeur pour équerres simples de 0.20	2	1.85	3.70
	426	719	Plus-value pour équerres doubles, la valeur de 0.20 doublée	2	1.85	3.70
	426	716	Linéaire de branches en plus à chacune 0m,80, ensemble	1m60	3.75	6.00
	418	378	Fourni un bec-de-cane Gollot noir de 0.070 et posé	1	»	7.45
	418	396	Fourni une béquille double buffle à garnitures nickelées	1	»	5.65
			Dans le dégagement, ferré un châssis de jour de souffrance avec barreaux et châssis grillagé, semblable à l'accolade J	1	»	25.51
			Porte du dégagement sur la cour.			
	431	883	Bâti. Fourni 7 pattes à scellement de 0.14 et posées	7	0.25	1.75
	435	1047	Ferré la porte. Fourni 3 paumelles doubles laminées de 0.14, entaillées et posées.......	3	0.95	2.85
Y	426	713	Fourni 4 équerres simples de façon à congé en fer de 0.025 × 0.005 de 0.50 développé, entaillées et posées avec vis, valeur pour 0.20.	4	1.55	6.20
	426	714	Linéaire de branches en plus à chacune 0.30, ensemble	1m20	3.25	3.90
	447	1559	Fourni une serrure à deux pênes, 1re qualité, de 0.14 et posée.....................	1	»	4.95
	420	455	Fourni un bouton double cuivre creux ovale FT n° 4..	1	»	1.65
			Porte du dégagement sur la remise à bicyclettes.			
			Semblable à l'accolade B	1	»	9.00
			Ferré un châssis de jour de souffrance, semblable à l'accolade J	1	»	25.51
			Porte de la remise à bicyclettes sur la cour.			
	431	883	Fourni 7 pattes à scellement de 0.14 et posées....................................	7	0.25	1.75
	435	1047	Fourni 3 paumelles doubles laminées de 0.14, entaillées et posées	3	0.95	2.85
	447	1555	Fourni une serrure à tour et demi, 1re qualité, de 0.14 et posée.....................	1	»	4.20
	441	1302	Fourni 10 clefs supplémentaires bénardes à embase tournée et polies.................	10	2.50	25.00
	441	1303	Plus-value pour panneton en chiffre......	10	0.35	3.50
			Porte de la cour sur l'escalier de service.			
			Ferré ladite semblable à l'accolade Y......	1	»	21.30
			A droite de cette porte, ferré une croisée à un vantail semblable à l'accolade B.........	1	»	7.75
			Porte sur la descente de cave.			
	435	1047	Fourni 3 paumelles doubles laminées de 0.14, entaillées et posées	3	0.95	2.85

SÉRIE PAGES	Nos				
447	1559	Fourni une serrure à deux pênes, 1re qualité, de 0.14 et posée	1	»	4.95
420	455	Fourni un bouton double cuivre creux ovale FT n° 4	1	»	1.65
Analogie 428	791	Fourni une gâche coudée de façon à empênages, entaillée et posée avec vis	1	»	1.10
		Porte de W.-C. communs.			
435	1047	Fourni 3 paumelles doubles laminées de 0.14, entaillées et posées	3	0.95	2.85
446	1506	Fourni une serrure à demi-tour noire de 0.11 (*fig.* 182) et posée	1	»	2.95
446	1507	Fourni une clef supplémentaire	1	»	0.90
454	1766	Fourni une targette en fer demi-forte, marque VF, picolet sans rivure, de 0.047 (*fig.* 183) et posée	1	»	0.85

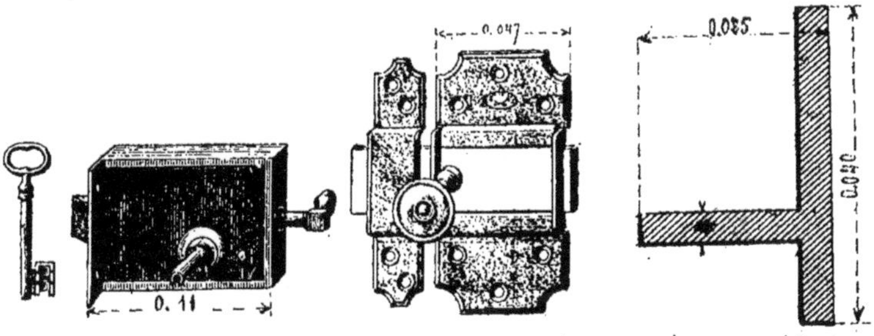

Fig. 182 à 184.

SÉRIE PAGES	Nos				
		Ferré une croisée à un vantail, semblable à l'accolade R	1	»	7.75
		Sous les deux escaliers, ferré 2 armoires semblables à l'accolade Q	2	4.60	9.20
		Croisée du grand escalier sur la courette de gauche.			
		Ferré ladite semblable à l'accolade F	1	»	12.20
Evaluation		Plus-value pour la crémone fermant à clef carrée	1	»	1.65
		Dans la courette de gauche, fourni un comble vitré en appentis en tout semblable à l'accolade X	1	»	119.40
		Fourni 2 châssis ouvrants.			
		Détail d'un :			
		Le dit en fer à T inégal de 0.040 (*fig.* 184), composé de 2 montants de chacun 0.95, ensemble 1.90			
		1 traverse de 0.67			
437	1135	Ensemble	2m57	2.15	5.53

SÉRIE					
PAGES	Nos				
437	1145 1148	Dans le haut, fait 2 ajustements d'angle à queue d'aronde...........................	2	1.85	3.70
437	1149	Plus-value pour lesdits soudés au cuivre..	2	0.50	1.00
437	1139	Dans le bas, fait 2 pattes garde-verre.....	2	1.20	2.40
437	1134	Fourni une traverse basse en fer à T de 0.035 de 0.65 de longueur, dressée et dégauchie.	0m65	1.95	1.27
436	1116	Pour la fixer sur les montants, percé 8 trous de foret en rapport........................	8	0.08	0.64
Estim	ation	Fourni 4 rivets et affleurés..............	4	0.15	0.60
437	1134	Fourni un petit bois en fer à T de 0.035 × 0.030 de 0.95 de longueur, dressé et dégauchi................................	0m95	1.95	1.85
437	1145 1147	Dans le haut, fait un ajustement simple à tenon et mortaise........................	1	»	0.93
437	1139	Dans le bas, fait une patte garde-verre ...	1	»	1.20
436	1116 1122	Pour le fixer sur la traverse, percé 2 trous fraisés.................................	2	0.12	0.24
436	1116 1123	Contrepercé 2 trous taraudés............	2	0.16	0.32
459	2025	Fourni 2 vis à métaux et posées..........	2	0.20	0.40
435	1046	Ferré ce châssis. Fourni 2 paumelles doubles laminées de 0.11 et posées................	2	0.80	1.60
436	1099	Plus-value pour les 4 lames posées sur fer, fixées avec vis à métaux..................	4	0.80	3.20
455	1817	Fourni une crémaillère (*fig.* 185) en fer rond de 0.014 de 0.45 développé, coupée et dressée................................	0m45	0.90	0.41

Fig. 185.

455	1824	Aux extrémités fait 2 œils................	2	0.50	1.00
436	1116	Dans la traverse basse du châssis, percé un trou de foret pour le passage de la crémaillère.	1	»	0.08
Ville de Paris	905	Fourni une poulie en fonte à gorge évidée de 0.050, montée sur chape à pattes faite exprès et posée................................	1	»	3.05
436	1116 1123	Pour la fixer, percé 4 trous taraudés......	4	0.16	0.64
459	2025	Fourni 4 vis à métaux et posées..........	4	0.20	0.80
428	804	Fourni une poulie de renvoi en fer et cuivre de 0.050 (*fig.* 186) et posée..............	1	»	2.25

Fig. 186 et 187.

437	1126	Percé 4 trous de chacun 0.04 et tamponnés, ensemble................................	0m16	5.00	0.80

SÉRIE PAGES	SÉRIE Nos				
446	1495	Fourni 4m,00 de corde septain de 0.007...	4m00	0.35	1.40
415	308	Fourni un arrêt à fourchette et à pointe (*fig.* 187) et posé........................	1	»	0.60
437	1126	Percé un trou de 0.06 et tamponné......	0m06	5.00	0.30
		L'autre châssis ouvrant semblable........	1	»	36.21
		Fourni 3 châssis grillagés avec 2 sommiers en fer rond et supports, en tout semblables à ceux de la courette de droite, se montant à.	1	»	106.93
		Appartement particulier du propriétaire.			
		Porte d'entrée sur la rue.			
431	887	Bâti. Fourni 11 pattes à scellement faites exprès en fer de 0.040 × 0.007 de 0.20 de longueur, entaillées et posées avec vis.......	11	0.75	8.25
435	1076	Ferré la porte. Fourni 6 paumelles doubles en fer forgé, nœuds rabotés S T de 0.25, entaillées et posées avec vis................	6	4.85	29.10
436	1098	Plus-value pour pose soignée sur chêne poli.	6	0.30	1.80
426	715	Fourni 4 équerres doubles de façon à congé en fer de 0.030 × 0.006 de 1m.10 développé, entaillées et posées avec vis, valeur pour équerres simples de 0.20..................	4	1.85	7.40
426	719	Plus-value pour équerres doubles, la valeur de 0.20 doublée........................	4	1.85	7.40
426	716	Linéaire de branches en plus à chacune 0.70, ensemble.........................	2m80	3.75	10.50
Estim	ation	Plus-value pour pose soignée sur chêne poli de ces 4 équerres, développant ensemble....	4m40	0.85	3.74
425	675	Fourni une crémone de porte d'allée, à tringle 1/2 ronde de 0.025, fermant à clef et posée...	1	»	15.10
428	778-789	Dans le bas, fourni une gâche platine en cuivre à empênage et posée................	1	»	0.80
Estim	ation	Fait l'entaille de ladite dans la pierre dure.	1	»	0.40
»	»	Façon d'un empênage dans la pierre dure.	1	»	0.35
437	1126	Percé 4 trous de chacun 0.04 et tamponnés, ensemble..................................	0m16	5.00	0.80

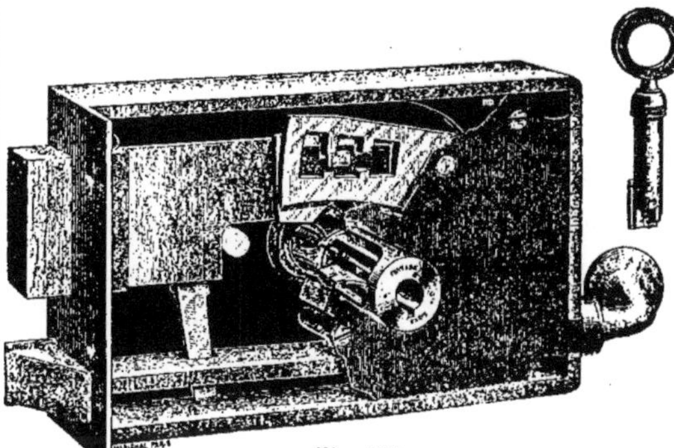

Fig. 188.

SÉRIE PAGES	SÉRIE N°s				
Estim	ation	Fourni une serrure de sûreté « Progrès » à tirage de 0.14 (*fig.* 188) et posée..........	1	»	18.50
		Sous détail :			
		Achat.......................... 15f00			
		Vis et entrée.................... 0.15			
		Apprêt et pose................. 1.35			
		Faux frais 23 0/0............... 0.31			
		Ensemble......... 16f81			
		Bénéfice 10 0/0................. 1.68			
		Total................. 18f49			
Estim	ation	Fourni un verrou de sûreté « Progrès » de 0.070 (*fig.* 189) et posé....................	1	»	18.50
		Fig. 189.			
Estim	ation	Plus-value pour la serrure et le verrou de sûreté « Progrès » avec mêmes garnitures.	2	2.20	4.40
»	»	Plus-value pour canon de 0.050 de longueur..................................	2	1.65	3.30
»	»	A l'extérieur, fourni 2 poignées de tirage en cuivre fondu et ciselé FT n° 20 et posées.	2	36.10	72.20
»	»	Déposé lesdites pour le décor, repérées et reposées................................	2	0.75	1.50
»	»	Décor en vieil argent des 2 poignées......	2	14.00	28.00
440	1244 1257	A l'intérieur, fourni une poignée d'artillerie en cuivre de 0.16, entaillée et posée avec vis.	1	»	2.70
Estim	ation	Fourni 2 buttoirs en caoutchouc avec monture à balustre en cuivre de 0.105 de saillie et posés..................................	2	5.60	11.20
437	1126	Percé 2 trous de chacun 0.05 et tamponnés, ensemble................................	0m10	5.00	0.50
		Imposte (voir façade, *fig.* 114).			
437	1156 1172	Fourni un châssis en fer 1/2 moulures de 0.040 de 1.20 × 0.90, dressé et dégauchi, soit en développé............................	4m20	2.05	8.61
438	1167 1170	Dans les angles, fait 4 ajustements à double onglet..................................	4	1.05	4.20
436	1116 1122	Pour le fixer, percé 22 trous fraisés.......	22	0.12	2.64
459	2001	Fourni 22 vis à bois de 0.030 et posées....	22	0.043	0.95

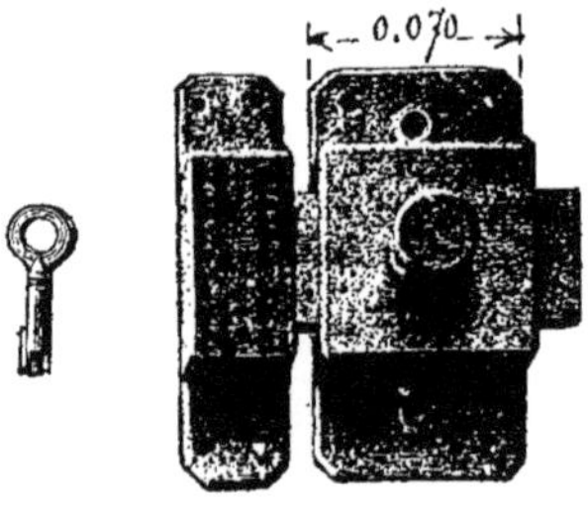

SÉRIE PAGES	SÉRIE Nos				
		Fourni 3 petits bois en fer à moulures de 0.040 de chacun 0.90, ensemble ... 2m70 2 traverses en même fer de chacune 1m,20, ensemble 2.40			
437	1156	Ensemble................	5m10	2.05	10.46
438	1167 1170	Fait 10 ajustements simples à tenon et mortaise..................................	10	1.05	10.50
438	1167	Fait 6 ajustements à moitié fer pour former croisillons à angles droits..................	6	2.10	12.60
437	1150	Percé 31 trous de vitrage................	31	0.05	1.55
		Porte du vestibule.			
435	1049	Fourni 6 paumelles doubles laminées de 0.19, entaillées et posées..................	6	1.30	7.80
426	715	Fourni 4 équerres doubles de façon à congé en fer de 0.030 × 0.006 de 1m,15 développé, entaillées et posées avec vis, valeur pour équerres simples de 0.20..................	4	1.85	7.40
426	719	Plus-value pour équerres doubles, la valeur de 0.20 doublée.....................	4	1.85	7.40
426	716	Linéaire de branches en plus à chacune 0.75, ensemble.......................	3m00	3.75	11.25
457	1941	Fourni 2 verrous à tige demi-ronde, boîte cuivre FT de 0,032, dont un de 0.40 et un de 0.80 de longueur et posés, valeur pour 0.30 de longueur.........................	2	3.90	7.80
457	1942	Tige en plus..........................	0m60	1.50	0.90
457	1943	Fourni 2 conduits à pattes en cuivre et posés..................................	2	0.50	1.00
428	784-789	Dans le haut, fourni une gâche à pattes renforcée en cuivre et posée..............	1	»	0.80
Estim	ation	Dans le bas, fourni une gâche à fourreau et à platine en cuivre......................	1	»	0.80
»	»	Percé un trou de 0.06 de profondeur dans le carrelage et fait le scellement au ciment.	1	»	0.55
418	378	Fourni un bec-de-cane Gollot noir de 0.070 et posé................................	1	»	7.45
418	396	Fourni une béquille double buffle à garnitures nickelées...........................	1	»	5.65
		Grande galerie.			
431	883	Sur la courette, ferré une croisée. Fourni 7 pattes à scellement de 0.14 et posées........	7	0.25	1.75
435	1046	Fourni 6 paumelles doubles laminées de 0.11 et posées...........................	6	0.80	4.80
426	701	Fourni 8 équerres simples de 0.19 et posées.	8	0.20	1.60
426	703	Plus-value pour vis tournées............	8	0.10	0.80
425	664	Fourni une crémone R. G. de 0.018 et posée.	1	»	2.90
		Au plafond de la grande galerie, fourni un tirefond de suspension semblable à l'accolade N..................................	1	»	6.30
		Sur le salon et la salle à manger, ferré 3 portes à deux vantaux.			
		Détail d'une :			
435	1047	Fourni 6 paumelles doubles laminées de 0.14, entaillées et posées.................	6	0.95	5.70

N

SÉRIE PAGES	Nos				
Estim	ation	Fourni 2 verrous à tige demi-ronde, boîte et bouton en cuivre ciselé F. T. nº 126 avec conduits et gâches et posés (*fig.* 190)........	2	12.65	25.30

Fig. 190. 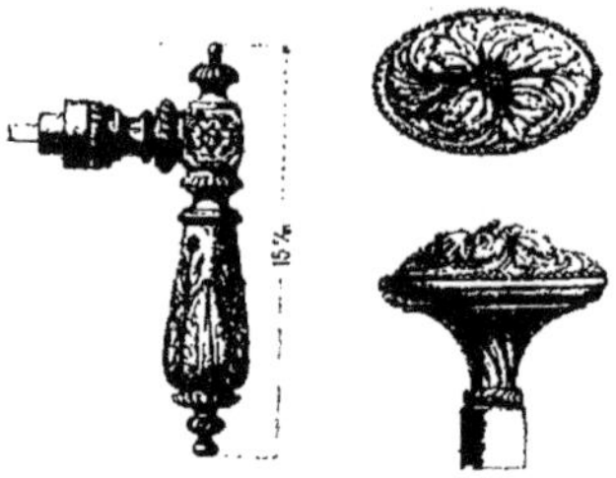 Fig. 191 et 192.

Sous-détail :

Achat............................	10f 90
Remise du fabricant 5/00..........	0.55
	10f 35
Vis..............................	0.06
Apprêt et pose...................	0.90
Faux frais 23 0/0................	0.21
Ensemble.................	11f 52
Bénéfice 10 0/0..................	1.15
Total.....................	12f 67

Estim	ation	Déposé les dits pour le décor, démontés, repérés, remontés et reposés..............	2	0.50	1.00

SÉRIE PAGES	SÉRIE Nos				
Estim	ation	Fait vernir les 2 verrous au four, avec boîte et garnitures dorées à la pile..............	2	7.75	15.50
448	1565	Fourni une serrure à deux pênes en long, 1re qualité de 0.08 et posée................	1	»	8.55
449	1597	Plus-value pour rondelles au foliot........	1	»	0.65
449	1599	Plus-value pour pêne à nervure et chanfrein (32°)................................	1	»	0.25
Ville de Paris	1989	Plus-value pour ressort de béquille.......	1	»	0.85
Estim	ation	Déposé cette serrure et sa gâche pour le décor, démontée, repérée, remontée et reposée.	1	»	1.60
»	»	Fait vernir la serrure au four, avec filets or et cache-entrée doré à la pile............	1	»	2.20
»	»	Fourni une béquille simple en cuivre fondu et ciselé F. T. n° 61 (*fig.* 191)...............	1	»	10.90
		Sous-détail :			
		Achat........................... 9f40			
		Remise du fabricant 5 0/0.......... 0.47			
		8f93			
		Ajustement et pose............... 0f80			
		Faux frais 23 0/0................ 0.18			
		Ensemble................ 9f91			
		Bénéfice 10 0/0.................. 0.99			
		Total.................... 10f90			
»	»	Fourni un bouton simple en cuivre fondu et ciselé F. T. n° 224 (*fig.* 192).............	1	»	4.25
		Sous-détail :			
		Achat........................... 3f65			
		Remise du fabricant 5 0/0.......... 0.18			
		3f47			
		Ajustement et pose............... 0.33			
		Faux frais 23 0/0................ 0.08			
		Ensemble................ 3f88			
		Bénéfice 10 0/0.................. 0.39			
		Total.................... 4f27			
»	»	Déposé la béquille et le bouton pour le décor, repérés et reposés.................	2	0.40	0.80
»	»	Dorure au mercure de la béquille........	1	»	6.00
Estim	ation	Dorure au mercure du bouton............	1	»	4.00
		Les deux autres portes semblables........	2	87.55	175.10
		Porte à deux vantaux de la salle à manger à l'office.			
		En tout semblable aux précédentes.......	1	»	87.55
		Porte à quatre vantaux de la salle à manger au salon.			
434	1006 1020	Fourni 6 paumelles doubles à nœuds bouchés, renforcées de façon en fer blanchi de 0.19 × 0.100, entaillées et posées avec vis..	6	2.60	15.60

SÉRIE PAGES	Nos				
435	1047	Fourni 6 paumelles doubles laminées de 0.14, entaillées et posées	6	0.95	5.70
Tarif Moreaux	3	Fourni 4 verrous à aiguille, Moreaux aîné, modèle n° 1, cuvette B de 0.018 de largeur (*fig.* 193) dont 2 de 0.40 et 2 de 0.80 de longueur, entaillés et posés, valeur pour 0m,30	4	5.40	21.60
	4	Tige en plus	1m20	3.00	3.60
	5	Plus-value pour ces 4 verrous posés sur vantaux portant paumelles	4	1.00	4.00
428	778-789	Fourni 4 gâches platines en cuivre et posées	4	0.80	3.20
Estim	ation	Fourni 2 verrous à tige demi-ronde, boîte et bouton en cuivre ciselé FT n° 126 avec conduits et gâches et posés	2	12.65	25.30
»	»	Déposé lesdits pour le décor, démontés, repérés, remontés et reposés	2	0.50	1.00
»	»	Fait vernir les 2 verrous au four, avec boîte et garnitures dorées à la pile	2	7.75	15.50
448	1565	Fourni une serrure à deux pênes en long, 1re qualité de 0.08 et posée	1	»	8.55
449	1597	Plus-value pour rondelles au foliot	1	»	0.65
449	1599	Plus-value pour pêne à nervure et chanfrein (32°)	1	»	0.25
Ville de Paris	1989	Plus-value pour ressort de béquille	1	»	0.85
Estim	ation	Déposé cette serrure et sa gâche pour le décor, démontée, repérée, remontée et reposée	1	»	1.60
»	»	Fait vernir la serrure au four, avec filets or et cache-entrée doré à la pile	1	»	2.20
»	»	Fourni une béquille simple en cuivre fondu et ciselé FT n° 61	1	»	10.90
»	»	Fourni un bouton simple en cuivre fondu et ciselé FT n° 224	1	»	4.25
»	»	Déposé la béquille et le bouton pour le décor, repérés et reposés	2	0.40	0.80
»	»	Dorure au mercure de la béquille	1	»	6.00
»	»	Dorure au mercure du bouton	1	»	4.00
		Aux plafonds de la salle à manger et du salon, fourni 2 tirefonds de suspension semblables à l'accolade N	2	6.30	12.60
		Sur la rue, ferré 4 croisées.			
		Détail d'une :			
431	883	Fourni 9 pattes à scellement de 0.14 et posées	9	0.25	2.25
435	1046	Fourni 8 paumelles doubles laminées de 0.11, entaillées et posées	8	0.80	6.40
426	702	Fourni 8 équerres simples de 0.22 et posées	8	0.30	2.40
426	703	Plus-value pour vis tournées	8	0.10	0.80
Estim	ation	Fourni une crémone à tringle demi-ronde de 0.020, avec garnitures en cuivre fondu et ciselé FT n° 152, de 2.60 de longueur et posée (*fig.* 194), valeur pour 2.00	1	»	40.05

SÉRIE PAGES	Nos				
425	665	Tringle en plus	0m60	0.70	0.42
442	1329	Fait une soudure........................	1	»	0.60

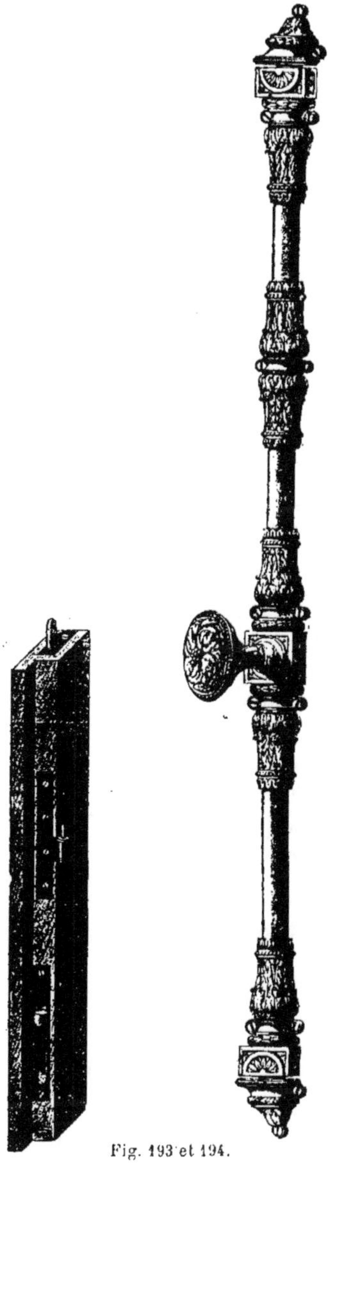

Fig. 193 et 194.

SÉRIE PAGES	SÉRIE Nos				
		Sous-détail du prix de la crémone : Achat .... 36f50 Remise du fabricant 5 0/0........ 1.80 34f70 Vis.............................. 0.10 Apprêt et pose.................. 1.30 Faux frais 23 0/0................ 0.30 Ensemble......... 36f40 Bénéfice 10 0/0.................. 3.64 Total................. 40f04			
Estim	ation	Déposé la crémone pour le décor, démontée, repérée, remontée et reposée	1	»	1.25
»	»	Fait vernir la tringle au four, avec boîte et garnitures dorées à la pile et bouton doré au mercure..................................	1	»	21.25
		Les 3 autres croisées semblables..........	3	75.42	226.26
		Porte d'entrée sur le vestibule.			
435	1048	Fourni 6 paumelles doubles laminées de 0.16, entaillées et posées..................	6	1.10	6.60
Estim	ation	Fourni 2 verrous à tige demi-ronde, boîte et bouton en cuivre ciselé FT n° 126 avec conduits et gâches et posés................	2	12.65	25.30
»	»	Déposé lesdits pour le décor, démontés, repérés, remontés et reposés..............	2	0.50	1.00
»	»	Fait vernir les 2 verrous au four, avec boîte et garnitures dorées à la pile..............	2	7.75	15.50
»	»	Fourni une serrure de sûreté « Progrès » à tirage de 0.14 et posée....................	1	»	18.50
»	»	Plus-value pour ladite avec mêmes garnitures que la serrure de la porte sur rue.....	1	»	2.20
»	»	Déposé cette serrure et sa gâche pour le décor, démontée, repérée, remontée et reposée..................................	1	»	1.60
»	»	Fait vernir ladite au four avec filets or, cache-entrée et bouton dorés à la pile......	1	»	2.50
»	»	Fourni 2 boutons de tirage en cuivre fondu et ciselé F. T. n° 379 et posés.............	2	14.60	29.20
»	»	Déposé lesdits pour le décor, repérés et reposés..................................	2	0.40	0.80
»	»	Dorure à la pile des 2 boutons............	2	3.65	7.30
		Porte de la grande galerie sur le dégagement.			
435	1046	Fourni 3 paumelles doubles laminées de 0.11, entaillées et posées..................	3	0.80	2.40
416	332	Fourni un bec-de-cane 1re qualité de 0.11 et posé..................................	1	»	2.80
Estim	ation	Fourni un bouton simple en cuivre fondu et ciselé F. T. n° 224......................	1	»	4.25
»	»	Déposé ledit pour le décor, repéré et reposé..................................	1	»	0.40

SÉRIE PAGES	N^os				
Estim	ation	Dorure au mercure de ce bouton.........	1	»	4.00
420	477-501	Fourni un bouton simple, imitation ivoire ovale S. Z de 0.060......................	1	»	0.99
		Porte à 2 vantaux sur la courette.			
435	1048	Fourni 6 paumelles doubles laminées de 0.16, entaillées et posées..................	6	1.10	6.60
457	1928	Fourni 2 verrous à tige demi-ronde, boîte fonte F. T. de 0.032, dont un de 0.40 et un de 0.80 de longueur et posés, valeur pour 0.40.	2	3.05	6.10
457	1929	Tige en plus............................	0^m40	1.00	0.40
457	1937	Fourni 2 conduits à pattes et posés.......	2	0.60	1.20
428	784	Fourni une gâche à pattes renforcée et posée..................................	1	»	0.60
428	778	Dans le bas, fourni une gâche platine à empênage et posée......................	1	»	0.60
Estim	ation	Fait l'entaille de la dite dans la pierre dure.	1	»	0.40
»	»	Façon d'un empênage dans la pierre dure..	1	»	0.35
437	1126	Percé 4 trous de chacun 0.04 et tamponnés, ensemble................................	0^m16	5.00	0.80
447	1559	Fourni une serrure à deux pênes, 1re qualité de 0.14 et posée.........................	1	»	4.95
420	477	Fourni un bouton double, imitation ivoire ovale S. Z. de 0.060......................	1	»	1.65
		Porte des W.-C.			
		Semblable à l'accolade H...............	1	»	7.65
		Châssis.			
		Semblable à l'accolade I................	1	»	6.30
		Porte du dégagement de la cuisine.			
		Semblable à l'accolade E................	1	»	6.85
		Porte du débarras.			
		Semblable à l'accolade E................	1	»	6.85
		Porte de la cuisine.			
		Semblable à l'accolade E................	1	»	6.85
		Cuisine. Croisée à un vantail sur la courette.			
		Semblable à l'accolade B................	1	»	7.75
		Armoire sous évier.			
		Semblable à l'accolade G...............	1	»	2.35
		Porte à 2 vantaux de la cuisine sur la grande cour.			
431	883	Bâti. Fourni 7 pattes à scellement de 0.14 et posées..............................	7	0.25	1.75
435	1048	Ferré la porte. Fourni 6 paumelles doubles laminées de 0.16, entaillées et posées.......	6	1.10	6.60
426	715	Fourni 4 équerres doubles de façon à congé en fer de 0.030 × 0.006 de 1.10 développé, entaillées et posées avec vis, valeur pour équerres simples de 0.20.................	4	1.85	7.40

SÉRIE PAGES	N°s				
426	719	Plus-value pour équerres doubles, la valeur de 0.20 doublée	4	1.85	7.40
426	716	Linéaire de branches en plus à chacune 0.70, ensemble	2m80	3.75	10.50
457	1928	Fourni 2 verrous à tige demi-ronde, boîte fonte F. T. de 0.032, dont un de 0.40 et un de 0.60 de longueur et posés, valeur pour 0.40.	2	3.05	6.10
457	1929	Tige en plus	0m20	1.00	0.20
457	1937	Fourni 2 conduits à pattes et posés	2	0.60	1.20
428	784	Fourni une gâche à pattes renforcée et posée.	1	»	0.60
428	778	Fourni une gâche platine à empênage et posée	1	»	0.60
Estim	ation	Fait l'entaille de la dite dans la pierre dure.	1	»	0.40
»	»	Façon d'un empênage dans la pierre dure.	1	»	0.35
437	1126	Percé 4 trous de chacun 0.04 et tamponnés, ensemble	0m16	5.00	0.80
448	1582	Fourni une serrure de sûreté à 6 gorges bénarde à foliot, 1re qualité de 0.14 (*fig.* 195) et posée	1	»	10.20

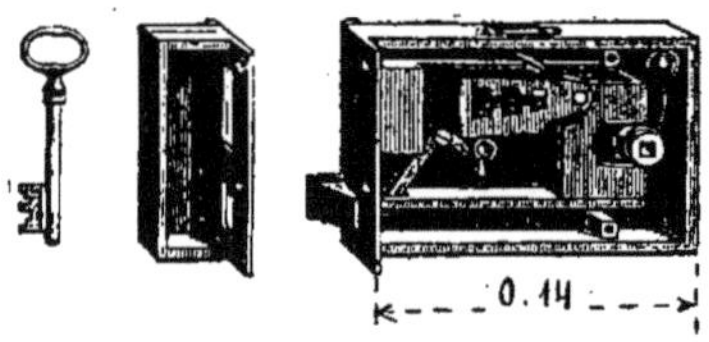

Fig. 195.

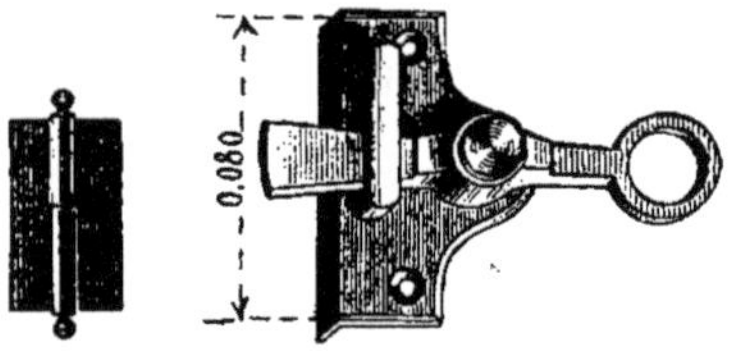

Fig. 196 et 197.

SÉRIE PAGES	N°s				
449	1599	Plus-value pour pêne à nervure et chanfrein (32°)	1	»	0.25
Estim	ation	Nickelage des 2 clefs	2	0.75	1.50
420	455	Fourni un bouton double en cuivre creux ovale F. T. n° 4	1	»	1.65
455	1833	Fourni un vasistas en fer rainé de 0.014 de 1.25 × 0.50, soit en développé	3m50	2.45	8.58
455	1838	Valeur des quatre assemblages dudit, compris traversè mobile et pose	1	»	5.70
455	1840	Fourni 3 paumelles doubles à boules (*fig.* 196), ajustées et posées sur fer	3	1.60	4.80
455	1855	Fourni un loqueteau en cuivre renforcé de 0.080 (*fig.* 197) posé sur fer	1	»	3.90
455	1839	Fourni un double châssis en tôle, en feuillure, formant battement de 1.25 × 0.50 et posé, soit en développé	3m50	1.95	6.83
Estim	ation	Fourni un buttoir en caoutchouc avec monture à balustre en bois de 0.095 de saillie (*fig.* 198) et posé	1	»	2.50
437	1126	Percé un trou de 0.05 et tamponné	0m05	5.00	0.25
		Dégagement.			
		Ferré 3 châssis de jours de souffrance avec barreaux ronds et châssis grillagé, semblables à l'accolade J	3	25.51	76.53

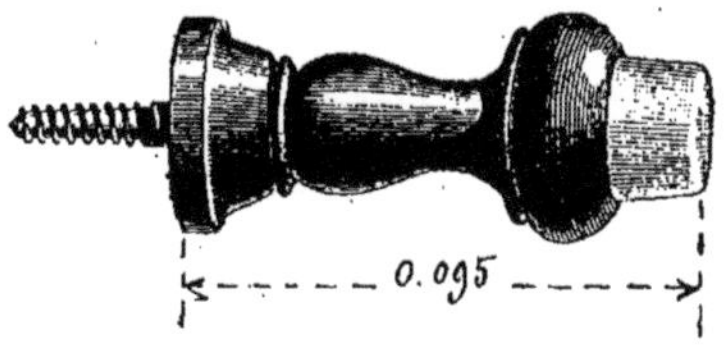

Fig. 198.

SÉRIE PAGES	SÉRIE N°s				
		Porte du bureau.			
		Semblable à l'accolade B................	1	»	9.00
		Croisée.			
		Semblable à l'accolade Z................	1	»	11.85
		Porte de la chambre III.			
		Semblable à l'accolade B................	1	»	9.00
		Croisée.			
		Semblable à l'accolade Z................	1	»	11.85
		Porte de communication à la chambre II.			
		Semblable à l'accolade B................	1	»	9.00
		Croisée.			
		Semblable à l'accolade Z................	1	»	11.85
		Porte sur dégagement.			
		Semblable à l'accolade B................	1	»	9.00
		Porte du dégagement sur la galerie vitrée au fond de la cour.			
		Semblable à l'accolade B................	1	»	9.00
		Galerie vitrée.			
437	1155	Fourni 20 petits bois en fer à moulures de 0.035 de chacun 1.50 de longueur, dressés et dégauchis, ensemble....................	30m00	1.95	58.50
438	1164	Fourni 40 pattes bien faites en fer, formant T, entaillées et posées avec vis	40	1.55	62.00
437	1150	Percé 60 trous de vitrage................	60	0.05	3.00
		Porte de la galerie sur la cour.			
		Semblable à l'accolade A................	1	»	13.30
Estim	ation	Nickelage des 2 clefs....................	2	0.75	1.50
414	273	Pour cette porte fourni un panneau en fonte ornée, modèle du Comptoir des Fontes, série S n° 170, de 1.48 × 0.64, pesant...........	29k,000	0.67	19.43
436	1117 1122	Pour fixer ledit, percé 14 trous de 0.010 et fraisés..................................	14	0.17	2.38
459	2001	Fourni 14 vis à bois de 0.030 et posées....	14	0.043	0.60
455	1833	Derrière ce panneau, fourni un vasistas en fer rainé de 0.014 de 1.50 × 0.66, soit en développé..................................	4m32	2.45	10.58

SÉRIE PAGES	SÉRIE Nos				
455	1838	Valeur des quatre assemblages dudit, compris traverse mobile et pose................	1	»	5.70
423	598	Fourni 3 charnières en cuivre fondu, à boules tournées de 0.080 (*fig.* 199) et posées.	3	1.95	5.85

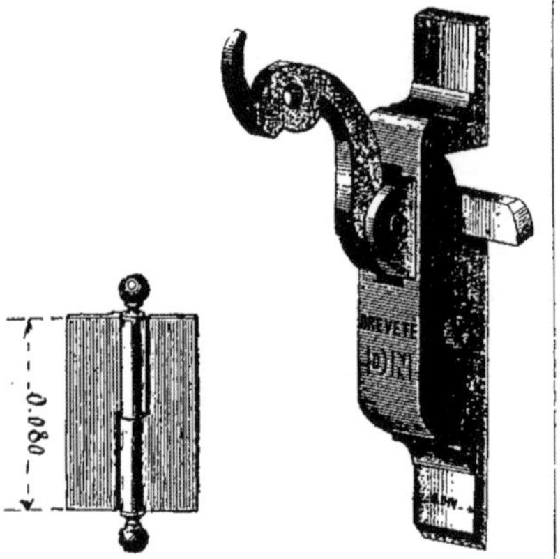

Fig. 199 et 200.

423	601	Plus-value pour 3 lames posées sur fer, fixées avec vis à métaux..................	3	0.80	2.40
Estim	ation	Fait l'entaille de ces 3 lames dans le fer au bédane et au burin........................	3	0.80	2.40
455	1845	Fourni un loqueteau marqué D. N. de 0.014 (*fig.* 200), posé sur fer....................	1	»	2.00
455	1847	Fourni un mentonnet à patte en cuivre, entaillé et posé..........................	1	»	0.30
		Porte de la galerie sur chambre I.			
		Semblable à l'accolade B................	1	»	9.00
		Croisée.			
		Semblable à l'accolade Z................	1	»	11.85
		Porte de la chambre au cabinet de toilette.			
		Semblable à l'accolade B................	1	»	9.00
		Croisée.			
		Semblable à l'accolade Z................	1	»	11.85
		Grand escalier.			
441	127 et plus-value de 1/3	Fourni une rampe à pitons en fonte avec barreaux en fer carré de 0.020, garniture forte, développant[1]........................	51m90	34.65	1798.34
Estim	ation	Plus-value pour pose de cette rampe sur limon en fer, avec tiges taraudées garnies d'écrous.	51m90	2.50	129.75

1. Voir la manière de prendre la mesure d'une rampe au Chapitre III, n° 44.

SÉRIE PAGES	N^{os}				
438	1182	Fourni un pilastre en fonte ornée de 0.092 de diamètre à la base (*fig.* 201) et posé	1	»	15.25
Estim	ation	Fourni un vase de rampe en cuivre fondu et ciselé F.T. n° 39 (*fig.* 202) et posé.........	1	»	54.30

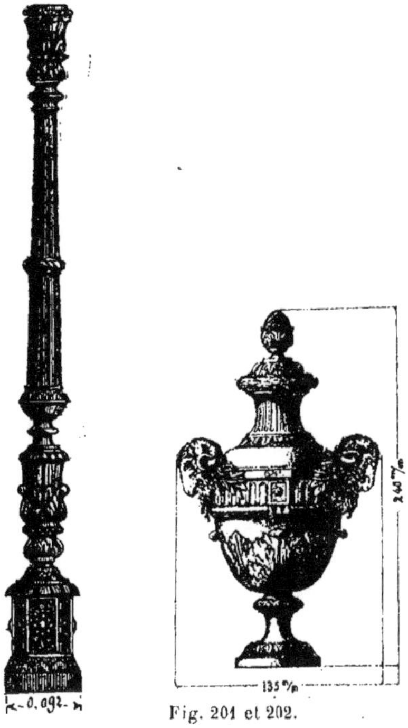

Fig. 201 et 202.

Sous-détail :

Achat	50f 00
Remise du fabricant 5 0/0........	2.50
	47f 50
Apprêt et pose....................	1.50
Faux frais 23 0/0................	0.35
Ensemble.........	49f 35
Bénéfice 10 0/0..................	4.94
Total.................	54f 29

Estim	ation	Déposé ledit pour le décor et reposé avec soin....................................	1	»	1.25
»	»	Dorure au mercure de ce vase de rampe...	1	»	27.75
		Escalier de service.			
440	1263	Fourni une rampe à col-de-cygne, barreaux ronds de 0.018 avec astragales et rosaces en fonte, développant........................	$33^{m}75$	11.25	379.69

SÉRIE PAGES	Nos				
Estim	ation	Plus-value pour pose sur limon en fer *idem.*	$33^{m}75$	2.50	84.38
438	1174	Fourni un pilastre en fonte unie de 0.081 de diamètre à la base (*fig.* 203) et posé......	1	»	12.65
Estim	ation	Fourni un macaron en cuivre poli à vis de 0.060 (*fig.* 204) et posé	1	»	3.75

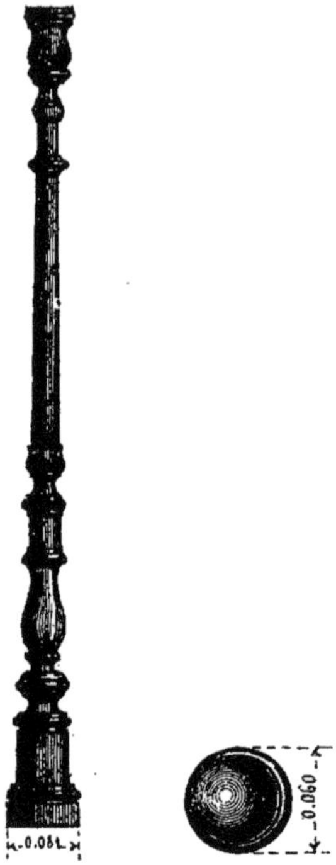

Fig. 203 et 204.

Caves (*fig.* 205).

Dans les gros murs et les cloisons en brique ferré 16 portes.

Détail d'une :

436	1104	Fourni 2 pentures à collet élargi de 0.70 (*fig* 206) et posées	2	2.15	4.30
419	437	Fourni 2 boulons à tête ronde et collet carré de 0.080 (*fig.* 207) et posés...........	2	0.25	0.50
506	87	Pour le passage desdits, percé 2 trous de chacun 0.065 de profondeur dans le chêne, ensemble................................	$0^{m}13$	5.35	0.70
429	807	Fourni 2 gonds à scellement (*fig.* 208).....	2	0.75	1.50
430	869	Fourni un moraillon à charnière renforcé de 0.19 (*fig.* 209) avec piton à vis et posé	1	»	1.25

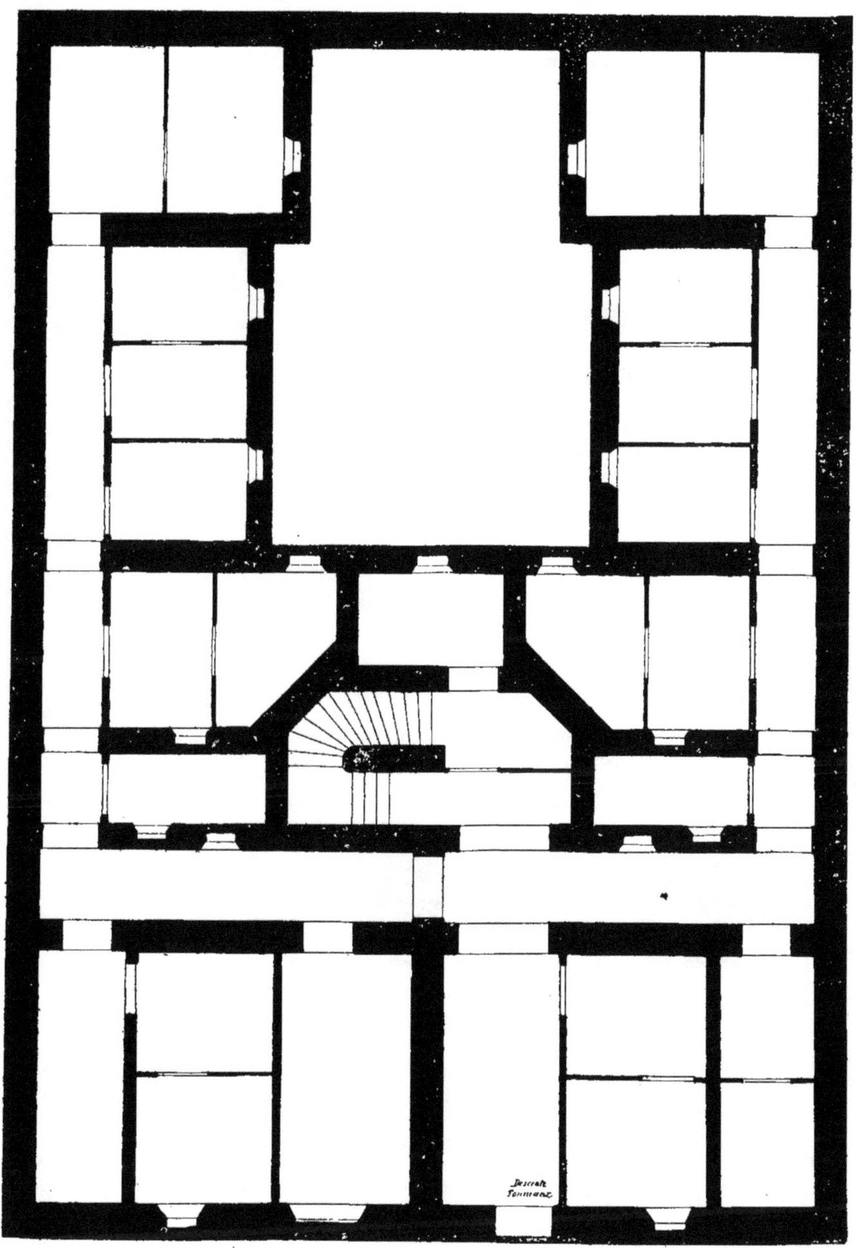

Fig. 205.

SÉRIE PAGES	SÉRIE Nos				
416	326	Fourni 2 battements à scellement faits exprès en fer de 0.040 × 0.009 de 0.15 de longueur.	2	0.55	1.10
		Les 15 autres portes semblables..........	15	9.35	140.25
		Ferré 10 autres portes.			
		Détail d'une :			
436	1104	Fourni 2 pentures à collet élargi de 0.70 et posées............................	2	2.15	4.30

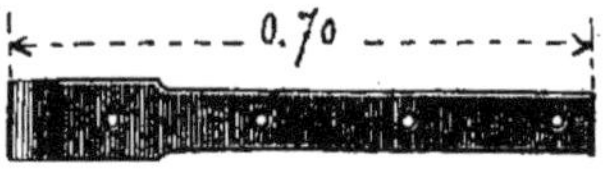

Fig. 206.  Fig. 207 et 208.

419	437	Fourni 2 boulons à tête ronde *idem*......	2	0.25	0.50
506	87	Percé 2 trous de chacun 0.065 de profondeur dans le chêne, ensemble.............	0m13	5.35	0.70
429	809	Fourni 2 gonds à pattes (*fig.* 210) et posés.	2	1.20	2.40

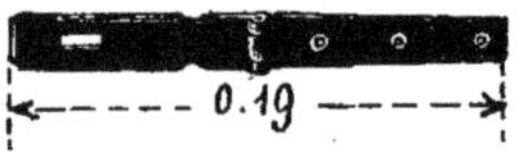

Fig. 209. 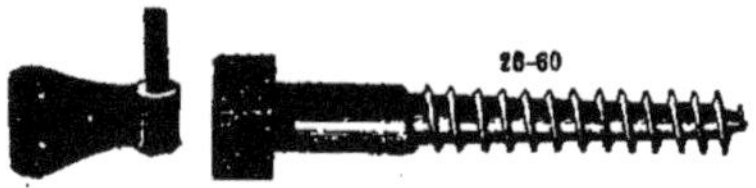 Fig. 210 et 211.

459	2011	Fourni 2 vis à tête carrée de 0.06 (*fig.* 211) et posées............................	2	0.35	0.70
430	869	Fourni un moraillon à charnière *idem* de 0.19 et posé..........................	1	»	1.25

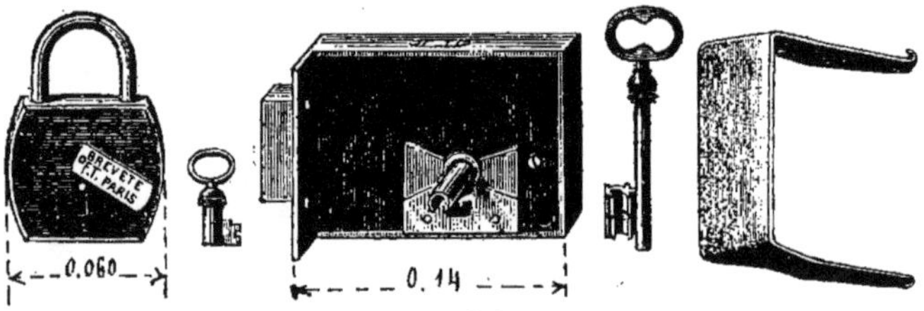

Fig. 212 à 214.

416	324	Fourni 2 battements à pointe et posés....	2	0.10	0.20
		Les 9 autres portes semblables...........	9	10.05	90.45
Estim	ation	Pour la porte de la cave du propriétaire, fourni un cadenas de sûreté à gorges, automatique en cuivre de 0.060 (*fig.* 212)........	1	»	3.00
447	1548	Fourni une serrure à pênes dormant, noire 1re qualité de 0.14 (*fig.* 213) et posée........	1	»	4.20
447	1551	Plus-value pour faux-fond en cuivre et clef en chiffre................................	1	»	2.20
428	791	Fourni une gâche à scellement (*fig.* 214)...	1	»	1.10

SÉRIE					
PAGES	Nos				
		Sur la grande cour et les courettes, fourni 15 plaques de soupiraux.			
		Détail d'une :			
411	173	Ladite en tôle de 0.003 de 0.55 × 0.20, pesant..................................	2^{k}570	0.26	0.67
411	174	Planage..................................	0^{m}11	6.00	0.66
411	175	Dressement des rives....................	1^{m}50	1.00	1.50
411	176	Percé 81 trous d'aération................	81	0.05	4.05
436	1116 1122	Pour la fixer percé 6 trous fraisés.........	6	0.12	0.72
459	2001	Fourni 6 vis à bois de 0.030 et posées.....	6	0.043	0.26
437	1126	Percé 6 trous de chacun 0.04 et tamponnés, ensemble..................................	0^{m}24	5.00	1.20
		Les 14 autres plaques semblables.........	14	9.06	126.84
		Sur la rue, fourni 2 plaques de soupiraux semblables aux précédentes, moins les trous d'aération..................................	2	5.01	10.02
411	179	Dans ces plaques, découpé 2 motifs d'ornement suivant dessin développant chacun 2.80, ensemble..................................	5.60	1.58	8.85
431	883	Ferré un châssis à deux vantaux. Fourni 5 pattes à scellement de 0.14 et posées.....	5	0.25	1.25
435	1046	Fourni 4 paumelles doubles laminées de 0.11, entaillées et posées.................	4	0.80	3.20
426	701	Fourni 8 équerres simples de 0.19, entaillées et posées..................................	8	0.20	1.60
Estim	ation	Plus-value pour 4 desdites cintrées sur champ	4	0.20	0.80
426	703	Plus-value pour les 8 équerres posées avec vis tournées..................................	8	0.10	0.80
425	662	Fourni une crémone R. G. de 0.014 et posée.	1	»	2.40
410	151	Devant ce châssis, fourni une grille dormante, composée de 3 traverses en fer méplat de 0.040 × 0.016 de 1.20 et de 6 barreaux en fer rond de 0.018 de 0.70 réduit de longueur, avec pontets en fonte dans le haut, pesant..	29^{k}000	0.56	16.24
467	663	Fourni un châssis grillagé en fer rainé de 0.014 développant........................	3^{m}85	2.00	7.70
Estim	ation	Cintrage de la traverse du haut suivant gabarit sur un développé de...............	1^{m}15	1.75	2.01
467	666	Fait 4 ajustements à goujons brasés......	4	1.05	4.20
467	667	Plus-value pour 2 desdits en biais........	2	0.525	1.05
		Grillagé ce châssis en grillage ondulé, fil de fer carré n° 18, mailles de 0.025, de 1.10 × 0.85, soit en superficie .... 0^{m},94			
		Plus-value pour grillage de moins de 1^{m},00 superficiel 20/00.......... 0 ,19			
466	537	Ensemble..........................	1^{m}13	13.30	15.03
467	668	Sertissage	3^{m}85	0.75	2.89
467	671	Percé 118 trous pour fil................	118	0.05	5.90
436	1118	Pour fixer ce châssis, percé 10 trous de 0.014 et fraisés.........................	10	0.20	2.00
459	2004	Fourni 10 vis à bois de 0.045 et posées....	10	0.068	0.68
437	1126	Percé 10 trous de chacun 0.04 et tamponnés, ensemble..................................	0^{m}40	5.00	2.00

SÉRIE PAGES	SÉRIE N°s				
		Descente des tonneaux.			
		Porte en fer à deux vantaux.			
437	1135 1172	Fourni un châssis dormant en fer cornière de 0.040 de $3^m,85$ développé, dressé et dégauchi.	3^m85	2.15	8.28
413	234-235	Cintrage de la traverse du haut suivant gabarit sur un développé de................	1^m15	2.76	3.17
437	1145 1148	Fait 4 ajustements d'angle à queue d'aronde.	4	1.85	7.40
437	1146	Plus-value pour 2 desdits en biais.........	2	0.925	1.85
437	1149	Plus-value pour les 4 ajustements soudés au cuivre................................	4	0.50	2.00
431	887	Pour fixer ce châssis, fourni 8 pattes à scellement faites exprès en fer de 0.040 × 0.007 de 0.16 développé, coudées et posées.	8	0.75	6.00
436	1116 1122	Percé 8 trous fraisés....................	8	0.12	0.96
436	1116 1123	Contre-percé 8 trous taraudés............	8	0.16	1.28
459	2025	Fourni 8 vis à métaux et posées..........	8	0.20	1.60
411	173	Fourni 2 vantaux en tôle de $0^m,003$ de chacun 0.83 × 0.54, pesant..................	21^k000	0.26	5.46
411	174	Planage................................	0^m90	6.00	5.40
		Dressement des rives. 2 fois $0^m,83$ = ... $1^m,66$ 2 » 0 ,78 = ... 1 ,56 2 » 0 ,54 = ... 1 ,08			
411	175	Ensemble.................	4^m30	1.00	4.30
411	179	Dans le haut, découpé 2 rives circulaires suivant gabarit de chacune $0^m,56$ développé, ensemble...............................	1^m12	1.58	1.77
411	179	Pour l'aération, découpé suivant dessin 22 ajours formant ornement, développant ensemble................................	6^m40	1.58	10.11
		Sur ces 2 panneaux, fourni 2 cadres en fer cornière de 0.035 composés de : 2 montants de $0^m,78$ = ... $1^m,56$ 2 traverses de 0 ,52 = ... 1 ,04 2 » de 0 ,54 = ... 1 ,08			
437	1134 1172	Ensemble.................	3^m68	1.95	7.18
413	234-235	Cintrage de 2 traverses *idem*, sur un développé de 0.54, ensemble................	1^m08	2.76	2.98
437	1145 1147	Fait 4 ajustements d'angle à double onglet.	4	0.925	3.70
437	1146	Plus-value pour 2 desdits en biais........	2	0.46	0.92
436	1116 1122	Pour fixer ces 2 cadres, percé 26 trous fraisés.	26	0.12	3.12
436	1116	Contre-percé 26 trous de foret............	26	0.08	2.08
Estimation		Fourni 26 rivets à tête fraisée et affleurés..	26	0.15	3.90
437	1134	Au milieu, fourni un battement en fer à T de 0.035 de 0.83 de longueur, dressé et dégauchi..................................	0^m83	1.95	1.62
436	1116 1122	Pour le fixer, percé 5 trous fraisés........	5	0.12	0.60
436	1116	Contre-percé 5 trous de foret............	5	0.08	0.40

SÉRIE PAGES	Nos				
Estim	ation	Fourni 5 rivets *idem*.....................	5	0.15	0.75
Estim	ation	Ferré cette porte, fourni 4 paumelles doubles de grille à lames pleines forgées, de 0.090 de hauteur de nœuds (*fig.* 215), ajustées et posées sur fer..............................	4	3.60	14.00

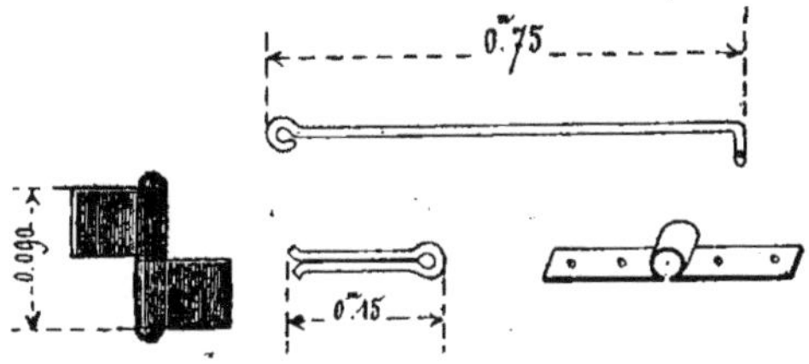

Fig. 215 et 216.

455	1821	Fourni un crochet arc-boutant (*fig.* 216) en fer rond de 0.022 de 0.90 développé, coupé et dressé..................................	0.90	1.80	1.62
455	1824	D'un bout fait un œil roulé..............	1	»	0.50
Estim	ation	A l'autre extrémité, fait un talon coudé et arrondi..................................	1	»	0.50
436	1119	Percé un trou de 0.022 de profondeur pour le passage du cadenas....................	1	»	0.15
Estim	ation	Fourni un piton à scellement fait exprès en fer rond de 0.022 de 0.35 développé, doublé et à œil roulé..........................	1	»	1.50
»	»	Fourni une vertevelle à pattes de façon, chanfreinée et posée........................	1	»	1.50
436	1116	Pour la fixer sur la porte, percé 4 trous de foret..................................	4	0.08	0.32
Estim	ation	Fourni 4 rivets *idem*....................	4	0.15	0.60
455	1821	Pour recevoir le poulain servant à la descente des tonneaux, fourni une tringle (*fig.* 217) en fer rond de 0.022 de 1m,40 développé, coupée et dressée	1.40	1.80	2.52

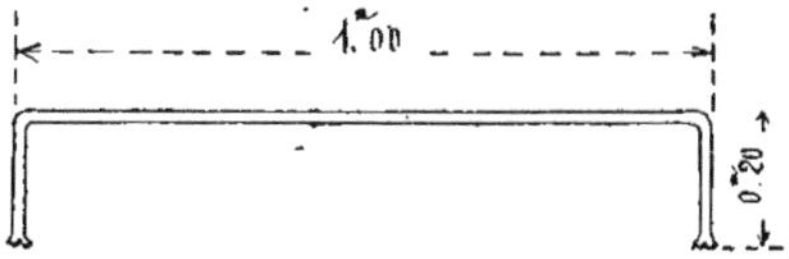

Fig. 217.

467	666	Façon de 2 coudes arrondis.............	2	0.35	0.70
Estim	ation	Aux extrémités, fait 2 scellements fendus à chaud..................................	2	0.35	0.70

Métré n° 2.

Maison de rapport à Paris, rue du Pré-St-Gervais (Boutiques et petits logements).
Façade *fig.* 218. — Coupe *fig.* 219.

Fig. 218. — Façade.

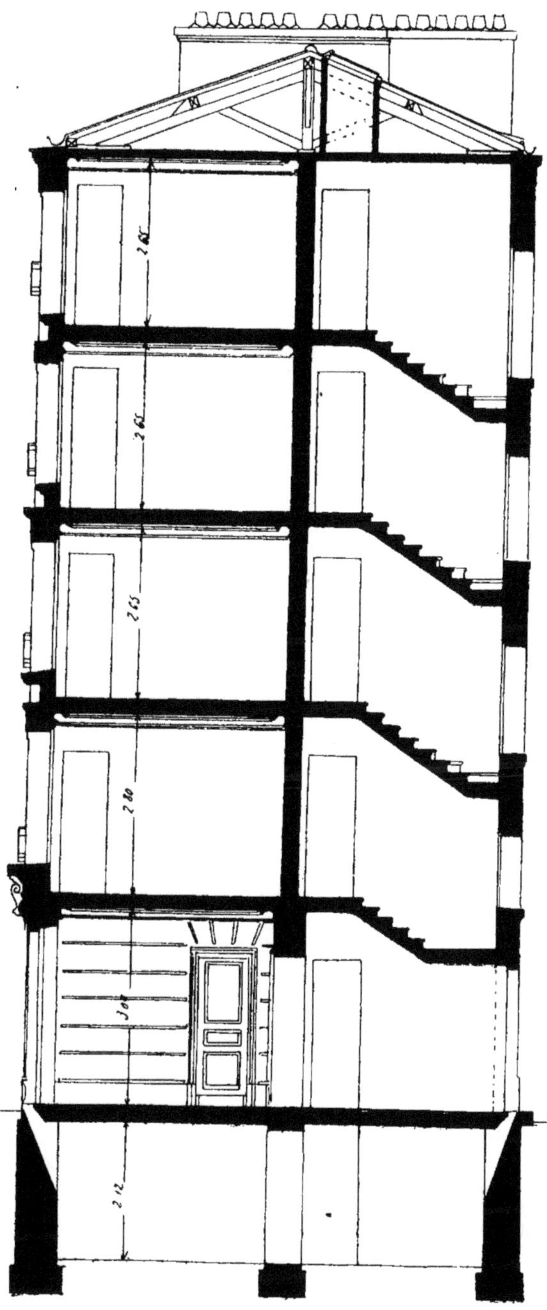

Fig. 219. — Coupe.

SÉRIE PAGES	SÉRIE Nos				
		Caves (*fig.* 220).			
		Soupiraux.			
406	81	Fourni 9 linteaux en fer à I 0.08 dont 8 de 1m,10 et 1 de 1m,30 de longueur, pesant..	68k000	0.27	18.36
		Mur de refend parallèle à la façade.			
		Fourni un linteau à 2 lames I 0.16 de 2m,70 de longueur, assemblé avec boulons, pesant.......................... 77k000			
		Fourni un linteau à 2 lames I de 0.12 de 2m,00 de longueur, assemblé avec boulons, pesant............ 42.000			
		Fourni un linteau à 2 lames I 0.10 de 2m,65, assemblé avec boulons, pesant.......................... 40.000			
		Fourni un linteau à 2 lames I 0.10 de 1m,35 de longueur, assemblé avec boulons, pesant............. 25.000			
		Mur de refend perpendiculaire à la façade.			
		Fourni un linteau à 2 lames I 0.10 de 1m,35 de longueur, assemblé avec boulons, pesant............. 25.000			
		Mur de refend à gauche de l'escalier.			
		Fourni un linteau à 2 lames I 0.10 de 1m,35 de longueur, assemblé avec boulons, pesant............ 25.000			
		Mur de refend à droite de l'escalier.			
		Fourni un linteau à 2 lames I 0.12 de 2m,80 de longueur, assemblé avec boulons, pesant............ 59.000			
407	89	Ensemble........................	302.000	0.32	96.64
		Plancher.			
		Travée à gauche sur rue.			
406	81	Fourni 7 solives en fer à I de 0.12 de 3m,25 réduit de longueur, pesant.................	227.000	0.27	61.29
407	89	Sous la cloison, fourni un filet à 2 lames I de 0.12 de 3m,50 de longueur, assemblé avec boulons, pesant..........................	72.000	0.32	23.04
		Fourni 2 solives en fer à I de 0.12 dont une de 3m,55 et une de 3m,60 de longueur, pesant........................ 71k000			
		Travée de droite.			
		Fourni 9 solives en fer à I de 0.14 de 4m,05 réduit de longueur, pesant. 474.000			
406	81	Ensemble......................	545.000	0.27	147.15
406	75	Fourni 42 entretoises en fer carré de 0.014 dont 14 de 1m,05, 16 de 1m,00, 6 de 0m,95, 4 de 0m,85 et 2 de 0.80 développé, pesant.....	63k260	0.32	20.24
406	72	Fourni 42 fentons de 0.009 dont 22 de 3m,35 et 20 de 4m,05 réduit de longueur, pesant....	97.610	0.20	19.52

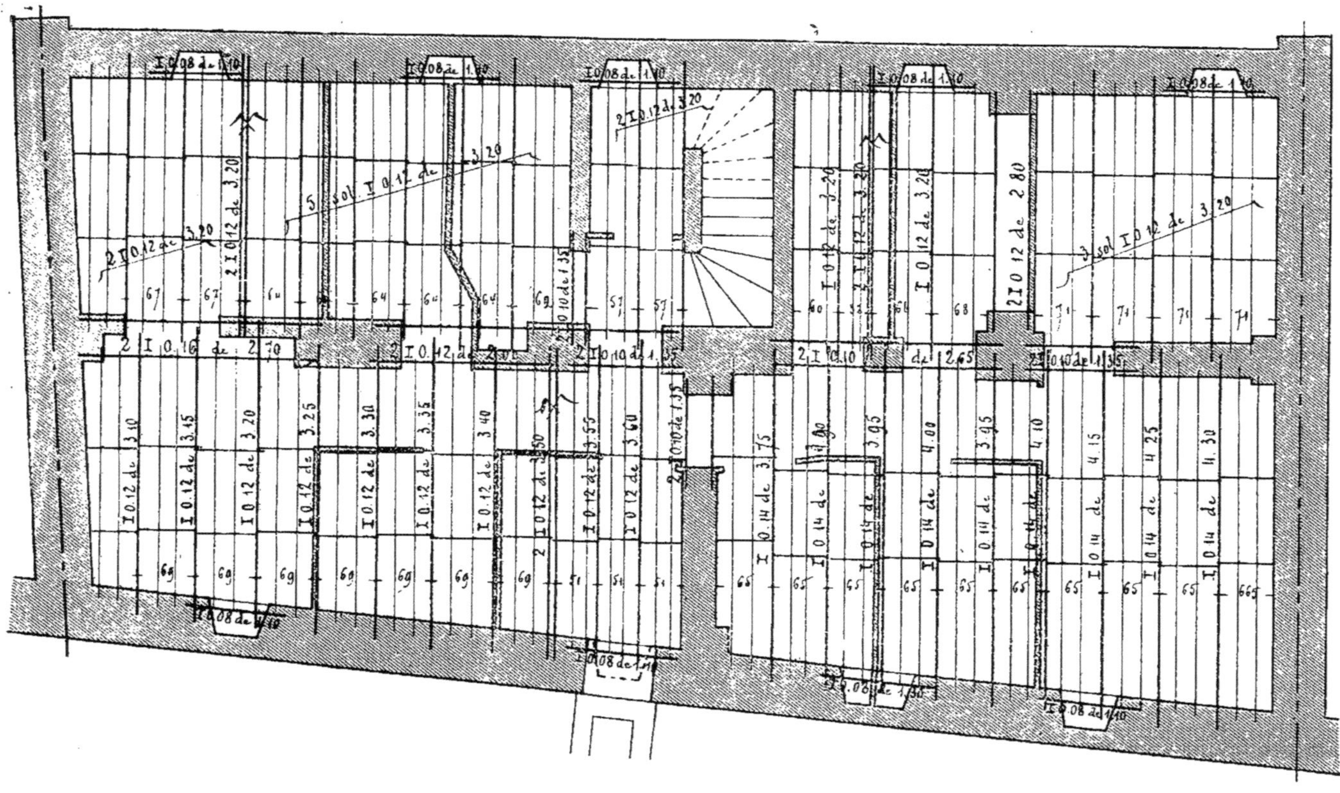

Fig. 220. — Plancher haut des caves.

SÉRIE PAGES	N°s				
		Travée sur cour.			
407	89	Sous les cloisons, fourni 2 filets à 2 lames I de 0.12 de 3m,20 de longueur, assemblés avec boulons, pesant	132.000	0.32	42.24
406	81	Fourni 14 solives en fer à I de 0.12 de 3m,20 de longueur, pesant	448.000	0.27	120.96
406	75	Fourni 38 entretoises en fer carré de 0.014 dont 2 de 0m,66, 2 de 0m,85, 4 de 0m,90, 4 de 0m,95, 12 de 1m,00 et 14 de 1m,05 développé, pesant	56.720	0.32	18.15
406	72	Fourni 38 fentons de 0.009 de 3m,20 de longueur, pesant	76.730	0.20	15.34
406	73	Fourni 25k,000 de semelles et cales coupées.	25.000	0.24	6.00
		Rez-de-chaussée (*fig.* 221)			
		Façade sur rue.			
		Boutique de gauche.			
407	90	Fourni un poitrail composé de 2 lames en fer à I larges ailes de 0.22 de 5m,15 de longueur, assemblé par 5 brides en fer de 0.040 × 0.007 de 1m,20 développé avec 10 croisillons en fer carré de 0.020 de 0.40 de longueur, et garni aux extrémités de 2 tirants en V en fer de 0.040 × 0.007 de 1m,00 développé, fixés avec boulons, pesant	370.000	0.33	122.10
		Plus-value pour emploi de fer à I larges ailes, pesant	340.000	0.01	3.40
406	73	Fourni 2 ancres en fer rond de 0.030 de 0.60 de longueur, pesant	6.615	0.24	1.58
406	73	Sous les portées, fourni 2 semelles en fer de 0.200 × 0.014 de 0.40 de longueur, pesant.	17.450	0.24	4.18
414	267	Sous ce poitrail fourni une colonne pleine en fonte, modèle du commerce, de 0.135 de diamètre et de 3m,00 de hauteur, avec chapiteau à consoles, pesant	350.000	0.18	63.00
414	281	Pose de ladite	350.000	0.02	7.00
406	73	Fourni une semelle en fer de 0.300 × 0.016 de 0.30 de longueur, pesant	11.210	0.24	2.69
406	73	Fourni 20k,000 de cales coupées	20.000	0.24	4.80
406	76	Fourni 5k,000 de coins forgés	5.000	0.43	2.15
		Porte d'entrée du vestibule.			
407	90	Fourni un filet composé de 2 lames en fer à I de 0.12 dont une de 1m,80 et une de 2m,00 de longueur, assemblé par 2 brides et croisillons, pesant	48.000	0.33	15.84
		Boutique de droite.			
407	90	Fourni un poitrail composé de 3 lames en fer à I larges ailes de 0.22 de 6m,70 de longueur, assemblé par 6 brides en fer de 0.040 × 0.007 de 1m,20 développé avec 24 croisillons en fer carré de 0.020 de 0.20 de longueur, et garni aux extrémités de 2 tirants en V en fer de 0.040 × 0.007 de 1m,00 développé, fixés avec boulons, pesant	698k000	0.33	230.34

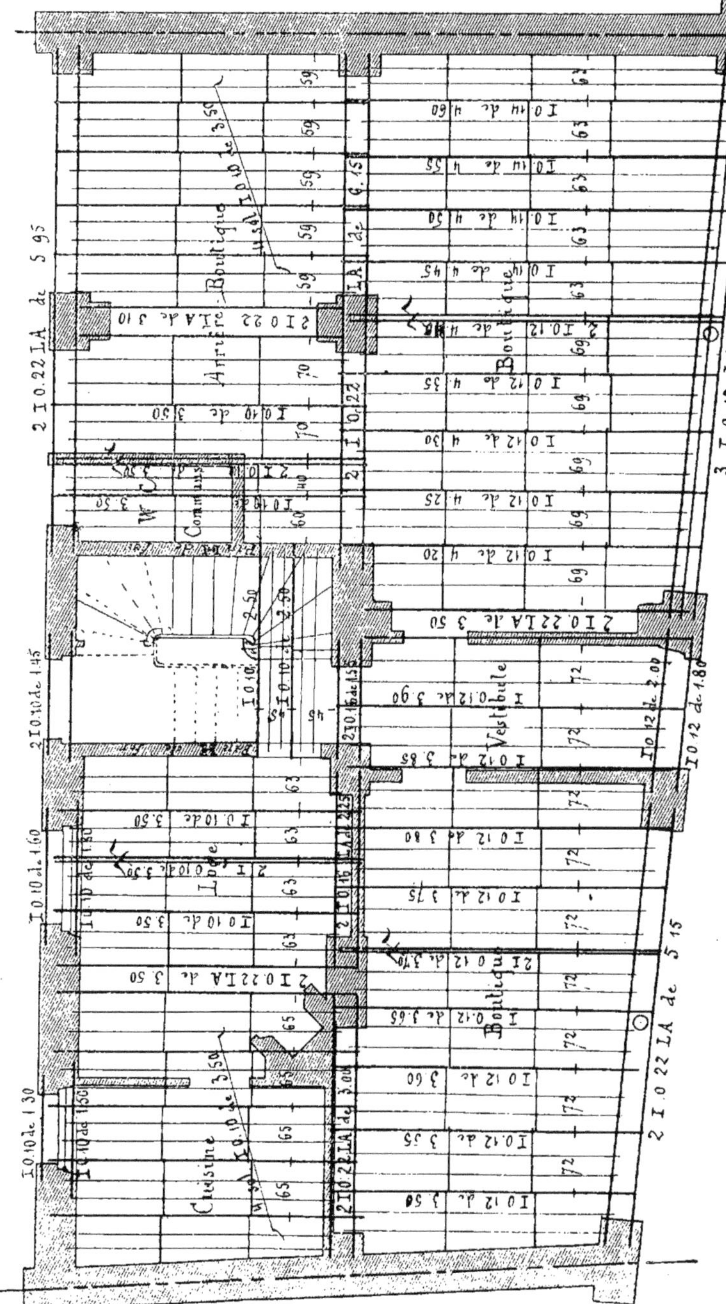

Fig. 221. — Plancher haut du rez-de-chaussée.

SÉRIE PAGES	SÉRIE N°s				
		Plus-value pour emploi de fer à **I** larges ailes....................................	663.000	0.01	6.63
406	73	Fourni 2 ancres en fer rond de 0.030 de 0.60 de longueur, pesant..................	6.615	0.24	1.58
406	73	Sous les portées fourni 2 semelles en fer de 0.200 × 0.014 de 0.40 de longueur, pesant..	17.450	0.24	4.18
414	267	Sous ce poitrail fourni une colonne pleine en fonte, modèle du commerce, de 0.135 de diamètre et de 3m,00 de hauteur, avec chapiteau à consoles, pesant..................	350.000	0.18	63.00
414	281	Pose de ladite..........................	350.000	0.02	7.00
406	73	Fourni une semelle en fer de 0.300 × 0.016 de 0.30 de longueur, pesant................	11.210	0.24	2.69
406	73	Fourni 18k,000 de cales coupées..........	18.000	0.24	4.32
406	76	Fourni 6k,000 de coins forgés.............	6.000	0.43	2.58
		Mur de refend perpendiculaire à la façade.			
		Fourni un poitrail composé de 2 lames en fer à **I** larges ailes de 0.22 de 3m,50 de longueur, assemblé par 3 brides et croisillons et garni de 2 tirants en **V** *idem*, pesant. 251k000			
		Mur de refend parallèle à la façade. Boutique de gauche.			
		Fourni un poitrail composé de 2 lames en fer à **I** larges ailes de 0.22 de 3m,00 de longueur, assemblé par 3 brides et croisillons et garni de 2 tirants en **V** *idem*, pesant..... 218.000			
		A la suite.			
		Fourni un poitrail à 2 lames en fer à **I** larges ailes de 0.16 de 2m,25 de longueur, assemblé par 2 brides et croisillons et garni de 2 tirants en **V** *idem*, pesant.................. 112.000			
		Baie entre le vestibule et l'escalier.			
		Fourni un filet à 2 lames **I** de 0.16 de 1m,55 de longueur, assemblé par 2 brides et croisillons, pesant..... 50k000			
		Boutique de droite.			
		Fourni un poitrail composé de 2 lames en fer à **I** larges ailes de 0.22 de 6m,15 de longueur, assemblé par 6 brides et croisillons, et garni de 2 tirants en **V** *idem*, pesant....... 441.000			
		Mur de refend perpendiculaire à gauche (au-dessus de la loge).			
		Fourni un poitrail à 2 lames **I** 0.22 larges ailes de 3m,50 de longueur, assemblé par 3 brides et croisillons, et garni de 2 tirants en **V** *idem*, pesant....................... 251.000			
		A reporter.............. 1323.000			

SÉRIE PAGES	SÉRIE Nos				
		Report.................. 1323.000			
		Mur de refend perpendiculaire à droite.			
		Fourni un poitrail à 2 lames I 0.22 larges ailes de 3m,10 de longueur, assemblé par 3 brides et croisillons et garni de 2 tirants en V *idem*, pesant.......................... 224.000			
		Façade sur cour. *Boutique de droite.*			
		Fourni un poitrail à 2 lames I 0.22 larges ailes de 5m,95 de longueur, assemblé par 5 brides et croisillons et garni de 2 tirants en V *idem*, pesant.......................... 423.000			
407	90	Ensemble.......................	1970k000	0.33	650.10
		Plus-value pour emploi de fer à I larges ailes de 0.16 et 0.22, pesant................	1663.000	0.01	16.63
406	73	Pour ces poitrails et filets fourni 13 ancres en fer carré de 0.027 de 0.60 de longueur, pesant..................................	44.340	0.24	10.64
406	73	Sous les portées fourni 16 semelles en fer de 0.200 × 0.014 de 0.40 de longueur, pesant.	139.650	0.24	31.51
		Croisée de la cuisine.			
		Fourni un linteau à 2 lames I 0.10 dont une lame de 1.30 et une de 1.50 de longueur, assemblé avec boulons, pesant.... 25k000			
		Croisée de la loge.			
		Fourni un linteau à 2 lames I de 0.10 dont une lame de 1.60 et une de 1.80 de longueur, assemblé avec boulons, pesant.................. 31.000			
		Porte du vestibule sur cour.			
		Fourni un linteau à 2 lames I 0.10 de 1.45 de longueur, assemblé avec boulons, pesant............. 26.000			
407	89	Ensemble.......................	82k000	0.32	26.24
		Pan de fer de l'escalier.			
407	85	Fourni 2 sablières à 2 lames en fer à I de 0.12 de 3m,60 de longueur, assemblées chacune par 4 boulons et fourrures et garnies aux extrémités de 2 tirants en fer de 0.040 × 0.007 de 0.80 développé, 2 poteaux composés chacun de 2 lames I 0.12 de 3m,18 et d'une âme I 0.08 de 3.30 de longueur, assemblés par 6 boulons et portant par le bas une semelle en fer de 0.140 × 0.011 de 0.50 de longueur, assemblée par 2 équerres cornières et boulons, pesant..............	349k000	0.43	151.07
406	73	Pour les sablières, fourni 4 ancres en fer carré de 0.027 de 0.60 de longueur, pesant..	13.640	0.24	3.27

SÉRIE PAGES	SÉRIE Nos				
		Plancher.			
		Travée de gauche sur rue.			
407	90	Sous la cloison, fourni un filet à 2 lames I 0.12 de 3.70 de longueur, assemblé avec boulons et garni aux extrémités d'un tirant et d'un harpon en fer de 0.040 × 0.007 de 0.70 développé, fixés avec boulons, pesant.......	79.000	0.33	26.07
406	73	Fourni une ancre en fer carré de 0.027 de 0.60 de longueur, pesant................	3.410	0.24	0.81
406	81	Fourni 8 solives I 0.12 de 3m,70 réduit de longueur, pesant........................	296.000	0.27	79.92
		Travée de droite.			
407	90	Sous la cloison, fourni un filet à 2 lames I 0.12 de 4m,40 de longueur, assemblé avec boulons et garni aux extrémités d'un tirant et d'un harpon *idem*, pesant..................	93.000	0.33	30.69
406	73	Fourni une ancre en fer carré de 0.027 de 0.60 de longueur, pesant..................	3.410	0.24	0.81
		Fourni 4 solives I 0.12 de 4m,30 réduit de longueur, pesant................ 172k 000			
		Fourni 4 solives I 0.14 de 4m,50 réduit de longueur, pesant...... 234k 000			
406	81	Ensemble........................	406.000	0.27	109.62
406	75	Fourni 50 entretoises en fer carré de 0.014 dont 40 de 1.05 et 10 de 0.95 développé, pesant.	78.700	0.32	25.18
406	72	Fourni 40 fentons de 0.009 dont 20 de 3m,70 et 20 de 4.40 réduit de longueur, pesant....	102.200	0.20	20.44
		Travées sur cour.			
407	89	Sous les cloisons, fourni 2 filets à 2 lames I 0.10 de 3m,50 de longueur, assemblés avec boulons, pesant..........................	126k000	0.32	40.32
406	81	Fourni 12 solives I 0.10 de 3m,50 de longueur, pesant..........................	306.000	0.27	82.62
		Palier de l'escalier.			
406	81	Fourni 2 solives I 0.10 de 2m,50 de longueur, pesant..........................	44.000	0.27	11.88
406	75	Fourni 38 entretoises en fer carré de 0.014 dont 4 de 1.00, 18 de 0.95, 10 de 0.90, 2 de 0.85, 2 de 0.70 et 2 de 0.65 développé, pesant.	52.720	0.32	16.87
406	72	Fourni 40 fentons de 0.009 dont 36 de 3m,50 et 4 de 2m,50 de longueur, pesant..........	85.820	0.20	17.16
406	73	Fourni 30k.000 de semelles et cales coupées.	30.000	0.24	7.20
		Fourni un chaînage en fer de 0.040 × 0.009.			
		Façade sur rue.			
		1 cours de...................... 2m00			
		Mur de refend parallèle.			
		1 cours de...................... 2.50			
		Façade sur cour.			
		1 cours de...................... 8.75			
		A reporter................ 13.25			

SÉRIE PAGES	SÉRIE N°s					
		Report	13.25	»		
		Mur mitoyen de gauche.				
		1 cours de	7.10			
		Mur mitoyen de droite.				
		1 cours de	8.45			
		Ensemble	$28^{m}80$			
		1/7 en plus pour développement des oils, bagues et talons	$4^{m}10$			
		Ensemble	$32^{m}90$			
406	75	pesant $2^{k},804$ le mètre		92.120	0.32	29.47
406	73	Fourni 5 ancres en fer carré de 0.027 de 0.60 de longueur, pesant		17.050	0.24	4.09
		1er Étage (*fig.* 222).				
		Façade sur rue.				
		Fourni 4 linteaux à 2 lames **I** 0.10 de $1^{m},65$ de longueur, assemblés avec boulons, pesant	$119^{k}000$			
		Mur de refend parallèle à la façade.				
		Fourni 2 linteaux à 2 lames **I** 0.08 de 1.25 de longueur, assemblés avec boulons, pesant	36.000			
		Murs de refend perpendiculaires.				
		Fourni 2 linteaux à 2 lames **I** 0.08 de 1.25 de longueur, assemblés avec boulons, pesant	36.000			
A		*Façade sur cour.*				
		Croisées des salles à manger.				
		Fourni 2 linteaux à 2 lames **I** 0.10 de 1.60 de longueur, assemblés avec boulons, pesant	$58^{k}000$			
		Baies des W.-C. et cuisines.				
		Fourni 2 linteaux à 2 lames **I** 0.10 de 2.10 de longueur, assemblés avec boulons, pesant	77.000			
		Croisée de l'escalier.				
		Fourni un linteau à 2 lames **I** 0.10 de 1.70 de longueur, assemblé avec boulons, pesant	31.000			
407	89	Ensemble		$357^{k}000$	0.32	114.24
		Pan de fer de l'escalier.				
		Fourni 2 sablières à 2 lames en fer à **I** de 0.12 de $3^{m},60$ de longueur, assemblées chacune par 4 boulons et fourrures et garnies aux extrémités de 2 tirants en fer de 0.040 × 0.007 de 0.80 développé,				
		2 poteaux composés chacun de 2 lames **I** 0.12 de $2^{m},91$ et d'une âme **I** 0 08 de $3^{m},03$ de longueur assemblés par 6 boulons et 2				

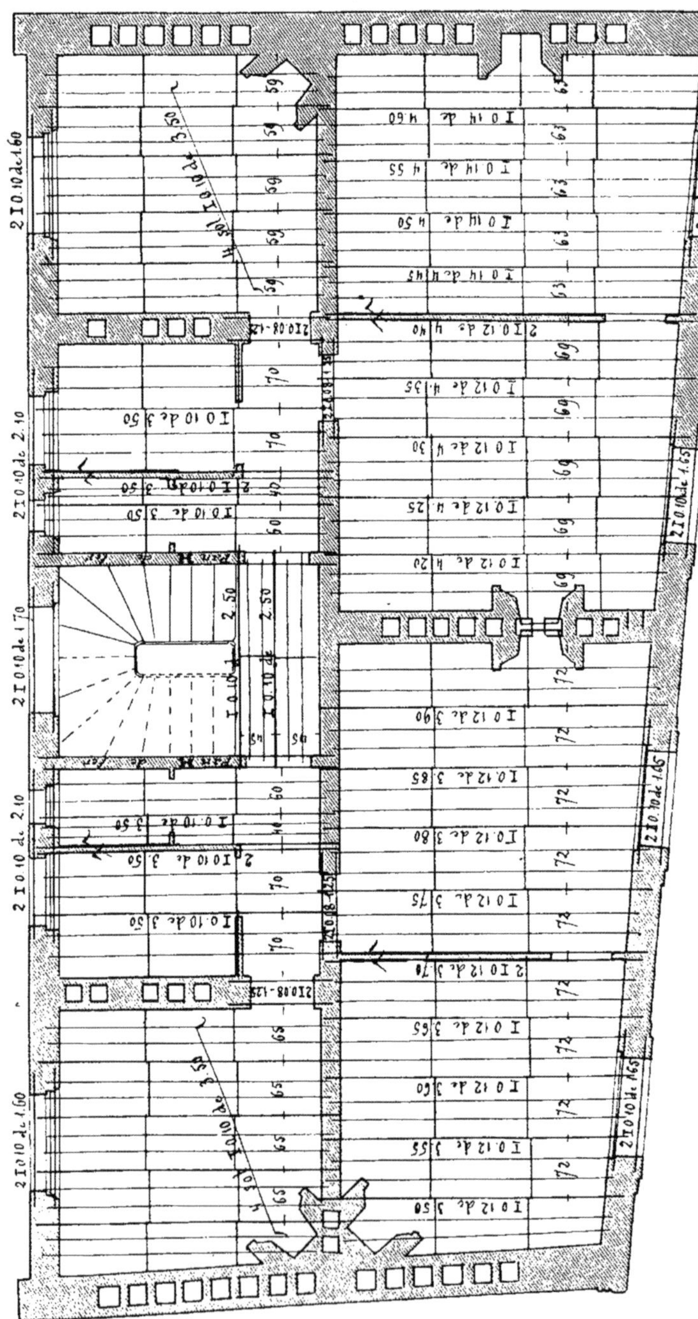

Fig. 222. — Plancher haut des étages.

SÉRIE PAGES	SÉRIE Nos				
407	85	éclisses en fer de 0.060 × 0.009 de 1m,00 de longueur, fixées avec boulons, pesant.......	302.000	0.43	129.86
406	73	Pour les sablières, fourni 4 ancres en fer carré de 0.027 de 0.60 de longueur, pesant..	136k040	0.24	3.27
		Plancher.			
		Travée de gauche sur rue.			
407	90	Sous la cloison, fourni un filet à 2 lames I 0.12 de 3m,70 de longueur, assemblé avec boulons et garni aux extrémités de 2 tirants en fer de 0.040 × 0.007 de 0.70 développé fixées avec boulons, pesant................	79.000	0.33	26.07
406	73	Fourni 2 ancres en fer carré de 0.027 de 0.60 de longueur, pesant.................	6.820	0.24	1.63
406	81	Fourni 8 solives en fer à I 0.12 de 3m,70 réduit de longueur, pesant................	296.000	0.27	79.92
		Travée de droite.			
407	90	Sous la cloison, fourni un filet à 2 lames I 0.12 de 4.40 de longueur, assemblé avec boulons et garni aux extrémités de 2 tirants *idem*, pesant................................	93k000	0.33	30.69
406	73	Fourni 2 ancres en fer carré de 0.027 de 0.60 de longueur, pesant..................	6.820	0.24	1.63
406	81	Fourni 4 solives I 0.12 de 4.30 réduit de longueur, pesant.........................	172.000	0.27	46.44
406	81	Fourni 4 solives I 0.14 de 4.50 réduit de longueur, pesant.........................	234.000	0.27	63.18
406	75	Fourni 50 entretoises en fer carré de 0.014 dont 40 de 1.05 et 10 de 0.95 développé, pesant.	78.700	0.32	25.18
406	72	Fourni 40 fentons de 0.009 dont 20 de 3.70 et 20 de 4.40 réduit de longueur, pesant....	102.200	0.20	20.44
		Travées sur cour.			
407	89	Sous les cloisons, fourni 2 filets à 2 lames I 0.10 de 3m,50 de longueur, assemblés avec boulons, pesant..............................	126.000	0.32	40.32
		Fourni 12 solives I 0.10 de 3m,50 de longueur, pesant.................. 306k000			
		Palier de l'escalier.			
		Fourni 2 solives I 0.10 de 2m,50 de longueur, pesant............. 44k000			
406	81	Ensemble......................	350.000	0.27	94.50
406	75	Fourni 38 entretoises en fer carré de 0.014 dont 8 de 1m,00, 12 de 0.95, 10 de 0.90, 2 de 0.85, 2 de 0.70 et 4 de 0.65 développé, pesant.	52.100	0.32	16.67
406	72	Fourni 40 fentons 0.009 dont 36 de 3m,50 et 4 de 2m,50 de longueur, pesant..........	85.820	0.20	17.16
406	73	Fourni 32k,000 de semelles et cales coupées.	32.000	0.24	7.68
		Fourni un chaînage en fer de 0.040 × 0.009.			
		En façade.			
		1 cours de...................... 14m85			
		Mur de refend parallèle.			
		1 cours de...................... 14.90			
		A reporter................ 29.75			

SÉRIE PAGES	SÉRIE Nos				
		Report.................. 29.75			
		Façade sur cour.			
		1 cours de...................... 15.05			
		Mur mitoyen de gauche.			
		1 cours de...................... 7.10			
		Mur mitoyen de droite.			
		1 cours de...................... 8.45			
		Murs de refend perpendiculaires.			
		1 cours de...................... 4.25			
		2 cours de 3m,65, ensemble....... 7.30			
		Ensemble................ 71.90			
		1/7 en plus pour développement des œils, bagues et talons............. 10.25			
		Ensemble.............. 82m15			
406	75	pesant 2k,804, le mètre....................	230.350	0.32	73.71
406	73	Fourni 16 ancres en fer carré de 0.027 de 0.60 de longueur, pesant..................	54.576	0.24	13.09
		2e Etage.			
		Linteaux, plancher et chainage en tout semblables aux accolades A et B...........	»	»	672.55
		Pan de fer de l'escalier.			
		Fourni 2 sablières à 2 lames en fer à I 0.12 de 3m,60 de longueur, assemblées chacune par 4 boulons et fourrures et garnies aux extrémités de 2 tirants en fer de 0.040 × 0.007 de 0.80 développé,			
		2 poteaux composés chacun de 2 lames I 0.12 de 2.76 et d'une âme I 0.08 de 2m,88 de longueur, assemblés par 6 boulons et 2 éclisses en fer de 0.060 × 0.009 de 1.00 de			
407	85	longueur, fixées avec boulons, pesant.......	297k000	0.43	127.71
406	73	Pour les sablières, fourni 4 ancres en fer carré de 0.027 de 0.60 de longueur, pesant..	13.640	0.24	3.27
		3e Étage.			
		Semblable au 2e étage..................	1	»	803.53
		4e Etage.			
		Façade sur rue.			
		Fourni 4 linteaux à 2 lames I 0.08 de 1.65 de longueur, assemblés avec boulons, pesant........................... 93k000			
		Mur de refend parallèle à la façade.			
		Fourni 2 linteaux à 2 lames I 0.08 de 1.25 de longueur, assemblés avec boulons, pesant................. 36.000			
		A reporter............ 129.000			

B

SÉRIE PAGES	Nos					
		Report	129.000			
		Murs de refend perpendiculaires.				
		Fourni 2 linteaux à 2 lames I 0.08 de 1.25 de longueur, assemblés avec boulons, pesant	36.000			
		Façade sur cour.				
		Croisées des salles à manger.				
		Fourni 2 linteaux à 2 lames I 0.08 de 1.60 de longueur, assemblés avec boulons, pesant	45.000			
		Baies des W.-C. et cuisines.				
		Fourni 2 linteaux à 2 lames I 0.08 de 2.10 de longueur, assemblés avec boulons, pesant	57^k000			
		Croisée de l'escalier.				
		Fourni 1 linteau à 2 lames I 0.08 de 1.70 de longueur, assemblé avec boulons, pesant	25^k000			
407	89	Ensemble		292^k000	0.32	93.44
		Pan de fer de l'escalier.				
		Fourni 2 sablières à 2 lames en fer à I de 0.10 de 3^m,60 de longueur, assemblées chacune par 4 boulons et fourrures et garnies aux extrémités de 2 tirants en fer de 0.040 × 0.007 de 0.80 développé,				
407	85	2 poteaux composés chacun de 2 lames I 0.10 de 2.93 et une âme I 0.08 de 3^m,03 de longueur, assemblés par 6 boulons, pesant		261.000	0.43	112.23
406	73	Pour les sablières, fourni 4 ancres en fer carré de 0.027 de 0.60 de longueur, pesant		13.640	0.24	3.27
406	73	Fourni 15^k,000 de semelles et cales coupées.		15.000	0.24	3.60
		Fourni un chaînage en fer de 0.040×0.009.				
		En façade.				
		1 cours de	14^m85			
		Mur de refend parallèle.				
		1 cours de	14.90			
		Façade sur cour.				
		1 cours de	15.05			
		Mur mitoyen de gauche.				
		1 cours de	7.10			
		Mur mitoyen de droite.				
		1 cours de	8.45			
		Murs de refend perpendiculaires.				
		1 cours de	4.25			
		2 cours de 3^m,65, ensemble	7.30			
		Ensemble	71^m90			
		1/7 en plus pour le développement des œils, bagues et talons	10.25			
		Ensemble	82^m15			
406	75	pesant 2^k,804 le mètre		230.350	0.32	73.71

SÉRIE PAGES	SÉRIE Nos				
406	73	Fourni 16 ancres en fer carré de 0.027 de 0,60 de longueur, pesant..................	54.576	0.24	13.09
		Pour les solives du faux plancher, fourni 8 tirants en fer de 0.040 × 0.007 de 0.70 développé fixés avec clous, pesant...... 12k400			
406	73	Fourni 8 ancres en fer carré de 0.027 de 0.60 de longueur, pesant... »	27.290	0.24	6.54
		Fourni 6 plates-bandes en fer de 0.040 × 0.007 de 0.80 de longueur fixées avec clous, pesant.......... 10.600			
		Pour les fermes fourni 8 tirants en fer de 0.040 × 0.007 de 0.70 développé, fixés avec clous, pesant...... 12.400			
406	73	Fourni 8 ancres en fer carré de 0.027 de 0.60 de longueur, pesant... »	27.290	0.24	6.54
		Pour les pannes et faitage fourni 6 tirants en fer de 0.040 × 0.007 de 0.70 développé, fixés avec clous, pesant.......................... 9.300			
406	73	Fourni 6 ancres en fer carré de 0.027 de 0.60 de longueur, pesant... »	20.470	0.24	4.91
		Fourni 10 plates-bandes en fer de 0.040 × 0.007 de 0.60 de longueur fixées avec clous, pesant.......... 13.400			
		Pour les poinçons fourni 8 équerres en fer de 0.040 × 0.007 de 0.60 développé, fixées avec clous, pesant.... 10k800			
406	75	Ensemble......................	68k900	0.32	22.04
406	73	Pour les cheminées, fourni 25 linteaux en fer carré de 0.025 de 1.00 de longueur, pesant.	121.875	0.24	29.25
		Trappe du grenier.			
435	1046	Fourni 2 paumelles doubles laminées de 0.11 et posées............................	2	0.80	1.60
447	1546	Fourni une serrure d'armoire polie à canon 1re qualité de 0.07 et posée.................	1	»	3.10
		4e Etage (*fig.* 223).			
		Logement de gauche. *Porte d'entrée.*			
431	883-885	Bâti. Fourni 7 pattes à scellement de 0.14 coudées et posées........................	7	0.30	2.10
435	1047	Ferré la porte. Fourni 3 paumelles doubles laminées de 0.14 et posées................	3	0.95	2.85
448	1580	Fourni une serrure de sûreté à 6 gorges bénarde 1re qualité de 0.14 et posée........	1	»	8.30
449	1599	Plus-value pour pêne à nervure et chanfrein à 32°..................................	1	»	0.25
421	527	Fourni un bouton rond de tirage en cuivre creux de 0.060 et posé.....................	1	»	1.90
		Porte des W.-C.			
431	883	Bâti. Fourni 3 pattes à scellement de 0.14 et posées..................................	3	0.25	0.75

C

D

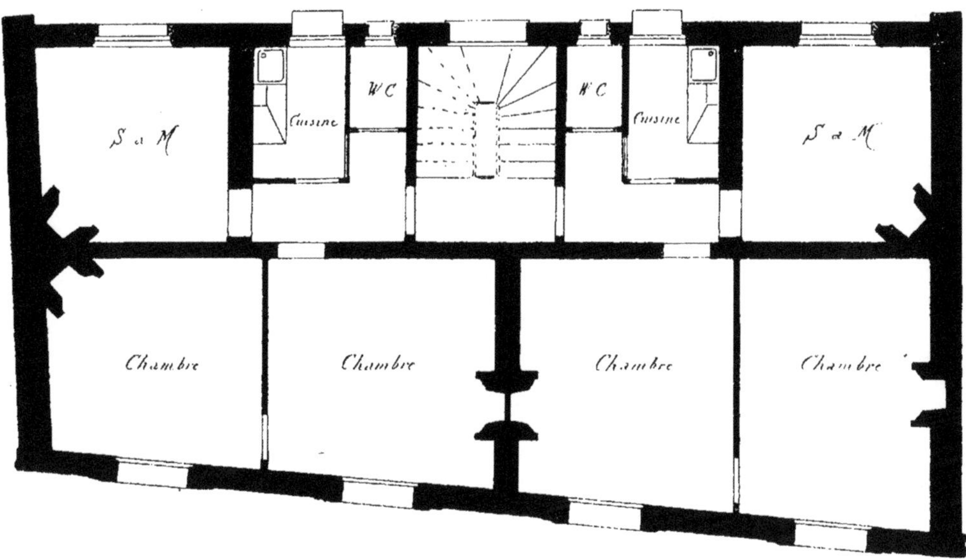

Fig. 223. — Plan des étages.

	SÉRIE PAGES	SÉRIE Nos				
D	439	1230	Fourni 3 plates-bandes en fer de 0.030 × 0.006 de 0.15 développé, coudées, entaillées et posées avec vis, ensemble	0.45	3.05	1.37
	435	1046	Ferré la porte. Fourni 3 paumelles doubles laminées de 0.11 et posées	3	0.80	2.40
	416	332	Fourni un bec-de-cane 1re qualité de 0.11 et posé	1	»	2.80
	417	344	Plus-value pour verrou de nuit	1	»	0.80
	420	477	Fourni 1 bouton double imitation ivoire ovale de 0.060	1	»	1.25
			Châssis.			
E	431	883	Fourni 5 pattes à scellement de 0.14 et posées	5	0.25	1.25
	435	1046	Fourni 2 paumelles doubles laminées de 0.11 et posées	2	0.80	1.60
	426	700	Fourni 4 équerres simples de 0.16 et posées.	4	0.15	0.60
	453	1749	Fourni une targette en fer 1/2 forte picolet rond de 0.040 et posée	1	»	0.85
			Cloison entre les W.-C. et la cuisine.			
	»	»	Fourni 2 tendeurs en fil de fer galvanisé n° 14 cordelés à 2 fils de chacun 1m,30 de longueur et posés, ensemble	2.60	0.35	0.91
	424	646	Fourni 2 pitons à vis de 0.06 et posés	2	0.15	0.30
	»	»	Fourni 2 pitons à scellement	2	0.25	0.50

	SÉRIE PAGES	SÉRIE Nos				
			Cloison entre la cuisine et l'antichambre.			
	»	»	Fourni 2 tendeurs en fil de fer cordelé *idem* de chacun 0.65 de longueur et posés, ensemble.	1.30	0.35	0.45
	424	646	Fourni 2 pitons à vis de 0.060 et posés....	2	0.15	0.30
	»	»	Fourni 2 pitons à scellement............	2	0.25	0.50
			Porte de la cuisine.			
F	435	1046	Fourni 3 paumelles doubles laminées de 0.11 et posées...........................	3	0.80	2.40
F	416	332	Fourni un bec-de-cane 1re qualité de 0.11 et posé..................................	1	»	2.80
F	420	477	Fourni un bouton double imitation ivoire ovale de 0.060........................	1	»	1.25
	406	75	Pour la hotte du fourneau, fourni un manteau composé d'une ceinture en fer carré de 0.020 de 2m,20, 2 barres de languette en même fer dont une de 1.60 et une de 0.60 et 2 tirants en fer carré de 0.014 de 1.15 développé, pesant.	17.200	0.32	5.50
			Armoire sous évier.			
G	435	1044	Fourni 2 paumelles doubles laminées de 0.08 et posées...........................	2	0.65	1.30
G	454	1787	Fourni une targette de sûreté en cuivre à pêne rond de 0.045 et posée..............	1	»	1.20
			Croisée.			
H	431	883	Fourni 7 pattes à scellement de 0.14 et posées.	7	0.25	1.75
H	435	1046	Fourni 6 paumelles doubles laminées de 0.11 et posées...........................	6	0.80	4.80
H	426	701	Fourni 8 équerres simples de 0.19 et posées.	8	0.20	1.60
H	425	664	Fourni une crémone D. P. de 0.018 et posée.	1	»	2.90
			Garde-manger.			
I	435	1044	Fourni 4 paumelles doubles laminées de 0.08 et posées...........................	4	0.65	2.60
I	445	1493	Fourni un ressort en acier avec mentonnet à vis et posé............................	1	»	0.70
I	454	1787	Fourni une targette de sûreté en cuivre à pêne rond de 0.045 et posée..............	1	»	1.20
			Porte de la salle à manger.			
J	431	883-885	Pour le bâti et le contre-bâti fourni 14 pattes à scellement de 0.14 coudées et posées......	14	0.30	4.20
J	445	1046	Ferré la porte. Fourni 3 paumelles doubles laminées de 0.11 et posées................	3	0.80	2.40
J	447	1559	Fourni une serrure à 2 pênes 1re qualité de 0.14 et posée..........................	1	»	4.95
J	420	477	Fourni un bouton double imitation ivoire ovale de 0.060........................	1	»	1.25
			Au plafond.			
K	454	1807 1810	Fourni un tirefond de suspension en fer blanchi à tige taraudée de 0.25 de longueur garni d'écrou et posé.....................	1	»	3.70
K	Estim	ation	Fourni un sommier en fer 0.040 × 0.009 de 0.70 de longueur percé d'un trou taraudé...	1	»	1.25

	SÉRIE PAGES	SÉRIE Nos				
			Croisée.			
			Semblable à l'accolade H................	1	»	11.05
	413	253	Fourni 1 balcon en fonte, modèle du commerce, pour baie de 1.10, pesant...........	18.000	0.34	6.12
			Porte de la chambre sur l'antichambre.			
	431	883 885	Pour le bâti et le contre-bâti, fourni 14 pattes à scellement de 0.14 coudées et posées......	14	0.30	4.20
			Ferré la porte semblable à l'accolade J....	1	»	8.60
			Croisée.			
L	431	883-885	Fourni 7 pattes à scellement de 0.14 coudées et posées..................................	7	0.30	2.10
L	445	1046	Fourni 6 paumelles doubles laminées de 0.11 et posées..........................	6	0.80	4.80
L	426	701	Fourni 8 équerres simples de 0.19 et posées.	8	0.20	1.60
L	425	664	Fourni une crémone D. P. de 0.018 et posée.	1	»	2.90
M	411	170	Fourni un balcon saillant en fonte, modèle du commerce, monté sur châssis en fer carré de 0.020 de 1.30 × 0.50, pesant...........	37.000	1.13	41.81
M	437	1155	Fourni une main-courante en fer à moulures 1/2 rond de 0.035 de 1m,50 développé, dressée et dégauchie......................	1.50	1.95	2.92
M	438	1167 1170	Fait 2 ajustements d'angle d'angle à double onglet..................................	2	1.15	2.30
M	436	1116 1122	Pour la fixer percé 6 trous fraisés........	6	0.12	0.72
M	436	1117 1123	Contre-percé 6 trous de 0.010 et taraudés.	6	0.22	1.32
M	459	2026	Fourni 6 vis à métaux de 0.015 et posées..	6	0.20	1.20
			Porte de communication des 2 chambres.			
	439	1230	Fourni 3 plates-bandes en fer de 0.030 × 0.006 de chacune 0.25 de longueur, avec patte élargie et à scellement fendu, entaillées et posées avec vis, ensemble...........	0.75	3.05	2.28
	»	»	Ferré la porte semblable à l'accolade J....	1	»	8.60
	»	»	Pour la cloison. Fourni 4 tendeurs en fil de fer cordelé *idem* de chacun 1.55 de longueur, ensemble..................................	6.20	0.35	2.17
	424	646	Fourni 6 pitons à vis de 0.06 et posés.....	6	0.15	0.90
	»	»	Fourni 6 pitons à scellement.............	6	0.25	1.50
			Croisée.			
			Semblable à l'accolade L.................	1	»	11.40
			Fourni 1 balcon saillant semblable à l'accolade M................................	1	»	50.27
			Logement de droite.			
			Porte d'entrée.			
			Semblable à l'accolade C.................	1	»	15.40
			Porte des W.-C.			
			Semblable à l'accolade D.................	1	»	9.37

SÉRIE PAGES	SÉRIE Nos				
		Châssis.			
		Semblable à l'accolade E................	1	»	4.30
		Cloison entre les W.-C. et la cuisine.			
»	»	Fourni 2 tendeurs en fil de fer cordelé *idem* de chacun 1.30 de longueur et posés, ensemble................................	2.60	0.35	0.91
424	646	Fourni 2 pitons à vis de 0.06 et posés......	2	0.15	0.30
»	»	Fourni 2 pitons à scellement.............	2	0.25	0.50
		Cloison entre la cuisine et l'antichambre.			
»	»	Fourni 2 tendeurs en fil de fer cordelé *idem* de chacun 0.65 de longueur et posés, ensemble................................	1.30	0.35	0.45
424	646	Fourni 2 pitons à vis de 0.06 et posés.....	2	0.15	0.30
»	»	Fourni 2 pitons à scellement.............	2	0.25	0.50
		Porte de la cuisine.			
		Semblable à l'accolade F.................	1	»	6.45
		Pour la hotte du fourneau, fourni un manteau en fer, semblable au précédent........	1	»	5.50
		Armoire sous évier.			
		Semblable à l'accolade G.................	1	»	2.50
		Croisée.			
		Semblable à l'accolade H.................	1	»	11.05
		Garde-manger.			
		Semblable à l'accolade I.................	1	»	4.50
		Porte de la salle à manger.			
431	883-885	Pour le bâti et le contre-bâti, fourni 14 pattes à scellement de 0.14 coudées et posées..................................	14	0.30	4.20
		Ferré la porte semblable à l'accolade J....	1	»	8.60
		Au plafond fourni un tirefond de suspension semblable à l'accolade K.............	1	»	4.95
		Croisée.			
		Semblable à l'accolade H.................	1	»	11.05
413	253	Fourni un balcon en fonte, modèle du commerce, pour baie de 1.10, pesant.......	18.000	0.34	6.12
		Porte de la chambre sur l'antichambre.			
431	883-885	Pour le bâti et le contre-bâti, fourni 14 pattes à scellement de 0.14 coudées et posées..................................	14	0.30	4.20
		Ferré la porte semblable à l'accolade J....	1	»	8.60
		Croisée.			
		Semblable à l'accolade L.................	1	»	11.40
		Fourni un balcon saillant semblable à l'accolade M................................	1	»	50.27

SÉRIE PAGES	SÉRIE Nos				
		Porte de communication des 2 chambres.			
439	1230	Bâti. Fourni 3 plates-bandes en fer de 0.030 × 0.006 de chacune 0.25 de longueur, à patte élargie et à scellement fendu, entaillées et posées avec vis, ensemble..................	0.75	3.05	2.28
		Ferré la porte semblable à l'accolade J...	1	»	8.60
»	»	Pour la cloison, fourni 4 tendeurs en fil de fer cordelé *idem* de chacun 1.20 de longueur et posés, ensemble..................	4.80	0.35	1.68
424	646	Fourni 6 pitons à vis de 0.06 et posés.....	6	0.15	0.90
»	»	Fourni 6 pitons à scellement............	6	0.25	1.50
		Croisée.			
		Semblable à l'accolade L................	1	»	11.40
		Fourni un balcon saillant semblable à l'accolade M................................	1	»	50.27
		Croisée de l'escalier.			
		Semblable à l'accolade L................	1	»	11.40
413	253	Fourni un balcon en fonte, modèle du commerce, pour baie de 1.20, pesant	19.500	0.34	6.63
		3e, 2e et 1er Étages.			
		En tout semblables au 4e étage...........	3	514.62	1543.86
		Escalier.			
440	1238	Pour le limon fourni 16 plates-bandes en fer de 0.041 × 0.007 de chacune 0.50 développé, cintrées et débillardées, entaillées et posées avec vis, ensemble..................	8.00	5.00	40.00
440	1263	Fourni une rampe à col de cygne, barreaux ronds de 0.018 avec rosaces et astragales en fonte, développant.......................	17.80	11.25	200.25
438	1180	Fourni un pilastre en fonte ornée de 0.081 de diamètre à la base et posé..............	1	»	14.50
419	425	Fourni une boule de rampe en cuivre de 0.100 (*fig.* 224) et posée....................	1	»	5.50
419	435	Plus-value pour sous-plaque............	1	»	2.30

Fig. 224.

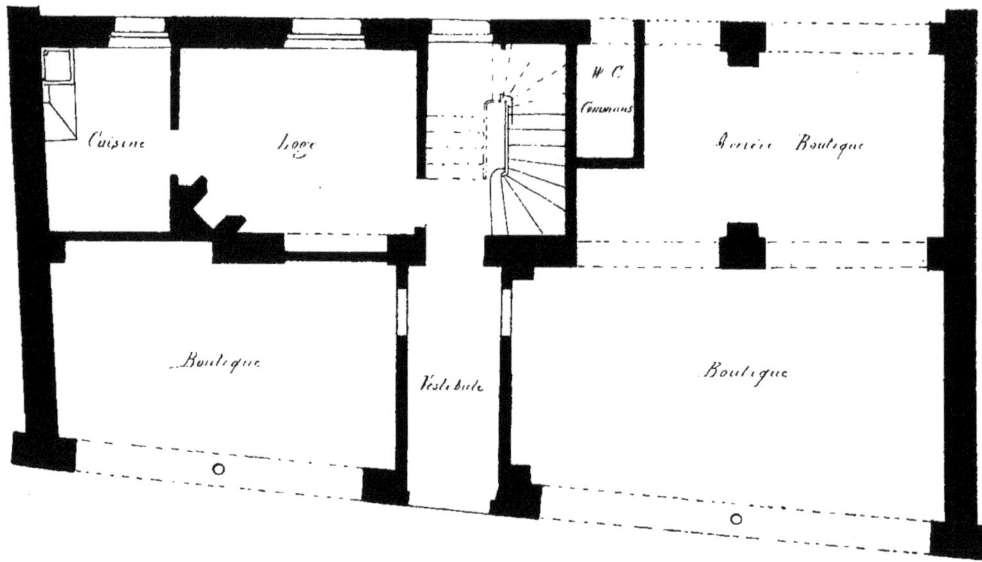

Fig. 225. — Plan du rez-de-chaussée.

SÉRIE PAGES	SÉRIE Nos				
		Rez-de-chaussée (*fig.* 225).			
		Porte de la loge.			
431	883-885	Bâti. Fourni 7 pattes à scellement de 0.14 coudées et posées........................	7	0.30	2.10
435	1048	Ferré la porte. Fourni 3 paumelles doubles laminées de 0.16 et posées................	3	1.10	3.30
426	715	Fourni 2 équerres doubles de façon à congé en fer de 0.030 × 0.006 de 1m,23 développé, entaillées et posées avec vis, valeur pour équerre simple de 0.20....................	2	1.85	3.70
426	719	Plus-value pour équerre double, la valeur de 0.20 doublée........................	2	1.85	3.70
426	716	Linéaire de branches en plus à chacune 0.83, ensemble........................	1.66	3.75	6.22
418	378	Fourni un bec-de-cane Gollot noir de 0.070 et posé................................	1	»	7.45
418	396	Fourni une béquille double manche buffle à garnitures nickelées....................	1	»	5.65
448	1580	Fourni une serrure pêne dormant de sûreté à 6 gorges bénarde 1re qualité de 0.14 (*fig.* 226) et posée...........................	1	»	8.30
		Croisée.			
		Semblable à l'accolade H................	1	»	11.05

Fig. 226.

SÉRIE PAGES	SÉRIE Nos				
414	266	Fourni une barre d'appui en fonte, modèle du commerce, pour baie de 1.10, pesant....	9k000	0.35	3.15
		Persienne.			
431	892	Fourni 4 paumelles simples à T de 0.19 avec gonds à scellement, entaillées et posées avec vis..	4	0.90	3.60
426	701	Fourni 8 équerres simples de 0.19 et posées.	8	0.20	1.60
429	821	Fourni un loqueteau à pompe, boîte fonte, mentonnet cuivre n° 4 et posé.............	1	»	0.75
416	314	Fourni 2 arrêts en fonte à anneau et paillette et posés...........................	2	0.85	1.70
425	685	Fourni un crochet rond de 0.11 garni (*fig.* 227) et posé............................	1	»	0.35

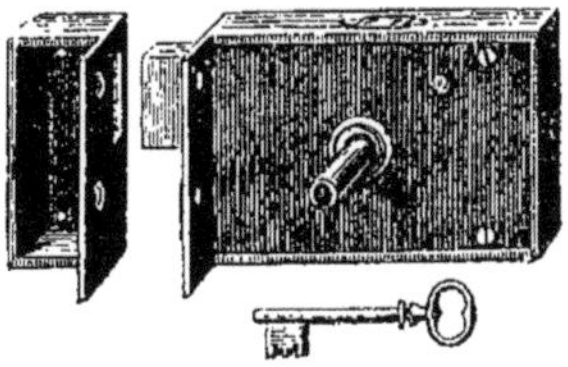

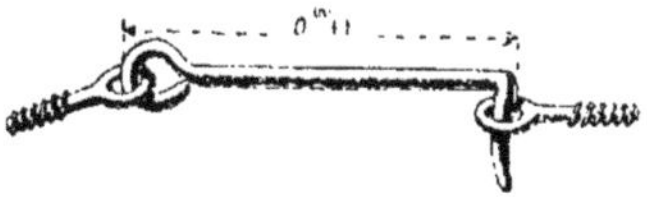

Fig. 227.

SÉRIE PAGES	SÉRIE Nos				
440	1242	Fourni une poignée à pattes de 0.11 et posée.	1	»	0.35
416	324	Fourni un battement droit à pointe et posé.	1	»	0.10
416	325	Fourni 2 battements coudés et posés......	2	0.15	0.30
437	1126	Percé 3 trous de chacun 0.05 de profondeur et tamponnés, ensemble..............	0.15	5.00	0.75
		Au plafond de la loge, fourni un tirefond de suspension en tout semblable à l'accolade K..................................	1	»	4.95
		Porte de la cuisine.			
		Semblable à l'accolade F................	1	»	6.45
431	883-885	Bâti. Fourni 3 pattes à scellement de 0.14 coudées et posées......................	3	0.30	0.90
»	»	Pour la cloison, fourni 2 tendeurs en fil de fer cordelés *idem* de 1m,30 de longueur, ensemble..................................	2.60	0.35	0.91
424	646	Fourni 2 pitons à vis de 0.06 et posés.....	2	0.15	0.30
»	»	Fourni 2 pitons à scellement............	2	0.25	0.50
		Pour la hotte du fourneau, fourni un manteau en fer semblable aux précédents.....	1	»	5.50

SÉRIE PAGES	SÉRIE N°s				
		Armoire sous évier.			
		Semblable à l'accolade G................	1	»	2.50
		Croisée.			
		Semblable à l'accolade H................	1	»	11.05
414	266	Fourni une barre d'appui en fonte, modèle du commerce, pour baie de 0.80, pesant....	7.000	0.35	2.45
		Persienne.			
		Semblable à l'accolade N................	1	»	9.50
		Porte du vestibule sur cour.			
431	883	Bâti. Fourni 7 pattes à scellement de 0.14 et posées..................................	7	0.25	1.75
435	1049	Ferré la porte. Fourni 3 paumelles doubles laminées de 0.19 et posées................	3	1.30	3.90
426	715	Fourni 2 équerres doubles fortes de façon à congé en fer de 0.030 × 0.006 de 1.37 développé, entaillées et posées, valeur pour équerre simple de 0.20....................	2	1.85	3.70
426	719	Plus-value pour équerre double, la valeur de 0.20 doublée..........................	2	1.85	3.70
426	716	Linéaire de branches en plus à chacune 0.97, ensemble..........................	1.94	3.75	7.27
418	378	Fourni un bec-de-cane Gollot noir de 0.070 et posé..................................	1	»	7.45
418	396	Fourni une béquille double manche buffle à garnitures nickelées....................	1	»	5.65
		Porte des W.-C. communs.			
439	1206	Fourni un pivot à équerre et à boule de 0.35 de branche (*fig.* 228), entaillé et posé....	1	»	4.55
439	1217	Fourni une crapaudine à boule et à scellement (*fig.* 229).........................	1	»	2.75
433	963	Fourni une paumelle double à boules, broche bague fer, de 0.19 (*fig.* 230) et posée........	1	»	2.05
429	811	Fourni un loquet en fer renforcé de 0.40 de longueur (*fig.* 231) et posé.................	1	»	2.70
430	859	Fourni un mentonnet à scellement.......	1	»	0.30
453	1750	Fourni une targette 1/2 forte picolet rond de 0.048 et posée........................	1	»	0.90

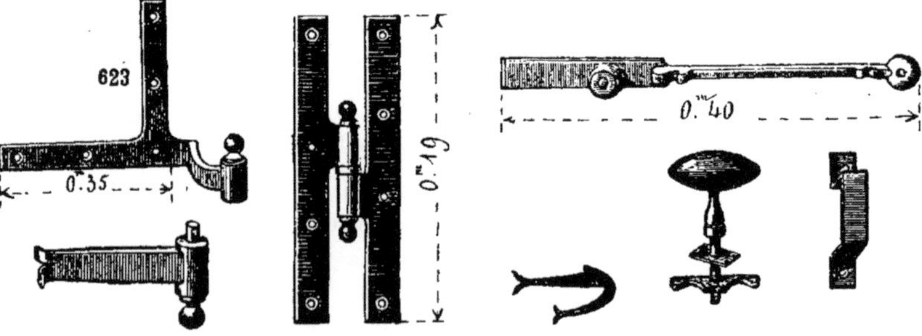

Fig. 228 à 231.

SÉRIE PAGES	N°s				
428	778	Fourni une gâche platine à empênage.....	1	»	0.60
»	»	Fourni 2 tiges à scellement faites exprès, épaulées et rivées........................	2	0.50	1.00
		Soupiraux sur cour.			
411	173	Fourni 5 plaques en tôle de 0.003 de 0.53 × 0.20, pesant..........................	12.000	0.26	3.12
411	174	Planage..................................	0.53	6.00	3.18
411	175	Dressement des rives au burin et à la lime.	7.30	1.00	7.30
411	176	Percé dans chaque plaque 56 trous d'aération, ensemble..........................	280	0.05	14.00
436	1116 1122	Pour les fixer, percé 30 trous fraisés......	30	0.12	3.60
459	2001	Fourni 30 vis à bois 0.030 et posées.......	30	0.043	1.29
437	1126	Percé 30 trous de chacun 0.04 et tamponnés, ensemble................................	1.20	5.00	6.00
		Porte d'entrée de la maison.			
431	887	Bâti. Fourni 9 pattes à scellement faites exprès en fer de 0.040 × 0.009 de 0.20 de longueur, entaillées et posées..............	9	0.75	6.75
434	1010	Ferré la porte. Fourni 6 paumelles doubles à nœuds bouchés renforcées de façon en fer blanchi de 0.30 et posées..................	6	3.80	22.80
426	717	Fourni 4 équerres doubles fortes de façon à congé en fer de 0.035 × 0.007 de 1.20 développé, entaillées et posées avec vis, valeur pour équerre simple de 0.20...............	4	2.05	8.20
426	719	Plus-value pour équerre double, la valeur de 0.20 doublée..........................	4	2.05	8.20
426	718	Linéaire de branches en plus à chacune 0.80, ensemble...........................	3.20	4.60	14.72
425	678	Fourni une crémone à tringle ronde de 0.022 fermant à clef et posée..............	1	»	17.85
428	778	Dans le bas, fourni une gâche platine à empênage et posée......................	1	»	0.60
»	»	Fait l'entaille de ladite dans la pierre dure.	1	»	0.50
437	1126	Percé 4 trous de 0.04 et tamponnés, ensemble...................................	0.16	5.00	0.80
505	70	Fourni une serrure de cordon à 1/2 tour encloisonnée (*fig.* 232) et posée............	1	»	8.20
421	529	Fourni 2 boutons ronds de tirage en cuivre creux de 0.080 de diamètre et posés.......	2	3.25	6.50

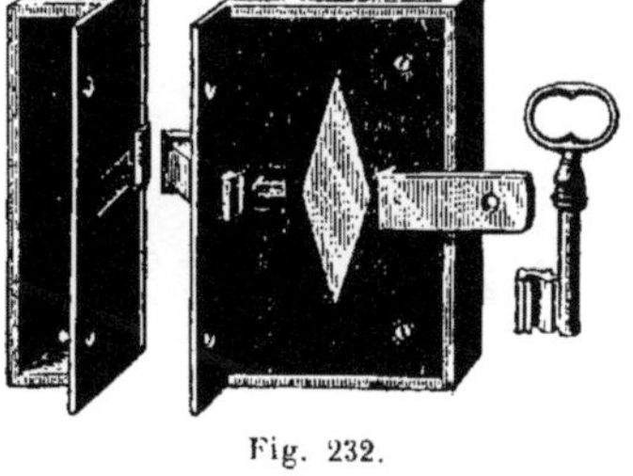

Fig. 232.

SÉRIE PAGES	SÉRIE Nos				
		Soupiraux sur la rue.			
411	173	Fourni 4 plaques en tôle de 0.003 de chacune 0.30 × 0.15, pesant........................	4k200	0.26	1.09
411	174	Planage	0.18	6.00	1.08
411	175	Dressement des rives au burin et à la lime.	3.60	1.00	3.60
411	176	Percé dans chaque plaque 42 trous d'aération, ensemble...........................	168	0.05	8.40
436	1116 1122	Pour les fixer, percé 24 trous fraisés......	24	0.12	3.60
459	2001	Fourni 24 vis à bois de 0.030 et posées....	24	0.043	1.03
437	1126	Percé 24 trous de chacun 0.04 et tamponnés, ensemble................................	0.96	5.00	4.80
		Boutique de gauche.			
		Devanture.			
431	889	Pour les poteaux des caissons, fourni 16 pattes à scellement faites exprès en fer de 0.035 × 0.007 de 0.18 de longueur, entaillées et posées avec vis........................	16	0.60	9.60
409	136	Pour le tableau, fourni 5 supports forgés en fer méplat de 0.040 × 0.009 de 0.50 de longueur avec branche en fer carré de 0.025 de 0.42 de longueur, encollée et soudée à congé et à scellement fendu, pesant..............	17.250	0.60	10.35
437	1117 1123	Pour fixer le tableau sur lesdits, percé 25 trous de 0.009 et taraudés.................	25	0.22	5.50
459	2031	Fourni 25 vis à métaux de 0.040 et posées.	25	0.35	8.75
431	889	Dans le bas fourni 6 pattes à goujon faites exprès de 0.16 de longueur (*fig.* 233) entaillées et posées................................	6	0.60	3.60

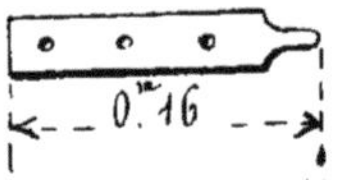

0m16

Fig. 233.

SÉRIE PAGES	SÉRIE Nos				
65 437	1722 1125	Percé 6 trous de chacun 0.03 de profondeur dans la pierre dure (taille n° 2), ensemble...	0.18	19.02	2.42
		Ferré 2 volets de caisson.			
		Détail d'un :			
435	1046	Fourni 3 paumelles doubles laminées de 0.11 et posées............................	3	0.80	2.40

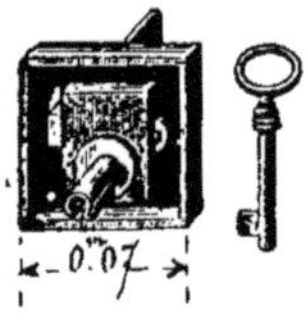

0m07

Fig. 234.

SÉRIE PAGES	Nos				
Estim	ation	Fourni une serrure de caisson à mentonnet encloisonnée 1re qualité de 0.07 (*fig.* 234) et posée....................................	1	»	4.50
»	»	Fourni une gâche faite exprès en fer méplat de 0.025 × 0.009 de 0.18 développé avec pattes coudées, entaillée et posée avec vis...	1	»	1.00
		L'autre volet de caisson semblable........	1	»	7.90
		Porte d'entrée de la boutique :			
435	1056	Fourni 3 paumelles doubles renforcées à gros nœuds, noires, façon picarde de 0.19 entaillées et posées avec vis...............	3	1.75	5.25
Estim	ation	Fait l'encastrement des nœuds à la gouje dans le poteau..........................	3	0.35	1.05
426	717	Fourni 2 équerres doubles de façon à congé en fer de 0.035 × 0.007 de 1.45 développé, entaillées et posées avec vis, valeur pour équerre simple de 0.20....................	2	2.05	4.10
426	719	Plus-value pour équerres doubles, la valeur de 0.20 doublée..........................	2	2.05	4.10
426	718	Linéaire de branches en plus à chacune 1m,05, ensemble.........................	2.10	4.60	9.66
418	378	Fourni un bec-de-cane Gollot noir 0.070 et posé..	1	»	7.45
418	396	Fourni une béquille double manche buffle garnitures nickelées......................	1	»	5.65
Ana 428	logie 790	Fourni une gâche platine de façon à empênage entaillée et posée avec vis............	1	»	1.00

Fig. 235.

SÉRIE PAGES	Nos				
447	1553	Fourni une serrure à pêne dormant de sûreté 1re qualité de 0.14 (*fig.* 235) et posée..	1	»	7.35
Ana 428	logie 791	Fourni une gâche platine de façon à empênage, entaillée et posée avec vis..........	1	»	1.10
		Imposte.			
		Châssis à soufflet.			
435	1046	Fourni 2 paumelles doubles laminées de 0.11 et posées..............................	2	0.80	1.60
426	701	Fourni 4 équerres simples de 0.19 et posées.	4	0.20	0.80
424	657	Fourni un col de cygne en fer à patte en T (*fig.* 236) et posé...........................	1	»	0.75
455	1858	Fourni 2 ressorts de renvoi à paillette (*fig.* 237) et posés............................	2	0.60	1.20

SÉRIE PAGES	N°s				
Estim	ation	Fourni 2 arrêts en fer à quart de cercle avec talon et patte coudée, entaillés et posés.....	2	1.50	3.00
428	800	Fourni une poulie à pivot en cuivre n° 3 de 0.023 de diamètre (*fig.* 238) et posée.........	1	»	2.50

P

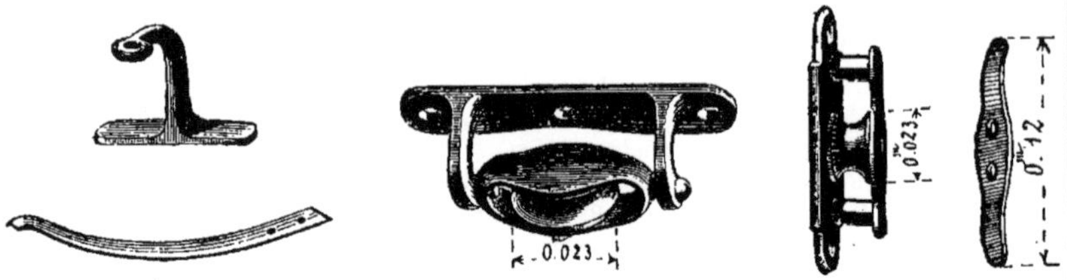

Fig. 236 à 240.

428	800	Fourni une poulie de renvoi tout cuivre à plat n° 3 (*fig.* 239) et posée................	1	»	1.70
446	1494	Fourni 2m,50 de corde septain de 0.005 et posé..................................	2.50	0.30	0.75
415	310	Fourni un arrêt à feuille de sauge en cuivre de 0.12 (*fig.* 240) et posé..................	1	»	0.70
		Fermeture en fer.			
Tarif	Jomain	Fourni une fermeture en fer instantanée à contrepoids différentiels (*fig.* 241) de 4m,60 × 2m,10, soit en superficie................	9.66	13.50	130.41
		Valeur du mécanisme avec contrepoids...	1	»	386.00
		Fourni 2 grilles de soubassement.			
		Détail d'une :			
455	1816	Ladite composée de 2 traverses en fer méplat de 0.020 × 0.007 de chacune 0.85 de longueur, dressées et dégauchies, ensemble.	1.70	0.75	1.27
412	229	Aux extrémités fait 4 arasements droits...	4	0.056	0.22
436	1116 1122	Pour les fixer, percé 16 trous fraisés......	16	0.12	1.92
459	2001	Fourni 16 vis à bois de 0.030 et posées.....	16	0.043	0.68
455	1818	Fourni 5 barreaux en fer rond de 0.016 de chacun 0.30 de longueur, coupés et dressés, ensemble..................................	1.50	1.25	1.87
455	1826	Fait 10 ajustements à goujons brasés et rivés.	10	0.90	9.00
Estim	ation	Fourni 10 embases en fonte et ajustées....	10	0.40	4.00
»	»	Fourni 5 astragales en fonte et ajustées...	5	0.25	1.25
		L'autre grille semblable.................	1	»	20.21
		Porte de la boutique sur le vestibule.			
		Semblable à l'accolade C................	1	»	15.40
		Boutique de droite.			
431	886	Pour les poteaux des caissons fourni 16 pattes à scellement faites exprès en fer de 0.035 × 0.007 de 0.18 de longueur, entaillées et posées avec vis........................	18	0.60	10.80

Q

Fig. 241.

SÉRIE PAGES	SÉRIE Nos				
409	136	Pour le tableau, fourni 6 supports forgés en fer méplat de 0.040 × 0.009 de 0.50 de longueur avec branche en fer carré de 0.025 de 0.42 de longueur, encollée et soudée et à scellement fendu, pesant....................	20k700	0.60	12.42
437	1117 1123	Pour fixer le tableau sur lesdits, percé 30 trous de 0.009 et taraudés...............	30	0.22	6.60
459	2031	Fourni 30 vis à métaux de 0.040 et posées..	30	0.35	10.50
431	889	Dans le bas, fourni 7 pattes à goujons faites exprès de 0.16 de longueur, entaillées et posées	7	0.60	4.20
65 437	1722 1125	Percé 7 trous de chacun 0.03 de profondeur dans la pierre dure (taille n° 2), ensemble...	0.21	19.02	3.99
		Ferré 2 volets de caisson semblables à l'accolade O...........................	2	7.90	15.80

SÉRIE PAGES	N°s				
		Porte d'entrée de la boutique.			
		Semblable à l'accolade P................	1	»	59.31
		Fermeture en fer.			
Tarif	Jomain	Fourni une fermeture en fer instantanée à contrepoids différentiels de 6.05 × 2m,40, soit en superficie........................	14.52	13.50	196.02
		Valeur du mécanisme avec contrepoids...	1	»	447.00
		Fourni 2 grilles de soubassement semblables à l'accolade Q...........................	2	20.21	40.42
		Porte de la boutique sur le vestibule.			
		Semblable à l'accolade C................	1	»	15.40
		Porte à 2 vantaux de l'arrière-boutique sur la cour.			
431	883	Bâti. Fourni 7 pattes à scellement de 0.14 et posées..................................	7	0.25	1.75
435	1048	Ferré la porte. Fourni 6 paumelles doubles laminées de 0.16 et posées................	6	1.10	6.60
426	715	Fourni 4 équerres doubles de façon à congé en fer de 0.030 × 0.006 de 1.15 développé entaillées et posées, valeur pour équerre simple de 0.20..........................	4	1.85	7.40
426	719	Plus-value pour équerres doubles, la valeur de 0.20 doublée.........................	4	1.85	7.40
426	716	Linéaire de branches en plus à chacune 0.75, ensemble.........................	3.00	3.75	11.25
457	1902	Fourni 2 verrous à tige 1/2 ronde boîte fonte de 0.032 (*fig.* 242) dont un de 0.40 et un de 0.60 de longueur et posés, valeur pour 0.40.	2	2.35	4.70
		 32 m/m Fig. 242.			
457	1903	Tige en plus...........................	0.20	1.50	0.30
457	1904	Fourni 2 conduits à pattes et posés.......	2	0.40	0.80

SÉRIE PAGES	Nos				
428	784	Fourni une gâche à pattes renforcée et posée	1	»	0.60
428	778	Fourni une gâche platine à empênage et posée	1	»	0.60
Estim	ation	Fait l'entaille de ladite dans la pierre dure..	1	»	0.50
437	1126	Percé 2 trous de chacun 0.04 et tamponnés, ensemble	0.08	5.00	0.40
448	1582	Fourni une serrure de sûreté à 6 gorges bénarde à foliot 1re qualité de 0.14 et posée.	1	»	10.20
448	1599	Plus-value pour pêne à nervure et chanfrein à 32°	1	»	0.25
420	477	Fourni un bouton double imitation ivoire ovale de 0 060	1	»	1.25
437	1155	Fourni 4 petits bois en fer à moulures de 0.035 de chacun 1.15 de longueur, dressés et dégauchis, ensemble	4.60	1.95	8.97
438	1164	Fourni 8 pattes en T bien faites en fer entaillées et posées avec vis	8	1.55	12.40
437	1150	Percé 12 trous de vitrage	12	0.05	0.60
		Châssis vitré de l'arrière-boutique sur la cour.			
431	883	Fourni 8 pattes à scellement de 0.14 et posées	8	0.25	2.00
		Fourni 15 petits bois en fer à moulures de 0.035 de chacun 1.15 de longueur, ensemble ... 17.25			
		2 traverses en même fer de chacune 0.16, ensemble ... 0.32			
437	1155	Ensemble	17.55	1.95	34.22
438	1164	Fourni 32 pattes en T bien faites, entaillées et posées	32	1.55	49.60
438	1167 1170	Fait 2 ajustements simples à tenon et mortaise	2	1.05	2.10
437	1150	Percé 45 trous de vitrage	45	0.05	2.25
455	1833	Fourni 2 vasistas en fer rainé de 0.014 de chacun 0.60 × 0.15, soit en développé	3.00	2.45	7.35
455	1838	Valeur des 4 assemblages dudit, compris traverse mobile et pose	2	5.70	11.40
455	1840	Fourni 4 paumelles doubles à boules, ajustées et posées sur fer	4	1.60	6.40
455	1853	Fourni 2 loqueteaux en cuivre renforcés de 0.070 posés sur fer	2	3.25	6.50
436	1116 1123	Pour fixer les mentonnets sur fer, percé 4 trous et taraudés	4	0.16	0.64
459	2025	Fourni 4 vis à métaux et posées	4	0.20	0.80
502	22	Fourni 2 esses de façon en fil de fer (*fig.* 243).	2	0.20	0.40

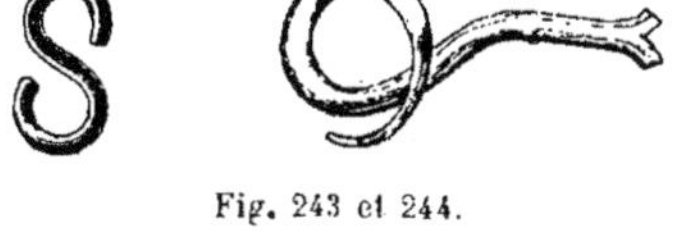

Fig. 243 et 244.

SÉRIE PAGES	N^os				
446	1494	Fourni 2 tirages en corde septain de 0.005 de chacun 1.00 de longueur, ensemble......	2.00	0.30	0.60
Estim	ation	Fourni 2 glands en buis tournés..........	2	0.50	1.00
		Porte de descente de cave.			
431	883	Bâti. Fourni 3 pattes à scellement de 0.14 et posées..............................	3	0.25	0.75
435	1047	Ferré la porte. Fourni 3 paumelles doubles laminées de 0.14 et posées................	3	0.95	2.85
416	332	Fourni un bec-de-cane 1re qualité de 0.11 et posé..................................	1	»	2.80
420	477	Fourni un bouton double imitation ivoire ovale de 0.060............................	1	»	1.25
Estim	ation	Pour la descente des fûts, fourni un crochet forgé en fer rond de 0.030 de 0.60 développé étiré, cintré en corne de bélier et à scellement fendu (*fig.* 244).........................	1	»	6.50
		Caves (*fig.* 245).			
		Porte des postes d'eau.			
436	1104	Fourni 2 pentures à collet élargi de 0.70 et posées...............................	2	2.15	4.30
429	809	Fourni 2 gonds à patte et posés..........	2	1.20	2.40
447	1548	Fourni une serrure à pêne dormant noire 1re qualité de 0.14 et posée................	1	»	4.20
447	1551	Plus-value pour faux-fond en cuivre et clef en chiffre...............................	1	»	2.20

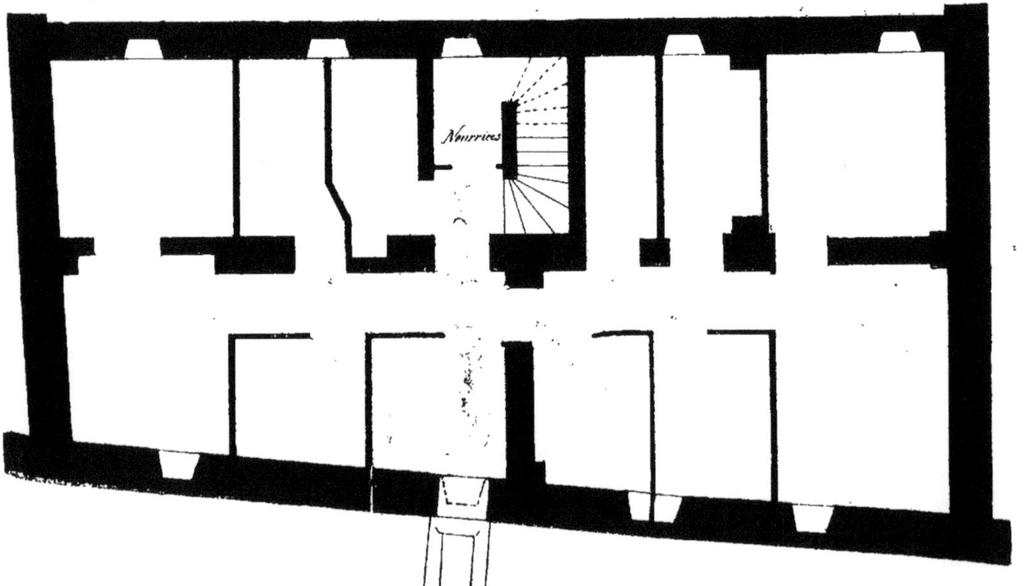

Fig. 245. — Plan des caves.

SÉRIE PAGES	N°s				
428	791	Fourni une gâche à pattes et posée.......	1	»	1.10
416	324	Fourni 2 battements à pointe et posés....	2	0.10	0.20
»	»	Ferré 4 portes de cave en tout semblables à la précédente............................	4	14.40	57.60
		Ferré 8 autres portes de cave.			
		Détail d'une :			
436	1104	Fourni 2 pentures à collet élargi de 0.70 de longueur et posées.....................	2	2.15	4.30
429	807	Fourni 2 gonds à scellement.............	2	0.75	1.50
447	1548	Fourni une serrure à pêne dormant noire 1re qualité de 0.14 et posée................	1	»	4.20
447	1551	Plus-value pour faux-fond en cuivre et clef en chiffre................................	1	»	2.20
428	791	Fourni une gâche à scellement...........	1	»	1.10
416	326	Fourni 2 battements à scellement faits exprès en fer de 0.040 × 0.009 de 0.15 de longueur..................................	2	0.55	1.10
		Les 7 autres portes semblables...........	7	14.40	100.80

Métré n° 3.

Pavillon à Vitry-sur-Seine.

Architecte : M. Ch. Guillaume, Auteur du *Traité de Métré.*

(Ce pavillon fait partie de deux pavillons jumeaux (façade, *fig.* 246). Ces derniers étant absolument semblables, nous donnerons le métré d'un seul, comme s'il était isolé.)

SÉRIE PAGES	N°s				
		Plancher de la fosse d'aisances (*fig.* 247).			
407	89	Fourni un filet à deux lames I 0.12 de 1m,55, assemblé par 2 boulons de 0.016 de 0m,30 de longueur, pesant	32k.000	0.32	10.24
406	81	Fourni 3 solives en fer à I de 0.10 de 2m,00 de longueur, pesant.......................	52.000	0.27	14.04
406	75	Fourni 4 entretoises en fer carré de 0.014 dont 2 de 0m,90 et 2 de 0m,85 développé, pesant.......................................	5.350	0.32	1.71
406	72	Fourni 8 fentons de 0.007 de 2m,00 de longueur, pesant.............................	6.110	0.20	1.22
634	70	Pour la chute, fourni 2 tuyaux en fonte de 0.189 de 1m,00 de longueur, pesant.........	52.000	0.19	9.88
		Fourni en raccords : 1 bout de 0m,50, pesant.......... 14k500 2 coudes au 1/8, » .... 20.000 1 culotte simple, » 22.000			
634	71	Ensemble..............................	56.500	0.21	11.87

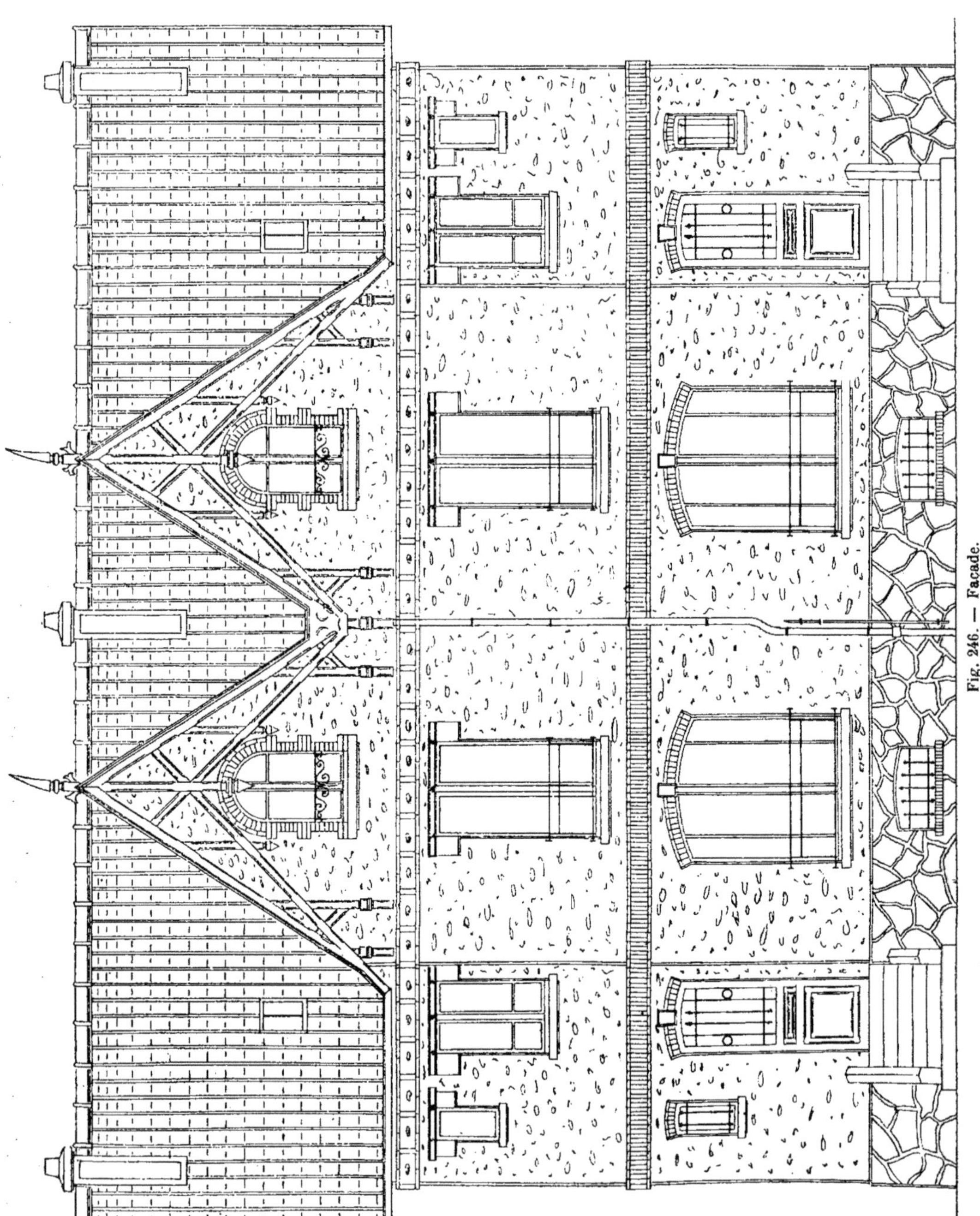

Fig. 246. — Façade.

SÉRIE PAGES	SÉRIE Nos				
219	155	Fourni 2 colliers à scellement en fer feuillard pour tuyaux de 0.189..................	2	0.40	0.80

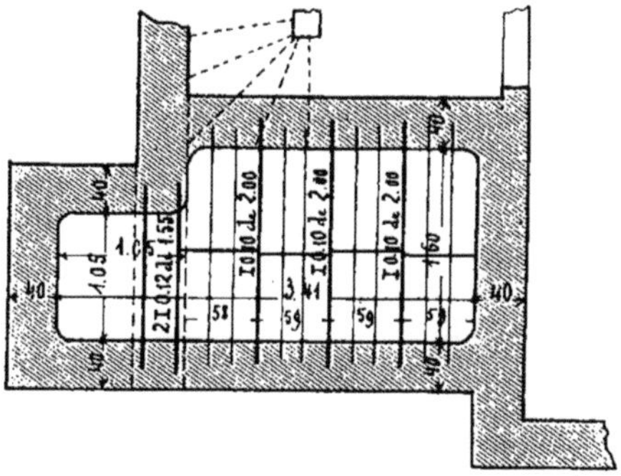

Fig. 247.

SÉRIE PAGES	SÉRIE Nos				
232 Cours du 31	460 Janv. 1905 25f,00	Fourni un tampon de fosse en fonte de mesure et disposition réglementaires, modèle léger, pesant............................	104k.00	0.28	29.12
		Sous-sol (*fig.* 248).			
		Soupiraux.			
406	81	Sur façade principale, fourni un linteau en fer à I de 0.10 de 1m,70 de longueur, pesant.	15.000	0.27	4.05
		Sur façade postérieure, fourni un linteau à 2 lames I 0.10 dont une lame de 1m,50 et une de 1m,70 de longueur, assemblé par 2 boulons de 0.016 de 0m,30 de longueur, pesant............................ 29k000			
		Fourni un linteau à 2 lames I de 0.10 dont une lame de 1m,00 et une de 1m,20 de longueur, assemblé par 2 boulons *idem*, pesant........... 20.000			
		Porte de la descente des fûts.			
		Fourni un linteau à 2 lames I de 0.10 dont une lame de 1m,40 et une de 1m,60 de longueur, assemblé par 2 boulons *idem*, pesant........... 27.000			
		Portes intérieures.			
		Fourni 2 linteaux à 2 lames I de 0.10 de 1m,50, assemblés par 2 boulons, pesant..................... 54.000			
		Fourni un linteau à 2 lames I de 0.10 de 1m,40, assemblé par 2 boulons, pesant..................... 25.000			
407	89	Ensemble................	155.000	0.32	49.60

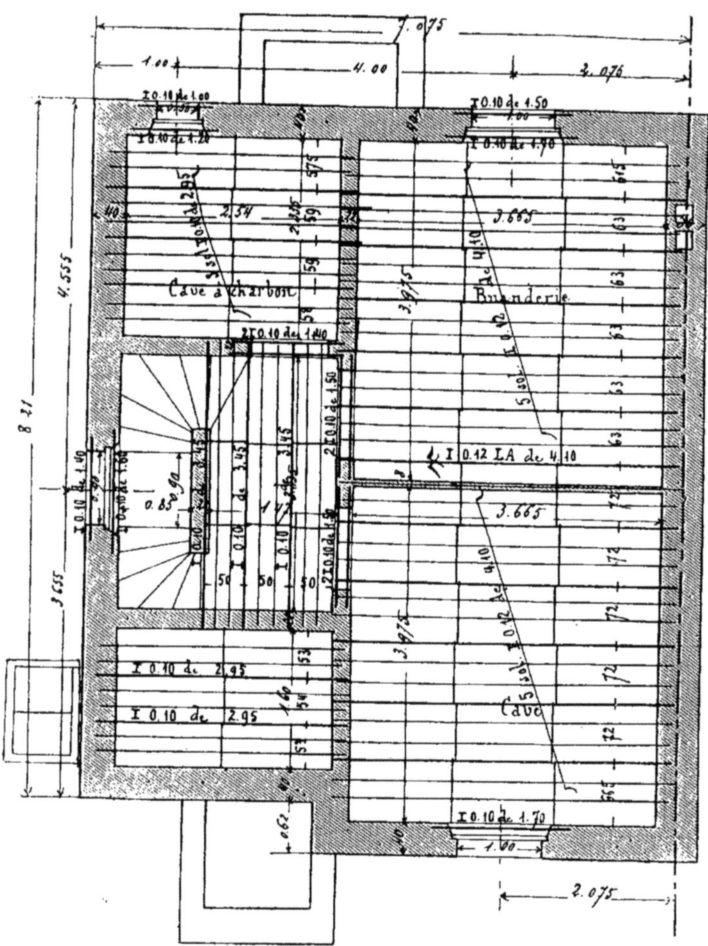

Fig. 248. — Plan du sous-sol.

SÉRIE PAGES	Nos	*Plancher.*			
406	81	Fourni 10 solives I 0.12 de 4m,10, pesant.	410k000	0.27	110.70
407	82	Sous la cloison, fourni une solive en fer à I larges ailes de 0.12 de 4m,10 de longueur, pesant..................................	57.000	0.28	15.96
406	81	Fourni 5 solives I de 0.10 de 2m,95 et 3 solives I de 0.10 de 3m,45, pesant ensemble...	220.000	0.27	59.40
406	75	Fourni 37 entretoises en fer carré de 0.014 dont 10 de 1.06, 10 de 0.97, 2 de 0.94, 2 de 0.89, 2 de 0.87, 3 de 0.82, 2 de 0.77, 4 de 0.78 et 2 de 0.74 développé, pesant ensemble....	52.410	0.32	16.77

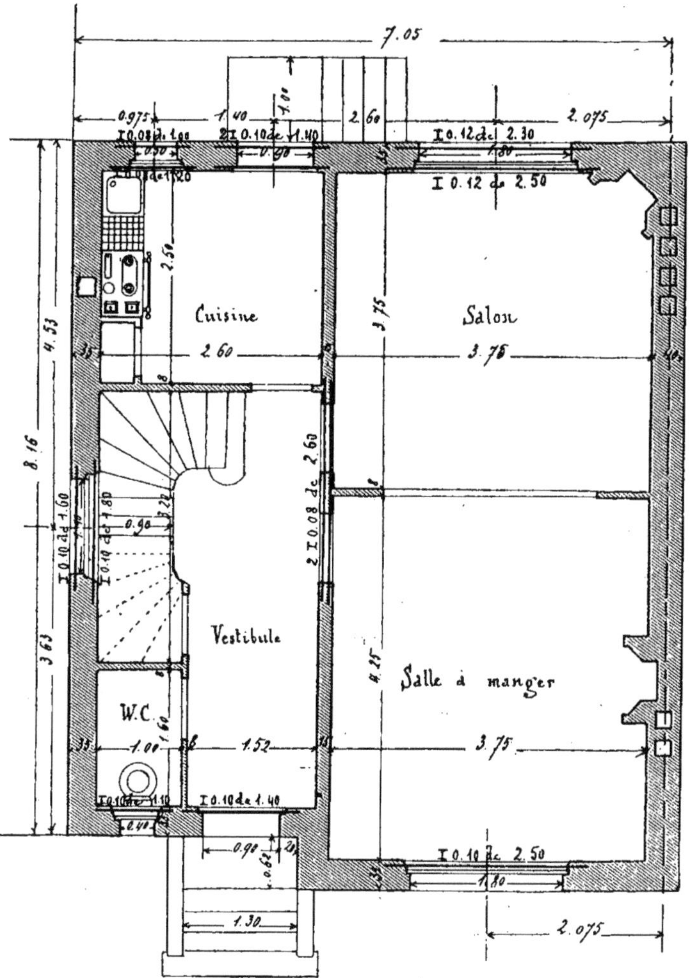

Fig. 249. — Plan du rez-de-chaussée.

SÉRIE PAGES	Nos				
406	72	Fourni 44 fentons de 0.007 dont 24 de 4.10, 14 de 2.95 et 6 de 3.45 de longueur, pesant..	61k270	0.20	12.25
406	73	Sous les portées des linteaux et solives, fourni en semelles et cales coupées, pesant..	35.000	0.24	8.40
		Rez-de-chaussée (*fig.* 249).			
		Façade principale.			
		Pour les baies cintrées, fourni 3 linteaux à			

SÉRIE PAGES	N°s				
406	81	une lame en fer à I de 0.10 dont un de 2m,50, un de 1m,40 et un de 1m,10 de longueur, pesant	44k000	0.27	11.88
		Façade postérieure.			
		Croisée du salon. Fourni un linteau à 2 lames I 0.12 dont une lame de 2m,30 et une de 2m,50 de longueur, assemblé avec boulons, pesant ... 50k000			
		Porte de la cuisine sur perron. Fourni un linteau à 2 lames I de 0.10 de 1m,40, assemblé avec boulons, pesant ... 26.000			
		Châssis de la cuisine. Fourni un linteau à 2 lames I de 0.08 dont une lame de 1m,00 et une de 1m,20 de longueur, assemblé avec boulons, pesant ... 16.000			
		Façade latérale.			
		Croisée de l'escalier. Fourni un linteau à 2 lames I de 0.10 dont une lame de 1m,60 et une de 1m,80 de longueur, pesant ... 31.000			
		Portes du salon et de la salle à manger.			
		Fourni un linteau à 2 lames I de 0.08 de 2m,60, assemblé avec boulons, pesant ... 36.000			
407	89	Ensemble	159.000	0.32	50.88
406	73	Fourni en semelles et cales coupées, pesant.	15.000	0.24	3.60
		Fourni un chaînage en fer de 0.040×0.007.			
		En façade.			
		1 cours de ... 3m10			
		1 » ... 4.50			
		Façade latérale.			
		1 cours de ... 8.15			
		Façade postérieure.			
		1 cours de ... 7.25			
		Mur mitoyen.			
		1 cours de ... 8.75			
		Mur de refend.			
		1 cours de ... 8.75			
		Ensemble ... 40m50			
		1/7 en plus pour développement des œils, bagues et talons ... 5.80			
		Ensemble ... 46m30			
406	75	pesant 2k,181 le mètre	100.980	0.32	32.31
406	73	Fourni 12 ancres en fer carré de 0.025 de 0.50 de longueur, pesant	29.250	0.24	7.02
406	75	Pour le chaînage du plancher en bois, fourni 6 tirants en fer de 0.040 × 0.007 de 0.70 développé, fixés avec clous, pesant	9.400	0.32	3.00

SÉRIE PAGES	Nos				
406	73	Fourni 6 ancres en fer carré de 0.025 de 0.50 de longueur, pesant..................	14k625	0.24	3.51
406	75	Fourni 2 plates-bandes en fer de 0.040 × 0.007 de 0.80 de longueur, posées avec clous, pesant............................	3.550	0.32	1.13
406	76	Pour consolider les assemblages des chevêtres, fourni 7 étriers en fer de 0.040×0.007 de 1m,60 développé, posés avec clous, pesant.	15.600	0.43	6.70
406	75	Pour les trémies de cheminées, fourni 4 chevêtres en fer carré de 0.022 de 0.95 développé, pesant........................	14.345	0.32	4.59

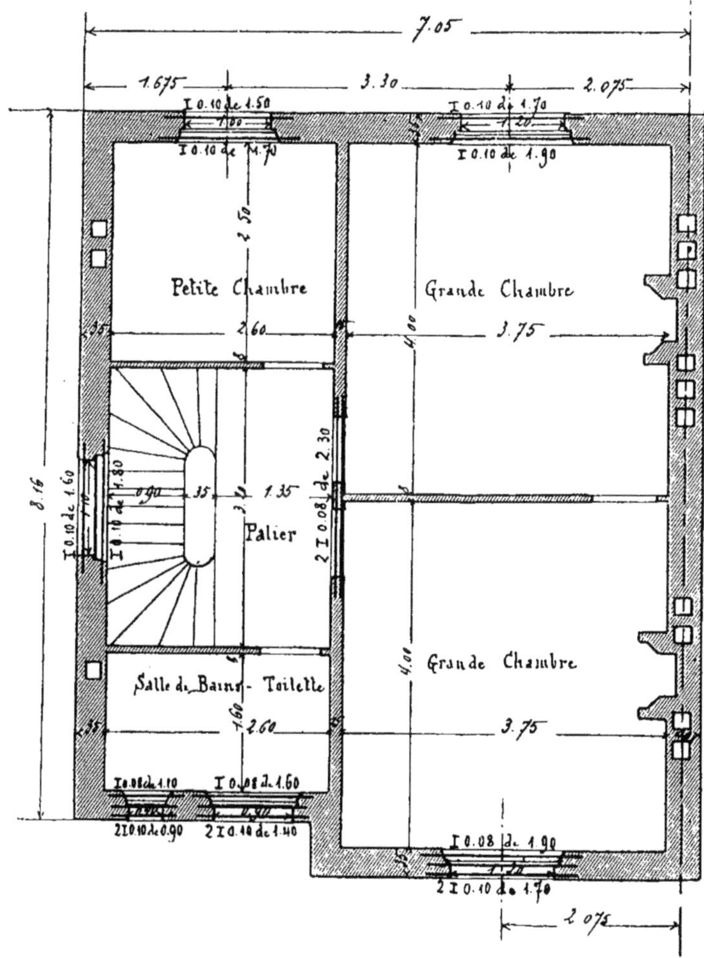

Fig. 250. — Plan du 1er étage.

SÉRIE PAGES	Nos				
406	72	Fourni 12 fentons de 0.007 dont 4 de 2m,00 et 8 de 1m,00 de longueur, pesant...........	6k110	0.20	1.22
406	73	Fourni 2 linteaux de cheminées en fer carré de 0.025 de 1m,00 de longueur, pesant......	9.750	0.24	2.34
		1er Etage (*fig.* 250).			
		Façade principale.			
		Croisée de la chambre. Fourni un linteau à 2 lames I de 0.10 de 1m,70 de longueur, assemblé par 3 boulons, pesant 31k000			
		Croisée de la salle de bains. Fourni un linteau à 2 lames I de 0.10 de 1m,40 de longueur, assemblé par 3 boulons, pesant................ 26.000			
		Châssis. Fourni un linteau à 2 lames I de 0.10 de 0m,90 de longueur, assemblé par 2 boulons, pesant..... 17.000			
407	89	Ensemble.........................	74.000	0.32	23.68
407	88	Plus-value pour les solives de ces 3 linteaux bien dressées pour rester apparentes, lesdites pesant..................................	70.000	0.02	1.40
Estimation	1117	Pour ces linteaux, fourni 8 rosaces en tôle repoussées de 0.080 de diamètre, percées d'un trou..................................	8	0.75	6.00
436	1123	Pour les fixer, percé 8 trous de 0.010 et taraudés................................	8	0.22	1.76
459	2026	Fourni 8 vis à métaux à tête ronde de 0.015 et posées................................	8	0.20	1.60
406	81	Derrière les linteaux apparents, dans l'ébrasement des baies, fourni 3 solives en fer à I 0.08 dont une de 1m,90, une de 1m,60 et une de 1m,10 de longueur, pesant........	31.000	0.27	8.37
		Façade postérieure.			
		Croisée de la chambre. Fourni un linteau à 2 lames I de 0.10 dont une lame de 1m,70 et une de 1m,90 de longueur, assemblé avec boulons, pesant.................. 32k000			
		Croisée de la petite chambre. Fourni un linteau à 2 lames I 0.10 dont une lame de 1m,50 et une de 1m,70 de longueur, pesant 29.000			
		Façade latérale.			
		Croisée de l'escalier. Fourni un linteau à 2 lames I 0.10 dont une lame de 1m,60 et une de 1m,80 de longueur, assemblé avec boulons, pesant......................... 31.000			
		Portes des grandes chambres sur le palier.			
		Fourni un linteau à 2 lames I de 0.08 de 2m,30, assemblé avec boulons, pesant................. 32.000			
407	89	Ensemble..........................	124.000	0.32	39.68

SÉRIE PAGES	N°s				
406	73	Fourni en semelles et cales coupées, pesant.	15k000	0.24	3.60
406	75	Fourni un chaînage en fer de 0.040×0.007 en tout semblable à celui du rez-de-chaussée, pesant..................................	100.980	0.32	32.31
406	73	Fourni 12 ancres en fer carré de 0.025 de 0.50 de longueur, pesant	29.250	0.24	7.02
406	75	Pour le chaînage du plancher en bois, fourni 6 tirants en fer de 0.040 × 0.007 de 0m,70 développé, posés avec clous, pesant...	9.400	0.32	3.00
406	73	Fourni 6 ancres en fer carré de 0.025 de 0.50 de longueur, pesant...................	14.625	0.24	3.51
406	75	Fourni 2 plates-bandes en fer de 0.040 × 0.007 de 0m,80 de longueur, posés avec clous, pesant	3.550	0.32	1.13
406	76	Pour consolider les assemblages des chevêtres, fourni 9 étriers en fer de 0.040×0.007 de 1m,00 développé, posés avec clous, pesant.	20.000	0.43	8.60
406	75	Pour les trémies de cheminées, fourni 10 chevêtres en fer carré de 0.022 de 0m,95 développé, pesant.........................	35.860	0.32	11.47
406	72	Fourni 16 fentons de 0.007 dont 4 de 3m,00, 4 de 2m,25 et 8 de 1m,00 de longueur, pesant.	11.078	0.20	2.21
406	73	Fourni 2 linteaux de cheminées en fer carré de 0.025 de 1m,00 de longueur, pesant.	9.750	0.24	2.34
		2e Etage (*fig.* 251).			
		Croisée en façade.			
406	81	Fourni un linteau à une lame I 0.08 de 1m,60, pesant..........................	11.000	0.27	2.97
406	75	Pour le ferrage du comble, fourni 5 tirants en fer de 0.040 × 0.007 de 0m,70 développé, posés avec clous, pesant..................	7.800	0.32	2.49
406	73	Fourni 5 ancres en fer carré de 0.025 de 0m,50 de longueur, pesant..................	12.187	0.24	2.92
406	75	Fourni 7 plates-bandes en fer de 0.040 × 0.007 de 0m,80 de longueur, posées avec clous, pesant............................	12.700	0.32	4.06
406	75	Fourni 6 équerres en fer de 0.040 × 0.007 de 0m,80 développé, posées avec clous, pesant.	10.900	0.32	3.48
413	247	Fourni au maçon 25k,000 de clous à bateaux HLB..	25.000	0.60	15.00
413	251	Fourni 35k,000 de rappointis............	35.000	0.34	11.90
413	247	Fourni au parqueteur 45k,000 de clous à bateaux HLB..............................	45.000	0.60	27.00
		Pour les cloisons du 2e étage. Fourni 16 tendeurs en fil de fer galvanisé n° 14 cordelés à 2 fils et posés, dont:			
		4 de 1.80, ensemble 7.20			
		4 de 1.50, » 6.00			
		4 de 1.20, » 4.80			
		4 de 1.75, » 7.00			
Estim	ation	Ensemble.......................	25m00	0.35	8.75
424	646	Fourni 20 pitons à vis de 0.06 et posés....	20	0.15	3.00
Estim	ation	Fourni 12 pitons à scellement...........	12	0.25	3.00

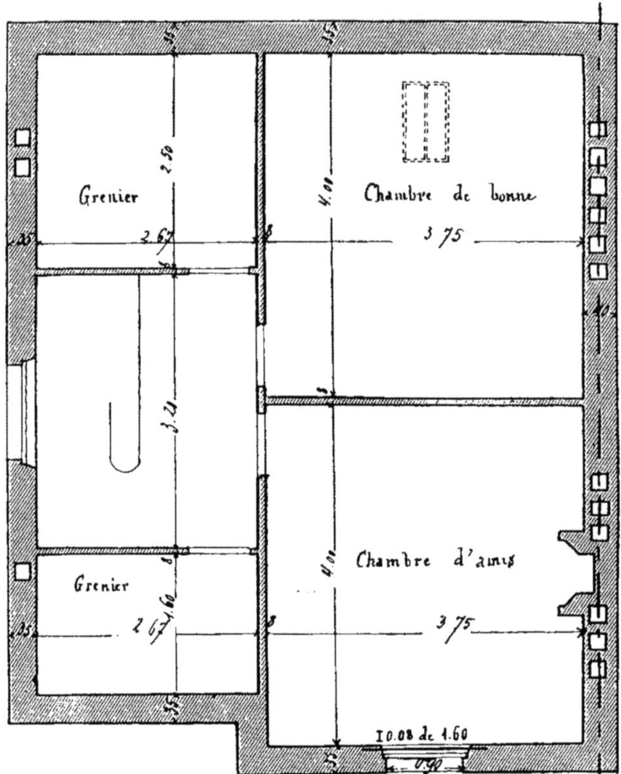

Fig. 251. — Plan du 2e étage.

SÉRIE PAGES	SÉRIE Nos				
431	883	Pour les huisseries, fourni 6 pattes à scellement de 0.14 et posées......................	6	0.25	1.50
430	1229	Fourni 3 plates-bandes en fer de 0.025 × 0.005 de chacune 0m,22 de longueur, à pattes élargies, entaillées et posées avec vis, ensemble..................................	0.66	2.75	1.81
		Ferré 2 portes de grenier.			
		Détail d'une :			
435	1046	Fourni 3 paumelles doubles laminées de 0.11 et posées.............................	3	0.80	2.40
447	1555	Fourni une serrure à tour et demi 1re qualité de 0.14 et posée......................	1	»	4.20
		L'autre porte semblable	1	»	6.60
		Ferré 2 portes de chambres.			
		Détail d'une :			
435	1046	Fourni 3 paumelles doubles laminées de 0.11 et posées.............................	3	0.80	2.40

SÉRIE PAGES	Nos				
447	1559	Fourni une serrure à 2 pênes, 1re qualité de 0.14 et posée	1	»	4.95
420	477	Fourni un bouton double imitation ivoire, ovale de 0.060	1	»	1.25
		L'autre porte semblable	1	»	8.60
		Chambre d'amis.			
431	883	Ferré une croisée cintrée. Fourni 7 pattes à scellement de 0.14 et posées	7	0.25	1.75
435	1046	Fourni 6 paumelles doubles laminées de 0.11 et posées	6	0.80	4.80
426	701	Fourni 6 équerres simples de 0.19 et posées.	6	0.20	1.20
Estim	ation	Plus-value pour les deux du haut avec branches cintrées sur champ (*fig.* 252)	2	0.25	0.50

Fig. 252.

440	1236	Fourni 2 plates-bandes en fer de 0.025 × 0.005 de 0m,30 développé, cintrées sur champ, entaillées et posées avec vis, ensemble	0m60	3.90	2.34
425	664	Fourni une crémone DP de 0.018 et posée.	1	»	2.90
414	266	Fourni une barre d'appui en fonte, modèle du Comptoir des Fontes n° 66 pour baie de 0.90, pesant	8k500	0.35	2.97
437	1155	Pour ladite, fourni une main courante en fer à moulures 1/2 rond de 0.035 de 0m,95 de longueur, dressée et dégauchie	0.95	1.95	1.85
436	1116 1122	Pour la fixer, percé 4 trous fraisés	4	0.12	0.48
436	1117 1123	Contre-percé 4 trous de 0.010 et taraudés.	4	0.22	0.88
459	2026	Fourni 4 vis à métaux de 0.015 et posées	4	0.20	0.80
		Chambre de bonne.			
609	221	Fourni un châssis à tabatière du commerce en fer, dormant en fer laminé de 0.0025 d'épaisseur de 0.90 × 0.47, avec petit bois, crémaillère, piton et mentonnet (*fig.* 253), soit en linéaire	2m74	5.50	15.07
609	222	Plus-value pour dormant en fer laminé de 0.0025	2.74	0.22	0.60
610	227	Plus-value pour galvanisation de ce châssis.	2.74	0.90	2.46
610	225	Pose dudit	2.74	0.31	0.84

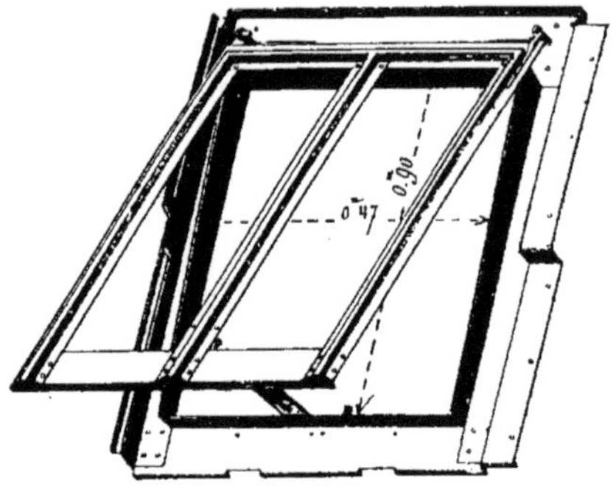

Fig. 253.

	SÉRIE PAGES	SÉRIE N°s				
B	431	883	Dans l'escalier, ferré une croisée. Fourni 7 pattes à scellement de 0.14 et posées......	7	0.25	1.75
B	435	1046	Fourni 6 paumelles doubles laminées de 0.11 et posées..........................	6	0.80	4.80
B	426	701	Fourni 8 équerres simples de 0.19 et posées.	8	0.20	1.60
B	425	664	Fourni une crémone D P de 0.018 et posée.	1	»	2.90
	413	253	Fourni un balcon en fonte, modèle du Comptoir des Fontes n° 217, de 1.00 × 0.47, pesant..............................	16k000	0.34	5.44
			1er Etage.			
			Pour les cloisons, fourni 8 tendeurs en fil de fer cordelé *idem* dont : 4 de 1.35, ensemble............. 5.40 4 de 1.70, » 6.80			
	Estim	ation	Ensemble......................	12m20	0.35	4.27
	424	646	Fourni 10 pitons à vis de 0.06 et posés....	10	0.15	1.50
	Estim	ation	Fourni 6 pitons à scellement............	6	0.25	1.50
	431	883	Pour les huisseries, fourni 17 pattes à scellement de 0.14 et posées..................	17	0.25	4.25
	431	885	Plus-value pour 8 desdites coudées.......	8	0.05	0.40
	439	1229	Fourni 3 plates-bandes en fer de 0.025 × 0.005 de chacune 0.22 de longueur à pattes élargies, entaillées et posées avec vis, ensemble...............................	0m66	2.75	1.81
			Porte de la salle de bains.			
			Ferré ladite semblable à l'accolade A.....	1	»	8.60
			Croisée.			
			Semblable à l'accolade B................	1	»	11.05
			Châssis.			
C	431	883	Fourni 4 pattes à scellement de 0.14 et posées...............................	4	0.25	1.00
C	435	1046	Fourni 2 paumelles doubles laminées de 0.11 et posées.........................	2	0.80	1.60
C	426	700	Fourni 4 équerres simples de 0.16 et posées.	4	0.15	0.60
C	429	826	Fourni un loqueteau d'école en fonte à panneton de 0.095 avec mentonnet et posé..	1	»	2.20

	SÉRIE PAGES	SÉRIE Nos				
			Grande chambre sur façade principale. *Porte sur palier.*			
			Semblable à l'accolade A................	1	»	8.60
			Croisée.			
	431	883	Fourni 7 pattes à scellement de 0.14 et posées....................................	7	0.25	1.75
	435	1046	Fourni 6 paumelles doubles laminées de 0.11 et posées...........................	6	0.80	4.80
D	426	701	Fourni 8 équerres simples de 0.19 et posées.	8	0.20	1.60
	425	664	Fourni une crémone D P de 0.018 de 2m,10 de longueur et posée, valeur pour 2m,00....	1	»	2.90
	425	664	Tringle en plus........................	0m10	0.60	0.06
	442	1329	Façon d'une soudure....................	1	»	0.60
	413	253	Fourni un balcon en fonte, modèle du Comptoir des Fontes n° 218, de 1.20 × 0.47, pesant....................................	20k000	0.34	6.80
	Estim	ation	Pour mettre ledit en saillie, coupé les 6 scellements à la scie à métaux...........	6	0.25	1.50
	»	»	Fourni 6 pitons à scellement en fonte, modèle du commerce (*fig.* 254) et ajustés...	6	0.75	4.50
E			Fig. 254.			
	437	1155	Fourni une main-courante en fer à moulures 1/2 rond de 0.035 de 1m,30 de longueur, dressée et dégauchie.....................	1m30	1.95	2.53
	436	1116 1122	Pour la fixer percé 5 trous fraisés........	5	0.12	0.60
	436	1117 1123	Contrepercé 5 trous de 0.010 et taraudés..	5	0.22	1.10
	459	2026	Fourni 5 vis à métaux de 0.015 et posées..	5	0.20	1.00
	Estim	ation	Fait la pose de ce balcon, tracé les trous au maçon, mis en place, calé et réglé.......	1	»	2.00
F	Tarif	Jomain	Fourni une paire de persiennes en fer, brisée en 6 feuilles, système Jomain, modèle C n° 1, ferrée sur tapées en bois, de 2.10×1.09 (*fig.* 255 et 256), soit en superficie...........	2m29	18.00	41.22
			Pose de ladite hors Paris.................	1	»	6.50
			Transport et Octroi......................	1	»	1.75
			Porte de communication entre les 2 chambres.			
	»	»	Semblable à l'accolade A.................	1	»	8.60
			Chambre sur façade postérieure. *Croisée.*			
	»	»	Semblable à l'accolade D.................	1	»	11.71
	»	»	Fourni un balcon semblable à l'accolade E.	1	»	20.03
	»	»	Fourni une paire de persiennes semblable à l'accolade F..........................	1	»	49.47
			Porte de la chambre sur le palier.			
	»	»	Semblable à l'accolade A.................	1	»	8.60
			Porte de la petite chambre.			
	»	»	Semblable à l'accolade A.................	1	»	8.60

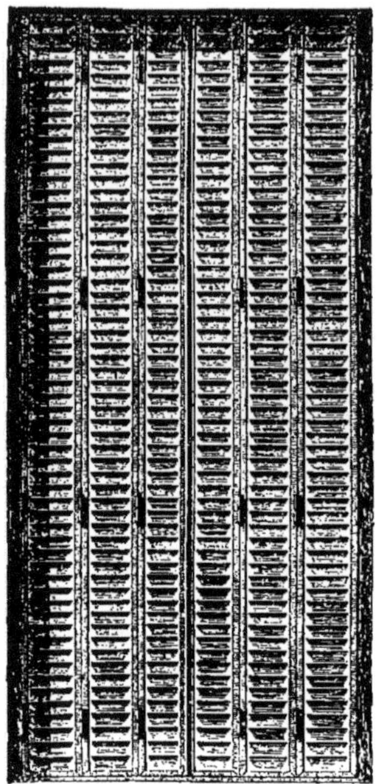

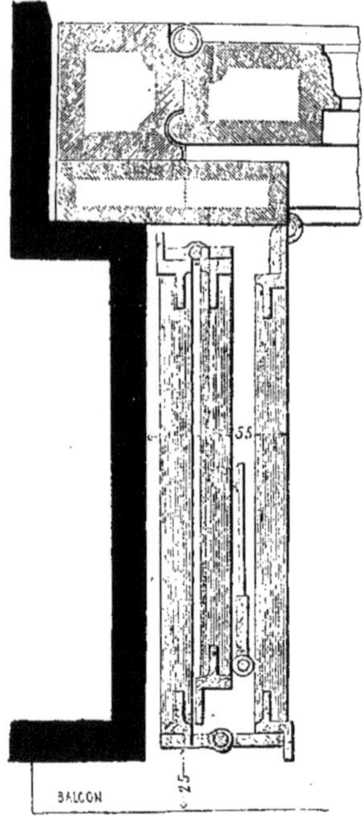

Fig. 255 et 256.

SÉRIE PAGES	SÉRIE Nos				
		Croisée.			
»	»	Semblable à l'accolade D	1	»	11.71
413	253	Fourni un balcon en fonte, modèle du Comptoir des Fontes n° 217, de 1.00 × 0.47, pesant	16k000	0.34	5.44
		Pour mettre ledit en saillie, coupé les 6 scellements à la scie à métaux	6	0.25	1.50
Estim	ation	Fourni 6 pitons à scellement en fonte et ajustés	6	0.75	4.50
437	1155	Fourni une main-courante en fer à moulure 1/2 rond de 0.035 de 1m,10 de longueur, dressée et dégauchie	1.10	1.95	2.14
436	1116 1122	Pour la fixer percé 4 trous fraisés.........	4	0.12	0.48
436	1117 1123	Contrepercé 4 trous de 0.010 et taraudés..	4	0.22	0.88
459	2026	Fourni 4 vis à métaux de 0.015 et posées..	4	0.20	0.80
Estim	ation	Fait la pose de ce balcon, tracé les trous au maçon, mis en place, calé et réglé..........	1	»	2.00
Tarif	Jomain	Fourni une paire de persiennes en fer, brisée en 4 feuilles, système Jomain, modèle C n° 1, ferrée sur tapées en bois de 2.10 × 0.91, soit en superficie.................	1m91	16.00	30.56

SÉRIE PAGES	SÉRIE Nos				
		Pose de ladite hors Paris.................	1	»	6.25
		Transport et octroi.....................	1	»	1.50
		Dans l'escalier ferré une croisée semblable à l'accolade B...........................	1	»	11.05
413	253	Fourni un balcon en fonte, modèle du Comptoir des Fontes n° 127, de 1.00 × 0.47, pesant..................................	16k000	0.34	5.44
		Escalier.			
		Fourni un escalier en fer à l'anglaise à quartier tournant, limon en fer 0.006 et contre marches en tôle de 0.0025 d'épaisseur, avec cornières de 0.020 × 0.020, entretoises et fentons, marches en chêne de 0.041 de 0.90 d'emmarchement.			
		Le 1er étage composé de 18 marches, compris palier........................ 18			
		Le 2e étage composé de 17 marches. 17			
		Excédent des marches palières:			
		1er Etage.................. 1m,40			
		2e » 2m,30			
		Ensemble........... 3m,70			
		3m,70			
	195	soit à compter pour......... 0m,90 = 4.11			
312	222	Plus-value pour la marche de départ			
313	228	circulaire en plan.................. 0.30			
314	229	Ensemble.........................	39.41	17.70	697.55
314	226	Plus-value pour double crémaillère au droit des cloisons portant 17 marches......	17	3.40	57.80
440	1263	Fourni une rampe à col-de-cygne, barreaux ronds de 0.018 avec rosaces et astragales en fonte, développant........................	9m60	11.25	108.00
438	1180	Fourni un pilastre en fonte ornée de 0.081 de diamètre à la base et posé...............	1	»	14.50

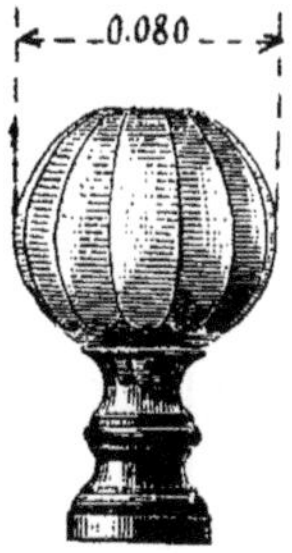

Fig. 257.

419	428	Fourni une boule de rampe en cristal blanc à côtes de 0.080 de diamètre (*fig.* 257) et posé.	1	»	12.80
		Rez-de-chaussée.			
		Pour les cloisons fourni 10 tendeurs en fil de fer cordelé *idem* dont:			

SÉRIE PAGES	Nos				
		4 de 0.55, ensemble............... 2.20			
		2 de 1.70, » 3.40			
		2 de 1.00, » 2.00			
		2 de 0.75, » 1.50			
Estimation		Ensemble..................	$9^{m}10$	0.35	3.18
424	646	Fourni 10 pitons à vis de 0.06 et posés....	10	0.15	1.50
Estimation		Fourni 10 pitons à scellement...........	10	0.25	2.50
431	883	Pour les huisseries, fourni 17 pattes à scellement de 0.14 et posées..............	17	0.25	4.25
431	885	Plus-value pour 11 desdites coudées......	11	0.05	0.55
		Fourni 6 platebandes en fer de 0.025 × 0.005 à pattes élargies, entaillées et posées avec vis, dont :			
		3 de chacune 0.40, ensemble....... 1.20			
		3 » 0.22, » 0.66			
439	1229	Ensemble...................	$1^{m}86$	2.75	5.11
		Porte d'entrée du vestibule.			
431	884-885	Bâti. Fourni 7 pattes à scellement de 0,16, coudées et posées........................	7	0.35	2.45
434	1008	Ferré la porte. Fourni 3 paumelles doubles à nœuds bouchés, renforcées de façon en fer blanchi de 0.25, entaillées et posées avec vis.	3	2.70	8.10
434	1028	Plus-value pour paumelles à broche, bague fer d'une seule pièce......................	1/10	8.10	0.81
436	1098	Plus-value pour pose soignée sur chêne poli.	3	0.30	0.90
426	717	Fourni 2 équerres doubles de façon à congé en fer de 0.035 × 0.007 de $1^{m},40$ développé, entaillées et posées avec vis, valeur pour équerres simples de 0.20..................	2	2.05	4.10
426	719	Plus-value pour équerres doubles, la valeur de 0.20 doublée......................	2	2.05	4.10
426	718	Linéaire de branches en plus à chacune $1^{m},00$, ensemble..........................	$2^{m}00$	4.60	9.20
413 426	235 698	Plus-value pour l'équerre du haut, cintrée sur champ sur un développé de 0.80 (*fig.* 258), compris plus-value pour entaille circulaire.	0.80	2.97	2.37

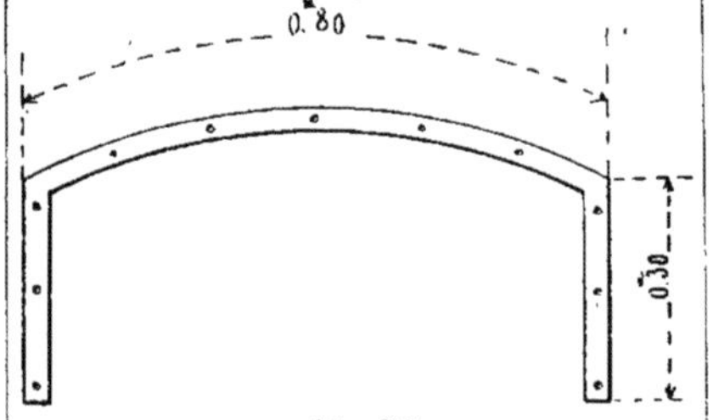

Fig. 258.

SÉRIE PAGES	Nos				
418	1580	Fourni une serrure de sûreté à 6 gorges bénarde 1re qualité de 0.14 et posée.........	1	»	8.30
449	1599	Plus-value pour pêne à nervure et chanfrein à 32 degrés.........................	1	»	0.25

SÉRIE PAGES	SÉRIE Nos				
422	538	Fourni une chainette carrée encloisonnée en fer poli, à rondelles de 0.070 (*fig.* 259) et posée	1	»	4.25

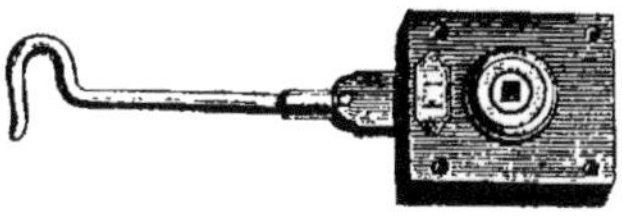

Fig. 259.

SÉRIE PAGES	SÉRIE Nos				
Estim	ation	Fourni un crochet de tirage fait exprès en fil de fer, contrecoudé et cintré, ajusté et goupillé	1	»	1.00
»	»	Fourni un bouton rond de tirage en fonte bronzée, forme marguerite de 0.080 avec rosace (*fig.* 260) et posé	1	»	3.00

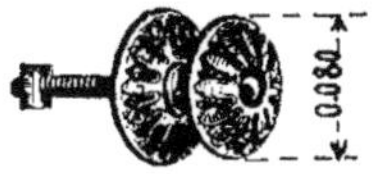

Fig. 260.

SÉRIE PAGES	SÉRIE Nos				
420	477	Pour ledit fourni une tige de foliot faite exprès, épaulée et goupillée	1	»	1.00
421	501	Fourni un bouton simple imitation ivoire ovale de 0.060	1	»	0.75
414	273	Fourni un panneau en fonte, modèle du Comptoir des Fontes n° 1182 de 1m,00 × 0.59, pesant	16k500	0.67	11.05
455	1833	Fourni un vasistas en fer rainé de 0.014 de 1.00 × 0.59, soit en développé	3m18	2.45	7.79
455	1838	Valeur des 4 assemblages, compris traverse mobile et pose	1	»	5.70
455	1840	Fourni 3 paumelles doubles à boules, ajustées et posées sur fer	3	1.60	4.80
455	1853	Fourni un loqueteau en cuivre renforcé de 0.070, posé sur fer	1	»	3.25
		Porte des W.-C.			
435	1046	Fourni 3 paumelles doubles laminées de 0.11 et posées	3	0.80	2.40
416	332	Fourni un bec-de-cane 1re qualité de 0.11 et posé	1	»	2.80
420	477	Fourni un bouton double imitation ivoire ovale de 0.060	1	»	1.25
454	1788	Fourni une targette de sûreté en cuivre de 0.050 et posée	1	»	1.40
		Châssis.			
431	883	Fourni 4 pattes à scellement de 0.14 et posées	4	0.25	1.00
435	1046	Fourni 2 paumelles doubles laminées de 0.11 et posées	2	0.80	1.60

	SÉRIE PAGES	SÉRIE Nos				
	426	700	Fourni 4 équerres simples de 0.16 et posées.	4	0.15	0.60
			Plus-value pour les 2 du haut avec branches cintrées sur champ	2	0.25	0.50
	429	826	Fourni un loqueteau d'école en fonte à panneton de 0.095 avec mentonnet et posé..	1	»	2.20
	410	151	Fourni une grille de défense composée de 2 traverses en fer de 0.040 × 0.011 de 0.50 et 2 barreaux en fer rond de 0.018 de 0.65 de longueur, avec pontets et culots en fonte, pesant..................................	6k500	0.56	3.64
			Porte de la salle à manger.			
	»	»	Semblable à l'accolade A................	1	»	8.60
			Croisée.			
	431	883	Fourni 8 pattes à scellement de 0.14 et posées	8	0.25	2.00
	435	1046	Fourni 6 paumelles doubles laminées de 0.11 et posées...........................	6	0.80	4.80
	426	701	Fourni 8 équerres simples de 0.19 et posées.	8	0.20	1.60
	Estim	ation	Plus-value pour les 4 du haut avec branches cintrées sur champ......................	4	0.25	1.00
	425	664	Fourni une crémone D. P. de 0.018 de 2m,10 de longueur et posée, valeur pour 2m,00	1	»	2.90
	425	664	Tringle en plus........................	0.10	0.60	0.06
	442	1329	Façon d'une soudure..................	1	»	0.60
G	413	253	Fourni un balcon en fonte, modèle du Comptoir des Fontes n° 222, de 1.80 × 0.47, pesant................................	30k000	0.34	10.20
G	Estim	ation	Pour mettre ledit en saillie, coupé les 6 scellements à la scie à métaux	6	0.25	1.50
G	»	»	Fourni 6 pitons à scellement en fonte, modèle du commerce et ajustés............	6	0.75	4.50
G	437	1155	Fourni une main-courante en fer à moulures 1/2 rond de 0.035 de 1.90 de longueur, dressée et dégauchie	1.90	1.95	3.70
G	436	1116-1122	Pour la fixer percé 6 trous fraisés........	6	0.12	0.72
G	436	1117-1123	Contrepercé 6 trous de 0.010 et taraudés..	6	0.22	1.32
G	459	2026	Fourni 6 vis à métaux de 0.015 et posées..	6	0.20	1.20
G	Estim	ation	Fait la pose de ce balcon, tracé les trous au maçon, mis en place, calé et réglé.......	1	»	2.00
	Tarif	Jomain	Fourni une paire de persiennes en fer, brisée en 8 feuilles, système Jomain, modèle C n° 1, ferrée sur tapées en bois, de 1.90 × 1.66, soit en superficie..................	3.15	14.75	46.46
			Pose de ladite hors Paris	1	»	7.00
			Transport et octroi.......................	1	»	2.25
			Pour former battement dans le haut, fourni un motif ordinaire en fer forgé et posé.....	1	»	4.00
H	454	1807 1810	Au plafond de la salle à manger, fourni un tirefond de suspension en fer blanchi taraudé de 0.25 de longueur, garni d'un écrou et posé.	1	»	3.70
H	Estim	ation	Pour ledit, fourni un sommier en fer de 0.040 × 0.009 de 0.60 développé, contrecoudé 2 fois avec trou taraudé pour le passage du tirefond, percé de 4 trous fraisés, entaillé sur les solives en bois et fixé avec vis.......	1	»	2.50

SÉRIE PAGES	Nos	*Porte à 4 vantaux de la salle à manger au salon.*			
434	1005 1019	Fourni 6 paumelles doubles à nœuds bouchés, renforcées de façon en fer blanchi, bague cuivre, de 0.16 × 0.100, entaillées et posées avec vis..........................	6	2.19	13.14
435	1046	Fourni 6 paumelles doubles laminées de 0.11 et posées............................	6	0.80	4.80
426	702	Fourni 16 équerres simples de 0.22 et posées	16	0.30	4.80
426	703	Plus-values pour vis tournées...........	16	0.10	1.60
3	Tarif Moreaux »	Fourni 6 verrous à aiguille Moreaux aîné, modèle n° 1, cuvette B de 0.018 de largeur (*fig.* 261) dont 3 de 0.40 et 3 de 0.80 de longueur, entaillés et posés, valeur pour 0.30...	6	5.40	32.40
4	»	Tige en plus..........................	1m80	3.00	5.40
5	26	Plus-value pour 4 de ces verrous posés sur vantaux portant paumelles.................	4	1.00	4.00
»	28	Plus-value pour pose de moins de 5 paires de verrous dans le même chantier, 4 heures d'ouvriers............................	4	1.25	5.00

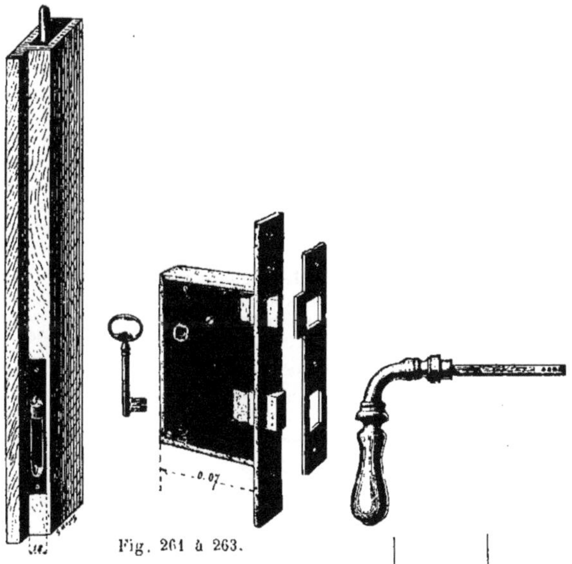

Fig. 261 à 263.

428	778-789	Fourni 6 gâches platines en cuivre et posées	6	0.80	4.80
451	1657	Fourni une serrure à 2 pênes à mortaiser avec fort ressort pour béquille, 1re qualité de 0.07 de largeur avec gâche platine (*fig.* 262) et posée................................	1	»	9.60
Estim	ation	Fourni une béquille simple, imitation ivoire à poire, monture cuivre (*fig.* 263)..........	1	»	3.80
420	477	Fourni un bouton simple, imitation ivoire ovale de 0.060..........................	1	»	0.75
421	501	Au plafond du salon, fourni un tirefond de suspension semblable à l'accolade H........	1	»	6.20

SÉRIE PAGES	SÉRIE Nos				
		Croisée.			
431	883	Fourni 8 pattes à scellement de 0.14 et posées	8	0.25	2.00
435	1046	Fourni 6 paumelles doubles laminées de 0.11 et posées	6	0.80	4.80
426	701	Fourni 8 équerres simples de 0.19 et posées	8	0.20	1.60
425	664	Fourni une crémone D. P. de 0.018 de 2m,10 de longueur et posée, valeur pour 2m,00	1	»	2.90
425	664	Tige en plus	0.10	0.60	0.06
412	1329	Façon d'une soudure	1	»	0.60
»	»	Fourni un balcon en fonte, monté sur pitons à scellement, semblable à l'accolade G.	1	»	24.96
Tarif	Jomain	Fourni une paire de persiennes en fer, brisée en 8 feuilles, système Jomain, modèle C n° 1, ferrée sur tapées en bois de 2m,10 × 1m,66, soit en superficie	3m49	14.75	51.47
		Pose de ladite hors Paris	1	»	7.00
		Transport et octroi	1	»	2.25
		Porte du salon sur le vestibule.			
»	»	Semblable à l'accolade A	1	»	8.60
		Porte de la cuisine.			
»	»	Semblable à l'accolade A	1	»	8.60
		Armoire.			
435	1046	Fourni 3 paumelles doubles laminées de 0.11 et posées	3	0.80	2.40
447	1546	Fourni une serrure polie à canon, 1re qualité de 0.07 et posée	1	»	3.10
406	75	Pour la hotte du fourneau, fourni un manteau composé d'une ceinture en fer carré de 0.016 de 1m,40, 2 barres de languette en même fer dont une de 0.85 et une de 0.55 et un tirant en fer carré de 0,011 de 1m,50 développé, pesant	7k000	0.32	2.24
		Armoire sous évier.			
435	1044	Fourni 2 paumelles doubles laminées de 0.080 et posées	2	0.65	1.30
454	1766	Fourni une targette fer 1, 2 forte V. F. de 0.047 et posée	1	»	0.85
		Châssis.			
»	»	Semblable à l'accolade C	1	»	5.40
410	151	Fourni une grille de défense, composée de 2 traverses en fer de 0.040 × 0.011 de 0m,60 et 2 barreaux en fer rond de 0.018 de 0m,85 de longueur, avec pontets et culots en fonte, pesant	7k500	0.56	4.20
		Porte de la cuisine sur perron.			
431	881-885	Bâti. Fourni 7 pattes à scellement de 0.16, coudées et posées	7	0.35	2.45
435	1048	Ferré la porte. Fourni 3 paumelles doubles laminées de 0.16 et posées	3	1.10	3.30
426	702	Fourni 4 équerres simples de 0.22 et posées.	4	0.30	1.20

SÉRIE					
PAGES	Nos				
426	703	Plus-value pour vis tournées............	4	0.10	0.40
448	1582	Fourni une serrure de sûreté à 6 gorges bénarde à foliot 1re qualité de 0.14 et posée....	1	»	10.20
449	1599	Plus-value pour pêne à nervure et chanfrein à 32 degrés........................	1	»	0.25
420	477	Fourni un bouton double, imitation ivoire ovale de 0.060	1	»	1.25
437	1155	Fourni 4 petits bois en fer à moulures de 0.035 de chacun 1m,20 de longueur, dressés et dégauchis, ensemble....................	4m80	1.95	9.36
438	1164	Fourni 8 pattes en T bien faites en fer, entaillées et posées avec vis...............	8	1.55	12.40
437	1150	Percé 12 trous de vitrage................	12	0.05	0.60
		Volet portatif.			
431	878	Fourni 2 pannetons coudés de 0.19 (*fig.* 264) avec gâches, entaillés et posés..............	2	1.00	2.00
Estim	ation	Fourni 2 clous à tête élargie, rivés et affleurés.	2	0.15	0.30
426	701	Fourni 4 équerres simples de 0.19 et posées.	4	0.20	0.80

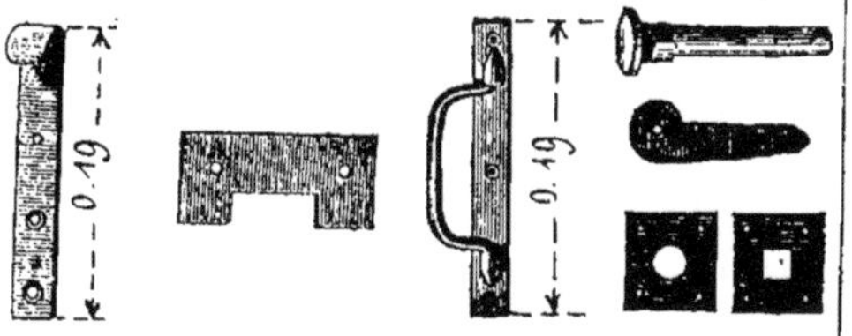

Fig. 264 à 266.

440	1246	Fourni 2 poignées à olive tournantes, sur platine renforcée de 0.19 (*fig.* 265), entaillées et posées........................	2	0.95	1.90
419	1248 440	Fourni un boulon de fermeture à clavette de 0.080 garni (*fig.* 266) et posé	1	»	1.15
		Perron.			
440	1263	Fourni une rampe à col-de-cygne, barreaux ronds de 0.018 avec rosaces et astragales en fonte, développant	3m20	11.25	36.00
Estim	ation	Plus-value pour main-courante en fer 1/2 rond au lieu de fer à bandelette........	3.20	2.50	8.00
455	1821	Fourni un pilastre en fer rond de 0.022 de 1m,25 développé, coupé et dressé...........	1.25	1.80	2.25
Estim	ation	Dans le bas fait un coude à col-de-cygne..	1	»	0.50
»	»	Fait un scellement fendu à chaud........	1	»	0.30
»	»	Fourni une rosace en fonte ornée, grand modèle, pour fer rond de 0.022 et ajustée...	1	»	0.75
»	»	Dans le haut, fourni une forte astragale en fonte pour fer rond de 0.022 et ajustée......	1	»	0.30
436	1120 1123	Percé un trou de 0.025 de profondeur et taraudé	1	»	0.36
459	2035	Fourni une soie taraudée de 0.060 de longueur et posée............................	1	»	0.40

SÉRIE PAGES	SÉRIE Nos				
Estim	ation	Fourni une boule de rampe en fonte de 0.080 de diamètre et posée.................	1	»	3.00
437	1125	Pour les barreaux et le pilastre, percé 20 trous de 0.08 de profondeur dans le ciment Coignet (équivalent à la pierre de taille n° 4) et fait les scellements au ciment...........	20	1.35	27.00
437	1125	Pour la main-courante, percé un trou de 0m,10 de profondeur dans la meulière et fait le scellement au plâtre....................	1	»	0.75
		Porte de descente de cave.			
435	1046	Fourni 3 paumelles doubles laminées de 0.11 et posées............................	3	0.80	2.40
416	322	Fourni un bec-de-cane, 1re qualité de 0.11 et posé..................................	1	»	2.80
420	477	Fourni un bouton double, imitation ivoire ovale de 0.060............................	1	»	1.25
		Sous-sol.			
		Porte de la descente des fûts.			
436	1104	Fourni 2 pentures à collet élargi de 0.70 et posées..................................	2	2.15	4.30
419	437	Fourni 4 boulons à tête ronde et collet carré de 0.08 et posés.....................	4	0.25	1.00
506	87	Percé 4 trous de chacun 0.06 de profondeur dans le chêne, ensemble..................	0.24	5.35	1.28
429	807	Fourni 2 gonds à scellement.............	2	0.75	1.50
447	1548	Fourni une serrure à pêne dormant, noire 1re qualité de 0.14 et posée...............	1	»	4.20
447	1551	Plus-value pour faux-fond en cuivre et clef à chiffre..............................	1	»	2.20
443	1391	Fourni une gâche platine de façon en tôle de 0.16 à l'équerre.......................	1	»	1.25
Ana 443	logie 1394	Façon d'un empênage..................	1	»	0.35
Estim	ation	Pour la fixer, fourni 4 tiges à scellement faites exprès, épaulées et rivées...........	4	0.50	2.00
»	»	Pour la descente des vins, fourni un crochet forgé en fer rond de 0.030 de 0.60 développé, étiré et cintré en corne de bélier et à scellement fendu (*fig.* 244)..............	1	»	6.50
		Ferré 3 portes de caves et buanderie.			
		Détail d'une :			
436	1104	Fourni 2 pentures à collet élargi de 0.70 et posées..................................	2	2.15	4.30
429	807	Fourni 2 gonds à scellement............	2	0.75	1.50
447	1548	Fourni une serrure à pêne dormant, noire 1re qualité de 0.14 et posée................	1	»	4.20
447	1551	Plus-value pour faux-fond en cuivre et clef à chiffre..............................	1	»	2.20
428	791	Fourni une gâche à scellement...........	1	»	1.10
416	326	Fourni 2 battements faits exprès en fer de 0.040 × 0.007 de 0.15 de longueur, arrondis et à scellement fendu.....................	2	0.55	1.10
		Les 2 autres portes semblables...........	2	14.40	28.80

SÉRIE PAGES	SÉRIE Nos				
		Soupirail en façade. *Châssis.*			
431	883	Fourni 5 pattes à scellement de 0.14 et posées	5	0.25	1.25
435	1045	Fourni 4 paumelles doubles laminées de 0.095 et posées	4	0.75	3.00
426	700	Fourni 8 équerres simples de 0.16 et posées.	8	0.15	1.20
Estim	ation	Plus-value pour les 4 du haut avec branches cintrées sur champ	4	0.25	1.00
425	662	Fourni une crémone D. P. de 0.014 et posée.	1	»	2.40
410	151	Fourni une grille de défense composée de 2 traverses en fer de 0.040 × 0.011 de 1m,10 et de 5 barreaux en fer rond de 0.018 de 0.40 réduit de longueur, avec pontets et culots en fonte, pesant	12k500	0.56	7.00
		Soupiraux sur façade postérieure. *Châssis à 2 vantaux.*			
431	883	Fourni 5 pattes à scellement de 0.14 et posées	5	0.25	1.25
435	1045	Fourni 4 paumelles doubles laminées de 0.095 et posées	4	0.75	3.00
426	700	Fourni 8 équerres simples de 0.16 et posées.	8	0.15	1.20
425	662	Fourni une crémone D. P. de 0.014 et posée.	1	»	2.40
455	1819	Fourni 2 barreaux en fer rond de 0.018 de chacun 1m,10 de longueur, coupés et dressés, ensemble	2m20	1.30	2.86
Estim	ation	Aux extrémités fait 4 scellements fendus à chaud	4	0.25	1.00
		Châssis à un vantail.			
431	883	Fourni 4 pattes à scellement de 0.14 et posées	4	0.25	1.00
435	1045	Fourni 2 paumelles doubles laminées de 0.095 et posées	2	0.75	1.50
426	700	Fourni 4 équerres simples de 0.16 et posées.	4	0.15	0.60
429	826	Fourni un loqueteau d'école en fonte à panneton de 0.095 avec mentonnet et posé. .	1	»	2.20
455	1819	Fourni 2 barreaux en fer rond de 0.018 de chacun 0.60 de longueur, coupés et dressés, ensemble	1.20	1.30	1.56
Estim	ation	Aux extrémités fait 4 scellements fendus à chaud	4	0.25	1.00

TRAVAUX DE FAÇON & FERS FORGÉS

49. Avant de continuer nos exemples de métrés, nous parlerons des *façons diverses* qui ont été ajoutées depuis quelques années à la Série de la Société Centrale des Architectes et dont les prix figurent dans l'édition de 1905 sous les numéros 208 à 245. Ces prix trouvent leur emploi dans tous les travaux *de façon*, c'est-à-dire les ouvrages non prévus à la Série, comprenant la menuiserie en fer, les vérandas, bow-windows, les portes en fer, balcons, panneaux, rampes et tous les travaux en *fer forgé*.

Le détail de ces travaux se fait toujours de la même façon, en comptant la fourniture du fer, coupé, dressé et dégauchi, les arasements, le cintrage s'il y a lieu, les ajustements, les encollements et soudures, les noyaux roulés et forgés, les amincis ou aplatissements, les feuilles, spirales, lances, etc...

Nous examinerons successivement tous ces articles en suivant l'ordre de la Série.

50. *Dressage et dégauchissage.* — La Série donne du n° 208 au n° 222 les prix suivants pour dressage et dégauchissage des fers carrés et plats (au mètre linéaire) :

Carré de 0.020	0f,10	(N° 208)
» 0.030	0 ,20	(N° 209)
» 0.040	0 ,53	(N° 210)
» 0.050	0 ,80	(N° 211)
» 0.060	1 ,12	(N° 212)
Plats. 0.050 à 0.070 sur 5 à 7 m/m	0 ,13	(N° 213)
» 0.080 à 0.090 sur 6 à 9 m/m	0 ,15	(N° 214)
» 0.100 à 0.110 sur 7 à 10 m/m	0 ,17	(N° 215)
» 0.120 à 0.150 sur 8 à 10 m/m	0 ,20	(N° 216)
» 0.160 à 0.180 sur 8 à 10 m/m	0 ,26	(N° 217)
» 0.200 à 0.250 sur 8 à 10 m/m	0 ,33	(N° 218)
» 0.300 à 0.350 sur 8 à 10 m/m	0 ,43	(N° 219)
» 0.400 à 0.450 sur 8 à 11 m/m	0 ,56	(N° 220)
» 0.500 à 0.550 sur 8 à 11 m/m	0 ,73	(N° 221)
» 0.600 à 0.650 sur 8 à 11 m/m	1 ,00	(N° 222)

La Série est muette en ce qui concerne la fourniture du fer. Quand il s'agit de fers à **T**, cornières et fers à **U**, nous trouvons les prix au mètre linéaire à la Série du numéro 1127 au n° 1137. Les fers à moulures figurent aux n°s 1151 à 1159, les fers ronds aux n°s 1812 à 1821 et les fers rainés aux n°s 1831 à 1837. Mais la Série ne parle ni des fers carrés, ni des fers méplats.

Il s'ensuit que la plupart des vérificateurs comptent ces fers comme gros fers coupés à 0f,24 le kilogramme (Série n° 73), en ajoutant le prix de dressage et dégauchissage au mètre linéaire, suivant les n°s 208 à 222 de la Série.

Cette manière de faire est préjudiciable à l'entrepreneur. Les prix de dressage et dégauchissage portés à la Série ne sont pas en rapport avec la valeur de la main-d'œuvre occasionnée par ce travail, pas plus qu'ils ne sont en rapport avec le sous-détail des prix du fer rond de la même Série. Il ressort, en effet, du tableau ci-dessous, dans lequel nous donnons ce sous-détail, que la façon de dressage d'un mètre de fer rond de 0m,022 qui pèse en chiffres ronds 3k,000, figure pour 0f,90, ce qui le met, compris les faux frais de 23 0/0 et le bénéfice de 10 0/0 à 1f,22, tandis que le dressage et dégauchissage d'un mètre de fer carré de 0m,020, qui pèse sensiblement le même poids ($3^k,120$), est payé $0^f,10$ (Série n° 208), et celui d'un mètre de fer méplat de $0,055 \times 0,007$, qui pèse $3^k,000$, est payé $0^f,13$ (Série n° 213).

Pourquoi cette différence de prix entre le dressage du fer rond et le dressage et dégauchissage des fers carrés et plats, et pourquoi payer le premier $1^f,22$ et le dernier $0^f,10$ le mètre, quand, pour celui-ci, il y a un surcroît de main-d'œuvre résultant du dégauchissage et qu'il faut prendre des précautions pour conserver les arêtes du fer, précautions que ne nécessite pas le fer rond?

Sous-détail du prix des tringles en fer rond

	POIDS	PRIX d'achat le kilog.	PRODUIT	DÉCHET 1/20	FAÇON de DRESSAGE	FAUX FRAIS 23 0/0	ENSEMBLE	BÉNÉFICE 10 0/0	TOTAL	PRIX de SÉRIE
	kilog.	fr.	fr.	fr.	fr.	fr.	fr.	fr.	fr.	fr.
Fer rond de 0.009....	0.496	0.175	0.087.	0.004	**0.30**	0.069	0.460	0.046	0.506	**0.50**
» 0.010....	0.613	0.175	0.107	0.005	**0.32**	0.074	0.506	0.051	0.557	**0.55**
» 0.011....	0.742	0.175	0.130	0.007	**0.32**	0.074	0.531	0.053	0.584	**0.60**
» 0.012....	0.882	0.170	0.150	0.008	**0.35**	0.081	0.589	0.059	0.648	**0.65**
» 0.013....	1.035	0.170	0.176	0.009	**0.40**	0.092	0.677	0.068	0.745	**0.75**
» 0.014....	1.201	0.170	0.204	0.010	**0.50**	0.115	0.829	0.083	0.912	**0.90**
» 0.016....	1.568	0.170	0.267	0.013	**0.70**	0.161	1.141	0.114	1.255	**1.25**
» 0.018....	1.985	0.165	0.328	0.016	**0.70**	0.161	1.205	0.121	1.326	**1.30**
» 0.020....	2.450	0.165	0.404	0.020	**0.85**	0.196	1.470	0.147	1.617	**1.60**
» 0.022....	2.965	0.165	0.490	0.025	**0.90**	0.207	1.622	0.162	1.784	**1.80**

Il résulte de ce qui précède que les prix de dressage et dégauchissage n'ont pas été suffisamment étudiés par les auteurs de la Série et qu'ils sont par conséquent inapplicables.

Comme preuve, nous faisons encore remarquer que les prix du dressage indiqués dans le tableau ci-dessus subissent une diminution progressive au fur et à mesure que le poids du fer augmente, et sont, par rapport à ce poids, les suivants :

Fer pesant	$0^k,500$	le mètre,	le kilog.	$0^f,60$
»	0 ,600	»	»	0 ,52
»	0 ,750	»	»	0 ,44
»	de $0^k,751$ à $1^k,600$	»	»	0 ,40
»	1 ,601 à 2 ,600	»	»	0 ,35
»	2 ,601 à 3 ,000	»	»	0 ,30

Les prix de dressage et dégauchissage pour fers carrés figurant à la Série du n° 208 au n° 212 vont au contraire, tantôt en augmentant, tantôt en diminuant et sont en les comparant au poids du fer les suivants :

Fer carré de 0.020,	le kilog....		$0^f,032$
» 0.030,	»	...	0 ,029
» 0.040,	»	...	0 ,042
» 0.050,	»	...	0 ,041
» 0.060,	»	...	0 ,040

Toutes les remarques que nous venons de faire s'appliquent également aux prix de dressage et dégauchissage des fers plats. Dans la nomenclature de ces derniers, la Série indique des échantillons de fer qui ne s'emploient presque jamais dans les travaux de façon et paie des prix différents pour des fers pesant le même poids.

En effet, le dressage et dégauchissage d'un mètre de fer plat de $0,090 \times 0,009$ pesant $6^k,310$ est payé $0^f,15$ le mètre (n° 214) et celui d'un mètre de fer de $0,100 \times 0,008$ pesant le même poids ($6^k,232$) $0^f,17$ (n° 215), alors qu'il n'y a aucune différence de main-d'œuvre pour ces deux échantillons.

Quand, maintenant, nous comparons le prix du dressage et dégauchissage de fers larges plats au prix du planage de la tôle, parce qu'en réalité, il s'agit, dans ce cas, plutôt d'un planage, nous trouvons que la Série paie le dressage et dégauchissage d'un fer plat de 0,550 de largeur $0^f,73$ le mètre (n° 221), tandis que le planage d'une plaque en tôle de $1^m,00 \times 0^m,55$ est payé $0^m,55$ à $6^f,00 = 3^f,30$ (n° 174).

D'un autre côté, la Série paye $0^f,10$ pour un fer carré de 0,020 pesant $3^k,120$ et $0^f,13$ pour un fer plat de $0,050 \times 0,005$, pesant seulement $1^k,948$.

Nous sommes donc d'avis que les prix de dressage et dégauchissage tels qu'ils figurent à la Série de la Société Centrale ne sont pas applicables, et qu'il est préférable et plus logique de compter les fers carrés et méplats, compris dressage et dégauchissage, au mètre linéaire par analogique aux fers ronds, ainsi que le fait la Série des Bâtiments civils.

De cette façon, nous avons des prix pour tous les fers ronds, carrés et méplats pesant jusqu'à 3 kilogrammes le mètre. Nous savons d'après le tableau ci-dessus pour quelle valeur le dressage entre dans la composition du prix de règlement de ces fers et que cette valeur, qui va en diminuant au fur et à mesure que le poids du fer augmente, est de $0^f,30$ par kilogramme pour les fers pesant de $2^k,601$ à $3^k,000$ le mètre. Par conséquent, pour trouver le prix des fers pesant plus de $3^k,000$ le mètre, nous compléterons ce tableau en fixant comme suit la valeur du dressage et dégauchissage :

Fer pesant $3^k,001$ à $3^k,500$,	le kilog.	$0^f,30$
» 3 ,501 à 4 ,500,	»	0 ,25
» 4 ,501 à 6 ,000,	»	0 ,20
» au-dessus de $6^k,000$,	»	0 ,15

Nous croyons que cette dernière valeur de $0^f,15$ pour fer pesant au-dessus de 6 kilogrammes doit s'appliquer à tous les fers d'un échantillon plus fort, car si ces derniers sont plus faciles à dresser, leur maniement exige, à cause de leur poids, un plus grand nombre d'ouvriers.

En faisant le sous-détail des fers pesant plus de 3 kilogrammes, c'est-à-dire en ajoutant aux prix de façon ci-dessus les faux frais, l'achat du fer, le déchet et le bénéfice, nous trouvons les prix de règlement suivants :

Fer pesant $3^k,001$ à $3^k,500$,	le kilog.	$0^f,60$
» 3 ,501 à 4 ,500,	»	0 ,50
» 4 ,501 à 6 ,000,	»	0 ,45
» au-dessus de $6^k,000$,	»	0 ,40

Pour sortir dans le mémoire les prix du fer au mètre linéaire, on n'aura donc qu'à multiplier le poids par celui des prix ci-dessus qui est en rapport avec ce poids.

Exemples : Le fer rond de 0.030 vaut $5^k,513 \times 0^f,45 = 2^f,50$ le mètre linéaire.

Le fer carré de 0.030 vaut $7^k,020 \times 0^f,40 = 2^f,80$ le mètre linéaire.

Le fer méplat de 0.050×0.011 vaut $4^k,285 \times 0^f,50 = 2^f,15$ le mètre linéaire.

Il sera donc facile à chacun d'établir un tableau des prix au mètre linéaire des fers carrés et méplats les plus usités.

51. *Assemblages sur fer carré à goujon brasé.* — La Série paie ces assemblages à la pièce les prix suivants :

Carré de $0^m,012$......	$0^f,71$	(N° 223)
» 0 ,016......	0 ,83	(N° 224)
» 0 ,020......	1 ,07	(N° 225)
» 0 ,030......	1 ,40	(N° 226)
» 0 ,040......	1 ,85	(N° 227)
» 0 ,050......	2 ,40	(N° 228)

Pour les assemblages sur fer carré de dimensions intermédiaires à celles de la nomenclature ci-dessus, on appliquera le prix immédiatement supérieur, c'est-à-dire qu'un assemblage sur fer carré de 0,021 à $0^m,029$ sera payé comme s'il était fait sur fer carré de $0^m,030$.

Quant aux assemblages sur fer méplat, ils sont à payer comme s'ils étaient faits sur un fer carré du même côté que la largeur du fer méplat. Un assemblage sur fer méplat de 0.020×0.009 sera par conséquent payé $1^f,07$ (n° 225) et un assemblage sur fer méplat de 0.040×0.016 comme s'il était fait sur fer carré de 0.040 à $1^f,85$ (n° 227).

Lorsque l'assemblage réunit 2 fers de différentes grosseurs, le prix se compte d'après l'échantillon le plus fort.

Les prix ci-dessus s'appliquent aux assemblages à goujons brasés et rivés. Quand ils sont goupillés au lieu d'être rivés, il y a à payer en plus le trou de goupille suivant sa profondeur et la fourniture de la goupille.

52. *Arasement droit ou biais* sur fer, dressé à la lime. — La Série paie les arasements sur fer carré, rainé, méplat ou de section quelconque, 0f,04 le centimètre carré, compté suivant la surface (n° 229), en ajoutant que ce prix n'est pas applicable aux fers dressés : petit bois, tringles, etc... qui comprennent ce travail (n° 230).

L'application du prix pour les arasements ne comporte donc aucune hésitation. Il est, cependant, d'usage dans la pratique de compter les arasements biais ou arrondis moitié en plus du prix de l'arasement droit sans s'occuper de la surface réelle. L'arasement droit sur fer carré de 0.020 ayant 4 centimètres carrés de section étant payé $4 \times 0^f,04 = 0^f,16$, l'arasement biais est compté moitié en plus, soit 0f,24.

Quant à l'observation de la Série qui dit que les arasements ne doivent pas être payés pour les fers dressés, nous sommes d'avis que les arasements, quels qu'ils soient, doivent toujours être payés à part.

53. *Cintrage de fer.* — Voici les articles de la Série concernant le cintrage :

Cintrage de fer carré sur rayon donné (au mètre linéaire) :

Carré de 0.020	à froid..	1f,11	(N° 231)
» 0.030	» ..	1 ,73	(N° 232)
» 0.040	à chaud.	6 ,22	(N° 233)

Cintrage de fer plat sur cintre donné (au mètre linéaire) :

A plat	0.040×0.007	0f,69	(N° 234)
Sur champ	0.040×0.007	2 ,07	(N° 235)
A plat	0.060×0.020	1 ,38	(N° 236)
Sur champ	0.060×0.020	4 ,05	(N° 237)

Cintrage de fer carré et méplat (au mètre linéaire) :

Lorsque les fers seront cintrés sur plusieurs sens, c'est-à-dire débillardés, il y a lieu d'appliquer une plus-value suivant la forme et la difficulté du travail (observation n° 238).

En ce qui concerne ces prix, nous tenons d'abord à faire observer qu'ils sont insuffisants et qu'ils peuvent tout au plus s'appliquer à un cintrage *très léger*.

Dans l'édition de 1901, dans laquelle ces prix figuraient pour la première fois, les deux articles étaient ainsi libellés :

« Cintrage de fer sur un rayon donné **et supérieur à 1m,00.** »

Cette dernière partie de la phrase a été supprimée dans les éditions de 1903 et 1905. C'est peut-être la difficulté d'application de ces prix ainsi définis qui est la cause de cette suppression, car il est bien rare d'avoir à cintrer des fers sur un rayon supérieur à 1 mètre, ce rayon ayant bien plus souvent de 5 à 25 centimètres.

La Série a donc trouvé plus simple de

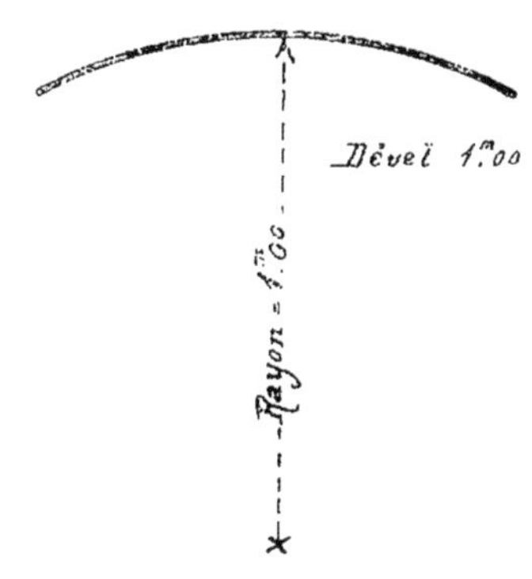

Fig. 267.

tourner la difficulté en modifiant le libellé de l'article. Mais, ainsi modifié, il donne lieu à des applications arbitraires au détriment de l'entrepreneur, et nous croyons devoir faire les commentaires qui suivent, tout en acceptant les prix de la Série comme prix de base.

Il est évident que le cintrage d'un mètre de fer sur un rayon d'un mètre (*fig.* 267), doit être payé moins cher que le cintrage de la même longueur de fer sur un rayon de 0m,40 (*fig.* 268), et que ce dernier cintrage ne vaut pas celui d'un mètre de fer enroulé sur lui-même en forme de volute ou de cercle (*fig.* 269 et 270).

A notre avis, il faut distinguer surtout les fers cintrés seulement, des fers cintrés et enroulés sur eux-mêmes à l'aide d'un faux rouleau.

Nous ne croyons pas nous éloigner de la vérité en affirmant que les fers cintrés sur un rayon de moins de 1 mètre et non enroulés valent le double, et les fers cintrés et enroulés en forme de volute ou de cercle, le triple des prix de la Série.

Ces appréciations ne sont, bien entendu,

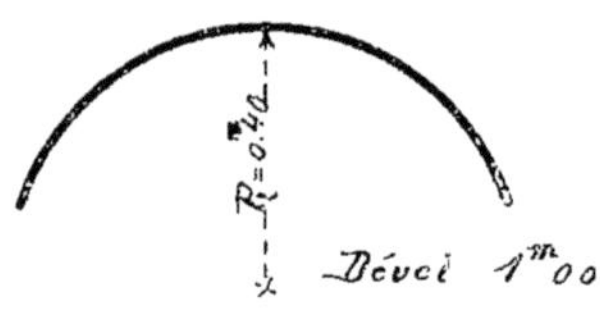

Fig. 268.

que des moyennes, la valeur du cintrage étant très variable, suivant le dessin à exécuter.

Nous croyons encore devoir attirer l'attention du lecteur sur les termes de la Série qui parle de cintrage *à froid* pour les fers carrés, de $0^m,020$ et de $0^m,030$, quand il est matériellement impossible de cintrer du fer carré de $0^m,030$ à froid, à moins qu'il ne s'agisse de gros fers à bâtiment cintrés légèrement, et aussi sur la différence de prix vraiment énorme qui existe

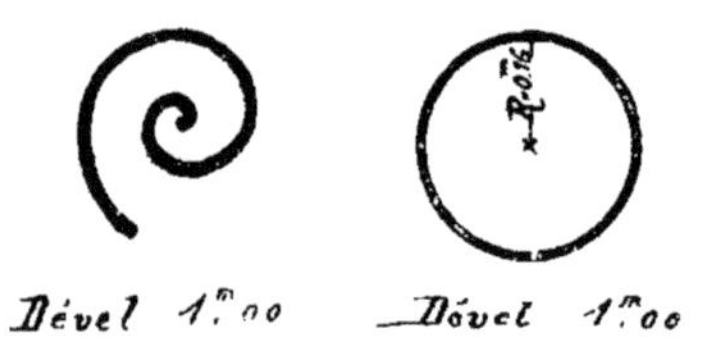

Fig. 269 et 270.

entre le cintrage des fers carrés de $0^m,030$ et de $0^m,040$ ($1^f,73$ et $6^f,22$).

Quant au cintrage de fer d'un échantillon plus faible que ceux énumérés à la Série, il est à payer au prix du premier échantillon, et les dimensions intermédiaires au prix de la dimension immédiatement supérieure.

Le cintrage de tous les fers carrés de moins de 0,020 est donc à payer comme s'ils avaient 0,020, les fers de 0,021 à 0,029 comme fer carré de 0,030 et les fers de 0,031 à 0,039 comme fer carré de 0,040. De même, le cintrage des fers plats d'un poids inférieur à celui des fers de 0,040 × 0,007 ($2^k,181$) est à payer comme s'ils avaient 0,040 × 0,007 et celui des fers au-dessus de ce poids jusqu'à $9^k,350$, comme s'ils avaient 0,060 × 0,020.

En ce qui concerne le cintrage des fers à T, cornières, fers à U et fers rainés dont il n'est pas question à la Série, le prix s'obtient en additionnant les deux prix de cintrage de fer méplat à plat et sur champ; les fers à T, cornières, fers à U et fers rainés ayant, en effet, une cote cintrée à plat et l'autre ou les 2 autres sur champ, et les fers à moulures exigeant la même main-d'œuvre supplémentaire en raison des soins qu'il faut apporter au cintrage pour conserver intactes les arêtes et la mouluration du fer.

Le cintrage de ces fers spéciaux doit donc être payé pour un rayon supérieur à 1 mètre :

Pour fer jusqu'à 0.040........	$2^f,76$
» de 0.040 à 0.060.......	5 ,43

54. *Encollement soudé.* — Les encollements soudés sur fer carré ou méplat sont payés $0^f,47$ par centimètre carré de section (Série n° 239).

Par conséquent, l'encollement soudé de 2 fers carrés de 0,020, ayant 4 centimètres carrés de section, vaut 4^{cm} à $0^f,47 = 1^f,88$.

Nous faisons remarquer que la section à prendre est celle du fer encollé et non celle de l'encollement. Quand il y a encollement de deux fers de sections différentes, le prix est calculé d'après la section la plus forte.

Si donc nous avons un fer méplat de 0,030 × 0,011 encollé sur un fer méplat 0,030 × 0,016, c'est en multipliant par $0^f,47$ la section de ce dernier fer qu'on obtient le prix de l'encollement, soit $4^{cm},8 \times 0^f,47 = 2^f,25$.

Nous croyons bon d'ajouter que le prix d'un encollement ne doit pas être inférieur à $0^f,75$, car quelque minime que soit la section du fer, il faut tenir compte du temps nécessaire pour le chauffer, afin de pouvoir faire l'encollement.

Les coudes à vives arêtes sur fer carré ou méplat, qu'ils soient obtenus au moyen d'un encollement ou d'un refoulement, doivent être payés le même prix que les encollements soudés.

55. *Noyaux roulés et forgés.* — Les noyaux roulés et forgés sans cornes de bélier sont payés à la Série les prix suivants :

Sur fer carré de	0.010..	0f,69	(N° 240)
»	0.020..	0 ,97	(N° 241)
»	0.030..	1 ,18	(N° 242)

Comme pour les assemblages, les noyaux roulés sur fer d'une dimension intermédiaire à celles indiquées ci-dessus se paient aux prix de la dimension immédiatement supérieure et ceux sur fer plat se paient comme s'ils étaient faits sur fer carré ayant le même côté que la largeur du fer plat.

56. *Amincis ou aplatissements.* — La Série les paie les prix suivants :

Sur fer carré de	0.010..	0f,41	(N° 243)
»	0.020..	0 ,69	(N° 244)
»	0.030..	0 ,83	(N° 245)

Les observations que nous venons de faire pour les noyaux roulés s'appliquent également aux amincis et applatissements.

57. *Ajustement à moitié fer.* — Les ajustements à moitié fer sur fer carré ou méplat pour former croisillon, quoique d'un usage fréquent dans les travaux en fer forgé, ne figurent pas à la Série de la Société Centrale.

Nous sommes d'avis de payer ces ajustements suivant la section du fer à 0f,75 le centimètre carré, y compris les trous et le rivet d'axe, avec un prix minimum de 1f,85 par ajustement.

Les ajustements biais ou sur fer cintré sont à payer moitié en plus.

58. *Ajustements d'angle à double onglet.* — Les ajustements sur fer carré ou méplat pour former cadres, tout en se composant en réalité de 2 arasements biais, doivent être payés plus cher en raison du soin qu'il faut apporter dans leur exécution. Il faut en effet beaucoup d'attention pour limer les onglets à 45 degrés, de manière à ce qu'ils joignent bien et que les cadres soient bien d'équerre.

Ces ajustements doivent être payés 0f,25 par centimètre carré de section, et ceux à faux onglets moitié en plus.

59. *Soudures.* — La Série donne 3 prix différents pour les soudures; celles pour crémones et espagnolettes sont payées 0f,60 (nos 1329 et 1342), celles sur tringles 0f,40 (n° 1825) et celles sur les mêmes tringles forment châssis grillagés 0f,75 (Série de grillage n° 666).

Nous sommes d'avis de payer les soudures dans les travaux de façon suivant la section du fer, pour la bonne raison que, ainsi que cela se produit pour les ajustements, arasements et autres façons, le temps qu'il faut pour faire la soudure augmente en proportion de cette section. Il faut nécessairement plus de temps pour souder un fer carré de 0.030 qu'un fer carré de 0.016. Nous pensons donc que les soudures doivent être payées 0f,25 par centimètre carré de section, avec un prix minimum de 0f,75.

Les soudures en bout des fers cintrés formant cercles, en raison de la difficulté de travail, sont à payer comme encollements soudés.

60. Pour résumer les observations que nous venons de faire au sujet des travaux de façon, nous reproduisons ci-dessous les articles de la Série se rapportant à ces travaux, en intercalant en *caractères italiques* les modifications et additions que nous croyons devoir faire à ces articles.

Travaux de façon.

Fers carrés et méplats.

Les fers carrés et méplats, coupés, dressés et dégauchis, d'un poids inférieur à 3k,000, seront payés au mètre linéaire par analogie aux tringles en fer rond (nos 1812 à 1821).

Les fers ronds, carrés et méplats d'un poids supérieur à 3k,000 seront également payés au mètre linéaire en les calculant suivant les prix ci-dessous au kilogramme :

Fer pesant 3k,001 à 3k,500, le kilog..		0f,60
»	*3 ,501 à 4 ,500,* » ..	0 ,50
»	*4 ,501 à 6 ,000,* » ..	0 ,45
Fer pesant au-dessus de 6k,000, » ..		0 ,40

Assemblages sur fer carré à goujon brasé :

Carré de	0.012	0f,71
»	0.016	0 ,83
»	0.020	1 ,07
»	0.030	1 ,40
»	0.040	1 ,85
»	0.050	2 ,40

Lorsque l'assemblage réunit 2 fers de différentes grosseurs, le prix se compte d'après l'échantillon le plus fort.

Les prix ci-dessus s'appliquent aux assemblages à goujon brasé et rivé. Quand ils sont goupillés au lieu d'être rivés, le trou de goupille et la fourniture de la goupille sont à payer à part.

Ajustement à moitié fer *sur fer carré ou méplat et par centimètre carré de section, compris trou et rivure*........... 0f,75

Le prix d'un ajustement, quelque soit sa section, ne peut être inférieur à 1f,85

Les ajustements biais ou sur fer cintré seront payés moitié en plus.

Ajustement d'angle à double onglet *sur fer carré ou méplat et par centimètre carré de section du fer*................ 0f,25

Les ajustements d'angle à faux onglet seront payés moitié en plus.

Arasement droit sur fer, dressé à la lime.

Carré, rainé, méplat ou de section quelconque, par centimètre carré et compté suivant la surface de la coupe........ 0f,04

Les arasements biais ou arrondis seront payés moitié en plus.

Les arasements seront toujours payés à part, quelque soit le fer sur lequel ils sont faits.

Cintrage de fer carré sur rayon donné et *supérieur à 1 mètre* (au mètre linéaire) :

Carré de	0.020	1f,11
»	0.030	1 ,73
»	0.040	6 ,22

Cintrage de fer plat sur cintre donné et *supérieur à 1 mètre* (au mètre linéaire) :

A plat	0.040 × 0.007	0f,69
Sur champ	0.040 × 0.007	2 ,07
A plat	0.060 × 0.020	1 ,38
Sur champ	0.060 × 0.020	4 ,05

Les fers cintrés sur un rayon de moins de 1m,00 et non enroulés seront payés le double des prix ci-dessus.

Les fers cintrés et enroulés en forme de volute ou de cercle seront payés le triple des prix ci-dessus.

Le prix du cintrage des fers à T, *cornières, fers à moulures, fers à* U *et fers rainés, s'obtient en additionnant les deux prix de cintrage à plat et sur champ des fers méplats.*

Cintrage de fer carré et méplat (au mètre linéaire) :

Lorsque les fers seront cintrés sur plusieurs sens, c'est-à-dire débillardés, il y aura lieu d'appliquer une plus-value suivant la forme et la difficulté du travail.

Encollement soudé sur fer carré ou méplat et par centimètre carré de section, charbon compris.................... 0f,47

Le prix d'un encollement ne peut être inférieur à.......................... 0f,75

Les coudes à vives arêtes sur fer carré ou méplat, qu'ils soient obtenus au moyen d'un encollement ou d'un refoulement, seront payés les mêmes prix que les encollements soudés.

Soudures *sur fer carré ou méplat et par centimètre carré de section, charbon compris.* 0f,25

Le prix d'une soudure ne peut être inférieur à.......................... 0f,75

Les soudures en bout des fers cintrés formant cercles, seront payées comme encollements soudés.

Noyaux roulés et forgés sur fer sans cornes de bélier (à la pièce) :

Sur fer carré de		0.010	0f,69
»	»	0.020	0 ,97
»	»	0.030	1 ,18

Amincis ou aplatissements sur fer (à la pièce) :

Carré de	0.010	0f,41
»	0.020	0 ,69
»	0.030	0 ,83

Scellement *en queue de carpe fendu à chaud, par centimètre carré de section du fer*................................ 0f,08

Le prix d'un scellement fendu ne peut être inférieur à......................... 0f,25

Métré n° 4.

Véranda (*Fig.* 271 et 272).

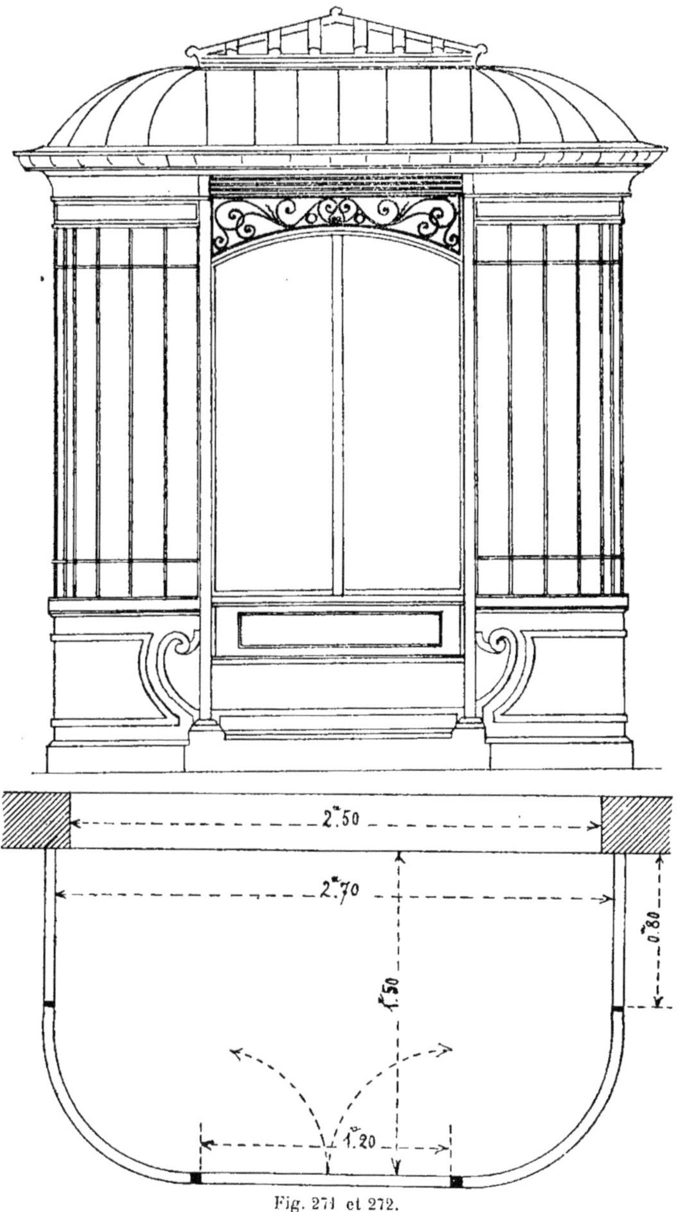

Fig. 271 et 272.

SÉRIE PAGES	N°s				
		Salle à manger.			
407	89	Pour l'élargissement de la baie sur la rue, pour l'établissement d'une véranda, fourni un filet à 2 lames I 0.16 de 3.00, assemblé par 4 boulons de 0.018 de 0.30 de longueur, pesant.	$87^{k}000$	0.32	27.84
407	92	Plus-value pour pose en sous-œuvre......	87.000	0.05	4.35
406	73	Fourni 2 semelles en fer de 0.200 × 0.014 de 0.30 de longueur, pesant................	13.000	0.24	3.12
406	73	Fourni 5^{k},000 de cales coupées...........	5.000	0.24	1.20
406	76	Fourni 2^{k},000 de coins forgés............	2.000	0.43	0.86
		Plancher bas de la véranda.			
406	81	Fourni 4 solives en fer à I de 0.08 de 1.90, pesant..................................	51.000	0.27	13.77
406	75	Fourni 5 entretoises en fer carré de 0.014 de 0.85 développé, pesant.................	6.500	0.32	2.08
406	72	Fourni 10 fentons de 0.009 de 1.90, pesant.	12.000	0.20	2.40
		Véranda.			
Estimation		Fourni 2 montants en fer carré de 0.040 de chacun 2^{m},92 de longueur, dressés et dégauchis, ensemble..........................	$5^{m}84$	5.00	29.20
412	229	Dans le haut, fait 2 arasements droits, limés et affleurés..............................	2	0.64	1.28
Estimation		Fourni 2 montants en fer méplat de 0.040 × 0.016 de chacun 2^{m},92 de longueur, dressés et dégauchis, ensemble............	$5^{m}84$	2.25	13.14
412	229	Dans le haut, fait 2 arasements droits, limés et affleurés..............................	2	0.26	0.52
411	173	Dans le haut, fourni une ceinture en tôle de 0.004 en 4 parties, dont : 2 de 0.90 × 0.25 2 de 1.20 × 0.25, pesant..................................	$32^{k}700$	0.26	8.50
411	174	Planage..................................	$1^{m}05$	6.00	6.30
411	175	Dressement des rives au burin et à la lime.	$10^{m}40$	1.00	10.40
Estimation		Cintrage de 2 parties sur un développé de 1^{m},20, ensemble.......................	2.40	3.00	7.20
437	1133	Pour les fixer sur les montants, fourni 6 équerres en fer cornière de 0.030 de chacune 0.25 de longueur, dressées et dégauchies, ensemble.........................	1.50	1.80	2.70
436	1116 1122	Pour les fixer, percé 48 trous fraisés......	48	0.12	5.76
436	1116 1123	Contrepercé 48 trous taraudés............	48	0.16	7.68
459	2025	Fourni 48 vis à métaux et posées.........	48	0.20	9.60
437	1137	Sur cette ceinture, pour recevoir les chevrons du comble, fourni une ceinture en fer à U de 0.050 en 4 parties, dont 2 de 0.90 et 2 de 1.20 développé, dressées et dégauchies, ensemble..................................	$4^{m}20$	2.95	12.39
413	236-237	Cintrage de 2 parties sur un rayon de 0^{m},75 et sur un développé de chacune 1^{m},20, ensemble..................................	2.40	10.86	26.06
436	1116 1122	Pour la fixer, percé 72 trous fraisés.......	72	0.12	8.64

SÉRIE PAGES	SÉRIE Nos				
436	1116 1123	Contrepercé 72 trous taraudés.	72	0.16	11.52
459	2025	Fourni 72 vis à métaux et posées.	72	0.20	14.40
		A l'extérieur pour recevoir des carreaux de faïence, fourni 2 cadres en fer à Z de 0.025 composés de : 4 traverses de $2^m,05$ = 8.20 4 montants de $0^m,24$ = 0.96			
437	1131	Ensemble.	9^m16	1.60	14.66
413	234-235	Cintrage des 4 traverses sur un rayon de $0^m,75$ et sur un développé de $1^m,20$, ensemble.	4.80	5.52	26.50
437	1144 1147	Dans les angles fait 8 ajustements à double onglet.	8	0.725	5.80
436	1116 1122	Pour les fixer percé 56 trous fraisés.	56	0.12	6.72
436	1116 1123	Contrepercé 56 trous taraudés.	56	0.16	8.96
459	2025	Fourni 56 vis à métaux et posées.	56	0.20	11.20
		Soubassement.			
437	1135 1172	Fourni 2 ceintures en fer cornière de 0.040 en 10 parties, dont 4 de chacune 0.90 et 6 de 1.20, dressées et dégauchies, ensemble.	10^m80	2.15	23.22
413	234-235	Cintrage de 4 desdites *idem* sur un développé de 1.20, ensemble.	4.80	5.52	26.50
437	1139	Pour les fixer sur les montants, fait 16 pattes coudées enlevées à même la feuillure et percées de 2 trous.	16	1.20	19.20
436	1116 1123	Contrepercé 32 trous taraudés.	32	0.16	5.12
459	2025	Fourni 32 vis à métaux et posées.	32	0.20	6.40
437	1135 1172	Aux extrémités et au droit des montants, fourni 10 montants en fer cornière de 0.040 de chacun 0.75 de longueur, dressés et dégauchis, ensemble.	7^m50	2.15	16.12
436	1116 1122	Pour les fixer, percé dans chacun 8 trous fraisés, ensemble.	80	0.12	9.60
436	1116 1123	Contrepercé 64 trous et taraudés.	64	0.16	10.24
459	2025	Fourni 64 vis à métaux et posées.	64	0.20	12.80
459	2001	Fourni 16 vis à bois de 0.030 et posées.	16	0.043	0.68
437	1126	Percé 16 trous de chacun 0.04 et tamponnés, ensemble.	0^m64	5.00	3.20
		A l'extérieur, fourni 3 panneaux en tôle de 0.004, dont : 2 de $2^m,05 \times 0.78$ 1 de $1^m,20 \times 0.78$,			
411	173	pesant.	128^k650	0.26	33.45
411	174	Planage.	4^m13	6.00	24.78
411	175	Dressement des rives au burin et à la lime.	15.28	1.00	15.28
Estim	ation	Cintrage de 2 desdits au cylindre sur un développé de $1^m,20$, ensemble.	2.40	9.35	22.44
436	1116 1122	Pour les fixer, percé 214 trous fraisés.	214	0.12	25.68
436	1116 1123	Contrepercé 214 trous taraudés.	214	0.16	34.24

SÉRIE PAGES	SÉRIE Nos				
459	2025	Fourni 214 vis à métaux et posées........	214	0.20	42.80
437	1153	Dans le haut des panneaux, fourni 2 traverses en fer à moulures de 0.025 de chacune 2m,05 développé, ensemble................	4.10	1.60	6.56
413	234-235	Cintrage desdites sur un rayon de 0m,75 et sur un développé de 1m,20, ensemble.......	2.40	5.52	13.25
436	1116 1122	Pour les fixer, percé 46 trous fraisés......	46	0.12	5.52
436	1116 1123	Contrepercé 46 trous taraudés...........	46	0.16	7.36
459	2025	Fourni 46 vis à métaux et posées.........	46	0.20	9.20
Analogie 455	 1812	En dessous, fourni 2 traverses en fer méplat de 0.016 × 0.004 de chacune 2m,05 développé, dressées et dégauchies, ensemble...........	4m10	0.50	2.05
413	234	Cintrage desdites à plat sur un rayon de 0m,75 et sur un développé de 1.20 chacune, ensemble..................................	2.40	1.38	3.31
412	229	Aux extrémités, fait 4 arasements droits...	4	0.04	0.16
436	1116 1122	Pour les fixer, percé 24 trous fraisés.....	24	0.12	2.88
436	1116 1123	Contrepercé 24 trous taraudés............	24	0.16	3.84
459	2025	Fourni 24 vis à métaux et posées.........	24	0.20	4.80
		Fourni 4 cadres en fer méplat de 0.035 × 0.004 composés de :			
		4 traverses de chacune 0.72, ensemble 2m,88			
		4 montants de chacun 0.45, ensemble 1,80			
		2 traverses de 1.05, ensemble...... 2,10			
		2 traverses de 0.85, ensemble...... 1,70			
		2 montants de 0.45, ensemble..... 0,90			
		2 montants de 0.56, ensemble..... 1,12			
		2 parties formant volutes, développant chacune 0.96, ensemble........ 1,92			
		1 traverse de.................... 1,21			
		2 traverses de chacune 0.11, ensemble 0,22			
Analogie		4 montants de chacun 0.07, ensemble 0,28			
455	1816	Ensemble........................	14m13	0.75	10.60
		Cintrage de ces cadres sur champ et à plat, sur un petit rayon dont :			
		2 montants de chacun 0.56, ensemble 1m,12			
		2 parties de chacune 0.88, ensemble 1m,76			
413	234-235	Ensemble........................	2.88	5.52	15.90
413	234	Cintrage à plat de 4 traverses sur un rayon de 0m,75, dont 2 de 0m,85 et 2 de 1m,05 développé, ensemble........................	3.80	1.38	5.24
Analogie 413	 242	Façon de 2 noyaux roulés sur champ et forgés....................................	2	1.18	2.36
412	229	Fait 6 arasements droits, limés et affleurés.	6	0.06	0.36
Estimation		Fait 24 ajustements d'angle à double onglet.	24	0.35	8.40
»	»	Plus-value pour 4 desdits en biais........	4	0.18	0.72
»	»	Fait 2 soudures d'angles à vives arêtes....	2	0.75	1.50
413	239	Fait 2 encollements soudés..............	2	0.75	1.50
436	1116 1122	Pour les fixer, percé 67 trous fraisés......	67	0.12	8.04
436	1116 1123	Contrepercé 67 trous taraudés...........	67	0.16	10.72

SÉRIE PAGES	SÉRIE N°s				
459	2025	Fourni 67 vis à métaux et posées..........	67	0.20	13.40
437	1156	Dans le bas, fourni 2 traverses en fer à moulures de 0m,040 de chacune 2m,05 développé, dressées et dégauchies, ensemble	4m10	2.05	8.41
413	234-235	Cintrage desdites sur un rayon de 0m,75 et sur un développé de 1m,20 chacune, ensemble.	2.40	5.52	13.25
Estim	ation	D'un bout fait 2 ajustements cintrés......	2	0.75	1.50
436	1116 1122	Pour les fixer percé 24 trous fraisés......	24	0.12	2.88
436	1116 1123	Contreperçé 24 trous taraudés............	24	0.16	3.84
459	2025	Fourni 24 vis à métaux et posées.........	24	0.20	4.80
411	173	Fourni 2 plinthes en tôle de 0m,003 de chacune 2m,05 × 0m,11, pesant................	10k500	0.26	2.73
411	174	Planage................................	0m45	6.00	2.70
411	175	Dressement des rives au burin et à la lime.	8.64	1.00	8.64
Estim	ation	Cintrage desdites sur un développé de 1m,20, chacune, ensemble..........................	2.40	1.30	3.12
436	1116 1122	Pour les fixer percé 24 trous fraisés	24	0.12	2.88
436	1116 1123	Contreperçé 24 trous et taraudés..........	24	0.16	3.84
459	2025	Fourni 24 vis à métaux et posées.	24	0.20	4.80
Estim	ation	Sur le devant fourni un socle, composé d'une traverse en fer méplat de 0m,030 × 0m,014 de 1m,89 développé, dressée et dégauchie....................................	1.89	1.95	3.69
»	»	Fait 2 coudes en rond....................	2	0.75	1.50
413	239	Fait 6 encollements soudés de 4.2 centimètres de section.........................	6	1.97	11.82
436	1116 1122	Pour les fixer, percé 24 trous fraisés.....	24	0.12	2.88
436	1116 1123	Contreperçé 24 trous taraudés............	24	0.16	3.84
459	2025	Fourni 24 vis à métaux et posées.........	24	0.20	4.80
411	173	Fourni une plinthe en tôle de 0.003 de 1.45 × 0.20, pesant.......................	6k800	0.26	1.76
411	174	Planage................................	0.29	6.00	1.74
		Dressement des rives au burin et à la lime : 1 fois............................ 1.45 2 fois 0.11 = ... 0 22 2 fois 0.12 = ... 0.24 1 fois............................ 1.09			
411	175	Ensemble.........................	3.00	1.00	3.00
411	179-187	Découpage circulaire sur un développé de..	0.38	2.37	0.90
436	1116 1122	Pour la fixer, percé 24 trous fraisés.......	24	0.12	2.88
436	1116 1123	Contreperçé 24 trous taraudés............	24	0.16	3.84
459	2025	Fourni 24 vis à métaux et posées.........	24	0.20	4.80
Estim	ation	Fourni une traverse en fer méplat de 0.045 × 0.009 de 1.12 de longueur, dressée et dégauchie..	1.12	1.90	2.13
412	229	Aux extrémités, fait 2 arasements arrondis.	2	0.24	0.48
436	1117 1122	Pour la fixer, percé 4 trous de 0.009 et fraisés..	4	0.16	0.64

SÉRIE PAGES	N°s				
436	1116 1123	Contrepercé 4 trous taraudés	4	0.16	0.64
459	2025	Fourni 4 vis à métaux et posées	4	0.20	0.80
437	1153	Fourni une traverse en fer à moulures de 0.025 de 1.10 de longueur	1m10	1.60	1.76
412	229	Fait 2 arasements arrondis	2	0.15	0.30
436	1116 1122	Percé 6 trous fraisés	6	0.12	0.72
436	1116	Percé 6 trous de passage	6	0.08	0.48
436	1116 1123	Contrepercé 6 trous et taraudés	6	0.16	0.96
459	2025	Fourni 6 vis à métaux et posées	6	0.20	1.20
		A l'intérieur, fourni 3 panneaux en tôle de 0.0015 dont : 2 de 2.00 × 0.78 1 de 1.23 × 0.78,			
411	173	pesant	47k700	0.26	12.40
411	174	Planage	4.08	6.00	24.48
411	175	Dressement des rives au burin et à la lime.	15.14	1.00	15.14
Estim	ation	Cintrage de 2 panneaux sur un développé de 1.20, ensemble	2m40	9.35	22.44
436	1116 1122	Pour les fixer, percé 120 trous fraisés	120	0.12	14.40
436	1116 1123	Contrepercé 120 trous taraudés	120	0.16	19.20
459	2025	Fourni 44 vis à métaux de 0.010 et posées.	44	0.20	8.80
459	2031	Fourni 76 vis à métaux de 0.040 et posées.	76	0.35	26.60
Estim	ation	Fourni 24 fourrures d'écartement en fer creux de 0.040 de longueur, arasées des 2 bouts	12	0.40	4.80
455	1815	Fourni 2 couvre-joints en fer méplat de 0.030 × 0.004 de chacun 0.77 de longueur, dressés et dégauchis, ensemble	1m54	0.65	1.00
412	229	Aux extrémités, fait 4 arasements droits	4	0.05	0.20
436	1116 1122	Pour les fixer, percé 10 trous fraisés	10	0.12	1.20
436	1116 1123	Contrepercé 10 trous et taraudés	10	0.16	1.60
459	2025	Fourni 10 vis à métaux et posées	10	0.20	2.00
		Fourni 3 cadres en fer méplat de 0.030 × 0.004 dont : 2 de 1.75 × 0.48 1 de 1.02 × 0.48,			
455	1815	dressés et dégauchis, ensemble	11m92	0.65	7.75
413	234	Cintrage de 4 traverses sur un rayon de 0m,75 et sur un développé de 1.20 chacune, ensemble.	4.80	1.38	6.62
Estim	ation	Fait 12 ajustements d'angle à double onglet.	12	0.30	3.60
436	1116 1122	Pour les fixer, percé 74 trous et fraisés	74	0.12	8.88
436	1116	Percé 74 trous de passage	74	0.08	5.92
436	1116 1123	Contrepercé 74 trous et taraudés	74	0.16	11.84
459	2031	Fourni 74 vis à métaux de 0.040 et posées.	74	0.35	25.90
455	1818	Dans le bas, fourni une traverse en fer carré de 0.014 de 3m,20 développé, dressée et dégauchie	3m20	1.25	4.00

SÉRIE PAGES	Nos				
413	231	Cintrage de ladite sur un rayon de 0m,75 et sur un développé de	2m40	2.22	5.33
Estim	ation	Fait 4 ajustements à sifflet	4	0.75	3.00
436	1118 1122	Pour la fixer, percé 32 trous de 0.014 et fraisés	32	0.20	6.40
436	1116	Percé 32 trous de passage	32	0.08	2.56
436	1116 1123	Percé 32 trous et taraudés	32	0.16	5.12
459	2033	Fourni 32 vis à métaux de 0.050 et posées.	32	0.35	11.20
411	173	Fourni une plinthe en tôle de 0.003 de 3m,20 × 0.11 en 5 parties, pesant	8k200	0.26	2.13
411	174	Planage	0.35	6.00	2.10
411	175	Dressement des rives au burin et à la lime.	7m50	1.00	7.50
Estim	ation	Cintrage de ladite sur un développé de	2.40	1.30	3.12
436	1116 1122	Pour la fixer, percé 32 trous et fraisés	32	0.12	3.84
436	1116 1123	Contrepercé 32 trous et taraudés	32	0.16	5.12
459	2025	Fourni 32 vis à métaux et posées	32	0.20	6.40
		Partie vitrée.			
437	1155 1172	Fourni 4 cadres en fer à 1/2 moulures de 0.035 dont : 2 de 1.78 × 0.80 2 de 1.78 × 1.10, ensemble	21m84	1.95	42.58
413	234-335	Cintrage des 4 traverses sur champ sur un rayon de 0m,75 et sur un développé de 1m,10.	4.40	5.52	24.28
438	1167 1170	Fait 16 ajustements d'angle à double onglet.	16	1.05	16.80
436	1116 1122	Pour les fixer, percé 120 trous fraisés	120	0.12	14.40
436	1116 1123	Contrepercé 120 trous taraudés	120	0.16	19.20
459	2025	Fourni 120 vis à métaux et posées	120	0.20	24.00
431	883-885	Fourni 16 pattes à scellement de 0.14 coudées	16	0.30	4.80
436	1116 1123	Percé 16 trous taraudés	16	0.16	2.56
459	2025	Fourni 16 vis à métaux et posées	16	0.20	3.20
437	1125	Percé 16 trous de 0.10 de profondeur dans la brique et fait les scellements au plâtre	16	0.77	12.32
		Fourni 20 petits bois en fer à moulures de 0.035 de chacun 1.78, ensemble = 35.60 4 traverses de 0.80 = 3.20 4 — de 1.10 = 4.40			
437	1155	Ensemble	43m20	1.95	84.24
413	234-235	Cintrage de 4 traverses sur champ sur un rayon de 0m,75 et sur un développé de 1m,10.	4.40	5.52	24.28
438	1167 1170	Fait 56 ajustements simples à tenon et mortaise	56	1.05	58.80
438	1167	Fait 40 ajustements à moitié fer pour former croisillons à angles droits	40	2.10	84.00
438	1169	Plus-value pour 24 desdits sur traverses cintrées	24	1.05	25.20
437	1150	Percé 112 trous de vitrage	112	0.05	5.60

SÉRIE PAGES	SÉRIE Nos				
		Fourni une croisée à 2 vantaux en fer à moulures de 0.040 composée de : 2 montants de 1.73 = ... 3^m46 2 » de 1.57 = ... 3.14 2 traverses de 0.60 = ... 1.20 2 » de 0.63 = ... 1.26			
437	1156	Ensemble...........................	9^m06	2.05	18.57
413	234-235	Cintrage des 2 traverses du haut à plat sur un rayon de $0^m,75$ et sur un développé de 0.63.	1.26	2.76	3.47
438	1167 1171	Fait 8 ajustements d'angle à queue d'aronde.	8	2.10	16.80
438	1169	Plus-value pour 4 desdits en biais........	4	1.05	4.20
437	1149	Plus-value pour les 8 ajustements soudés au cuivre..............................	8	0.50	4.00
455	1814	Pour former feuillure et contre-feuillure sur les montants, fourni 3 fourrures en fer méplat de 0.020 × 0.005 dont une de 1.73 et 2 de chacune 1.57 de longueur, dressées et dégauchies, ensemble....................	4^m87	0.60	2.92
412	229	Aux extrémités, fait 6 arasements droits, limés et affleurés.........................	6	0.04	0.24
455	1814	Fourni 3 autres fourrures en fer méplat de 0.018 × 0.005 dont une de 1.73 et 2 de chacune 1.57 de longueur, dressées et dégauchies, ensemble.........................	4^m87	0.60	2.92
412	229	Aux extrémités, fait 6 arasements droits, limés et affleurés.........................	6	0.04	0.24
436	1116 1122	Pour fixer ces 6 fourrures, percé dans chacune 9 trous fraisés, ensemble.........	54	0.12	6.48
436	1116 1123	Contrepercé 54 trous taraudés...........	54	0.16	8.64
459	2025	Fourni 54 vis à métaux et posées.........	54	0.20	10.80
Estim	ation	Fourni 6 paumelles doubles de grille à lames pleines forgées de 0.100 de hauteur de nœuds, ajustées et posées sur fer	6	4.00	24.00
455	1814	Au milieu à l'extérieur, fourni un battement en fer méplat de 0.020 × 0.005 de 1.72 de longueur, dressé et dégauchi	1.72	0.60	1.03
412	229	Aux extrémités, fait 2 arasements droits..	2	0.04	0.08
436	1116 1122	Pour le fixer percé 9 trous fraisés........	9	0.12	1.08
436	1116 1123	Contrepercé 9 trous taraudés............	9	0.16	1.44
459	2025	Fourni 9 vis à métaux et posées..........	9	0.20	1.80
455	1816	A l'intérieur, fourni un battement en fer méplat de 0.025 × 0.005 de $1^m,72$ de longueur, dressé et dégauchi....................	1.72	0.75	1.29
412	229	Aux extrémités, fait 2 arasements droits..	2	0.05	0.10
436	1116 1122	Pour le fixer percé 9 trous fraisés........	9	0.12	1.08
436	1116 1123	Contrepercé 9 trous taraudés............	9	0.16	1.44
459	2025	Fourni 9 vis à métaux et posées..........	9	0.20	1.80
Estim	ation	Fait une entaille pour le passage du mentonnet du vasistas........................	1	»	0.35
»	»	Fourni une crémone R. G. à tringle ronde de 0.011 et posée.........................	1	»	4.50

SERIE PAGES	SERIE N°s				
436	1116 1123	Pour la fixer percé 12 trous taraudés......	12	0.16	1.92
459	2028	Fourni 12 vis à métaux de 0.025 et posées.	12	0.25	3.00
428	779	Dans le haut, fourni une gâche coudée de façon à empênage........................	1	»	0.70
436	1116 1123	Percé 2 trous et taraudés................	2	0.16	0.32
459	2025	Fourni 2 vis à métaux et posées..........	2	0.20	0.40
Estim	ation	Dans le bas, fourni une platine de butée, percé de 2 trous fraisés..................	1	»	0.60
436	1116 1123	Contrepercé 2 trous et taraudés...........	2	0.16	0.32
459	2025	Fourni 2 vis à métaux et posées..........	2	0.20	0.40
Estim	ation	Fourni 2 jets d'eau en tôle douce de 0.001 de 0.04 de largeur et de chacun 0m,58 de longueur, coudés et cintrés, ensemble......	1m16	3.50	4.06
436	1116	Pour les fixer percé 10 trous de foret.....	10	0.08	0.80
436	1116 1123	Contrepercé 10 trous et taraudés..........	10	0.16	1.60
459	2025	Fourni 10 vis à métaux à tête ronde et posées.	10	0.20	2.00
453	1724	Fourni un jet d'eau en fer pour châssis de 0.041 de 1.20 de longueur..................	1	»	5.65
412	229	Aux extrémités, fait 2 arasements arrondis	2	0.50	1.00
426	711-720	Pour le fixer fourni 2 équerres de façon en fer méplat de 0.040 × 0.007 de 0.20 développé, percées de 6 trous fraisés..........	2	1.50	3.00
436	1116 1123	Contrepercé 12 trous et taraudés..........	12	0.16	1.92
459	2025	Fourni 12 vis à métaux et posées.........	12	0.20	2.40
455	1820 1821	A l'extérieur, fourni 2 battements en fer méplat de 0.050 × 0.007 de chacun 2m,92 de longueur, ensemble......................	5m84	1.70	9.92
412	229	Dans le haut, fait 2 arasements droits....	2	0.14	0.28
436	1116 1122	Pour les fixer, percé 40 trous fraisés.....	40	0.12	4.80
436	1116 1123	Contrepercé 40 trous taraudés............	40	0.16	6.40
459	2025	Fourni 40 vis à métaux et posées.........	40	0.20	8.00
435	1817 1818	Dans le haut, fourni un battement en fer méplat de 0.025 × 0.007 de 1m,25 développé, dressé et dégauchi.........................	1.25	1.05	1.31
413	235	Cintrage dudit sur champ sur tout le développé................................	1.25	2.07	2.59
412	229	Aux extrémités, fait 2 arasements biais...	2	0.11	0.22
436	1116 1122	Pour le fixer, percé 8 trous fraisés........	8	0.12	0.96
436	1116 1123	Contrepercé 8 trous et taraudés...........	8	0.16	1.28
439	2025	Fourni 8 vis à métaux et posées..........	8	0.20	1.60
		A l'intérieur pour recevoir des vitraux, fourni 2 vasistas en fer rainé de 0.018 composé de:			
		2 montants de 1.71........... = 3.42			
		2 — de 1.55........... = 3.10			
		2 traverses de 0.55........... = 1.10			
		2 — de 0.57........... = 1.14			
455	1835	Ensemble..................	8.76	3.55	31.09

SÉRIE PAGES	N°s				
413	234-235	Cintrage des 2 traverses du haut sur un développé de 0.57, ensemble	1.14	2.76	3.14
455	1838	Valeur fixe des 4 assemblages, de la traverse mobile et de la pose	2	5.70	11.40
50 0/0 d'un droit	assemblage	Plus-value pour 4 ajustements biais	4	0.70	2.80
Estim	ation	Fourni 6 paumelles doubles de grille à lames pleines forgées de 0.075 de hauteur de nœuds, ajustées et posées sur fer	6	2.75	16.50
»	»	Fait l'encastrement des 6 nœuds dans le fer.	6	0.75	4.50
430	842	Fourni 2 loqueteaux en cuivre à pêne coudé de 0.095 et posés	2	1.45	2.90
430	848	Plus-value pour pose sur fer	2	0.65	1.30
436	1116 1123	Pour fixer les mentonnets, percé 4 trous taraudés	4	0.16	0.64
459	2025	Fourni 4 vis à métaux et posées	4	0.20	0.80
Estim	ation	Fourni 4 battements en fer de façon ajustés à queue d'aronde et soudés au cuivre	4	1.50	6.00
		Imposte.			
		Fourni un vasistas en fer rainé de 0.018 composé de: 2 montants de 0.37 = 0.74 1 traverse de 1.20 1 — de 1.26			
453	1835	Ensemble	3m20	3.55	11.36
413	234-235	Cintrage de la traverse basse sur un développé de	1m26	2.76	3.47
455	1838	Valeur fixe des 4 assemblages, de la traverse mobile et de la pose	1	»	5.70
50 0/0 d'un droit	assemblage	Plus-value pour 2 ajustements biais	2	0.70	1.40
Estim	ation	Fait une entaille pour le passage de la gâche de la crémone	1	»	0.50
428	778	Pour maintenir le vasistas, fourni 2 gâches platines à empênage	2	0.60	1.20
436	1116 1123	Pour les fixer, percé 4 trous et taraudés	4	0.16	0.64
459	2025	Fourni 4 vis à métaux et posées	4	0.20	0.80
Estim	ation	Fourni 2 pitons de façon avec épaulement rond taraudé et posés	2	0.75	1.50
436	1118 1123	Percé 2 trous de 0.015 et taraudés	2	0.26	0.52
Estim	ation	Fourni 2 goupilles en fer de façon à tête aplatie et arrondie	2	0.50	1.00
		Devant ce vasistas, fourni un panneau d'ornement en fer forgé avec cadre en fer méplat de 0.020 × 0.011 composé d'une traverse de 1.20 1 traverse basse de 1.26 2 montants de chacun 0.37, ensemble. 0.74			
455	1818	Ensemble	3m20	1.25	4.00
413	234	Cintrage de la traverse basse sur un rayon de 1m,20 et sur tout le développé	1m26	0.69	0.87
413	239	Dans les angles, fait 2 encollements soudés de 2, 2 c/m de section	2	1.03	2.06
412	229	Fait 4 arasements biais, limés et affleurés.	4	0.13	0.52
436	1117 1122	Percé 2 trous de 0.011 et fraisés	2	0.17	0.34

SÉRIE PAGES	N°s				
436	1117 1123	Contrepercé 2 trous de 0.010 et taraudés..	2	0.22	0.44
459	2027	Fourni 2 vis à métaux de 0.020 et posées..	2	0.25	0.50
436	1117 1122	Pour fixer ce cadre sur les montants de la véranda, percé 6 trous de 0.011 et fraisés...	6	0.17	1.02
436	1117 1123	Contrepercé 6 trous de 0.010 et taraudés..	6	0.22	1.32
459	2027	Fourni 6 vis à métaux de 0.020 et posés...	6	0.25	1.50
		Fourni un remplissage en fer méplat de de 0.020 × 0.011, composé d'une partie centrale développant.................... 1m46			
		A l'intérieur de cette partie 2 motifs de chacun 0.29, ensemble........ 0.58			
		A gauche et à droite, 2 cercles développant chacun 0.25, ensemble..... 0.50			
		2 motifs de chacun 1.08, ensemble.. 2.16			
		2 flammes de chacune 0.15, ensemble. 0.30			
		2 motifs de chacun 0.83, ensemble.. 1.66			
		2 motifs de chacun 0.85, ensemble.. 1.70			
		2 motifs de chacun 0.31, ensemble.. 0.62			
455	1818	Ensemble........................	8m98	1.25	11.23
413	234	Cintrage de ces fers sur tout le développé avec enroulements suivant dessin et sur petits rayons..............................	8.98	2.07	18.59
413	241	Façon de 12 noyaux roulés et forgés......	12	0.97	11.64
Estim	ation	Façon de 2 flammes étirées et ondulées...	2	2.50	5.00
413	239	Fait 12 encollements soudés de 2,2 c/m de section, ragréés à la lime.................	12	1.03	12.36
413	239	Pour la partie centrale et les 2 cercles, fait 3 soudures à la forge, parées et calibrées (comme encollements)..................	3	1.03	3.09
Ana	logie				
467	666	Fait 4 ajustements à moitié fer...........	4	1.85	7.40
467	667	Plus-value pour lesdits en biais..........	4	0.925	3.70
436	1117	Pour l'assemblage des motifs entre eux, percé 14 trous de foret de 0.011 de profondeur.	14	0.11	1.54
Estim	ation	Fourni 14 rivets et affleurés..............	14	0.15	2.10
436	1117 1122	Pour fixer le remplissage sur le cadre, percé 17 trous de 0.011 et fraisés...........	17	0.17	2.89
436	1117 1123	Contrepercé 17 trous de 0.011 et taraudés.	17	0.22	3.74
459	2027	Fourni 17 vis à métaux de 0.020 et posées.	17	0.25	4.25
		Fermeture.			
Tarif	Jomain	Fourni une fermeture en tôle d'acier ondulée dite « Silencieuse » de 2m,35 × 1m,24 avec bande d'acier bordant les rives du rideau et coulisses garnies intérieurement de lames d'acier, ondulations de 0.015, posée et réglée, soit en superficie..........................	2m91	26.00	75.66
»	»	Plus-value pour fermeture de moins de 4 mètres de surface (1f,50 par chaque 0m,10 de surface en moins de 4 mètres)..........	1	»	16.50
437	1135 1172	Pour recevoir les coulisses de cette fermeture, fourni 2 montants en fer cornière de 0.040 × 0.020 de chacun 2m,07 de longueur, dressés et dégauchis, ensemble............	4.14	2.15	8.90

SÉRIE PAGES	SÉRIE Nos				
Ana	logie	Dans le haut, fait 2 entailles de 0.15 de			
437	1139	longueur	2	1.20	2.40
436	1116 1122	Pour les fixer, percé 10 trous fraisés	10	0.12	1.20
436	1116 1123	Contrepercé 10 trous taraudés	10	0.16	1.60
459	2025	Fourni 10 vis à métaux et posées	10	0.20	2.00
436	1116 1122	Pour fixer les coulisses sur les cornières, percé 12 trous fraisés	12	0.12	1.44
436	1116 1123	Contrepercé 12 trous taraudés	12	0.16	1.92
459	2025	Fourni 12 vis à métaux et posées	12	0.20	2.40
436	1119 1123	Pour fixer les supports du rouleau, percé 2 trous de 0.020 et taraudés	2	0.30	0.60
459	2028	Fourni 2 vis à métaux de 0.025 et posées	2	0.25	0.50
Estim	ation	Pour arrêter la fermeture dans le haut, fourni 2 battements de façon en fer méplat, arrondis et percés de 2 trous fraisés	2	0.75	1.50
436	1116 1123	Contrepercé 4 trous taraudés	4	0.16	0.64
459	2025	Fourni 4 vis à métaux et posées	4	0.20	0.80
		Fourni une jardinière en tôle de 0.0015, composée d'un fond de $1^m,20 \times 0^m,20$.			
		1 devant de 1.22×0.24,			
		2 côtés de 0.24×0.20,			
411	173	pesant	7k360	0.26	1.91
411	174	Planage	0.63	6.00	3.78
411	175	Dressement des rives au burin et à la lime.	7.58	1.00	7.58
		Pour l'assemblage, fourni 2 traverses en fer cornière de 0.025 de chacune $1^m,22$ de longueur, dressées et dégauchies, ensemble ... 2^m44			
		2 cadres en même fer, de chacun 0.24×0.20, soit en développé ... 1.76			
437	1131 1172	Ensemble	4m20	1.60	6.72
437	1144 1148	Fait 8 ajustements d'angle à queue d'aronde.	8	1.45	11.60
437	1149	Plus-value pour lesdits soudés au cuivre.	8	0.50	4.00
436	1116	Pour fixer les cornières, percé 96 trous de foret en rapport	96	0.08	7.68
Estim	ation	Fourni 48 rivets et affleurés	48	0.15	7.20
436	1116	Pour fixer la jardinière sur le soubassement de la véranda, percé 16 trous de foret	16	0.08	1.28
436	1116 1123	Contrepercé 16 trous taraudés	16	0.16	2.56
459	2025	Fourni 16 vis à métaux à tête ronde et posées.	16	0.20	3.20
		Pour recevoir les panneaux de faïence			
437	1131	Fourni un cadre en fer à Z de 0.025 de 1.12×0.20, soit en développé	2.64	1.60	4.22
437	1144 1147	Dans les angles fait 4 ajustements à double onglet	4	0.725	2.90
436	1116 1122	Pour les fixer, percé 16 trous fraisés	16	0.12	1.92
436	1116 1123	Contrepercé 16 trous taraudés	16	0.16	2.56
459	2025	Fourni 16 vis à métaux et posées	16	0.20	3.20

SÉRIE PAGES	SÉRIE Nos				
437	1135 1172	Sur le devant, fourni une traverse en fer cornière de 0.040 de 1.22 de longueur, dressée et dégauchie	1.22	2.15	2.62
436	1116 1122	Pour la fixer, percé 7 trous fraisés	7	0.12	0.84
436	1116 1123	Contrepercé 7 trous taraudés	7	0.16	1.12
459	2025	Fourni 7 vis à métaux et posées	7	0.20	1.40
455	1818	Fourni une traverse en fer méplat de 0.020 × 0.011 de 1.22 de longueur, dressée et dégauchie	1.22	1.25	1.53
411	239	Aux extrémités, fait 2 arasements droits	2	0.09	0.18
436	1117	Pour la fixer, percé 7 trous de foret de 0.011	7	0.11	0.77
436	1116	Contrepercé 7 trous de foret en rapport	7	0.08	0.56
Estim	ation	Fourni 7 rivets et affleurés	7	0.15	1.05
455	1816	Sur les côtés, fourni 2 traverses en fer méplat de 0.025 × 0.005 de chacune 0.16 de longueur, dressées et dégauchies, ensemble	0m32	0.75	0.24
412	229	Aux extrémités, fait 4 arasements droits	4	0.05	0.20
436	1116	Pour les fixer, percé 12 trous de foret en rapport	12	0.08	0.96
Estim	ation	Fourni 6 rivets et affleurés	6	0.15	0.90
»	»	Fourni 2 traverses en fer carré de 0.025 de chacune 0.23 de longueur, dressées et dégauchies, ensemble	0.46	2.20	1.01
412	229	Aux extrémités, fait 4 arasements droits	4	0.25	1.00
436	1116 1122	Pour les fixer, percé 6 trous fraisés	6	0.12	0.72
436	1116 1123	Contrepercé 6 trous taraudés	6	0.16	0.96
459	2025	Fourni 6 vis à métaux et posées	6	0.20	1.20
		Fourni une corniche en fer à moulures de 0.030 composé d'une traverse de...... 1.29 2 traverses de 0.25, ensemble...... 0.50			
437	1154	Ensemble	1.79	1.85	3.31
438	1167 1170	Fait 2 ajustements d'angle à double onglet	2	1.05	2.10
436	1116 1122	Pour la fixer, percé 12 trous fraisés	12	0.12	1.44
436	1116 1123	Contrepercé 12 trous taraudés	12	0.16	1.92
459	2025	Fourni 12 vis à métaux et posées	12	0.20	2.40
411	173	Sur les côtés, fourni 2 plaques en tôle de 0.001 de chacune 0.23 × 0.21, pesant	0k770	0.26	0.20
411	174	Planage	0m10	6.00	0.60
411	175	Dressement des rives au burin et à la lime, 4 × 0.20, ensemble	0.80	1.00	0.80
411	177-187	Découpage des 2 plaques suivant dessin sur un développé de 0.45 chacune, ensemble	0.90	1.13	1.02
411	173	Fourni 2 motifs d'ornement en tôle de 0.003, de chacun 0.21 × 0.19, pesant	1k870	0.26	0.49
411	174	Planage	0m08	6.00	0.48
411	179-187	Découpage de ces 2 plaques suivant dessin sur un développé de chacune 1m,26, ensemble	2.52	2.37	5.97
436	1116 1122	Pour les fixer, percé 10 trous fraisés	10	0.12	1.20

SÉRIE PAGES	Nos				
436	1116	Percé 10 trous de passage	10	0.08	0.80
436	1116 1123	Contrepercé 10 trous taraudés	10	0.16	1.60
459	2025	Fourni 10 vis à métaux et posées	10	0.20	2.00
Estim	ation	Fourni 2 consoles en fer de 0.020 d'épaisseur, de 0.50 de hauteur sur 0.24 de largeur, découpées suivant dessin sur un développé de 1.87 avec encollements soudés et noyaux roulés et forgés	2	25.00	50.00
436	1119 1122	Pour les fixer, percé 6 trous de 0.020 et fraisés	6	0.23	1.38
436	1116 1123	Contrepercé 6 trous taraudés	6	0.16	0.96
459	2028	Fourni 6 vis à métaux de 0.025 et posées	6	0.25	1.50
455	1820	Au-dessus, fourni 2 motifs d'ornement forgés en fer méplat de 0.020 × 0.016, de chacun 0.80, développé, dressés et dégauchis, ensemble	1.60	1.60	2.56
413	236	Cintrage desdits sur un petit rayon et sur un développé de 0.35, ensemble	0.70	2.76	1.93
413	241	Façon de 8 noyaux roulés et forgés	8	0.97	7.76
413	239	Façon de 4 encollements soudés de 3,2 c/m de section	4	1.50	6.00
436	1119 1122	Pour les fixer, percé 4 trous de 0.020 et fraisés	4	0.23	0.92
436	1116 1123	Contrepercé 4 trous et taraudés	4	0.16	0.64
459	2028	Fourni 4 vis à métaux de 0.025 et posées	4	0.25	1.00
426	711-720	*Pour le comble*, fourni 6 équerres de façon en fer de 0.035 × 0.007, de 0.20 développé, coudées en biais, percées de 4 trous fraisés, et posées avec vis	6	1.50	9.00
436	1116 1123	Pour fixer lesdites sur la ceinture de la véranda, percé 12 trous taraudés	12	0.16	1.92
459	2025	Fourni 12 vis à métaux et posées	12	0.20	2.40
426	711-712 720-721	Fourni 2 équerres en forme de T, en fer de 0.035 × 0.007, de 0.60 développé, fixées avec vis	2	2.80	5.60
406	73	Pour la pose et mise de niveau de la véranda, fourni 12 kilogrammes de cales coupées	12k000	0.24	2.88
406	76	Fourni 3 kilogrammes de coins forgés	3.000	0.43	1.29

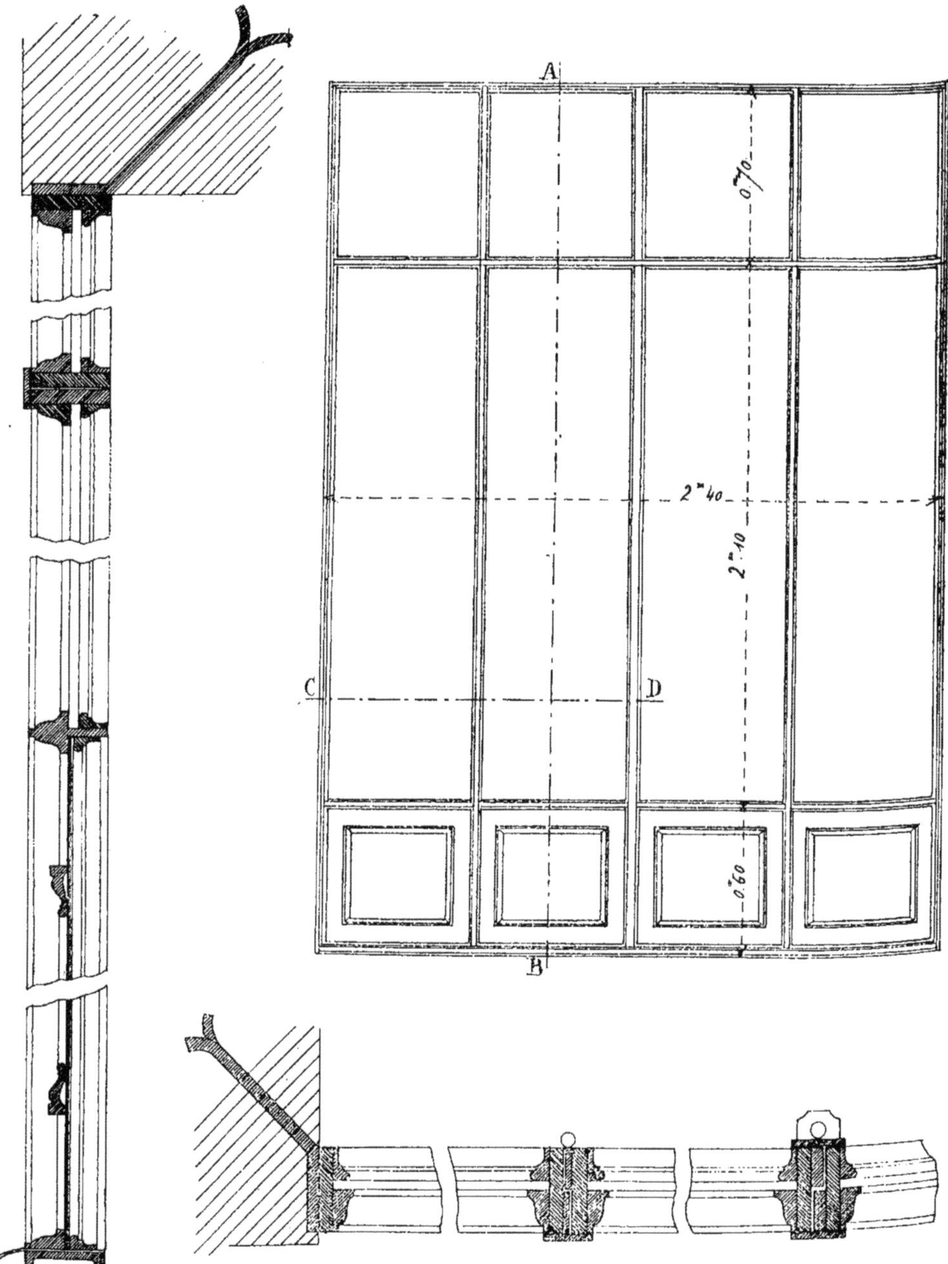

Fig. 273 à 275. — Baie vitrée. — Élévation et coupes suivant AB et CD.

Métré n° 5.

Baie vitrée (*fig.* 273 à 275).

SÉRIE PAGES	SÉRIE Nos				
		Imposte fixe. Fourni un cadre en fer méplat de 0.050 × 0.009 dressé et dégauchi, composé de : 2 traverses de chacune 2.40... = 4.80 2 montants de chacun 0.68... = 1.36			
Estim	ation	Ensemble....................	6m16	1.75	10.78
412	229	Aux extrémités, fait 8 arasements droits, limés et affleurés..........................	8	0.18	1.44
412	228	Pour fixer les montants sur les traverses, fait 4 ajustements à goujons ronds brasés et rivés................................	4	2.40	9.60
431	887	Pour fixer ce cadre dans le haut et sur les côtés, fourni 9 pattes à scellement faites exprès en fer de 0.040 × 0.007 de 0m,20 de longueur, coudées et posées..............	9	0.75	6.75
436	1117 1122	Pour les fixer sur les montants et traverses, percé 18 trous de 0.009 de profondeur et fraisés.	18	0.17	3.06
436	1116 1123	Contrepercé 18 trous taraudés...........	18	0.16	2.88
459	2027	Fourni 18 vis à métaux de 0.020 et posées..	18	0.25	4.50
Estim	ation	Au milieu, fourni un montant en fer méplat de 0.050 × 0.027 de 0m,68 de longueur, dressé et dégauchi............................	0.68	4.20	2.85
412	229	Aux extrémités, fait 2 arasements droits, limés et affleurés.........................	2	0.54	1.08
412	228	Fait 2 ajustements à goujons ronds brasés et rivés...............................	2	2.40	4.80
Estim	ation	Fourni 2 montants intermédiaires en fer méplat de 0.050 × 0.023 de chacun 0m,68 de longueur, dressés et dégauchis, ensemble...	1.36	3.60	4.89
412	229	Aux extrémités, fait 4 arasements droits, limés et affleurés.........................	4	0.46	1.84
412	228	Fait 4 ajustements à goujons ronds brasés et rivés...............................	4	2.40	9.60
437	1153	Pour former feuillure au verre à l'extérieur, fourni 4 encadrements en fer à moulures de 0.025 de chacun 0.68 × 0.58, dressés et dégauchis, soit en développé.................	10.08	1.60	16.12
438	1166 1170	Fait 16 ajustements d'angle à double onglet.	16	0.90	14.40
436	1117 1122	Pour les fixer, percé 64 trous de 0.010 et fraisés...............................	64	0.17	10.88
436	1117 1123	Contrepercé 64 trous de 0.009 et taraudés.	64	0.22	14.08
459	2027	Fourni 64 vis à métaux de 0.020 et posées.	64	0.25	16.00
437	1151	A l'extérieur, fourni 4 encadrements en fer à moulures de 0.018 de chacun 0.68 × 0.58, dressés et dégauchis, soit en développé.....	10.08	1.45	14.61
438	1166 1170	Fait 16 ajustements d'angle à double onglet.	16	0.90	14.40
436	1116 1122	Pour les fixer, percé 64 trous fraisés......	64	0.12	7.68

SÉRIE PAGES	SÉRIE Nos				
436	1117 1123	Contrepercé 64 trous de 0.009 et taraudés.	64	0.22	14.08
459	2026	Fourni 64 vis à métaux de 0.015 et posées.	64	0.20	12.80
Ana 455	logie 1816	Sur la traverse basse de l'imposte, à l'extérieur, fourni un battement en fer méplat de 0.025 × 0.005 de 2m,40 de longueur, dressé et dégauchi	2m40	0.75	1.80
412	429	Aux extrémités, fait 2 arasements droits, limés et affleurés	2	0.05	0.10
436	1116 1122	Pour le fixer, percé 12 trous fraisés	12	0.12	1.44
436	1116 1123	Contrepercé 12 trous taraudés	12	0.16	1.92
459	2025	Fourni 12 vis à métaux et posées	12	0.20	2.40
453 et plus	1730 value	Dans le bas de la baie, fourni un seuil en fer pour châssis de 0.054 de 2m,50 de longueur.	1	»	11.90
Estim	ation	Pour la pose dudit, fourni 5 tiges à scellement faites exprès en fer carré de 0.020 de 0m,20 de longueur, arasées d'un bout	5	0.75	3.75
436	1116 1122	Pour les fixer, percé 5 trous fraisés dans le seuil	5	0.12	0.60
436	1118 1123	Contrepercé 5 trous de 0.015 et taraudés	5	0.26	1.30
459	2029	Fourni 5 vis à métaux de 0.030 et posées	5	0.30	1.50
		Sur les côtés de la baie, établi 2 parties dormantes. Détail d'une :			
		Fourni un cadre en fer méplat de 0.050 × 0,009, dressé et dégauchi, composé de : 2 montants de chacun 2.67 = ... 5m34 1 traverse haute de 0.58			
Estim	ation	Ensemble	5m92	1.75	10.36
412	229	Aux extrémités, fait 6 arasements droits, limés et affleurés	6	0.18	1.08
412	228	Pour fixer la traverse sur les montants, fait 2 ajustements à goujons ronds brasés et rivés	2	2.40	4.80
437	1137	Dans le bas, fourni une traverse en fer à U de 0.050 de 0m,58 de longueur dressée et dégauchie	0m58	2.95	1.71
412	229	Aux extrémités, fait 2 arasements droits, limés et affleurés	2	0.20	0.40
Estim	ation	Pour fixer cette traverse sur les montants, fourni 2 fourrures en fer méplat de 0.035 × 0.020 de chacune 0m,20 de longueur, dressées et dégauchies, ensemble	0m40	2.45	0.98
412	229	D'un bout fait 2 arasements droits, limés et affleurés	2	0.28	0.56
436	1119	Pour les fixer, percé 6 trous de foret de 0.020 de profondeur	6	0.15	0.90
436	1116	Contrepercé 6 trous de foret en rapport	6	0.08	0.48
Estim	ation	Fourni 6 rivets et affleurés	6	0.15	0.90
»	»	Fait 2 soudures au cuivre, ragréées à la lime	2	1.25	2.50
412	227	Fait 2 ajustements à goujons ronds brasés et rivés	2	1.85	3.70

SÉRIE PAGES	SÉRIE Nos				
		Du côté du mur, fourni 6 pattes à scellement faites exprès en fer de 0.040 × 0.007			
431	887	de 0m,20 de longueur, coudées et posées	6	0.75	4.50
436	1117 1122	Pour les fixer, percé 12 trous de 0.009 de profondeur et fraisés....................	12	0.17	2.04
436	1116 1123	Contrepercé 12 trous taraudés...........	12	0.16	1.92
459	2027	Fourni 12 vis à métaux de 0.020 et posées.	12	0.25	3.00
436	1117 1122	Dans le haut, pour fixer ce vantail sur l'imposte, percé 3 trous de 0.009 de profondeur et fraisés	3	0.17	0.51
436	1117 1123	Contrepercé 3 trous de 0.009 de profondeur et taraudés	3	0.22	0.66
459	2027	Fourni 3 vis à métaux de 0.020 et posées..	3	0 25	0.75
436	1120 1122	Dans le bas, pour fixer la traverse en fer à U sur le seuil en fer, percé 2 trous de 0.025 de profondeur et fraisés	2	0.27	0.54
436	1116 1122	Percé un trou fraisé....................	1	»	0.12
Estim	ation	Fourni une fourrure en fer méplat de 0.035 × 0.020 de 0m,05 de longueur, percée d'un trou pour le passage de la vis..........	1	»	0.50
436	1116 1123	Dans le seuil, percé 3 trous taraudés......	3	0.16	0.48
459	2030	Fourni 3 vis à métaux de 0.035 et posées..	3	0.30	0.90
437	1158	Au-dessus du soubassement, fourni une traverse en fer à moulures de 0.050 de 0m,58 de longueur, dressée et dégauchie..........	0m58	2.70	1.56
412	229	Aux extrémités, fait 2 arasements droits ..	2	0.50	1.00
436	1117 1122	Pour la fixer sur les montants en fer méplat, percé 2 trous de 0.009 de profondeur et fraisés................................	2	0.17	0.34
436	1117 1123	Contrepercé 2 trous de 0.011 de profondeur et taraudés	2	0.22	0.44
459	2027	Fourni 2 vis à métaux de 0.020 et posées..	2	0.25	0.50
		A l'extérieur, fourni 2 cadres en fer à moulures de 0.025, composés de :			
		2 montants de chacun 2.09 = 4m18			
		2 — — 0.58 = 1.16			
		2 traverses de chacune 0.58 = 1.16			
437	1153	Ensemble..........................	6m50	1.60	10.40
438	1166 1170	Fait 8 ajustements d'angle à double onglet.	8	0.90	7.20
436	1117 1122	Pour les fixer, percé 40 trous de 0.010 et fraisés..................................	40	0.17	6.80
436	1117 1123	Dans les montants et la traverse haute en fer méplat, contrepercé 36 trous de 0.009 et taraudés................................	36	0.22	7.92
459	2027	Fourni 36 vis à métaux de 0.020 et posées..	36	0.25	9.00
436	1116 1123	Dans la traverse basse en fer à U, percé 4 trous taraudés........................	4	0.16	0.64
459	2026	Fourni 4 vis à métaux de 0.015 et posées..	4	0.20	0.80
437	1151	Dans le haut, à l'intérieur, pour former contrefeuillure au verre, fourni un cadre en fer à moulures de 0.018 de 2.09 × 0.58, soit en développé........................	5m34	1.45	7.74

SÉRIE PAGES	N°s				
438	1166 1170	Fait 4 ajustements d'angle à double onglet.	4	0.90	3.60
436	1116 1122	Pour le fixer, percé 32 trous fraisés.......	32	0.12	3.84
436	1117 1123	Contrepercé 28 trous de 0.009 et taraudés.	28	0.22	6.16
436	1116 1123	Percé 4 trous de 0.006 et taraudés.........	4	0.16	0.64
459	2026	Fourni 32 vis à métaux de 0.015 et posées.	32	0.20	6.40
411	173	Dans le bas fourni un panneau en tôle de 0.003 de 0m,58 × 0m,58, pesant.............	7k700	0.26	2.00
411	174	Planage................................	0m34	6.00	2.04
411	175	Dressement des rives...................	2.32	1.00	2.32
436	1116 1122	Pour le fixer, percé 16 trous fraisés.......	16	0.12	1.92
436	1116 1123	Contrepercé 16 trous taraudés............	16	0.16	2.56
459	2025	Fourni 16 vis à métaux et posées.........	16	0.20	3.20
437	1151	A l'intérieur, fourni un cadre en fer à moulures de 0.018 de 0.58 × 0.58, soit en développé..................................	2m32	1.45	3.36
438	1166 1170	Fait 4 ajustements d'angle à double onglet.	4	0.90	3.60
436	1116 1122	Pour le fixer, percé 16 trous fraisés.......	16	0.12	1.92
436	1116 1123	Contrepercé 8 trous taraudés.............	8	0.16	1.28
436	1117 1123	Percé 8 trous de 0.009 et taraudés........	8	0.22	1.76
459	2026	Fourni 16 vis à métaux de 0.015 et posées.	16	0.20	3.20
437	1154	A l'extérieur du panneau en tôle, pour former ornement, fourni un cadre en fer à moulures de 0.030 de 0.42 × 0.42, soit en développé..................................	1m68	1.85	3.10
438	1167 1170	Fait 4 ajustements d'angle à double onglet.	4	1.05	4.20
436	1116 1122	Pour le fixer, percé 12 trous fraisés.......	12	0.12	1.44
436	1116 1123	Contrepercé 12 trous taraudés............	12	0.16	1.92
459	2025	Fourni 12 vis à métaux et posées.........	12	0.20	2.40
Estim	ation	Dans le bas, fourni un jet d'eau en tôle douce de 0.002 de 0.070 de largeur et de 0m,58 de longueur, cintré à la demande.....	0m58	4.00	2.32
436	1116	Dans ledit, percé 8 trous de foret pour le passage des vis............................	8	0.08	0.64
		L'autre partie dormante en tout semblable à la précédente, se montant à.............	1	»	164.85
		Porte à 2 vantaux.			
		Fourni 2 cadres en fer méplat de 0.050 × 0.009, dressés et dégauchis, composés de : 4 montants de chacun 2.67 = 10m68; 2 traverses hautes de 0.58 = 1.16			
Estim	ation	Ensemble........................	11m84	1.75	20.72

SÉRIE PAGES	SÉRIE Nos				
412	229	Aux extrémités, fait 12 arasements droits, limés et affleurés........................	12	0.18	2.16
412	228	Pour fixer les traverses sur les montants, fait 4 ajustements à goujons ronds brasés et rivés....................................	4	2.40	9.60
437	1137	Dans le bas, fourni 2 traverses en fer à U de 0.050, de chacune 0m,58 de longueur, dressées et dégauchies, ensemble..............	1m16	2.95	3.42
412	229	Aux extrémités, fait 4 arasements droits, limés et affleurés........................	4	0.20	0.80
Estimation		Pour fixer ces traverses sur les montants, fourni 4 fourrures en fer méplat de 0.035 × 0.020, de chacune 0.20 de longueur, dressées et dégauchies, ensemble..................	0m80	2.45	1.96
412	229	D'un bout, fait 4 arasements droits, limés et affleurés..........................	4	0.28	1.12
436	1119	Pour les fixer, percé 12 trous de foret de 0.020 de profondeur......................	12	0.15	1.80
436	1116	Contreperçé 12 trous de foret en rapport..	12	0.08	0.96
Estimation		Fourni 12 rivets et affleurés.............	12	0.15	1.80
»	»	Fait 4 soudures au cuivre, ragréées à la lime..	4	1.25	5.00
412	227	Fait 4 ajustements à goujons ronds brasés et rivés....................................	4	1.85	7.40
437	1158	Au-dessus du soubassement, fourni 2 traverses en fer à moulures de 0.050, de chacune 0m,58 de longueur, dressées et dégauchies, ensemble..	1m16	2.70	3.13
412	229	Aux extrémités, fait 4 arasements droits, limés et affleurés..........................	4	0.50	2.00
436	1117 1122	Pour les fixer sur les montants en fer méplat, percé 4 trous de 0.009 de profondeur et fraisés....................................	4	0.17	0.68
436	1117 1123	Contreperçé 4 trous de 0.011 et taraudés..	4	0.22	0.88
459	2027	Fourni 4 vis à métaux de 0.020 et posées..	4	0.25	1.00
		A l'extérieur, fourni 4 cadres en fer à moulures de 0.025 composés de :			
		4 montants de chacun 2.09 ...... 8m36			
		4 — — 0.58 ...... 2.32			
		4 traverses de chacune 0.58 ...... 2.32			
437	1153	Ensemble...........................	13m00	1.60	20.80
438	1166 1170	Fait 16 ajustements d'angle à double onglet..	16	0.90	14.40
436	1117 1122	Pour les fixer, percé 80 trous de 0.010 et fraisés....................................	80	0.17	13.60
436	1117 1123	Dans les montants et les traverses hautes en fer méplat, contreperçé 72 trous de 0.009 et taraudés..............................	72	0.22	15.84
459	2027	Fourni 72 vis à métaux de 0.020 et posées.	72	0.25	18.00
436	1116 1123	Dans les traverses basses en fer à U, percé 8 trous taraudés........................	8	0.16	1.28
459	2026	Fourni 8 vis à métaux de 0.015 et posées..	8	0.20	1.60
437	1151	Dans le haut à l'intérieur, pour former contrefeuillure au verre, fourni 2 cadres en fer à moulures de 0.018 de chacun 2.09 × 0.58, soit en développé........................	10m68	1.45	15.48

SÉRIE PAGES	SÉRIE Nos				
438	1166 1170	Fait 8 ajustements d'angle à double onglet.	8	0.90	7.20
436	1116 1122	Pour les fixer, percé 64 trous fraisés	64	0.12	7.68
436	1117 1123	Contrepercé 56 trous de 0.009 et taraudés..	56	0.22	12.32
436	1116 1123	Percé 8 trous de 0.006 et taraudés........	8	0.16	1.28
459	2026	Fourni 64 vis à métaux de 0.015 et posées.	64	0.20	12.80
411	173	Dans le bas, fourni 2 panneaux en tôle de 0.003 de 0.58 × 0.58, pesant...............	15k400	0.26	4.00
411	174	Planage..............................	0.68	6.00	4.08
411	175	Dressement des rives....................	4.64	1.00	4.64
436	1116 1122	Pour les fixer, percé 32 trous fraisés......	32	0.12	3.84
436	1116 1123	Contrepercé 32 trous taraudés............	32	0.16	5.12
459	2025	Fourni 32 vis à métaux et posées.........	32	0.20	6.40
437	1151	A l'intérieur, fourni 2 cadres en fer à moulures de 0.018, de chacun 0.58 × 0.58, soit en développé..........................	4.64	1.45	6.72
438	1166 1170	Fait 8 ajustements d'angle à double onglet.	8	0.90	7.20
436	1116 1122	Pour les fixer, percés 32 trous fraisés.....	32	0.12	3.84
436	1116 1123	Contrepercé 16 trous taraudés............	16	0.16	2.56
436	1117 1123	Percé 16 trous de 0.009 et taraudés.......	16	0.22	3.52
459	2026	Fourni 32 vis à métaux de 0.015 et posées.	32	0.20	6.40
437	1154	A l'extérieur des panneaux en tôle, pour former ornement, fourni 2 cadres en fer à moulures de 0.030 de chacun 0.42 × 0.42, soit en développé........................	3.36	1.85	6.21
438	1167 1170	Fait 8 ajustements d'angle à double onglet.	8	1.05	8.40
436	1116 1122	Pour les fixer, percé 24 trous fraisés......	24	0.12	2.88
436	1116 1123	Contrepercé 24 trous taraudés...........	24	0.16	3.84
459	2025	Fourni 24 vis à métaux et posées	24	0.20	4.80
Estim	ation	Dans le bas, fourni 2 jets d'eau en tôle douce de 0.002 de 0.070 de largeur et de chacun 0m,58 de longueur, cintrés à la demande, ensemble..........................	1.16	4.00	4.64
436	1116	Dans lesdits, percé 16 trous de foret pour le passage des vis..........................	16	0.08	1.28
Ana 455	logie 1814	Sur les montants portant ferrures, fourni 4 contrefeuillures en fer méplat de 0.023 × 0.004, de chacune 2m,67 de longueur, dressées et dégauchies, ensemble.............	10.68	0.60	6.40
412	229	Aux extrémités, fait 8 arasements droits, limés et affleurés..........................	8	0.04	0.32
436	1116 1122	Pour les fixer, percé 60 trous fraisés......	60	0.12	7.20
436	1117 1123	Contrepercé 60 trous de 0.009 et taraudés.	60	0.22	13.20

SÉRIE PAGES	N°s				
459	2025	Fourni 60 vis à métaux et posées.........	60	0.20	12.00
Analogie 455	1817	A l'extérieur, fourni 2 battements en fer méplat de 0.030 × 0.005, de chacun 2m,67 de longueur, dressés et dégauchis, ensemble.	5m34	0.90	4.80
412	229	Aux extrémités, fait 4 arasements droits, limés et affleurés........................	4	0.06	0.24
436	1116 1122	Pour les fixer, percé 30 trous fraisés......	30	0.12	3.60
436	1116 1123	Contreperce 30 trous taraudés............	30	0.16	4.80
459	2025	Fourni 30 vis à métaux et posées.........	30	0.20	6.00
Analogie 455	1817	Sur les montants du milieu, fourni 2 contrefeuillures en fer méplat de 0.023 × 0.007, de chacune 2m,67 de longueur, dressées et dégauchies, ensemble....................	5m34	0.90	4.80
412	229	Aux extrémités, fait 4 arasements droits, limés et affleurés........................	4	0.06	0.24
436	1116 1122	Pour les fixer, percé 30 trous fraisés......	30	0.12	3.60
436	1117 1123	Contreperce 30 trous de 0.009 et taraudés.	30	0.22	6.60
459	2026	Fourni 30 vis à métaux de 0.015 et posées.	30	0.20	6.00
Analogie 455	1817 1818	Fourni 2 battements en fer de 0.035 × 0.005, de chacun 2m,67 de longueur, dressés et dégauchis, ensemble......................	5m34	1.10	5.87
412	229	Aux extrémités, fait 4 arasements droits, limés et affleurés........................	4	0.07	0.28
436	1116 1122	Pour les fixer, percé 30 trous fraisés......	30	0.12	3.60
436	1116 1123	Contreperce 30 trous taraudés............	30	0.16	4.80
459	2025	Fourni 30 vis à métaux et posées.........	30	0.20	6.00
Estimation		Ferré la porte. Fourni 8 paumelles doubles de grille à lames pleines forgées, de 0.120 de hauteur de nœuds, ajustées et posées sur fer.	8	5.10	40.80
»	»	Fourni une crémone à tringle ronde RG de 0.014 de 2m,70 de longueur et posées, valeur pour 2 mètres...........................	1	»	6.00
455	1817	Tringle en plus...........................	0m70	0.90	0.63
442	1329	Façon d'une soudure.....................	1	»	0.60
436	1116 1123	Pour fixer cette crémone, percé 10 trous taraudés................................	10	0.16	1.60
459	2027	Fourni 10 vis à métaux de 0.020 et posées.	10	0.25	2.50
428	778	Dans le haut, fourni une gâche platine à empênage................................	1	»	0.60
Estimation		Fait l'entaille de ladite à queue d'aronde dans la traverse en fer de l'imposte.........	1	»	1.25
436	1116 1123	Percé 2 trous taraudés..................	2	0.16	0.32
459	2025	Fourni 2 vis à métaux et posées...........	2	0.20	0.40
428	784	Dans le bas, fourni une gâche à pattes de façon..................................	1	»	0.60
436	1116 1123	Pour la fixer sur le seuil en fer, percé 4 trous taraudés........................	4	0.16	0.64
459	2025	Fourni 4 vis à métaux et posées..........	4	0.20	0.80

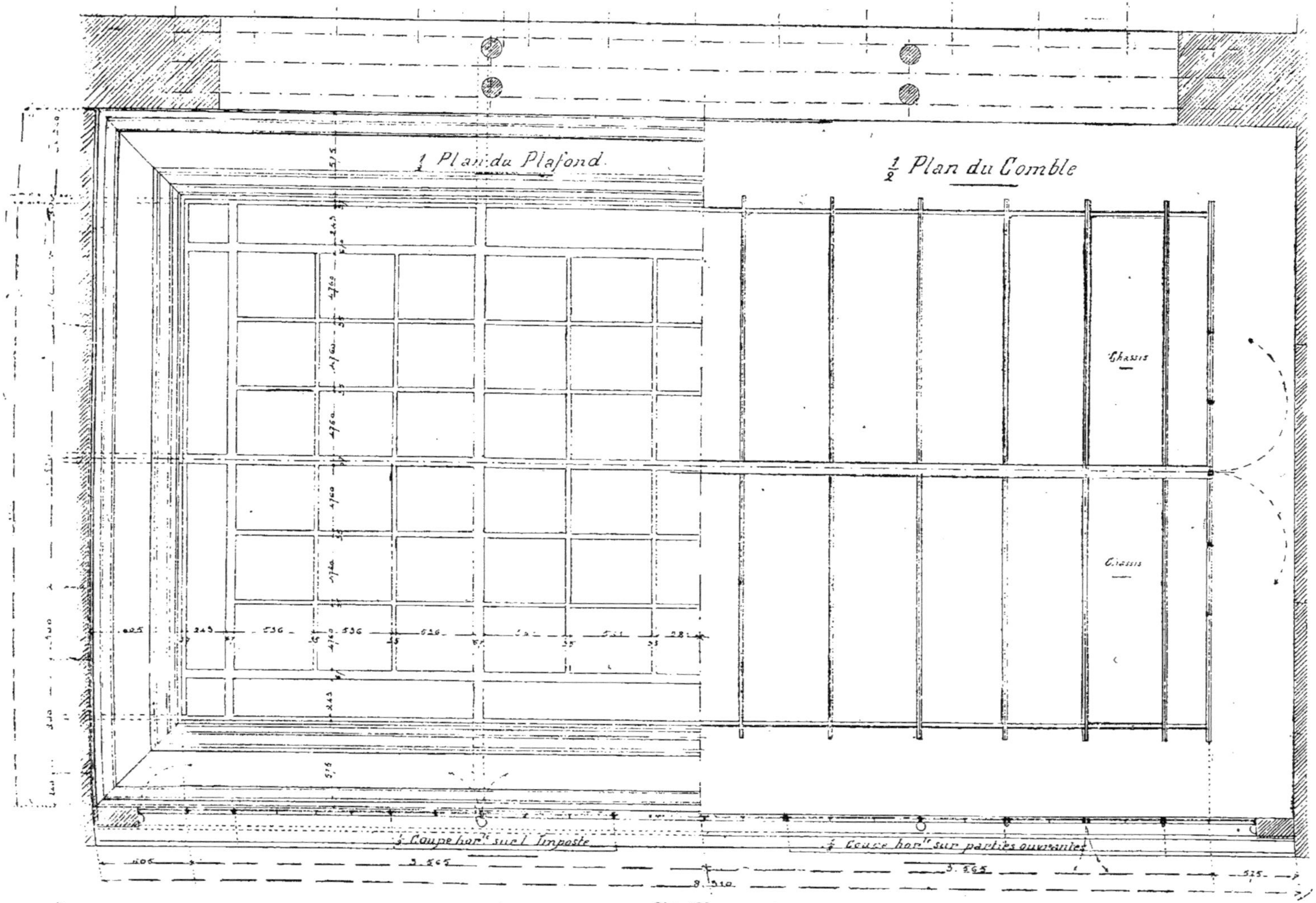

½ Plan du Plafond

½ Plan du Comble

Chassis

Chassis

½ Coupe hor^t sur l'Imposte

½ Coupe hor^t sur parties ouvrantes

Fig. 276.

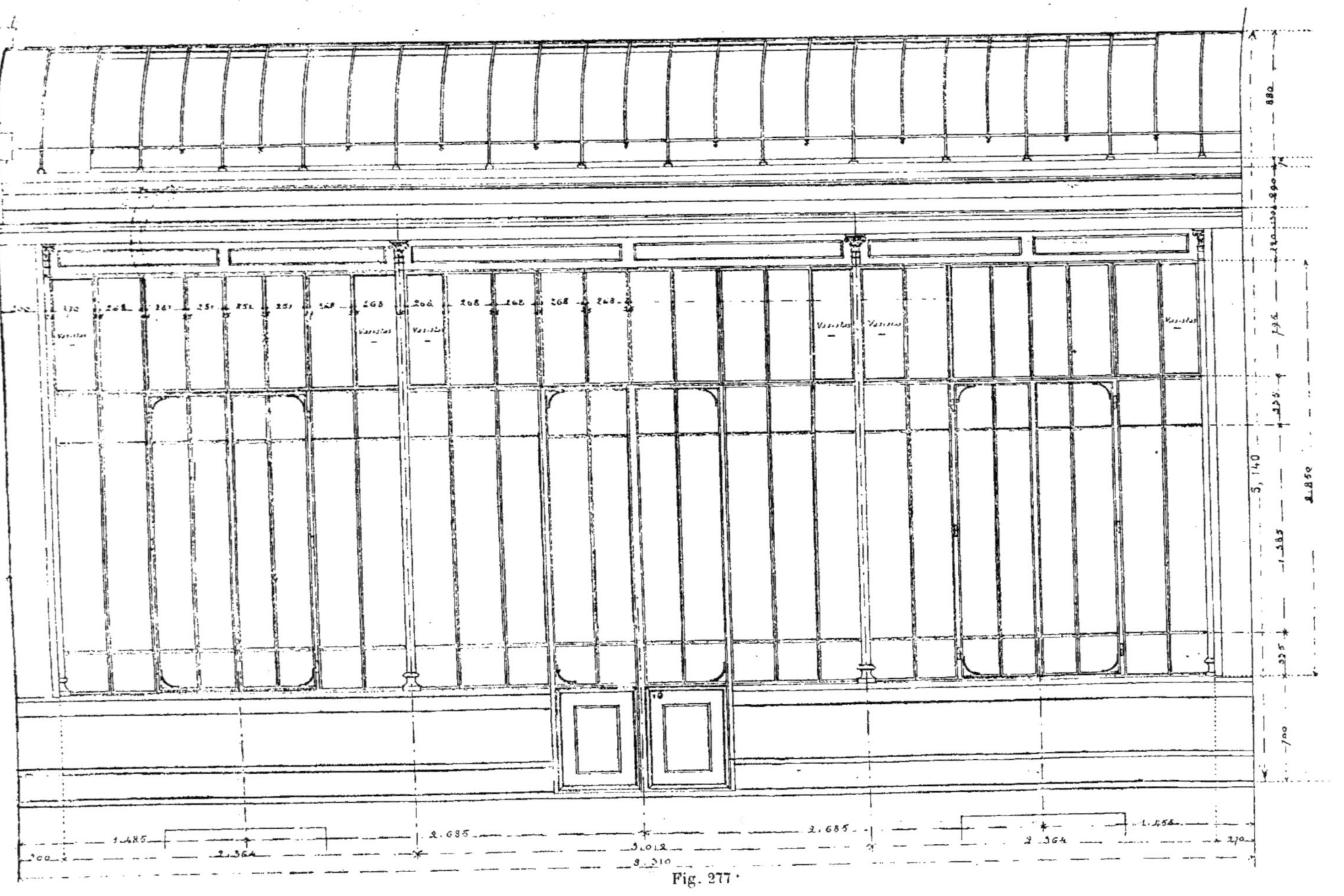

Fig. 277.

Métré n° 6.

Jardin d'hiver (*Fig.* 276 à 279).

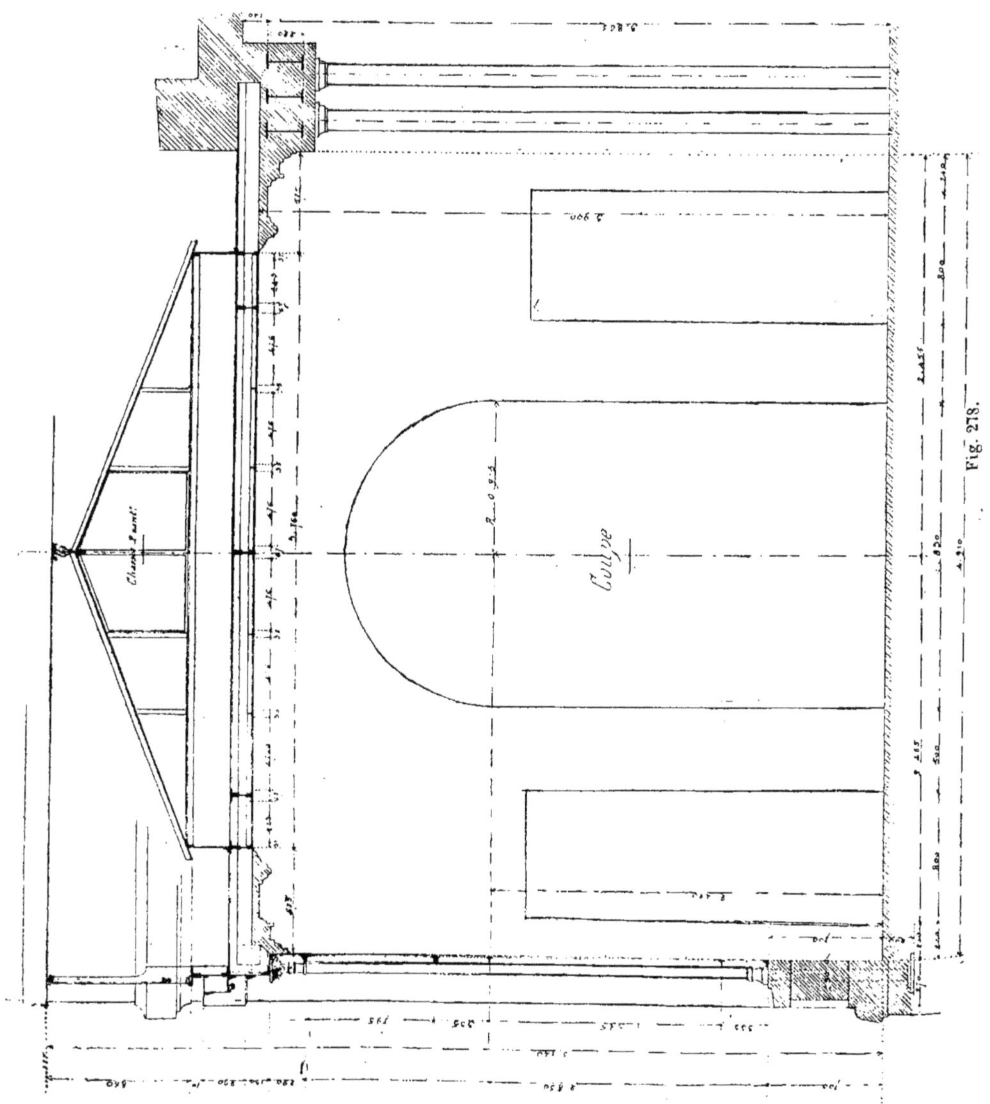

Fig. 278.

Axe de la construction
Coupe horizontale (Sur l'Impaste)
Coupe verticale (Sur le Plafond)
Coupe horizontale
(Sur les parties courantes)

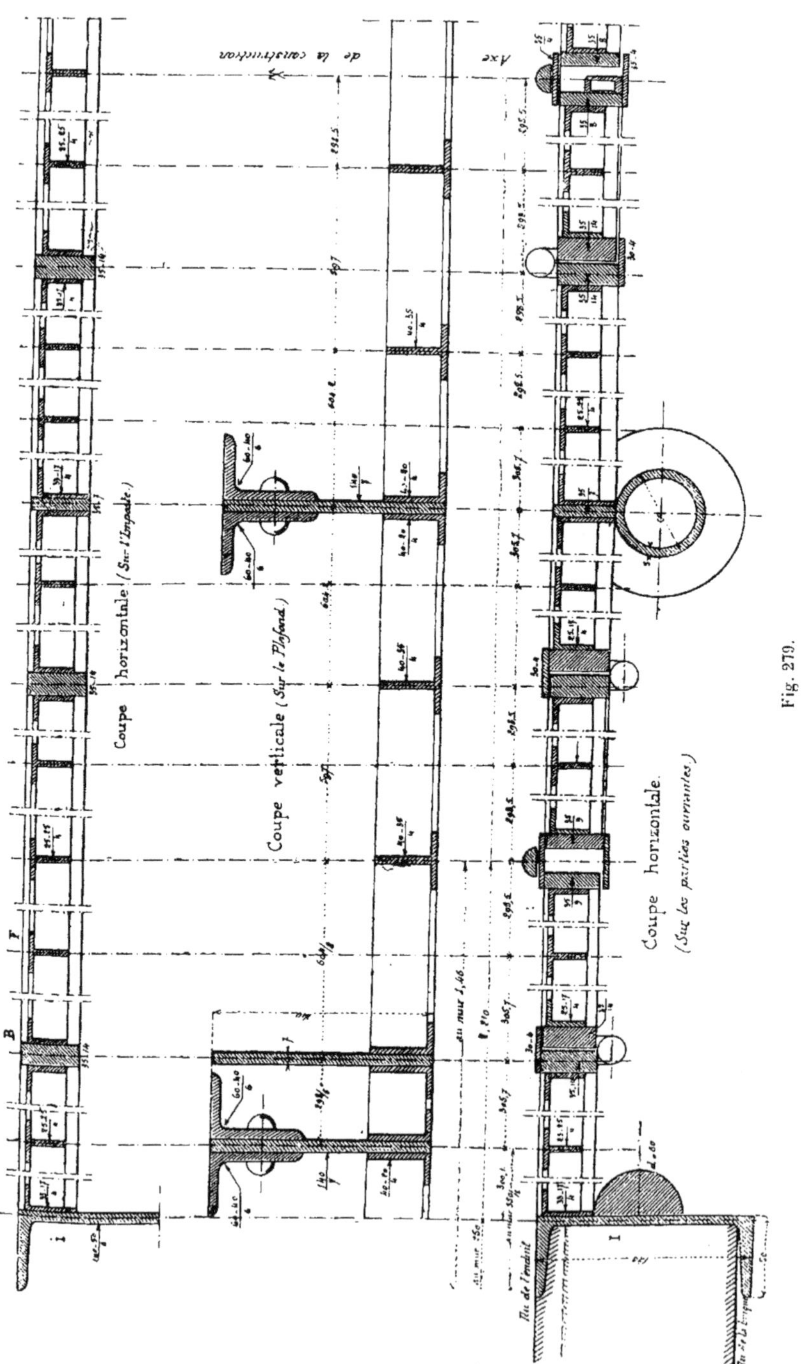

Fig. 279.

SÉRIE PAGES	Nos				
407	90	Pour l'ouverture d'une baie de la salle à manger au jardin d'hiver, fourni un poitrail à 3 lames en fer à I larges ailes de 0.22 de 7m,25 de longueur, assemblé par 6 boulons de 0.020 de 0m,48 de longueur et garni à l'intérieur de 24 croisillons en fer carré de 0.018 de 0.28 de longueur, pesant...............	743k000	0.33	245.19
407	92	Plus-value pour pose en sous-œuvre dans l'embarras des étais.....................	743.000	0.05	37.15
Analogie 407	82-84	Plus-value pour emploi de fer à I larges ailes....................................	743.000	0.01	7.43
406	73	Sous les portées, fourni 2 semelles en fer de 0.200 × 0.011 de 0.50 de longueur, pesant..	17.140	0.24	4.11
406	73	Fourni en cales coupées, pesant..........	15.000	0.24	3.60
406	76	Fourni en coins forgés, pesant...........	5.000	0.43	2.15
414	267	Sous le poitrail, fourni 4 colonnes pleines en fonte, modèle du commerce, de 0.14 de diamètre et de 3m,80 de longueur, à base et chapiteau carrés, pesant.....................	1848.000	0.18	332.64
414	281	Pose desdites..........................	1848.000	0.02	36.96
Estimation		Plus-value pour pose en sous-œuvre dans l'embarras des étais......................	1848.000	0.01	18.48
406	76	Dans le haut, fourni 2 chapeaux forgés en fer de 0.250 × 0.014 de 0.65 développé, pesant.	35.450	0.43	15.24
406	73	Dans le bas, fourni 2 semelles en fer de 0.250 × 0.014 de 0.60 de longueur, pesant..	32.700	0.24	7.84
406	73	Fourni en cales coupées, pesant..........	25.000	0.24	6.00
406	76	Fourni en coins forgés, pesant...........	10.000	0.43	4.30
		Plafond vitré.			
		Fourni une poutrelle longitudinale en fer et tôle assemblés de 9m,00 de longueur composée d'une âme en fer de 0.140 × 0.007, 2 cornières supérieures de 0.060 × 0.040 × 0.006 et 2 cornières inférieures de 0.040 × 0.020 × 0.004, assemblées avec rivets bouterollés et fraisés, pesant......... 189k000			
		2 poutrelles transversales semblables de 2m,70 de longueur, assemblées sur la précédente avec équerres et rivets et garnies à l'autre extrémité d'un gousset de 0.24 de hauteur avec cornières *idem* reposant sur les colonnettes de la façade, pesant.................... 119.000			
		2 poutrelles de 2m,90 de longueur de la même composition que la première et assemblées sur celle-ci avec équerres et rivets, pesant......... 124.000			
		2 poutrelles longitudinales semblables de 7m,13 de longueur, en 3 parties, assemblées avec équerres et rivets, pesant................. 299.000			
		4 poutrelles de rives, composées chacune d'une âme en fer de 0.140			
		A reporter............... 731.000			

SÉRIE PAGES	SÉRIE Nos				
		Report.................. 731.000			
		× 0.007, 2 cornières supérieures de 0.060 × 0.040 × 0.006 et une cornière inférieure de 0.040 × 0.020 × 0.004, assemblées avec rivets, dont 2 de 9^m,00 de longueur en 3 parties et 2 de 3^m,76 de longueur en 2 parties, assemblées sur les autres poutrelles avec équerres et rivets, pesant......................... 490.000			
408	109	Ensemble.....	1221^k000	0.57	695.97
408	115	Plus-value pour assemblage droit de poutrelles entre elles..........................	1221.000	0.04	48.84
Analogie 407	88	Plus-value pour ces poutrelles parfaitement dressées à la règle pour recevoir le vitrage..	1221.000	0.02	24.42
406	73	Sous les portées, fourni 8 semelles en fer de 0.140 × 0.011 de 0.40 de longueur, pesant.	38.400	0.24	9.21
406	73	Fourni en cales coupées, pesant..........	26.000	0.24	6.24
406	76	Fourni en coins forgés, pesant............	8.000	0.43	3.44
		Pour compléter le plafond vitré, fourni 28 petits bois en fer à **T** de 0.040 × 0.035, dont:			
		8 de chacun 1.72, ensemble...... 13^m76			
		4 » 2.98, » 11.92			
		16 » 1.48, » 23.68			
437	1135	Ensemble.....	49^m36	2.15	106.12
437	1139	Aux extrémités, fait 56 pattes coudées, enlevées à même le fer et percées chacune de 2 trous fraisés........................	56	1.20	67.20
436	1116 1123	Contrepercé 112 trous et taraudés........	112	0.16	17.92
459	2025	Fourni 112 vis à métaux et posées........	112	0.20	22.40
437	1139	A la rencontre des petits bois longitudinaux et transversaux, fait 64 pattes coudées, enlevées à même la feuillure, *idem*...........	64	1.20	76.80
436	1116 1123	Percé 128 trous et taraudés..............	128	0.16	20.48
459	2025	Fourni 128 vis à métaux et posées........	128	0.20	25.60
		Comble vitré.			
437	1135	Sur les poutrelles de rives du plafond pour recevoir le comble, fourni un cadre en fer cornière de 0.040 × 0.020 de 7.13 × 3.76, dressé et dégauchi, soit en développé.......	21^m78	2.15	46.82
437	1145 1147	Fait 4 ajustements d'angle à double onglet.	4	0.925	3.70
436	1116 1122	Pour le fixer, percé 76 trous fraisés.......	76	0.12	9.12
436	1116 1123	Contrepercé 76 trous et taraudés.........	76	0.16	12.16
459	2025	Fourni 76 vis à métaux et posées.........	76	0.20	15.20
437	1135	Pour recevoir le chevronnage, fourni un cadre en fer cornière de 0.040 × 0.030 du même développé, dressé et dégauchi........	21^m78	2.15	46.82
437	1145 1147	Fait 4 ajustements d'angle à double onglet..................................	4	0.925	3.70

SÉRIE PAGES	SÉRIE Nos				
437	1133	Pour maintenir ce cadre dans la longueur, fourni 6 montants en fer à T de 0.030×0.030 de chacun $0^{m},28$ de longueur, dressés et dégauchis, ensemble........................	$1^{m}68$	1.80	3.02
437	1139	Aux extrémités, fait 12 pattes coudées, enlevées à même la feuillure et percées de 2 trous fraisés...........................	12	1.20	14.40
436	1116 1123	Contrepercé 24 trous et taraudés.........	24	0.16	3.84
459	2025	Fourni 24 vis à métaux et posées.........	24	0.20	4.80
437	1133	Dans les angles, fourni 4 montants en fer cornière de 0.030 × 0.030 de chacun 0.28 de longueur, dressés et dégauchis, ensemble...	$1^{m}12$	1.80	2.01
437	1139	Aux extrémités, fait 8 pattes coudées, enlevées à même la feuillure *idem*............	8	1.20	9.60
436	1116 1122	Percé 16 trous fraisés....................	16	0.12	1.92
436	1116 1123	Contrepercé 16 trous et taraudés.........	16	0.16	2.56
459	2025	Fourni 16 vis à métaux et posées.........	16	0.20	3.20
		Entre ces deux cadres, fourni un soubassement en tôle de 0.003, composé de 10 plaques dont :			
		2 de 3.00 × 0.28			
		4 de 2.06 × 0.28			
		4 de 1.88 × 0.28			
411	173	pesant ensemble........................	$142^{k}300$	0.26	37.00
411	174	Planage..................................	6.09	6.00	36.54
411	175	Dressement des rives....................	$49^{m}12$	1.00	49.12
436	1116 1122	Pour les fixer sur les montants et sur les cadres, percé 204 trous fraisés.............	204	0.12	24.48
436	1116 1123	Contrepercé 204 trous et taraudés........	204	0.16	32.64
459	2025	Fourni 204 vis à métaux et posées........	204	0.20	40.80
		Fourni un comble à 2 égouts, composé d'un faîtage en fer à T de 0.045 × 0.040 de $7^{m},13$ de longueur,			
		24 chevrons en fer à T de 0.035 × 0.030 de $2^{m},10$,			
409	126	4 chevrons de rives en fer cornière de 0.035 × 0.035 de $2^{m},10$, pesant compris pattes, vis et garde-verre...	$162^{k}000$	0.99	160.38
		Aux extrémités du comble, établi 2 parties verticales avec châssis ouvrants.			
		Détail d'une :			
		Fourni un cadre en fer cornière de 0.035 × 0.035, composé d'une traverse horizontale de.............................. $3^{m}76$			
		2 traverses formant triangle de chacune $1^{m},95$ de longueur, ensemble.... 3.90			
437	1134	Ensemble.........................	$7^{m}66$	1.95	14.93
437	1145 1148	Fait 3 ajustements d'angle à queue d'aronde	3	1.85	5.55
437	1146	Plus-value pour lesdits en biais..........	3	0.925	2.77
437	1149	Plus-value pour ces ajustements soudés au cuivre.......................................	3	0.50	1.50

SÉRIE PAGES	SÉRIE Nos				
436	1116 1122	Pour fixer ce cadre sur les chevrons de rives et la cornière du soubassement, percé 28 trous fraisés..........................	28	0.12	3.36
436	1116 1123	Contrepercé 28 trous et taraudés........	28	0.16	4.48
459	2025	Fourni 28 vis à métaux et posées.........	28	0.20	5.60
		Fourni 5 petits bois en fer à T de 0.035 × 0.030 dont 1 de.................. 0m68			
		2 de chacun 0.50, ensemble........ 1.00			
		2 de chacun 0.32, ensemble........ 0.64			
437	1134	Ensemble........................	2m32	1.95	4.52
437	1145 1147	Fait 10 ajustements simples à tenon et mortaise..................................	10	0.925	9.25
437	1146	Plus-value pour 5 desdits en biais........	5	0.46	2.30
437	1150	Percé 14 trous de vitrage	14	0.05	0.70
		Fourni 2 vasistas en fer rainé de 0.016 composés de:			
		2 montants de chacun 0.67, ensemble 1m34			
		2 » » 0.49, » 0.98			
		2 traverses » 0.48, » 0.96			
		2 » » 0.52, » 1.04			
455	1834	Ensemble........................	4m32	3.10	13.39
455	1838	Valeur des 4 assemblages, de la traverse mobile et de la pose......................	2	5.70	11.40
		Plus-value pour 4 assemblages biais.......	4	0.70	2.80
435	1046	Fourni 4 paumelles doubles laminées de 0.11 et posées..........................	4	0.80	3.20
436	1099	Plus-value pour les 8 lames posées sur fer, fixées avec vis à métaux..................	8	0.80	6.40
430	843	Fourni 2 loqueteaux en cuivre à pêne coudé, à boule de 0.110 (*fig.* 280) et posés...	2	1.55	3.10

Fig. 280.

430	848	Plus-value pour lesdits posés sur fer......	2	0.65	1.30
Estim	ation	Dans le petit bois du milieu, découpé 2 mentonnets, limés et affleurés...........	2	0.75	1.50
		L'autre partie verticale semblable........	1	»	98.05
		Sur le comble, établi 4 châssis ouvrants.			
		Détail d'un :			
		Fourni 2 montants en fer à T inégal de 0.040 de chacun 2m,10, ensemble..... 4m20			
		1 traverse haute en même fer de... 0.60			
437	1135	Ensemble........................	4m80	2.15	10.32

SÉRIE PAGES	SÉRIE Nos				
437	1145 1148	Fait 2 ajustements d'angle à queue d'aronde.	2	1.85	3.70
437	1149	Plus-value pour lesdits soudés au cuivre..	2	0.50	1.00
437	1139	Fait 2 pattes enlevées à même la feuillure, arrondies et retroussées pour former arrêt au verre..................................	2	1.20	2.40
437	1133	Fourni une traverse basse en fer cornière de 0.030 de 0.57 de longueur, dressée et dégauchie..............................	0m57	1.80	1.02
412	229	Aux extrémités, fait 2 arasements droits..	2	0.10	0.20
436	1116	Pour la fixer sur les montants, percé 8 trous de foret en rapport.......................	8	0.08	0.64
Estim	ation	Fourni 4 rivets et affleurés...............	4	0.15	0.60
»	»	Pour pouvoir enlever le châssis, fourni 2 poignées de façon en fer rond de 0.014 de 0.35 développé, coudées 2 fois avec 2 pattes aplaties, percées chacune de 2 trous fraisés.	2	1.75	3.50
436	1116 1123	Contrepercé 4 trous et taraudés..........	4	0.16	0.64
459	2025	Fourni 4 vis à métaux et posées..........	4	0.20	0.80
		Les 3 autres châssis semblables..........	3	24.82	74.46
		Façade vitrée.			
652	29, 31	Pour recevoir la portée de 2 poutrelles transversales, fourni 2 colonnettes en fer creux de 0.050 × 0.060 de 3m,95 de longueur, dressées et posées, ensemble...............	7m90	7.87	62.17
652	53,46,45	Aux extrémités, fait 4 arasements droits..	4	2.14	8.56
652	32	Fourni 4 bouchons en fer plein, ajustés et goupillés	4	1.57	6.28
Estim	ation	Dans le bas, fourni 2 embases en fonte unie de 0.12 de hauteur sur 0.12 de diamètre et ajustées.	2	2.50	5.00
»	»	Dans lesdites, fait 2 sections à la scie à métaux, limées et affleurées..............	2	2.00	4.00
436	1118 1122	Pour les fixer, percé 4 trous de 0.015 de profondeur et fraisés.....................	4	0.19	0.76
436	1116 1123	Contrepercé 4 trous taraudés.............	4	0.16	0.64
459	2027	Fourni 4 vis à métaux de 0.020 et posées..	4	0.25	1.00
Estim	ation	Dans le haut, fourni 2 chapiteaux en fonte ornée de 0.16 de hauteur..................	2	5.00	10.00
436	1118 1122	Pour les fixer, percé 6 trous de 0.015 de profondeur et fraisés.....................	6	0.19	1.14
436	1116 1123	Contrepercé 6 trous taraudés.............	6	0.16	0.96
459	2027	Fourni 6 vis à métaux de 0.020 et posées..	6	0.25	1.50
406	73	Sous la portée de ces colonnettes, fourni 2 semelles en fer de 0.250 × 0.011 de 0.25 de longueur, pesant.........................	10k700	0.24	2.56
407	85	Aux extrémités de la façade, fourni 2 poteaux de pan de fer en fer à U de 0.140 × 0.050 de 3m,95 de longueur, portant par le bas une semelle en fer de 0.250 × 0.011 de 0.25 de longueur, assemblée par 2 équerres cornières et boulons et garni dans la hauteur de 3 queues de carpe en fer de 0.040 × 0.007 de 0.40 développé, fixées avec rivets, pesant.	131.000	0.43	56.33

SÉRIE PAGES	Nos				
407	88	Plus-value pour ces poteaux parfaitement dressés pour rester apparents	131k000	0.02	2.62
408	103	Plus-value pour emploi de fer en U, pesant.	111.000	0.006	0.66
Estim	ation	Sur lesdits, fourni 2 demi-colonnettes en fer 1/2 rond de 0.060 × 0.030 de 3m,10 de longueur, dressées et dégauchies, ensemble.	6m20	4.40	27.28
412	229	Aux extrémités, fait 2 arasements droits..	2	0.55	1.10
436	1116	Pour les fixer sur les poteaux en fer à U, percé dans lesdits 16 trous de foret	16	0.08	1.28
436	1119 1123	Contrepercé 16 trous de 0.020 et taraudés.	16	0.30	4.80
459	2029	Fourni 16 vis à métaux à tête ronde de 0.030 et posées	16	0.30	4.80
Estim	ation	Dans le bas des colonnettes, fourni 2 demi-embases en fonte unie de 0.12 de hauteur...	2	2.50	5.00
»	»	Fait 2 sections à la scie à métaux, limées et affleurées	2	1.25	2.50
436	1118 1122	Pour les fixer, percé 4 trous de 0.015 de profondeur et fraisés	4	0.19	0.76
436	1116 1123	Contrepercé 4 trous et taraudés	4	0.16	0.64
459	2027	Fourni 4 vis à métaux de 0.020 et posées..	4	0.25	1.00
Estim	ation	Dans le haut, fourni 2 demi-chapiteaux en fonte ornée de 0.16 de hauteur	2	5.00	10.00
436	1118 1122	Pour les fixer, percé 4 trous de 0.015 de profondeur et fraisés	4	0.19	0.76
436	1116 1123	Contrepercé 4 trous taraudés	4	0.16	0.64
459	2027	Fourni 4 vis à métaux de 0.020 et posées..	4	0.25	1.00
Estim	ation	Dans le haut de la façade vitrée au-dessous de l'imposte, fourni 2 traverses en fer méplat de 0.035 × 0.014 de chacune 7m,74 de longueur, dressées et dégauchies, ensemble....	15m48	1.95	30.18
412	229	Aux extrémités, fait 4 arasements droits, limés et affleurés	4	0.19	0.76
436	1116 1122	Pour les fixer sur les poteaux en fer à U, percé 8 trous fraisés	8	0.12	0.96
436	1116 1123	Contrepercé 8 trous et taraudés	8	0.16	1.28
459	2025	Fourni 8 vis à métaux et posées	8	0.20	1.60
Estim	ation	Au droit de la porte, fourni 2 montants en fer méplat de 0.035 × 0.014 de chacun 2m,95 de longueur, dressés et dégauchis, ensemble.	5m90	1.95	11.50
412	229	Dans le haut, fait 2 arasements droits....	2	0.19	0.38
412	227	Fait 2 ajustements à goujons ronds brasés.	2	1.85	3.70
406	73	Dans le bas, sous les montants, fourni 2 semelles en fer de 0.100 × 0.011 de 0.25 de longueur, pesant	4k280	0.24	1.02
431	888	Sur ces montants au droit du mur bahut, fourni 4 pattes à scellement faites exprès en fer de 0.040 × 0.009 de 0.25 développé, coudées et posées	4	0.80	3.20
436	1118 1122	Pour les fixer, percé 8 trous de 0.014 de profondeur et fraisés	8	0.19	1.52
436	1117 1123	Contrepercé 8 trous de 0.009 de profondeur et taraudés	8	0.22	1.76
459	2028	Fourni 8 vis à métaux de 0.025 et posées..	8	0.25	2.00

SÉRIE PAGES	Nos				
Estim	ation	Dans le bas, au-dessus du mur bahut, fourni 2 traverses en fer méplat de 0.035 × 0.014 de chacun 3m,27 de longueur, dressées et dégauchies, ensemble........................	6m54	1.95	12.75
412	229	Aux extrémités, fait 4 arasements droits, limés et affleurés........................	4	0.19	0.76
412	227	Pour les fixer sur les montants de la porte, fait 2 ajustements à goujons ronds brasés...	2	1.85	3.70
436	1116 1122	Pour les fixer sur les montants d'extrémité en fer à U, percé 4 trous fraisés...........	4	0.12	0.48
436	1116 1123	Contreperçé 4 trous et taraudés..........	4	0.16	0.64
459	2025	Fourni 4 vis à métaux et posées..........	4	0.20	0.80
Estim	ation	Au droit des croisées, fourni 4 montants en fer méplat de 0.035 × 0.014 de chacun 2m,05 de longueur, dressés et dégauchis, ensemble.	8m20	1.95	15.99
412	229	Aux extrémités, fait 8 arasements droits, limés et affleurés........................	8	0.19	1.52
412	227	Fait 8 ajustements à goujons ronds brasés.	8	1.85	14.80
Ana 455	logie 1819	Fourni 2 montants intermédiaires en fer méplat de 0.035 × 0.007 de chacun 2m,05 de longueur, dressés et dégauchis, ensemble...	4m10	1.30	5.33
412	229	Aux extrémités, fait 4 arasements droits, limés et affleurés........................	4	0.10	0.40
412	227	Fait 4 ajustements à goujons ronds brasés.	4	1.85	7.40
		Pour les parties fixes, fourni 6 cadres en fer cornière de 0.025 × 0.017 dont :			
		4 de chacun 2.05 × 0.58.......... 21m04			
		2 » 2.05 × 0.89.......... 11.76			
437	1131	Ensemble........................	32m80	1.60	52.48
437	1144 1147	Fait 24 ajustements d'angle à double onglet........................	24	0.725	17.40
436	1116 1122	Pour fixer ces cadres sur les montants et traverses, percé 132 trous fraisés...........	132	0.12	15.84
436	1116 1122	Contreperçé 132 trous et taraudés........	132	0.16	21.12
459	2025	Fourni 132 vis à métaux et posées........	132	0.20	26.40
		Fourni 8 petits bois en fer à T de 0.025 × 0.025 de chacun 2m,05 de longueur, ensemble........................ 16m40			
		8 traverses en même fer de chacune 0m,58, ensemble.................. 4.64			
		4 traverses en même fer de chacune 0m,89, ensemble.................. 3.56			
437	1131	Ensemble........................	24m60	1.60	39.36
437	1144 1147	Pour les fixer sur les cadres, fait 40 ajustements simples à tenon..................	40	0.725	29.00
437	1144	Fait 16 ajustements à moitié fer pour former croisillons à angles droits..................	16	1.45	23.20
437	1150	Percé 136 trous de vitrage..................	136	0.05	6.80
		Deux croisées à deux vantaux.			
		Détail d'une :			
Estim	ation	Fourni 2 montants en fer méplat de 0.035 × 0.014 de chacun 2m,04 de longueur, dressés et dégauchis, ensemble........................	4m08	1.95	7.95

SÉRIE PAGES	SÉRIE Nos				
412	229	Aux extrémités, fait 4 arasements droits, limés et affleurés	4	0.19	0.76
		Fourni 2 montants en fer méplat de 0.035 × 0.009 de chacun 2m,04 de longueur, ensemble ... 4m08			
		4 traverses en même fer de chacune 0m,56 de longueur, ensemble ... 2.24			
Analogie 455	1820	Ensemble	6m32	1.60	10.11
412	229	Aux extrémités, fait 12 arasements droits.	12	0.12	1.44
412	227	Pour fixer les traverses sur les montants, fait 8 ajustements à goujons ronds brasés	8	1.85	14.80
437	1131	Fourni 2 cadres en fer cornière de 0.025 × 0.017, de chacun 2m,02 × 0.56, dressés et dégauchis, soit en développé	10m32	1.60	16.51
437	1144 1147	Fait 8 ajustements d'angle à double onglet	8	0.725	5.80
436	1116 1122	Pour fixer ces cadres sur les montants et traverses, percé 44 trous fraisés	44	0.12	5.28
436	1116 1123	Contrepercé 44 trous et taraudés	44	0.16	7.04
459	2025	Fourni 44 vis à métaux et posées	44	0.20	8.80
Estimation		Fourni 4 goussets en tôle de 0.003 de 0.12 × 0.12, découpés en arrondi et limés et affleurés	4	1.25	5.00
436	1116 1122	Pour les fixer, percé 24 trous fraisés	24	0.12	2.88
436	1116 1123	Contrepercé 24 trous et taraudés	24	0.16	3.84
459	2025	Fourni 24 vis à métaux et posées	24	0.20	4.80
		Fourni 2 petits bois en fer à T de 0.025 × 0.025 de chacun 2m,02 de longueur, ensemble ... 4m04			
		4 traverses en même fer de chacune 0m,56, ensemble ... 2.24			
437	1131	Ensemble	6m28	1.60	10.04
437	1144 1147	Pour les fixer sur les cadres, fait 12 ajustements simples à tenon	12	0.725	8.70
437	1144	Fait 4 ajustements à moitié fer pour former croisillons à angles droits	4	1.45	5.80
437	1150	Percé 46 trous de vitrage	46	0.05	2.30
Estimation		Ferré cette croisée. Fourni 6 paumelles doubles de grille à lames pleines forgées de 0.090 de hauteur de nœuds, ajustées et posées sur fer	6	3.60	21.60
Analogie 455	1816	Sur les montants du milieu, fourni 2 battements en fer méplat de 0.035 × 0.004 dont un de 2m,04 et un de 2m,00 de longueur, dressés et dégauchis, ensemble	4m04	0.75	3.03
412	229	Aux extrémités, fait 4 arasements droits, limés et affleurés	4	0.06	0.24
436	1116 1122	Pour les fixer, percé 16 trous fraisés	16	0.12	1.92
436	1116 1123	Contrepercé 16 trous et taraudés	16	0.16	2.56
459	2025	Fourni 16 vis à métaux et posées	16	0.20	3.20

SÉRIE PAGES	SÉRIE N°s				
425	663	Sur le battement intérieur, fourni une crémone R. G. de 0.016 et posée............	1	»	2.65
436	1116 1123	Pour la fixer, percé 10 trous et taraudés..	10	0.16	1.60
459	2027	Fourni 10 vis à métaux de 0.020 et posées.	10	0.25	2.50
428	778	Fourni 2 gâches platines de façon à empênage................................	2	0.60	1.20
436	1116 1123	Pour les fixer, percé 4 trous et taraudés..	4	0.16	0.64
459	2025	Fourni 4 vis à métaux et posées..........	4	0.20	0.80
Analogie 455	1816	Au pourtour de la croisée à l'extérieur, fourni 4 battements en fer de 0.030 × 0.004 dont 2 de 2^{m},07 et 2 de 1^{m},15 de longueur, dressés et dégauchis, ensemble............	6^{m}44	0.75	4.83
412	229	Aux extrémités, fait 8 arasements droits, limés et affleurés........................	8	0.05	0.40
436	1116 1122	Pour les fixer, percé 26 trous fraisés......	26	0.12	3.12
436	1116 1123	Contrepercé 26 trous et taraudés.........	26	0.16	4.16
459	2025	Fourni 26 vis à métaux et posées..........	26	0.20	5.20
		L'autre croisée semblable................	1	»	181.50
		Porte à 2 vantaux.			
Estimation		Fourni 2 montants en fer méplat de 0.035 × 0.014 de chacun 2^{m},75 de longueur, dressés et dégauchis, ensemble....................	5^{m}50	1.95	10.72
412	229	Aux extrémités, fait 4 arasements droits, limés et affleurés..........................	4	0.19	0.76
		Fourni 2 montants en fer méplat de 0.035 × 0.009 de chacun 2^{m},75 de longueur, dressés et dégauchis, ensemble.............. 5^{m}50			
		6 traverses en même fer de chacune 0^{m},56 de longueur, ensemble......... 3.36			
Analogie 455	1820	Ensemble........................	8^{m}86	1.60	14.17
412	229	Aux extrémités, fait 16 arasements droits, limés et affleurés	16	0.12	1.92
412	227	Pour fixer les traverses sur les montants, fait 12 ajustements à goujons brasés........	12	1.85	22.20
437	1131	Dans le bas, fourni 2 cadres en fer cornière de 0.025 × 0.017 de chacun 0.70 × 0.56, dressés et dégauchis, soit en développé.....	5^{m}04	1.60	8.06
437	1144 1147	Fait 8 ajustements d'angle à double onglet...	8	0.725	5.80
436	1116 1122	Pour les fixer sur les montants et traverses, percé 28 trous fraisés.....................	28	0.12	3.36
436	1116 1123	Contrepercé 28 trous et taraudés.........	28	0.16	4.48
459	2025	Fourni 28 vis à métaux et posées.........	28	0.20	5.60
411	173	Fourni 2 panneaux en tôle de 0.003 de 0^{m},70 × 0^{m},56, pesant....................	18^{k}300	0.26	4.75
411	174	Planage	0^{m}78	6.00	6.08
411	175	Dressement des rives....................	5.04	1.00	5.04
436	1116 1122	Pour les fixer, percé 28 trous fraisés......	28	0.12	3.36

SÉRIE PAGES	SÉRIE Nos				
436	1116 1123	Contrepercé 28 trous et taraudés	28	0.16	4.48
459	2025	Fourni 28 vis à métaux et posées.........	28	0.20	5.60
437	1153	A l'extérieur pour former ornement, fourni 2 cadres en fer à moulures de 0.025 de chacun 0m,54 × 0m,40, dressés et dégauchis, soit en développé	3m76	1.60	6.01
438	1166 1170	Fait 8 ajustements d'angle à double onglet..	8	0.90	7.20
436	1116 1122	Pour les fixer, percé 24 trous fraisés......	24	0.12	2.88
436	1116 1123	Contrepercé 24 trous et taraudés	24	0.16	3.84
459	2025	Fourni 24 vis à métaux et posées.........	24	0.20	4.80
437	1131	Dans le haut, fourni 2 cadres en fer cornière de 0.025 × 0.017 de chacun 2m,02 × 0m,56, dressés et dégauchis, soit en développé.....	10m32	1.60	16.51
437	1144 1147	Fait 8 ajustements d'angle à double onglet..	8	0.725	5.80
436	1116 1122	Pour fixer ces cadres sur les montants et traverses, percé 44 trous fraisés............	44	0.12	5.28
436	1116 1123	Contrepercé 44 trous et taraudés	44	0.16	7.04
459	2025	Fourni 44 vis à métaux et posées.........	44	0.20	8.80
Estimation		Fourni 4 goussets en tôle de 0.003 de 0.12 × 0.12 découpés en arrondis, limés et affleurés..................................	4	1.25	5.00
436	1116 1122	Pour les fixer, percé 24 trous fraisés......	24	0.12	2.88
436	1116 1123	Contrepercé 24 trous et taraudés	24	0.16	3.84
459	2025	Fourni 24 vis à métaux et posées.........	24	0.20	4.80
		Fourni 2 petits bois en fer à T de 0.025 × 0.025 de chacun 2m,02 de longueur, ensemble........................... 4m04			
		4 traverses en même fer de chacune 0m,56, ensemble 2.24			
437	1131	Ensemble........................	6m28	1.60	10.04
437	1144 1147	Pour les fixer sur les cadres, fait 12 ajustements simples à tenon..................	12	0.725	8.70
437	1144	Fait 4 ajustements à moitié fer pour former croisillons à angles droits..................	4	1.45	5.80
437	1150	Percé 40 trous de vitrage	40	0.05	2.00
Estimation		Ferré cette porte. Fourni 6 paumelles doubles de grille à lames pleines forgées de 0.120 de hauteur de nœuds, ajustées et posées sur fer..................................	6	5.20	31.20
455	1816	Sur les montants du milieu, fourni 2 battements en fer méplat de 0.035 × 0.004 de chacun 2m,75 de longueur, dressés et dégauchis, ensemble	5m50	0.75	4.12
412	229	Aux extrémités, fait 4 arasements droits, limés et affleurés.........................	4	0.06	0.24
436	1116 1122	Pour les fixer, percé 20 trous fraisés......	20	0.12	2.40

SÉRIE PAGES	N^{os}				
436	1116 1123	Contrepercé 20 trous et taraudés.........	20	0.16	3.20
459	2025	Fourni 20 vis à métaux et posées.........	20	0.20	4.00
425	663	Fourni une crémone R. G. de 0.016 de 2m,75 de longueur et posée, valeur pour 2m,00	1	»	2.65
425	663	Tringle en plus.........................	0m75	0.50	0.37
442	1329	Façon d'une soudure....................	1	»	0.60
425	663	Fourni un conduit en plus et posé........	1	»	0.15
436	1116 1123	Percé 12 trous et taraudés...............	12	0.16	1.92
459	2027	Fourni 12 vis à métaux de 0.020 et posées.	12	0.25	3.00
428	778	Dans le haut, fourni une gâche platine de façon à empênage........................	1	»	0.60
436	1116 1123	Pour la fixer, percé 2 trous et taraudés....	2	0.16	0.32
459	2025	Fourni 2 vis à métaux et posées..........	2	0.20	0.40
Estim	ation	Dans le bas, fourni une gâche à fourreau et à platine en cuivre.......................	1	»	1.25
Estim	ation	Percé un trou dans la pierre dure et fait le scellement au ciment.....................	1	»	0.75
		Fourni un buttoir à champignon et à pointe en cuivre (*fig.* 281) et posé................	1	»	1.00
		Fig. 281.			
437	1126	Percé 1 trou de 0.06 et tamponné.........	0m06	5.00	0.30
448	1582	Fourni une serrure de sûreté à 6 gorges bénarde à foliot 1re qualité de 0.14 et posée.	1	»	10.20
449	1598	Plus-value pour rondelles au foliot.......	1	»	0.80
449	1599	Plus-value pour pêne à nervure et chanfrein à 32 degrés.........................	1	»	0.25
420	449	Fourni un bouton double en cuivre creux ovale n° 5...............................	1	»	1.60
		Fait l'entaille des 2 têtières de la serrure et de la gâche dans les montants en fer.....	2	1.50	3.00
Ana	logie	Sous la serrure, fourni une fourrure en fer carré de 0.018 de 0.30 développé, dressée et			
455	1820	dégauchie..............................	0m30	1.60	0.48
413	239	Fait 2 encollements d'angle soudés de 3.2c/m de section..........................	2	1.50	3.00
412	229	Aux extrémités, fait 2 arasements droits..	2	0.13	0.26
436	1116 1122	Pour la fixer sur le panneau en tôle, percé 5 trous fraisés..........................	5	0.12	0.60
436	1116 1123	Contrepercé 5 trous et taraudés..........	5	0.16	0.80
459	2025	Fourni 5 vis à métaux et posées..........	5	0.20	1.00
436	1116 1123	Pour fixer la serrure et la gâche, percé 8 trous et taraudés......................	8	0.16	1.28
459	2025	Fourni 4 vis à métaux de 0.010 et posées..	4	0.20	0.80
459	2030	Fourni 4 vis à métaux de 0.035 et posées..	4	0.30	1.20

SÉRIE PAGES	SÉRIE N°s				
443	1394	Dans le panneau en tôle, découpé une entrée	1	»	0.35
443	1395	Découpé une rosette	1	»	0.15
Analogie 455	1815	Au pourtour de la porte à l'extérieur, fourni 3 battements en fer méplat de 0.030 × 0.004 dont 2 de $2^{m},75$ et un de $1^{m},15$ de longueur, dressés et dégauchis, ensemble	6.65	0.65	4.32
412	229	Aux extrémités, fait 6 arasements droits, limés et affleurés	6	0.05	0.30
436	1116 1122	Pour les fixer, percé 25 trous fraisés......	25	0.12	3.00
436	1116 1123	Contrepercé 25 trous et taraudés........	25	0.16	4.00
459	2025	Fourni 25 vis à métaux et posées	25	0.20	5.00
		Imposte.			
Estimation		Fourni 6 montants en fer méplat de 0.035 × 0.014 de chacun $0^{m},78$ de longueur, dressés et dégauchis, ensemble	$4^{m}68$	1.95	9.12
412	229	Aux extrémités, fait 12 arasements droits, limés et affleurés	12	0.19	2.28
412	227	Pour les fixer sur les traverses, fait 12 ajustements à goujons ronds brasés	12	1.85	22.20
455	1819	Fourni 2 montants en fer méplat de 0.035 × 0.007 de chacun $0^{m},78$ de longueur, dressés et dégauchis, ensemble	1.56	1.30	2.02
412	229	Aux extrémités, fait 4 arasements droits..	4	0.10	0.40
412	227	Fait 4 ajustements à goujons ronds brasés.	4	1.85	7.40
		Fourni 9 cadres en fer cornière de 0.025 × 0.017 dont : 4 de 0.78 × 0.58 = ... 10.88 2 de 0.78 × 0.89 = ... 6.68 3 de 0.78 × 1.18 = ... 11.76			
437	1131	Ensemble	$29^{m}32$	1.60	46.91
437	1144 1147	Fait 36 ajustements d'angle à double onglet	36	0.725	26.10
436	1116 1122	Pour les fixer sur les montants et traverses, percé 142 trous fraisés	142	0.12	17.04
436	1116 1123	Contrepercé 142 trous et taraudés	142	0.16	22.72
459	2025	Fourni 142 vis à métaux et posées........	142	0.20	28.40
437	1131	Fourni 17 petits bois en fer à T de 0.025 × 0.025 de chacun $0^{m},78$ de longueur, dressés et dégauchis, ensemble	$13^{m}26$	1.60	21.21
437	1144 1147	Fait 34 ajustements simples à tenon......	34	0.725	24.65
437	1150	Percé 105 trous de vitrage	105	0.05	5.25
455	1834	Fourni 6 vasistas en fer rainé de 0.016 de chacun 0.77 × 0.29, soit en développé......	$12^{m}72$	3.10	39.43
455	1838	Valeur des 4 assemblages, de la traverse mobile et de la pose	6	5.70	34.20
455	1840	Fourni 18 paumelles doubles à boules, ajustées et posées sur fer	18	1.60	28.80
455	1856	Fourni 6 loqueteaux en cuivre, marque VF, droite et gauche avec mentonnet (*fig.* 282)...	6	1.45	8.70

Fig. 282.

SÉRIE PAGES	SÉRIE Nos				
436	1116 1123	Pour fixer les loqueteaux et leurs mentonnets, percé 24 trous et taraudés.........	24	0.16	3.84
459	2025	Fourni 24 vis à métaux et posées.........	24	0.20	4.80
446	1494	Fourni 6 tirages en corde septain de 0.005 de chacun $1^m,65$ de longueur, ensemble....	9^m90	0.30	2.97
Estimation		Fourni 6 glands en buis, tournés et posés.	6	0.40	2.40
411	173	Au-dessus de l'imposte, pour masquer la corniche en maçonnerie, fourni un bandeau en tôle de 0.003 de $7^m,74 \times 0.22$ en 3 parties, pesant..................................	39^k700	0.26	10.32
411	174	Planage..................................	1.70	6.00	10.20
411	175	Dressement des rives..................	16^m80	1.00	16.80
437	1131	Pour recevoir ce bandeau, fourni 2 traverses en fer cornière de 0.025×0.025 de chacune $7^m,74$ de longueur, dressées et dégauchies, ensemble..............................	15^m48	1.60	24.76
412	229	Aux extrémités, fait 4 arasements droits, limés et affleurés.........................	4	0.08	0.32
436	1116 1122	Pour fixer celle du bas sur la traverse de l'imposte, percé 24 trous fraisés...........	24	0.12	2.88
436	1116 1123	Contrepercé 24 trous et taraudés.........	24	0.16	3.84
459	2025	Fourni 24 vis à métaux et posées..........	24	0.20	4.80
436	1116 1122	Pour fixer celle du haut sur les poutrelles en fer, percé 4 trous fraisés...............	4	0.12	0.48
436	1116 1123	Contrepercé 4 trous et taraudés..........	4	0.16	0.64
459	2025	Fourni 4 vis à métaux et posées.........	4	0.20	0.80
426	707-720	Pour la fixer sur les montants d'extrémité en fer à U, fourni 2 équerres de façon en fer de 0.020×0.005 de 0.20 développé, percés chacune de 4 trous fraisés................	2	1.00	2.00
436	1116 1123	Contrepercé 8 trous et taraudés..........	8	0.16	1.28
459	2025	Fourni 8 vis à métaux et posées..........	8	0.20	1.60

SÉRIE PAGES	SÉRIE N°s				
436	1116 1122	Pour fixer le bandeau en tôle sur ces 2 cornières, percé 48 trous fraisés..........	48	0.12	5.76
436	1116 1123	Contrepercé 48 trous et taraudés.........	48	0.16	7.68
459	2025	Fourni 48 vis à métaux et posées.........	48	0.20	9.60
		Sur le bandeau, pour former ornement à l'extérieur, fourni 6 encadrements en fer à moulure de 0.025 dont : 4 de chacun 1.10 × 0.12 = ... 9.76 2 » 1.40 × 0.12 = ... 6.08			
437	1153	Ensemble..........................	15m84	1.60	25.34
438	1166 1170	Fait 24 ajustements d'angle à double onglet..................................	24	0.90	21.60
436	1116 1122	Pour les fixer, percé 76 trous fraisés.....	76	0.12	9.12
436	1116 1123	Contrepercé 76 trous et taraudés..........	76	0.16	12.16
459	2025	Fourni 76 vis à métaux et posées.........	76	0.20	15.20
411	173	Au-devant des poutrelles pour masquer le plancher, fourni un bandeau en tôle de 0.003 de 8.31 × 0.24 en 3 parties, pesant.........	46k500	0.26	12.09
411	174	Planage...............................	1.99	6.00	11.94
411	175	Dressement des rives..................	18m06	1.00	18.06
437	1133	Sur ce bandeau à l'intérieur, fourni 6 traverses en fer cornière de 0.030 × 0.030 dont 2 de chacune 2m,95 et 4 de chacune 2m,60 de longueur, dressées et dégauchies, ensemble.	16m30	1.80	29.34
436	1116	Pour les fixer, percé 120 trous de foret en rapport..............................	120	0.08	9.60
Estim	ation	Fourni 60 rivets et affleurés.............	60	0.15	9.00
436	1116 1122	Pour fixer le bandeau sur les poutrelles, percé 12 trous fraisés......................	12	0.12	1.44
436	1116 1123	Contrepercé 12 trous et taraudés.........	12	0.16	1.92
459	2025	Fourni 12 vis à métaux et posées.........	12	0.20	2.40
437	1133	Aux extrémités pour fixer le bandeau sur le mur, fourni 2 équerres en fer cornière de 0.030 de chacune 0m,24 de longueur, dressées et dégauchies, ensemble.................	0m48	1.80	0.86
412	229	Aux extrémités, fait 4 arasements droits, limés et affleurés.........................	4	0.10	0.40
436	1116	Pour les fixer sur le bandeau, percé 12 trous de foret en rapport......................	12	0.08	0.96
Estim	ation	Fourni 6 rivets et affleurés..............	6	0.15	0.90
431	883-885	Pour les fixer sur le mur, fourni 4 pattes à scellement coudées.....................	4	0.30	1.20
436	1116 1122	Percé 4 trous fraisés....................	4	0.12	0.48
436	1116 1123	Contrepercé 4 trous et taraudés..........	4	0.16	0.64
459	2025	Fourni 4 vis à métaux et posées..........	4	0.20	0.80
437	1156	A l'extérieur du bandeau dans le haut, fourni une traverse en fer à moulures de 0.040 de 8m,31 de longueur, en 2 parties, dressée et dégauchie....................	8m31	2.05	17.03

SÉRIE PAGES	SÉRIE Nos				
412	229	Aux extrémités, fait 4 arasements droits, limés et affleurés	4	0.10	0.40
437	1159	Au milieu, fourni une traverse en fer à moulures de 0.060 de 8m,31 de longueur, en 2 parties, dressée et dégauchie	8m31	3.20	26.59
412	229	Aux extrémités, fait 4 arasements droits, limés et affleurés	4	0.15	0.60
436	1116 1122	Pour fixer ces 2 traverses, percé 60 trous fraisés	60	0.12	7.20
436	1116 1123	Contrepercé 60 trous et taraudés	60	0.16	9.60
459	2025	Fourni 60 vis à métaux et posées	60	0.20	12.00
408	109	Au-dessus de ce bandeau pour former chéneau sur la façade et recevoir les montants du balcon, fourni une poutrelle en fer et tôle assemblés de 9m,00 de longueur, composée d'une âme en fer de 0.220 × 0.007 et de 4 cornières de 0.060 × 0.040 × 0.006 assemblées avec rivets bouterollés, pesant	280k000	0.57	159.60
436	1116 1122	Pour la fixer sur la cornière supérieure du bandeau, percé 24 trous fraisés	24	0.12	2.88
436	1116 1123	Contrepercé 24 trous et taraudés	24	0.16	3.84
459	2025	Fourni 24 vis à métaux et posées	24	0.20	4.80
		Balcon.			
411	166	Fourni un balcon avec arcs-boutants, châssis en fer carré, remplissage en barreaux ronds, sans panneaux ni frises, composé de 2 traverses en fer carré de 0.020 de 8m,50, 10 montants en même fer de 0m,85, 4 arcs boutants en fer méplat de 0.035 × 0.020 de 1m,10 de longueur avec partie en fer de 0.070 × 0.020 encollé à congé, 13 barreaux en fer rond de 0.018 de 0m,68 de longueur, pesant	129k000	0.56	72.24
Estim	ation	Dans le bas des barreaux, fourni 13 pontets en fonte, arasés à la lime	13	0.75	9.75
436	1118 1123	Pour les fixer, percé 26 trous de 0.015 de profondeur et taraudés	26	0.26	6.76
Ana 459	logie 2029	Fourni 13 tiges taraudées de 0.030 et posées.	26	0.30	7.80
Estim	ation	Dans le bas des montants, fourni 10 embases carrées en fonte, pour fer de 0.020 et ajustées	10	1.00	10.00
436	1116 1122	Pour fixer les montants sur les poutrelles, percé 10 trous fraisés	10	0.12	1.20
436	1118 1123	Contrepercé 10 trous de 0.015 et taraudés.	10	0.26	2.60
459	2027	Fourni 10 vis à métaux de 0.020 et posées...	10	0.25	2.50
Estim	ation	Dans le bas des arcs boutants, fourni 4 embases carrées en fonte *idem*	4	1.00	4.00
»	»	Fait 4 coupes à la scie à métaux	4	0.75	3.00
436	1116 1122	Pour les fixer, percé 4 trous fraisés	4	0.12	0.48
436	1116 1123	Contrepercé 4 trous et taraudés	4	0.16	0.64
459	2025	Fourni 4 vis à métaux et posées	4	0.20	0.80

SÉRIE PAGES	SÉRIE Nos				
Estim	ation	Pour fixer les arcs-boutants sur la poutrelle, fait 4 entailles de 0.035 × 0.020 dans la cornière intérieure du haut..................	4	0.75	3.00
»	»	Fourni 8 brides de façon en fer méplat de 0.030 × 0.006 de 0.25 développé, coudées 4 fois, arasées et chanfreinées.............	8	1.50	12.00
436	1116 1122	Pour les fixer, percé 32 trous fraisés.....	32	0.12	3.84
436	1116 1123	Contrepercé 32 trous et taraudés.........	32	0.16	5.12
459	2026	Fourni 32 vis à métaux de 0.015 et posées.	32	0.20	6.40
437	1155	Dans le haut du balcon, fourni une main-courante en fer à moulures de 0.035 de 8m,50 de longueur, dressée et dégauchie..........	8m50	1.95	16.57
436	1118 1122	Pour la fixer, percé 26 trous de 0.015 de profondeur et fraisés......................	26	0.19	4.94
436	1117 1123	Contrepercé 26 trous de 0.010 et taraudés.	26	0.22	5.72
459	2028	Fourni 26 vis à métaux de 0.025 et posées.	26	0.25	6.50

Métré n° 7

Panneaux en fer forgé pour porte cochère.

81, *rue de Lille à Paris (fig. 283).*

M. Pételan, Entrepreneur.

SÉRIE PAGES	SÉRIE Nos				
		Fourni 2 panneaux en fer forgé. Détail d'un :			
Ana 455	logie 1819	Ledit composé d'un cadre en fer méplat de 0.018 × 0.014 de 2m,06 × 0.85, dressé et dégauchi, soit en développé..................	5m82	1.30	7.56
412	229	Aux extrémités, fait 8 arasements droits, limés et affleurés.........................	8	0.10	0.80
436	1118 1122	Percé 4 trous de 0.014 de profondeur et fraisés..........................	4	0.19	0.76
436	1118 1123	Contrepercé 4 trous de 0.016 de profondeur et taraudés..........................	4	0.26	1.04
459	2029	Fourni 4 vis à métaux de 0.030 et posées.	4	0.30	1.20
436	1118 1122	Pour fixer le cadre, percé 22 trous de 0.014 de profondeur et fraisés..................	22	0.19	4.18
459	2003	Fourni 22 vis à bois de 0.040 et posées....	22	0.051	1.12
		Fourni 2 montants en fer carré de 0.018 de chacun 1m,95 de longueur, dressés et dégauchis, ensemble.................. 3.90			
Ana	logie	4 traverses de chacune 0m,82 de longueur, ensemble.................. 3.28			
455	1820	Ensemble.........................	7m18	1.60	11.48
412	229	Aux extrémités, fait 12 arasements droits, limés et affleurés.........................	12	0.13	1.56

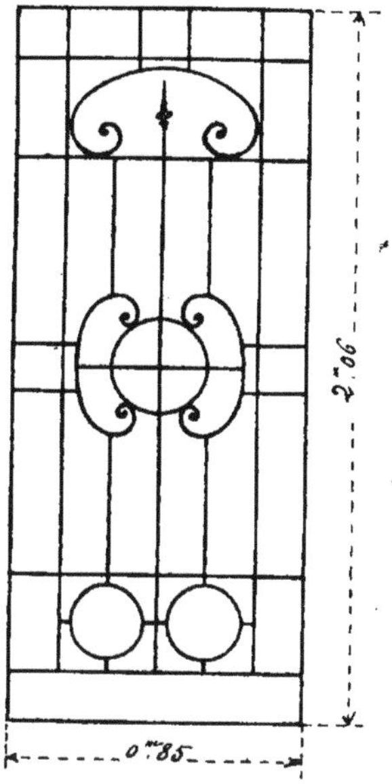

Fig. 283.

SÉRIE PAGES	Nos				
436	1118 1122	Pour fixer les montants et les traverses sur le cadre, percé 10 trous de 0.014 de profondeur et fraisés	10	0.19	1.90
436	1118 1123	Contrepercé 10 trous de 0.015 de profondeur et taraudés	10	0.26	2.60
459	2029	Fourni 10 vis à métaux de 0.030 et posées.	10	0.30	3.00
436	1119 1122	Pour fixer les montants sur la traverse du bas, percé 2 trous de 0.018 de profondeur et fraisés	2	0.22	0.44
436	1118 1123	Contrepercé 2 trous de 0.015 de profondeur et taraudés	2	0.26	0.52
459	2029	Fourni 2 vis à métaux de 0.030 et posées..	2	0.30	0.60
Estim	ation	Fait 6 ajustements à moitié fer pour former croisillons à angles droits	6	2.40	14.40
Ana 455	logie 1820	Au milieu, fourni un montant en fer carré de 0.018 de 1m,55 de longueur, dressé et dégauchi	1m55	1.60	2.48
412	229	Aux extrémités, fait 2 arasements droits limés et affleurés	2	0.13	0.26
436	1119 1122	Pour fixer ce montant sur la traverse du bas, percé un trou de 0.018 de profondeur et fraisé	1	»	0.22
436	1118 1123	Contrepercé un trou de 0.015 de profondeur et taraudé	1	»	0.26
459	2029	Fourni une vis à métaux de 0.030 et posée.	1	»	0.30
Estim	ation	Fait 2 ajustements à moitié fer pour former croisillons à angles droits	2	2.40	4.80

SÉRIE PAGES	N°s				
Estim	ation	Dans le haut, fourni une lance en fonte à embase carrée et ajustée..................	1	»	1.75
436	1118 1123	Pour la fixer, percé 2 trous de 0.015 de profondeur et taraudés..................	2	0.26	0.52
Ana 459	logie 2029	Fourni une tige taraudée de 0.030 et posée.	1	»	0.30
Ana 455	logie 1820	Dans le haut, fourni un motif d'ornement en fer carré de 0.018 de $1^m,82$ développé, dressé et dégauchi......................	1^m82	1.60	2.91
Estim	ation	Cintrage dudit sur tout le développé sur un petit rayon et enroulé aux extrémités en forme de volute.........................	1.82	3.33	6.06
413	241	Aux extrémités, fait 2 noyaux roulés et forgés	2	0.97	1.94
436	1119 1122	Pour fixer ce motif sur les montants et traverses, percé 4 trous de 0.018 de profondeur et fraisés............................	4	0.22	0.88
436	1118 1123	Contrepercé 4 trous de 0.015 et taraudés..	4	0.26	1.04
459	2029	Fourni 4 vis à métaux de 0.030 et posées..	4	0.30	1.20
Ana 455	logie 1820	Au-dessus de ce motif, fourni 2 montants en fer carré de 0.018 de chacun $0^m,16$ de longueur, dressés et dégauchis, ensemble...	0^m32	1.60	0.51
412	229	Dans le haut, fait 2 arasements droits limés et affleurés...........................	2	0.13	0.26
Estim	ation	Dans le bas, fait 2 arasements biais suivant le cintre du motif......................	2	0.19	0.38
436	1118 1122	Pour fixer ces 2 montants, percé 2 trous de 0.014 de profondeur et fraisés............	2	0.19	0.38
436	1119 1122	Percé 2 trous de 0.018 de profondeur et fraisés................................	2	0.22	0.44
436	1118 1123	Contrepercé 4 trous de 0.015 de profondeur et taraudés...........................	4	0.26	1.04
459	2029	Fourni 4 vis à métaux de 0.030 et posées..	4	0.30	1.20
Estim	ation	Fait 2 ajustements à moitié fer pour former croisillons à angles droits................	2	2.40	4.80
Ana 455	logie 1820	Dans le milieu, fourni un cercle en fer carré de 0.018 de $0^m,85$ développé, dressé et dégauchi	0^m85	1.60	1.36
Estim	ation	Cintrage dudit en plein cintre sur un rayon de $0^m,14$ et sur tout le développé...........	0^m85	3.33	2.83
Ana 413	logie 239	Fait une soudure sur fer cintré...........	1	»	1.50
Ana 455	logie 1820	Sur les côtés de ce cercle, fourni 2 motifs d'ornements en fer carré de 0.018 de chacun $1^m,28$ développé, dressés et dégauchis, ensemble..................................	2^m56	1.60	4.09
Estim	ation	Cintrage desdits sur tout le développé sur un petit rayon et enroulés aux extrémités en forme de volutes, ensemble................	2^m56	3.33	8.52
413	241	Aux extrémités, fait 4 noyaux roulés et forgés.	4	0.97	3.88
436	1119 1122	Pour fixer ces 2 motifs sur le cercle, percé 4 trous de 0.018 de profondeur et fraisés....	4	0.22	0.88
436	1118 1123	Contrepercé 4 trous de 0.015 de profondeur et taraudés...........................	4	0.26	1.04
459	2029	Fourni 4 vis à métaux de 0.030 et posées..	4	0.30	1.20
Ana 455	logie 1820	Au milieu, fourni une traverse en fer carré de 0.018 de 0.48 de longueur, dressée et dégauchie	0.48	1.60	0.76

SÉRIE					
PAGES	N°s				
412	229	Aux extrémités, fait 2 arasements droits, limés et affleurés........................	2	0.13	0.26
436	1119 1122	Pour fixer cette traverse sur les motifs, percé 2 trous de 0.018 de profondeur et fraisés....	2	0.22	0.44
436	1118 1123	Contrepercé 2 trous de 0.015 de profondeur et taraudés..............................	2	0.26	0.52
459	2029	Fourni 2 vis à métaux de 0.030 et posées..	2	0.30	0.60
Estim	ation	Fait 5 ajustements à moitié fer pour former croisillons à angles droits..................	5	2.40	12.00
»	»	Plus-value pour 4 desdits sur fer cintré...	4	1.20	4.80
Ana 455	logie 1820	Sur le côté des 2 motifs, fourni 4 traverses en fer carré de 0.018 de chacune 0.16 de longueur, dressées et dégauchies, ensemble....	$0^{m}64$	1.60	1.02
412	229	Aux extrémités, fait 4 arasements droits, limés et affleurés.........................	4	0.13	0.52
Estim	ation	Fait 4 arasements biais sur fer cintré.....	4	0.19	0.76
436	1118 1122	Pour fixer ces 4 traverses, percé 4 trous de 0.014 de profondeur et fraisés.............	4	0.19	0.76
436	1119 1122	Percé 4 trous de 0.018 de profondeur et fraisés....................................	4	0.22	0.88
436	1118 1123	Contrepercé 8 trous de 0.015 de profondeur et taraudés..............................	8	0.26	1.68
459	2029	Fourni 8 vis à métaux de 0.030 et posées..	8	0.30	2.40
Estim	ation	Fait 4 ajustements à moitié fer *idem*.......	4	2.40	9.60
Ana 455	logie 1820	Dans le bas, fourni 2 cercles en fer carré de 0.018 de chacun 0.64 développé, dressés et dégauchis, ensemble....................	$1^{m}28$	1.60	2.04
Estim	ation	Cintrage desdits en plein cintre sur un rayon de 0.105, sur tout le développé, ensemble...	1.28	3.33	4.26
Ana 413	logie 239	Fait 2 soudures sur fer cintré............	2	1.50	3.00
Ana 455	logie 1820	Pour former remplissage entre les motifs d'ornement, fourni 6 montants en fer carré de 0.018 dont 2 de $0^{m},38$, 2 de $0^{m},43$ et 2 de $0^{m},035$ de longueur, dressés et dégauchis, ensemble.	$1^{m}69$	1.60	2.70
412	229	Aux extrémités, fait 4 arasements droits, limés et affleurés.........................	4	0.13	0.52
Estim	ation	Fait 8 arasements biais suivant fer cintré..	8	0.19	1.52
»	»	Fait 2 ajustements à moitié fer *idem*......	2	2.40	4.80
436	1119 1122	Pour fixer ces montants, percé 12 trous de 0.018 de profondeur et fraisés..............	12	0.22	2.64
436	1118 1123	Contrepercé 12 trous de 0.015 de profondeur et taraudés..............................	12	0.26	3.12
459	2029	Fourni 12 vis à métaux de 0.030 et posées..	12	0.30	3.60
Ana 455	logie 1820	Entre les cercles du bas, fourni 3 traverses en fer carré de 0.018 dont 2 de 0.035 et une de 0.10 de longueur, dressées et dégauchies, ensemble..............................	$0^{m}17$	1.60	0.27
412	229	Aux extrémités, fait 2 arasements droits limés et affleurés........................	2	0.13	0.26
Estim	ation	Fait 4 arasements biais suivant fer cintré..	4	0.19	0.76
»	»	Fait un ajustement à moitié fer *idem*.....	1	»	2.40
436	1119 1122	Pour fixer ces 3 traverses, percé 6 trous de 0.018 de profondeur et fraisés.............	6	0.22	1.32
436	1118-1123	Contrepercé 6 trous de 0.015 et taraudés..	6	0.26	1.56
459	2029	Fourni 6 vis à métaux de 0.030 et posées..	6	0.30	1.80
		L'autre panneau semblable.............	1	»	185.96

Métré n° 8.

Marquise.

81, *rue de Lille* (*fig.* 284 *et* 285), *M. Pélctan*, *Entrepreneur*.

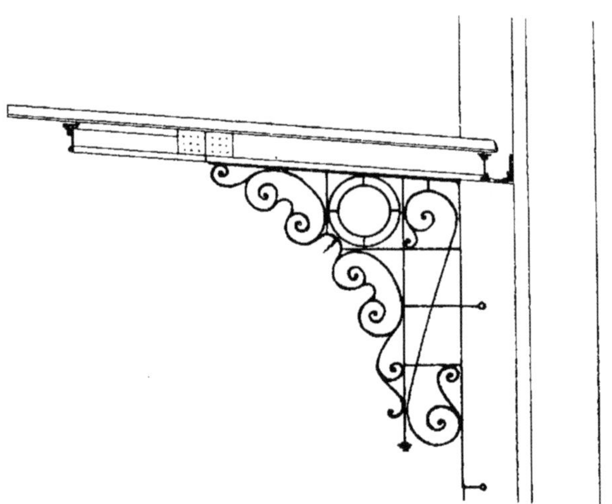

Fig. 284.

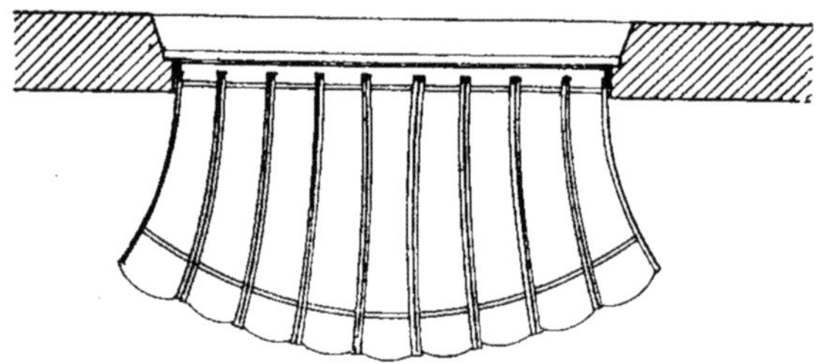

Fig. 285.

SÉRIE PAGES	N°s				
		Au-dessus de la porte d'entrée de la maison, établi une marquise composée comme suit :			
		Pour former chéneau, fourni 3 plaques en			
411	173	tôle de 0.003 de chacune $2^m,91 \times 0.11$, pesant.	22^k400	0.26	5.82
411	174	Planage..............................	0.96	6.00	5.76
411	175	Dressement des rives au burin et à la lime.	18^m12	1.00	18.12
		Pour assembler ces plaques, fourni 2 traverses en fer cornière de 0.030 de chacune $2^m,91$ de longueur, dressées et dégauchies,			
437	1133	ensemble..............................	5.82	1.80	10.47

SÉRIE PAGES	SÉRIE Nos				
412	229	Aux extrémités, fait 4 arasements droits, limés et affleurés........................	4	0.10	0.40
436	1116	Pour les fixer, percé 152 trous de foret en rapport....................................	152	0.08	12.16
Estim	ation	Fourni 76 rivets et affleurés..............	76	0.15	11.40
411	173	Aux extrémités, fourni 2 plaques en tôle de 0.003 de 0.11 × 0.11, pesant............	0k560	0.26	0.14
411	174	Planage..................................	0.024	6.00	0.14
411	175	Dressement des rives....................	0.88	1.00	0.88
437	1133	Fourni 6 équerres en fer cornière de 0.030 de chacune 0m,11 de longueur, ensemble....	0m66	1.80	1.18
412	229	Aux extrémités, fait 12 arasements droits, limés et affleurés........................	12	0.10	1.20
436	1116	Pour les fixer, percé 48 trous de foret en rapport...................................	48	0.08	3.84
Estim	ation	Fourni 24 rivets et affleurés..............	24	0.15	3.60
»	»	Pour le passage du tuyau, fait un évidement de 0m,05 de diamètre....................	1	»	0.75
437	1151	Dans le bas du chéneau, fourni une traverse en fer à moulures 1/2 rond de 0.018 de 2m,91 de longueur, dressée et dégauchie..........	2m91	1.45	4.21
412	229	Fait 2 arasements droits, limés et affleurés.	2	0.06	0.12
436	1117 1122	Pour la fixer, percé 9 trous de 0.009 et fraisés.....................................	9	0.16	1.44
436	1116 1123	Contrepercé 9 trous et taraudés..........	9	0.16	1.44
459	2026	Fourni 9 vis à métaux de 0.015 et posées..	9	0.20	1.80
		Fourni 8 rosaces d'ornement en fonte de 0.045 de diamètre......................	8	0.75	6.00
436	1116	Pour les fixer, percé 8 trous de foret......	8	0.08	0.64
436	1117 1123	Contrepercé 8 trous de 0.010 et taraudés..	8	0.22	1.76
459	2027	Fourni 8 vis à métaux à tête ronde de 0.020 et posées..................................	8	0.25	2.00
437	1133	Dans le haut du chéneau pour recevoir les petits bois, fourni une traverse en fer cornière de 0.030 de 2m,91 de longueur, dressée et dégauchie..............................	2m91	1.80	5.23
412	229	Aux extrémités, fait 2 arasements droits limés et affleurés......................	2	0.10	0.20
436	1116	Pour la fixer, percé 38 trous de foret en rapport...................................	38	0.08	3.04
Estim	ation	Fourni 19 rivets et affleurés..............	19	0.15	2.85
437	1153	Sous ladite, fourni une traverse en fer à moulures de 0.025 de 2m,91 de longueur, dressée et dégauchie........................	2m91	1.60	4.65
412	229	Aux extrémités, fait 2 arasements droits limés et affleurés........................	2	0.08	0.16
436	1116 1122	Pour la fixer, percé 11 trous fraisés.......	11	0.12	1.32
436	1116 1123	Contrepercé 11 trous et taraudés..........	11	0.16	1.76
459	2025	Fourni 11 vis à métaux et posées.........	11	0.20	2.20
411	173	Fourni un bandeau en tôle de 0.003 en 3 parties dont 1 de 3m,80 × 0.11 et 2 de 1m,23 × 0.11, pesant..............................	16k100	0.26	4.18

SÉRIE PAGES	N°s				
411	174	Planage	0.69	6.00	4.14
411	175	Dressement des rives	13.18	1.00	13.18
Estim	ation	Cintrage de ce bandeau sur tout le développé, suivant dessin, soit en linéaire	6m26	1.30	8.13
436	1116 1122	Pour fixer le bandeau sur le chéneau, percé 8 trous fraisés	8	0.12	0.96
436	1116	Contrepercé 8 trous de foret	8	0.08	0.64
459	2028	Fourni 8 vis à métaux de 0.025 et posées	8	0.25	2.00
442	1330	Fourni 8 écrous taraudés et ajustés	8	0.25	2.00
431	886	Pour le fixer sur le mur, fourni 4 pattes à scellement faites exprès en fer de 0.035 × 0.007 de 0.16 de longueur	4	0.60	2.40
436	1116 1122	Percé 4 trous fraisés	4	0.12	0.48
436	1116 1123	Contrepercé 4 trous et taraudés	4	0.16	0.64
459	2025	Fourni 4 vis à métaux et posées	4	0.20	0.80
Estim	ation	Pour assembler le bandeau, fourni 2 équerres forgées en fer de 0.080 × 0.007 de 0.22 développé, coudées en biais et chanfreinées	2	1.50	3.00
436	1116	Pour les fixer, percé 48 trous de foret en rapport	48	0.08	3.84
Estim	ation	Fourni 24 rivets et affleurés	24	0.15	3.60
437	1133	Dans le bas du bandeau à l'intérieur, fourni une traverse en fer cornière de 0.030 en 3 parties dont 1 de 3m,80 et 2 de 1.23 développé, dressée et dégauchie, ensemble	6m26	1.80	11.26
413	234-235	Cintrage desdites sur tout le développé	6m26	2.76	17.27
412	229	Aux extrémités, fait 6 arasements droits, limés et affleurés	6	0.10	0.60
436	1116	Pour les fixer, percé 88 trous de foret en rapport	88	0.08	7.04
Estim	ation	Fourni 44 rivets et affleurés	44	0.15	6.60
437	1129	Dans le haut de la partie en façade, fourni une traverse en fer cornière de 0.020 de 3m,58 développé, dressée et dégauchie	3m58	1.35	4.83
413	234-235	Cintrage de ladite sur tout le développé	3.58	2.76	9.88
412	229	Aux extrémités, fait 2 arasements droits, limés et affleurés	2	0.06	0.12
436	1117 1122	Pour la fixer, percé 25 trous de 0.009 de profondeur et fraisés	25	0.16	4.00
436	1116 1123	Contrepercé 25 trous et taraudés	25	0.16	4.00
459	2026	Fourni 25 vis à métaux de 0.015 et posées	25	0.20	5.00
437	1157	Dans le haut, fourni une corniche en fer à moulures de 0.045 en 3 parties dont 1 de 3m,80 et 2 de 1m,23 développé, ensemble	6m26	2.45	15.33
413	234-235	Cintrage de ladite sur tout le développé	6.26	2.76	17.27
438	1167 1170	Fait 2 ajustements d'angle à double onglet	2	1.05	2.10
438	1169	Plus-value pour lesdits en biais	2	0.525	1.05
412	229	Aux extrémités, fait 2 arasements droits *idem*	2	0.13	0.26
436	1116 1122	Pour la fixer, percé 25 trous fraisés	25	0.12	3.00
436	1116	Contrepercé 25 trous de passage	25	0.08	2.00
436	1116 1123	Percé 25 trous et taraudés	25	0.16	4.00

SÉRIE PAGES	SÉRIE Nos				
459	2032	Fourni 25 vis à métaux de 0.045 et posées.	25	0.35	8.75
437	1134	Fourni 2 petits bois de rives en fer cornière de 0.035 de chacun 1m,36 développé, ensemble.	2m72	1.95	5.30
413	234-235	Cintrage desdits sur tout le développé.....	2.72	2.76	7.50
412	229	D'un bout, fait 2 arasements droits, limés et affleurés..........................	2	0.11	0.22
437	1139	A l'autre extrémité, fait 2 pattes garde-verre.	2	1.20	2.40
436	1116 1122	Pour les fixer, percé 12 trous fraisés......	12	0.12	1.44
436	1116 1123	Contrepercé 12 trous et taraudés..........	12	0.16	1.92
459	2025	Fourni 12 vis à métaux et posées.........	12	0.20	2.40
436	1135	Fourni 8 petits bois en fer à T de 0.040 de chacun 1m,67 réduit développé, ensemble...	13m36	2.15	28.72
413	234-235	Cintrage desdits sur tout le développé.....	13.36	2.76	36.87
412	229	D'un bout, fait 8 arasements droits, limés et affleurés..........................	8	0.12	0.96
437	1139	A l'autre extrémité, fait 8 pattes garde-verre.	8	1.20	9.60
436	1116 1122	Pour les fixer, percé 32 trous fraisés......	32	0.12	3.84
436	1116 1123	Contrepercé 32 trous et taraudés..........	32	0.16	5.12
459	2025	Fourni 32 vis à métaux et posées.........	32	0.20	6.40
Estim	ation	Fourni 2 fourrures en fer carré de 0.018 de 0.05 de longueur, percées de 2 trous fraisés.	2	0.75	1.50
436	1116 1123	Contrepercé 2 trous et taraudés...........	2	0.16	0.32
459	2028	Fourni 2 vis à métaux de 0.025 et posées..	2	0.25	0.50
436	1116 1122	Pour fixer les petits bois sur lesdites, percé 4 trous fraisés..........................	4	0.12	0.48
436	1116 1123	Contrepercé 4 trous et taraudés..........	4	0.16	0.64
459	2025	Fourni 4 vis à métaux et posées..........	4	0.20	0.80
437	1133	A ces 2 petits bois pour former tirant, fourni 4 équerres en fer cornière de 0.030 de 0.18 de longueur, dressées et dégauchies, ensemble.	0m72	1.80	1.30
412	229	D'un bout, fait 4 arasements droits, limés et affleurés..........................	4	0.10	0.40
Estim	ation	A l'autre extrémité, fait 4 arasements biais.	4	0.15	0.60
436	1116	Pour les fixer, percé 12 trous de foret.....	12	0.08	0.96
459	2002	Fourni 12 vis à bois de 0.035 et posées....	12	0.046	0.55
Estim	ation	Fourni 2 goussets en tôle de 0.003 de 0.18 × 0.08, découpés à la demande et percés chacun de 5 trous de foret.................	2	1.50	3.00
436	1116	Percé 16 trous de foret en rapport........	16	0.08	1.28
Estim	ation	Fourni 10 rivets à tête ronde et bouterollés.	10	0.15	1.50
437	1134	Fourni 2 tirants en fer cornière de 0.035 de chacun 1m,43 de longueur, ensemble.......	2m86	1.95	5.57
413	234-235	Cintrage desdits sur tout le développé.....	2.86	2.76	7.89
412	229	Aux extrémités, fait 4 arasements droits, limés et affleurés.......................	4	0.11	0.44
Ana 455	logie 1816	Fourni 2 plates-bandes d'écartement en fer méplat de 0.025 × 0.005 de chacune 0.10 de longueur, dressées et dégauchies, ensemble.	0m20	0.75	0.15
412	229	Aux extrémités, fait 2 arasements droits..	2	0.05	0.10
Estim	ation	Fait 2 arasements biais..................	2	0.07	0.14

SÉRIE PAGES	SÉRIE N°s				
436	1116	Pour les fixer, percé 14 trous de foret en rapport	14	0.08	1.12
Estimation		Fourni 8 rivets et affleurés	8	0.15	1.20
		Pour supporter cette marquise, fourni 2 consoles en fer forgé. Détail d'une :			
Analogie 455	1821	Ladite composée d'une équerre en fer carré de 0.020 de 2m,42 développé, dressée et dégauchie	2m42	1.80	4.35
413	239	Fait 2 encollements d'angle soudés de 4 centimètres de section	2	1.88	3.76
412	229	Sur le devant, fait un arasement chanfreiné.	1	»	0.24
Estimation		Du côté du mur, fait un œil renflé à chaud, ragréé à la lime	1	»	1.00
Analogie 455	1821	Fourni un montant en même fer de 1m,04 de longueur, dressé et dégauchi	1m04	1.80	1.87
Estimation		Dans le haut, fait un arasement biais, limé et affleuré	1	»	0.24
412	225	Fait un ajustement à goujon rond brasé et rivé	1	»	1.07
		Plus-value pour ledit en biais	1	»	0.53
412	229	Dans le bas, fait un arasement droit, limé et affleuré	1	»	0.16
Estimation		Fourni un pontet en fonte orné de 0.050 à embase carrée et arasé à la lime	1	»	1.25
436	1119 1123	Pour le fixer, percé 2 trous de 0.020 et taraudés	2	0.30	0.60
Analogie 459	2031	Fourni une tige taraudée de 0.040 et posée.	1	»	0.35
455	1821	Entre ce montant et l'équerre, fourni un motif d'ornement en fer carré de 0.020 de 2m,02 développé, dressé et dégauchi	2m02	1.80	3.63
Estimation		Cintrage dudit aux extrémités sur un petit rayon et enroulé en forme de volute sur un développé de	1.50	3.33	5.00
413	241	Fait 2 noyaux roulés et forgés	2	0.97	1.94
Analogie 455	1820	Fourni 2 motifs d'extrémité en fer méplat de 0.020 × 0.016 dont un de 0.22 et un de 0m,38 développé, dressés et dégauchis, ensemble...	0m60	1.60	0.96
Estimation		Cintrage desdits sur un petit rayon	0.60	3.33	1.99
413	239	Fait 2 encollements soudés	2	1.50	3.00
413	241	Fait 2 noyaux roulés et forgés	2	0.97	1.94
436	1119 1122	Pour fixer ce motif sur les montants, percé 4 trous de 0.020 de profondeur et fraisés	4	0.22	0.88
436	1117 1123	Contrepercé 4 trous de 0.010 de profondeur et taraudés	4	0.22	0.88
459	2029	Fourni 4 vis à métaux de 0.030 et posées..	4	0.30	1.20
Analogie 455	1821	Au-dessus, fourni une tige d'écartement en fer carré de 0.020 de 0.06 de longueur, dressée et dégauchie	0m06	1.80	0.10
Estimation		Aux extrémités, fait 2 arasements biais, limés et affleurés	2	0.24	0.48
412	225	Fait 2 ajustements à goujons ronds brasés et rivés	2	1.07	2.14
		Plus-value pour lesdits en biais	2	0.53	1.06
Analogie 455	1821	Fourni 3 traverses en fer carré de 0.020 dont une de 0.47, une de 0.33 et une de 0.20 de longueur, dressées et dégauchies, ensemble.	1m00	»	1.80

SÉRIE PAGES	Nos				
412	229	Aux extrémités, fait 4 arasements droits...	4	0.16	0.48
Estim	ation	Fait un arasement biais..................	1	»	0.24
412	225	Fait 5 ajustements à goujons ronds brasés.	5	1.07	5.35
		Plus-value pour l'un desdits en biais......	1	»	0.53
Estim	ation	Fait 5 ajustements à moitié fer pour former croisillons à angles droits..................	5	3.00	15.00
»	»	Plus-value pour 3 desdits en biais........	3	1.50	4.50
»	»	Fait un œil renflé à chaud et ragréé à la lime.	1	»	1.00
Ana 455	logie 1821	Fourni un montant en fer carré de 0.020 de 0.27 de longueur, dressé et dégauchi.....	0m27	1.80	0.48
»	»	Aux extrémités, fait 2 arasements biais, limés et affleurés........................	2	0.24	0.48
412	225	Fait 2 ajustements à goujons ronds, brasés et rivés..................................	2	1.07	2.14
		Plus-value pour lesdits en biais..........	2	0.53	1.06
Ana 455	logie 1821	Fourni 2 cercles en fer carré de 0.020 dont un de 1m,05 et un de 0m,65 développé, dressés et dégauchis, ensemble....................	1m70	1.80	3.06
Estim	ation	Cintrage desdits en plein cintre sur un petit rayon.............................	1.70	3.33	5.66
Ana 413	logie 239	Fait 2 soudures sur fer cintré.............	2	1.88	3.76
Ana 455	logie 1821	Fourni 4 tiges d'écartement en fer carré de 0.020 de chacune 0.045 de longueur, dressées et dégauchies, ensemble..................	0.18	1.80	0.32
Estim	ation	Aux extrémités, fait 8 arasements arrondis à la demande des cercles.................	8	0.24	1.92
412	225	Fait 8 ajustements à goujons brasés et rivés.	8	1.07	8.56
»	»	Plus-value pour lesdits faits sur fer cintré.	8	0.53	4.24
436	1119 1122	Pour fixer ces cercles, percé 4 trous de 0.020 de profondeur et fraisés.............	4	0.22	0.88
436	1117 1123	Contrepercé 4 trous de 0.010 et taraudés..	4	0.22	0.88
459	2029	Fourni 4 vis à métaux de 0.030 et posées...	4	0.30	1.20
		Fourni 2 motifs d'ornement en forme de C, terminés par 2 volutes, avec 1/2 rond les reliant au milieu, en fer carré de 0.020 de chacun 1m,76 développé, dressés et dégauchis, ensemble........................ 3m,52			
		Entre ces motifs, fourni un demi-rond en même fer développant...... 0m,31			
		Dans le bas, fourni une volute développant.......................... 0m,38			
Ana 455	logie 1821	Ensemble........................	4m21	1.80	7.57
Estim	ation	Cintrage de ces fers suivant dessin, sur un petit rayon et sur tout le développé.........	4.21	3.33	14.01
413	241	Fait 5 noyaux roulés et forgés............	5	0.97	4.85
413	239	Fait 7 encollements soudés...............	7	1.88	13.16
436	1119 1122	Pour fixer ces motifs, percé 5 trous de 0.020 de profondeur et fraisés.............	5	0.22	1.10
436	1117 1123	Contrepercé 5 trous de 0.010 et taraudés..	5	0.22	1.10
459	2029	Fourni 5 vis à métaux de 0.030 et posées..	5	0.30	1.50
Ana 455	logie 1821	Fourni une flamme en fer carré de 0.020 de 0.12 développé, dressée et dégauchie.....	0.12	1.80	0.21
Estim	ation	Fait un arasement arrondi..............	1	»	0.24

SÉRIE PAGES	Nos				
412	225	Fait un ajustement à goujon brasé et rivé..	1	»	1.07
»	»	Plus-value pour ledit sur fer cintré.......	1	»	0.53
»	»	Façon d'une flamme étirée en pointe et ondulée	1	»	1.25
Analogie 455	1820	Fourni 2 motifs d'extrémité en fer méplat de 0.020 × 0.016 de chacun 0m,35 développé, dressés et dégauchis, ensemble.............	0m70	1.60	1.12
Estimation		Cintrage desdits sur un petit rayon.......	0.70	3.33	2.33
413	241	Fait 2 noyaux roulés et forgés............	2	0.97	1.94
413	239	Fait 2 encollements soudés..............	2	1.50	3.00
436	1119 1122	Percé 2 trous de 0.020 de profondeur et fraisés..................................	2	0.22	0.44
436	1117 1123	Contrepercé 2 trous de 0.010 et taraudés..	2	0.22	0.44
459	2029	Fourni 2 vis à métaux de 0.030 et posées...	2	0.30	0.60
Estimation		Cintrage en plan de cette console, suivant le cintre du bandeau de la marquise, vaut...	1	»	35.00
436	1116 1122	Pour fixer la console sur le bandeau, percé 5 trous fraisés...	5	0.12	0.60
436	1119 1123	Contrepercé 5 trous de 0.020 et taraudés..	5	0.30	1.50
459	2029	Fourni 5 vis à tête ronde de 0.030 et posées.	5	0.30	1.50
Estimation		Pour fixer la console sur le mur, fourni 2 tiges à scellement faites exprès en fer carré de 0.020 de 0.20 de longueur avec épaulement rond taraudé, garni d'écrou................	2	2.25	4.50
		L'autre console semblable................	1	»	203.72
»	»	Fait la pose de la marquise sur échafaudage non fourni, tracé les trous au maçon, mise en place, calée et réglée..................	1	»	20.00
		TOTAL DE LA MARQUISE.............	»	»	861.60

Métré n° 9.

Grille d'entrée en fer forgé.

21, *rue de Paris à Vincennes (Seine) (fig. n*os *286 et 287).*

Monsieur Willacy, architecte.

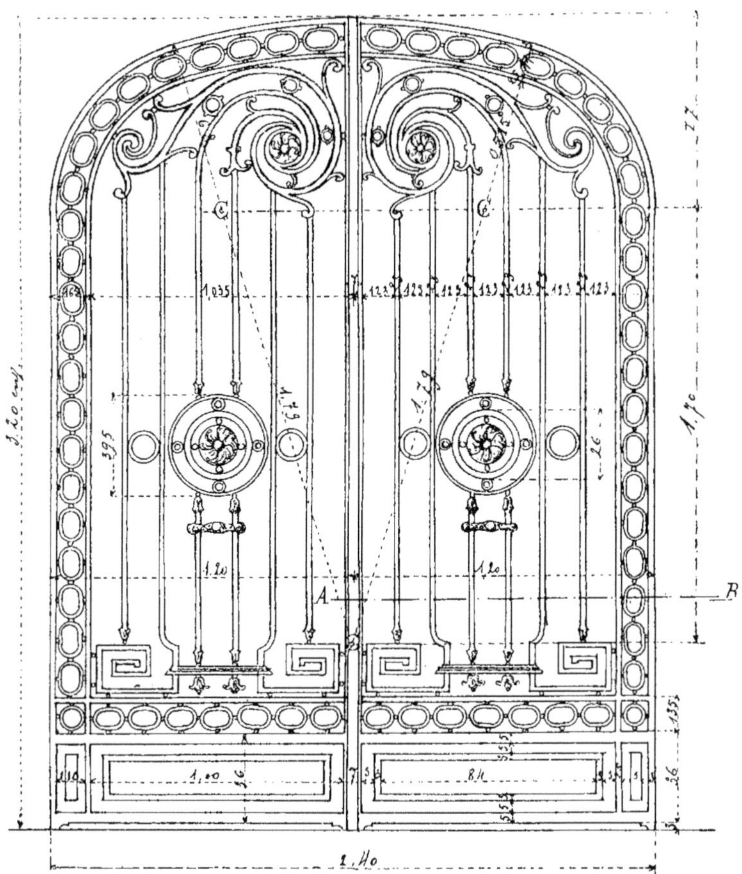

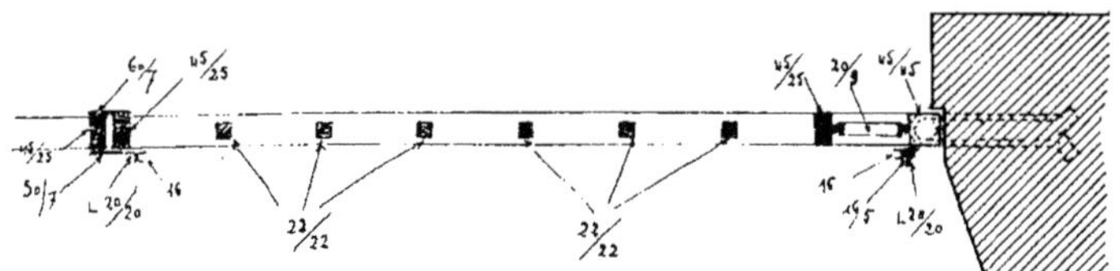

Fig. 286 et 287. — Élévation et coupe sur AB.

SÉRIE PAGES	N°s	Grille à 2 vantaux. Détail d'un vantail:			
Estim	ation	Fourni un montant en fer carré de 0.045 de 4m,03 développé en 2 parties, dont l'une droite et l'autre cintrée formant traverse du haut, dressées et dégauchies...............	4m03	6.30	25.38
»	»	Cintrage de ce montant suivant dessin sur un rayon de 0m,65 et sur un développé de...	0.90	12.44	11.19
413	233	Cintrage de ce même montant sur un rayon de 2m,44 et sur un développé de...........	0.70	6.22	4.35
412	229	Dans le haut, fait un arasement droit, limé et affleuré............................	1	»	0.81
Estim	ation	Par le bas, fourni un sabot forgé à congé, encollé et soudé.........................	1	»	10.00
»	»	Pour réunir les 2 parties du montant, fait une soudure à la forge, parée et calibrée...	1	»	5.00
»	»	Fourni un montant en fer méplat de 0.045 × 0.025 de 3m,20 de longueur, dressé et dégauchi..............................	3m20	3.50	11.20
412	229	Aux extrémités, fait 2 arasements droits, limés et affleurés.......................	2	0.45	0.90
412	228	Dans le haut, fait un ajustement à goujon brasé et rivé.........................	1	»	2.40
Estim	ation	Fourni une traverse basse en fer carré de 0.045 de 1m,14 de longueur, dressée et dégauchie..............................	1m14	6.30	7.18
412	229	Aux extrémités, fait 2 arasements droits, limés et affleurés.......................	2	0.81	1.62
412	228	Fait 2 ajustements à goujons ronds brasés et rivés..............................	2	2.40	4.80
436	1120 1122	Pour fixer cette traverse sur le sabot du montant, percé un trou de 0.025 de profondeur et fraisé...........................	1	»	0.27
Estim	ation	Contreporcé 1 trou de foret de 0.045 de profondeur...........................	1	»	0.30
»	»	Fourni un goujon rond à tête fraisée, rivé et affleuré...........................	1	»	1.75
»	»	Fourni 2 traverses intermédiaires en fer méplat de 0.045 × 0.025 de chacune 1m,14 de longueur, dressées et dégauchies, ensemble.	2m28	3.50	7.98
412	229	Aux extrémités, fait 4 arasements droits, limés et affleurés........................	4	0.45	1.80
412	228	Fait 4 ajustements à goujons ronds brasés et rivés..............................	4	2.40	9.60
Estim	ation	Fourni un montant en fer méplat de 0.045 × 0.025 de 3m,60 développé en 4 parties, dont une cintrée formant traverse du haut, dressées et dégauchies.........................	3m60	3.50	12.60
»	»	Cintrage de ce montant suivant dessin sur un rayon de 0m,52 et sur un développé de...	0.65	2.76	1.79
»	»	Cintrage de ce même montant sur un rayon de 1m,79 et sur un développé de...........	0.65	1.38	0.89
412	229	Aux extrémités, fait 6 arasements droits, limés et affleurés.......................	6	0.45	2.70
412	228	Fait 6 ajustements à goujons ronds brasés.	6	2.40	14.40
Estim	ation	Pour 4 desdits, percé 4 trous de goupille de 0.045 de profondeur.....................	4	0.30	1.20

SÉRIE PAGES	Nos				
Estim	ation	Fourni 4 goupilles et affleurées..........	4	0.15	0.60
»	»	Pour réunir la partie cintrée et la partie droite du montant, fait une soudure à la forge, parée et calibrée..........................	1	»	2.80
437	1133	Dans le bas du vantail pour recevoir les panneaux en tôle, fourni 2 encadrements en fer cornière de 0.030, dressés et dégauchis, dont: 1 de 1.00 × 0.30 1 de 0.11 × 0.30 soit en développé........................	3m42	1.80	6.15
437	1145 1147	Fait 8 ajustements d'angle à double onglet..................................	8	0.925	7.40
436	1116 1122	Pour les fixer sur les montants et traverses, percé 32 trous et fraisés..................	32	0.12	3.84
436	1116 1123	Contrepercé 32 trous et taraudés.........	32	0.16	5.12
459	2025	Fourni 32 vis à métaux et posées.........	32	0.20	6.40
411	173	Fourni 2 panneaux en tôle de 0.003, dont 1 de 1m,00 × 0.30 et 1 de 0m,11 × 0.30, pesant.	7k700	0.26	2.00
411	174	Planage..................................	0.33	6.00	1.98
411	175	Dressement des rives au burin et à la lime.	3.42	1.00	3.42
436	1116	Pour les fixer, percé 68 trous de foret en rapport..................................	68	0.08	5.44
Estim	ation	Fourni 34 rivets et affleurés..............	34	0.15	5.10
Ana 455	logie 1817 1818	Pour former ornement à l'extérieur sur le grand panneau, fourni un cadre en fer méplat de 0.030 × 0.006 de 0m,90 × 0m,20, dressé et dégauchi, soit en développé...............	2m20	1.10	2.42
Estim	ation	Fait 4 ajustements d'angle à double onglet.	4	0.45	1.80
436	1116	Pour les fixer, percé 36 trous de foret en rapport..................................	36	0.08	2.88
Estim	ation	Fourni 18 rivets et affleurés..............	18	0.15	2.70
Ana 455.	logie 1819	Sur le petit panneau, fourni une plaque en fer méplat de 0.050 × 0.005 de 0m,20 de longueur, dressée et dégauchie...............	0m20	1.30	0.26
412	229	Aux extrémités, fait 2 arasements droits, limés et affleurés.......................	2	0.10	0.20
436	1116	Pour la fixer, percé 10 trous de foret en rapport..................................	10	0.08	0.80
Estim	ation	Fourni 5 rivets et affleurés...............	5	0.15	0.75
Ana 455	logie 1817 1818	Au-dessus des panneaux en tôle entre les traverses intermédiaires, fourni 7 ovales forgés en fer méplat de 0.020 × 0.009 de chacun 0m,33 développé, dressés et dégauchis, ensemble..................................	2m31	1.10	2.54
Estim	ation	Cintrage desdits sur tout le développé sur petit rayon et enroulement en forme d'ovale.	2.31	2.07	4.78
413	239	Fait 7 soudures sur ovales (comme encollement soudé)............................	7	0.85	5.95
Ana 455	logie 1817 1818	Fourni un rond en fer méplat de 0.020 × 0.009 de 0m,28 développé, dressé et dégauchi..................................	0.28	1.10	0.30
Estim	ation	Cintrage dudit sur un rayon de 0.04 et enroulé en forme de cercle...............	0.28	2.07	0.57
413	239	Fait une soudure sur cercle.............	1	»	0.85

SÉRIE PAGES	N°s				
Estim	ation	Entre les ovales et le rond, fourni 26 boules en fonte de 0.020 de diamètre et de 0.010 d'épaisseur, percés d'un trou de passage....	26	0.50	13.00
436	1117	Dans les ovales et le rond, percé 32 trous de foret de 0.009 de profondeur...........	32	0.11	3.52
Estim	ation	Pour fixer les ovales entre eux, fourni 6 rivets et affleurés........................	6	0.15	0.90
436	1117	Pour les fixer sur les montants et traverses, percé 20 trous de foret de 0.010 de profondeur.	20	0.11	2.20
Estim	ation	Fourni 20 rivets prisonniers et affleurés...	20	0.15	3.00
Ana	logie	Sur le côté entre les 2 montants, fourni 22 ovales forgés en fer méplat de 0.020×0.009			
	1817	de chacun 0.33 développé, dressés et dé-			
455	1818	gauchis, ensemble..........................	7m26	1.10	7.98
Estim	ation	Cintrage desdits *idem*....................	7.26	2.07	15.02
413	239	Fait 22 soudures sur ovales	22	0.85	18.70
Estim	ation	Plus-value pour 9 ovales ajustés suivant le cintre des montants......................	9	0.75	6.75
»	»	Fourni 67 boules en fonte de 0.020 de diamètre et de 0.010 d'épaisseur, percées d'un trou de passage..........................	67	0.50	33.50
436	1117	Dans les ovales, percé 88 trous de foret de 0.009 de profondeur......................	88	0.11	9.68
Estim	ation	Pour fixer les ovales entre eux, fourni 21 rivets et affleurés......................	21	0.15	3.15
436	1117	Pour les fixer sur les montants et traverses, percé 46 trous de foret de 0.010 de profondeur.	46	0.11	5.06
Estim	ation	Fourni 46 rivets prisonniers et affleurés..	46	0.15	6.90
»	»	Dans le haut, fourni un motif d'ornement principal en fer carré de 0.022 de 4m,76 développé, dressé et dégauchi...............	4m76	1.90	9.04
»	»	Cintrage dudit sur tout le développé, suivant dessin et sur petits rayons avec enroulements en forme de volute................	4.76	5.19	24.70
413	239	Fait 8 encollements soudés sur fer de 4cm,84 carrés de section....................	8	2.27	18.16
413	242	Fait 8 noyaux roulés et forgés	8	1.18	9.44
Estim	ation	Fourni une boule en fonte de 0.020 de diamètre et de 0.010 d'épaisseur, percée d'un trou de passage..........................	1	»	0.50
436	1119	Percé 2 trous de foret de 0.022 de profondeur	2	0.15	0.30
Estim	ation	Fourni un rivet et affleuré...............	1	»	0.15
»	»	Fourni 2 autres motifs formant la partie haute des barreaux du milieu en fer carré de 0.022, dont un de 0.95 et un de 1.28 développé, dressés et dégauchis, ensemble............	2m23	1.90	4.23
»	»	Cintrage desdits sur petits rayons et enroulés, ensemble........................	2.23	5.19	11.57
413	239	Fait 3 encollements soudés sur fer de 4cm,84 carrés de section........................	3	2.27	6.81
413	242	Fait 4 noyaux roulés et forgés...........	4	1.18	4.72
Estim	ation	Fourni un collier en fer méplat, coudé 2 fois à vives arêtes et arasé aux extrémités.	1	»	2.00
436	1116 1122	Pour le fixer percé un trou fraisé	1	»	0.12
436	1116 1123	Contrepercé un trou et taraudé...........	1	»	0.16
459	2025	Fourni une vis à métaux et posée	1	»	0.25

SÉRIE PAGES	SÉRIE Nos				
Ana	logie	Fourni 3 ronds en fer méplat de 0.022 ×0.009 de chacun 0m,25 développé, dressés			
455	1818	et dégauchis, ensemble....................	0m75	1.25	0.94
Estim	ation	Cintrage desdits en plein cintre sur un rayon de 0.04............................	0.75	2.07	1.55
413	239	Fait 3 soudures sur fer cintré............	3	0.93	2.79
436	1119	Pour les fixer, percé 6 trous de 0.022 de profondeur............................	6	0.15	0.90
436	1117 1123	Contrepercé 6 trous de 0.009 de profondeur et taraudés..............................	6	0.22	1.32
459	2029	Fourni 6 vis à métaux de 0.030 et posées..	6	0.30	1.80
Estim	ation	Sur ces ronds, fourni 6 boules en fonte de 0.020 de diamètre et de 0.010 d'épaisseur, percées d'un trou de passage..............	6	0.50	3.00
436	1116	Pour les fixer, percé 6 trous de foret.....	6	0.08	0.48
Estim	ation	Fourni 6 rivets et affleurés..............	6	0.15	0.90
»	»	Sur le noyau de départ, fourni une rosace d'applique en fonte ornée de 0m,12 de diamètre et ajustée..........................	1	»	2.50
436	1116 1122	Pour la fixer, percé 4 trous fraisés........	4	0.12	0.48
436	1116 1123	Contrepercé 4 trous et taraudés..........	4	0.16	0.64
459	2025	Fourni 4 vis à métaux et posées..........	4	0.20	0.80
436	1120 1122	Pour fixer ces ornements sur le cadre de la grille, percé 3 trous de 0.025 de profondeur et fraisés..............................	3	0.27	0.81
436	1120 1123	Contrepercé 3 trous de 0.025 de profondeur et taraudés	3	0.36	1.08
459	2033	Fourni 3 vis à métaux de 0.050 et posées..	3	0.35	1.05
Estim	ation	Fourni 2 barreaux en fer carré de 0.022, dont un de 3m,32 et un de 3m,18 développé, avec ornement en forme de grecque par le bas, dressés et dégauchis, ensemble........	6.50	1.90	12.35
412	229	Dans le haut, fait 2 arasements biais, limés et affleurés..............................	2	0.29	0.58
412	226	Fait 2 ajustements à goujons ronds brasés et rivés..................................	2	1.40	2.80
Estim	ation	Plus-value pour lesdits en biais...........	2	0.70	1.40
»	»	Par le bas, fait 2 coudes arrondis.........	2	0.75	1.50
413	239	Fait 18 encollements soudés pour former coudes à vives arêtes	18	2.27	40.86
412	229	Fait 2 arasements droits, limés et affleurés.	2	0.19	0.38
Estim	ation	Fourni 8 boules en fonte *idem*, percées d'un trou de passage..........................	8	0.50	4.00
436	1119	Dans les grecques, percé 8 trous de foret de 0.022 de profondeur......................	8	0.15	1.20
436	1117	Dans le cadre de la grille, percé 8 trous de foret de 0.010 de profondeur..............	8	0.11	0.88
Estim	ation	Fourni 8 rivets prisonniers et affleurés....	8	0.15	1.20
»	»	Fourni 2 autres barreaux en fer carré de 0.022, dont un de 1m,74 et un de 1m,66 de longueur, dressés et dégauchis, ensemble...	3.40	1.90	6.46
»	»	Dans le haut, fait 2 arasements concaves..	2	0.29	0.58
412	226	Fait 2 ajustements à goujons ronds brasés.	2	1.40	2.80
Estim	ation	Plus-value pour lesdits en biais...........	2	0.70	1.40

SÉRIE PAGES	SÉRIE Nos				
436	1119	Percé 2 trous de goupilles de 0.022 de profondeur	2	0.15	0.30
Estim	ation	Fourni 2 goupilles, rivées et affleurées	2	0.15	0.30
412	229	Par le bas, fait 2 arasements droits, limés et affleurés[1]	2	0.19	0.38
412	226	Fait 2 ajustements à goujons ronds brasés et rivés	2	1.40	2.80
Ana 455	logie 1819	Au centre du vantail, fourni un cercle en fer méplat de 0.022 × 0.011 de 1m,26 développé, dressé et dégauchi	1.26	1.30	1.63
Estim	ation	Cintrage dudit en plein cintre sur un rayon de 0.20	1.26	2.07	2.60
413	239	Façon d'une soudure sur cercle	1	»	1.13
Estim	ation	Fourni un cercle en fer carré de 0.022 de 0m,65 développé, dressé et dégauchi	0.65	1.90	1.23
»	»	Cintrage dudit en plein cintre *idem*	0.65	5.19	3.37
413	239	Façon d'une soudure sur cercle	1	»	2.27
Ana 455	logie 1819	Fourni un troisième cercle en fer méplat de 0.022 × 0.011 de 0m,62 développé, dressé et dégauchi	0.62	1.30	0.80
Estim	ation	Cintrage dudit *idem*	0.62	2.07	1.28
413	239	Façon d'une soudure sur cercle	1	»	1.13
Ana 455	logie 1818	Entre ces 3 cercles, fourni 8 ronds en fer méplat de 0.022 × 0.009, dont 4 de chacun 0m,16 et 4 de chacun 0m,07 développé, dressés et dégauchis, ensemble	0m92	1.25	1.15
Estim	ation	Cintrage *idem*	0.92	2.07	1.90
413	239	Façon de 8 soudures	8	0.93	7.44
436	1116	Pour les fixer, percé dans les ronds 14 trous de foret	14	0.08	1.12
436	1117	Dans les cercles, percé 6 trous de foret de 0.011 de profondeur	6	0.11	0.66
436	1119	Percé 4 trous de foret de 0.022 de profondeur.	4	0.15	0.60
Estim	ation	Fourni 10 rivets et affleurés	10	0.15	1.50
»	»	Au centre, fourni une rosace d'applique en fonte ornée de 0m,20 de diamètre et ajustée.	1	»	2.75
436	1116 1122	Pour la fixer, percé 5 trous fraisés	5	0.12	0.60
436	1116 1123	Contrepercé 5 trous et taraudés	5	0.16	0.80
459	2025	Fourni 5 vis à métaux et posées	5	0.20	1.00
Ana 455	logie 1819	Sur les côtés de ce motif central, entre les barreaux, fourni 2 cercles en fer méplat de 0.022 × 0.011 de chacun 0m,39 développé, dressés et dégauchis, ensemble	0m78	1.30	1.01
Estim	ation	Cintrage desdits en plein cintre sur un petit rayon	0.78	2.07	1.61
413	239	Façon de 2 soudures sur cercle	2	1.13	2.26
436	1117	Pour les fixer, percé 4 trous de foret de 0.011 de profondeur	4	0.11	0.44
436	1119 1123	Contrepercé 4 trous de 0.022 de profondeur et taraudés	4	0.30	1.20
459	2031	Fourni 2 vis à métaux à tête ronde de 0.040 et posées	2	0.35	0.70

1. Les pontets figurés en bout des barreaux sur la figure 286 n'existent pas.

SÉRIE PAGES	Nos				
436	1119	Percé 2 trous de passage de 0.022 de profondeur	2	0.15	0.30
436	1117	Percé 2 trous de passage de 0.011 de profondeur	2	0.11	0.22
436	1117 1123	Contrepercé 2 trous de 0.011 et taraudés..	2	0.22	0.44
459	2035	Fourni 2 vis à métaux de 0.060 et posées..	2	0.40	0.80
Estim	ation	Au-dessus du motif central, fourni 2 barreaux en fer carré de 0.022 de chacun 0.90 de longueur, dressés et dégauchis, ensemble...	1m80	1.90	3.42
412	229	Aux extrémités, fait 3 arasements biais, limés et affleurés	3	0.29	0.87
412	226	Fait 3 ajustements à goujons ronds brasés.	3	1.40	4.20
Estim	ation	Plus-value pour lesdits en biais..........	3	0.70	2.10
436	1119	Pour celui du haut, percé un trou de goupille de 0.022 de profondeur	1	»	0.15
Estim	ation	Fourni une goupille, rivée et affleurée....	1	»	0.15
»	»	Pour réunir l'un des montants au motif d'ornement du haut, fait une soudure à la forge, parée et calibrée	1	»	1.21
455	1817 1818	Dans le bas, entre les 2 grecques, fourni une table moulurée composée d'une traverse en fer méplat de 0.030 × 0.006 de 0.39 de longueur, dressée et dégauchie	0.39	1.10	0.42
412	429	Aux extrémités, fait 2 arasements droits, limés et affleurés	2	0.07	0.14
Ana 455	logie 1818	Fourni une autre traverse en fer méplat de 0.035 × 0.006 de 0.40 de longueur, dressée et dégauchie	0.40	1.25	0.50
412	229	Aux extrémités, fait 2 arasements droits, limés et affleurés	2	0.08	0.16
Estim	ation	Fourni une troisième traverse en fer méplat de 0.050 × 0.016 de 0.43 de longueur, dressée et dégauchie	0.43	2.50	1.07
412	229	Aux extrémités, fait 2 arasements droits, limés et affleurés	2	0.32	0.64
Estim	ation	Fait un fort chanfrein arrondi sur une longueur de	0.53	1.50	0.79
436	1116	Pour assembler ces traverses, percé 12 trous de foret	12	0.08	0.96
436	1118	Percé 6 trous de foret de 0.016 de profondeur.	6	0.13	0.78
Estim	ation	Fourni 6 rivets et affleurés	6	0.15	0.90
»	»	Pour fixer cette table moulurée, sur les grecques, fait 2 ajustements à moitié fer....	2	3.65	7.30
436	1117 1122	Percé 2 trous de 0.011 de profondeur et fraisés	2	0.16	0.32
436	1117 1123	Contrepercé 2 trous de 0.010 de profondeur et taraudés	2	0.22	0.44
459	2027	Fourni 2 vis à métaux de 0.020 et posées..	2	0.25	0.50
Estim	ation	Entre le motif central et la table moulurée, fourni 2 barreaux en fer carré de 0.022 de chacun 0.70 de longueur, dressés et dégauchis, ensemble	1.40	1.90	2.66
412	229	Dans le haut, fait 2 arasements biais......	2	0.29	0.58
412	226	Fait 2 ajustements à goujons ronds brasés et rivés	2	1.40	2.80

SÉRIE PAGES	Nos				
Estim	ation	Plus-value pour lesdits en biais..........	2	0.70	1.40
412	229	Par le bas, fait 2 arasements droits, limés et affleurés..............................	2	0.19	0.38
Estim	ation	Fait 2 ajustements à moitié fer...........	2	3.65	7.30
436	1117 1122	Percé 2 trous de 0.011 de profondeur et fraisés..................................	2	0.16	0.32
436	1117 1123	Contrepercé 2 trous de 0.010 de profondeur et taraudés..............................	2	0.22	0.44
459	2027	Fourni 2 vis à métaux de 0.020 et posées..	2	0.25	0.50
Estim	ation	Fourni 2 pontets en fonte ornée et arasés à la lime..................................	2	0.75	1.50
436	1118 1123	Percé 4 trous de 0.015 de profondeur et taraudés..................................	4	0.26	1.04
Ana 459	logie 2029	Fourni 2 tiges taraudées de 0.030 de longueur et posées.........................	2	0.30	0.60
Estim	ation	Ferré ce vantail. Dans le bas, fourni une crapaudine en fonte de forme cubique avec goujon rond en acier (*fig.* 288), pesant......	8k000	0.65	5.20
		Fig. 288.			
»	»	Dans le sabot, percé un trou de 0.020 de diamètre et de 0.030 de profondeur, pour recevoir le goujon de la crapaudine..........	1	»	0.42
»	»	Fourni un grain en acier et ajusté........	1	»	0.75
»	»	Fourni 2 colliers démontables en acier coulé à scellement de 0.036 d'alésage (*fig.* 289), ajustés et goupillés.......................	2	8.00	16.00
		Fig. 289.			
»	»	Sur le montant, fait 2 portées rondes de 0.035 de diamètre et de 0.075 de longueur, enlevées au burin et affleurées à la lime....	2	2.50	5.00

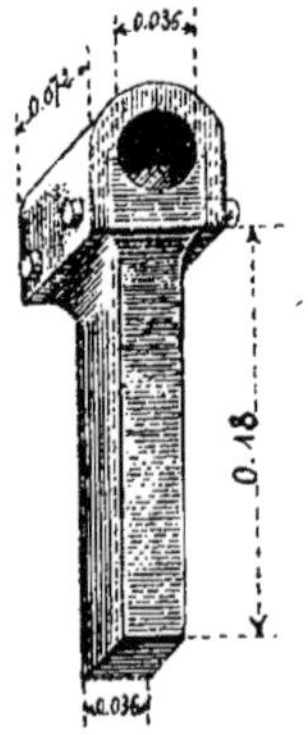

SÉRIE PAGES	Nos				
437	1129	A l'intérieur, pour recevoir un vasistas, fourni un cadre en fer cornière de 0.020×0.020 composé d'un montant droit de 2m,53 de longueur en 2 parties et d'un montant cintré de 3m,66 développé, dressés et dégauchis, ensemble..................................	6m19	1.35	8.35
Estim	ation	Cintrage de l'un des montants suivant dessin sur un rayon de 0m,65 et sur un développé de	0.90	5.52	4.96
413	234-235	Cintrage de ce même montant sur un rayon de 2m,44 et sur un développé de...........	0.70	2.76	1.93
437	1144 1147	Fait un ajustement d'angle à double onglet.	1	»	0.72
437	1146	Plus-value pour ledit en biais...........	1	»	0.36
412	229	Fait 4 arasements droits, limés et affleurés.	4	0.05	0.20
436	1116 1122	Pour fixer ce cadre, percé 43 trous fraisés.	43	0.12	5.16
436	1116 1123	Contrepercé 43 trous et taraudés.........	43	0.16	6.88
459	2025	Fourni 43 vis à métaux et posées.........	43	0.20	8.60
455	1834	Fourni un vasistas en fer rainé de 0.016 de 7m,35 développé, dressé et dégauchi........	7.35	3.10	22.78
Estim	ation	Cintrage de l'un des montants suivant dessin sur un rayon de 0.65 et sur un développé de.	0m90	5.52	4.96
413	234-235	Cintrage de ce même montant sur un rayon de 2m,44 et sur un développé de............	0.70	2.76	1.93
Estim	ation	Au droit de la serrure, fait 4 coudes arrondis à chaud..................................	4	0.75	3.00
Ana 455	logie 1838	Valeur des 3 assemblages dont un en biais, compris traverse mobile et pose...........	1	»	5.70
435	1046	Fourni 3 paumelles doubles laminées de 0.11 et posées.............................	3	0.80	2.40
436	1099	Plus-value pour les 6 lames posées sur fer, fixées avec vis à métaux..................	6	0.80	4.80
455	1813	Sur le vasistas, entre les paumelles, fourni une fourrure en fer méplat de 0.016 × 0.005 de 1m,73 de longueur en 3 parties, dressée et dégauchie..............................	1m73	0.55	0.95
412	229	Aux extrémités, fait 6 arasements droits, limés et affleurés........................	6	0.04	0.24
436	1116 1122	Pour la fixer, percé 14 trous fraisés.......	14	0.12	1.68
436	1116 1123	Contrepercé 14 trous et taraudés.........	14	0.16	2.24
459	2025	Fourni 14 vis à métaux et posées.........	14	0.20	2.80
455	1813	Pour renfoncer le cadre en fer cornière au droit des paumelles, fourni 3 fourrures en fer méplat de 0.016 × 0.005 de chacune 0.11 de longueur, dressées et dégauchies, ensemble.	0m33	0.55	0.18
412	229	Aux extrémités, fait 6 arasements droits, limés et affleurés..........................	6	0.04	0.24
436	1116 1123	Percé 12 trous taraudés pour les vis des paumelles.......................	12	0.16	1.92
430	843	Fourni un loqueteau en cuivre à pêne coudé de 0.110 et posé..........................	1	»	1.55
430	848	Plus-value pour pose sur fer.............	1	»	0.65
436	1116 1123	Pour fixer le mentonnet, percé 2 trous et taraudés..................................	2	0.16	0.32

SÉRIE PAGES	SÉRIE Nos				
459	2025	Fourni 2 vis à métaux et posées..........	2	0.20	0.40
Estim	ation	Façon d'un empênage dans le cadre en fer cornière..................................	1	»	0.35
»	»	Pour masquer le jour au droit de la serrure, fourni une plaque en tôle de 0.003 de 0.30 ×0.06, découpée à chapeau, limée et affleurée, percée de 3 trous fraisés....................	1	»	1.75
436	1116 1123	Contrepercé 3 trous et taraudés..........	3	0.16	0.48
459	2025	Fourni 3 vis à métaux et posées..........	3	0.20	0.60
		Le deuxième vantail en tout semblable au précédent..............................	1	»	758.87
Estim	ation	Sur le montant du milieu à l'extérieur, fourni un battement en fer méplat de 0.060 × 0.007 de 3.20 de longueur, dressé et dégauchi................................	3m20	1.95	6.24
412	229	Aux extrémités, fait 2 arasements droits, limés et affleurés..........................	2	0.17	0.34
436	1116 1122	Pour le fixer, percé 18 trous fraisés.......	18	0.12	2.16
436	1116 1123	Contrepercé 18 trous et taraudés..........	18	0.16	2.88
459	2025	Fourni 18 vis à métaux et posées.........	18	0.20	3.60
	1820	A l'intérieur, fourni un battement en fer méplat de 0.050 × 0.007 de 3m,08 de longueur en 2 parties, dressées et dégauchies.........	3m08	1.70	5.23
455	1821				
412	229	Aux extrémités, fait 4 arasements droits, limés et affleurés..........................	4	0.14	0.56
436	1116 1122	Pour le fixer, percé 19 trous fraisés......	19	0.12	2.28
436	1116 1123	Contrepercé 19 trous et taraudés.........	19	0.16	3.04
459	2025	Fourni 19 vis à métaux et posées.........	19	0.20	3.80
Estim	ation	Fourni 2 verrous de grille faits exprès en fer méplat avec poignée découpée et pêne carré encollé et soudé à congé, mortaises rectangulaires et ressort à paillette, ajustés et posés sur fer..........................	2	8.50	17.00
436	1118 1123	Pour les fixer, percé 4 trous de 0.015 de profondeur et taraudés....................	4	0.26	1.04
459	2028	Fourni 4 vis à métaux de 0.025 et posées..	4	0.25	1.00
Estim	ation	Dans le battement, découpé 2 mortaises rectangulaires pour le passage de la poignée des verrous..............................	2	0.60	1.20
»	»	Dans le bas, fourni un buttoir en fonte à scellement de 0.18 de longueur (*fig.* 290), pesant..................................	4k200	0.75	3.15

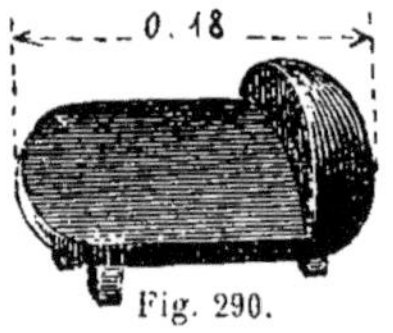

0.18

Fig. 290.

SÉRIE PAGES	Nos				
Estim	ation	Façon d'un empênage carré pour le verrou.	1	»	0.75
443	1391	Dans le haut, fourni une gâche platine de façon en tôle de $0^m,20$ à l'équerre, valeur pour 0.16	1	»	1.25
443	1392	Le surplus $0^m,04$	4	0.05	0.20
Ana 443	logie 1394	Façon d'un empênage	1	»	0.35
431	883-885	Fourni 4 pattes à scellement de 0.14 coudées.	4	0.30	1.20
436	1116 1123	Percé 4 trous et taraudés	4	0.16	0.64
459	2025	Fourni 4 vis à métaux et posées	4	0.20	0.80
Estim	ation	Sur les 2 vantaux à l'extérieur, fourni 2 poignées en fer forgé à torsades FT n° 52 (*fig.* 291)	2	12.00	24.00
436	1118 1123	Pour les fixer, percé 8 trous de 0.015 de profondeur et taraudés	8	0.26	2.08
459	2028	Fourni 8 vis à métaux de 0.025 et posées..	8	0.25	2.00

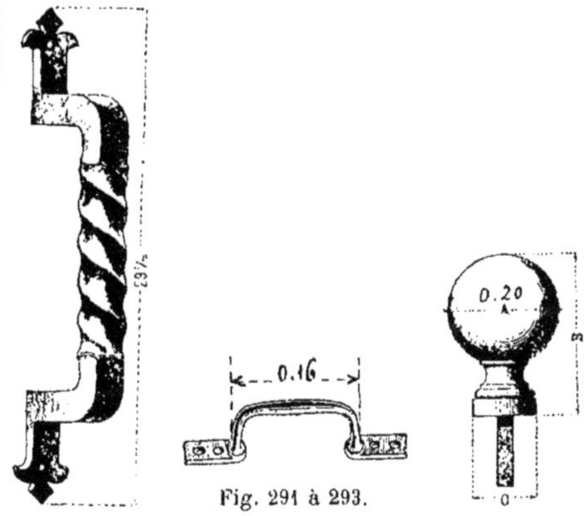

Fig. 291 à 293.

440	1244 1257	A l'intérieur, fourni une poignée d'artillerie en cuivre de 0.16 (*fig.* 292) et posée	1	»	2.70
436	1117 1123	Pour la fixer, percé 4 trous de 0.010 de profondeur et taraudés	4	0.22	0.88
459	2027	Fourni 4 vis à métaux de 0.020 et posées...	4	0.25	1.00
		(La fourniture de la serrure et l'installation du cordon, ont été faites par l'électricien.)			
Estim	ation	Fourni 2 chasse-roues en fonte à boule et à scellement de $0^m,20$ de diamètre (*fig.* 293), pesant	72^k000	0.65	46.80
		TOTAL DE LA GRILLE			1655.91

Métré n° 10.

Porte d'ascenseur.

31, *avenue de Saxe* (*fig.* 294), *M. Lépine, constructeur.*

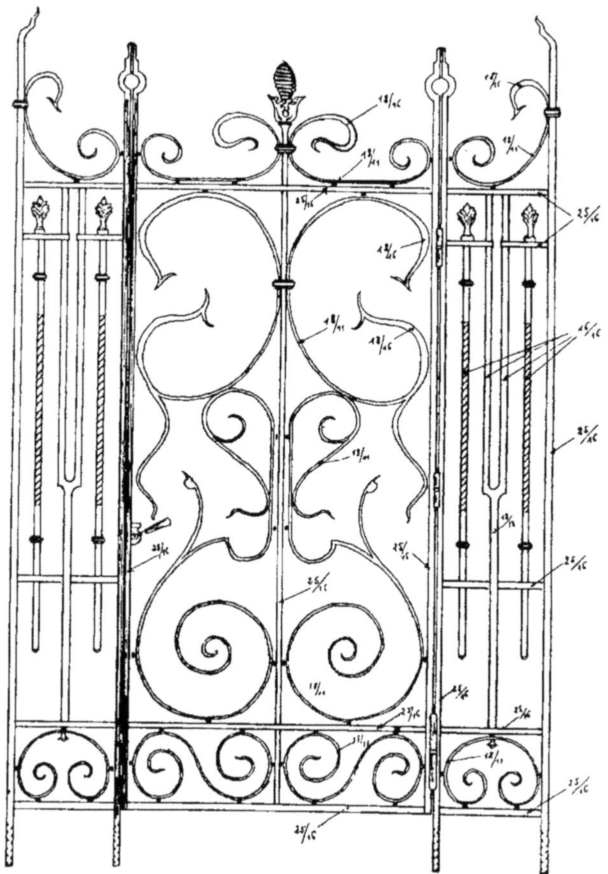

Fig. 294.

SÉRIE PAGES	Nos				
		2 pilastres semblables.			
		Détail d'un :			
		Fourni 2 montants en fer méplat de 0.025 × 0.016 dont un de 2m,00 et un de 2m,10 développé, dressés et dégauchis, ensemble....			
Estim	ation		4m10	1.90	7.79
»	»	Dans le bas, fait 2 scellements dentelés....	2	0.75	1.50
»	»	Dans le haut du montant du côté du mur, fait une flamine étirée, forgée et ondulée...	1	»	1.50

SÉRIE PAGES	Nos				
Estim	ation	Sur l'autre montant dans le haut, fait un demi-cercle de 0m,07 développé	1	»	1.25
413	239	Fait 2 encollements soudés pour former coudes à vives arêtes	2	1.88	3.76
Estim	ation	Fait un épaulement à moitié fer de 0.04 de longueur et chanfreiné	1	»	1.25
»	»	Fourni 6 traverses en fer méplat de 0.025 × 0.016 dont 4 de chacune 0m,24 et 2 de chacune 0m,11 de longueur, dressées et dégauchies, ensemble	1m18	1.90	2.24
412	229	Aux extrémités, fait 12 arasements droits, limés et affleurés	12	0.16	1.92
412	226	Fait 10 ajustements à goujons ronds brasés et rivés	10	1.40	14.00
Ana 455	logie 1820	Fourni un montant milieu en 3 parties, dont celle du bas en fer carré de 0.018 de 0m,55 de longueur, dressée et dégauchie	0.55	1.60	0.88
412	229	Dans le bas, fait un arasement droit	1	»	0.13
Ana 455	logie 1819	Les 2 autres parties en fer carré de 0.016 de chacune 0.75 développé, dressées et dégauchies, ensemble	1.50	1.30	1.95
412	229	Dans le haut, fait 2 arasements droits	2	0.10	0.20
413	239	Dans le bas, fait 2 encollements soudés pour former coudes à vives arêtes sur fer de 2cm,56 de section	2	1.20	2.40
413	239	Fait un encollement soudé sur fer de 3cm,24 de section	1	»	1.52
Estim	ation	Fait une gorge arrondie à la lime	1	»	0.75
412	224	Fait 3 ajustements à goujons ronds brasés et rivés	3	0.83	2.49
Estim	ation	Fait un ajustement à moitié fer pour former croisillons à angles droits et goupillé	1	»	3.00
»	»	Sur les 2 traverses du haut, fait 2 ajustements à fourche et goupillés	2	3.00	6.00
Ana 455	logie 1819	Fourni 2 montants intermédiaires en fer carré de 0.016 de chacun 0.96 de longueur en 2 parties, dressées et dégauchies, ensemble	1m92	1.30	2.49
412	229	Aux extrémités, fait 6 arasements droits, limés et affleurés	6	0.10	0.60
Estim	ation	Dans le bas, fait 2 pointes de diamant, limées et affleurées	2	0.75	1.50
412	224	Fait 4 ajustements à goujons brasés	4	0.83	3.32
436	1120	Percé 4 trous de 0.025 de profondeur pour le passage des goupilles	4	0.18	0.72
Estim	ation	Fourni 4 goupilles rivées et affleurées	4	0.15	0.60
»	»	Fait 2 torsades de chacune 0m,45 de longueur, ensemble	0.90	6.50	5.85
»	»	Fourni 4 bagues en fer mouluré, ajustées à double onglet et soudées au cuivre	4	2.50	10.00
»	»	Dans le haut de ces montants, fourni 2 fleurons en fonte et ajustés	2	2.00	4.00
436	1118 1123	Pour les fixer, percé 4 trous de chacun 0.015 de profondeur et taraudés	4	0.26	1.04
436	1118	Percé 2 trous de passage de 0.016 de profondeur	2	0.13	0.26
Ana 459	logie 2032	Fourni 2 tiges taraudées de 0.045 de longueur et posées	2	0.35	0.70

SÉRIE PAGES	Nos				
Ana 455	logie 1819 1820	Dans le haut du pilastre, fourni un motif d'ornement composé d'une partie en fer de 0.018 × 0.016 de $0^m,25$ développé, dressée et dégauchie	0^m25	1.45	0.36
Ana 455	logie 1818	L'autre partie en fer de 0.018 × 0.011 de $0^m,65$ développé, dressée et dégauchie	0.65	1.25	0.81
Estim	ation	Cintrage desdites sur tout le développé, sur un petit rayon et enroulées pour former volute	0.90	2.075	1.86
»	»	Etiré le fer de 0.018 × 0.016 à la forge pour le réduire à 0.011 d'épaisseur	1	»	2.50
» 413	» 239	Pour réunir les 2 parties, fait une soudure sur fer de 0.018 × 0.011, parée et calibrée	1	»	0.75
413	244	Fait un encollement soudé	1	»	0.93
		Fait 3 amincis	3	0.69	2.07
		Pour fixer ce motif dans le haut, fourni un collier en fer mouluré, ajusté à double onglet et soudé au cuivre	1	»	2.50
Estim	ation	Dans le bas et sur le côté, fourni 2 boules en fonte et ajustées	2	0.35	0.70
436	1117 1122	Pour les fixer, percé 2 trous de 0.011 et fraisés.	2	0.16	0.32
436	1117	Percé 2 trous de passage de 0.010 de profondeur	2	0.11	0.22
436	1116 1122	Contrepercé 2 trous et taraudés	2	0.16	0.32
459	2028	Fourni 2 vis à métaux de 0.025 et posées..	2	0.25	0.50
Ana 455	logie 1818	Dans le bas du pilastre, fourni un motif d'ornement en fer de 0.018 × 0.011 de $1^m,05$ développé, dressé et dégauchi	1^m05	1.25	1.31
Estim	ation	Cintrage dudit sur tout le développé, sur petit rayon et enroulé en forme de volute	1.05	2.07	2.17
413	244	Fait 2 amincis	2	0.69	1.38
Estim	ation	Pour fixer ce motif, fourni 4 boules en fonte et ajustées	4	0.35	1.40
436	1117 1122	Pour les fixer, percé 4 trous de 0.011 de profondeur et fraisés	4	0.16	0.64
436	1117	Percé 4 trous de passage de 0.010 de profondeur	4	0.11	0.44
436	1116 1122	Contrepercé 4 trous et taraudés	4	0.16	0.64
459	2028	Fourni 4 vis à métaux de 0.025 et posées..	4	0.25	1.00
Estim	ation	Au milieu, à l'extrémité basse du montant, fourni un pontet en fer et ajusté	1	»	1.75
»	»	Fourni une boule en fonte et ajustée	1	»	0.35
436	1118 1123	Pour les fixer, percé 2 trous de 0.015 et taraudés	2	0.26	0.52
436	1117	Percé 2 trous de passage de 0.010	2	0.11	0.22
459	2033	Fourni une tige taraudée de 0.050 de longueur et posée	1	»	0.35
431	887	Pour fixer le pilastre au mur, fourni 3 pattes à scellement de façon en fer de 0.040 × 0.009 de 0.20 développé, coudées	3	0.75	2.25
436	1118 1122	Pour fixer ces pattes, percé 6 trous de 0.016 et fraisés	6	0.19	1.14

SÉRIE PAGES	SÉRIE Nos				
436	1117 1123	Contrepercé 6 trous de 0.010 et taraudés..	6	0.22	1.32
459	2028	Fourni 6 vis à métaux de 0.025 et posées..	6	0.25	1.50
		Le deuxième pilastre semblable..........	1	»	117.83
		Porte.			
		Fourni 2 montants en fer de 0.025 × 0.016 de chacun 1^{m},85 développé, dressés et dégauchis, ensemble .... 3^{m},70			
		1 montant milieu en même fer de.. 1 . 60			
		3 traverses en même fer de chacune 0.70, ensemble..................... 2 . 10			
Estim	ation	Ensemble.........................	$7^{m}40$	1.90	14.06
412	229	Aux extrémités, fait 9 arasements droits, limés et affleurés..........................	9	0.16	1.44
412	226	Fait 7 ajustements à goujons ronds brasés.	7	1.40	9.80
Estim	ation	Fait 2 ajustements à moitié fer et goupillés	2	3.00	6.00
»	»	Dans le haut des montants, fait 2 demi-cercles de 0^{m},07 développé................	2	1.25	2.50
413	239	Fait 4 encollements soudés pour former coudes à vives arêtes......................	4	1.88	7.52
Estim	ation	Dans le haut du montant milieu, fait un refoulement à la forge....................	1	»	1.25
»	»	Fourni une boule de forme ovoïde en fer rond roulé en spirale, étirée et ajustée......	1	»	15.00
»	»	Fourni un culot en tôle repoussée au marteau découpée en feuille d'acanthe..............	1	»	5.00
436	1118 1123	Pour les fixer, percé un trou de 0.015 et taraudé..	1	»	0.26
Ana 459	logie 2028	Fourni une tige taraudée de 0.025 et posée.	1	»	0.25
Ana 455	logie 1819 1820	Dans le haut, fourni 2 motifs d'ornement composés chacun d'une partie en fer de 0.018 × 0.016 de 0.30 développé, dressée et dégauchie, ensemble.......................	$0^{m}60$	1.45	0.87
Ana 455	logie 1818	Fourni 2 parties en fer de 0.018 × 0.011 de chacune 0^{m},85 développé, dressées et dégauchies, ensemble......................	1.70	1.25	2.12
Estim	ation	Cintrage desdits sur tout le développé, sur un petit rayon et enroulés pour former volute.	2.30	2.07	4.76
»	»	Etiré les 2 parties en fer de 0.018 × 0.016 pour les réduire à 0.011 d'épaisseur.........	2	2.50	5.00
»	»	Pour réunir les 2 parties, fait 2 soudures parées et calibrées.......................	2	0.75	1.50
413	244	Fait 4 amincis............................	4	0.69	2.76
Estim	ation	Pour fixer ces 2 motifs, fourni 6 boules en fonte et ajustées...........................	6	0.35	2.10
436	1117 1122	Percé 6 trous de 0.011 et fraisés..........	6	0.16	0.96
436	1117	Percé 6 trous de passage de 0.010........	6	0.11	0.66
436	1116 1123	Contrepercé 6 trous et taraudés..........	6	0.16	0.96
459	2028	Fourni 6 vis à métaux de 0.025 et posées..	6	0.25	1.50
Estim	ation	Fourni un collier en fer mouluré, ajusté à double onglet et soudé au cuivre...........	1	»	2.50

SÉRIE PAGES	SÉRIE N°s				
Ana 455	logie 1818	Dans le bas, fourni 2 motifs d'ornement en fer de 0.018 × 0.011 de chacun 1.31 développé, dressés et dégauchis, ensemble............	2.62	1.25	3.27
Estim	ation	Cintrage desdits sur tout le développé, sur un petit rayon et enroulés en forme de volute.	2m62	2.07	5.42
413	244	Fait 4 amincis..........................	4	0.69	2.76
Estim	ation	Pour les fixer, fourni 12 boules *idem* et ajustées..................................	12	0.35	4.20
436	1117 1122	Percé 12 trous de 0.011 et fraisés..........	12	0.16	1.92
436	1117	Percé 12 trous de passage de 0.010.......	12	0.11	1.32
436	1116 1123	Contrepercé 12 trous et taraudés.........	12	0.16	1.92
459	2028	Fourni 12 vis à métaux de 0.025 et posées.	12	0.25	3.00
Ana 455	logie 1819 1820	Pour former remplissage au milieu, dans le haut, fourni 2 motifs d'ornements composés de 4 parties en fer de 0.018 × 0.016, dont 2 de chacune 0.35 et 2 de chacune 0.45 développé, dressées et dégauchies, ensemble..........	1.60	1.45	2.32
Ana 455	logie 1818	Fourni 2 autres parties en fer de 0.018 × 0.011 de chacune 2m,02 développé, dressées et dégauchies, ensemble...................	4.04	1.25	5.05
Estim	ation	Cintrage desdites sur tout le développé, sur un petit rayon et enroulées pour former volute, ensemble.........................	5.64	2.07	11.67
»	»	Etiré les 4 parties en fer de 0.018 × 0.016 pour les réduire à 0.011 d'épaisseur.........	4	2.50	10.00
»	»	Pour réunir les 4 parties, fait 4 soudures parées et calibrées.........................	4	0.75	3.00
413	239	Fait 6 encollements soudés...............	6	0.93	5.58
413	244	Fait 10 amincis.........................	10	0.69	6.90
Estim	ation	Pour fixer ces 2 ornements, fourni 2 boules en fonte et ajustées......................	2	0.35	0.70
436	1117 1122	Percé 2 trous de 0.011 et fraisés..........	2	0.16	0.32
436	1117	Percé 2 trous de passage de 0.010.........	2	0.11	0.22
436	1116 1123	Contrepercé 2 trous et taraudés...........	2	0.16	0.32
459	2028	Fourni 2 vis à métaux de 0.025 et posées..	2	0.25	0.50
436	1118 1122	Percé 4 trous de 0.016 et fraisés..........	4	0.19	0.76
436	1116 1123	Contrepercé 4 trous et taraudés..........	4	0.16	0.64
459	2028	Fourni 4 vis à métaux de 0.025 et posées..	4	0.25	1.00
Estim	ation	Fourni un collier en fer mouluré, ajusté à double onglet et soudé au cuivre...........	1	»	2.50
Ana 455	logie 1818	Sous lesdits, fourni 2 autres motifs d'ornement en fer de 0.018 × 0.011 de chacun 3m,16 développé, dressés et dégauchis, ensemble..	6m32	1.25	7.90
Estim	ation	Cintrage desdits sur un développé de 5m,72, sur un petit rayon avec enroulements pour former volute............................	5.72	2.07	11.84
413	239	Fait 4 encollements soudés...............	4	0.93	3.72
413	239	Fait 2 encollements soudés pour former coudes à vives arêtes....................	2	0.93	1.86
413	244	Fait 8 amincis..........................	8	0.69	5.52

SÉRIE PAGES	N°s				
Estim	ation	Fait 2 feuilles aplaties et arrondies.......	2	1.50	3.00
»	»	Pour fixer ces ornements, fourni 10 boules en fonte *idem* et ajustées..................	10	0.35	3.50
436	1117 1122	Percé 10 trous de 0.011 et fraisés.........	10	0.16	1.60
436	1117	Percé 10 trous de passage de 0.010 de profondeur..................................	10	0.11	1.10
436	1116 1123	Contrepercé 10 trous et taraudés.........	10	0.16	1.60
459	2028	Fourni 10 vis à métaux de 0.025 et posées.	10	0.25	2.50
436	1117 1122	Pour réunir les 4 motifs, percé 4 trous de 0.011 et fraisés..........................	4	0.16	0.64
436	1116 1123	Contrepercé 4 trous et taraudés..........	4	0.16	0.64
459	2026	Fourni 4 vis à métaux de 0.015 et posées..	4	0.20	0.80
Estim	ation	Ferré la porte, fourni 2 paumelles doubles de grille à lames pleines forgées de 0.090 de hauteur de nœud, ajustées et posées sur fer.	2	3.60	7.20
427	745	Fourni une paumelle ferme-porte Dubourg grand modèle (*fig.* 295)....................	1	»	16.40
436	1099	Plus-value pour les 2 lames posées sur fer avec vis à métaux.......................	2	0.80	1.60

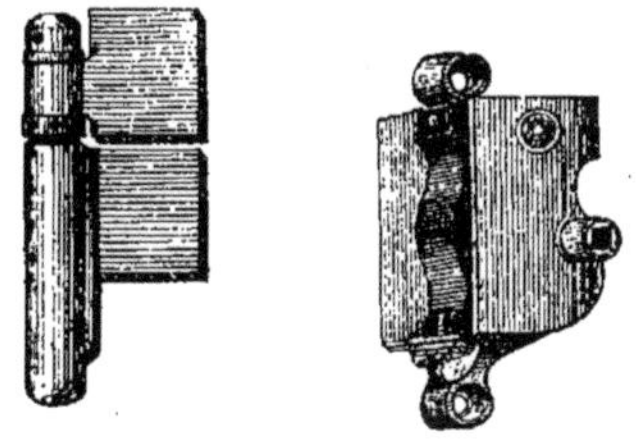

Fig. 295 et 296.

SÉRIE PAGES	N°s				
Estim	ation	Fait l'entaille de ces 2 lames dans les montants en fer..................................	2	1.50	3.00
418.	381	Fourni un bec-de-cane Dubourg à déclenchement pour porte d'ascenseur (*fig.* 296)...	»	»	10.70
418	399	Fourni une béquille double, manche buffle à garnitures nickelées..................	1	»	5.65
Estim	ation	Pour recevoir le bec-de-cane, fourni une plaque en tôle de 0.007 d'épaisseur de $0^m,10 \times 0^m,07$ découpée à la demande, limée et affleurée, percée de 2 trous fraisés.........	1	»	1.50
436	1116 1123	Contrepercé 2 trous et taraudés..........	2	0.15	0.32
459	2025	Fourni 2 vis à métaux et posées..........	2	0.20	0.40
436	1116 1123	Pour fixer le bec-de-cane et la gâche, percé 4 trous et taraudés......................	4	0.16	0.64
459	2025	Fourni 4 vis à métaux et posées..........	4	0.20	0.80
		TOTAL DE LA PORTE D'ASCENSEUR......			494.15

Métré n° 11.

Marquise (*fig.* 297 à 302).

Messieurs Beau et Cie (ancienne maison Charpentier et Brousse), constructeurs.

SÉRIE PAGES	SÉRIE Nos				
409	126	*Au-dessus de la porte d'entrée principale,* fourni une marquise avec chéneau, composé d'un fond en tôle de 0.003 de $0^m,14$ de largeur, de 2 cornières de chéneau de 0.090 × 0.030 et de 2 cornières de 0.030 × 0.020 dont la partie avant de $3^m,08$ et les 2 parties en retour de $2^m,60$ de longueur, 1 faîtage en fer cornière de 0.050 × 0.030 de $2^m,80$ de longueur, garni de 6 pattes à scellement en fer de 0.040 × 0.007, coudées et rivées, 2 chevrons de rives en fer à **T** de 0.040 × 0.025 de $2^m,55$, 1 chevron milieu en fer à **T** de 0.050 × 0.045 de $2^m,55$ avec bride en fer de 0.060 × 0.009 et équerre en fer de 0.040 × 0.007, reliant le chevron au chéneau, 4 chevrons intermédiaires en fer à **T** de 0.040 × 0.035 de $2^m,25$ de longueur, pesant, compris pattes, garde-verre et vis à métaux.	163^k000	0.99	161.37
437	1153	Sur le chéneau, pour former ornement, dans le haut, fourni une traverse en fer à moulures de 0.025 en 3 parties dont 1 de $3^m,08$ et 2 de chacune $2^m,35$ de longueur, dressées et dégauchies, ensemble	7^m78	1.60	12.44
438	1166 1170	Fait 2 ajustements d'angle à double onglet	2	0.90	1.80
436	1116 1122	Pour les fixer, percé 56 trous fraisés	56	0.12	6.72
436	1116 1123	Contreperçé 56 trous et taraudés	56	0.16	8.96
459	2025	Fourni 56 vis à métaux et posées	56	0.20	11.20
Ana 437	logie 1151	Dans le bas du chéneau, fourni une traverse en fer à moulures 1/2 rond de 0.014 en 3 parties dont 1 de $3^m,08$ et 2 de chacune $2^m,35$ de longueur, dressées et dégauchies, ensemble	7^m78	1.45	11.28
438	1166 1170	Fait 2 ajustements d'angle à double onglet	2	0.90	1.80
436	1116 1122	Pour la fixer, percé 56 tous fraisés	56	0.12	6.72
436	1116 1123	Contreperçé 56 trous et taraudés	56	0.16	8.96
459	2025	Fourni 56 vis à métaux et posées	56	0.20	11.20
Estim	ation	Fourni 17 rosaces en fonte ornée de 0.050 de diamètre	17	0.60	10.20
436	1116	Pour les fixer, percé 17 trous de foret	17	0.08	1.36
436	1116 1123	Contreperçé 17 trous et taraudés	17	0.16	2.72
459	2025	Fourni 17 vis à métaux à tête ronde et posées	17	0.20	3.40

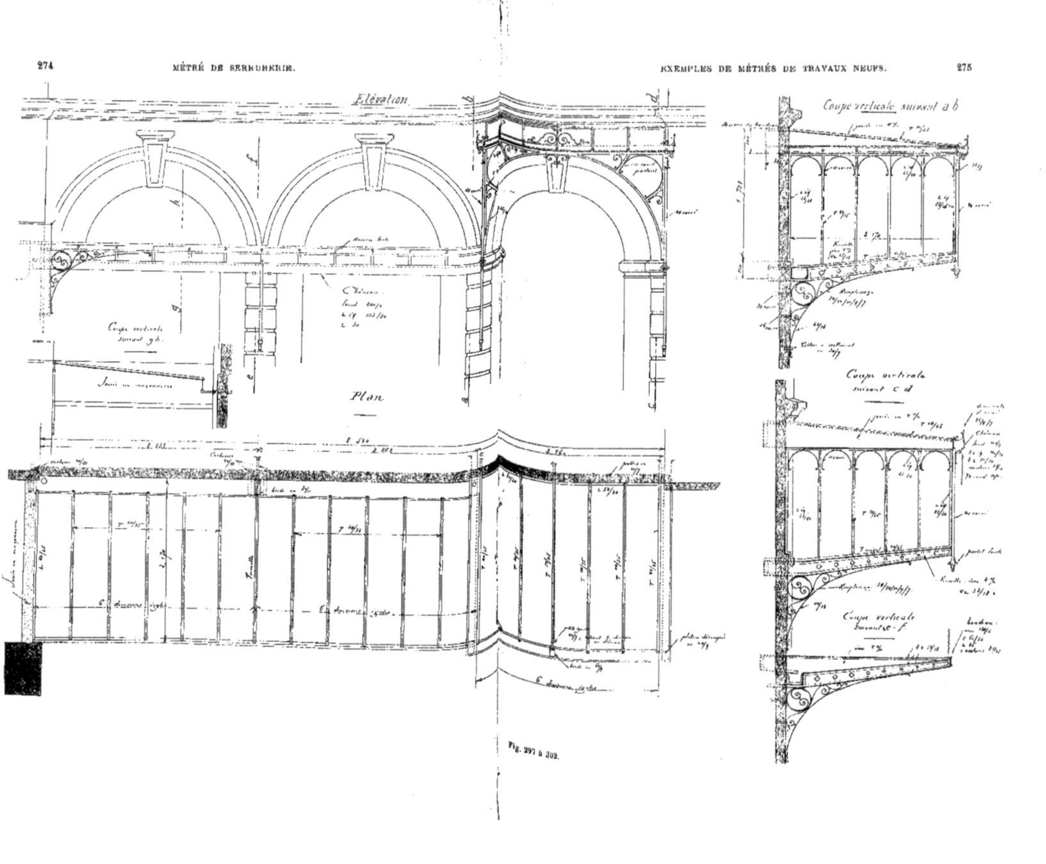

Élévation
Plan
Coupe verticale suivant a b
Coupe verticale suivant c d
Coupe verticale suivant e f

Fig. 297 à 302.

SÉRIE PAGES	Nos				
411	173	Entre les 2 chevrons de rives et le chéneau, fourni 2 jouées en tôle de 0.004 de 2m,46 × 0.30, pesant............................	46k100	0.26	11f98
411	174	Planage..............................	1m48	6.00	8.88
		Dressement des rives au burin et à la lime			
		2 fois 2m,46, ensemble.......... 4m02			
		2 » 0 ,30, » 0.60			
		2 » 0 ,14, » 0.28			
		2 » 2 ,50, » 5.00			
411	175	Ensemble........................	10m80	1.00	10.80
436	1116	Pour fixer ces 2 jouées, percé 140 trous de foret en rapport...........................	140	0.08	11.20
Estim	ation	Fourni 70 rivets et affleurés..............	70	0.15	10.50
437	1133	A l'extrémité, pour former scellement, fourni 2 équerres en fer cornière de 0.030 de chacune 0m,30 de longueur, dressées et dégauchies, ensemble......................	0m60	1.80	1.08
436	1116	Pour les fixer, percé 12 trous de foret en rapport................................	12	0.08	0.96
Estim	ation	Fourni 6 rivets et affleurés..............	6	0.15	0.90
		Au-dessus du chéneau, dans les angles, fourni 2 motifs d'ornement en fer forgé semblables.			
		Détail d'un :			
Ana 455	logie 1819	Fourni un montant en fer carré de 0.016 de 0m,12 de longueur, dressé et dégauchi....	0m12	1.30	0.15
412	229	Aux extrémités, fait 2 arasements droits, limés et affleurés.........................	2	0.10	0.20
436	1116 1122	Dans le bas pour le fixer, percé un trou fraisé	1	»	0.12
436	1117 1123	Contrepercé un trou de 0.010 de profondeur et taraudé..............................	1	»	0.22
459	2025	Fourni une vis à métaux et posée........	1	»	0.20
Estim	ation	Fourni une embase carrée en fonte et ajustée................................	1	»	0.50
»	»	Dans le haut du montant, fourni un pontet carré en fonte et arasé à la lime...........	1	»	1.25
436	1118 1123	Pour le fixer, percé 2 trous de 0.015 de profondeur et taraudés....................	2	0.26	0.52
Ana 459	logie 2029	Fourni une tige taraudée de 0.030 de longueur et posée........................	1	»	0.30
Ana 455	logie 1817	Sur les côtés de ce montant, fourni 2 motifs d'ornement en fer de 0.016 × 0.009 de chacun 0m,60 développé, dressés et dégauchis, ensemble...........................	1m20	0.90	1.08
Estim	ation	Cintrage desdits sur tout le développé sur un petit rayon et enroulés pour former volute.	1.20	2.07	2.48
413	241	Fait 6 noyaux roulés et forgés............	6	0.97	5.82
413	239	Fait 4 encollements soudés sur fer de 1.44 centimètres carrés de section	4	0.75	3.00
Estim	ation	Façon de 2 flammes amincies et ondulées.	2	1.25	2.50
436	1117	Pour fixer ces 2 motifs, percé 4 trous de foret de 0.009 de profondeur...............	4	0.11	0.44
436	1116 1123	Contrepercé 4 trous et taraudés	4	0.16	0.64
459	2027	Fourni 4 vis à métaux à tête ronde de 0.020 et posées..............................	4	0.25	1.00

SÉRIE PAGES	N°s				
		Le 2e motif d'angle semblable	1	»	20f 42
		En façade et au milieu du chéneau, établi un motif d'ornement en fer forgé, composé comme suit :			
Ana	logie	Fourni un montant en fer carré de 0.016			
455	1819	de 0m,25 de longueur, dressé et dégauchi	0m25	1.30	0.32
		Dans le bas, fait un arasement droit, limé			
412	229	et affleuré	1	»	0.10
436	1116 1122	Percé un trou fraisé	1	»	0.12
	1117	Contrepercé un trou de 0.010 de profondeur			
436	1123	et taraudé	1	0.22	0.22
459	2025	Fourni une vis à métaux et posée	1	»	0.20
		Fourni une embase carrée en fonte et			
Estim	ation	ajustée	1	»	0.50
»	»	Dans le haut, fait une lance aplatie et étirée.	1	»	1.50
		Sur les côtés de ce montant, fourni 2 ornements en fer méplat de 0.016 × 0.009 de			
Ana	logie	chacun 1m,60 développé en 3 parties, dressés			
455	1817	et dégauchis, ensemble	3m20	0.90	2.88
		Cintrage desdits sur un développé de chacun 1m,55 sur un petit rayon et enroulés en forme			
Estim	ation	de volute, ensemble	3m10	2.07	6.42
»	»	Façon de 4 coudes à vives arêtes	4	0.75	3.00
413	241	Façon de 8 noyaux roulés et forgés	8	0.97	7.76
		Fait 4 encollements sur fer de 1.44 centi-			
413	239	mètres carrés de section	4	0.75	3.00
	1117	Pour fixer ces 2 motifs, percé 6 trous de			
436	1122	0.009 et fraisés	6	0.16	0.96
436	1116 1123	Contrepercé 6 trous et taraudés	6	0.16	0.96
		Fourni 6 vis à métaux à tête ronde de 0.020			
459	2027	et posées	6	0.25	1.50
		Au-dessus, fourni 2 petits motifs en fer de			
Ana	logie	0.016 × 0.009 de chacun 0m,15 développé,			
455	1817	dressés et dégauchis, ensemble	0m30	0.90	0.27
		Cintrage desdits sur un petit rayon et en-			
Estim	ation	roulés en forme de volute	0.30	2.07	0.62
412	229	Fait 2 arasements chanfreinés	2	0.09	0.18
413	241	Fait 2 noyaux roulés et forgés	2	0.97	1.94
		Pour les fixer, percé 2 trous de foret de			
436	1117	0.009 de profondeur	2	0.11	0.22
		Percé un trou de passage de 0.016 de pro-			
436	1118	fondeur	1	»	0.13
Estim	ation	Fourni un rivet et affleuré	1	»	0.15
		Sur les côtés, établi 2 parties verticales vitrées.			
		Détail d'une :			
		Dans le bas, fourni une fermette formant branche de console composée d'une âme en			
411	173	tôle de 0.004 de 2m,44 × 0.24, pesant	18k000	0.26	4.68
411	174	Planage	0.58	6.00	3.48
		Dressement des rives.			
		2 fois 2m,45, ensemble ... 4m90			
		1 fois ... 0.18			
		1 fois ... 0.10			
411	175	Ensemble	5m18	1.00	5.18

SÉRIE PAGES	N^{os}				
437	1134	Sur ladite, fourni 2 cadres en fer cornière de 0.035 × 0.018 de chacun $5^{m},18$ développé, dressés et dégauchis, ensemble	$10^{m}36$	1.95	20.20
Estim	ation	Fait 4 coudes biais	4	0.75	3.00
437	1145 1147	Fait 4 ajustements d'angle à double onglet	4	0.925	3.70
437	1146	Plus-value pour lesdits en biais	4	0.46	1.84
436	1116	Pour les fixer, percé 108 trous de foret en rapport	108	0.08	8.64
Estim	ation	Fourni 36 rivets et affleurés	36	0.15	5.40
411	180-188	Dans l'âme en tôle, découpé 8 ajours de chacun $0^{m},12$ réduit développé, percés à la poinçonneuse et ébarbés au burin, ensemble	$0^{m}96$	1.00	0.96
Estim	ation	Sous cette fermette, fourni un arc boutant en fer méplat de 0.040 × 0.018 de $2^{m},25$ développé, dressé et dégauchi	$2^{m}25$	2.50	5.62
413	236	Cintrage dudit sur tout le développé sur un rayon de plus de $1^{m},00$	2.25	1.38	3.10
413	242	Façon de 2 noyaux roulés et forgés	2	1.18	2.36
Estim	ation	Façon d'un coude arrondi	1	»	0.75
»	»	Pour former remplissage, fourni un cercle en fer méplat de 0.034 × 0.014 de $0^{m},95$ développé, dressé et dégauchi	$0^{m}95$	1.90	1.80
»	»	Cintrage dudit en plein cintre sur un rayon de $0^{m},15$ et sur tout le développé	0.95	4.14	3.93
Ana	logie	Façon d'une soudure sur cercle	1	»	2.23
413 Ana 455	239 logie 1821	Fourni 4 motifs en fer méplat de 0.034 × 0.011 dont 2 de $0^{m},65$, 1 de 0.70 et 1 de 0.80 développé, dressés et dégauchis, ensemble	$2^{m}80$	1.80	5.04
Estim	ation	Cintrage desdits sur tout le développé, *idem*	2.80	4.14	11.59
413	242	Façon de 4 noyaux roulés et forgés	4	1.18	4.72
Estim	ation	Fait 4 arasements chanfreinés	4	0.22	0.88
436	1117	Pour les fixer, percé 8 trous de foret de 0.011 de profondeur	8	0.11	0.88
436	1118	Contrepercé 8 trous de 0.014 de profondeur	8	0.13	1.04
Estim	ation	Fourni 8 rivets et affleurés	8	0.15	1.20
Ana 455	logie 1820	Fourni un autre motif en fer méplat de 0.034 × 0.009 de $0^{m},45$ développé, dressé et dégauchi	$0^{m}45$	1.60	0.72
Estim	ation	Cintrage *idem*	0.45	4.14	1.86
413	242	Façon d'un noyau roulé et forgé	1	»	1.18
413	239	Façon d'un encollement soudé	1	»	1.43
Ana 455	logie 1819	Fourni 2 motifs d'extrémité en fer méplat de 0.034 × 0.007 de chacun $0^{m},25$ développé, dressés et dégauchis, ensemble	$0^{m}50$	1.30	0.65
Estim	ation	Cintrage *idem*	0.50	2.07	1.03
413	241	Façon de 2 noyaux roulés et forgés	2	0.97	1.94
413	239	Façon de 2 encollements soudés	2	1.12	2.24
Estim	ation	Pour fixer cette console sur le mur, fourni une tige en fer carré de 0.020 de $0^{m},20$ de longueur, arasée et à scellement fendu	1	»	0.75
436	1118	Pour la fixer, percé un trou de foret de 0.014 de profondeur	1	»	0.13
436	1118 1123	Contrepercé un trou de 0.015 de profondeur et taraudé	1	»	0.26
459	2029	Fourni une vis à métaux à tête ronde de 0.030 et posée	1	»	0.30

A

SÉRIE PAGES	SÉRIE Nos				
Estim	ation	Fourni une tige en fer carré de 0.016 de 0.15 de longueur, arasée et à scellement fendu.	1	»	0.60
436	1118	Pour la fixer, percé un trou de foret de 0.014 de profondeur......................	1	»	0.13
436	1118 1123	Contrepercé un trou de 0.015 et taraudé..	1	»	0.26
459	2030	Fourni une vis à métaux à tête ronde de 0.035 et posée..........................	1	»	0.30
Estim	ation	Fourni un collier de façon en fer de 0.030 ×0.007 de $0^{m},25$ développé, coudé 2 fois à vives arêtes et à 2 scellements fendus............	1	»	1.75
436	1116 1122	Pour fixer la console sur la fermette, percé 6 trous fraisés........................	6	0.12	0.72
436	1116 1123	Contrepercé 6 trous et taraudés..........	6	0.16	0.96
459	2025	Fourni 6 vis à métaux et posées..........	6	0.20	1.20
Estim	ation	Pour les remplissages, fourni 3 boules en fonte, percées d'un trou de passage.........	3	0.50	1.50
436	1118	Percé 4 trous de foret de 0.014 de profondeur..................................	4	0.13	0.52
436	1119	Percé 2 trous de 0.018 de profondeur.....	2	0.15	0.30
Estim	ation	Fourni 3 rivets et affleurés..............	3	0.15	0.45
436	1119	Percé 2 trous de 0.018 de profondeur.....	2	0.15	0.30
436	1117 1123	Contrepercé 2 trous de 0.011 et taraudés..	2	0.22	0.44
459	2030	Fourni 2 vis à métaux de 0.035 et posées..	2	0.30	0.60
Estim	ation	Fourni un montant en fer carré de 0.040 de $1^{m},42$ de longueur, dressé et dégauchi ...	$1^{m}42$	5.00	7.10
412	229	Aux extrémités, fait 2 arasements droits, limés et affleurés..........................	2	0.64	1.28
Estim	ation	Dans le bas, fourni un pontet carré en fonte de $0^{m},15$ et arasé à la lime................	1	»	2.50
436	1118 1123	Pour le fixer, percé 2 trous de 0.015 de profondeur et taraudés..................	2	0.26	0.52
Ana 459	logie 2029	Fourni une tige taraudée de 0.030 de longueur et posée..........................	1	»	0.30
Ana 455	logie 1821	Dans le haut du montant, fourni 2 platines en fer de 0.040 × 0.009 dont une de $0^{m},14$ et une de $0^{m},10$ de longueur, dressées et dégauchies, ensemble......................	0.28	1.80	0.50
412	229	Aux extrémités, fait 4 arasements droits, limés et affleurés	4	0.14	0.56
436	1117	Pour les fixer, percé 4 trous de foret de 0.009 de profondeur......................	4	0.11	0.44
436	1116	Contrepercé 4 trous de foret en rapport...	4	0.08	0.32
Estim	ation	Fourni 4 rivets et affleurés..............	4	0.15	0.60
436	1116 1122	Pour fixer le montant, percé un trou fraisé..	1	»	0.12
436	1117	Percé un trou de passage de 0.009 de profondeur..................................	1	»	0.11
436	1119 1123	Contrepercé un trou de 0.020 de profondeur et taraudé......................	1	»	0.30
459	2030	Fourni une vis à métaux de 0.035 et posée.	1	»	0.30
Ana 455	logie 1819	Sur ce montant, fourni 2 ornements en fer de 0.036 × 0.007 de chacun $0^{m},30$ développé, dressés et dégauchis, ensemble............	$0^{m}60$	1.30	0.78

SÉRIE PAGES	SÉRIE Nos				
Estimation		Cintrage desdits sur petit rayon et enroulés en forme de volute sur un développé de chacun $0^m,16$, ensemble	0^m32	2.07	0.66
413	241	Façon de 2 noyaux roulés et forgés	2	0.97	1.94
Estimation		Fait 2 arasements chanfreinés	2	0.15	0.30
436	1116	Pour les fixer, percé 6 trous de foret	6	0.08	0.48
436	1116 1123	Contrepercé 6 trous et taraudés	6	0.16	0.96
459	2027	Fourni 6 vis à métaux à tête ronde de 0.020 et posées	6	0.25	1.50
		Fourni un cadre en fer cornière de 0.025 × 0.020, dressé et dégauchi, composé de :			
		1 montant de ... 1^m55			
		1 » de ... 1.26			
		1 traverse haute de ... 2.17			
437	1131	Ensemble	4^m98	1.60	7.97
437	1144 1148	Fait 2 ajustements d'angle à queue d'aronde	2	1.45	2.90
437	1149	Plus-value pour lesdits soudés au cuivre	2	0.50	1.00
437	1144 1147	Pour le montant au droit du mur, fait 2 ajustements d'angle à double onglet et coudés	2	0.725	1.45
431	883-885	Pour fixer ce montant sur le mur, fourni une patte à scellement coudée	1	»	0.30
436	1116 1122	Percé 1 trou fraisé	1	»	0.12
436	1116 1123	Contrepercé 1 trou et taraudé	1	»	0.16
436	2025	Fourni une vis à métaux et posée	1	»	0.20
436	1116 1122	Pour fixer la traverse du haut sur le chéneau, percé 16 trous fraisés	16	0.12	1.92
436	1116 1123	Contrepercé 16 trous et taraudés	16	0.16	2.56
459	2025	Fourni 16 vis à métaux et posées	16	0.20	3.20
436	1116 1122	Pour fixer le montant du cadre sur le montant d'angle en fer carré, percé 10 trous fraisés	10	0.12	1.20
436	1116 1123	Contrepercé 10 trous et taraudés	10	0.16	1.60
459	2025	Fourni 10 vis à métaux et posées	10	0.20	2.00
437	1135	Dans le bas de ce cadre, fourni une traverse en fer à T de 0.040 × 0.025 de $2^m,44$ de longueur, dressée et dégauchie	2^m44	2.15	5.24
Estimation		Façon d'un coude biais	1	»	0.75
437	1145 1148	Fait 2 ajustements d'angle à queue d'aronde	2	1.85	3.70
437	1146	Plus-value pour l'un desdits en biais	1	»	0.92
437	1149	Plus-value pour les 2 ajustements soudés au cuivre	2	0.50	1.00
436	1116 1122	Pour fixer cette traverse sur la fermette, percé 18 trous fraisés	18	0.12	2.16
436	1116 1123	Contrepercé 18 trous et taraudés	18	0.16	2.88
459	2025	Fourni 18 vis à métaux et posées	18	0.20	3.60
		Fourni 4 petits bois en fer à T de 0.030 × 0.025 dressés et dégauchis, dont:			

SÉRIE PAGES	SÉRIE Nos				
		1 de........................... 1m44 1 de........................... 1.40 1 de........................... 1.36 1 de........................... 1.32			
437	1133	Ensemble........................	5m52	1.80	9.93
437	1145 1147	Fait 8 ajustements à tenon, épaulés et rivés..................................	8	0.925	7.40
437	1146	Plus-value pour 4 desdits en biais........	4	0.46	1.84
437	1150	Percé 18 trous de vitrage................	18	0.05	0.90
Analogie 455	1815 1816	Dans le haut de cette partie vitrée, fourni 5 motifs d'ornement en fer carré de 0.011 de chacun 0m,85 développé, dressés et dégauchis, ensemble..................................	4m25	0.70	2.97
Estimation		Cintrage desdits en plein cintre sur un petit rayon et sur tout le développé.........	4.25	3.33	14.15
413	240	Fait 10 noyaux roulés et forgés...........	10	0.69	6.90
Estimation		Pour les fixer, fourni 15 petites pattes en fer, ajustées à queue d'aronde et soudées au cuivre..................................	15	1.25	18.75
436	1116 1122	Percé 15 trous fraisés....................	15	0.12	1.80
436	1116 1123	Contrepercé 15 trous et taraudés.........	15	0.16	2.40
459	2025	Fourni 15 vis à métaux et posées.........	15	0.20	3.00
		La deuxième partie verticale semblable......	1	»	263.18
		En façade, fourni un cadre en fer cornière de 0.025 × 0.020, dressé et dégauchi, composé de : 2 montants de chacun 1m,38 = ... 2m76 1 traverse haute de............... 2.78			
437	1131	Ensemble........................	5m54	1.60	8.86
437	1144 1147	Fait 2 ajustements d'angle à double onglet..................................	2	0.725	1.45
412	229	Fait 2 arasements droits, limés et affleurés.	2	0.05	0.10
436	1116 1122	Pour fixer ce cadre, percé 40 trous fraisés.	40	0.12	4.80
436	1116 1123	Contrepercé 40 trous et taraudés.........	40	0.16	6.40
459	2025	Fourni 40 vis à métaux et posées.........	40	0.20	8.00
437	1131	Fourni un arceau en fer cornière de 0.025 × 0.020 de 4m,50 développé, dressé et dégauchi..................................	4m50	1.60	7.20
413	234-235	Cintrage dudit en plein cintre sur un rayon de 1m,40..................................	4.50	2.76	12.42
437	1138	Façon de 2 pattes enlevées à même la feuillure..................................	2	0.85	1.70
436	1116 1122	Pour fixer cet arceau, percé 9 trous fraisés.	9	0.12	1.08
436	1116 1123	Contrepercé 9 trous et taraudés..........	9	0.16	1.44
459	2025	Fourni 9 vis à métaux et posées..........	9	0.20	1.80
437	1133	Fourni 4 petits bois en fer à T de 0.030 × 0.025 de chacun 0m,30 de longueur, dressés et dégauchis, ensemble..................	1m20	1.80	2.16
437	1139	Fait 8 pattes enlevées à même la feuillure et coudées..................................	8	1.20	9.60

SÉRIE PAGES	SÉRIE Nos				
Ana 437	logie 1146	Plus-value pour 4 desdites biaises........	4	0.60	2.40
436	1116 1123	Pour les fixer, percé 16 trous taraudés....	16	0.16	2.56
459	2025	Fourni 16 vis à métaux et posées.........	16	0.20	3.20
Ana 455	logie 1815 1816	Fourni 6 motifs d'ornement en fer carré de 0.011 dressés et dégauchis, dont : 2 de chacun $1^m,35$ = ... 2^m70 4 de » $0^m,60$ = ... 2.40 Ensemble........................	5^m10	0.70	3.57
Estim	ation	Cintrage desdits sur un petit rayon et enroulés pour former volute.................	5.10	3.33	16.98
413	240	Façon de 12 noyaux roulés et forgés......	12	0.69	8.28
Estim	ation	Fourni 16 petites pattes en fer, ajustées à queue d'aronde et soudées au cuivre........	16	1.25	20.00
436	1116 1122	Percé 16 trous fraisés....................	16	0.12	1.92
436	1116 1123	Contrepercé 16 trous et taraudés.........	16	0.16	2.56
459	2025	Fourni 16 vis à métaux et posées.........	16	0.20	3.20
Ana 455	logie 1819	Au milieu, fourni un motif d'ornement en fer forgé, composé d'un montant en fer carré de 0.016 de 0.20 de longueur, dressé et dégauchi.	0^m20	1.30	0.26
412	229	Dans le haut, fait un arasement droit, limé et affleuré..............................	1	»	0.10
436	1116 1122	Percé un trou fraisé.....................	1	»	0.12
436	1117 1123	Contrepercé un trou de 0.010 et taraudé..	1	»	0.22
459	2025	Fourni une vis à métaux et posée........	1	»	0.20
Estim	ation	Fourni une embase carrée en fonte et ajustée................................	1	»	0.50
»	»	Dans le bas, fait une lance aplatie et étirée.	1	»	1.50
Ana 455	logie 1817	Sur les côtés, fourni 2 ornements en fer de 0.016 × 0.009 de chacun $0^m,75$ développé, dressés et dégauchis, ensemble............	1.50	0.90	1.35
Estim	ation	Cintrage desdits sur un petit rayon et enroulés en forme de volute.................	1.50	2.07	3.10
413	241	Façon de 6 noyaux roulés et forgés.......	6	0.97	5.82
413	239	Façon de 4 encollements soudés..........	4	0.75	3.00
436	1116	Pour fixer cet ornement, percé 4 trous de foret....................................	4	0.08	0.32
436	1116 1123	Contrepercé 4 trous et taraudés..........	4	0.16	0.64
459	2027	Fourni 4 vis à métaux à tête ronde de 0.020 et posées...............................	4	0.25	1.00
		A gauche.			
		Fourni une marquise avec chéneau, composé d'un fond en tôle de 0.003 de $0^m,20$ de largeur, 2 cornières de chéneau de 0.135 × 0.032 et d'une cornière de 0.050 × 0.030 de $5^m,90$, 2 chevrons de rives en fer cornière de 0.040 × 0.025 de $1^m,95$, 10 chevrons en fer à T de 0.040 × 0.035 de $1^m,95$,			

SÉRIE PAGES	N^{os}				
		Au milieu, une fermette composée d'une âme en tôle de 0.004 de 2m,46 × 0.40 et de 4 cornières de 0.035 × 0.018 de 2m,50, garnie aux extrémités de 4 cornières de 0.030 ×0.030 dont 2 de 0.30 et 2 de 0.45 de longueur, 2 chevrons en fer cornière de 0.035×0.018 de 1.95, 1 bandeau en tôle de 0.005 de 5m,75 de longueur sur 0.12 de largeur, garni d'un fer à Z de 0.060×0.035 et d'une cornière de 0.035, le tout pesant, compris pattes, garde-verre et vis à métaux	285k000	0.99	282.15
411	180-188	Dans l'âme en tôle, découpé 8 ajours de chacun 0.12 développé, percés à la poinçonneuse, *idem*	0.96	1.00	1.96
409	136	Pour supporter le chéneau, fourni 3 corbeaux en fer de 0.040 × 0.020 de 0.45 développé, à talon coudé d'un bout et à scellement fendu de l'autre, pesant	8k400	0.60	5.04
		Fourni une console en toute semblable à l'accolade A	1	»	67.66
437	1153	Sur le bandeau, fourni 2 traverses en fer à moulures de 0.025 de chacune 5m,75 de longueur, dressées et dégauchies, ensemble	11m50	1.60	18.40
412	229	D'un bout fait 2 arasements droits, limés et affleurés	2	0.10	0.20
436	1116 1122	Pour les fixer, percé 80 trous fraisés	80	0.12	9.60
436	1116 1123	Contrepercé 80 trous et taraudés	80	0.16	12.80
459	2025	Fourni 80 vis à métaux et posées	80	0.20	16.00
Estim	ation	Fourni 11 rosaces en fonte ornée de 0.050 de diamètre	11	0.75	8.25
436	1116	Pour les fixer, percé 11 trous de foret	11	0.08	0.88
436	1116 1123	Contrepercé 11 trous et taraudés	11	0.16	1.76
459	2025	Fourni 11 vis à métaux à tête ronde et posées.	11	0.20	2.20
		A l'extrémité gauche du chéneau, établi une console composée comme suit :			
Estim	ation	Fourni un montant en fer méplat de 0.040 ×0.011 de 0m,95 développé, dressé et dégauchi	0m95	2.05	1.95
212	229	D'un bout fait un arasement droit	1	»	0.17
Estim	ation	Fait un coude	1	»	0.50
		Fait un scellement fendu	1	»	0.35
»	»	A l'extrémité, fourni une platine en fer de 0.040 × 0.009, arasée et ajustée	1	»	0.75
436	1116 1122	Pour fixer ce montant, percé un trou fraisé.	1	»	0.12
436	1117	Percé un trou de passage de 0.009 de profondeur	1	»	0.11
436	1117 1123	Contrepercé un trou de 0.010 et taraudé	1	»	0.22
459	2027	Fourni une vis à métaux de 0.020 et posée.	1	»	0.25
Estim	ation	Fourni un arc-boutant en fer méplat de 0.040 × 0.018 de 2m,00 développé, dressé et dégauchi	2m00	2.50	5.00

SÉRIE PAGES	SÉRIE Nos				
413	236	Cintrage dudit sur tout le développé sur un rayon de plus de 1m,00	2.00	1.38	2.76
413	242	Façon de 2 noyaux roulés et forgés	2	1.18	2.36
Estim	ation	Façon d'un coude arrondi	1	»	0.75
»	»	Pour former remplissage, fourni un cercle en fer de 0.034 × 0.014 de 0.82 développé, dressé et dégauchi	0m82	1.90	1.55
»	»	Cintrage dudit en plein cintre sur un rayon de 0m,13 et sur tout le développé	0.82	4.14	3.39
Ana	logie	Façon d'une soudure sur cercle	1	»	2.23
413 Ana 455	239 logie 1821	Fourni 4 motifs en fer méplat de 0.034 × 0.011 dont 2 de 0.60, 1 de 0.65 et 1 de 0.75 développé, dressés et dégauchis, ensemble	2.60	1.80	4.68
Estim	ation	Cintrage desdits sur tout le développé, sur un petit rayon et enroulés pour former volute	2.60	4.14	10.76
413	242	Façon de 4 noyaux roulés et forgés	4	1.18	4.72
Estim	ation	Fait 4 arasements chanfreinés	4	0.22	0.88
436	1117	Pour les fixer, percé 8 trous de foret de 0.011 de profondeur	8	0.11	0.88
436	1118	Contrepercé 8 trous de 0.014 de profondeur	8	0.13	1.04
Estim	ation	Fourni 8 rivets et affleurés	8	0.15	1.20
Ana 455	logie 1820	Fourni un autre motif en fer méplat de 0.034 × 0.009 de 0.40 développé, dressé et dégauchi	0.40	1.60	0.64
Estim	ation	Cintrage *idem*	0.40	4.14	1.65
413	242	Façon d'un noyau roulé et forgé	1	»	1.18
413	239	Façon d'un encollement soudé	1	»	1.43
Ana 455	logie 1819	Fourni 2 motifs d'extrémité en fer méplat de 0.034 × 0.007 de chacun 0.20 développé, dressés et dégauchis, ensemble	0m40	1.30	0.52
Estim	ation	Cintrage *idem*	0.40	2.07	0.82
413	241	Façon de 2 noyaux roulés et forgés	2	0.97	1.94
413	239	Façon de 2 encollements soudés	2	1.12	2.24
Estim	ation	Pour fixer cette console, fourni un collier en fer de 0.030 × 0.007 coudé 4 fois et soudé	1	»	1.75
436	1116 1122	Pour fixer la console sur le bandeau, percé 6 trous fraisés	6	0.12	0.72
436	1116 1123	Contrepercé 6 trous et taraudés	6	0.16	0.96
459	2025	Fourni 6 vis à métaux et posées	6	0.20	1.20
Estim	ation	Pour le remplissage, fourni 3 boules en fonte, percées d'un trou de passage	3	0.50	1.50
436	1118	Percé 4 trous de foret de 0.014 de profondeur	4	0.13	0.52
436	1119	Percé 2 trous de 0.018 de profondeur	2	0.15	0.30
Estim	ation	Fourni 3 rivets et affleurés	3	0.15	0.45
436	1119	Percé 2 trous de 0.018 de profondeur	2	0.15	0.30
436	1117 1123	Contrepercé 2 trous de 0.011 et taraudés	2	0.22	0.44
459	2030	Fourni 2 vis à métaux de 0.035 et posées	2	0.30	0.60

Métré n° 12.

Escalier en fer (*fig.* 303 à 306).

MM. Beau et Cie (ancienne maison Charpentier et Brousse), constructeurs.

SÉRIE PAGES	SÉRIE N^os^				
		Escalier.			
408	114	Pour supporter le palier, fourni 2 consoles en fer et tôle assemblés de 1^m^,30 de longueur, composées chacune de 7 cornières de 0.050 × 0.050 × 0.005 avec âme ajourée et gousset en tôle de 0.006, garnies d'un tirant à tige taraudée et à écrou et de 6 équerres et 2 tasseaux en fer cornière pour recevoir les solives du palier et assembler les consoles sur un ancien filet, pesant ensemble	132^k^000	0.73	96.36
409	118	Plus-value pour fermes de combles à croisillons (par analogie, vu l'âme ajourée).....	132.000	0.10	13.20
408	115	Plus-value pour assemblage avec plancher droit	132.000	0.04	5.28
Estim	ation	Pour le passage des boulons et des tirants dans les anciens fers, percés 6 trous sur place au bédane..........................	6	0.75	4.50
407	83	Fourni 2 solives en fer à I de 0.08 de 1^m^,93 de longueur, assemblées sur les consoles, pesant..................................	26^k^000	0.31	8.06
411	173	Au droit du mur, fourni un limon en tôle de 0.005 en 3 parties, dont 2 de chacune 3^m^,50 × 0.25 et une dans le bas de 0.80 × 0.40, pesant ensemble	80.600	0.26	20.95
411	174	Planage	2.07	6.00	12.42
		Dressement des rives au burin et à la lime. 1 fois.......................... 7^m^06 1 » .... 7.06 2 » 0^m^,20 = ... 0.40 1 » .... 0.40 4 » 0.25 = ... 1.00			
411	175	Ensemble..........................	16^m^52	1.00	16.52
411	181	Dans le bas, fait un découpage circulaire de 0^m^,38 développé..........................	0^m^38	2.38	0.90
406	73	Fourni un patin en fer de 0.100 × 0.009 de 0^m^,40 de longueur, pesant..................	2^k^800	0.24	0.67
437	1137	Pour fixer le limon sur ledit, fourni une équerre en fer cornière de 0.050 de 0^m^,40 de longueur, dressée et dégauchie	0^m^40	2.95	1.18
412	229	Aux extrémités, fait 2 arasements droits limés et affleurés..........................	2	0.20	0.40
436	1116	Pour la fixer, percé 16 trous de foret en rapport..................................	16	0.08	1.28
Estim	ation	Fourni 8 rivets et affleurés...............	8	0.15	1.20
»	»	Fourni une tige à scellement en fer rond de 0.020 de 0.20 de longueur, taraudée et garnie d'un écrou..........................	1	»	1.75
»	»	Pour le passage de ladite, percé un trou de foret de 0.022 de diamètre................	1	»	0.16
Estim	ation	Pour maintenir ce limon le long du mur, fourni 3 corbeaux forgés en fer de 0.040 × 0.011 de 0^m^,20 développé avec talon coudé et à scellement fendu....................	3	0.75	2.25

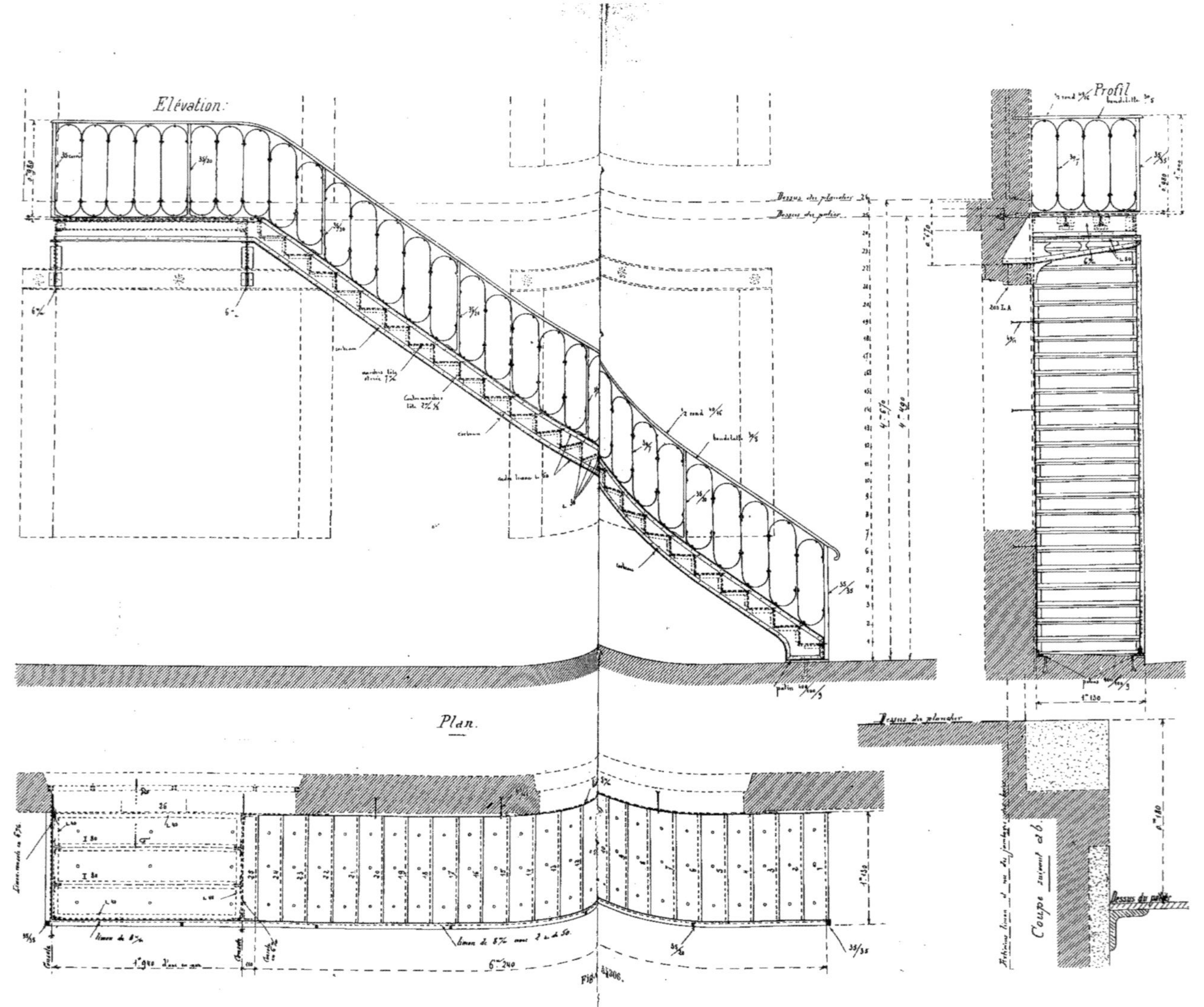

Élévation.
Profil
Plan.
Coupe suivant ab.
Dessus du plancher
Dessus du palier
4m 670
4m 490
6m 240
1m 130
1m 940
0m 980
0m 180
0m 470
200 L A
35/35

Fig. 1206.

SÉRIE PAGES	SÉRIE Nos				
		Dans le haut, pour fixer le limon sur la console du palier, fourni une équerre en fer cornière de 0.050 de 0m,15 de longueur, dressée et dégauchie......................	0m15	2.95	0.44
437	1137				
412	229	Aux extrémités, fait 2 arasements droits, limés et affleurés.........................	2	0.20	0.40
436	1116	Pour la fixer, percé 4 trous de foret en rapport...........	4	0.08	0.32
Estim	ation	Fourni 2 rivets et affleurés..............	2	0.15	0.30
436	1116 1122	Percé 2 trous fraisés.....................	2	0.12	0.24
436	1116 1123	Contreperçé 2 trous et taraudés..........	2	0.16	0.32
459	2025	Fourni 2 vis à métaux et posées..........	2	0.20	0.40
411	173	Pour relier les 3 parties du limon entre elles, fourni 2 plaques en tôle de 0.005 de chacune 0m,40 × 0.25, pesant...............	7k800	0.26	2.02
411	174	Planage................................	0.20	6.00	1.20
411	175	Dressement des rives....................	2.60	1.00	2.60
436	1116	Pour les fixer, percé 16 trous de foret en rapport...................................	16	0.08	1.28
Estim	ation	Fourni 8 rivets et affleurés..............	8	0.15	1.20
436	1116 1122	Percé 8 trous fraisés....................	8	0.12	0.96
436	1116 1123	Contreperçé 8 trous et taraudés..........	8	0.16	1.28
459	2025	Fourni 8 vis à métaux et posées..........	8	0.20	1.60
411	173 *bis*	A l'extérieur, fourni un limon en tôle de 0.008 en 4 parties, dont : 1 de 2.00 × 0.25 2 de 3.50 × 0.25 1 de 0.80 × 0.40, pesant ensemble..........................	160k000	0.30	48.00
411	174	Planage................................	2.57	6.00	15.42
411	175	Dressement des rives. 2 fois 2.00 = ... 4m00 1 fois .... 7.66 1 » .... 7.06 1 » .... 0.20 1 » .... 0.40 7 fois 0.25 = ... 1.75 Ensemble......................	21m07	1.00	21.07
411	184	Dans le bas, fait un découpage circulaire de 0m,36 développé......................	0.36	3.50	1.26
406	73	Fourni un patin en fer de 0.100 × 0.009 de 0m,40 de longueur, pesant	2k800	0.24	0.67
437	1137	Pour fixer le limon sur ledit, fourni une équerre en fer cornière de 0.050 de 0m,40 de longueur, dressée et dégauchie............	0m40	2.95	1.18
412	229	Aux extrémités, fait 2 arasements droits, limés et affleurés.........................	2	0.20	0.40
436	1116	Pour la fixer, percé 16 trous de foret en rapport................................	16	0.08	1.28
Estim	ation	Fourni 8 rivets et affleurés.............	8	0.15	1.20
»	»	Fourni une tige à scellement en fer rond de 0.020 de 0m,20 de longueur, taraudée et garnie d'un écrou.........................	1	»	1.75

SÉRIE PAGES	N°s				
Estim	ation	Pour le passage de ladite, percé un trou de foret de 0.022 de diamètre..................	1	»	0.16
437	1137	Dans le haut pour fixer le limon sur les consoles du palier, fourni 3 équerres en fer cornière de 0.050 de chacune 0^{m},15 de longueur, dressées et dégauchies, ensemble....	$0^{m}45$	2.95	1.32
412	229	Aux extrémités, fait 6 arasements droits, limés et affleurés.........................	6	0.20	1.20
436	1116	Pour les fixer, percé 12 trous de foret en rapport..................................	12	0.08	0.96
Estim	ation	Fourni 6 rivets et affleurés..............	6	0.15	0.90
436	1116 1122	Percé 6 trous fraisés.....................	6	0.12	0.72
436	1116 1123	Contrepercé 6 trous et taraudés..........	6	0.16	0.96
459	2025	Fourni 6 vis à métaux et posées..........	6	0.20	1.20
411	173	Pour relier les 4 parties du limon entre elles, fourni 3 plaques en tôle de 0.005 de chacune 0.40 × 0.25, pesant..............	$11^{k}700$	0.26	3.04
411	174	Planage..............................	0.30	6.00	1.80
411	175	Dressement des rives..................	$3^{m}90$	1.00	3.90
436	1116	Pour les fixer, percé 24 trous de foret en rapport..................................	24	0.08	1.92
Estim	ation	Fourni 12 rivets et affleurés..............	12	0.15	1.80
436	1116 1122	Percé 12 trous fraisés....................	12	0.12	1.44
436	1116 1123	Contrepercé 12 trous et taraudés.........	12	0.16	1.92
459	2025	Fourni 12 vis à métaux et posées.........	12	0.20	2.40
		Sur ce limon à l'extérieur, fourni un encadrement en fer cornière de 0.050, dressé et dégauchi, en 6 parties, dont :			
		1 de............................ $2^{m}15$			
		1 de............................ 2.05			
		1 de............................ 7.50			
		1 de............................ 7.40			
		1 de............................ 0.40			
		1 de............................ 0.20			
437	1137	Ensemble........................	$19^{m}70$	2.95	58.11
413	234-235	Cintrage de l'une desdites sur un développé de....................................	0.38	2.76	1.04
437	1145 1147	Fait 7 ajustements d'angle à double onglet....................................	7	0.925	6.47
437	1146	Plus-value pour 3 desdits en biais........	3	0.46	1.38
436	1116 1122	Pour fixer ce cadre sur le limon, percé 163 trous fraisés.........................	163	0.12	19.56
436	1116 1123	Contrepercé 163 trous et taraudés........	163	0.16	26.08
459	2025	Fourni 163 vis à métaux et posées........	163	0.20	32.60
437	1133	Sur les 2 limons pour recevoir les marches, fourni 48 équerres en fer cornière de 0.030 de chacune 0^{m},22 de longueur, dressées et dégauchies, ensemble....................	$10^{m}56$	1.80	19.00
412	229	Aux extrémités, fait 96 arasements droits, limés et affleurés.......................	96	0.10	9.60

SÉRIE PAGES	SÉRIE Nos				
436	1116	Pour les fixer, percé dans chacune 3 trous de foret, ensemble	144	0.08	11.52
436	1116	Contrepercé 144 trous de foret en rapport.	144	0.08	11.52
Estim	ation	Fourni 144 rivets et affleurés	144	0.15	21.60
437	1133	Pour recevoir les contre-marches, fourni 50 équerres en fer cornière de 0.030 de chacune $0^m,10$ de longueur, dressées et dégauchies, ensemble	5^m00	1.80	9.00
412	229	Aux extrémités, fait 100 arasements droits, limés et affleurés	100	0.10	10.00
436	1116	Pour les fixer, percé dans chacune 2 trous de foret, ensemble	100	0.08	8.00
436	1116	Contrepercé 100 trous de foret en rapport.	100	0.08	8.00
Estim	ation	Fourni 100 rivets et affleurés	100	0.15	15.00
411	172	Fourni 24 marches en tôle striée de 0.007 de $1^m,06 \times 0^m,28$, pesant	360^k000	0.32	115.20
411	174	Planage	7^m20	6.00	43.20
411	175	Dressement des rives	64.32	1.00	64.32
411	176	Percé 72 trous d'aération	72	0.05	3.60
436	1116 1122	Pour les fixer sur les équerres en fer cornière, percé dans chaque marche 6 trous fraisés, ensemble	144	0.12	17.28
436	1116 1123	Contrepercé 144 trous et taraudés	144	0.16	23.04
459	2025	Fourni 144 vis à métaux et posées	144	0.20	28.80
411	173	Fourni 25 contre-marches en tôle de 0.0025 de $1^m,06 \times 0.165$, pesant	85^k000	0.26	22.10
411	174	Planage	4.37	6.00	26.22
411	175	Dressement des rives	61.25	1.00	61.25
436	1116 1122	Pour les fixer sur les équerres en fer cornière, percé dans chacune 4 trous fraisés, ensemble	100	0.12	12.00
436	1116 1123	Contrepercé 100 trous et taraudés	100	0.16	16.00
459	2025	Fourni 100 vis à métaux et posées	100	0.20	20.00
411	172	Dans le haut, fourni un palier en tôle striée de 0.007 de $2^m,05 \times 1^m,06$, pesant	110^k000	0.32	35.20
411	174	Planage	2.17	6.00	13.02
411	175	Dressement des rives	6.22	1.00	6.22
411	176	Percé 9 trous d'aération	9	0.05	0.45
437	1135	Sous ce palier, fourni un cadre en fer cornière de 0.040, composé de 2 parties de chacune $1^m,93$, ensemble .... 3^m86 6 parties de chacune $0^m,30$, ensemble 1.80 Ensemble	5^m66	2.15	12.16
437	1145 1147	Fait 4 ajustements d'angle à double onglet	4	0.925	3.70
412	229	Fait 8 arasements droits	8	0.12	0.96
436	1116	Pour fixer ce cadre sur le limon et les consoles, percé 52 trous de foret en rapport.	52	0.08	4.16
Estim	ation	Fourni 26 rivets et affleurés	26	0.15	3.90
436	1116 1122	Pour fixer le palier sur le cadre en fer cornière, percé 22 trous fraisés	22	0.12	2.64
436	1116 1123	Contrepercé 22 trous et taraudés	22	0.16	3.52
459	2025	Fourni 22 vis à métaux et posées	22	0.20	4.40

SÉRIE PAGES	SÉRIE Nos				
		Pour assembler les marches et les contremarches, fourni 50 traverses en fer cornière de 0.030, dressées et dégauchies, dont : 25 de chacune 1.05 = ... 26m50 25 de chacune 1.00 = ... 25.00			
437	1133	Ensemble........................	51m50	1.80	92.70
412	229	Aux extrémités, fait 100 arasements droits limés et affleurés.........................	100	0.10	10.00
436	1116 1122	Pour les fixer, percé 400 trous fraisés.....	400	0.12	48.00
436	1116 1123	Contrepercé 400 trous et taraudés........	400	0.16	64.00
459	2025	Fourni 400 vis à métaux et posées........	400	0.20	80.00
		Rampe.			
Estim	ation	Dans le bas, fourni un montant en fer carré de 0.035 de 1m,16 de longueur, dressé et dégauchi	1m16	3.80	4.40
412	229	Dans le haut, fait un arasement biais, limé et affleuré............................	1	»	0.72
412	229	Par le bas, fait un arasement droit, limé et affleuré..............................	1	»	0.48
436	1116	Pour fixer ce montant sur le cadre en fer cornière du limon, percé 2 trous de foret...	2	0.08	0.16
436	1120 1123	Contrepercé 2 trous de 0.025 de profondeur et taraudés	2	0.36	0.72
459	2030	Fourni 2 vis à métaux à tête ronde de 0.035 et posées............................	2	0,30	0.60
Estim	ation	Dans la partie rampante, fourni 4 montants en fer méplat de 0.035 × 0.020 de chacun 1m,12 développé, dressés et dégauchis, ensemble	4m48	2.45	10.97
412	229	Dans le haut, fait 4 arasements biais, limés et affleurés	4	0.42	1.68
»	»	Par le bas, fait 4 pattes aplaties, enlevées à même le fer, coudées à congé en biais, arrondies à l'extrémité et percées de 2 trous fraisés.	4	1.50	6.00
436	1116 1123	Contrepercé 8 trous et taraudés..........	8	0.16	1.28
459	2027	Fourni 8 vis à métaux de 0.020 et posées..	8	0.25	2.00
Estim	ation	Sur le palier, fourni un montant en fer méplat de 0.035 × 0.020 de 0m,96 de longueur, dressé et dégauchi	0m96	2.45	2.35
412	229	Dans le haut, fait un arasement droit, limé et affleuré............................	1	»	0.28
Estim	ation	Par le bas, fourni une patte en fer méplat *idem* de 0m,16 de longueur, étirée et arrondie des 2 bouts, encollée à double congé et percée de 2 trous fraisés.........................	1	»	5.00
436	1116 1123	Contrepercé 2 trous et taraudés	2	0.16	0.32
459	2027	Fourni 2 vis à métaux de 0.020 et posées..	2	0.25	0.50
Estim	ation	Dans l'angle du palier, fourni un montant en fer carré de 0.035 de 0m,96 de longueur, dressé et dégauchi	0m96	3.80	3.65

SÉRIE PAGES	SÉRIE Nos				
412	229	Dans le haut, fait un arasement droit, limé et affleuré	1	»	0.48
Estim	ation	Par le bas, fourni une patte en fer méplat de 0.035 × 0.020 de 0m,16 développé, coudée sur champ, étirée et arrondie des 2 bouts, encollée à double congé et percée de 2 trous fraisés	1	»	5.75
436	1116 1123	Contrepercé 2 trous et taraudés	2	0.16	0.32
459	2027	Fourni 2 vis à métaux de 0.020 et posées	2	0.25	0.50
Ana 455	logie 1817	Fourni une bandelette en fer de 0.030 × 0.005 de 20m,00 développé, dressée et dégauchie	20m00	0.90	18.00
413	234	Cintrage de ladite à plat sur un développé de	0.80	0.69	0.55
413	239	Fait un encollement d'angle soudé	1	»	0.75
Estim	ation	D'un bout fait, un scellement fendu à chaud	1	»	0.25
412	229	A l'autre extrémité, fait un arasement biais	1	»	0.09
436	1116 1122	Pour fixer cette bandelette sur les montants, percé 7 trous fraisés	7	0.12	0.84
436	1118 1123	Contrepercé 7 trous de 0.015 de profondeur et taraudés	7	0.26	1.82
459	2027	Fourni 7 vis à métaux de 0.020 et posées	7	0.25	1.75
437	1156	Fourni une main courante en fer 1/2 rond de 0.040 × 0.016 de 20m,30 développé, dressée et dégauchie	20m30	2.05	41.61
413	236	Cintrage de ladite à plat sur un développé de	0.80	1.38	1.10
438	1167 1170	Fait un ajustement d'angle à double onglet	1	»	1.05
Estim	ation	Dans le bas, fait une crosse roulée et arrondie	1	»	1.50
436	1118 1122	Pour fixer la main courante sur la bandelette, percé 28 trous de 0.016 de profondeur et fraisés	28	0.20	5.60
436	1116 1123	Contrepercé 28 trous et taraudés	28	0.16	4.48
459	2027	Fourni 28 vis à métaux de 0.020 et posées	28	0.25	7.00
Ana 455	logie 1818	Pour former remplissage, fourni 27 motifs en fer méplat de 0.030 × 0.007 dont 18 de 1m,51 et 9 de 1m,57 développé, dressés et dégauchis, ensemble	41m31	1.25	51.63
Estim	ation	Cintrage desdits sur un rayon de 0.135 et sur un développé de 0m,84 chacun, ensemble	22m68	2.07	46.94
412	229	Aux extrémités, fait 54 arasements droits limés et affleurés	54	0.08	4.32
Ana 455	logie 1818	Fourni 14 autres motifs en fer méplat de 0.030 × 0.007 de chacun 0m,91 développé, dressés et dégauchis, ensemble	12m74	1.25	15.92
Estim	ation	Cintrage desdits sur un rayon de 0m,135 et sur un développé de 0m,84 chacun, ensemble	11.76	2.07	24.34
412	229	Aux extrémités, fait 28 arasements droits, limés et affleurés	28	0.08	2.24
436	1116	Pour assembler les motifs entre eux, percé 108 trous de foret en rapport	108	0.08	8.64

SÉRIE PAGES	N°s				
Estim	ation	Fourni 54 rivets à tête ronde et boutcrollés....	54	0.15	8.10
436	1116	Pour fixer ces mêmes motifs sur les montants, sur le limon et sur la bandelette, percé 95 trous de foret	96	0.08	7.68
436	1116 1123	Contrepercé 95 trous et taraudés	96	0.16	15.36
459	2025	Fourni 95 vis à métaux à tête ronde et posées	96	0.20	19.20
		TOTAL DE L'ESCALIER EN FER DE 24 MARCHES, COMPRIS PALIER	»	»	1426.03
		TOTAL DE LA RAMPE DE 20m,00 DÉVELOPPÉ..	»	»	338.92

Métré n° 13.

Comble vitré pour jardin d'hiver (*fig.* 307 à 309).

MM. Beau et Cie (ancienne Maison Charpentier et Brousse), Constructeurs.

SÉRIE PAGES	N°s	**Comble.**			
407	83	Fourni un plancher assemblé, composé de 2 solives en fer à I de 0m,16 de 5m,65 et de 2 solives en même fer de 2m,97 de longueur, assemblées par 8 équerres cornières et boulons, pesant	253k000	0.31	78.43
407	88	Plus-value pour ces fers parfaitement dressés, pour rester apparents et recevoir les parties verticales du comble	253.000	0.02	5.06
407	83	En dehors du comble, fourni 2 solives de remplissage en fer à I de 0.16 de 2m,97 de longueur, assemblées par 8 équerres cornières et boulons, pesant	95.000	0.31	29.45
407	83	A l'intérieur du cadre en fer à I de 0.16, pour donner au plafond la forme d'un octogone, fourni 4 solives en fer à I de 0.08 de 1m,20 de longueur, assemblées par 8 équerres en fer de 0.060 × 0.007 de 0m,12 développé, fixées avec rivets et boulons, pesant	38.000	0.31	11.78
407	86	Plus-value pour assemblages biais	38.000	0.04	1.52
407	88	Plus-value pour ces fers parfaitement dressés pour rester apparents	38.000	0.02	0.76
		Fourni un comble vitré à 2 égouts, composé d'un faîtage en fer à T de 0.055×0.050 de 3m,60, 2 sablières en fer cornière de 0.050 × 0.050 de 3m,60, 4 chevrons de rives en fer cornière de 0.035 × 0.025 de 1m,86, 18 chevrons en fer à T de 0.035 × 0.030 de 1.86,			

SÉRIE PAGES	SÉRIE Nos				
		1 soubassement en fer plat de 0.200 × 0.005 de $2^{m},93$ × 2.93, garni d'un cours de cornière de 0.040 pour s'assembler sur le cadre en fer à I,			
		4 montants d'angle, composés chacun de 2 fers méplats de 0.050 × 0.005 de 0.44 de longueur, assemblés entre eux et sur le soubassement et les sablières par une cornière de 0.050 × 0.050 de $0^{m},61$ de longueur,			
		1 faîtage inférieur en fer à T de 0.055 × 0.050 de $2^{m},93$,			
		2 montants en fer méplat de 0.040 × 0.007 de $1^{m},00$ de longueur, assemblés sur le faîtage inférieur par 2 goussets en tôle de 0.003 et garnis chacun de 2 cornières de 0.040 × 0.030 assemblées sur le soubassement,			
409	126	Ledit comble pesant, compris pattes et garde-verre..................................	$296^{k}000$	0.99	293.04
409	132	Plus-value sur le poids du soubassement s'assemblant avec le plancher en fer à I, pesant..................................	119.000	0.12	14.28
		Parties verticales.			
437	1135	Sur le soubassement à l'extérieur dans le bas des parties verticales, fourni 4 traverses en fer cornière de 0.040 × 0.040 de chacune 3.01 de longueur, dressées et dégauchies, ensemble..................................	$12^{m}04$	2.15	25.88
437	1145 1147	Fait 4 ajustements d'angle à double onglet	4	0.925	3.70
436	1116 1122	Pour les fixer, percé 104 trous fraisés.....	104	0.12	12.48
436	1116 1123	Contreperçé 104 trous et taraudés........	104	0.16	16.64
459	2025	Fourni 104 vis à métaux et posées........	104	0.20	20.80
437	1135	Aux extrémités du comble, dans le haut, fourni 4 traverses en fer cornière de 0.040 × 0.040 de chacune $1^{m},50$ de longueur, dressées et dégauchies, ensemble...........	6.00	2.15	12.90
412	229	Aux extrémités, fait 8 arasements biais, limés et affleurés...........................	8	0.20	1.60
436	1116 1122	Pour les fixer sur les montants, percé 8 trous fraisés..................................	8	0.12	0.96
436	1116 1123	Contreperçé 8 trous et taraudés...........	8	0.16	1.28
459	2025	Fourni 8 vis à métaux et posées..........	8	0.20	1.60
437	1134	Dans les angles, fourni 8 petits bois en fer cornière de 0.035 × 0.025 de chacun $0^{m},43$ de longueur, dressés et dégauchis, ensemble.	$3^{m}44$	1.95	6.70
412	229	Aux extrémités, fait 16 arasements droits, limés et affleurés........................	16	0.10	1.60
436	1116 1122	Pour les fixer sur les montants d'angle, percé dans chacun 4 trous fraisés, ensemble.	32	0.12	3.84
436	1116 1123	Contreperçé 32 trous et taraudés.........	32	0.16	5.12
459	2025	Fourni 32 vis à métaux et posées.........	32	0.20	6.40

SÉRIE PAGES	Nos				
437	1134	Sur les côtés latéraux du comble, fourni 14 petits bois intermédiaires en fer à T de 0.035 × 0.030 de chacun 0m,43 de longueur, dressés et dégauchis, ensemble............	6m02	1.95	11.74
437	1139	Aux extrémités, fait 28 pattes coudées enlevées à même feuillure et percées chacune de 2 trous fraisés..........................	28	1.20	33.60
436	1116 1123	Contreperçé 56 trous et taraudés..........	56	0.16	8.96
459	2025	Fourni 56 vis à métaux et posées.........	56	0.20	11.20
437	1150	Percé 36 trous de vitrage................	36	0.05	1.80
		Sur les 2 façades, fourni 8 petits bois en fer à T de 0.035×0.030 dressés et dégauchis, dont: 4 de chacun 0.53 = ... 2.12 4 de chacun 0.63 = ... 2.52			
437	1134	Ensemble........................	4m64	1.95	9.04
437	1139	Aux extrémités, fait 16 pattes coudées enlevées à même la feuillure et percées chacune de 2 trous fraisés..........................	16	1.20	19.20
Ana	logie				
437	1146	Plus-value pour 8 pattes biaises..........	8	0.60	4.80
436	1116 1123	Pour les fixer percé 32 trous et taraudés ..	32	0.16	5.12
459	2025	Fourni 32 vis à métaux et posées.........	32	0.20	6.40
437	1150	Percé 24 trous de vitrage................	24	0.05	1.20
		Fourni 4 châssis ouvrants. Détail d'un : Ledit en fer cornière de 0.030 × 0.020 composé de : 1 montant de.................... 0m62 1 » de.................... 0.82 1 traverse de.................... 0.71 1 » de.................... 0.75			
437	1133	Ensemble........................	2m90	1.80	5.22
437	1145 1148	Fait 4 ajustements d'angle à queue d'aronde..............................	4	1.85	7.40
437	1145 1146	Plus-value pour 2 desdits en biais.........	2	0.925	1.85
437	1149	Plus-value pour les 4 ajustements soudés au cuivre..............................	4	0.50	2.00
437	1133	Fourni un petit bois en fer à T de 0.030 × 0.025 de 0.72 de longueur, dressé et dégauchi................................	0m72	1.80	1.29
437	1145 1147	Aux extrémités, fait 2 ajustements simples à tenon..............................	2	0.925	1.85
437	1145 1146	Plus-value pour l'un desdits en biais......	1	0.46	0.46
437	1150	Percé 2 trous de vitrage................	2	0.05	0.10
435	1046	Ferré ce châssis. Fourni 3 paumelles doubles laminées de 0m,11 et posées...........	3	0.80	2.40
436	1099	Plus-value pour les 6 lames posées sur fer, fixées avec vis à métaux..................	6	0.80	4.80
Estim	ation	Pour recevoir le loqueteau, fourni une équerre de façon en tôle de 0.003 de 0.12 × 0.04 coudée et découpée à la demande, percée de 3 trous.........................	1	»	1.50

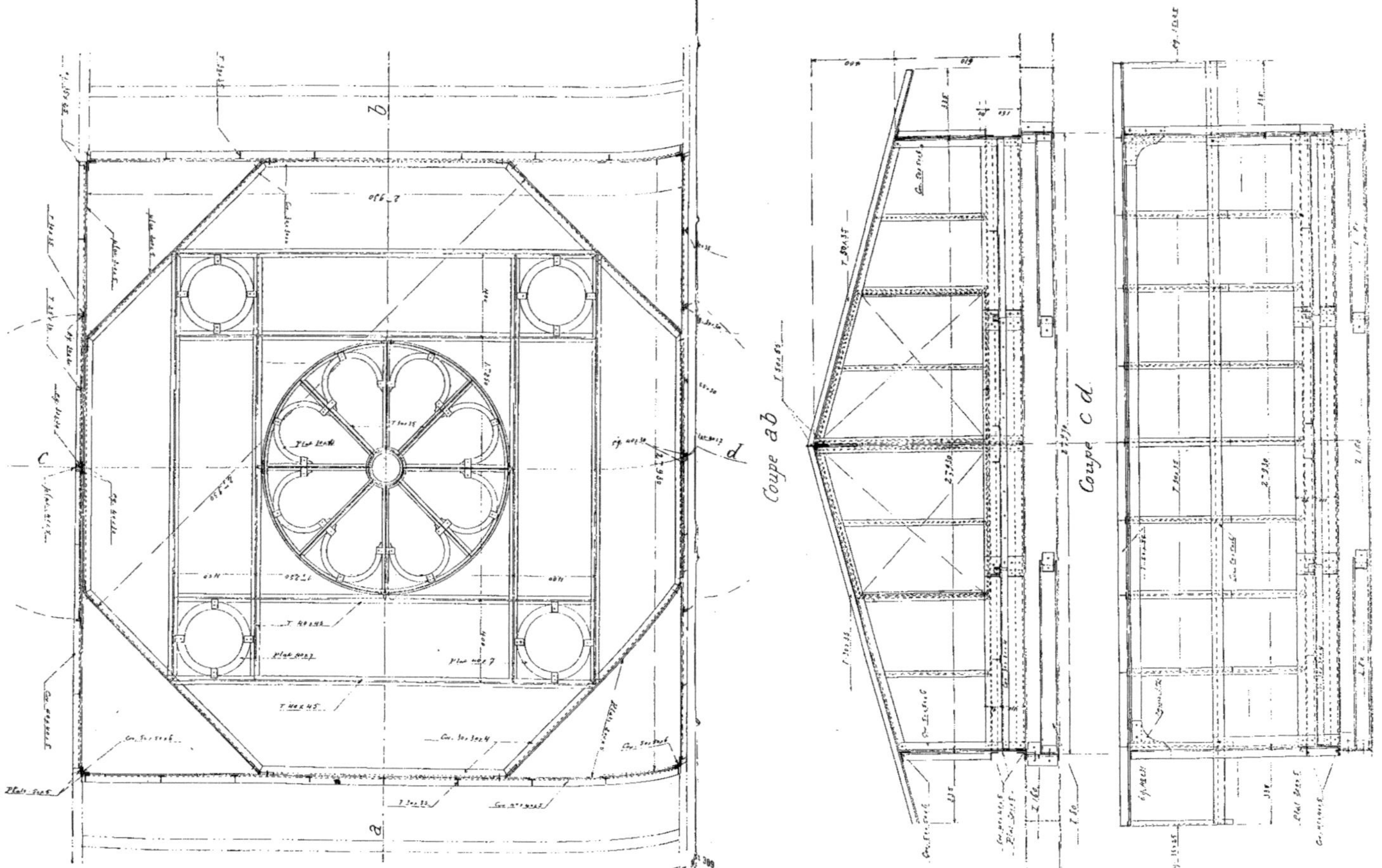

Coupe ab

Coupe c d

Fig. 309.

SÉRIE PAGES	SÉRIE Nos				
436	1116	Contrepercé 3 trous de foret en rapport...	3	0.08	0.24
Estim	ation	Fourni 3 rivets et affleurés..............	3	0.15	0.45
430	847	Fourni un loqueteau en cuivre à pêne couvert et à boule de 0.123 (*fig.*310) et posé..	1	»	2.70
		Fig. 310.			
430	848	Plus-value pour pose sur châssis en fer...	1	»	0.65
436	1116 1123	Pour fixer le mentonnet, percé 2 trous et taraudés..............................	2	0.16	0.32
459	2025	Fourni 2 vis à métaux et posées..........	2	0.20	0.40
		Les 3 autres châssis semblables...........	3	33.63	100.89
		Plafond vitré.			
Estim	ation	A l'intérieur du soubassement du comble, pour donner au plafond sa forme octogonale, fourni 4 traverses en fer méplat de 0.200 × 0.005 de chacune 1m,20 de longueur, dressées et dégauchies, ensemble..............	4.80	3.10	14.88
412	229	Aux extrémités, fait 8 arasements biais limés et affleurés..........................	8	0.60	4.80
Estim	ation	Pour les fixer sur le soubassement, fourni 8 équerres de façon en fer de 0.090×0.005 de 0.12 développé, coudées en biais et arasées..	8	1.10	8.80
»	»	Fourni 8 équerres de façon fer de 0.080 × 0.005 de 0.12 développé, coudées en biais et arasées................................	8	1.00	8.00
436	1116	Pour les fixer, percé 128 trous de foret en rapport.................................	128	0.08	10.24
Estim	ation	Fourni 64 rivets et affleurés.............	64	0.15	9.60
436	1116 1122	Percé 64 trous fraisés..................	64	0.12	7.68
436	1116 1123	Contrepercé 64 trous et taraudés.........	64	0.16	10.24
459	2025	Fourni 64 vis à métaux et posées.........	64	0.20	12.80
437	1133	Sur ce cadre en fer plat, fourni un châssis octogonal en fer cornière de 0.030 × 0.030 composé de 8 traverses de chacune 1m,20 de longueur, dressées et dégauchies, ensemble.	9m60	1.80	17.28
437	1145 1147	Fait 8 ajustements d'angle à double onglet.	8	0.925	7.40
437	1145 1147	Plus-value pour lesdits en biais...........	8	0.46	3.68
	1146				

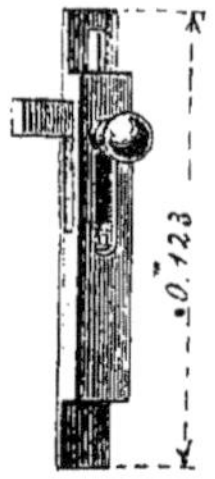

SÉRIE PAGES	SÉRIE Nos				
436	1116 1122	Pour fixer ce châssis sur le cadre en fer plat, percé 88 trous fraisés..................	88	0.12	10.56
436	1116 1123	Contrepercé 88 trous et taraudés.........	88	0.16	14.08
459	2025	Fourni 88 vis à métaux et posées.........	88	0.20	17.60
437	1136	Fourni un châssis à la grecque, composé de 8 petits bois en fer à T de 0.045 × 0.040 de chacun 2m,05 de longueur, dressés et dégauchis, ensemble......................	16.40	2.65	43.46
437	1145 1147	Fait 4 ajustements d'angle à double onglet.	4	0.925	3.70
437	1145 1147	Fait 8 ajustements simples à tenon.......	8	0.925	7.40
437	1145	Fait 4 ajustements à moitié fer pour former croisillons à angles droits.................	4	1.85	7.40
436	1116 1122	Pour fixer ce châssis sur le châssis octogonal, percé 8 trous fraisés................	8	0.12	0.96
436	1116 1123	Contrepercé 8 trous et taraudés...........	8	0.16	1.28
459	2025	Fourni 8 vis à métaux et posées..........	8	0.20	1.60
Analogie 455	1819 1820	Dans les angles, fourni 4 cercles en fer méplat de 0.040 × 0.007 de chacun 1m,12 développé, dressés et dégauchis, ensemble..	4.48	1.45	6.50
Estimation		Cintrage desdits sur champ en plein cintre sur un rayon de 0m,14 et sur tout le développé..................................	4.48	6.21	27.82
Analogie 413	239	Fait 4 soudures à la forge, parées et calibrées...................................	4	1.31	5.24
Estimation		Pour les fixer sur les châssis, fourni 16 équerres de façon en fer de 0.030 × 0.003 de 0.09 développé, coudées et arasées.......	16	0.40	6.40
436	1116	Pour les fixer sur les cercles, percé 32 trous de foret en rapport.......................	32	0.08	2.56
Estimation		Fourni 16 rivets et affleurés.............	16	0.15	2.40
436	1116 1122	Pour les fixer sur les petits bois, percé 16 trous fraisés..........................	16	0.12	1.92
436	1116 1123	Contrepercé 16 trous et taraudés..........	16	0.16	2.56
459	2025	Fourni 16 vis à métaux et posées.........	16	0.20	3.20
437	1134	Au milieu du châssis pour former rosace, fourni un cercle en fer de T de 0.035 × 0.030 de 3m,80 développé, dressé et dégauchi......	3m80	1.95	7.41
Estimation		Cintrage dudit sur champ en plein cintre sur un rayon de 0m,60 et sur tout le développé.	3.80	5.52	20.97
412	229	Aux extrémités, fait 2 arasements droits limés et affleurés..........................	2	0.10	0.20
Estimation		Fourni une plate-bande de raccord en fer de 0.030 × 0.003 de 0m,30 développé, cintrée et arasée................................	1	»	0.75
436	1116	Pour la fixer, percé 12 trous de foret en rapport.................................	12	0.08	0.96
Estimation		Fourni 6 rivets et affleurés..............	6	0.15	0.90
»	»	Pour fixer ce cercle sur le châssis, fourni 8 équerres de façon en fer de 0.030 × 0.003 de 0.09 développé, coudées et arasées.......	8	0.40	3.20
436	1116	Pour les fixer, percé 16 trous de foret en rapport.................................	16	0.08	1.28

SÉRIE PAGES	SÉRIE Nos				
Estim	ation	Fourni 8 rivets et affleurés..............	8	0.15	1.20
437	1134	Au centre, fourni un cercle en fer à T de 0.035 × 0.030 de 0m,62 développé, dressé et dégauchi..................................	0.62	1.95	1.20
Estim	ation	Cintrage dudit sur champ en plein cintre sur un rayon de 0.07 et sur tout le développé...	0.62	8.28	5.13
412	229	Aux extrémités, fait 2 arasements droits, limés et affleurés..........................	2	0.10	0.20
Estim	ation	Fourni une plate-bande de raccord en fer de 0.030 × 0.003 de 0.10 développé, cintrée et arasée..................................	1	»	0.35
436	1116	Pour la fixer, percé 8 trous de foret en rapport.....................................	8	0.08	0.64
Estim	ation	Fourni 4 rivets et affleurés..............	4	0.15	0.60
437	1134	Fourni 8 petits bois en fer à T de 0.035 × 0.030 de chacun 0m,51 de longueur, dressés et dégauchis, ensemble................	4.08	1.95	7.95
437	1145 1147	Aux extrémités, fait 16 ajustements simples à tenon................................	16	0.925	14.80
437	1145 1146 1147	Plus-value pour lesdits, fait sur fer cintré, moitié en plus...........................	16	0.46	7.36
Analogie 455	1815	Entre ces petits bois, fourni 8 motifs d'ornements en fer méplat de 0.030 × 0.004 de chacun 0.63 développé, dressés et dégauchis, ensemble..................................	5m04	0.65	3.27
»	»	Cintrage desdits sur champ en plein cintre sur un rayon de 0.12 et sur tout le développé.....................................	5.04	6.21	31.29
Estim	ation	Aux extrémités, fait 16 élégis, limés et affleurés..................................	16	0.25	4.00
Estim	ation	Pour fixer ces motifs sur les petits bois, fourni 24 équerres de façon en fer de 0.030 × 0.003 de 0.08 développé, coudées et arasées	24	0.40	9.60
436	1116	Pour les fixer sur les motifs, percé 48 trous de foret en rapport........................	48	0.08	3.84
Estim	ation	Fourni 24 rivets et affleurés....	24	0.15	3.60
436	1116 1122	Pour les fixer sur le cercle, percé 28 trous fraisés....................................	28	0.12	3.36
436	1116 1123	Contrepercé 28 trous et taraudés.........	28	0.16	4.48
459	2025	Fourni 28 vis à métaux et posées.........	28	0.20	5.60
436	1116 1122	Pour les fixer sur les petits bois, percé 8 trous fraisés............................	8	0.12	0.96
436	1116	Percé 8 trous de passage.................	8	0.08	0.64
436	1116 1123	Contrepercé 8 trous et taraudés..........	8	0.16	1.28
459	2025	Fourni 8 vis à métaux et posées..........	8	0.20	1.60
		TOTAL DU COMBLE, COMPRIS PARTIES VERTICALES ET CHASSIS OUVRANTS................	»	»	803.40
		TOTAL DU PLAFOND VITRÉ................	»	»	430.31

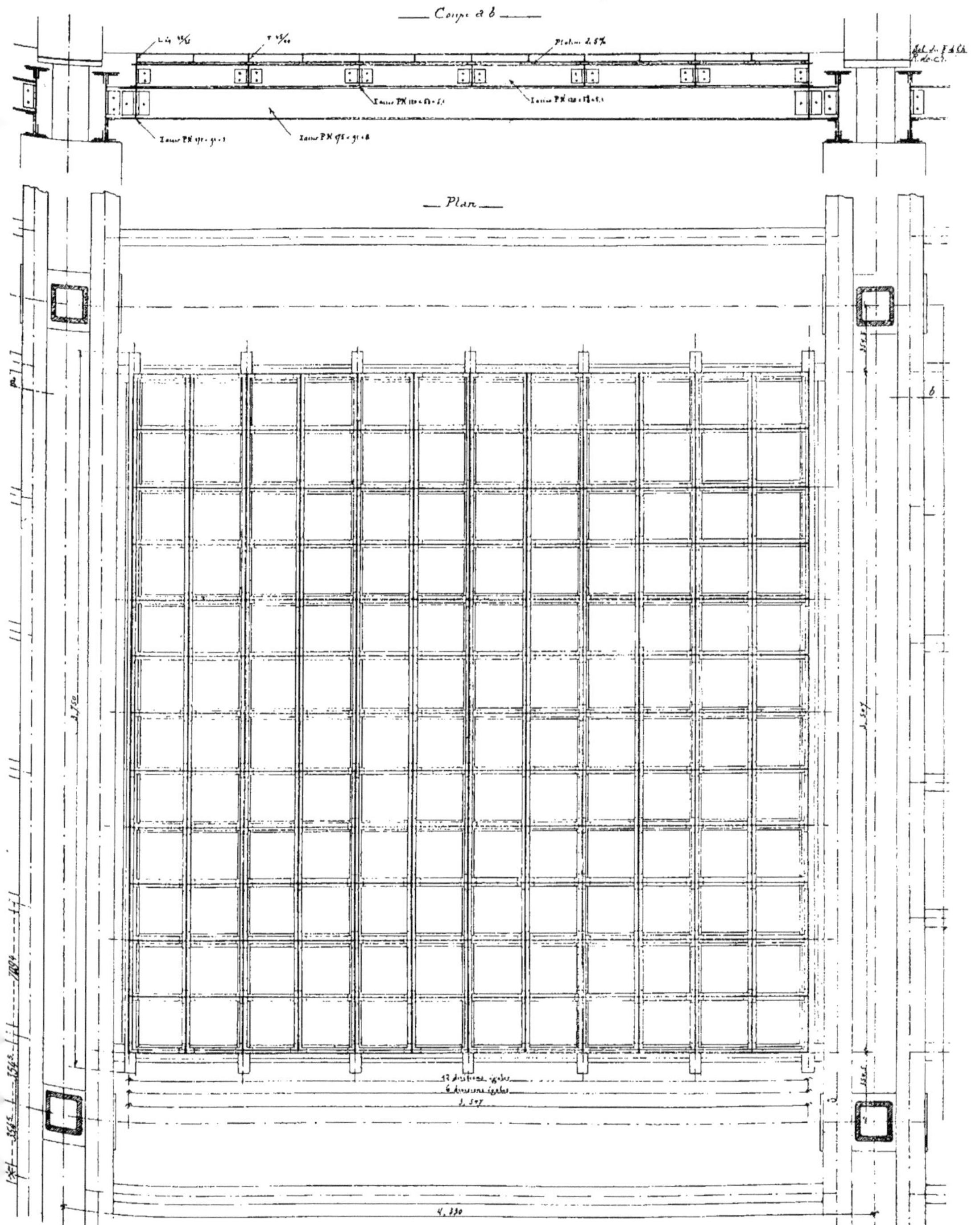

Fig. 311 et 312.

Métré n° 14.

Châssis pour verres dalles (*fig.* 311 et 312).

MM. Beau et Cie (ancienne maison Charpentier et Brousse), constructeurs.

SÉRIE PAGES	SÉRIE Nos	**Plancher.**			
408	109	Fourni 2 poutres en fer et tôle assemblés de 7.00 de longueur, composées d'une âme en fer de 0.350 × 0.009, 2 semelles en fer de 0.140 × 0.009 et 4 cornières de 0.060 × 0.060 × 0.008, assemblées avec rivets bouterollés, garnies d'un tasseau en fer cornière de 0.050 × 0.050 × 0.005 et de 8 équerres cornières et boulons pour l'assemblage des solives du plancher, pesant..........................	1150k000	0.57	655.50
408	115	Plus-value pour assemblage de poutres avec plancher droit..........................	1150.000	0.04	46.00
406	73	Sous les portées, fourni 4 semelles en fer de 0.300 × 0.011 de 0.40 de longueur, pesant.	41.000	0.24	9.84
406	73	Fourni en cales coupées, pesant..........	10.000	0.24	2.40
406	76	Fourni en coins forgés, pesant...........	3.000	0.43	1.29
407	84	Fourni en plancher assemblé 4 solives en acier **I** P.N de 0.175 de 3m,85, assemblées sur les poutres et 2 solives en acier *idem* de 3m,54, assemblées par 8 équerres cornières et boulons, pesant........................	585.000	0.32	187.20
407	88	Plus-value pour solives parfaitement dressées pour rester apparentes................	585.000	0.02	11.70
		Au-dessus de ces solives, pour recevoir le châssis, fourni en plancher assemblé:			
		7 solives en acier **I** PN de 0.12 de 3m,75.			
407	84	42 solives en acier *idem* de 0.57 de longueur, assemblées par 168 équerres cornières et boulons, pesant..........................	691.000	0.32	221.12
407	88	Plus-value pour ces solives parfaitement dressées pour rester apparentes et recevoir le châssis verres dalles.....................	691.000	0.02	13.82
Estim	ation	Plus-value sur le poids des 42 solives et équerres pour assemblages aux deux extrémités..................................	400.000	0.02	8.00
»	»	Plus-value pour ces solives de moins de 1.00 de longueur, pesant..................	226.000	0.02	5.32
		Châssis.			
437	1136	Fourni un cadre en fer cornière de 0.045 × 0.025 de 3.55 × 3.55, dressé et dégauchi, soit en développé........................	14m20	2.65	37.63
437	1145 1147	Fait 4 ajustements d'angle à double onglet.	4	0.925	3.70
Estim	ation	Fourni 4 équerres de façon en fer de 0.005 d'épaisseur, de 0.05 de branche, découpées à la demande, limées et affleurées..........	4	0.75	3.00
436	1116 1122	Pour les fixer, percé 8 trous fraisés.......	8	0.12	0.96

SÉRIE					
PAGES	N°s				
436	1116 1123	Contrepercé 8 trous et taraudés...........	8	0.16	1.28
459	2025	Fourni 8 vis à métaux et posées...........	8	0.20	1.60
437	1136	Fourni 22 petits bois en fer à **T** de 0.045 × 0.040 de chacun 3^{m},55 de longueur, dressés et dégauchis, ensemble....................	$78^{m}10$	2.65	206.96
437	1145 1147	Aux extrémités, fait 44 ajustements simples sur châssis d'encadrement.................	44	0.925	40.70
Estim	ation	Sous lesdits, fourni 44 platines en fer de 0.005 d'épaisseur de 0.10×0.05 découpées en forme de **T**, limées et affleurées...........	44	1.25	55.00
436	1116 1122	Pour les fixer, percé 176 trous fraisés.....	176	0.12	21.12
436	1116 1123	Contrepercé 176 trous et taraudés.........	176	0.16	28.16
459	2025	Fourni 176 vis à métaux et posées........	176	0.20	35.20
437	1145	Fait 121 ajustements à moitié fer pour former croisillons à angles droits...........	121	1.85	223.85
Estim	ation	Sous lesdits, fourni 121 platines en fer de 0.005 d'épaisseur, de 0.10 × 0.10 découpées en forme de croix, limées et affleurées.	121	1.50	181.50
436	1116 1122	Pour les fixer, percé 968 trous fraisés.....	968	0.12	116.16
436	1116 1123	Contrepercé 968 trous et taraudés........	968	0.16	154.88
459	2025	Fourni 968 vis à métaux et posées........	968	0.20	193.60
436	1116 1122	Pour fixer le châssis sur les solives, percé 49 trous fraisés...........................	49	0.12	5.88
436	1116 1123	Contrepercé 49 trous et taraudés.........	49	0.16	7.84
459	2025	Fourni 49 vis à métaux et posées..........	49	0.20	9.80
414	287	Peinture au minium de tous les fers : Poids des poutres, semelles, cales et coins.	$1204^{k}000$	0.01	12.04
		Solives **I** 0.175 PN longueur 22^{m},48 × 0.69.............. 15.51			
		Solives **I** 0.12 PN, longueur 50^{m},19 × 0.46.............. 23.08			
		Excédent pour équerres et boulons. 5.20			
414	285	Surface..........................	$43^{m}79$	0.37	16.20
414	288	Plus-value pour ripage des fers ci-dessus.	$2480^{k}000$	0.005	12.40
		Peinture au minium du châssis :			
		Cornières 14.20 × 0.14........... 1.98			
		Fer à **T** 78.10 × 0.17........... 13.27			
		Excédent pour équerres et platines 1.50			
414	285	Ensemble..........................	$16^{m}75$	0.37	6.19
		TOTAL DU CHASSIS VERRES DALLES, COMPRIS LES SOLIVES SUR LESQUELLES IL EST ASSEMBLÉ, MAIS NON COMPRIS LES POUTRES ET LES SOLIVES DU PLANCHER..............................	»	»	1623.91

Métré n° 15.

Croisée en fer (*fig.* 313 à 317).

MM. Beau et Cie (Ancienne maison Charpentier et Brousse), Constructeurs.

SÉRIE PAGES	SÉRIE Nos				
437	1137 et plus-value	Fourni un dormant en fer à U de 0.070 × 0.040 dressé et dégauchi, composé de : 2 montants de chacun 2m,23 = ... 4m46 1 traverse haute cintrée de........ 3.30 1 » basse de............... 3.20 Ensemble........................	10m96	4.15	45.48
413	236-237	Cintrage de la traverse du haut sur tout le développé..................................	3.30	5.43	17.91
412	229	Fait 6 arasements droits, limés et affleurés.	6	0.36	2.16
412	229	Fait 2 arasements biais, limés et affleurés.	2	0.54	1.08
Estim	ation	Pour assembler les deux montants sur la traverse basse, fourni 2 équerres de façon en fer de 0.045 × 0.009 de 0m,20 développé, arasées et chanfreinées..................	2	1.15	2.30
436	1117 1122	Pour les fixer, percé 8 trous de 0.009 de profondeur et fraisés......................	8	0.16	1.28
436	1116 1123	Contrepercé 8 trous et taraudés...........	8	0.16	1.28
459	2026	Fourni 8 vis à métaux de 0.015 et posées..	8	0.20	1.60
Estim	ation	Dans le haut, fourni 2 équerres de façon, en fer de 0.045 × 0.009 de 0.20 développé, coudées en biais et chanfreinées............	2	1.25	2.50
436	1117 1122	Pour les fixer, percé 8 trous de 0.009 de profondeur et fraisés.....................	8	0.16	1.28
436	1116 1123	Contrepercé 8 trous et taraudés..........	8	0.16	1.28
459	2026	Fourni 8 vis à métaux de 0.015 et posées..	8	0.20	1.60
431	887	Pour fixer ce dormant, fourni 7 pattes à scellement faites exprès en fer de 0.040 × 0.007 de 0m,16 de longueur..............	7	0.75	5.25
436	1116 1123	Pour les fixer, contrepercé 7 trous et taraudés....................................	7	0.16	1.12
459	2026	Fourni 7 vis à métaux de 0.015 et posées..	7	0.20	1.40
437	1137 et plus-value	Au milieu, fourni un meneau composé de 2 fers à U de 0.070 × 0.040 de chacun 2m,61 de longueur, dressés et dégauchis, ensemble.	5.22	4.15	21.66
412	229	D'un bout, fait 2 arasements droits, limés et affleurés..............................	2	0.36	0.72
Estim	ation	A l'autre extrémité, fait 2 arasements sur fer cintré, limés et affleurés...............	2	0.54	1.08
»	»	Pour assembler ces deux fers à U et les fixer sur les traverses, fourni 2 plates-bandes en fer de 0.060 × 0.009 de chacune 2m,69 de longueur, dressées et dégauchies, ensemble.	5m38	2.10	11.30
412	229	D'un bout, fait 2 arasements droits, limés et affleurés..............................	2	0.22	0.44
Estim	ation	A l'autre extrémité, fait 2 arasements cintrés...................................	2	0.33	0.66
436	1117 1122	Pour les fixer, percé 56 trous de 0.009 de profondeur et fraisés.....................	56	0.16	8.96
436	1116 1123	Contrepercé 56 trous et taraudés.........	56	0.16	8.96

SÉRIE PAGES	SÉRIE N^os				
459	2026	Fourni 56 vis à métaux de 0.015 et posées.	56	0.20	11.20
		Détail d'un vantail :			
		Fourni un encadrement en fer méplat de 0.054 × 0.018, dressé et dégauchi, composé de :			
		1 montant de..................... 2m61			
		1 » de..................... 2.23			
		1 traverse haute cintrée de........ 1.50			
		1 traverse basse de............... 1.44			
Estim	ation	Ensemble........................	7m78	3.10	24.11
413	236	Cintrage de la traverse du haut à plat sur tout le développé........................	1.50	1.38	2.07
412	229	Fait 4 arasements droits, limés et affleurés.	4	0.38	1.52
412	229	Fait 4 arasements biais, limés et affleurés..	4	0.57	2.28
412	228	Fait 4 ajustements à goujons ronds brasés.	4	2.40	9.60
Estim	ation	Plus-value pour 2 desdits en biais........	2	1.20	2.40
436	1121 et plus-value	Percé 4 trous de goupilles de 0.054 de profondeur..................................	4	0.36	1.44
Estim	ation	Fourni 4 goupilles coniques et affleurées..	4	0.20	0.80
436	1119 1122	Pour fixer cet encadrement sur le dormant en fer à U, percé 44 trous de 0.018 de profondeur et fraisés........................	44	0.22	9.68
436	1116 1123	Contrepercé 44 trous et taraudés.........	44	0.16	7.04
459	2028	Fourni 44 vis à métaux de 0.025 et posées.	44	0.25	11.00
Estim	ation	Sous l'imposte, fourni une traverse en fer méplat de 0.054 × 0.018 de 1.40 de longueur, dressée et dégauchie......................	1m40	3.10	4.34
412	229	Aux extrémités, fait 2 arasements droits, limés et affleurés.........................	2	0.38	0.76
412	228	Fait 2 ajustements à goujons ronds brasés.	2	2.40	4.80
436	1121 et plus-value	Percé 2 trous de goupilles de 0.054 de profondeur..................................	2	0.36	0.72
Estim	ation	Fourni 2 goupilles coniques et affleurées..	2	0.20	0.40
		Imposte.			
		Fourni un encadrement en fer demi-moulures de 0.045, dressé et dégauchi, composé de			
		1 montant de..................... 0m57			
		1 » de..................... 0.24			
		1 traverse haute cintrée de........ 1.45			
437	1157	1 traverse basse de............... 1.40			
438	1172	Ensemble........................	3m66	2.45	8.96
413	236-237	Cintrage de la traverse du haut sur tout le développé..............................	1.45	5.43	7.87
438	1167 1170	Fait 4 ajustements d'angle à double onglet.	4	1.05	4.20
438	1167 1170 1169	Plus-value pour 2 desdits en biais.........	2	0.52	1.04
436	1116 1122	Pour fixer cet encadrement, percé 30 trous fraisés..................................	30	0.12	3.60
436	1116 1123	Contrepercé 30 trous et taraudés..........	30	0.16	4.80
459	2025	Fourni 30 vis à métaux et posées.........	30	0.20	6.00

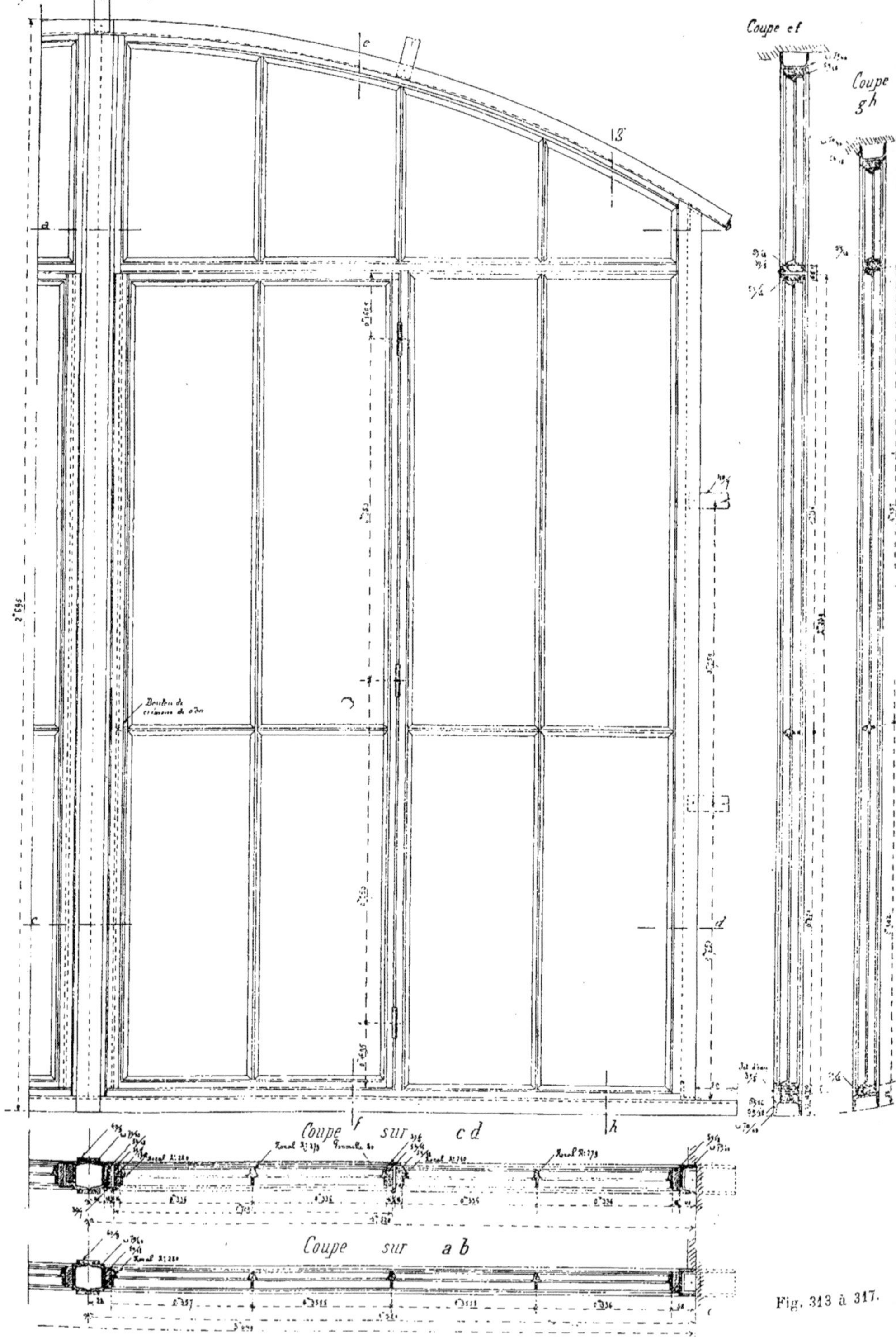

Fig. 313 à 317.

SÉRIE PAGES	Nos				
		Fourni 3 petits bois en fer à moulures de 0.045 dressés et dégauchis, dont : 1 de .... 0m51 1 de .... 0.45 1 de 0.31			
437	1157	Ensemble	1m27	2.45	3.11
438	1167 1170	Fait 6 ajustements à tenons, épaulés et rivés	6	1.05	6.30
438	1167 1170 1169	Plus-value pour 3 desdits en biais	3	0.52	1.56
437	1150	Percé 8 trous de vitrage	8	0.05	0.40
Estim	ation	Au droit du châssis ouvrant, fourni un montant en fer méplat de 0.054 × 0.018 de 2m,05 de longueur, dressé et dégauchi	2m05	3.10	6.35
412	229	Aux extrémités, fait 2 arasements droits, limés et affleurés	2	0.38	0.76
412	228	Fait 2 ajustements à goujons ronds brasés.	2	2.40	4.80
436	1121 et plus-value	Percé 2 trous de goupilles de 0.054 de profondeur	2	0.36	0.72
Estim	ation	Fourni 2 goupilles coniques et affleurées..	2	0.20	0.40
437	1157	Partie fixe. Fourni un encadrement en fer 1/2 moulures de 0.045, dressé et dégauchi, de 2m,05 × 0m,67, soit en développé	5m44	2.45	13.32
438	1167 1170	Fait 4 ajustements d'angle à double onglet.	4	1.05	4.20
436	1116 1122	Pour fixer cet encadrement, percé 30 trous fraisés	30	0.12	3.60
436	1116 1123	Contrepercé 30 trous et taraudés	30	0.16	4.80
459	2025	Fourni 30 vis à métaux et posées	30	0.20	6.00
		Fourni un petit bois vertical en fer à moulures de 0.045 dressé et dégauchi de.. 2m05 1 petit bois horizontal de 0.67			
437	1157	Ensemble	2m72	2.45	6.66
438	1167 1170	Fait 4 ajustements à tenon, épaulés et rivés	4	1.05	4.20
438	1167	Fait un ajustement à moitié fer pour former croisillon à angles droits	1	»	2.10
437	1150	Percé 12 trous de vitrage	12	0.05	0.60
		Fourni un châssis ouvrant avec cadre en fer méplat de 0.054 × 0.016, dressé et dégauchi, composé de : 2 montants de chacun 2.04 = ... 4.08 2 traverses de » 0.67 = ... 1.34			
Estim	ation	Ensemble	5m42	2.75	14.90
412	229	Aux extrémités, fait 8 arasements droits, limés et affleurés	8	0.34	2.72
412	228	Fait 4 ajustements à goujons ronds brasés.	4	2.40	9.60
436	1121 et plus-value	Percé 2 trous de goupilles de 0.054 de profondeur	2	0.36	0.72
Estim	ation	Fourni 2 goupilles coniques et affleurées..	2	0.20	0.40
		Fourni un encadrement en fer 1/2 moulures de 0.045, dressé et dégauchi, composé de :			

SÉRIE PAGES	N°s				
		2 montants de chacun 2.01 = ... 4^m02 2 traverses de chacune 0.67 = ... 1.34			
437	1157	Ensemble........................	5.36	2.45	13.13
438	1167 1170	Fait 4 ajustements d'angle à double onglet.	4	1.05	4.20
436	1116 1122	Pour fixer cet encadrement, percé 30 trous fraisés..................................	30	0.12	3.60
436	1116 1123	Contrepercé 30 trous et taraudés.........	30	0.16	4.80
459	2025	Fourni 30 vis à métaux et posées.........	30	0.20	6.00
		Fourni un petit bois vertical en fer à moulures de 0.045, dressé et dégauchi de.. 2^m01 1 petit bois horizontal de.......... 0.67			
437	1157	Ensemble........................	2.68	2.45	6.56
438	1167 1170	Fait 4 ajustements à tenon, épaulés et rivés..................................	4	1.05	4.20
438	1167	Fait un ajustement à moitié fer, pour former croisillon à angles droits..............	1	»	2.10
437	1150	Percé 12 trous de vitrage................	12	0.05	0.60
Estim	ation	Ferré ce châssis. Fourni 3 paumelles doubles de grille à lames pleines forgées de $0^m,08$ de hauteur de nœud, ajustées et posées sur fer.	3	3.20	9.60
»	»	Fourni une crémone R. G., à tringle ronde de 0.011 de $2^m,04$ de longueur, valeur pour $2^m,00$..................................	1	»	8.25
455	1814	Tringle en plus..........................	0.04	0.60	0.02
442	1329	Façon d'une soudure......................	1	»	0.60
436	1116 1123	Pour fixer la crémone et les gâches, percé 14 trous et taraudés......................	14	0.16	2.24
459	2027	Fourni 14 vis à métaux de 0.020 et posées.	14	0.25	3.50
Ana 455	logie 1818	Sous ladite crémone, fourni un battement en fer de 0.030 × 0.007 de $2^m,04$ de longueur, dressé et dégauchi........................	2^m04	1.25	2.55
412	229	Aux extrémités, fait 2 arasements droits, limés et affleurés.........................	2	0.08	0.16
436	1116 1122	Pour fixer ce battement, percé 9 trous fraisés...................................	9	0.12	1.08
436	1116 1123	Contrepercé 9 trous et taraudés..........	9	0.16	1.44
459	2025	Fourni 9 vis à métaux et posées..........	9	0.20	1.80
Estim	ation	Fourni un jet d'eau en tôle de 0.0015 de $0^m,08$ de largeur et de 0.67 de longueur, cintré à la demande et arrondi aux extrémités.....	1	»	3.50
436	1116 1122	Pour le fixer, percé 5 trous fraisés.......	5	0.12	0.60
436	1116 1123	Contrepercé 5 trous et taraudés..........	5	0.16	0.80
459	2025	Fourni 5 vis à métaux et posées..........	5	0.20	1.00
		A l'extérieur, fourni 2 battements en fer méplat de 0.030 × 0.005 dressés et dégauchis dont : 1 de .... 2^m04 1 de........................... 0.68			
Ana 455	logie 1817	Ensemble........................	2^m72	0.90	2.44

SÉRIE PAGES	N°s				
412	229	Aux extrémités, fait 4 arasements droits, limés et affleurés	4	0.06	0.24
436	1116 1122	Pour les fixer, percé 15 trous fraisés	15	0.12	1.80
436	1116 1123	Contrepercé 15 trous et taraudés	15	0.16	2.40
459	2025	Fourni 15 vis à métaux et posées	15	0.20	3.00
		Fourni 2 battements en fer méplat de 0.034 × 0.005, dressés et dégauchis, dont :			
Ana	logie	1 de 2m04			
	1817	1 de 0.68			
455	1818	Ensemble	2.72	1.05	2.85
412	229	Aux extrémités, fait 4 arasements droits, limés et affleurés	4	0.07	0.28
436	1116 1122	Pour les fixer, percé 15 trous fraisés	15	0.12	1.80
436	1116 1123	Contrepercé 15 trous et taraudés	15	0.16	2.40
459	2025	Fourni 15 vis à métaux et posées	15	0.20	3.00
		L'autre vantail semblable, produit	1	»	320.19

Métré n° 16.

Porte à un vantail et châssis vitré en fer (*fig.* 318 à 322).

MM. Beau et Cie (ancienne maison Charpentier et Brousse), Constructeurs.

SÉRIE PAGES	N°s	Châssis.			
Estim	ation	Au droit de la porte, fourni 2 montants en fer méplat de 0.070 × 0.025 de 3m,20 de longueur, dressés et dégauchis, ensemble	6m40	5.45	34.88
412	229	Dans le haut, fait 2 arasements droits, limés et affleurés	2	0.70	1.40
Estim	ation	Dans le bas, fait 2 scellements dentelés	2	1.40	2.80
»	»	Pour fixer ces montants sur le mur bahut, fourni 2 tiges à scellement faites exprès en fer rond de 0.025 de 0.10 de longueur, arasées à la lime	2	0.80	1.60
436	1120 1122	Percé 2 trous de 0.025 de profondeur et fraisés	2	0.27	0.54
436	1117 1123	Contrepercé 2 trous de 0.010 de profondeur et taraudés	2	0.22	0.44
459	2030	Fourni 2 vis à métaux de 0.035 et posées	2	0.30	0.60
Estim	ation	Fourni une traverse haute en fer méplat de 0.070 × 0.025 de 3m,00 de longueur, dressée et dégauchie	3m00	5.45	16.35
»	»	Aux extrémités, fait 2 scellements fendus	2	1.40	2.80
412	228 et plus-value	Pour la fixer sur les montants, fait 2 ajustements à goujons brasés	2	3.50	7.00
436	1121 et plus-value	Percé 2 trous de goupilles de 0.070 de profondeur	2	0.45	0.90
Estim	ation	Fourni 2 goupilles coniques et affleurées	2	0.30	0.60

2.802
2.055
3.255
1.200
0.156
1.550
1.05
a
b
c
d
e
f
g
h
Coupe ef
Coupe gh
70/25
50/20
Coupe ab
Coupe cd

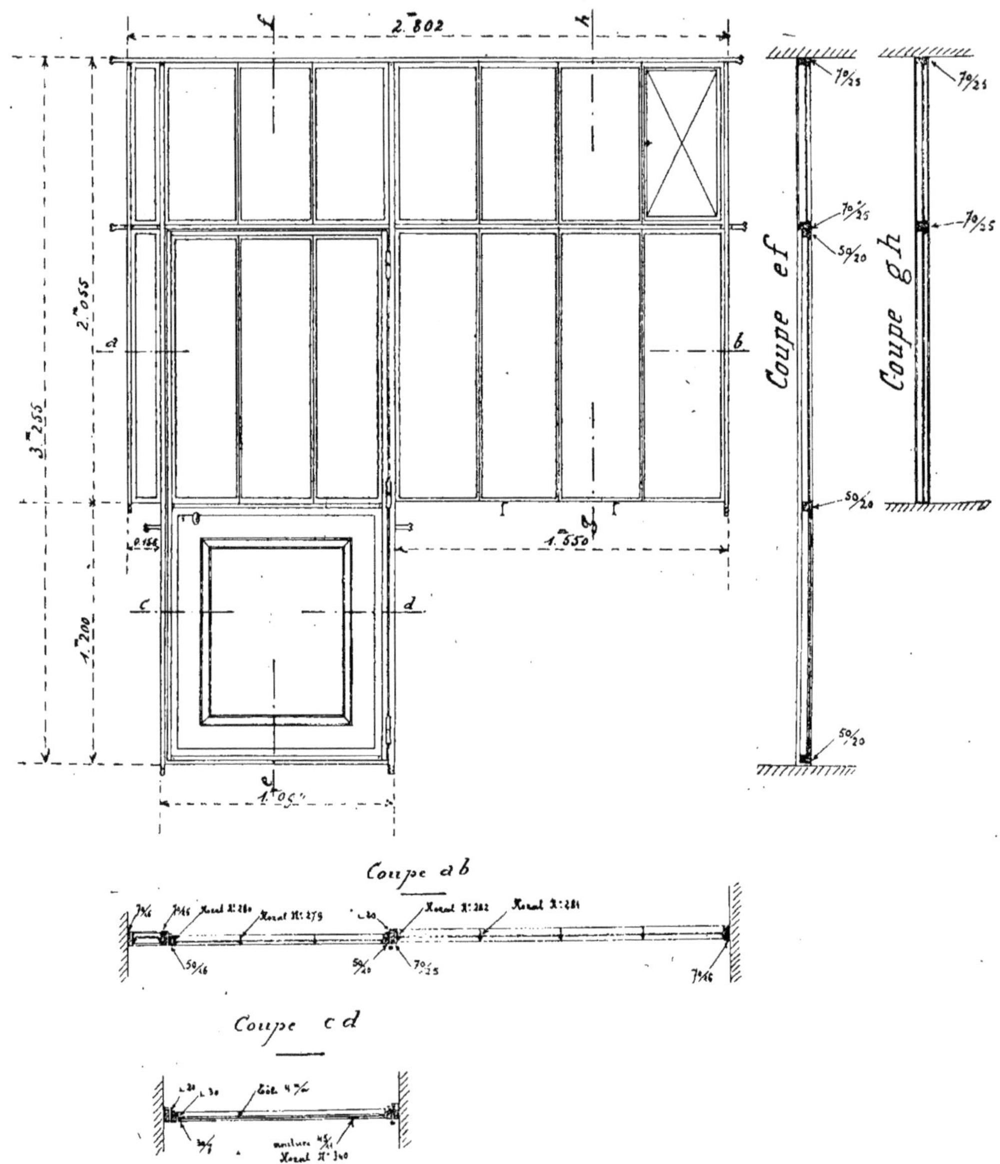

Fig. 318 à 322.

SÉRIE PAGES	N°s				
Estimation		Au droit du mur, fourni 2 montants en fer méplat de 0.070 × 0.016 de chacun 2m,10 de longueur, dressés et dégauchis, ensemble...	4m20	3.50	14.70
412	229	Dans le haut, fait 2 arasements droits, limés et affleurés..........................	2	0.45	0.90
412	228 et plus-value	Fait 2 ajustements à goujons brasés.......	2	3.50	7.00
436	1121 et plus-value	Percé 2 trous de goupilles de 0.070 de profondeur.............................	2	0.45	0.90
Estimation		Fourni 2 goupilles coniques et affleurées..	2	0.30	0.60
»	»	Par le bas, fait 2 scellements dentelés....	2	0.90	1.80
»	»	Sous l'imposte, fourni une traverse en fer méplat de 0.070 × 0.025 de 2m,92 de longueur en 5 parties, dressées et dégauchies........	2m92	5.45	15.91
412	229	Au droit des montants, fait 8 arasements droits, limés et affleurés..................	8	0.70	5.60
412	228 et plus-value	Fait 8 ajustements à goujons brasés......	8	3 50	28.00
436	1121 et plus-value	Percé 8 trous de goupilles de 0.070 de profondeur................................	8	0.45	3.60
Estimation		Fourni 8 goupilles coniques et affleurées..	8	0.30	2.40
»	»	Aux extrémités, fait 2 scellements fendus à chaud..................................	2	1.40	2.80
		Imposte. Fourni 3 châssis d'encadrement en fer 1/2 moulures de 0.054 dont : 1 de 0.76 × 0.14 = ... 1m80 1 de 0.76 × 1.04 = ... 3.60 1 de 0.76 × 1.52 = ... 4.56			
437	1158 1159	Ensemble..........................	9m96	2.95	29.38
438	1168 1170	Fait 12 ajustements d'angle à double onglet..................................	12	1.225	14.70
436	1116 1122	Pour fixer ces 3 cadres, percé 50 trous fraisés..................................	50	0.12	6.00
436	1116 1123	Contrepercé 50 trous taraudés...........	50	0.16	8.00
459	2025	Fourni 50 vis à métaux et posées..........	50	0.20	10.00
437	1158 1159	Fourni 5 petits bois en fer à moulures de 0.054 de chacun 0m,76 de longueur, dressés et dégauchis, ensemble.....................	3m80	2.95	11.21
438	1168 1170	Fait 10 ajustements simples à tenon et rivés................................	10	1.225	12.25
437	1150	Percé 16 trous de vitrage................	16	0.05	0.80
455	1834	Fourni un vasistas en fer rainé de 0.016 de 0.75 × 0.37, soit en développé..........	2m24	3.10	6.94
455	1838	Valeur des 4 ajustements, de la traverse mobile et de la pose......................	1	»	5.70
Estimation		Fourni 2 paumelles doubles de grille à lames pleines forgées de 0.070 de hauteur de nœuds, ajustées et posées sur fer...........	2	2.60	5.20
455	1853	Fourni un loqueteau en cuivre renforcé de 0.070, ajusté et posé sur fer............	1	»	3.25
502	22	Fourni une esse de façon, en fil de fer...	1	»	0.20

SÉRIE PAGES	N^os				
446	1494	Fourni un tirage en corde septain de 0.005 de 1m,20 de longueur	1m20	0.30	0.36
Estim	ation	Fourni un mentonnet en fer de façon, ajusté à queue d'aronde, rivé et brasé	1	»	1.75
411	173	Dans la petite partie au droit du mur, fourni un panneau en tôle de 0.003 de 0.75 × 0.13, pesant	2k200	0.26	0.57
411	174	Planage	0.10	6.00	0.60
411	175	Dressement des rives	1.76	1.00	1.76
436	1116 1122	Pour le fixer, percé 12 trous fraisés	12	0.12	1.44
436	1116 1123	Contrepercé 12 trous et taraudés	12	0.16	1.92
459	2025	Fourni 12 vis à métaux et posées	12	0.20	2.40
437	1158 1159	Châssis vitré à droite de la porte. Fourni un châssis d'encadrement en fer 1/2 moulures de 0.054 de 1.26 × 1.52, dressé et dégauchi, soit en développé	5m56	2.95	16.40
438	1168 1170	Dans le haut, fait 2 ajustements d'angle à double onglet	2	1.225	2.45
438	1168 1171	Dans le bas, fait 2 ajustements d'angle à queue d'aronde	2	2.45	4.90
437	1149	Plus-value pour lesdits soudés au cuivre	2	0.50	1.00
436	1116 1122	Pour fixer ce cadre sur les montants et la traverse haute, percé 20 trous fraisés	20	0.12	2.40
436	1116 1123	Contrepercé 20 trous et taraudés	20	0.16	3.20
459	2025	Fourni 20 vis à métaux et posées	20	0.20	4.00
431	883-885	Pour fixer la traverse du bas, sur le mur bahut, fourni 2 pattes à scellement coudées.	2	0.30	0.60
436	1116 1122	Percé 2 trous fraisés	2	0.12	0.24
436	1116 1123	Contrepercé 2 trous et taraudés	2	0.16	0.32
459	2025	Fourni 2 vis à métaux et posées	2	0.20	0.40
437	1157	Fourni 3 petits bois en fer à moulures de 0.045 de chacun 1m,26 de longueur, dressés et dégauchis, ensemble	3m78	2.45	9.26
438	1167 1170	Fait 6 ajustements simples à tenon	6	1.05	6.30
437	1150	Percé 15 trous de vitrage	15	0.05	0.75
437	1158 1159	A gauche de la porte, fourni un châssis d'encadrement en fer 1/2 moulures de 0.054 de 1m,26 × 0.14 dressé et dégauchi, soit en développé	2m80	2.95	8.26
438	1168 1170	Fait 4 ajustements d'angle à double onglet.	4	1.225	4.90
436	1116 1122	Pour fixer ce cadre, percé 16 trous fraisés.	16	0.12	1.92
436	1116 1123	Contrepercé 16 trous et taraudés	16	0.16	2.56
459	2025	Fourni 16 vis à métaux et posées	16	0.20	3.20
411	173	Fourni un panneau en tôle de 0.003 de 1.25 × 0.13, pesant	3k700	0.26	0.96
411	174	Planage	0.16	6.00	0.96
411	175	Dressement des rives	2.76	1.00	2.76

SÉRIE PAGES	Nos				
436	1116 1122	Pour le fixer, percé 18 trous fraisés.......	18	0.12	2.16
436	1116 1123	Contreperçé 18 trous et taraudés	18	0.16	2.88
459	2025	Fourni 18 vis à métaux et posées.........	18	0.20	3.60
		Porte.			
Estim	ation	Fourni un montant en fer méplat de 0.050 × 0.020 de $2^m,45$ de longueur, dressé et dégauchi............................	2.45	3.10	7.59
412	229	Aux extrémités, fait 2 arasements droits, limés et affleurés.........................	2	0.40	0.80
Estim	ation	Fourni un montant en fer méplat de 0.050 × 0.016 de $2^m,45$ de longueur, dressé et dégauchi	2.45	2.50	6.12
412	229	Aux extrémités, fait 2 arasements droits, limés et affleurés	2	0.32	0.64
Estim	ation	Fourni 3 traverses en fer méplat de 0.050 × 0.020 de chacune 0.98 de longueur, dressées et dégauchies, ensemble...............	2^m94	3.10	9.11
412	229	Aux extrémités, fait 6 arasements droits, limés et affleurés.........................	6	0.40	2.40
412	228	Fait 6 ajustements à goujons brasés......	6	2.40	14.40
436	1121 et plus-value	Percé 6 trous de goupille de 0.050 de profondeur	6	0.33	1.98
Estim	ation	Fourni 6 goupilles coniques et affleurées..	6	0.20	1.20
437	1157	Dans le haut, fourni un châssis d'encadrement en fer 1/2 moulures de 0.045 de 1.25 ×0.98 dressé et dégauchi, soit en développé.	4^m46	2.45	10.92
438	1167 1170	Fait 4 ajustements d'angle à double onglet.	4	1.05	4.20
436	1116 1122	Pour fixer ce cadre, percé 24 trous fraisés.	24	0.12	2.88
436	1116 1123	Contreperçé 24 trous et taraudés.........	24	0.16	3.84
459	2025	Fourni 24 vis à métaux et posées.........	24	0.20	4.80
437	1157	Fourni 2 petits bois en fer à moulures de 0.045 de chacun $1^m,25$ de longueur, dressés et dégauchis, ensemble....................	2^m50	2.45	6.12
438	1167 1170	Aux extrémités, fait 4 ajustements à tenon et rivés	4	1.05	4.20
437	1150	Percé 12 trous de vitrage.................	12	0.05	0.60
437	1133 1145	Dans le bas de la porte, pour recevoir un panneau en tôle, à l'intérieur, fourni un encadrement en fer cornière de 0.030 × 0.030 de 1.14 × 0.98, dressé et dégauchi, soit en développé................................	4^m24	1.80	7.63
437	1147	Fait 4 ajustements d'angle à double onglet.	4	0.925	3.70
436	1116 1122	Pour fixer cet encadrement, percé 22 trous fraisés..	22	0.12	2.64
436	1116 1123	Contreperçé 22 trous et taraudés	22	0.16	3.52
459	2025	Fourni 22 vis à métaux et posées.........	22	0.20	4.40

SÉRIE PAGES	SÉRIE Nos				
411	173	Fourni un panneau en tôle de 0.004 de 1m,14 × 0.98, pesant	34k500	0.26	8.97
411	174	Planage	1.11	6.00	6.66
411	175	Dressement des rives	4.24	1.00	4.24
Analogie 455	1818	A l'extérieur, fourni un encadrement en fer méplat de 0.030 × 0.007 de 1.14 × 0.98 dressé et dégauchi, soit en développé	4m24	1.25	5.30
Estimation		Fait 4 ajustements d'angle à double onglet	4	0.52	2.08
436	1116 1122	Pour fixer cet encadrement et le panneau en tôle, percé 22 trous fraisés	22	0.12	2.64
436	1116	Percé 22 trous de passage	22	0.08	1.76
436	1116 1123	Contrepercé 22 trous et taraudés	22	0.16	3.52
459	2025	Fourni 22 vis à métaux et posées	22	0.20	4.40
437	1157	Sur le panneau en tôle à l'extérieur, fourni un cadre en fer à moulures de 0.045 de 0.98 × 0.72, dressé et dégauchi, soit en développé	3m40	2.45	8.33
438	1167 1170	Fait 4 ajustements d'angle à double onglet	4	1.05	4.20
436	1116	Pour le fixer, percé 36 trous de foret en rapport	36	0.08	2.88
Estimation		Fourni 18 rivets et affleurés	18	0.15	2.70
		A l'intérieur, pour former battement, fourni 2 montants en fer cornière de 0.020 de chacun 2m,45 de longueur, dressés et dégauchis, ensemble ... 4.90			
		1 traverse en même fer de ... 1.04			
437	1129	Ensemble	5m94	1.35	8.01
437	1144 1147	Fait 2 ajustements d'angle à double onglet.	2	0.725	1.45
412	229	Fait 2 arasements droits, limés et affleurés.	2	0.05	0.10
436	1116 1122	Pour les fixer, percé 30 trous fraisés	30	0.12	3.60
436	1116 1123	Contrepercé 30 trous et taraudés	30	0.16	4.80
459	2025	Fourni 30 vis à métaux et posées	30	0.20	6.00
Estimation		Ferré la porte. Fourni 3 paumelles doubles de grille de 0.100 de hauteur de nœuds, ajustées et posées sur fer	3	4.00	12.00
447	1559	Fourni une serrure à 2 pênes 1re qualité de 0.14 et posée	1	4.95	4.95
437	1133	Sous ladite, fourni un cadre en fer à U de 0.030 de 0m,35 développé, dressé et dégauchi	0.35	1.80	0.63
437	1145 1147	Fait 2 ajustements d'angle coudés à double onglet	2	0.925	1.85
412	229	Fait 2 arasements droits	2	0.10	0.20
436	1116 1122	Pour fixer ce cadre sur le panneau en tôle, percé 5 trous fraisés	5	0.12	0.60
436	1116 1123	Contrepercé 5 trous et taraudés	5	0.16	0.80
459	2025	Fourni 5 vis à métaux et posées	5	0.20	1.00
Estimation		Pour fixer la serrure, coupé la têtière, limée et affleurée	1	»	0.75

SÉRIE PAGES	SÉRIE Nos				
436	1116 1122	Percé 2 trous fraisés dans le palâtre......	2	0.12	0.24
436	1116	Percé 2 trous de passage dans le foncet...	2	0.08	0.16
436	1116 1123	Percé 4 trous taraudés dans le cadre en fer à U..................................	4	0.16	0.64
459	2029	Fourni 4 vis à métaux de 0.030 et posées..	4	0.30	1.20
420	464	Fourni un bouton double en cuivre à olive 1/2 creux différentiel à clavette DN de 0.060 (*fig.* 323)..................................	1	»	3.20

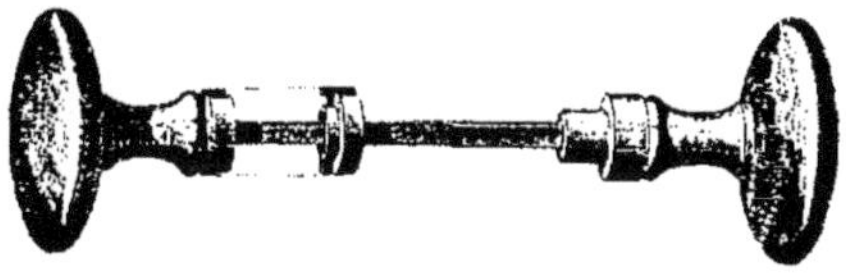

Fig. 323.

SÉRIE PAGES	SÉRIE Nos				
443	1394	Dans le panneau en tôle, découpé une entrée..................................	1	»	0.35
443	1395	Découpé une rosette....................	1	»	0.15
		TOTAL DE LA PORTE SEULE..............	»	»	214.05

Métré n° 17.

Porte en fer à 2 vantaux (*fig.* 324 à 326).

MM. Beau (ancienne Maison Charpentier et Brousse), Constructeurs.

(La coupe verticale de cette porte est la même que figure 321.)

SÉRIE PAGES	SÉRIE Nos				
Estim	ation	Fourni 2 montants en fer méplat de 0.070 × 0.025 de chacun 3m,30 de longueur, dressés et dégauchis, ensemble................	6m60	5.45	35.97
412	229	Dans le haut, fait 2 arasements droits, limés et affleurés..........................	2	0.70	1.40
Estim	ation	Dans le bas, fait 2 scellements dentelés...	2	1.40	2.80
»	»	Sur ces 2 montants, fourni 4 tiges à scellement faites exprès en fer rond de 0.025 de 0.10 de longueur, arasées à la lime.........	4	0.80	3.20
436	1120 1122	Pour les fixer, percé 4 trous de 0.025 de profondeur et fraisés.......................	4	0.27	1.08
436	1117 1123	Contreperçé 4 trous de 0.010 de profondeur et taraudés..................................	4	0.22	0.88
459	2030	Fourni 4 vis à métaux de 0.035 et posées..	4	0.30	1.20
Estim	ation	Fourni une traverse haute en fer méplat de 0.070 × 0.025 de 1m,55 de longueur, dressée et dégauchie........................	1.55	5.45	8.44
»	»	Aux extrémités, fait 2 scellements fendus à chaud..................................	2	1.40	2.80
412	228 et plus-value	Pour la fixer sur les montants, fait 2 ajustements à goujons brasés.................	2	3.50	7.00

SÉRIE PAGES	SÉRIE Nos				
436	1121 et plus-value	Percé 2 trous de 0.070 de profondeur pour passage de goupilles........................	2	0.45	0,90
Estim	ation	Fourni 2 goupilles coniques et affleurées..	2	0.30	0.60

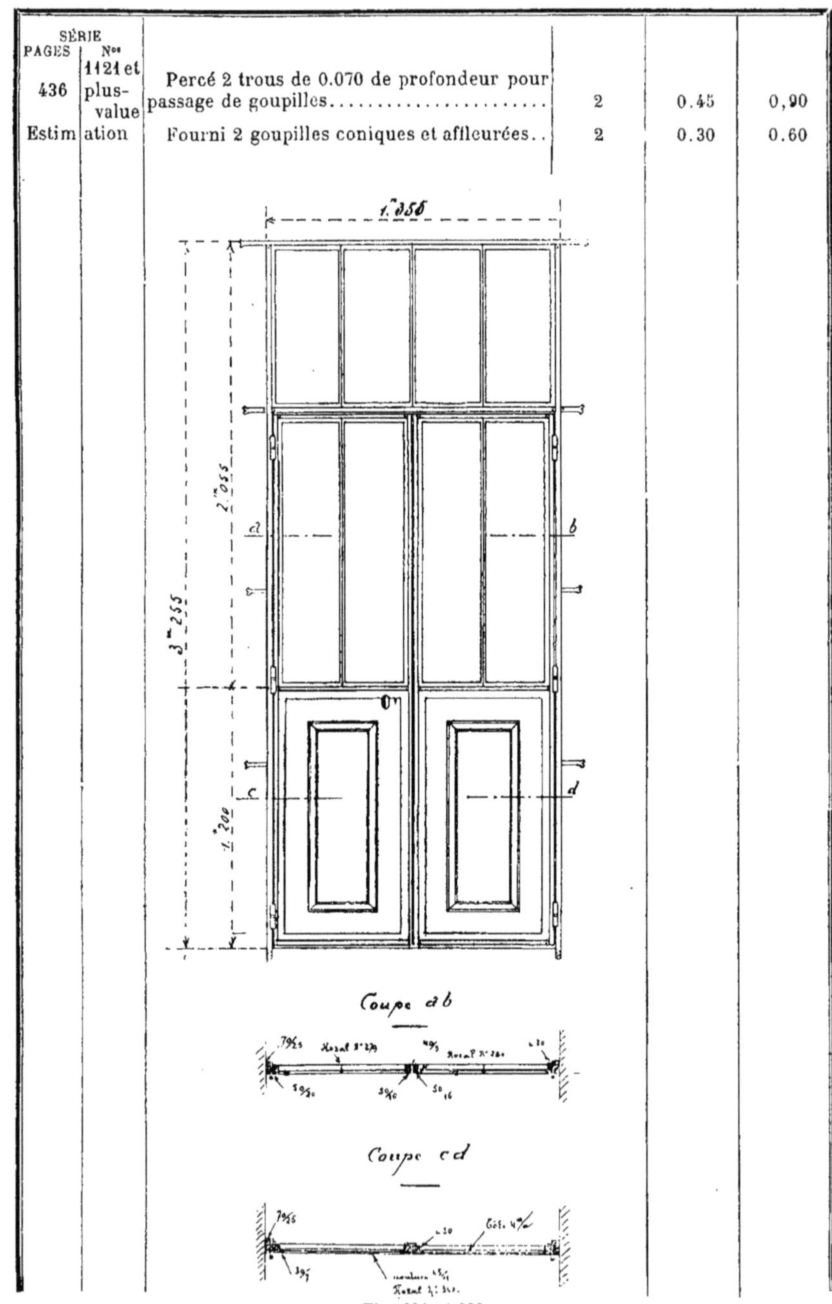

Fig. 324 et 326.

SÉRIE PAGES	N°s				
Estim	ation	Sous l'imposte, fourni une traverse en fer méplat de 0.070 × 0.025 de 1m,55 de longueur en 3 parties, dressées et dégauchies........	1m55	5.45	8.44
412	229	Au droit des montants, fait 4 arasements droits, limés et affleurés..................	4	0.70	2.80
412	228 et plus-value	Fait 4 ajustements à goujons brasés......	4	3.50	14.00
436	1121 et plus-value	Percé 4 trous de 0.070 de profondeur pour passage de goupilles......................	4	0.45	1.80
Estim	ation	Fourni 4 goupilles coniques et affleurées..	4	0.30	1.20
»	»	Aux extrémités, fait 2 scellements fendus à chaud..............................	2	1.40	2.80
437	1158 1159	*Imposte.* Fourni un châssis d'encadrement en fer 1/2 moulures de 0.054 de 1m,30×0m,76, dressé et dégauchi, soit en développé.......	4.12	2.95	12.15
438	1168 1170	Fait 4 ajustements d'angle à double onglet.	4	1.225	4.90
436	1116 1122	Pour fixer ce cadre, percé 22 trous fraisés.	22	0.12	2.64
436	1116 1123	Contrepercé 22 trous et taraudés.........	22	0.16	3.52
459	2025	Fourni 22 vis à métaux et posées.........	22	0.20	4.40
437	1158 1159	Fourni 3 petits bois en fer à moulures de 0.054 de chacun 0m,76 de longueur, dressés et dégauchis, ensemble...................	2m28	2.95	6.72
438	1168 1170	Fait 6 ajustements à tenon rivés..........	6	1.225	7.35
437	1150	Percé 10 trous de vitrage................	10	0.05	0.50
		Porte.			
		2 vantaux semblables.			
		Détail d'un :			
Estim	ation	Fourni un montant en fer méplat de 0.050 × 0.020 de 2m,45 de longueur, dressé et dégauchi..............................	2m45	3.10	7.59
412	229	Aux extrémités, fait 2 arasements droits, limés et affleurés........................	2	0.40	0.80
Estim	ation	Fourni un montant en fer méplat de 0.050 × 0.016 de 2m,45 de longueur, dressé et dégauchi..................................	2m45	2.50	6.12
412	229	Aux extrémités, fait 2 arasements droits, limés et affleurés........................	2	0.32	0.64
Estim	ation	Fourni 3 traverses en fer méplat de 0.050 × 0.020 de chacune 0m,63 de longueur, dressées et dégauchies, ensemble	1m89	3.10	5.85
412	229	Aux extrémités, fait 6 arasements droits, limés et affleurés........................	6	0.40	2.40
412	228	Fait 6 ajustements à goujons brasés......	6	2.40	14.40
436	1122 et plus-value	Percé 6 trous de goupilles de 0.050 de profondeur............................	6	0.33	1.98
Estim	ation	Fourni 6 goupilles coniques et affleurées..	6	0.20	1.20

SÉRIE PAGES	SÉRIE Nos				
437	1157	Dans le haut, fourni un châssis d'encadrement en fer 1/2 moulures de 0.045 de 1m,25 × 0.63, dressé et dégauchi, soit en développé.	3m76	2.45	9.21
438	1167 1170	Fait 4 ajustements d'angle à double onglet.	4	1.05	4.20
436	1116 1122	Pour fixer ce cadre, percé 22 trous fraisés.	22	0.12	2.64
436	1116 1123	Contrepercé 22 trous et taraudés	22	0.16	3.52
459	2025	Fourni 22 vis à métaux et posées	22	0.20	4.40
437	1157	Fourni un petit bois en fer à moulures de 0.045 de 1.25 de longueur, dressé et dégauchi.	1.25	2.45	3.06
438	1167 1170	Aux extrémités, fait 2 ajustements à tenon et rivés	2	1.05	2.10
437	1150	Percé 9 trous de vitrage	9	0.05	0.45
437	1133	Dans le bas de la porte, pour recevoir un panneau en tôle, à l'intérieur, fourni un encadrement en fer cornière de 0.030 × 0.030 de 1m,14 × 0.63, dressé et dégauchi, soit en développé	3m54	1.80	6.37
437	1145 1147	Fait 4 ajustements d'angle à double onglet.	4	0.925	3.70
436	1116 1122	Pour fixer cet encadrement, percé 20 trous fraisés	20	0.12	2.40
436	1116 1123	Contrepercé 20 trous et taraudés	20	0.16	3.20
459	2025	Fourni 20 vis à métaux et posées	20	0.20	4.00
411	173	Fourni un panneau en tôle de 0.004 de 1.14 × 0.63, pesant	22k400	0.26	5.82
411	174	Planage	0.72	6.00	4.32
411	175	Dressement des rives	3.54	1.00	3.54
Ana 455	logie 1818	A l'extérieur, fourni un encadrement en fer méplat de 0.030 × 0.007 de 1.14 × 0.63, dressé et dégauchi, soit en développé	3.54	1.25	4.42
Estim	ation	Fait 4 ajustements d'angle à double onglet.	4	0.52	2.08
436	1116 1122	Pour fixer cet encadrement et le panneau en tôle, percé 20 trous fraisés	20	0.12	2.40
436	1116	Percé 20 trous de passage	20	0.08	1.60
436	1116 1123	Contrepercé 20 trous et taraudés	20	0.16	3.20
459	2025	Fourni 20 vis à métaux et posées	20	0.20	4.00
437	1157	Sur le panneau en tôle, à l'extérieur, fourni un cadre en fer à moulures de 0.045 de 0.98 × 0.47, dressé et dégauchi, soit en développé.	2m90	2.45	7.10
438	1167 1170	Fait 4 ajustements d'angle à double onglet.	4	1.05	4.20
436	1116	Pour le fixer, percé 32 trous de foret en rapport	32	0.08	2.56
Estim	ation	Fourni 16 rivets et affleurés	16	0.15	2.40
		Le 2me vantail semblable	1	»	137.87
»	»	Ferré les 2 vantaux. Fourni 6 paumelles doubles de grille à lames pleines forgées de 0.100 de hauteur de nœud, ajustées et posées sur fer	6	4.00	24.00
»	»	Fourni 2 verrous de grille en fer, modèle spécial de 0.014 de largeur (*fig.* 327 et 328) dont 1 de 0m,80 et 1 de 1m,10 de longueur, ajustés et posés sur fer, valeur pour 0m,40...	2	7.50	15.00

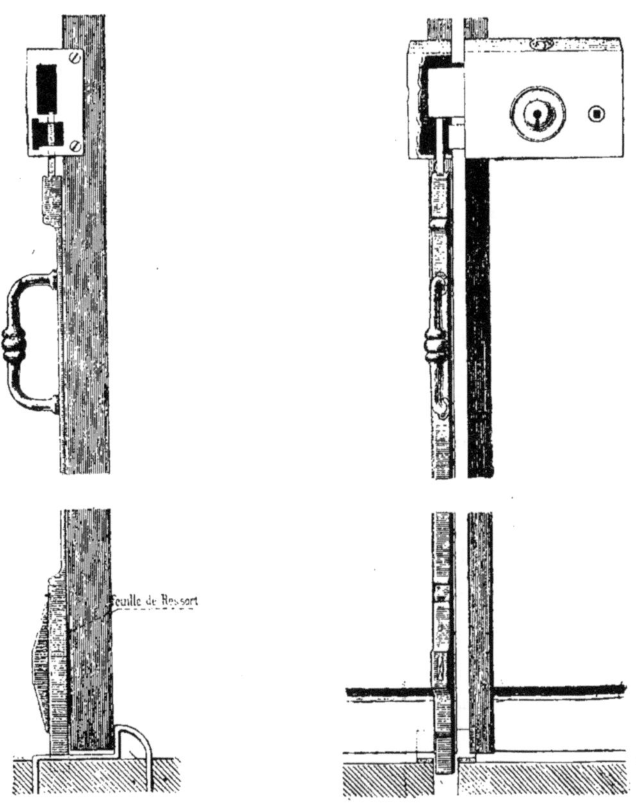

Fig. 327 et 328.

SÉRIE PAGES	N°s				
Estim	ation	Tige en plus	1m10	3.00	3.30
»	»	Pour celui du haut, fait un empênage dans la traverse en fer	1	»	0.35
428	778	Fourni une gâche platine en fer	1	»	0.60
436	1116 1123	Pour la fixer, percé 2 trous et taraudés	2	0.16	0.32
459	2025	Fourni 2 vis à métaux et posées	2	0.20	0.40
Estim	ation	Dans le bas, fourni un buttoir de façon, en fer méplat de 0.050 × 0.009 de 0m,40 développé, coudé 3 fois, cintré et à 2 scellements fendus	1	»	2.95
»	»	Façon d'un empênage pour le verrou	1	»	0.35
447	1559	Fourni une serrure à 2 pênes 1re qualité de 0.14 et posée	1	»	4.95
Estim	ation	Pour fixer cette serrure, fait l'entaille de la têtière sur le montant en fer	1	»	1.50

SÉRIE PAGES	Nos				
437	1133	Fourni un cadre en fer à U de 0.030 de 0m,35 développé, dressé et dégauchi.........	0m35	1.80	0.63
437	1145 1147	Fait 2 ajustements d'angle coudés à double onglet..................................	2	0.925	1.85
412	229	Fait 2 arasements droits, limés et affleurés..	2	0.10	0.20
436	1116 1122	Pour fixer ce cadre sur le panneau en tôle, percé 5 trous fraisés.................	5	0.12	0.60
436	1116 1123	Contrepercé 5 trous et taraudés..........	5	0.16	0.80
459	2025	Fourni 5 vis à métaux et posées..........	5	0.20	1.00
436	1116 1123	Pour fixer la serrure et la gâche, percé 6 trous et taraudés.......................	6	0.16	0.96
459	2025	Fourni 4 vis à métaux de 0.010 et posées..	4	0.20	0.80
459	2029	Fourni 2 vis à métaux de 0.030 et posées..	2	0.30	0.60
Estim	ation	Fait l'entaille de la têtière de la gâche sur le montant en fer..........................	1	»	1.50
436	1116	Percé un trou dans la gâche pour le passage de la tige du verrou du bas...........	1	»	0.08
443	1394	Dans le panneau en tôle, découpé une entrée....................................	1	»	0.35
443	1395	Découpé une rosette.....................	1	»	0.15
420	464	Fourni un bouton double en cuivre à olive 1/2 creux DN de 0.060	1	»	3.20
		A l'intérieur, pour former battement, fourni 2 montants en fer cornière de 0.020 de chacun 2m,45 de longueur, dressés et dégauchis, ensemble.......................... 4.90			
		1 traverse en même fer de.......... 1.30			
437	1129	Ensemble........................	6m20	1.35	8.37
437	1144 1147	Fait 2 ajustements d'angle à double onglet.	2	0.725	1.45
412	229	Fait 2 arasements droits.................	2	0.05	0.10
436	1116 1122	Pour les fixer, percé 32 trous fraisés......	32	0.12	3.84
436	1116 1123	Contrepercé 32 trous et taraudés.........	32	0.16	5.12
459	2025	Fourni 32 vis à métaux et posées.........	32	0.20	6.40
Ana 455	logie 1818	Au milieu, à l'extérieur, fourni un battement en fer méplat de 0.040 × 0.005 de 2m,45 de longueur, dressé et dégauchi.......	2m45	1.25	3.06
412	229	Aux extrémités, fait 2 arasements droits, limés et affleurés..........................	2	0.08	0.16
436	1116 1122	Pour le fixer, percé 14 trous fraisés.......	14	0.12	1.68
436	1116 1123	Contrepercé 14 trous et taraudés..........	14	0.16	2.24
459	2025	Fourni 14 vis à métaux et posées.........	14	0.20	2.80
		TOTAL DE LA PORTE....................	»	»	515.49

Métré n° 18.

Porte pleine en fer et tôle à 4 vantaux (*fig.* 329 à 332).

MM. Beau et Cie (ancienne Maison Charpentier et Brousse), Constructeurs.

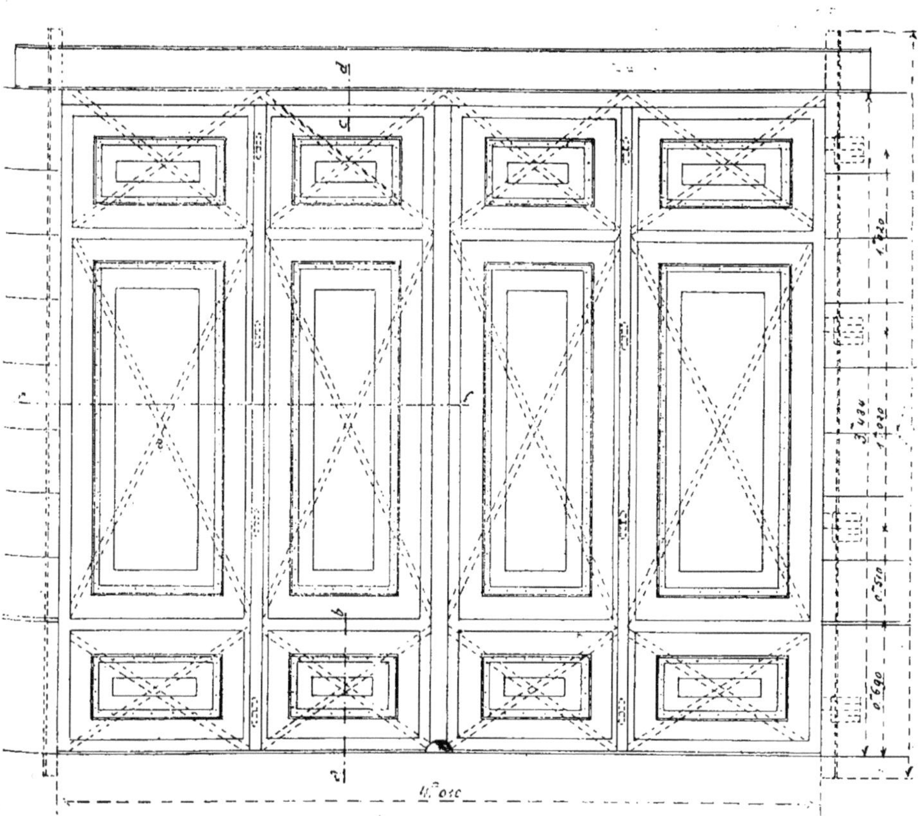

Fig. 329.

SÉRIE PAGES	SÉRIE Nos				
407	90	Fourni un filet à 2 lames en acier I PN de $0^m,24$ de $4^m,50$ de longueur, assemblé avec boulons et croisillons, pesant	338k000	0.33	111.54
Analogie 407	82-84	Plus-value pour emploi d'acier I PN.......	338k000	0.01	3.38
406	73	Fourni 2 semelles en fer de 0.250 × 0.014 de 0.40 de longueur, pesant................	21.800	0.24	5.23
		Porte.			
437	1137 et plus-value	Fourni 2 montants dormants en fer cornière de 0.080 × 0.080 de chacun $3^m,98$ de longueur, dressés et dégauchis, ensemble...	7^m96	4.75	37.81

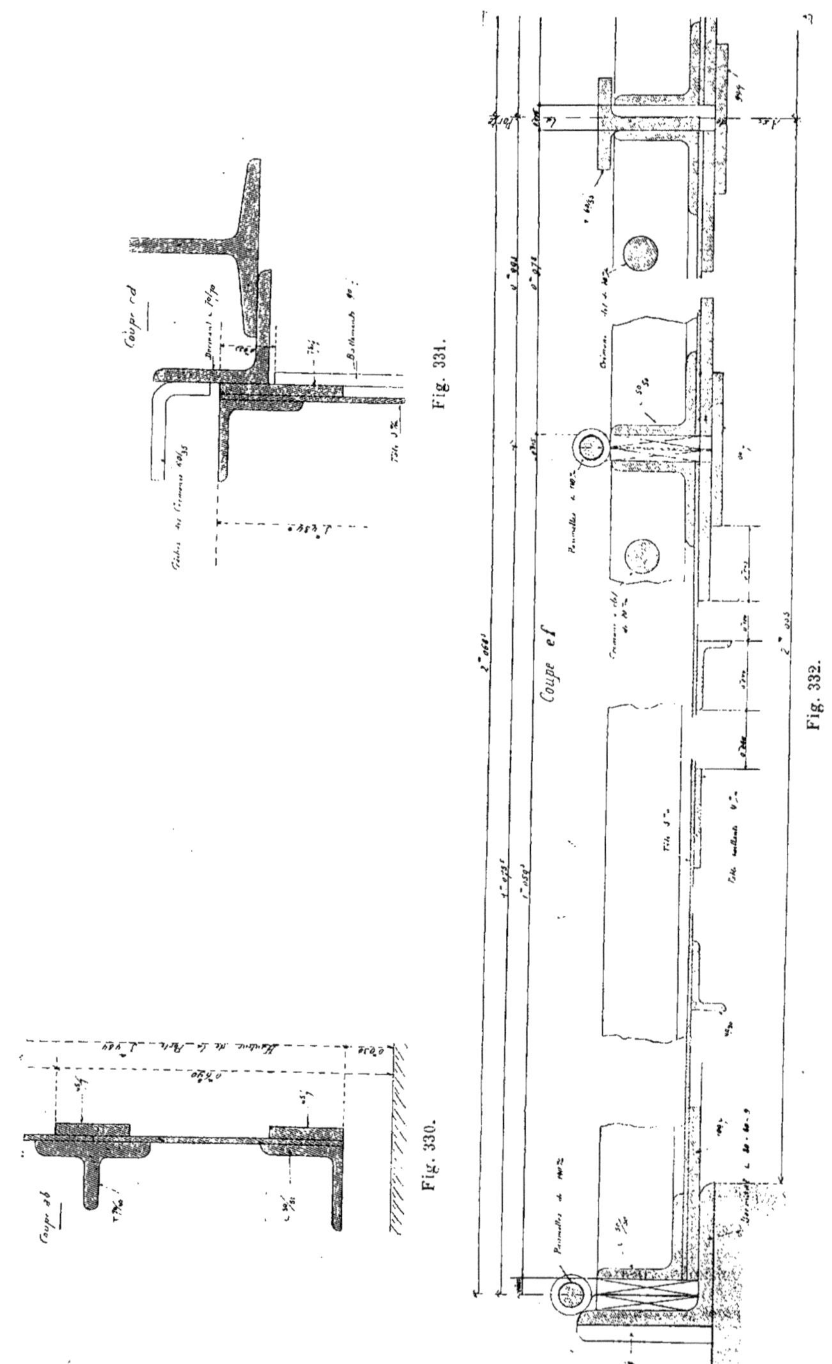

Fig. 330.

Fig. 331.

Fig. 332.

SÉRIE PAGES	SÉRIE Nos				
412	229	Dans le haut, fait 2 arasements droits, limés et affleurés........................	2	0.51	1.02
Estim	ation	Pour fixer ces deux montants sur le mur, fourni 8 pattes à scellement faites exprès en fer de 0.060 × 0.009 de $0^m,38$ développé et coudées........................	8	1.20	9.60
436	1117 1122	Pour les fixer, percé 20 trous de 0.009 et fraisés........................	20	0.17	3.40
436	1117 1123	Contreperçé 20 trous de 0.009 et taraudés.	20	0.22	4.40
459	2027	Fourni 20 vis à métaux de 0.020 et posées.	20	0.25	5.00
437	1137 et plus-value	Fourni une traverse haute en fer cornière de 0.070 × 0.070 de $4^m,00$ de longueur, dressée et dégauchie........................	4^m00	4.15	16.60
412	229	Aux extrémités, fait 2 arasements droits, limés et affleurés........................	2	0.39	0.78
436	1116 1122	Pour fixer cette traverse sur une lame du filet, percé 12 trous fraisés................	12	0.12	1.44
436	1117 1123	Contreperçé 12 trous de 0.010 de profondeur et taraudés........................	12	0.22	2.64
459	2027	Fourni 12 vis à métaux de 0.020 et posées.	12	0.25	3.00
		2 vantaux d'extrémité semblables.			
		Détail d'un :			
		Fourni un encadrement en fer cornière de 0.050 × 0.050, composé de : 2 montants de chacun $3^m,48$ = ... 6^m96 2 traverses de 1.09 = ... 2.18			
437	1137	Ensemble........................	9^m14	2.95	26.96
437	1145 1147	Fait 4 ajustements d'angle à double onglet.	4	0.925	3.70
		Fourni 3 panneaux en tôle de 0.003 dont : 1 de $2^m,10$ × 1.09 1 de $0^m,73$ × 1.09 1 de $0^m,65$ × 1.09,			
411	173	pesant........................	88^k800	0.26	23.08
411	174	Planage........................	3.80	6.00	22.80
411	175	Dressement des rives au burin et à la lime.	13.50	1.00	13.50
436	1116	Pour fixer ces panneaux, percé 128 trous de foret en rapport........................	128	0.08	10.24
Estim	ation	Fourni 64 rivets et affleurés.............	64	0.15	9.60
437	1137 et plus-value	A l'intérieur, pour former couvre-joints, fourni 2 traverses en fer à T de 0.070 × 0.040 de chacune 1.09 de longueur, dressées et dégauchies, ensemble................	2^m18	4.15	9.04
437	1145 1147	Aux extrémités, fait 4 ajustements à tenon et rivés........................	4	0.925	3.70
436	1116	Pour les fixer, percé 64 trous de foret en rapport........................	64	0.08	5.12
Estim	ation	Fourni 32 rivets et affleurés.............	32	0.15	4.80
Ana	logie	Fourni 3 croisillons en fer à U de 0.040 × 0.020, dressés et dégauchis, composés de : 2 branches de 1.20 = ... 2^m40 2 » 2.25 = ... 4.50 2 » 1.15 = ... 2.30			
437	1135	Ensemble........................	9^m20	2.15	19.78

SÉRIE PAGES	SÉRIE Nos				
437	1145 1147	Fait 12 ajustements d'angle à double onglet.	12	0.925	11.10
437	1146	Plus-value pour lesdits en biais...........	12	0.46	5.52
437	1145	Fait 3 ajustements à moitié fer pour former croisillons................................	3	1.85	5.55
437	1146	Plus-value pour lesdits en biais...........	3	0.925	2.77
436	1116	Pour les fixer sur les panneaux en tôle, percé 128 trous de foret en rapport.........	128	0.08	10.24
Estim	ation	Fourni 64 rivets et affleurés..............	64	0.15	9.60
»	»	A l'extérieur, fourni un montant en fer plat de 0.100 × 0.007 de 3m,48 de longueur, dressé et dégauchi	3m84	2.45	9.41
412	229	Aux extrémités, fait 2 arasements droits, limés et affleurés.........................	2	0.28	0.56
436	1116	Pour le fixer, percé 24 trous de passage...	24	0.08	1.92
Estim	ation	Sur l'autre rive, fourni un montant en fer plat de 0.085 × 0.007 de 3m,48 de longueur, dressé et dégauchi........................	3m48	2.10	7.30
412	229	Aux extrémités, fait 2 arasements droits, limés et affleurés	2	0.24	0.48
436	1116	Pour le fixer, percé 24 trous de passage...	24	0.08	1.92
Estim	ation	Dans le haut, fourni une traverse en fer plat de 0.075 × 0.007 de 0.905 de longueur, dressé et dégauchi.........................	0m905	2.05	1.85
412	229	Aux extrémités, fait 2 arasements droits, limés et affleurés.........................	2	0.21	0.42
436	1116	Pour la fixer, percé 10 trous de passage...	10	0.08	0.80
Ana 455	logie 1820	Fourni 3 autres traverses en fer méplat de 0.045 × 0.007 de chacune 0m,905 de longueur, dressées et dégauchies, ensemble. ..	2m71	1.60	4.33
412	229	Aux extrémités, fait 6 arasements droits, limés et affleurés.........................	6	0.12	0.72
436	1116	Pour les fixer, percé 40 trous de passage..	40	0.08	3.20
		Fourni 3 encadrements en fer cornière de 0.040 × 0.020 dressés et dégauchis, dont :			
		2 de 0.70 × 0.35 = ... 4m20			
		1 de 0.70 × 1.75 = ... 4.90			
437	1135	Ensemble........................	9m10	2.15	19.56
437	1145 1147	Fait 12 ajustements d'angle à double onglet.	12	0.925	11.10
436	1116	Pour les fixer, percé 200 trous de foret en rapport................................	200	0.08	16.00
Estim	ation	Fourni 100 rivets à tête ronde et affleurés.	100	0.15	15.00
		Fourni 3 tables saillantes en tôle de 0.004 dont : 2 de 0.46 × 0.11 1 de 1.51 × 0.46,			
411	173	pesant................................	24k600	0.26	6.39
411	174	Planage	0.79	6.00	4.74
411	175	Dressement des rives...................	6.22	1.00	6.22
436	1116	Pour les fixer, percé 108 trous de foret en rapport...............................	108	0.08	8.64
Estim	ation	Fourni 54 rivets et affleurés.............	54	0.15	8.10
		L'autre vantail semblable..............	1	»	325.76

SÉRIE PAGES	SÉRIE Nos				
		2 vantaux du milieu semblables.			
		Détail d'un :			
		Fourni un encadrement en fer cornière de 0.050, dressé et dégauchi, composé de : 2 montants de chacun $3^m,48$ = ... 6^m96 2 traverses de chacune $0^m,95$. = ... 1^m90			
437	1137	Ensemble..........................	8^m86	2.95	26.13
437	1145 1147	Fait 4 ajustements d'angle à double onglet.	4	0.925	3.70
		Fourni 3 panneaux en tôle de 0.003, dont : 1 de 2.10 × 0.95 1 de 0.73 × 0.95 1 de 0.65 × 0.95,			
411	173	pesant..................................	77^k300	0.26	20.09
411	174	Planage..................................	3.31	6.00	19.86
411	175	Dressement des rives....................	12.66	1.00	12.66
436	1116	Pour fixer ces panneaux, percé 120 trous de foret en rapport........................	120	0.08	9.60
Estim	ation	Fourni 60 rivets et affleurés..............	60	0.15	9.00
437	1137 et plus-value	A l'intérieur, pour former couvrejoints, fourni 2 traverses en fer à T de 0.070 × 0.040 de chacune 0.95 de longueur, dressées et dégauchies, ensemble..................	1^m90	4.15	7.88
437	1145 1147	Aux extrémités, fait 4 ajustements à tenon et rivés..................................	4	0.925	3.70
436	1116	Pour les fixer, percé 56 trous de foret en rapport..................................	56	0.08	4.48
Estim	ation	Fourni 28 rivets et affleurés..............	28	0.15	4.20
		Fourni 2 croisillons en fer à U de 0.040 × 0.020, composés de : 2 Branches de 1.15 = ... 2^m30 2 » de 2.20 = ... 4.40 2 » de 1.10 = ... 2.20			
Ana	logie				
437	1135	Ensemble..........................	8^m90	2.15	19.13
437	1145 1147	Aux extrémités, fait 12 ajustements d'angle à double onglet..........................	12	0.925	11.10
437	1146	Plus-value pour lesdits en biais...........	12	0.46	5.52
437	1145	Fait 3 ajustements à moitié fer pour former croisillons................................	3	1.85	5.55
437	1146	Plus-value pour lesdits en biais...........	3	0.925	2.77
436	1116	Pour les fixer, percé 120 trous de foret en rapport..................................	120	0.08	9.60
Estim	ation	Fourni 60 rivets et affleurés	60	0.15	9.00
»	»	Fourni 2 montants en fer plat de 0.085 × 0.007 de chacun 3.48 de longueur, dressés et dégauchis, ensemble..................	6.96	2.10	14.61
412	229	Aux extrémités, fait 4 arasements droits, limés et affleurés.........................	4	0.24	0.96
436	1116	Pour les fixer, percé 48 trous de passage..	48	0.08	3.84
Estim	ation	Fourni une traverse haute en fer plat de 0.075 × 0.007 de $0^m,78$ de longueur, dressée et dégauchie............................	0.78	2.05	1.60
412	229	Aux extrémités, fait 2 arasements droits, limés et affleurés.........................	2	0.21	0.42

SÉRIE PAGES	SÉRIE Nos				
436	1116	Pour la fixer, percé 7 trous de passage....	7	0.08	0.56
Ana	logie	Fourni 3 traverses en fer méplat de 0.045 ×0.007 de chacune 0.78 de longueur, dressées			
455	1820	et dégauchies, ensemble..................	2m34	1.60	3.74
412	229	Aux extrémités, fait 6 arasements droits limés et affleurés..........................	6	0.12	0.72
436	1116	Pour les fixer, percé 21 trous de passage.	21	0.08	1.68
		Fourni 3 encadrements en fer cornière de 0.040 × 0.020, dont : 2 de 0.58 × 0.35 = ... 3m72 1 de 0.58 × 1.75 = ... 4.66			
437	1135	Ensemble...........................	8.38	2.15	18.02
437	1145 1147	Fait 12 ajustements d'angle à double onglet.	12	0.925	11.10
436	1116	Pour les fixer, percé 188 trous de foret en rapport......................................	188	0.08	15.04
Estim	ation	Fourni 94 rivets à tête ronde et affleurés..	94	0.15	14.10
		Fourni 3 tables saillantes en tôle de 0.004, dont : 2 de 0.34 × 0.11 1 de 0.34 × 1.51,			
411	173	pesant....................................	18k000	0.26	4.68
411	174	Planage..................................	0.58	6.00	3.48
411	175	Dressement des rives....................	5.50	1.00	5.50
436	1116	Pour les fixer, percé 92 trous de foret en rapport....................................	92	0.08	5.56
Estim	ation	Fourni 46 rivets et affleurés	45	0.15	6.90
		L'autre vantail semblable................	»	»	296.48
		Ferré la porte.			
»	»	Fourni 16 paumelles doubles de grille à lames pleines forgées de 0.140 de hauteur de nœud, ajustées et posées sur fer............	16	7.75	124.00
425	677	Fourni 3 crémones à tringle ronde de 0.020 fermant à clef, de 3.55 de longueur et posées, valeur pour 3m,00........................	3	12.90	38.70
425	677	Tringle en plus à chacune 0m,55, ensemble.	1m65	1.40	2.31
442	1329	Façon de 3 soudures.....................	3	0.60	1.80
436	1116 1123	Pour les fixer, percé 48 trous et taraudés..	48	0.16	7.68
459	2031	Fourni 48 vis à métaux de 0.040 et posées.	48	0.35	16.80
436	1116 et plus-value	Percé 12 trous de 0.022 de diamètre dans les traverses de la porte pour le passage des tringles..................................	12	0.16	1.92
Estim	ation	Dans les croisillons en fer à U, fait 36 encoches demi-circulaires en biais	36	0.35	12.60
»	»	Dans le haut, fourni 3 gâches de façon en fer de 0.040 × 0.009, coudées et arrondies avec empênage rond.....................	3	1.00	3.00
436	1117 1123	Pour les fixer, percé 6 trous de 0.009 de profondeur et taraudés..................	6	0.22	1.32
459	2027	Fourni 6 vis à métaux de 0.020 et posées..	6	0.25	1.50
Estim	ation	Dans le bas, fourni 3 gâches à fourreau en tôle......................................	3	0.75	2.25
»	»	Au milieu, fourni un buttoir de porte cochère en fonte, à scellement de 0.15 de longueur, pesant.........................	3k350	0.75	2.51

SÉRIE PAGES	SÉRIE Nos				
Estim	ation	A l'extérieur, fourni 3 battements en fer de 0.090 × 0.007 de chacun 3m,48 de longueur, dressés et dégauchis, ensemble............	10m44	2.20	22.97
412	229	Aux extrémités, fait 6 arasements droits, limés et affleurés........................	6	0.25	1.50
436	1116 1122	Pour les fixer, percé 54 trous fraisés......	54	0.12	6.48
436	1116 1123	Contrepercé 54 trous et taraudés.........	54	0.16	8.64
459	2025	Fourni 54 vis à métaux et posées.........	54	0.20	10.80
437	1137 et plus-value	Au milieu, fourni un battement en fer à T de 0.060 × 0.055 de 3m,48 de longueur, dressé et dégauchi............................	3.48	3.55	12.35
412	229	Aux extrémités, fait 2 arasements droits, limés et affleurés........................	2	0.28	0.56
436	1116 1122	Pour le fixer, percé 18 trous fraisés.......	18	0.12	2.16
436	1116 1123	Contrepercé 18 trous et taraudés.........	18	0.16	2.88
459	2025	Fourni 18 vis à métaux et posées.........	18	0.20	3.60
		TOTAL DE LA PORTE NON COMPRIS LE FILET.	»	»	1618.50

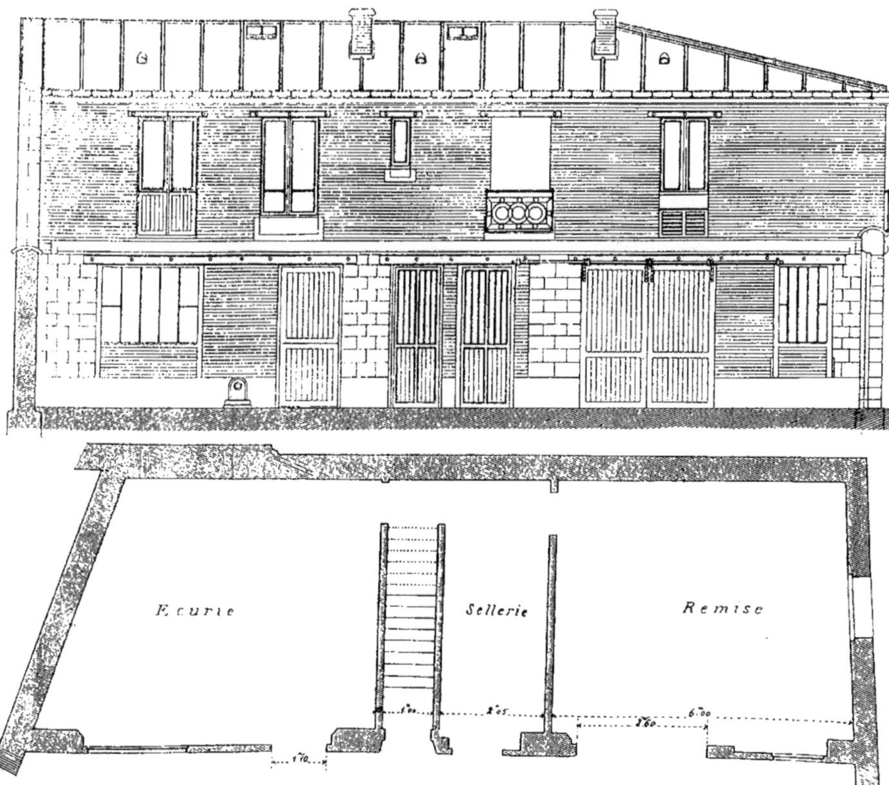

Fig. 333 et 334.

Métré n° 19.

Écurie et remise, 38, avenue Félix-Faure

(Plan et Élévation, *fig.* 333 et 334).

M. Pellissier, architecte ; M. Pêletan, entrepreneur.

SÉRIE PAGES	SÉRIE Nos				
		Rez-de-Chaussée.			
		Remise.			
		Ferré une porte à coulisse à 2 vantaux.			
Estim	ation	Fourni 4 montures perfectionnées à galet roulant FT, modèle A n° 1 *bis* (*fig.* 335 et 336) et posées	2	15.70	31.40
		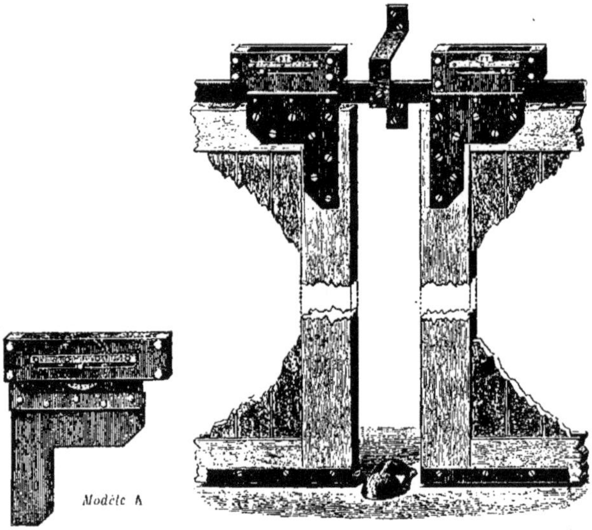 Modèle A Fig. 335 et 336.			
»	»	Fourni un rail en fer méplat de 0.050 × 0.009 de $5^m,60$ de longueur, bien dressé et dégauchi, arrondi sur le dessus et arasé aux extrémités	$5^m,60$	2.75	15.40
Estim	ation	Dans la longueur, fourni 2 supports à scellement pour filet en fer à I (*fig.* 337)	2	2.75	5.50
»	»	Pour fixer le rail sur lesdits, fait l'encastrement du bécquet des 2 supports dans le rail (*fig.* 338)	2	0.35	0.70
436	1117 1122	Percé 2 trous de 0.009 de profondeur et fraisés	2	0.17	0.34

SÉRIE PAGES	Nos				
436	1117 1123	Contrepercé 2 trous de 0.011 de profondeur et taraudés	2	0.22	0.44
459	2027	Fourni 2 vis à métaux de 0.020 et posées..	2	0.25	0.50
Estim	ation	Aux extrémités et au milieu, fourni 3 heurtoirs de façon en fer méplat, coudés 3 fois et à 2 scellements fendus (*fig.* 339)	3	2.15	6.45
436	1117	Pour fixer le rail sur lesdits, percé 6 trous de foret de 0.009 de profondeur	6	0.11	0.66
Anal 419	ogie 437	Fourni 3 boulons à tête et écrou 6 pans et posés	3	0.25	0.75
437	1135	Dans le bas des portes, à l'extérieur, fourni 2 traverses en fer cornière de 0.040 de chacune 1^m,35 de longueur, dressées et dégauchies, ensemble	2^m,70	2.15	5.80
412	229	Aux extrémités, fait 4 arasements droits limés et affleurés	4	0.12	0.48
436	1116 1122	Pour les fixer, percé 20 trous fraisés	20	0.12	2.40
459	2001	Fourni 20 vis à bois de 0.030 et posées	20	0.043	0.86

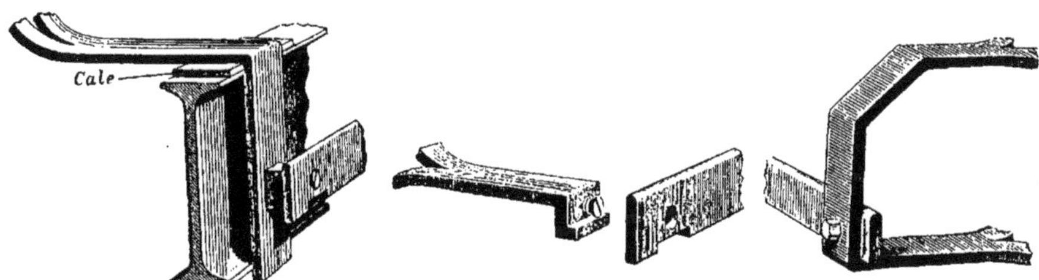

Fig 337 à 339.

Fig. 340 à 344.

SÉRIE PAGES	Nos				
Ana	logie	A l'intérieur, fourni 2 plates-bandes en fer de 0.040 × 0.005 de chacune 1m,35 de longueur dressées et dégauchies, ensemble.....			
455	1818		2m70	1.25	3.37
412	229	Aux extrémités, fait 4 arasements droits limés et affleurés	4	0.08	0.32
436	1116 1122	Pour les fixer, percé 20 trous fraisés......	20	0.12	2.40
459	2001	Fourni 20 vis à bois de 0.030 et posées....	20	0.043	0.86
Estim	ation	Fourni un buttoir double en fonte à scellement de 0.15 de longueur avec entaille de 0.055 de largeur (*fig.* 340), pesant...........	4k000	0.75	3.00
»	»	Fourni 2 fortes poignées de tirage en fer rond de 0.018 à embases et à tiges taraudées garnie d'écrous (*fig.* 341) et posées..........	2	2.75	5.50
»	»	Fourni une serrure à crochet à larder 1re qualité marquée FF (*fig.* 342), entaillée et posée................................	1	»	18.25
»	»	Fourni une cuvette double en cuivre à barette et à bascule (*fig.* 343), entaillée et posée avec vis	1	»	5.85
»	»	Fourni 2 guides à scellement coudés à noyau roulé et forgé (*fig.* 344).............	2	1.55	3.10
		Châssis vitré sur cour.			
431	883	Fourni 5 pattes à scellement de 0.14 et posées..	5	0.25	1.25
431	885	Plus-value pour 3 desdites coudées.......	3	0.05	0.15
		Fourni 4 petits bois en fer à moulures de 0.035 de chacun 1.50 de longueur, dressés et dégauchis, ensemble 6m00			
		2 traverses en même fer de chacune 0.18, ensemble..................... 0.36			
437	1155	Ensemble.........................	6m36	1.95	12.40
438	1164	Fourni 10 pattes en T bien faites (*fig.* 345), entaillées et posées avec vis...............	10	1.55	15.50

Fig. 345.

SÉRIE PAGES	Nos				
438	1167 1170	Fait 2 ajustements simples à tenon et rivés.	2	1.05	2.10
437	1150	Percé 12 trous de vitrage	12	0.05	0.60
455	1833	Fourni 2 vasistas en fer rainé de 0.014 de chacun 0.75 × 0.17, soit en développé......	3m68	2.45	9.01
455	1838	Valeur des 4 assemblages desdits, de la traverse mobile et de la pose................	2	5.70	11.40
455	1840	Fourni 4 paumelles doubles à boules, ajustées et posées sur fer..................	4	1.60	6.40
455	1853	Fourni 2 loqueteaux en cuivre renforcés de 0.070, posés sur fer.....................	2	3.25	6.50
Estim	ation	Fourni 2 mentonnets en fer de façon, ajustés à queue d'aronde rivés et soudés au cuivre....................................	2	1.50	3.00

SÉRIE PAGES	SÉRIE Nos				
		Croisée sur la rue.			
431	883-885	Fourni 7 pattes à scellement de 0.14, coudées et posées	7	0.30	2.10
435	1047	Fourni 6 paumelles doubles laminées de 0.14 et posées	6	0.95	5.70
426	701	Fourni 8 équerres simples de 0.19 et posées.	8	0.20	1.60
426	703	Plus-value pour pose avec vis tournées	8	0.10	0.80
425	664	Fourni une crémone R. G. de 0.018 et posée	1	»	2.90
		Porte de la sellerie sur la cour.			
431	883	Bâti. Fourni 7 pattes à scellement de 0.14 et posées	7	0.25	1.75
431	885	Plus-value pour 3 desdites coudées	3	0.05	0.15
435	1048	Ferré la porte. Fourni 3 paumelles doubles laminées de 0.16 et posées	3	1.10	3.30
426	715	Fourni 4 équerres fortes de façon à congé en fer de 0.030 × 0.006 de 0.50 développé, entaillées et posées avec vis, valeur pour 0m,20.	4	1.85	7.40
426	716	Linéaire de branches en plus à chacune 0m,30, ensemble	1.20	3.75	4.50
447	1559	Fourni une serrure à 2 pênes, 1re qualité de 0.14 et posée	1	»	4.95
449	1597	Plus-value pour rondelles au foliot	1	»	0.65
449	1599	Plus-value pour pêne à nervure et chanfrein à 32 degrés	1	»	0.25
420	477	Fourni un bouton double, imitation ivoire ovale S. Z. de 0.060	1	»	1.65
437	1155	Fourni 4 petits bois en fer à moulures de 0.035 de chacun 1m,50 de longueur, dressés et dégauchis, ensemble	6.00	1.95	11.70
438	1164	Fourni 8 pattes en T bien faites, entaillées et posées avec vis	8	1.55	12.40
437	1150	Percé 12 trous de vitrage	12	0.05	0.60
		Porte d'entrée au pied de l'escalier.			
		Semblable à la précédente........ 49.30			
		A déduire la plus-value pour 3 pattes coudées à 0.05........ 0.15			
		Reste	1	»	49.15
		En plus :			
Analogie 428	791	Fourni une gâche coudée de façon à empênages, entaillée et posée avec vis	1	»	1.10
		Porte de la sellerie sur la remise.			
431	883-885	Bâti. Fourni 7 pattes à scellement de 0.14, coudées et posées	7	0.30	2.10
		Ferré la porte.			
435	1047	Fourni 3 paumelles doubles laminées de 0.14 et posées	3	0.95	2.85
447	1559	Fourni une serrure 2 pênes, 1re qualité de 0.14 et posée	1	»	4.95
449	1597	Plus-value pour rondelles au foliot	1	»	0.65
449	1599	Plus-value pour pêne à nervure et chanfrein à 32 degrés	1	»	0.25
420	477	Fourni un bouton double, imitation ivoire ovale S Z de 0.060	1	»	1.65

SÉRIE PAGES	SÉRIE Nos				
		Porte de la sellerie sur l'écurie.			
		Semblable à la porte précédente	1	»	12.45
		Porte d'entrée de l'écurie.			
431	884	Bâti. Fourni 7 pattes à scellement de 0m,16 et posées	7	0.30	2.10
431	885	Plus-value pour 3 desdites coudées.......	3	0.05	0.15
434	1006	Ferré les 2 portes superposées. Fourni 4 paumelles doubles à nœuds bouchés renforcées de façon en fer blanchi de 0.19 (*fig.* 346), entaillées et posées avec vis	4	2.20	8.80
		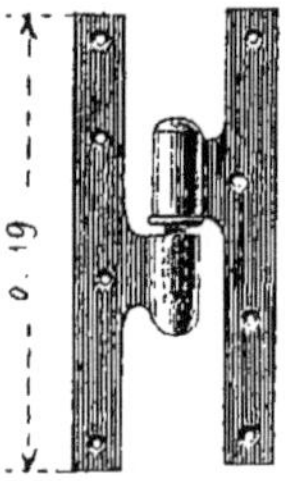 Fig. 346.			
434	1028	Plus-value pour broche bague fer d'une seule pièce	10 0/0	8.80	0.88
434	1029	Plus-value pour paumelles à douille pivotante et à bain d'huile....................	25 0/0	8.80	2.20
426	717	Fourni 8 équerres fortes de façon à congé en fer de 0.035 × 0.007 de 0.70 développé, entaillés et posés avec vis, valeur pour 0.20.	8	2.05	16.40
426	718	Linéaire de branches en plus à chacune 0m,50, ensemble.........................	4.00	4.60	18.40
		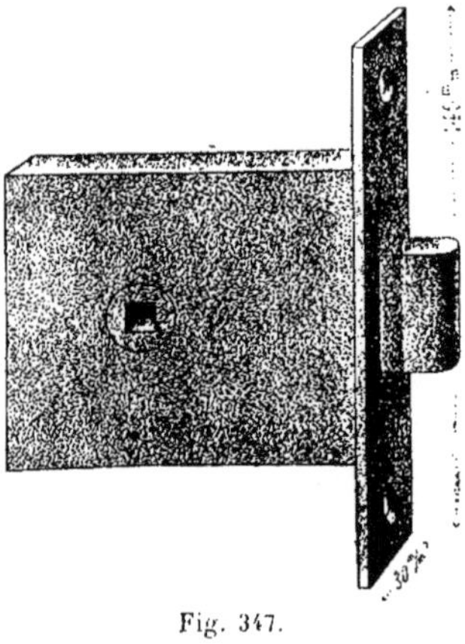 Fig. 347.			

SÉRIE PAGES	N°s				
Estim	ation	Fourni un bec-de-cane à larder pour box (*fig.* 347) avec gâche platine, entaillé et posé.	1	»	11.25
Estim	ation	Fourni une serrure à larder pour box avec gâche platine, entaillée et posée...........	1	»	17.50
Estim	ation	Fourni 2 cuvettes doubles en cuivre à barette et à bascule, entaillées et posées.......	2	5.85	11.70
		Châssis vitré sur cour.			
431	883	Fourni 6 pattes à scellement de 0.14 et posées..................................	6	0.25	1.50
431	885	Plus-value pour 4 desdites coudées.......	4	0.05	0.20
		Fourni 4 petits bois en fer à moulures de 0.035 de chacun 1.50 de longueur, dressés et dégauchis, ensemble.............. 6.00			
		Fourni 2 traverses en même fer de chacune 0.37, ensemble............. 0.74			
437	1155	Ensemble........................	6.74	1.95	13.14
438	1164	Fourni 10 pattes en T bien faites, entaillées et posées..................................	10	1.55	15.50
438	1167 1170	Fait 2 ajustements simples à tenon et rivés.	2	1.05	2.10
437	1150	Percé 12 trous de vitrage................	12	0.05	0.60
455	1833	Fourni 2 vasistas en fer rainé de 0.014 de chacun 0.75 × 0.36, soit en développé......	4.44	2.45	10.87
455	1838	Valeur des 4 assemblages desdits, compris la traverse mobile et la pose...............	2	5.70	11.40
455	1840	Fourni 4 paumelles doubles à boules, ajustées et posées sur fer......................	4	1.60	6.40
455	1853	Fourni 2 loqueteaux en cuivre renforcés de 0.070, posés sur fer....................	2	3.25	6.50
Estim	ation	Fourni 2 mentonnets en fer de façon, ajustés à queue d'aronde, rivés et soudés au cuivre..................................	2	1.50	3.00
415	292	Fourni 2 anneaux d'écurie en fer étamés de 0.08 de diamètre, avec tige à scellement (*fig.* 348)..............................	2	1.05	2.10
		Fig. 348 et 349.			
415	301	Fourni 2 anneaux d'écurie en cuivre à boule de 0.08 de diamètre (*fig.* 349) et posés.	2	2.85	5.70

TRAVAUX DE RÉPARATIONS

Métré n° 20.

SÉRIE PAGES	Nos	Rez-de-Chaussée.			
		Porte à 2 vantaux du vestibule sur la cour.			
443	1407	Nettoyé 3 paumelles sur place et huilées...	3	0.10	0.30
443	1403	Déposé 3 paumelles doubles et supprimées.	3	0.25	0.75
Estim	ation	En remplacement, fourni 2 charnières américaines à ressorts de Bommer à simple action n° 9 (*fig.* 350), entaillées et posées......	2	7.35	14.70
445	1483	Déposé 2 verrous......................	2	0.15	0.30
445	1486	Nettoyés, huilés, fait marcher...........	2	0.35	0.70
445 421	1490 503	Pour celui du bas, fourni un bouton en cuivre de 0.035 (*fig.* 351)..................	1	»	1.05

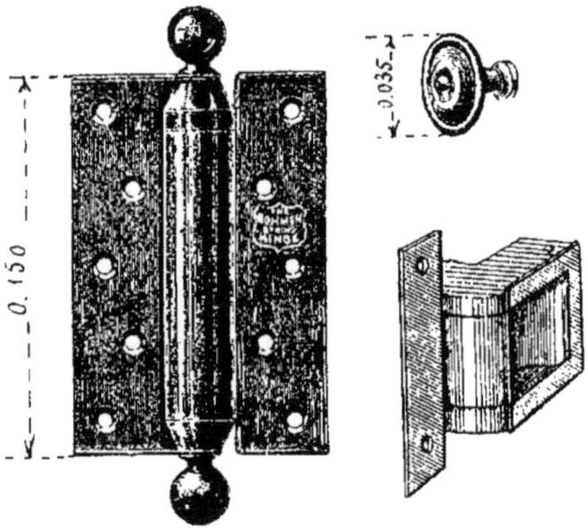

Fig. 350 à 352.

SÉRIE PAGES	Nos				
436	1116 1123	Percé un trou et taraudé................	1	»	0.10
459	2027	Fourni une vis à métaux de 0.020 et posée.	1	»	0.25
445	1484	Reposé les 2 verrous.....................	2	0.25	0.50
441	1279	Déposé le bec-de-cane Gollot, nettoyé, réparé et reposé..........	1	»	1.25
Estim	ation	Fourni un grand ressort spirale en acier trempé, ajusté et réglé....................	1	»	2.00
443	1359	Déposé la gâche hors de service..........	1	»	0.10
Estim	ation	Fourni une gâche à ressort, système Leglay (*fig.* 352) et posée....................	1	»	2.75
425	686-691	Fourni 2 crochets ronds renforcés de 0.14, garnis et posés..........................	2	0.50	1.00
437	1126	Percé 2 trous de chacun 0.05 de profondeur et tamponnés, ensemble.............	$0^{m}10$	5.00	0.50
		Porte à 2 vantaux du vestibule sur le grand escalier.			
443	1407	Nettoyé les 6 paumelles sur place et huilées.	6	0.10	0.60
445	1486	Nettoyé les 2 verrous sur place, huilés et fait marcher..........................	2	0.35	0.70

SÉRIE PAGES	Nos				
443	1359	Déposé la gâche du haut	1	»	0.10
443	1361	Reposée en place neuve	1	»	0.30
441	1280	Nettoyé le bec-de-cane sur place, huilé et fait marcher	1	»	0.20
443	1359	Déposé la gâche hors de service	1	»	0.10
Estim	ation	Fourni une gâche à ressort, système Leglay *idem* et posée	1	»	2.75
»	»	Fourni un ferme-porte hydraulique Blount n° 2 (*fig.* 353) et posé	1	»	34.60

Fig. 353.

Porte à 2 vantaux de la loge.

SÉRIE PAGES	Nos				
443	1403	Pour le travail du menuisier déposé 3 paumelles doubles	3	0.25	0.75
443	1404	Reposées ensuite	3	0.40	1.20
443	1407	Nettoyé 3 paumelles sur place et huilées	3	0.10	0.30
445	1483	Déposé le verrou du haut	1	»	0.15
445	1486	Nettoyé, huilé, fait marcher	1	»	0.35
445	1487	Fourni une paillette	1	»	0.20
445	1484	Reposé le verrou	1	»	0.25
445	1486	Nettoyé le verrou du bas, huilé, fait marcher	1	»	0.35
443	1362	Donné du jeu à la gâche	1	»	0.15
441	1280	Nettoyé le bec-de-cane sur place, huilé, fait marcher	1	»	0.20

Premier étage.

Appartement de gauche.
Porte d'entrée sur le grand escalier.

SÉRIE PAGES	Nos				
444	1427	Déposé la serrure à gorges, nettoyée, réparée et reposée	1	»	2.10
445	1463	Fourni 2 paillettes en acier	2	0.25	0.50
444	1431	Fourni un bouton à cor-de-chasse en cuivre (*fig.* 354), ajusté et goupillé	1	»	0.75
443	1359	Déposé la gâche	1	»	0.10
443	1361	Reposée en place neuve	1	»	0.30
Estim	ation	Deposé un bouton de tirage	1	»	0.15

SÉRIE PAGES	SÉRIE Nos				
Estim	ation	Pour ledit, fourni une tige carrée faite exprès avec épaulement taraudé garni d'écrou, ajustée et goupillée	1	»	1.25
»	»	Reposé le bouton de tirage	1	»	0.25
		Porte de la cuisine.			
»	»	Dégondé la porte	1	»	0.20
443	1407	Nettoyé les 3 paumelles et huilées	3	0.10	0.30
443	1408	Pour lesdites, fourni 3 bagues en cuivre (*fig.* 355)	3	0.05	0.15

Fig. 354 à 356.

Estim	ation	Fait l'ajustement desdites, alésées à la lime ronde, posées et réglées	3	0.15	0.45
»	»	Rengondé la porte	1	»	0.25
441	1279	Déposé le bec-de-cane, nettoyé, réparé et reposé	1	»	1.25
441	1282	Fourni un foliot en cuivre (*fig.* 356)	1	»	0.65
441	1290	Rajusté le bouton double, fourni une goupille	1	»	0.10
443	1362	Donné du jeu à la gâche	1	»	0.15
		Croisée de la cuisine.			
444	1354	Déposé 6 fiches hors de service	6	0.15	0.90
435	1046	En remplacement, fourni 6 paumelles doubles laminées de 0.11 et posées	6	0.80	4.80
443	1406	Plus-value pour fourniture en réparation	1/10	4.80	0.48
442	1338	Déposé une espagnolette supprimée	1	»	0.25
443	1359	Déposé les 2 gâches	2	0.10	0.20
Estim	ation	Déposé le support	1	»	0.10
425	664	En remplacement, fourni une crémone DP de 0 018 et posée	1	»	2.90
443	1391	Sous les gâches, fourni 2 plaques de recouvrement de 0.20 à l'équerre et posées, valeur pour 0.16	2	1.25	2.50
443	1392	Le surplus 0.08	8	0.05	0.40
443	1393	Entaille 1/5 en plus	1/5	2.90	0.58
436	1116 1123	Pour fixer les gâches, percé 4 trous et taraudés	4	0.16	0.64
459	2027	Fourni 4 vis à métaux de 0.020 et posées	4	0.25	1.00
		Garde-manger.			
441	1296	Déposé 4 charnières hors de service	4	0.15	0.60
435	1045	En remplacement, fourni 4 paumelles doubles laminées de 0.095 et posées	4	0.75	3.00
443	1406	Plus-value pour fourniture en réparation	1/10	3.00	0.30
430	863	Pour le ressort, fourni un mentonnet à vis (*fig.* 357) et posé	1	»	0.30
445	1474	Déposé la targette cassée	1	»	0.10

SÉRIE PAGES	N^os^				
443	1359	Déposé la gâche	1	»	0.10
454	1777	En remplacement, fourni une targette en cuivre de 0.040 et posée	1	»	1.00
		Armoire sous évier.			
441	1296	Déposé 2 charnières hors de service	2	0.15	0.30
435	1045	En remplacement, fourni 2 paumelles doubles laminées de 0.095 et posées	2	0.75	1.50
443	1406	Plus-value en réparation	1/10	1.50	0.15
445	1476	Huilé la targette sur place	1	»	0.10
443	1359	Déposé la gâche	1	»	0.10
443	1361	Reposée en place neuve	1	»	0.30

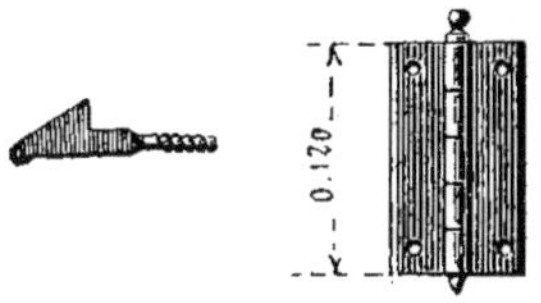

Fig. 357 et 358.

SÉRIE PAGES	N^os^				
		Croisée de l'antichambre sur la courette.			
442	1353	Débroché 5 fiches, nettoyées, huilées et rebrochées	5	0.15	0.75
442	1354	Déposé une fiche cassée	1	»	0.15
427	760	En remplacement, fourni une fiche mortaisée à broche tournée et à boule de 0.12 (*fig.* 358) et posée	1	»	0.70
442	1357	Plus-value en réparation	1/10	0.70	0.07
442	767	Plus-value pour pose sur huisserie à l'échelle.	1	»	0.30
442	1341	Fait marcher l'espagnolette, huilé les conduits, jeu aux gâches	1	»	0.55
		Porte des W.-C.			
442	1353	Nettoyé 3 fiches sur place et huilées	3	0.15	0.45
731	718	Donné du jeu à la porte	1	»	0.41
441	1280	Nettoyé le bec-de-cane sur place, huilé, fait marcher	1	»	0.20
441	1287	Pour le bouton double, fourni une tige de foliot, ajustée et goupillée	1	»	0.65
445	1474	Déposé la targette cassée	1	»	0.10
443	1359	Déposé la gâche	1	»	0.10
458	1998	En remplacement fourni un verrou automatique en cuivre nikelé de 0.055 (*fig.* 359) et posé	1	»	3.35
		Châssis.			
442	1354	Déposé 2 fiches	2	0.15	0.30
442	1355	Huilées et reposées	2	0.25	0.50
731	720	Donné du jeu au châssis	1	»	0.31
443	1385	Huilé le loqueteau sur place, jeu au mentonnet	1	»	0.35

SÉRIE PAGES	Nos				
		Fig. 359.			
		Porte de l'antichambre sur le dégagement.			
443	1403	Pour le travail du menuisier, déposé 3 paumelles doubles...........................	3	0.25	0.75
443	1405	Reposées en place neuves................	3	0.85	2.55
441	1276	Déposé le bec-de-cane hors de service....	1	»	0.15
443	1359	Déposé la gâche et la rosette............	2	0.10	0.20
447	1559	En remplacement fourni une serrure 2 pênes 1re qualité de 0.14 et posée................	1	»	4.95
420	477	Fourni un bouton double imitation ivoire ovale SZ de 0.060.........................	1	»	1.65
443	1391	Fourni une plaque de recouvrement de 0.18 à l'équerre et posée, vaut pour 0.16.........	1	»	1.25
443	1392	Le surplus 0.02.........................	2	0.05	0.10
443	1393	Entaille 1/5 en plus.....................	1/5	1.35	0.27
443	1394	Façon d'une entrée.......................	1	»	0.35
443	1395	Façon d'une rosette......................	1	»	0.15
		Porte de la salle de bains.			
441	1296	Déposé 3 charnières.................. ...	3	0.15	0.45
441	1298	Reposées en place neuve..................	3	0.35	1.05
444	1425	Déposé la serrure 2 pênes nettoyée, réparée et reposée................................	1	»	1.30
445	1466	Fourni un ressort à boudin (*fig.* 360)......	1	»	0.55
		Fig. 360.			
445	1456	Allongé et réglé les barbes du pène.......	1	»	0.25
441	1290	Rajusté le bouton double et goupillé......	1	»	0.10
443	1362	Donné du jeu à la gâche..................	1	»	0.15
445	1476	Huilé la targette sur place...............	1	»	0.10
443	1359	Déposé la gâche..........................	1	»	0.10
443	1361	Reposée en place neuve...................	1	»	0.30

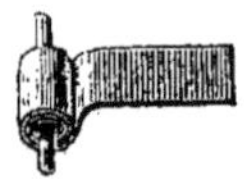

SÉRIE PAGES	SÉRIE Nos				
		Croisée.			
443	1407	Nettoyé 6 paumelles sur place et huilées..	6	0.10	0.60
442	1322	Déposé la crémone nettoyée, réparée et reposée..................................	1	»	1.10
442	1325	Fourni un disque..............................	1	»	0.30
441	1290	Rajusté le bouton et goupillé.............	1	»	0.10
Estim	ation	Fourni une persienne en verre à lames mobiles, système Franken et Dubois de 0m,40 de hauteur sur 0m,30 de largeur (*fig.* 361) et posée.	1	»	21.20
»	»	Plus-value pour verre strié, surface.......	0m12	6.60	0.79

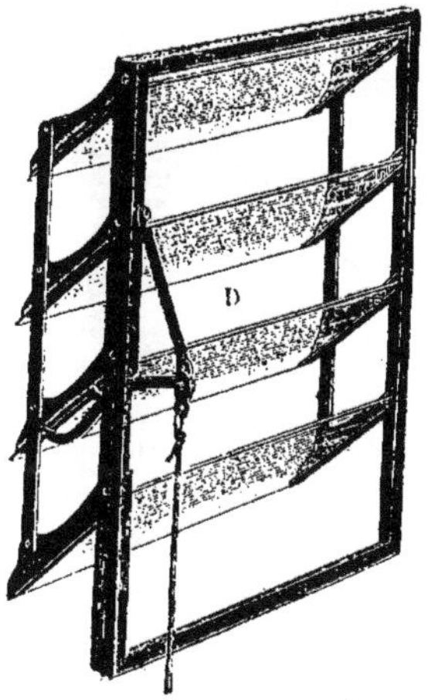

Fig. 361.

		Porte de la chambre sur la cour.			
441	1296	Déferré la porte pour le travail du menuisier. déposé 3 charnières........................	3	0.15	0.45
444	1416	Déposé la serrure 2 pênes.................	1	»	0.25
443	1359	Déposé la gâche, l'entrée et la rosette.....	3	0.10	0.30
435	1046	Referré la porte. Fourni 3 paumelles doubles laminées de 0.11 et posées...............	3	0.80	2.40
444	1425 1416 1419	Réparé la serrure 2 pênes, nettoyée, huilée, fait marcher............................	1	»	0.60
445	1458	Fourni un foliot en cuivre..................	1	»	0.65
444	1422	Reposé la serrure en place neuve.........	1	»	1.30
444	1454	Fourni une entrée et posée (*fig.* 362)......	1	»	0.30
441	1283	Fourni une rosette et posée (*fig.* 363)......	1	»	0.15
445	1460	Pour l'ancien bouton double, fourni une tige de foliot (*fig.* 364) ajustée et goupillée...	1	»	0.65
		Croisée.			
443	1407	Nettoyé 6 paumelles sur place et huilées..	6	0.10	0.60
442	1319	Déposé la crémone hors de service	1	»	0.15
443	1359	Déposé 4 gâches et chapiteaux	4	0.10	0.40

SÉRIE PAGES	N°s				
425	664	En remplacement, fourni une crémone D. P. de 0.018 et posée	1	»	2.90
Estim	ation	Plus-value pour bouton à bâton (*fig.* 365)	1	»	0.25
		Persienne.			
443	1386	Déposé le loqueteau, nettoyé, huilé et reposé	1	»	0.65
505	60	Fourni un ressort à pompe en cuivre (*fig.* 366)	1	»	0.40

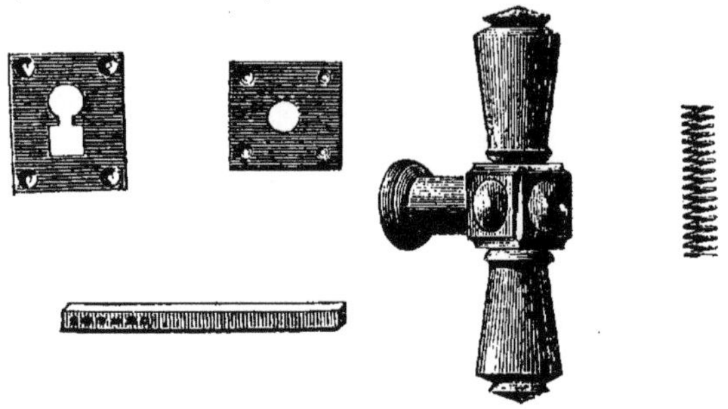

Fig. 362 à 366.

SÉRIE PAGES	N°s				
445	1480	Fourni un tirage en fil de fer cordelé avec anneau étamé	1	»	0.35
Estim	ation	Déposé un arrêt cassé	1	»	0.10
416	314	En remplacement, fourni un arrêt en fonte à anneau et paillette et posé	1	»	0.85
Estim	ation	Nettoyé un arrêt sur place et huilé	1	»	0.15
»	»	Déposé le fléau	1	»	0.15
Estim	ation	Pour ledit, fourni une platine en forte tôle, percée d'un trou d'axe et de 4 trous fraisés	1	»	1.25
Ana 443	logie 1377	Fourni un clou d'axe et rivé	1	»	0.35
Estim	ation	Reposé le fléau	1	»	0.25
424	646	Pour le crochet, fourni un piton à vis et posé	1	»	0.15
		Armoire.			
441	1296	Déposé 3 charnières	3	0.15	0.45
441	1297	Huilées et reposées	3	0.25	0.75
445	1474	Déposé la targette hors de service	1	»	0.10
443	1359	Déposé la gâche	1	»	0.10
447	1546	En remplacement, fourni une serrure d'armoire polie à canon, 1re qualité de 0.070 et posée	1	»	3.10
		Porte du dégagement à la chambre sur la rue.			
443	1407	Nettoyé 3 paumelles sur place et huilées	3	0.10	0.30
444	1429	Nettoyé la serrure sur place, huilée et fait marcher	1	»	0.40
Estim	ation	Déposé un bouton simple en cuivre ciselé, repéré et reposé	1	»	0.40
»	»	Dorure au mercure dudit	1	»	4.00
443	1362	Jeu à la gâche	1	»	0.15

SÉRIE PAGES	Nos				
		Porte sous tenture sur débarras.			
441	1295	Nettoyé 3 charnières sur place et huilées..	3	0.10	0.30
444	1424	Déposé la serrure tour et demi, nettoyée, réparée et reposée	1	»	1.05
444	1431	Fourni un bouton de coulisse en cuivre (*fig.* 367) et goupillé.......................	1	»	0.75

		Fig. 367 et 368.			
		Croisée sur la rue.			
443	1403	Déposé 3 paumelles doubles.............	3	0.25	0.75
435	1046	Fourni 3 paumelles doubles laminées de 0.11 et posées...........................	3	0.80	2.40
443	1406	Plus-value en réparation................	1/10	2.40	0.24
443	1407	Nettoyé 3 paumelles sur place et huilées ..	3	0.10	0.30
442	1322	Déposé la crémone, nettoyée, réparée et reposée	1	»	1.10
Estim	ation	Fourni un tourillon fait exprès, épaulé, rivé et brasé............................	1	»	0.60
»	»	Déposé le bouton supprimé............	1	»	0.10
Estim	ation	En remplacement, fourni un bouton en cuivre fondu et ciselé F. T. n° 127 (*fig.* 368), ajusté et goupillé.........................	1	»	4.10
»	»	Déposé ce bouton pour le décor, repéré et reposé..................................	1	»	0.40
»	»	Dorure au mercure dudit	1	»	4.00
		Porte à 2 vantaux de la chambre au salon.			
443	1403	Déferré cette porte pour le travail du menuisier. Déposé 6 paumelles doubles........	6	0.25	1.50
445	1483	Déposé 2 verrous.......................	2	0.15	0.30
443	1359	Déposé 2 gâches........................	2	0.10	0.20
444	1416	Déposé une serrure 2 pênes.............	1	»	0.25
443	1359	Déposé la gâche, l'entrée et la rosette.....	3	0.10	0.30
435	1048	Après le travail du menuisier referré la porte. Fourni 6 paumelles doubles laminées de 0.16 et posées..........................	6	1.10	6.60
		Fourni une serrure 2 pênes avec coffre en fer et cadre en cuivre ciselé, à gâche de répétition FT n° 40 avec couvre-joint de 0.020 et crémone n° 43 de 2m,20 de longueur montée dans la gâche (*fig.* 369) et posée............	1	»	54.10

SÉRIE PAGES	N^os				
		 Fig. 369.			
		Sous-détail :			
		Achat de la serrure............... 19^f 60			
		Achat de la crémone............. 20.00			
		Montage du système à bouton renvoyé.............................. 8.00			
		Ensemble.................. 47.60			
		Remise du fabricant 5 0/0......... 2.40			
		45.20			
		Vis, entrée et rosette............. 0.30			
		Apprêt et pose.................... 3.00			
		Faux frais 23 0/0................. 0.69			
		Ensemble.................. 49.19			
		Bénéfice 10 0/0................... 4.92			
		Total.................. 54^f 11			
425	665	Tringle pour crémone de 0.020 de plus de 2^m,00 de longueur........................	0^m20	0.70	0.14
442	1329	Façon d'une soudure....................	1	»	0.60
428	797	Dans le bas, fourni une gâche en cuivre à douille mobile pour tapis (*fig.* 370) et posée..	1	»	3.05

Fig. 370.

SÉRIE PAGES	SÉRIE Nos				
Estim	ation	Fourni un bouton double en cuivre fondu et ciselé FT n° 127 et posé..................	1	»	8.20
»	»	Fourni un bouton simple en cuivre ciselé *idem*..................................	1	»	4.10
»	»	Déposé la serrure pour le décor, compris gâche de répétition et crémone, démontée, repérée, remontée et reposée..............	1	»	2.50
»	»	Décor de ladite avec coffre et tringles vernis au four et garnitures dorées à la pile.......	1	»	25.60
»	»	Déposé un bouton double et un bouton simple, repérés et reposés................	2	0.40	0.80
»	»	Dorure au mercure de 3 boutons simples...	3	4.00	12.00
		Salon.			
		Croisée.			
443	1407	Nettoyé 6 paumelles sur place et huilées..	6	0.10	0.60
442	1322	Déposé la crémone, nettoyée, réparée, reposée..................................	1	»	1.10
Estim	ation	Déposé ladite pour le décor, démontée, repérée et reposée........................	1	»	1.25
»	»	Fait vernir les tringles au four avec garnitures dorées à la pile et bouton doré au mercure..................................	1	»	21.25
		Porte à 2 vantaux sur le dégagement.			
»	»	Dégondé un vantail......................	1	»	0.20
443	1407	Nettoyé les 3 paumelles et huilées........	3	0.10	0.30
443	1408	Pour lesdites, fourni 3 bagues en cuivre...	3	0.05	0.15
Estim	ation	Ajustement desdites *idem* et pose.........	3	0.15	0.45
»	»	Rengondé le vantail......................	1	»	0.20
445	1486	Nettoyé les deux verrous sur place, huilés, fait marcher..............................	2	0.35	0.70
444	1429	Nettoyé la serrure sur place et huilée.....	1	»	0.40
Estim	ation	Déposé une béquille simple pour le décor, repérée et reposée........................	1	»	0.40
»	»	Dorure au mercure de ladite.............	1	»	6.00
443	1362	Donné du jeu à la gâche.................	1	»	0.15
		Porte à 2 vantaux sur l'antichambre.			
		Même travail qu'à la précédente..........	1	»	8.95
		Porte à 2 vantaux du salon à la salle à manger.			
443	1407	Nettoyé 5 paumelles sur place et huilées..	5	0.10	0.50
443	1403	Déposé une paumelle double cassée.......	1	»	0.25
435	1048	En remplacement, fourni une paumelle double laminée de 0.16 et posée............	1	»	1.10
443	1406	Plus-value en réparation................	1/10	1.10	0.11
445	1486	Nettoyé le verrou du haut sur place, huilé, fait marcher............................	1	»	0.35

SÉRIE PAGES	N^os				
445	1483	Déposé le verrou du bas hors de service...	1	»	0.15
		En remplacement, fourni un verrou à coquille FT de 0.020 de 0.40 de longueur (*fig.* 371),			
458	1958	entaillé et posé, valeur pour $0^m,30$..........	1	»	4.10
		Fig. 371.			
458	1959	Tige en plus..........................	0.10	3.00	0.30
		Déposé la serrure 2 pênes, nettoyée, réparée et reposée.........................			
444	1425		1	»	1.30
445	1466	Fourni un ressort à boudin...............	1	»	0.55
		Fourni une clef bénarde à embase tournée			
441	1302	et polie................................	1	»	2.50
		Plus-value de panneton taillé en chiffre			
441	1303	(*fig.* 372).............................	1	»	0.35
		Fig. 372.			
		Déposé une béquille double pour le décor,			
Estim	ation	repérée et reposée.......................	1	»	0.40
»	»	Dorure au mercure de 2 béquilles simples.	2	6.00	12.00
443	1359	Déposé la gâche.........................	1	»	0.10
443	1361	Reposé en place neuve..................	1	»	0.30
		Salle à manger.			
		Croisée.			
443	1403	Déposé 3 paumelles doubles cassées......	3	0.25	0.75
		En remplacement, fourni 3 paumelles			
435	1046	doubles laminées de $0^m,11$ et posées.........	3	0.80	2.40
443	1406	Plus value en réparation.................	1/10	2.40	0.24

SÉRIE PAGES	N°s				
443	1407	Nettoyé 3 paumelles sur place et huilées ..	3	0.10	0.30
442	1318	Nettoyé la crémone sur place, huilée, fait marcher..................................	1	»	0.35
Estim	ation	Déposé ladite pour le décor, démontée, repérée, remontée et reposée..............	1	»	1.25
		Fait vernir les tringles au four avec garnitures dorées à la pile et bouton doré au mercure..................................	1	»	21.25
		Porte à 2 vantaux sur l'antichambre.			
443	1407	Nettoyé 4 paumelles sur place et huilées...	4	0.10	0.40
443	1403	Déposé 2 paumelles doubles..............	2	0.25	0.50
443	1404	Huilées et reposées.......................	2	0.40	0.80
445	1486	Nettoyé les 2 verrous sur place, huilés, fait marcher..................................	2	0.35	0.70
444	1429	Nettoyé la serrure sur place, huilée, fait marcher..................................	1	»	0.40
Estim	ation	Déposé une béquille-simple, pour le décor, repérée et reposée........................	1	»	0.40
»	»	Dorure au mercure de ladite.,............	1	»	6.00
		Porte de l'office.			
444	1425	Déposé la serrure 2 pênes, nettoyée, réparée et reposée..............................	1	»	1.30
Estim	ation	Fourni une barbe au pêne, ajustée à queue d'aronde et soudée au cuivre..............	1	»	1.25
444	1448	Fourni un canon en cuivre, ajusté et rivé (*fig.* 373)..................................	1	»	0.90
443	1359	Déposé la gâche cassée..................	1	»	0.10
443	1365	En remplacement, fourni une gâche encloisonnée (*fig.* 374) et posée......	1	»	0.95
		Châssis.			
Estim	ation	Déposé un vasistas........................	1	»	0.20
445	1481	Réparé ledit, dégauchi, redressé les feuillures à la lime............................	1	»	1.60

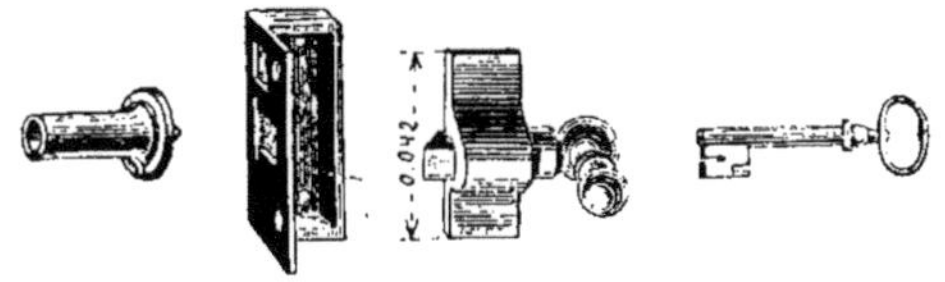

Fig. 373 à 376.

443	1382	Déposé le loqueteau cassé................	1	»	0.10
430	834	En remplacement, fourni un loqueteau en cuivre à douille à boule dessus de 0.042 (*fig.* 375) et posé...........................	1	»	1.40
430	848	Plus-value pour pose sur fer.............	1	»	0.65
Estim	ation	Reposé le vasistas	1	»	0.25
		Armoire.			
445	1423	Déposé la serrure, nettoyée, réparée et reposée..................................	1	»	0.90
441	1301	Fourni une clef forée (*fig.* 376)...........	1	»	1.60

SERIE PAGES	N°s				
443	1359	Déposé la gâche cassée..................	1	»	0.10
428	778	Fourni une gâche platine et posée........	1	»	0.60
		Porte d'entrée sur l'escalier de service.			
443	1403	Déposé 3 paumelles doubles.............	3	0.25	0.75
443	1405	Reposées en place neuve.................	3	0.85	2.55
444	1426	Déposé la serrure de sûreté, nettoyée, réparée et reposée..........................	1	»	1.60
444	1434	Fourni une broche et rivée...............	1	»	0.35
445	1472	Fourni un rouet croisé..................	1	»	1.40
443	1316	Rajusté une ancienne clef................	1	»	0.85
441	1305	Fourni une clef forée à garnitures cintrées (*fig.* 377)................................	1	»	4.70
443	1359	Déposé la gâche.........................	1	»	0.10
443	1361	Reposée en place neuve..................	1	»	0.30
Estim	ation	Déposé le bouton de tirage cassé	1	»	0.15
421	520	En remplacement, fourni un bouton rond de tirage en cuivre plein de 0.060 (*fig.* 378) et posé....................................	1	»	1.95

Fig. 377 à 379.

SERIE PAGES	N°s				
		Escalier de service.			
721	448	Rampe. Déposé 4^{m},50 de main courante en bois et reposée ensuite.....................	4.50	1.25	5.62
Estim	ation	Déposé 5 barreaux.......................	5	0.20	1.00
436	1117 1123	Dans lesdits percé 5 trous de 0.010 et taraudés	5	0.22	1.10
Estim	ation	Reposés les 5 barreaux et réglés..........	5	0.25	1.25
459	2026	Fourni 5 vis à métaux de 0.015 et posées..	5	0.20	1.00
424	660	Fourni 2 colliers à pattes de façon (*fig.* 379) entaillés et posés..........................	2	1.25	2.50
		Appartement de droite.			
		Porte d'entrée sur l'escalier de service.			
443	1407	Nettoyé les 3 paumelles sur place et huilées.	3	0.10	0.30
444	1427	Déposé la serrure à gorges, nettoyée, réparée et reposée	1	»	2.10
445	1463	Fourni 2 paillettes en acier	2	0.25	0.50
444	1451	Fourni une équerre (*fig.* 380^{E})............	1	»	0.75
459	2025	Pour la fixer, fourni une vis à métaux et posée....................................	1	»	0.20
445	1472	Fourni une bouterolle (*fig.* 380^{B}).........	1	»	1.40
442	1316	Rajusté une ancienne clef................	1	»	0.85
442	1309	Fourni une clef forée à 6 gorges et à garnitures demi-baroques	1	»	5.45
445	1465	Fourni un pied de foncet (*fig.* 380^{P}).......	1	»	0.35
443	1359	Déposé la gâche.........................	1	»	0.10

Fig. 380.

SÉRIE PAGES	SÉRIE Nos				
439	1229	Sous ladite, fourni une plate-bande en fer de 0.025 × 0.005 de $0^m,30$ de longueur, entaillée et fixée avec vis	0^m30	2.75	0.82
Estim	ation	Fait l'encastrement de la têtière dans ladite.	1	»	0.75
439	1360	Reposé la gâche	1	»	0.15
436	1116 1123	Pour la fixer sur la plate-bande, percé 2 trous et taraudés	2	0.16	0.32
459	2025	Fourni 2 vis à métaux et posées	2	0.20	0.40
		Porte d'entrée sur le grand escalier.			
442	1354	Pour le travail du menuisier, déferré la porte, déposé 6 fiches	6	0.15	0.90
445	1483	Déposé 2 verrous	2	0.15	0.30
443	1359	Déposé 2 gâches	2	0.10	0.20
444	1415	Déposé une serrure sans foliot	1	»	0.20
443	1359	Déposé la gâche et l'entrée	2	0.10	0.20
Estim	ation	Déposé le bouton de tirage	1	»	0.15
431	883-885	Pour le bâti, fourni 7 pattes à scellement de 0.14, coudées et posées	7	0.30	2.10
431	879	Fourni 7 pattes à chambranles de 0.11 (*fig.* 381)	7	0.10	0.70
435	1047	Referré la porte. Fourni 6 paumelles doubles laminées de $0^m,14$, entaillées et posées avec vis	6	0.95	5.70
445	1486	Nettoyé les 2 verrous, huilés, fait marcher.	2	0.35	0.70
445	1484	Reposé celui du haut	1	»	0.25
445	1485	Reposé le verrou du bas en place neuve	1	»	0.55
445	1489	Fourni un conduit à pattes pour verrou, boite fonte de 0.032 (*fig.* 382) et posé	1	»	0.44

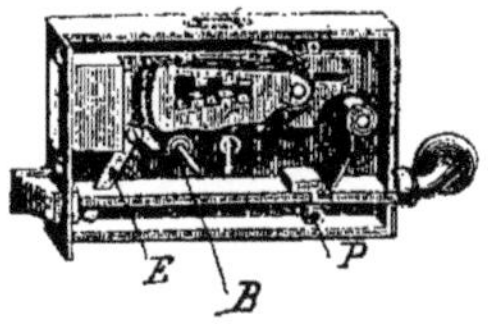

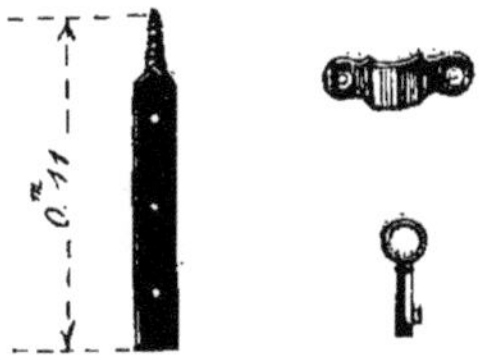

Fig. 381 à 383.

SÉRIE PAGES	SÉRIE Nos				
428	784	Pour le verrou du haut, fourni une gâche à pattes renforcée et posée	1	»	0.60

SÉRIE PAGES	N°s				
443	1391	Dans le bas, fourni une gâche platine de façon en cuivre de 0.20 à l'équerre et posée, vaut comme plaque de recouvrement en tôle de $0^m,16$	1	»	1.25
443	1392	Le surplus $0^m,04$	4	0.05	0.20
Ana 428	logie 789	En cuivre 1/3 en plus	1/3	1.45	0.48
443	1393	Entaille 1/5 en plus	1/5	1.45	0.29
Ana 443	logie 1394	Façon d'un empênage	1	»	0.35
444	1428 1415 1418	Réparé la serrure à pompe, nettoyée, huilée, fait marcher	1	»	2.05
Estim	ation	Fourni 2 barrettes en acier et ajustées	2	1.00	2.00
442	1311	Reblanchi une clef	1	»	0.45
442	1309	Fourni une clef à pompe (*fig.* 383)	1	»	5.45
444	1421	Reposé la serrure en place neuve	1	»	1.05
443	1390	Fourni une plaque de recouvrement en cuivre de 0.13 à l'équerre et posée, vaut pour tôle	1	»	0.85
Ana 428	logie 789	En cuivre 1/3 en plus	1/3	0.85	0.28
Ana 443	logie 1393	Chanfrein 1/5 en plus	1/5	0.85	0.17
443	1394	Façon d'une entrée	1	»	0.35
Ana 443	logie 1367 1368	Pour la gâche, fourni une bride de sûreté de façon en fer méplat coudée 4 fois, chanfreinée et posée avec vis	1	»	1.75
Estim	ation	Reposé le bouton de tirage	1	»	0.25
442	1331	Fourni un écrou en cuivre	1	»	0.35
445 444	1491 1427	Déposé un verrou de sûreté à gorges, nettoyé, réparé et reposé	1	»	2.10
445	1459	Fourni une gorge en cuivre faite exprès (*fig.* 384)	1	»	1.50
445	1463	Fourni 2 paillettes en acier	2	0.25	0.50
443	1359	Déposé la gâche	1	»	0.10
443	1361	Reposée en place neuve	1	»	0.30
		Porte de la cuisine.			
442	1354	Déposé 3 fiches dont une cassée	3	0.15	0.45
428	769	En remplacement, fourni une fiche Chanteau de 0.120 et posée (*fig.* 385)	1	»	0.55
442	1357	Plus-value en réparation	1/10	0.55	0.06
442	1356	Reposé 2 fiches en place neuve	2	0.35	0.70

Fig. 384 à 388.

SÉRIE PAGES	SÉRIE Nos				
441	1279	Déposé le bec-de-cane, nettoyé, réparé et reposé	1	»	1.25
441	1282	Fourni un foliot en cuivre	1	»	0.65
441	1290	Rajusté le bouton double et goupillé	1	»	0.10
441	1291	Fourni 2 rondelles en fer (*fig.* 386)	2	0.05	0.10
Ana 443	logie 1359	Déposé la rosette cassée	1	»	0.10
441	1284	En remplacement, fourni une rosette à douille en fer (*fig.* 387) et posée	1	»	0.40
443	1359	Déposé la gâche cassée	1	»	0.10
443	1363	Fourni une gâche encloisonnée (*fig.* 388) et posée	1	»	0.75
		Armoire sous évier.			
445	1477	Déposé la targette, nettoyée, huilée et reposée en place neuve	1	»	0.55
		Croisée.			
442	1353	Pour le travail du menuisier, débroché 5 fiches, nettoyées, huilées et rebrochées	5	0.15	0.75
442	1358	Fourni une broche et ajustée	1	»	0.20
442	1334	Déposé 6 équerres simples dont 4 hors de service	6	0.10	0.60
426	701	En remplacement, fourni 4 équerres simples renforcées de 0.19 et posées	4	0.20	0.80
442	1337	Plus-value en réparation	1/10	0.89	0.08
442	1336	Reposé 2 équerres en place neuve	2	0.20	0.40
439	1230	Pour les entures, fourni 2 plate-bandes en fer de 0.030 × 0.006 de chacune 0.40 de longueur, entaillées et posées avec vis, ensemble.	0m80	3.05	2.44
442	1338	Déposé l'espagnolette	1	»	0.25
442	1341	Fait marcher ladite, huilé les conduits	1	»	0.55
Estim	ation	Pour allonger la tringle par le bas, fait une coupe	1	»	0.15
455	1819	Fourni 0m,06 de fer rond de 0.018	0m06	1.30	0.07
442	1342	Façon d'une soudure	1	»	0.60
442	1343	Refait le crochet	1	»	0.60
Estim	ation	Dérivé la poignée cassée	1	»	0.15
442	1350	Fourni une poignée évidée (*fig.* 389)	1	»	1.45
442	1345	Fourni un clou d'axe et rivé	1	»	0.40
442	1340	Reposé l'espagnolette en place neuve	1	»	0.95

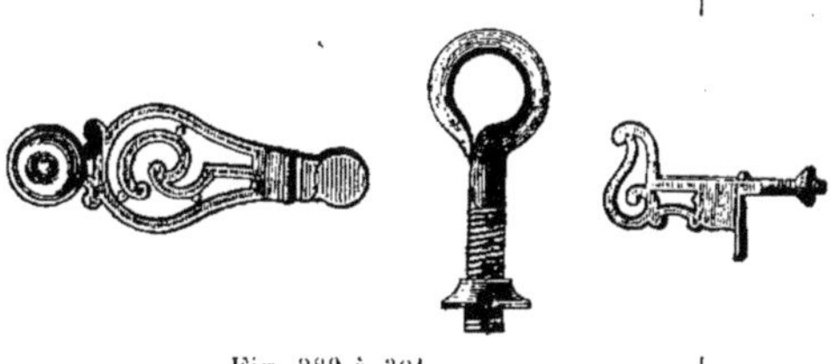

Fig. 389 à 391.

442	1347	Fourni un lacet garni d'écrou (*fig.* 390) et posé	1	»	0.45
442	1348	Pour un ancien lacet, fourni un écrou taraudé et ajusté	1	»	0.35
Estim	ation	Déposé le support cassé	1	»	0.10

SÉRIE PAGES	Nos				
442	1352	Fourni un support évidé (*fig.* 391) et posé	1	»	1.25
443	1359	Déposé la gâche du bas, hors de service...	1	»	0.10
443	1391	En remplacement, fourni une gâche coudée de façon en tôle de 0.24 à l'équerre et posée, vaut pour 0.16	1	»	1.25
443	1392	Le surplus 0.08	8	0.05	0.40
443	1393	Entaillée 1/5 en plus	1/5	1.65	0.33
504	53-54	Plus-value pour ladite coudée	1	»	0.27
Ana 443	logic 1394	Façon d'un empênage	1	»	0.35
Estim	ation	Fourni une broche d'arrêt et posée	1	»	0.20
		Armoire à 2 vantaux.			
436	1087	Ferré ladite. Fourni 6 paumelles doubles en cuivre à olive de 0.14 (*fig.* 392), entaillées et posées avec vis	6	2.25	13.50
416	323	Fourni une bascule en cuivre à queue de poireau de 0.050 (*fig.* 393) et posée	1	»	1.30
418	370	Fourni 2 becs-de-cane de tirage en cuivre, encloisonnés à queue de 0.030 × 0.065 (*fig.* 394) et posés	2	1.45	2.90

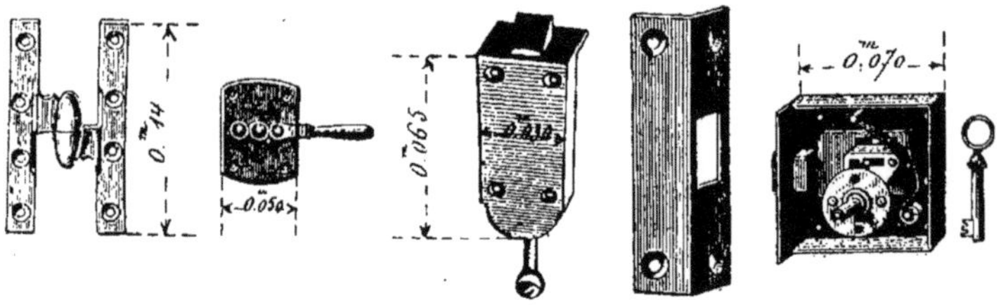

Fig. 392 à 396.

SÉRIE PAGES	Nos				
428	779-789	Fourni 2 gâches coudées en cuivre (*fig.* 395) et posées	2	0.93	1.86
503	39	Fourni 2 tirages en fil de fer étamé n° 14 de chacun 0.65 de longueur et posés, ensemble	1m30	0.21	0.27
Ville de »	Paris 1845	Fourni une serrure d'armoire à gorges, encloisonnée à tour et demi de 0.070 (*fig.* 396) et posée	1	»	5.65
428	778-789	Fourni une gâche platine en cuivre et posée	1	»	0.80
		Châssis sur la trémie des W.-C.			
441	1295	Huilé 2 charnières sur place	2	0.10	0.20
442	1334	Déposé 2 équerres simples	2	0.10	0.20
442	1335	Redressées et reposées	2	0.15	0.30
443	1382	Déposé le loqueteau cassé	1	»	0.10
429	817	En remplacement, fourni un loqueteau à bascule en fer sur platine de 0.040 (*fig.* 397) avec tirage et posé	1	»	1.00
430	863	Fourni un mentonnet à vis et posé	1	»	0.30

SÉRIE PAGES	SÉRIE Nos				
		Porte des W.-C.			
		Déferré ladite pour le travail du menuisier.			
442	1354	Déposé 3 fiches..........................	3	0.15	0.45
441	1276	Déposé un bec-de-cane..................	1	»	0.15
443	1359	Déposé la gâche et la rosette.............	2	0.10	0.20
435	1046	Referré la porte à la main opposée. Fourni 3 paumelles doubles laminées de 0.11 et posées..................................	3	0.80	2.40
441	1279 1277	Réparé le bec-de-cane, nettoyé, huilé, fait marcher..................................	1	»	0.80
441	1281	Retourné le chanfrein du pêne..........	1	»	1.00
441	1278 1276	Reposé le bec-de-cane en place neuve.....	1	»	0.75
420	480	Fourni un bouton double en cristal blanc taillé à 6 pans de 0.050 (*fig.* 398)............	1	»	3.10
441	1292	Plus-value en réparation................	1	»	0.20

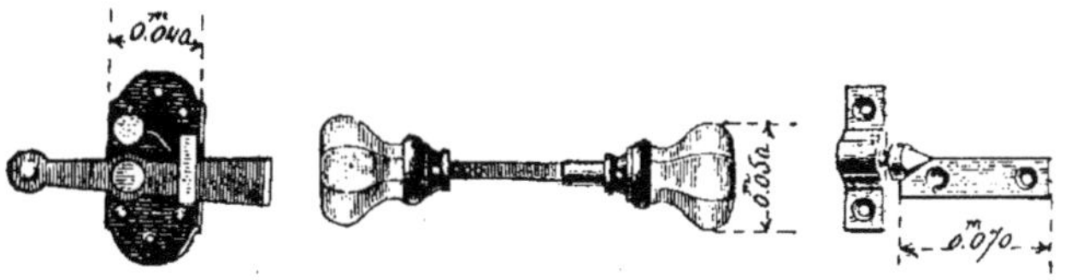

Fig. 397 à 399.

SÉRIE PAGES	SÉRIE Nos				
		Abattant.			
Estim	ation	Déposé 2 pivots et crapaudines hors de service..................................	2	0.25	0.50
439	1221	En remplacement, fourni 2 pivots à tourillon en cuivre avec crapaudines à pattes n° 3 (*fig.* 399) et posées............................	2	1.75	3.50
Estim	ation	Fourni un bouton à lentille en cuivre de 0.030 avec tige à vis (*fig.* 400) et posé.......	1	»	0.75

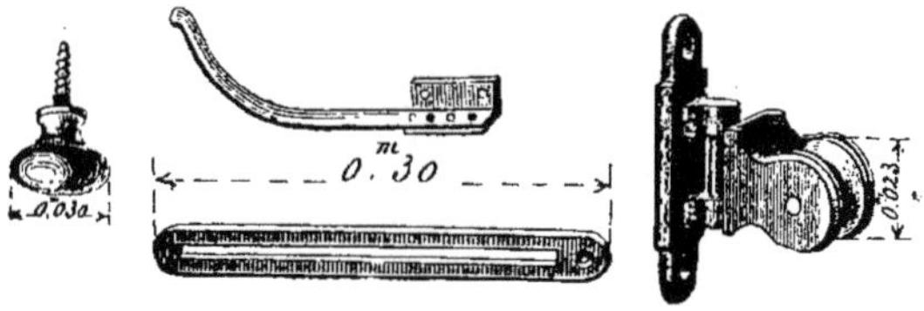

Fig. 400 à 403.

SÉRIE PAGES	SÉRIE Nos				
		Châssis.			
455	1833	Fourni un vasistas en fer rainé de 0.014 de $0^m,36 \times 0.45$, soit en développé...........	1^m62	2.45	3.96
455	1838	Valeur des 4 assemblages, de la traverse mobile et de la pose.........................	1	»	5.70
455	1840	Fourni 2 pivots en fer avec bourdonnières, ajustés et posés sur fer......................	2	1.60	3.20

SÉRIE PAGES	SÉRIE Nos				
455	1857	Fourni un col-de-cygne en fer de façon, ajusté et posé sur fer......................	1	»	1.50
Estim	ation	Fourni 2 paillettes de renvoi, montées sur équerre en cuivre (*fig.* 401) et posées........	2	1.00	2.00
455	1860	Fourni 2 coulisses guides en fer évidé de 0^{m},30 de longueur (*fig.* 402) et posées	2	2.30	4.60
428	800	Fourni une poulie à charnière en cuivre n° 3 (*fig.* 403)............................	1	»	1.90
428	800	Fourni 2 poulies de renvoi en fer et cuivre de 0.030 et posées........................	2	1.05	2.10
437	1126	Percé 8 trous de chacun 0.04 de profondeur et tamponnés, ensemble..................	$0^{m}32$	5.00	1.60
446	1494	Fourni 4^{m},50 de corde septain de 0.005 ...	$4^{m}50$	0.30	1.35
415	308	Fourni un arrêt à fourchette monté sur platine (*fig.* 404) et posé..................	1	»	0.60
437	1126	Percé 2 trous de chacun 0.04 et tamponnés, ensemble................................	0.08	5.00	0.40
		Porte à 2 vantaux de la salle à manger.			
Estim	ation	Dégondé les 2 vantaux....................	2	0.20	0.40
443	1407	Nettoyé les 6 paumelles et huilées........	6	0.10	0.60
443	1408	Fourni 6 bagues en cuivre	6	0.05	0.30
Estim	ation	Ajustement desdites sur place et pose.....	6	0.15	0.90
»	»	Rengondé les 2 vantaux..................	2	0.25	0.50
445	1486	Nettoyé les 2 verrous sur place, huilés, fait marcher..................................	2	0.35	0.70
444	1425	Déposé la serrure 2 pênes, nettoyée, réparée, reposée.............................	1	»	1.30
445	1457	Fourni un foliot à rondelles.............	1	»	0.75
444	1436	Fourni un cache-entrée en cuivre (*fig.* 405).	1	»	0.55
436	1116 1123	Pour le fixer, percé un trou taraudé......	1	»	0.16
459	2025	Fourni une vis à métaux et posée.........	1	»	0.25
442	1317	Pour la clef, fourni un anneau soudé au cuivre..............................	1	»	0.95
443	1359	Déposé la gâche.........................	1	»	0.10
443	1360	Reposée avec longues vis	1	»	0.15

Fig. 404 à 407.

SÉRIE PAGES	SÉRIE Nos				
		Croisée de gauche.			
442	1322 1319	Déposé la crémone, nettoyée, réparée, fait marcher..................................	1	»	0.95
442	1324	Fourni un ressort........................	1	»	0.20
442	1326	Fourni une platine.......................	1	»	0.55
442	1323	Fourni un bouton en fonte, ajusté et goupillé....................................	1	»	0.75
442	1321 1319	Reposé la crémone en place neuve.......	1	»	0.45

SÉRIE PAGES	SÉRIE Nos				
442	1328	Dans le bas, fourni un chapiteau en fonte (*fig.* 406) et posé	1	»	0.30
442	1328	Fourni une gâche en fonte (*fig.* 407) et posée.	1	»	0.30
		Croisée de droite.			
442	1318	Nettoyé la crémone sur place, huilée, fait marcher	1	»	0.35
		Porte de la salle à manger sur le dégagement.			
444	1429	Nettoyé la serrure sur place, huilée, fait marcher	1	»	0.40
443	1362	Jeu à la gâche	1	»	0.15
445	1475	Reposé une targette	1	»	0.20
		Porte vitrée de la salle à manger au salon.			
444	1425	Déposé la serrure 2 pênes à mortaiser, nettoyée, réparée et reposée	1	»	1.30
Estim	ation	Fourni un fort ressort pour béquille	1	»	1.10
418	393	Fourni une béquille simple en cuivre à boule renforcée de 0.080 (*fig.* 408)	1	»	2.05
441	1290	Rajusté un bouton simple et goupillé	1	»	0.10
Ana 443	logie 1359	Déposé l'entrée hors de service	1	»	0.10
445	1455	En remplacement, fourni une entrée et rosette d'une seule pièce (*fig.* 409) et posée	1	»	0.50

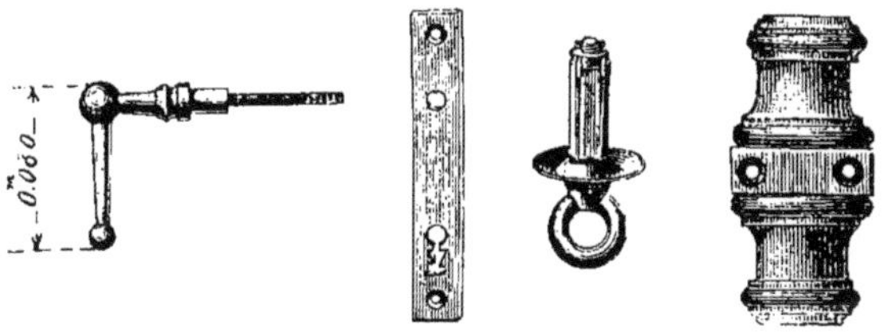

Fig. 408 à 411.

Estim	ation	Au plafond, fourni un tirefond de suspension Gollot n° 2 à serrage automatique (*fig.* 410) et posé avec recherche du point de centre	1	»	3.00
		Croisée de gauche.			
442	1322	Déposé la crémone, nettoyée, réparée et reposée	1	»	1.10
442	1327	Fourni une boîte en fonte	1	»	1.00
442	1328	Fourni un coulisseau en fonte (*fig.* 411) et posé	1	»	0.30
443	1359	Déposé la gâche du bas	1	»	0.10
443	1361	Reposée en place neuve	1	»	0.30
		Persienne.			
443 442	1396 1334	Déposé 4 paumelles simples à équerre dont 2 cassées	4	0.25	1.00
431	900	En remplacement, fourni 2 paumelles simples à équerre de 0.19 (*fig.* 412) avec gonds à scellement, entaillées et posées	2	1.65	3.30

SÉRIE PAGES	Nos				
443	1398	Plus-value en réparation	1/10	3.30	0.33
443	1397	Reposé 2 paumelles simples à équerre	2	0.45	0.90
442	1335				
429	807	Fourni 2 gonds à scellement pour paumelles de 0.19 (*fig.* 413)	2	0.25	0.50
439	1230	Pour les entures, fourni 2 plates-bandes en fer de 0.030 × 0.006 de chacune 0.40 de longueur, entaillées et posées avec vis, ensemble.	0m80	3.05	2.44
443	1382	Déposé le loqueteau cassé...............	1	»	0.10
429	822	En remplacement, fourni un loqueteau à pompe avec boîte et mentonnet en acier (*fig.* 414) et posé..........................	1	»	1.05

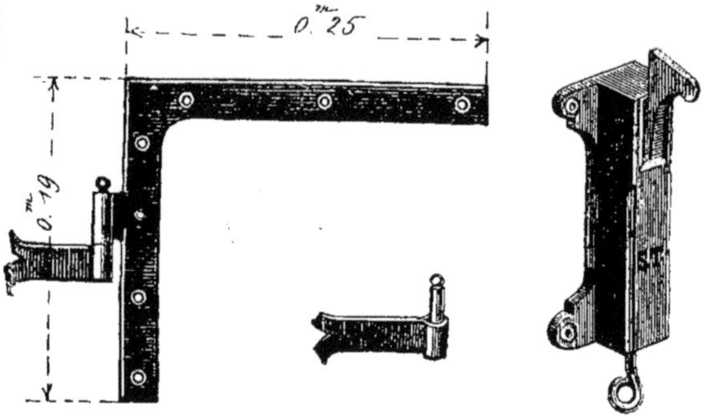

Fig. 412 à 414.

Estim	ation	Déposé un arrêt cassé....................	1	»	0.15
416	315	En remplacement, fourni un arrêt renforcé à anneau et paillette tout acier (*fig.* 415) et posé.	1	»	1.15
		Croisée de droite.			
442	1318	Nettoyé une ancienne crémone, huilée, fait marcher..................................	1	»	0.35
442	1320	Reposé ladite............................	1	»	0.35
442	1328	Fourni un chapiteau en fonte et posé......	1	»	0.30
		Persienne.			
443	1396	Déposé 3 paumelles simples..............	3	0.15	0.45
443	1397	Reposé 2 desdites	2	0.30	0.60
Estim	ation	Reposé une paumelle simple en place neuve.	1	»	0.50
»	»	Fourni 3 clous à tête élargie (*fig.* 416), rivés et affleurés	3	0.15	0.45
443	1384	Huilé le loqueteau sur place.............	1	»	0.20
441	1275	Pour le tirage, fourni un anneau étamé (*fig.* 417) et posé.........................	1	»	0.15
		Porte à 2 vantaux du salon sur le dégagement.			
443	1403	Déposé 3 paumelles doubles hors de service.	3	0.25	0.75
434	1031	En remplacement, fourni 3 paumelles doubles en fer blanchi de façon, à olive, à bague de 0.16 (*fig.* 418), entaillées et posées..	3	4.00	12.00
443	1406	Plus-value en réparation................	1/10	12.00	1.20

SÉRIE PAGES	N°s				
443	1407	Huilé 3 paumelles sur place	3	0.10	0.30
445	1486	Nettoyé le verrou du haut sur place, huilé, fait marcher	1	»	0.35
445	1483	Déposé le verrou du bas	1	»	0.15
445	1486	Nettoyé, huilé, fait marcher	1	»	0.35
445	1488	Fourni un picolet, ajusté et rivé	1	»	0.35
445	1484	Reposé le verrou	1	»	0.25

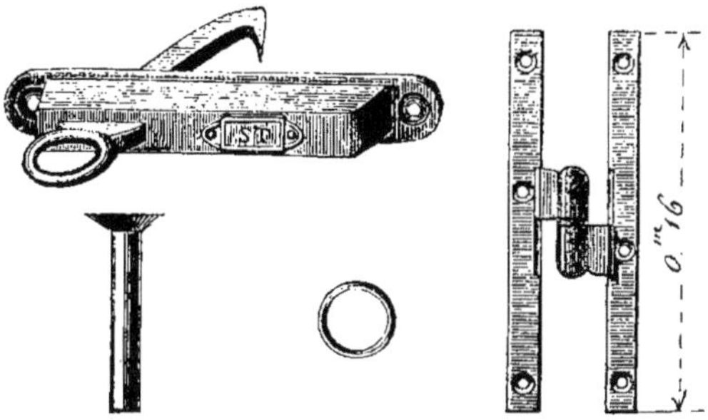

Fig. 415 à 418.

SÉRIE PAGES	N°s				
444	1425	Déposé la serrure 2 pênes, nettoyée, réparée et reposée	1	»	1.30
445	1466	Fourni un ressort à boudin	1	»	0.55
442	1315	Rajusté une ancienne clef	1	»	0.70
443	1362	Donné du jeu à la gâche	1	»	0.15
		Porte du salon à la chambre.			
444	1429	Nettoyé la serrure sur place, huilée, fait marcher	1	»	0.40
Estim	ation	Déposé le bouton double cassé	1	»	0.10
421	485	En remplacement, fourni un bouton double en chêne rond avec filets et moulures (*fig.* 419)	1	»	3.15
441	1292	Plus-value en réparation	1	»	0.20
		Croisée.			
442	1338	Déposé une espagnolette hors de service	1	»	0.25
443	1359	Déposé les 2 gâches	2	0.10	0.20
Estim	ation	Déposé le support	1	»	0.10
425	671	En remplacement, fourni une crémone DN à tringle indépendante en fer 1/2 rond de 0.018 de $2^{m},10$ de longueur (*fig.* 420) et posée, valeur pour $2^{m},00$	1	»	2.80
425	673-664	Tringle en plus	0.10	0.60	0.06
442	1329	Façon d'une soudure	1	»	0.60
443	1391	Sous les gâches, fourni 2 plaques de recouvrement en forte tôle de 0.20 à l'équerre et posées, valeur pour 0.16	2	1.25	2.50
443	1392	Le surplus 0.08	8	0.05	0.40
Ana 443	logie 1393	Chanfreinée 1/5 en plus	1/5	2.90	0.58
436	1116 1123	Pour fixer les gâches sur lesdites, percé 6 trous et taraudés	6	0.16	0.96
459	2025	Fourni 6 vis à métaux et posées	6	0.20	1.20

SÉRIE PAGES	SÉRIE Nos				
		Armoire à 2 vantaux à gauche de la cheminée.			
Estim	ation	Déposé le ressort et son mentonnet et supprimés	1	»	0.15

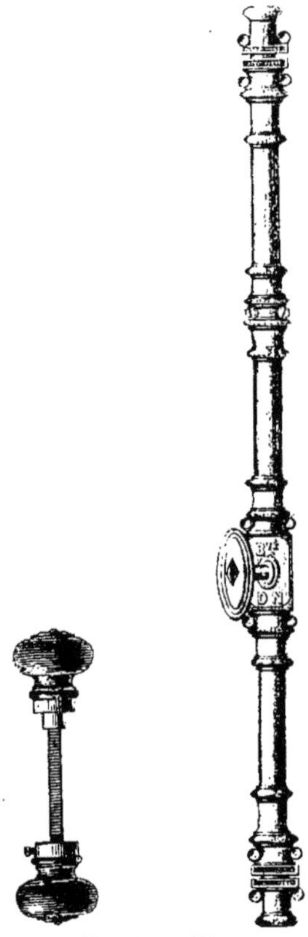

Fig. 419 et 420.

SÉRIE PAGES	SÉRIE Nos				
425	683	En remplacement, fourni un crochet plat poli de 0.09 de longeur (*fig.* 421), posé avec vis et piton	1	»	0.40
444	1423	Déposé la serrure, nettoyée, réparée et reposée	1	»	0.90
444	1432	Fourni une broche et rivée	1	»	0.20
444	1440	Fourni un cul-de-lampe en cuivre (*fig.* 422)	1	»	0.55
442	1314	Rajusté une ancienne clef	1	»	0.50
Ana 443	logie 1359	Déposé l'entrée cassée	1	»	0.10
443	1388	Fourni une plaque de recouvrement de 0.08 à l'équerre et posée	1	»	0.45
443	1393	Entaille 1/5 en plus	1/5	0.45	0.09

SÉRIE PAGES	SÉRIE Nos				
443	1394	Façon d'une entrée	1	»	0.35
443	1359	Déposé la gâche cassée	1	»	0.10
Ana 428	logic 778	Fourni une gâche platine (*fig.* 423) et posée	1	»	0.60

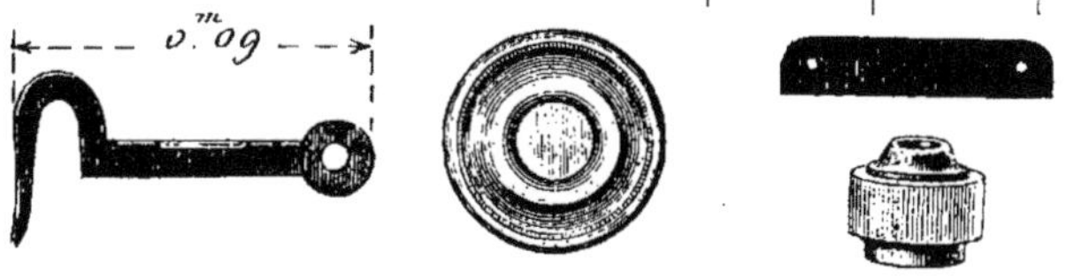

Fig. 421 à 424.

SÉRIE PAGES	SÉRIE Nos				
		Porte de la chambre sur le dégagement.			
442	1354	Déferré ladite. Déposé 3 fiches	3	0.15	0.45
444	1416	Déposé la serrure 2 pênes	1	»	0.25
443	1359	Déposé la gâche, l'entrée et la rosette	3	0.10	0.30
435	1046	Referré la porte à la main opposée. Fourni 3 paumelles doubles laminées de 0.11 et posées	3	0.80	2.40
444	1425 1416 1419	Réparé la serrure 2 pênes, nettoyée, huilée fait marcher	1	»	0.60
444	1439	Retourné le chanfrein du pêne	1	»	1.40
442	1313	Allongé la clef, fait 2 ajustements brasés et reblanchie	1	»	2.00
444	1422	Reposé la serrure en place neuve	1	»	1.30
443	1391	Pour masquer d'anciennes entailles, fourni 2 plaques de recouvrement de 0.16 à l'équerre et posées	2	1.25	2.50
443	1392	Entaille 1/5 en plus	1/5	2.50	0.50
415	312	Fourni un arrêt en bois, garniture en caoutchouc (*fig.* 424), posé avec vis	1	»	1.10
		Armoire dans le dégagement.			
444	1423	Déposé 2 serrures, nettoyées, réparées et reposées	2	0.90	1.80
445	1462	Pour l'une, fourni une gâchette	1	»	0.50
445	1467	Fourni un ressort de gâchette	1	»	0.40
442	1312	Redressé la clef et reblanchie	1	»	1.00
445	1461	A l'autre serrure changé les gardes	1	»	0.40
445	1464	Fourni un picolet	1	»	0.35
442	1314	Rajusté la clef	1	»	0.50
444	1452	Fourni une entrée et posée	1	»	0.20
		Châssis dans le dégagement.			
443	1383	A l'un, posé un loqueteau non fourni en place neuve	1	»	0.40
443	1387	A l'autre, déposé un loqueteau, nettoyé, huilé et reposé en place neuve	1	»	0.75
505	60	Fourni un ressort à pompe en cuivre	1	»	0.40
446	1494	Fourni un tirage en corde septain de 0.005 de 1m,50 de longueur	1m50	0.30	0.45
Estim	ation	Déposé un châssis grillagé hors de service	1	»	0.40

SÉRIE PAGES	N°s				
		En remplacement fourni un châssis grillagé en fil de fer galvanisé n° 10, mailles de 0.025 de 0.90 × 0.70, soit en superficie..... 0.63			
		Plus-value pour fil de fer galvanisé 20 0/0............................ 0.13			
		Plus-value pour grillage de moins de 1m,00 superficiel 20 0/0.............. 0.13			
464	126	Ensemble........................	0.89	4.60	4.09
467	660	Fourni un encadrement en fil de fer galvanisé n° 25 de 0.90 × 0.70, soit en développé.	3m20	0.40	1.28
424	658	Pour la pose de ce châssis, fourni 6 colliers à pointe et posés........................	6	0.40	2.40
		Porte de la chambre du fond.			
444	1429	Nettoyé la serrure sur place, huilée, fait marcher................................	1	»	0.40
443	1362	Jeu à la gâche.........................	1	»	0.15
		Croisée.			
442	1341	Fait marcher l'espagnolette, huilé les conduits, jeu aux gâches....................	1	»	0.55
442	1345 1346	Fourni 1 clou d'axe rivé sur place........	1	»	0.80
		Volets intérieurs.			
Estim	ation	Déposé une agrafe cassée................	1	»	0.15
»	»	Déposé un contrepanneton..............	1	»	0.15
415	290	En remplacement, fourni une agrafe et contrepanneton à patte (*fig.* 425), entaillé et posé....................................	1	»	2.10
417	366	Fourni un bec-de-cane de volet en cuivre à anneau de 0.050 (*fig.* 426) et posé...........	1	»	3.50

Fig. 425 à 428.

SÉRIE PAGES	N°s				
		Porte de communication à la dernière chambre.			
441	1277	Déposé le bec-de-cane et reposé..........	1	»	0.45
441	1280	Huilé, fait marcher ledit sur place........	1	»	0.20
Ana 443	logie 1359	Déposé la rosette hors de service.........	1	»	0.10
441	1286	Fourni une rosette à douille en cuivre et posée....................................	1	»	0.60
		Croisée.			
442	1339	Déposé l'espagnolette et reposée ensuite..	1	»	0.85
442	1341	Fait marcher ladite, huilé les conduits....	1	»	0.55

SÉRIE PAGES	N°s				
442	1349	Fourni une poignée pleine (*fig.* 427)......	1	»	1.15
442	1345	Fourni un clou d'axe et rivé..............	1	»	0.40
Estim	ation	Déposé le support cassé..................	1	»	0.10
442	1352	En remplacement, fourni un support plein (*fig.* 428)..	1	»	1.25
439	1229	Sous ledit, vu le mauvais bois, fourni une plate-bande en fer de 0.020 × 0.005 de 0.15 de longueur, chanfreinée et posée avec vis..	0.15	2.75	0.41
Ana 455	logie 1827	Pour fixer le support sur ladite, fait un ajustement à tenon et mortaise, rivé et affleuré..	1	»	0.75
445	1482	Fait marcher un vasistas, huilé les ferrures et nettoyé les feuillures..................	1	»	0.60
446	1494	Fourni $2^{m},50$ de corde septain de 0.005...	$2^{m}50$	0.30	0.75
Estim	ation	Déposé un arrêt cassé..................	1	»	0.10
415	307	Fourni un arrêt à boule en cuivre n° 3 (*fig.* 429) et posé........................	1	»	1.05
		Persienne.			
443	1386	Déposé le loqueteau, nettoyé, huilé et reposé..	1	»	0.65
505	60	Fourni un ressort à pompe en cuivre.....	1	»	0.40
445	1480	Fourni un tirage en fil de fer cordelé avec anneau étamé et posé....................	1	»	0.35
416	313	Fourni 2 arrêts à broche et chainette (*fig.* 430) et posés......................	2	0.20	0.40

Fig. 429 à 432.

SÉRIE PAGES	N°s				
437	1126	Percé 2 trous de chacun 0.10 de profondeur et tamponnés, ensemble..................	0.20	5.00	1.00
441	1294	Pour faire le raccord de la corniche en plâtre, fourni au maçon un calibre en tôle découpé de $1^{m},23$ développé (*fig.* 431).......	$1^{m}23$	4.75	5.84
		Porte de la chambre sur le dégagement.			
441	1279	Déposé le bec-de-cane, nettoyé, réparé et reposé..	1	»	1.25
441	1285	Fourni une rosette en cuivre et posée.....	1	»	0.45
419	416	Fourni une boucle double à boule en cuivre n° 4 (*fig.* 432)...........................	1	»	2.00
441	1288	Plus-value en réparation	1	»	0.20

SÉRIE PAGES	SÉRIE Nos				
		Chambre de bonne au 6e étage.			
		Porte n° 1.			
444	1426	Déposé la serrure de sûreté de comble, nettoyée, réparée et reposée	1	»	1.60
444	1433	Fourni une broche et rivée...............	1	»	0.30
444	1430	Fourni un bouton de coulisse en fer.........	1	»	0.65
445	1469	Fourni un rouet ordinaire...............	1	»	0.85
441	1304	Fourni une clef forée à garnitures droites.	1	»	3.85
		Châssis à tabatière.			
610	226	Déposé ledit de 0.70×0.55, soit en développé.	2m50	0.15	0.37
Estim	ation	Dérivé un piton cassé....................	1	»	0.15
424	661	Fourni une crémaillère de fabrique de 0.55 de longueur (*fig.* 433)......................	1	»	2.05
436	1116 1123	Pour la fixer, percé 2 trous taraudés.....	2	0.16	0.32
459	2025	Fourni 2 vis à métaux et posées..........	2	0.20	0.40
610	225	Reposé le châssis à tabatière..	2m50	0.31	0.77

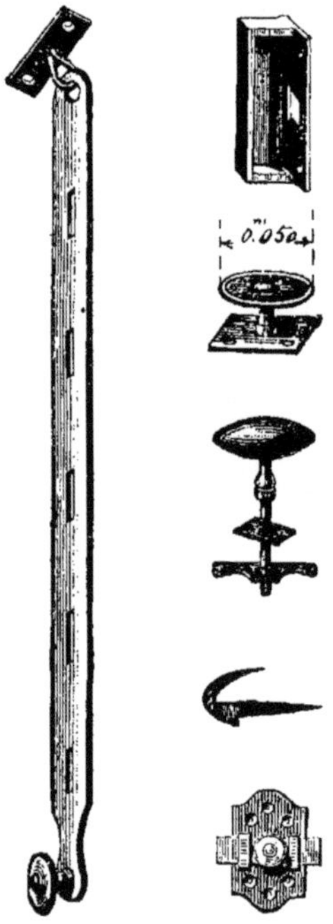

Fig. 433 à 438.

		Porte à 2 vantaux.			
444	1424	Déposé la serrure à tour et demi, nettoyée, réparée et reposée	1	»	1.05
444	1447	Fourni un canon à pattes en cuivre, ajusté et rivé....................................	1	»	0.80

SÉRIE PAGES	N°s				
Ana	logie				
443	1359	Déposé l'entrée hors de service...........	1	»	0.10
444	1453	Fourni une entrée en fer et posée........	1	»	0.25
443	1359	Déposé la gâche cassée.................	1	»	0.10
443	1364	Fourni une gâche encloisonnée (*fig.* 434) et posée..................................	1	»	0.75
Estim	ation	Déposé le bouton de tirage cassé.........	1	»	0.10
421	510-513	En remplacement, fourni un bouton rond de tirage en fer de 0.050 monté sur platine (*fig.* 435), entaillée et posée................	1	»	1.40
443	1389	Pour masquer d'anciennes entailles, fourni une plaque de recouvrement de 0.11 à l'équerre et posée........................	1	»	0.60
443	1393	Entaille 1/5 en plus.....................	1/5	0.60	0.12
		Porte des W.-C. communs.			
443	1369	Déposé le loquet........................	1	»	0.25
443	1372	Réparé, huilé, fait marcher..............	1	»	0.35
443	1376	Fourni un bouton en fer à olive et à bascule pour loquet renforcé (*fig.* 436) et posé.......	1	»	1.50
443	1371	Reposé le loquet en place neuve..........	1	»	0.50
443	1377	Fourni un clou d'axe et posé.............	1	»	0.35
443	1380	Fourni un crampon à pattes et posé......	1	»	0.50
430	859	Fourni un mentonnet à 2 pointes (*fig.* 437) et posé..................................	1	»	0.30
453	1743	Fourni une targette en fer demi-forte, picolet carré de 0.048 (*fig.* 438) et posée............	1	»	0.75
428	778	Fourni une gâche platine à empênage et posée..................................	1	»	0.60
		Rez-de-Chaussée.			
		Boutique.			
		Porte d'entrée.			
444	1427	Déposé la serrure à gorges, nettoyée, réparée et reposée........................	1	»	2.10
Estim	ation	Fourni un étoquiau fait exprès, épaulé et rivé....................................	1	»	0.60
442	1307	Fourni une clef bénarde à 6 gorges.......	1	»	4.25
443	1359	Déposé la gâche.........................	1	»	0.10
443	1361	Reposée en place neuve..................	1	»	0.30
441	1279	Déposé le bec-de-cane, nettoyé, réparé et reposé..................................	1	»	1.25
441	1282	Fourni un foliot en cuivre...............	1	»	0.65
418	389	Fourni une béquille simple en cuivre à volute n° 4 (*fig.* 439).....................	1	»	2.30

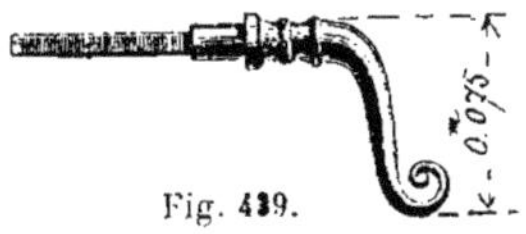

0.075

Fig. 439.

420	448	Fourni un bouton simple cuivre creux			
421	501	ovale n° 4................................	1	»	0.87

SÉRIE PAGES	SÉRIE Nos				
441	1292 1293	Plus-value en réparation	1	»	0.12
443	1362	Jeu à la gâche	1	»	0.15
411	172	Fourni un seuil en tôle striée de 0.007 de 0.80 × 0.40, pesant	16k000	0.32	5.12
411	174	Planage	0.32	6.00	1.92
411	175	Dressement des rives	2m40	1.00	2.40
436	1116 1122	Pour le fixer, percé 8 trous fraisés	8	0.12	0.96
Estim	ation	Fourni 8 tiges à scellement faites exprès en fer carré de 0.016 de 0.08 de longueur	8	0.50	4.00
436	1118 1123	Percé 8 trous de 0.015 et taraudés	8	0.26	2.08
459	2027	Fourni 8 vis à métaux de 0.020 et posées	8	0.25	2.00
437	1125	Percé 8 trous de 0.10 de profondeur dans la pierre très dure (taille n° 2) et fait les scellements au ciment	8	2.28	18.24
Estim	ation	Dressé le seuil en pierre partiellement au ciseau et fait la pose du seuil en tôle à bain de ciment	1	»	3.00
		Devanture. Caisson.			
441	1296	Déposé 3 charnières cassées	3	0.15	0.45
422	559	En remplacement fourni 3 charnières carrées en fer renforcées de 0.110 (*fig.* 440) et posées	3	0.85	2.55
441	1299	Plus-value en réparation	1/10	2.55	0.25
445	1483	Déposé un verrou hors de service	1	»	0.15
458	1979	En remplacement, fourni un verrou en cuivre à cuvette de 0.060 (*fig.* 441) et posé	1	»	2.30

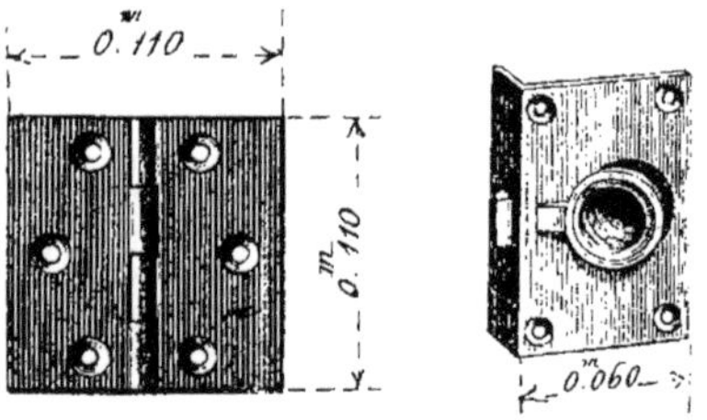

Fig. 440 et 441.

426	709	Pour consolider un assemblage, fourni une équerre de façon en fer de 0.030 × 0.006 de 0.50 développé, entaillée et posée avec vis, valeur pour 0.20	1	»	1.60
426	710	Linéaire de branches en plus	0m30	3.65	1.09
		Volets.			
Ana 443	logie 1409	Déposé 2 charnières de caisson hors de service	2	0.30	0.60

SÉRIE PAGES	SÉRIE N°s				
422	562-566	En remplacement, fourni 2 charnières de caisson en cuivre renforcées de 0.045 × 0.120 avec penture à pivot en fer de 0.35 de branche et de 0.055 de hauteur de collet (*fig.* 442), entaillées et posées	2	3.63	7.26
Estim	ation	Fourni 2 clous à tête élargie, rivés et affleurés	2	0.15	0.30
441	1295	Nettoyé une charnière de caisson sur place et huilée	1	"	0.10
Ana 443	logie 1409	Déposé 4 charnières longues hors de service	4	0.30	1.20
424	625	En remplacement, fourni 4 charnières longues à nœuds soudées de 0.035 de hauteur de nœuds, dont 2 de 0.94 et 2 de 0.82 développé, entaillées et posées, valeur pour 0.40 de branche (*fig.* 443)	4	4.15	16.60
		Linéaire de branches en plus 2 fois 0.14 = 0.28 2 » 0.02 = 0.04			
424	635	Ensemble	0m32	2.75	0.88
Estim	ation	Fourni 8 clous à tête élargie, rivés et affleurés	8	0.15	1.20
Ana 443	logie 1409	Déposé 2 charnières longues	2	0.30	0.60
443	1411	Huilées et reposées en place neuve	2	0.85	1.70
Estim	ation	Fourni 4 clous à tête élargie *idem*	4	0.15	0.60
»	»	Déposé 2 supports à charnière cassés	2	0.15	0.30
453	1732	En remplacement, fourni 2 supports à charnière à platine renforcée (*fig.* 444), entaillés et posés	2	1.95	3.90
419	444	Fourni un boulon de fermeture carré à boîte en fonte, nouveau système (*fig.* 445) et posé	1	»	1.50
431	876	Ferré un volet portatif. Fourni 2 panneton droits de 0.19 (*fig.* 446) avec gâches, entaillés et posés	2	0.90	1.80
440	1245 1248	Fourni 2 poignées à olive tournante sur platine renforcée de 0.16, entaillées et posées.	2	0.75	1.50
419	444	Fourni un boulon de fermeture carré à boîte en fonte, *idem*	1	»	1.50

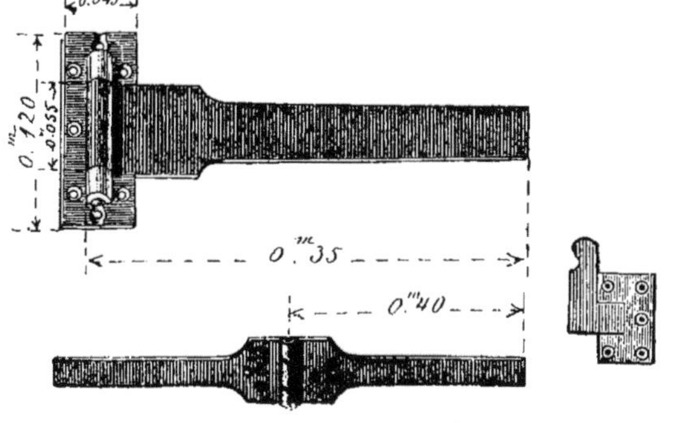

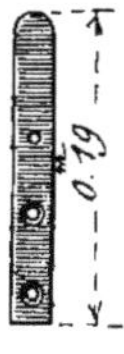

Fig. 442 à 446.

SÉRIE PAGES	Nos				
		Trappe de cave.			
423	619	Ferré ladite. Fourni 2 charnières de trappe à empattement à T de 0.50 de branche (*fig.* 447), entaillées et posées avec vis.......	2	4.40	8.80
		Fig. 447.			
415	297	Fourni un anneau de trappe à charnière de 0.08 sur platine (*fig.* 448), entaillé et posé avec vis....................................	1	»	2.70
Estim	ation	Par suite de changement, déposé ledit....	1	»	0.15
228	366	En remplacement, fourni une poignée de trappe en fer 1/2 rond avec 2 tiges taraudées garnies d'écrous et d'une contre-platine (*fig.* 449), entaillée et posée................	1	»	2.40
		Fig. 448 et 449.			
Sé Ville	rie de Paris				
»	2153	Fourni un arrêt à tourniquet double, monté sur support à pointe (*fig.* 450) et posé.......	1	»	0.70
437	1126	Percé un trou de 0.08 de profondeur et tamponné..............................	0m08	5.00	0.40
		Abattant.			
423	610	Fourni 2 charnières à briquet en fer de 0.050 (*fig.* 451), entaillées et posées avec vis.	2	2.90	5.80
429	824	Fourni un loqueteau à douille, à pans en fonte de 0.068 (*fig.* 452) et posé............	1	»	1.80
		Cloison entre la boutique et l'arrière-boutique.			
431	883	Fourni 6 pattes à scellement de 0.14 et posées..................................	6	0.25	1.50
Estim	ation	Au droit de la porte fourni 2 équerres de balustrade à congé renforcé avec branches en fer 1/2 rond de 1.00 de hauteur (*fig.* 453), posées, fixées avec vis.....................	2	7.60	15.20
»	»	Plus-value pour les 2 branches du bas cintrées sur champ........................	2	1.25	2.50

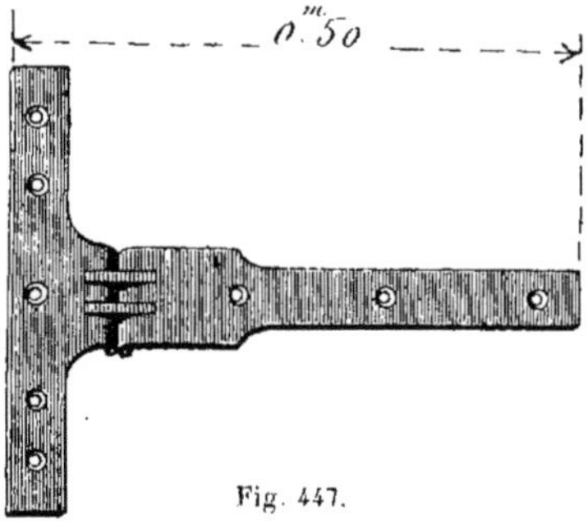

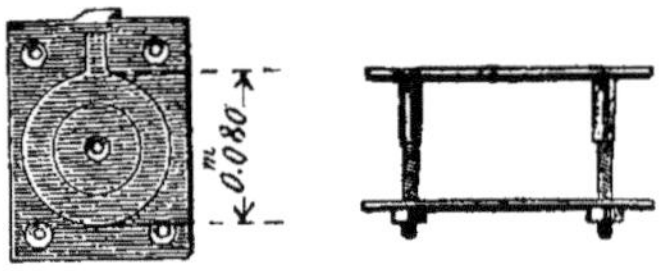

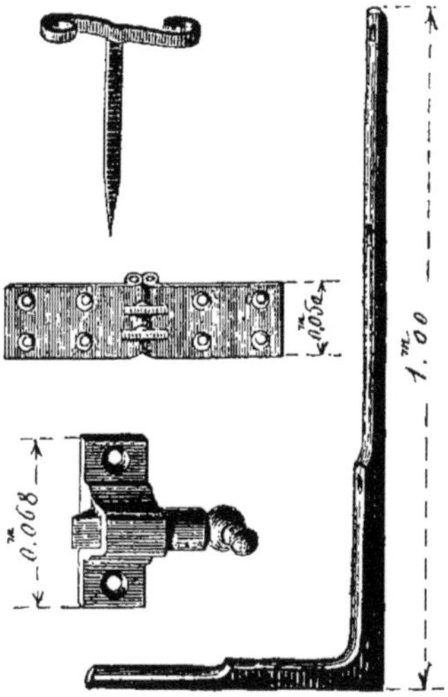

Fig. 450 à 453.

SÉRIE PAGES	SÉRIE Nos				
		Porte va-et-vient à 2 vantaux.			
439	1225	Fourni 2 pivots va-et-vient à bain d'huile avec sabot n° 3, compris ferrure du haut (*fig.* 454)................................	2	22.90	45.80

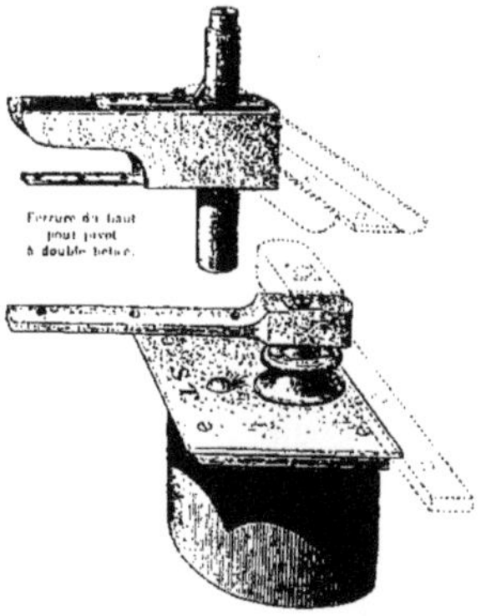

Fig. 454.

SÉRIE PAGES	SÉRIE Nos				
439	1228	Pose de ces pivots et des ferrures du haut, compris toutes entailles et accessoires......	2	7.10	14.20
421	527	Fourni 4 boutons ronds de tirage en cuivre creux de 0.060 et posés....................	4	1.90	7.60

SÉRIE PAGES	N^os				
Estim	ation	Pour lesdits, fourni 2 tiges carrées faites exprès à double épaulement taraudé, ajustées et goupillées.......................... ..	2	1.00	2.00
416	320	Pour maintenir les vantaux ouverts, fourni 2 arrêts à galets en cuivre, mentonnet à lyre en fer, montés sur platine n° 3, dits arrêts Renaud (*fig.* 455) et posés...........	2	4.70	9.40
		Cloison entre l'arrière-boutique et la cuisine.			
431	883	Fourni 6 pattes à scellement de 0.14 et posées..............................	6	0.25	1.50

Fig. 455 et 456.

Estim	ation	Fourni une équerre de balustrade à congé renforcé avec branches en fer 1/2 rond de 0.80 de hauteur, posée avec fortes vis.......	»	»	6.55
»	»	Plus-value pour la branche du bas, cintrée sur champ.............................	1	»	1.25
		Porte va-et-vient à un vantail.			
»	»	Fourni 2 charnières américaines à ressort de Bommer à double action n° 33 (*fig.* 456), entaillées et posées avec vis...............	2	10.25	20.50
		Armoire dans la cuisine.			
423	578	Fourni 2 charnières en cuivre fondu de 0.11 (*fig.* 457), entaillées et posées..........	2	1.35	2.70

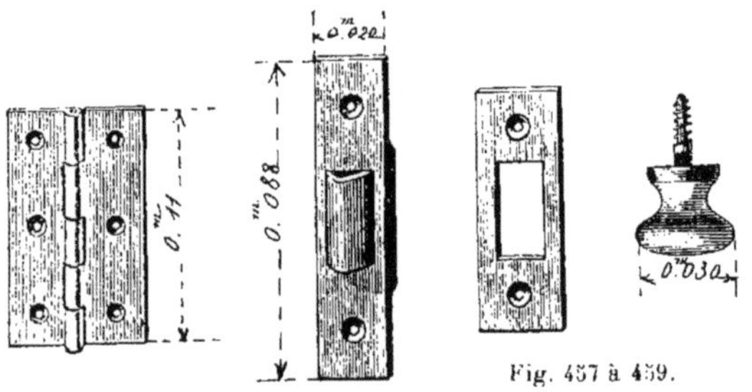

Fig. 457 à 459.

SÉRIE PAGES	N^{os}				
430	854	Fourni un loqueteau va-et-vient en cuivre de 0.020 × 0.088, avec gâche platine (*fig.* 458), entaillé et posé	1	»	1.40
Estim	ation	Fourni un bouton à lentille en imitation ivoire de 0.030 avec tige à vis (*fig.* 459) et posé..................................	1	»	1.00
		Châssis.			
443	1382	Déposé le loqueteau hors de service......	1	»	0.10
430	851	En remplacement, fourni un loqueteau en fer noir VF droite et gauche de 0.035 (*fig.* 460) et posé	1	»	0.95
		 Fig. 460.			
		Armoire sous évier.			
443	1403	Déposé 2 paumelles doubles hors de service.	2	0.25	0.50
423	603	En remplacement, fourni 2 charnières en cuivre à section droite, lame de 0.004, à hélice de 0.095 (*fig.* 461), entaillées et posées.	1	»	2.65
		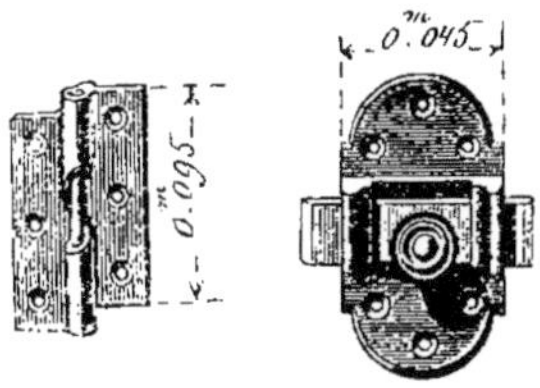 Fig. 461 et 462.			
445	1474	Déposé la targette cassée................	1	»	0.10
443	1359	Déposé la gâche........................	1	»	0.10
454	1778	En remplacement, fourni une targette en cuivre à pêne plat de 0.045 (*fig.* 462) et posée..	1	»	1.05
		Porte de 2 vantaux de la cuisine sur cour.			
443	1407	Nettoyé les 6 paumelles sur place et huilées................................	6	0.10	0.60
445	1483	Déposé le verrou du haut hors de service..	1	»	0.15

SÉRIE PAGES	Nos				
		En remplacement, fourni un verrou à tige 1/2 ronde, boîte fonte automatique VF de 0.032 de 0.60 de longueur (*fig.* 463) et posée,			
457	1910	valeur pour 0m,40	1	»	2.35
457	1911	Tige en plus	0m20	1.50	0.30
		Déposé la serrure de sûreté à foliot, nettoyée, réparée et reposée			
444	1426		1	»	1.60
445	1458	Fourni un foliot en cuivre	1	»	0.65

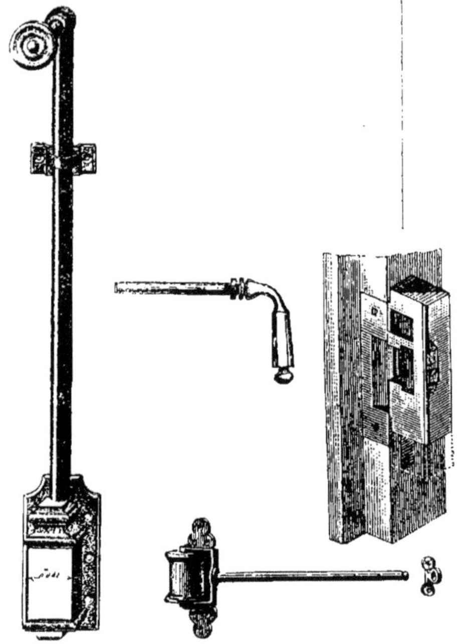

Fig. 463 à 466.

SÉRIE PAGES	Nos				
		Fourni une béquille simple en fer à pans			
418	387	et à boule n° 4 (*fig.* 464)	1	»	2.40
		Fourni un bouton simple cuivre creux			
420-421	448-501	ovale n° 4	1	»	0.87
441	1292 1293	Plus-value en réparation	1	»	0.12
443	1359	Déposé la gâche hors de service	1	»	0.10
		Fourni une gâche encloisonnée à tassement			
428	793	variable (*fig.* 465) et posée	1	»	1.40
		Fourni un ferme-porte à bariliet avec			
427	753	branche ronde n° 2 (*fig.* 466) et posé	1	»	12.75
		Porte-persienne à 4 vantaux.			
		Déferré ladite pour le travail du menuisier.			
443	1396	Déposé 5 paumelles simples	6	0.15	0.90

SÉRIE PAGES	SÉRIE Nos				
443	1399	Déposé 6 paumelles doubles à T	6	0.25	1.50
442	1334	Déposé 16 équerres simples	16	0.10	1.60
445	1483	Déposé 2 verrous	2	0.15	0.30
443	1382	Déposé un loqueteau	1	»	0.10
Estim	ation	Déposé une poignée à pattes	1	»	0.10
»	»	Déposé un fléau	1	»	0.15
»	»	Déposé un support	1	»	0.10
»	»	Après le travail du menuisier, referré la porte-persienne. Reposé 2 paumelles simples en place neuve	2	0.50	1.00
432	941	Fourni 4 paumelles simples à boules et à gond de 0.22 (*fig.* 467), entaillées et posées	4	1.90	7.60
443	1398	Plus-value en réparation	1/10	7.60	0.76
443	1400	Reposé 2 paumelles doubles à T	2	0.35	0.70
443	1401	Reposé 2 paumelles doubles à T en place neuve	2	0.55	1.10
432	912	Fourni 2 paumelles doubles à T de 0.22 (*fig.* 468), entaillées et posées	2	1.30	2.60

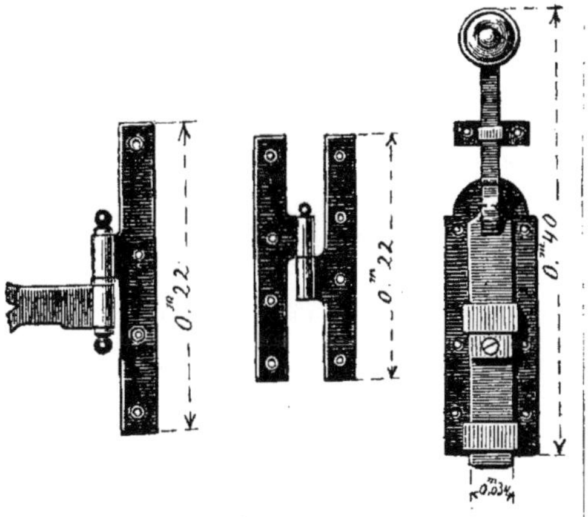

Fig. 467 à 469.

SÉRIE PAGES	SÉRIE Nos				
443	1402	Plus-value en réparation	1/10	2.60	0.26
442	1336	Reposé 4 équerres simples en place neuve.	4	0.20	0.80
442	1335	Reposé 5 équerres simples	5	0.15	0.75
426	701	Fourni 7 équerres simples de 0.19 et posées.	7	0.20	1.40
442	1337	Plus-value en réparation	1/10	1.40	0.14
426	703	Plus-value pour les 16 équerres posées avec vis tournées	16	0.10	1.60
439	1230	Pour les entures, fourni 8 plates-bandes en fer de 0.030 × 0.006 de chacune 0.40 de longueur, entaillées et posées avec vis	3.20	3.05	9.76
445	1486	Nettoyé le verrou du haut, huilé, fait marcher	1	»	0.35
445	1485	Reposé en place neuve	1	»	0.55
Ana 443	logie 1391	Pour ledit, fourni une gâche platine de façon en tôle de 0.16 à l'équerre et posée	1	»	1.25

SÉRIE PAGES	Nos				
443	1394	Façon d'un empênage....................	1	»	0.35
437	1126	Percé 4 trous de chacun 0.04 de profondeur et tamponnés, ensemble...................	0m16	5.00	0.80
456	1873	Dans le bas, fourni un verrou à ressort à arrêt à vis, pêne de 0.034 × 0.010 de 0.40 de longueur (*fig.* 469) et posé.............	1	»	4.75
Analogie		Fourni une gâche platine de façon en tôle de 0.20 à l'équerre et posée, valeur pour			
443	1391	0.16..	1	»	1.25
443	1392	Le surplus 0.04.........................	4	0.05	0.20
Analogie 443	1394	Façon d'un empênage..................	1	»	0.35
Estimation		Fait l'entaille de la gâche dans la pierre dure...	1	»	0.50
»	»	Façon d'un empênage dans la pierre dure.	1	»	0.50
437	1126	Percé 4 trous de chacun 0.04 et tamponnés, ensemble..................................	0.16	5.00	0.80
Estimation		Sur la gâche, fourni un buttoir à champignon en fonte, ajusté et rivé..................	1	»	1.00
429	821	Fourni un loqueteau à pompe, boîte fonte, mentonnet cuivre nº 4 et posé..............	1	»	0.75
Estimation		Plus-value pour tirage de 1.80 de longueur.	0.80	0.35	0.28
440	1242	Fourni une poignée à pattes de 0.11 et posée..	1	»	0.35
447	1553	Fourni une serrure à pêne dormant de sûreté 1re qualité de 0.14 et posée..........	1	»	7.35
454	1772	Fourni une targette en fer double force VF de 0.055 (*fig.* 470) et posée................	1	»	1.55
		Porte de la cuisine à la salle à manger.			
441	1276	Déposé un bec-de-cane et supprimé.......	1	»	0.15
443	1359	Déposé la gâche et la rosette.	2	0.10	0.20
447	1559	En remplacement, fourni une serrure à 2 pênes 1re qualité de 0.14 et posée.........	1	»	4.95
420	477	Fourni un bouton double imitation ivoire ovale de 0.060...........................	1	»	1.25

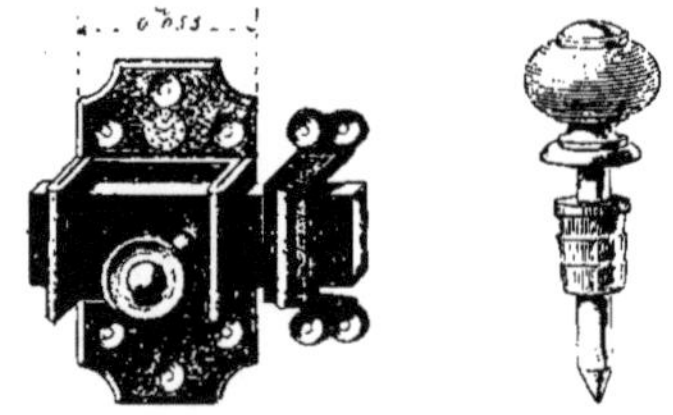

Fig. 470 et 471.

SÉRIE PAGES	Nos				
443	1391	Fourni une plaque de recouvrement de 0.18 à l'équerre et posée, valeur pour 0.16...	1	»	1.25
443	1392	Le surplus 0.02........................	2	0.05	0.10
443	1393	Entaille 1/5 en plus	1/5	1.35	0.27
443	1394	Façon d'une entrée......................	1	»	0.35
443	1395	Façon d'une rosette......................	1	»	0.15
Estimation		Fourni un buttoir en caoutchouc avec monture à douille en cuivre (*fig.* 471) et posé.	1	»	1.80

SÉRIE PAGES	SÉRIE Nos				
		Porte de la salle à manger sur la cour			
443	1403	Déposé 3 paumelles doubles hors de service.	3	0.25	0.75
435	1078	En remplacement fourni 3 paumelles doubles en fer forgé, nœuds rabotés, marquées JPM, mamelon à bille en bronze, système Canu de 0.14 (*fig.* 472) entaillées et posées ..	3	2.05	6.15

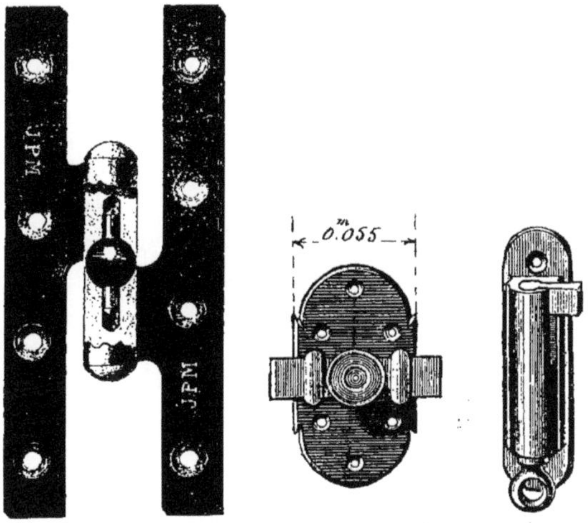

Fig. 472 à 474.

SÉRIE PAGES	SÉRIE Nos				
444	1427	Déposé la serrure à gorges, nettoyée, réparée et reposée	1	»	2.10
Estim	ation	Fourni une barbe au pêne, ajustée à queue d'aronde et soudée au cuivre..............	1	»	1.25
443	1308	Fourni une clef forée à 6 gorges..........	1	»	4.50
454	1758	Fourni une targette en fer très forte, bouton à piédouche de 0.055 (*fig.* 473) et posée..	1	»	1.70
		Châssis d'imposte.			
443	1382	Déposé le loqueteau cassé...............	1	»	0.10
429	827	En remplacement, fourni un loqueteau en cuivre à panneton (*fig.* 474) avec mentonnet et tirage et posé..........................	1	»	3.70
453	1723	Dans le bas de la porte, fourni un seuil en fonte pour châssis de 0.041 de 1m,00 de longueur (*fig.* 475)...........................	1	»	4.30
459	2007	Pour le fixer, fourni 3 vis à bois de 0.070 et posées...................................	3	0.139	0.42
		Porte-persienne.			
443	1396	Déposé 2 paumelles simples hors de service.	2	0.15	0.30
432	941	En remplacement, fourni 2 paumelles simples à boules et à gond de 0.22, entaillées et posées................................	2	1.90	3.80
443	1398	Plus-value en réparation................	1/10	3.80	0.38
453	1733	Pour la barre de sûreté, fourni un support à patte de 0.11 (*fig.* 476) et posé............	1	»	1.60

SÉRIE PAGES	SÉRIE Nos	*Croisée.*			
442	1353	Débroché 2 fiches, nettoyées, huilées et rebrochées	2	0.15	0.30
442	1354	Déposé une fiche cassée	1	»	0.15
427	756	En remplacement, fourni une fiche à bouton avec broche de 0.110 (*fig.* 477) et posée	1	»	0.50

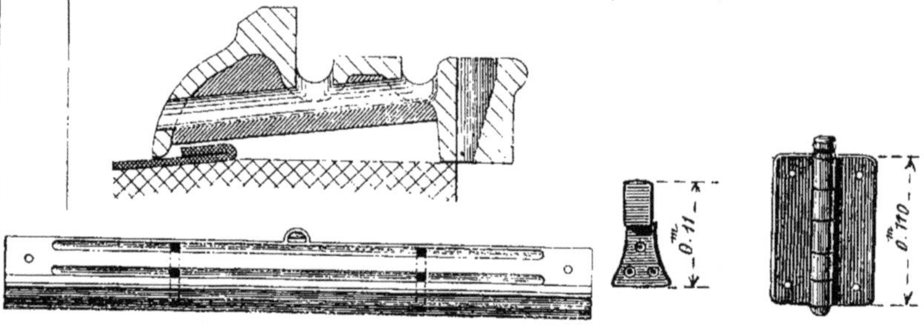

Fig. 475 à 477.

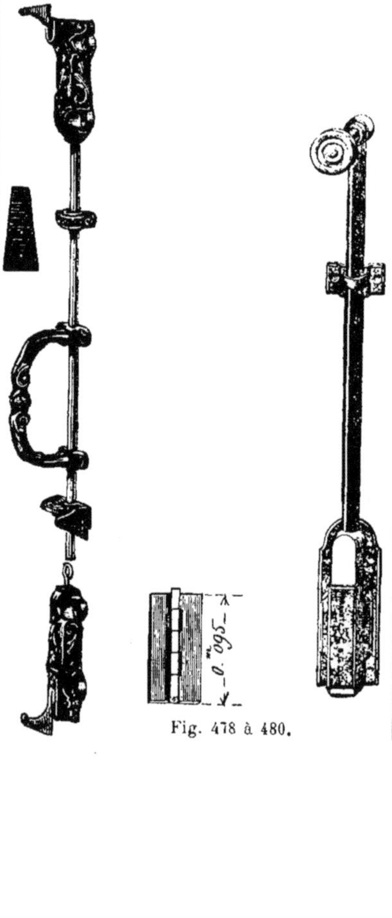

Fig. 478 à 480.

SÉRIE PAGES	SÉRIE N°s				
442	1357	Plus-value en réparation	1/10	0.50	0.05
427	764	Plus-value pour pose sur huisserie	1	»	0.15
442	1341	Fait marcher l'espagnolette, huilé les conduits, jeu aux gâches	1	»	0.55
		Persienne.			
443	1407	Nettoyé les 4 paumelles sur place et huilées	4	0.10	0.40
443	1382	Déposé un loqueteau cassé	1	»	0.10
427	742	Fourni un ferme-persienne en fonte à refouloir de 0.90 de longueur (*fig.* 478) et posé	1	»	3.05
429	821	Fourni 2 loqueteaux à pompe, boîte fonte, mentonnet cuivre n° 4 et posés	2	0.75	1.50
		Armoire du Compteur.			
423	589	Fourni 4 charnières en cuivre fondu à nœuds carrés de 0.095 (*fig.* 479) et posées	4	1.40	5.60
456	1890 1891	Fourni 2 verrous à tige 1/2 ronde, 1/4 placard automatique VF de 0.20 de longueur (*fig.* 480) et posés	2	1.30	2.60
454	1795	Fourni une targette en cuivre à pêne rond automatique VF de 0.047 (*fig.* 481) et posée	1	»	1.10

Fig. 481.

SÉRIE PAGES	SÉRIE N°s				
		Escalier montant au 1er étage.			
Estimation		Déposé le pilastre hors de service	1	»	0.50
438	1185	En remplacement, fourni un pilastre en fer tourné de 0.054 de diamètre (*fig.* 482) et posé	1	»	23.35
		Porte d'entrée de la salle à manger sur vestibule.			
444	1415	Déposé la serrure à gorges	1	»	0.20
442	1310	Fourni une clef forée à 6 gorges et à garnitures baroques (*fig.* 483)	1	»	6.55
444	1418	Reposé la serrure	1	»	0.35
Analogie 441	1276	Déposé la chaînette hors de service	1	»	0.15
422	535	En remplacement, fourni une chaînette ronde en cuivre, guillochée de 0.060 (*fig.* 484) et posée	1	»	2.35
Estimation		Fourni une tige de rallonge faite exprès avec crochet cintré et épaulement taraudé et ajustée	1	»	1.20
441	1290	Rajusté l'ancien bouton double et goupillé	1	»	0.10
441	1291	Fourni 2 rondelles en fer	2	0.05	0.10
		Porte des W.-C. communs dans la cour.			
Estimation		Déposé le pivot hors de service	1	»	0.30
»	»	Déposé une crapaudine à patte	1	»	0.20

SÉRIE PAGES	Nos				
438	1191	En remplacement, fourni un pivot à équerre ordinaire, à congé de 0.25 (*fig.* 485), entaillé et posé	1	»	1.95
439	1199	Fourni une crapaudine à patte (*fig.* 486) et posée	1	»	1.10

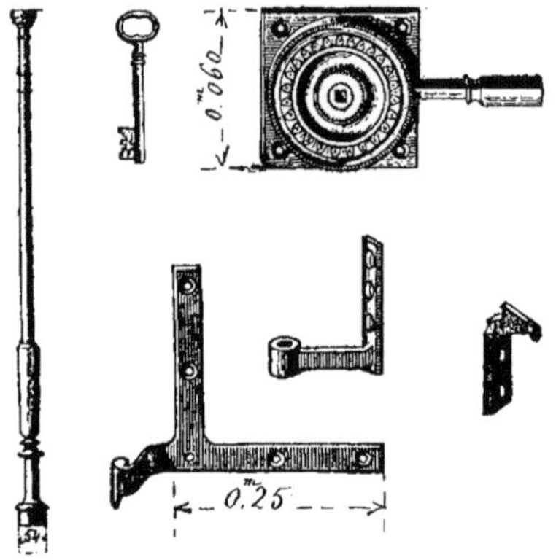

Fig. 482 à 487.

SÉRIE PAGES	Nos				
443	1369	Déposé le loquet	1	»	0.25
443	1372	Réparé, huilé	1	»	0.35
443	1370	Reposé ensuite	1	»	0.35
443	1373	Fourni une bascule en fer, ajustée et goupillée	1	»	0.45
443	1378	Fourni une rosette et posée	1	»	0.30
443	1380	Fourni un crampon à patte et posé	1	»	0.50
Estim	ation	Déposé le mentonnet cassé	1	»	0.10
430	861	Fourni un mentonnet à patte pour loquet renforcé (*fig.* 487) et posé	1	»	0.70
		Porte du débarras dans la cour.			
443	1399	Déposé 2 paumelles doubles à T hors de service	2	0.25	0.50

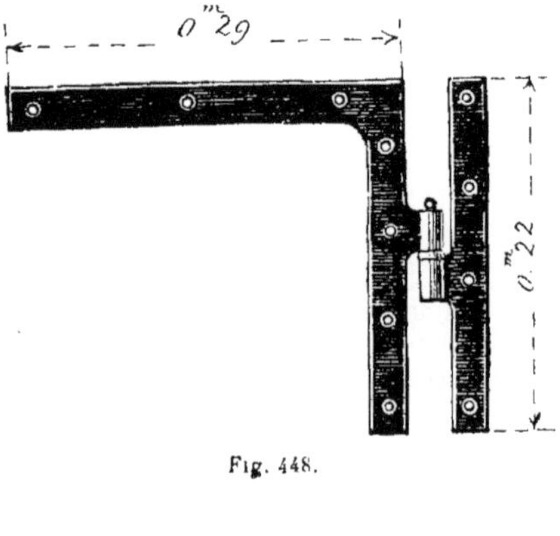

Fig. 448.

SÉRIE PAGES	Nos				
432	921	En remplacement, fourni 2 paumelles doubles à équerre ordinaires de 0.22 (*fig.* 488), chanfreinées et posées avec vis	2	2.15	4.30
443	1402	Plus-value en réparation	1/10	4.30	0.43
443	1369	Déposé le loquet	1	»	0.25
443	1372	Réparé, huilé	1	»	0.35
443	1370	Reposé ensuite	1	»	0.35
419	404	Fourni une boucle à bascule en fer pour loquet renforcé (*fig.* 489) et posée	1	»	2.50
445	1492	Fourni un ressort à torsion en fil d'acier, limé, trempé de $2^m,10$ de longueur et posé avec pattes	2^m10	2.20	4.62
		Porte du bureau sur la cour.			
444	1429	Nettoyé la serrure sur place, huilée, fait marcher	1	»	0.40
445-444	1427 1491	Déposé le verrou de sûreté à gorges, nettoyé, réparé et reposé	1	»	2.10
442	1307	Fourni une clef forée à 4 gorges (*fig.* 490)	1	»	4.25
443	1359	Déposé la gâche	1	»	0.10
443	1361	Reposée en place neuve	1	»	0.30
Estimation		Fourni une chaîne de sûreté nickelée (*fig.* 491) et posée	1	»	5.00

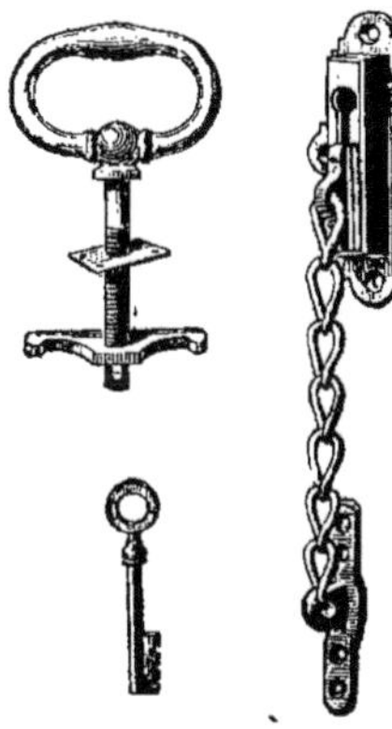

Fig. 489 à 491.

SÉRIE PAGES	Nos				
		Cloison vitrée de la caisse.			
Estimation		Déposé 3 petits bois en fer à moulures	3	0.25	0.75
»	»	A l'un desdits fait une coupe	1	»	0.25
437	1155	Fourni une traverse en fer à moulures de 0.035 de 0.30 de longueur, dressée et dégauchie	0^m30	1.95	0.58
438	1167 1170	Pour la fixer sur les petits bois, fait 3 ajustements simples à tenon et mortaise et rivés	3	1.05	3.15
Estimation		Reposé les 3 petits bois	3	0.40	1.20
455	1833	Fourni un vasistas à coulisses en fer rainé de 0.014 de 0.50 × 0.30, soit en développé	1^m60	2.45	3.92
455	1838	Valeur des 4 assemblages, compris traverse mobile et pose	1	»	5.70

SÉRIE PAGES	SÉRIE Nos				
455	1833 1837	Au milieu, fourni un montant en fer à double rainure de 0.014 de 0.50 de longueur, dressé et dégauchi........................	0.50	3.68	1.84
Ana 455	logie 1838	Valeur des 2 assemblages...............	1	»	2.85
Estim	ation	Fourni 4 tenons plats en fer épaulés, rivés et soudés au cuivre........................	4	1.00	4.00
»	»	Fourni un doigtier en cuivre à patte à T (*fig.* 492) et posé.........................	1	»	1.50
		Fig. 492.			
436	1116 1123	Pour le fixer, percé 2 trous et taraudés...	2	0.16	0.32
459	2025	Fourni 2 vis à métaux et posées..........	2	0.20	0.40
430	834	Fourni un loqueteau en cuivre à douille, à boule dessus de 0.042 et posé.............	1	»	1.40
430	848	Plus-value pour pose dudit sur fer.......	1	»	0.65
Estim	ation	Pour ce loqueteau, fourni une tige de rallonge faite exprès, en fil de fer clair, de 0.10 de longueur, taraudée aux extrémités et ajustée................................	1	»	0.75
»	»	Fourni un petit conduit à patte de façon..	1	»	0.50
436	1116 1123	Pour le fixer, percé un trou et taraudé...	1	»	0.16
459	2025	Fourni une vis à métaux et posée.........	1	»	0.20
455	1833	Fourni 2 coulisses en fer rainé de 0.014 de chacune 1.00 de longueur dressées et dégauchies, ensemble..........................	2.00	2.45	4.90
412	229	Dans le bas, fait 2 arasements droits, limés et affleurés..............................	2	0.08	0.16
Estim	ation	Dans le haut, fait 2 pattes d'arrêt coudées, enlevées à même le fer..................	2	0.75	1.50
»	»	Sur ces coulisses, fourni 3 arrêts triangulaires en fer de façon, ajustés, rivés et soudés au cuivre...........................	3	1.20	3.60
»	»	Pour fixer les coulisses sur les petits bois, fournis 8 petites pattes en fer ajustées à queue d'aronde, rivées et soudées au cuivre...	8	1.00	8.00
436	1116 1123	Percé 8 trous et taraudés...............	8	0.16	1.28
459	2025	Fourni 8 vis à métaux et posées..........	8	0.20	1.60
		Porte d'entrée du bureau sur le vestibule.			
444	1429	Nettoyé la serrure sur place, huilée, fait marcher................................	1	»	0.40
422	532	Fourni une chaînette en cuivre montée sur platine en fer n° 3 de 0.122 × 0.062 (*fig.* 493) et posée................................	1	»	2.60
Estim	ation	Fourni une tige de rallonge faite exprès avec crochet cintré, taraudée et ajustée......	1	»	1.20

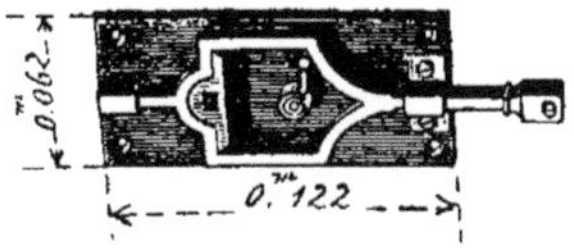

SÉRIE PAGES	N°s				
		Fig. 493.			
		Porte de la remise.			
443	1403	Déposé 3 paumelles doubles hors de service.	3	0.25	0.75
427	748	En remplacement, fourni un ferme-porte Leglay, monté directement sur 3 paumelles de 0.16 × 0.070 avec ressort de 0.92 et tube de symétrie de 1.84 de longueur (*fig.* 494) et posé, valeur pour ferme-porte avec ressort et tube de symétrie de 0.84 de longueur....	1	»	44.50
427	748	Plus-value pour 2 fois 0.05 de ressort en plus....................................	2	0.95	1.90
427	748	Plus-value pour 20 fois 0.05 de tube de symétrie en plus..........................	20	0.35	7.00
444	1429	Nettoyé la serrure sur place et huilée.....	1	»	0.40
		Trappe du grenier à fourrages.			
Estim	ation	Déposé une poignée hors de service......	1	»	0.15
440	1255	En remplacement, fourni une poignée en fer 1/2 rond à charnière sur platine de 0.19 (*fig.* 495), entaillée et posée...............	1	»	2.10
		Fig. 494 à 497.			
		Croisée.			
445	1483	Déposé le verrou du bas, cassé...........	1	»	0.15
456	1862 1863	En remplacement, fourni un verrou à ressort, 1/4 placard de 0.19 de longueur (*fig.* 496) et posé....................................	1	»	1.15

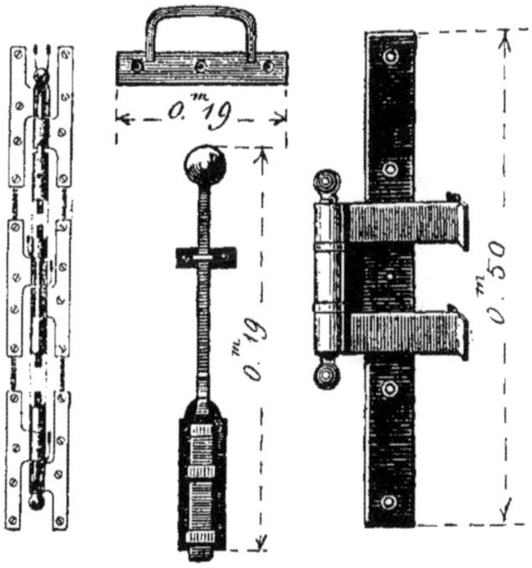

SÉRIE PAGES	Nos				
		Porte charretière.			
443	1396	Déposé 2 paumelles simples hors de service.	2	0.15	0.30
433	960	En remplacement, fourni une paumelle simple à boules à équerre, broche bague fer de 0.50 avec gond à scellement, entaillée et posée	1	»	10.50
432	949	Dans le haut, fourni une paumelle simple à boules à double gond, broche bague fer de 0.50 (*fig.* 497), entaillée et posée	1	»	10.90
		Déposé un châssis grillagé	1	»	0.40
424	659	Pour la repose dudit, fourni 8 colliers à pattes de façon, posés avec vis	8	0.85	6.80
		Escalier de descente de cave.			
		Petite armoire.			
445	1483	Déposé un verrou cassé	1	»	0.15
458	1969 1974	En remplacement, fourni un verrou à entailler en cuivre renforcé à coulisse de 0.060 (*fig.* 498) et posé	1	»	1.30

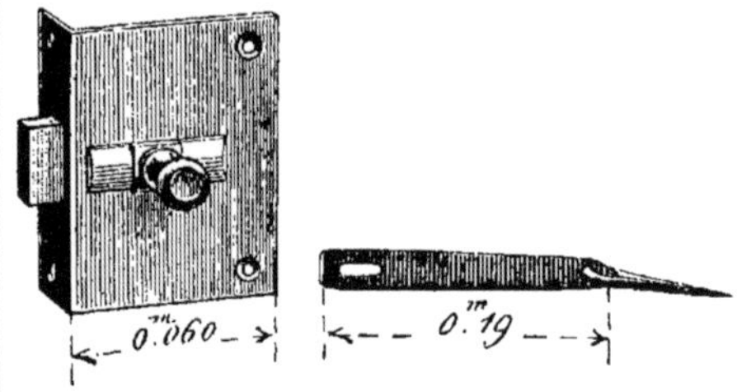

Fig. 498 et 499.

		Cave.			
443	1409	A une porte de cave, déposé 2 pentures	2	0.30	0.60
443	1410	Reposé celle du haut	1	»	0.50
443	1412	Réparé la penture du bas, coupée, soudée et redressée sur les rives	1	»	0.90
443	1411	Reposée en place neuve	1	»	0.85
430	865	Fourni un moraillon à lacet de 0.19 (*fig.* 499) garni et posé	1	»	0.95

EXEMPLES DE MÉMOIRES EN TIMBRES

1° Travaux neufs.

Nous ne reviendrons pas sur les gros fers, pour lesquels nous avons établi un mémoire en timbres dans le métré n° 1 (pages 50 à 81 du présent *Traité*).

		Premier étage.		
		Logement de gauche. *Porte d'entrée.*		
	1	Bâti. Fourni 7 pattes à scellement de 0.14, coudées et posées	7	Pattes à scellement de 0.14, coudées.
A	2	Ferré la porte. Fourni 3 paumelles doubles laminées de 0.14 et posées	3	Paumelles doubles laminées de 0.14.
	3	Fourni une serrure de sûreté à 6 gorges bénarde à pêne à nervure et chanfrein à 32°, 1re qualité de 0.14 et posée	1	Serrure de sûreté à 6 gorges bénarde à pêne à nervure et chanfrein à 32°, 1re qualité, de 0.14.
	4	Fourni un bouton rond de tirage en cuivre creux de 0.060 et posé	1	Bouton rond de tirage en cuivre creux de 0.060.
		Porte des W.-C.		
	5	Bâti. Fourni 3 pattes à scellement de 0.14 et posées	3	Pattes à scellement de 0.14.
B	6	Fourni 3 plates-bandes en fer de 0.030×0.006 de 0.15 développé, coudées, entaillées et posées avec vis, ensemble	0m45	Plate-bande en fer de 0.030 × 0.006, entaillée et posée.
	7	Ferré la porte. Fourni 3 paumelles doubles laminées de 0.11 et posées	3	Paumelles doubles laminées de 0.11.
	8	Fourni un bec-de-cane 1re qualité de 0.11 à verrou de nuit et posé	1	Bec-de-cane, 1re qualité de 0.11 à verrou de nuit.
	9	Fourni un bouton double imitation ivoire ovale de 0.060	1	Bouton double imitation ivoire ovale de 0.060.
		Châssis.		
	10	Fourni 5 pattes à scellement de 0.14 et posées	5	Pattes à scellement de 0.14.
C	11	Fourni 2 paumelles doubles laminées de 0.11 et posées	2	Paumelles doubles laminées de 0.11.
	12	Fourni 4 équerres simples de 0.16 et posées	4	Equerres simples de 0.16.
	13	Fourni une targette en fer 1/2 forte, picolet rond de 0.040 et posée	1	Targette en fer demi-forte, picolet rond de 0.040.
		Cloison entre les W.-C. et la cuisine.		
	14	Fourni 2 tendeurs en fil de fer galvanisé n° 14, cordelés à 2 fils de chacun 1.30 de longueur et posés, ensemble	2m60	Tendeur de cloison en fil de fer galvanisé n° 14 cordelé à 2 fils.
	15	Fourni 2 pitons à vis de 0.06 et posés	2	Pitons à vis de 0.06.
	16	Fourni 2 pitons à scellement	2	Pitons à scellement.

	N°	Désignation	Quantité	Observations
		Cloison entre la cuisine et l'antichambre.		
	17	Fourni 2 tendeurs en fil de fer cordelés *idem* de chacun 0.65 de longueur et posés, ensemble	1m30	Tendeur en fil de fer galvanisé n° 14 cordelé à 2 fils.
	18	Fourni 2 pitons à vis de 0.06 et posés	2	Pitons à vis de 0.06.
	19	Fourni 2 pitons à scellement	2	Pitons à scellement.
		Porte de la cuisine.		
	20	Fourni 3 paumelles doubles laminées de 0.11 et posées	3	Paumelles doubles laminées de 0.11.
D	21	Fourni un bec-de-cane 1re qualité de 0.11 et posé	1	Bec-de-cane, 1re qualité de 0.11.
	22	Fourni un bouton double, imitation ivoire ovale de 0.060	1	Bouton double imitation ivoire ovale de 0.060.
	23	Pour la hotte du fourneau, fourni un manteau composé d'une ceinture en fer carré de 0.020 de 2m,20, 2 barres de languette en même fer dont une de 1m,60 et une de 0.60 et 2 tirants en fer carré de 0.014 de 1.15 développé, pesant	17k200	Gros fers coudés.
		Armoire sous évier.		
	24	Fourni 2 paumelles doubles laminées de 0.08 et posées	2	Paumelles doubles laminées de 0.08.
E	25	Fourni une targette de sûreté en cuivre à pêne rond de 0,045 et posée	1	Targette de sûreté en cuivre à pêne rond de 0.045.
		Croisée.		
	26	Fourni 7 pattes à scellement de 0.14 et posées	7	Pattes à scellement de 0.14.
	27	Fourni 6 paumelles doubles laminées de 0.11 et posées	6	Paumelles doubles laminées de 0.11.
F	28	Fourni 8 équerres simples de 0.19 et posées	8	Equerres simples de 0.19.
	29	Fourni une crémone D. P. de 0.018 et posée	1	Crémone D. P. de 0.018.
		Garde-manger.		
	30	Fourni 4 paumelles doubles laminées de 0.08 et posées	4	Paumelles doubles laminées de 0.08.
G	31	Fourni un ressort en acier avec mentonnet à vis et posé	1	Ressort en acier avec mentonnet à vis.
	32	Fourni une targette de sûreté en cuivre à pêne rond de 0.045 et posé	1	Targette de sûreté en cuivre à pêne rond de 0.045.
		Porte de la salle à manger.		
	33	Pour le bâti et le contre-bâti, fourni 14 pattes à scellement de 0.14, coudées et posées.	14	Pattes à scellement de 0.14 coudées.
	34	Ferré la porte. Fourni 3 paumelles doubles laminées de 0.11 et posées	3	Paumelles doubles laminées de 0.11.
H	35	Fourni une serrure à 2 pênes 1re qualité de 0.14 et posée	1	Serrure 2 pênes, 1re qualité de 0.14.
	36	Fourni un bouton double, imitation ivoire de 0.060	1	Bouton double imitation ivoire ovale de 0.060.

	N°	Désignation	Quantité	Timbre
I	37	Fourni un tirefond de suspension en fer blanchi à tige taraudée de 0.25 de longueur garni d'écrou	1	Tirefond de suspension en fer à tige taraudée de 0.25 de longueur.
I	38	Fourni un sommier en fer de 0.040 × 0.009 de 0.70 de longueur, percé d'un trou taraudé.	1	Sommier en fer de 0.040 ×0.009 de 0.70 de longueur percé d'un trou taraudé.
		Croisée.		
	39	Semblable à l'accolade F	1	Accolade F.
	40	Fourni un balcon en fonte, modèle du commerce pour baie de 1m,10, pesant	18k000	Balcon en fonte modèle du commerce.
		Porte de la chambre sur l'antichambre.		
	41	Pour le bâti et le contre-bâti, fourni 14 pattes à scellement de 0.14, coudées et posées	14	Pattes à scellement de 0.14 coudées.
	42	Ferré la porte semblable à H	1	Accolade H.
		Croisée.		
J	43	Fourni 7 pattes à scellement de 0.14 coudées et posées	7	Pattes à scellement de 0.14 coudées.
J	44	Fourni 6 paumelles doubles laminées de 0.11 et posées	6	Paumelles doubles laminées de 0.11.
J	45	Fourni 8 équerres simples de 0.19 et posées	8	Equerres simples de 0.19.
J	46	Fourni une crémone D. P. de 0.018 et posée	1	Crémone D. P. de 0.018.
K	47	Fourni un balcon saillant en fonte, modèle du commerce, monté sur châssis en fer carré de 0.020 de 1.30 × 0.50, pesant	37k000	Balcon saillant en fonte modèle du commerce monté sur châssis en fer pour baie de croisée de moins de 1.50.
K	48	Fourni une main-courante en fer à moulures 1/2 rond de 0.035 de 1m,50 développé, dressée et dégauchie	1m50	Fer à moulures de 0.035, dressé et dégauchi.
K	49	Fait 2 ajustements d'angle à double onglet.	2	Ajustement d'angle à double onglet sur fer à moulures de 0.035.
K	50	Pour la fixer, percé 6 trous fraisés	6	Trous fraisés.
K	51	Contreperçé 6 trous de 0.010 et taraudés	6	Trous taraudés, de 0.010.
K	52	Fourni 6 vis à métaux de 0.015 et posées	6	Vis à métaux.
		Porte de communication des 2 chambres.		
	53	Fourni 3 plates-bandes en fer de 0.030×0.006 de chacune 0m,25 de longueur, avec patte élargie et à scellement fendu, entaillées et posées avec vis, ensemble	0m75	Plate-bande en fer de 0.030 × 0.006, entaillée et posée.
	54	Ferré la porte semblable à l'accolade H	1	Accolade H.
	55	Pour la cloison, fourni 4 tendeurs en fil de fer cordelés *idem* de chacun 1m,55 de longueur, ensemble	6m20	Tendeur de cloison en fil de fer.
	56	Fourni 4 pitons à vis de 0.06 et posés	4	Pitons à vis de 0.06.
	57	Fourni 4 pitons à scellement	4	Pitons à scellement.
		Croisée.		
	58	Semblable à l'accolade J	1	Accolade J.
	59	Fourni un balcon saillant semblable à l'accolade K	1	Accolade K.

	Logement de droite. *Porte d'entrée.*		
60	Semblable à l'accolade A................	1	Accolade A.
	Porte des W.-C.		
61	Semblable à l'accolade B................	1	Accolade B.
	Châssis.		
62	Semblable à l'accolade C................	1	Accolade C.
	Cloison entre les W.-C. et la cuisine.		
63	Fourni 2 tendeurs en fil de fer cordelés *idem* de chacun 1m,30 de longueur et posés, ensemble................................	2m60	Tendeur de cloison en fil de fer.
64	Fourni 2 pitons à vis de 0.06 et posés....	2	Pitons à vis de 0.06.
65	Fourni 2 pitons à scellement............	2	Pitons à scellement.
	Cloison entre la cuisine et l'antichambre.		
66	Fourni 2 tendeurs en fil de fer cordelés *idem* de chacun 0m,65 de longueur et posés, ensemble................................	1m30	Tendeur de cloison en fil de fer.
67	Fourni 2 pitons à vis de 0.06 et posés.....	2	Pitons à vis de 0.06.
68	Fourni 2 pitons à scellement............	2	Pitons à scellement.
	Porte de la cuisine.		
69	Semblable à l'accolade D................	1	Accolade D.
70	Pour la hotte du fourneau, fourni un manteau en fer, semblable au précédent, pesant....................................	17k200	Gros fers coudés.
	Armoire sous évier.		
71	Semblable à l'accolade E................	1	Accolade E.
	Croisée.		
72	Semblable à F..........................	1	Accolade F.
	Garde-manger.		
73	Semblable à G..........................	1	Accolade G.
	Porte de la salle à manger.		
74	Pour le bâti et le contre-bâti, fourni 14 pattes à scellement de 0.14, coudées et posées....	14	Pattes à scellement de 0.14, coudées.
75	Ferré la porte semblable à l'accolade H...	1	Accolade H.
76	Au plafond, fourni un tirefond de suspension semblable à l'accolade I..............	1	Accolade I.
	Croisée.		
77	Semblable à l'accolade F................	1	Accolade F.
78	Fourni un balcon en fonte, modèle du commerce, pour baie de 1m,10, pesant..........	18k000	Balcon en fonte, modèle du commerce.
	Porte de la chambre sur l'antichambre.		
79	Pour le bâti et le contre-bâti, fourni 14 pattes à scellement de 0.14, coudées et posées.....	14	Pattes à scellement de 0.14, coudées.
80	Ferré la porte semblable à l'accolade H...	1	Accolade H.

	Croisée.		
81	Semblable à l'accolade J	1	Accolade J.
82	Fourni un balcon saillant semblable à l'accolade K	1	Accolade K.
	Porte de communication des 2 chambres.		
83	Bâti. Fourni 3 plates-bandes en fer de 0.030 × 0.006 de chacune 0.25 de longueur, à patte élargie et à scellement fendu, entaillées et posées avec vis, ensemble	$0^{m}75$	Plate-bande en fer de 0.030 ×0.006, entaillée et posée.
84	Ferré la porte semblable à l'accolade H	1	Accolade H.
85	Pour la cloison, fourni 4 tendeurs en fil de fer cordelés *idem* de chacun $1^{m},20$ de longueur et posés, ensemble	$4^{m}80$	Tendeur de cloison en fil de fer.
86	Fourni 4 pitons à vis de 0.06 et posés	4	Pitons à vis de 0.06.
87	Fourni 4 pitons à scellement	4	Pitons à scellement.
	Croisée.		
88	Semblable à J	1	Accolade J.
89	Fourni un balcon saillant semblable à l'accolade K	1	Accolade K.
	Croisée de l'escalier.		
90	Semblable à l'accolade J	1	Accolade J.
91	Fourni un balcon en fonte, modèle du commerce, pour baie de $1^{m},20$, pesant	$19^{k}500$	Balcon en fonte, modèle du commerce.
	Escalier.		
92	Pour le limon, fourni 16 plates-bandes en fer de 0.040 × 0.007 de chacune 0.50 développé, cintrées et débillardées, entaillées et posées avec vis, ensemble	$8^{m}00$	Plate-bande de limon d'escalier, en fer de 0.040×0.007, cintrée et débillardée, entaillée, posée avec vis.
93	Fourni une rampe à col-de-cygne, barreaux ronds de 0.018 avec rosaces et astragales en fonte, développant	$17^{m}80$	Rampe à col de cygne, barreaux ronds de 0.018 avec rosaces et astragales en fonte.
94	Fourni un pilastre en fonte ornée de 0.081 de diamètre à la base et posé	1	Pilastre en fonte ornée de 0.081.
95	Fourni une boule de rampe en cuivre de 0.100 avec sous-plaque	1	Boule de rampe en cuivre de 0.100 avec sous-plaque.

TABLEAU DE CLASSEMENT

1

Fer pour manteau de hotte de fourneau.

NUMÉROS DU DÉTAIL MÉTRIQUE	
23	17k200
70	17.200
	34k400

2

Balcon saillant en fonte, modèle du commerce, monté sur châssis en fer carré pour baie de moins de 1m50.

NUMÉROS DU DÉTAIL MÉTRIQUE	
47K	37k000
59	37.000
82	37.000
89	37.000
	148.000

3

Balcon en fonte, modèle du commerce.

NUMÉROS DU DÉTAIL MÉTRIQUE	
40	18k000
78	18.000
91	19.500
	55k500

4

Bec-de-cane 1re qualité de 0.11.

NUMÉROS DU DÉTAIL MÉTRIQUE	
21D	1
69	1
	2

5

Bec-de-cane 1re qualité de 0.11 à verrou de nuit.

NUMÉROS DU DÉTAIL MÉTRIQUE	
8B	1
61	1
	2

6

Boule de rampe en cuivre de 0.100 de diamètre avec sous-plaque.

NUMÉROS DU DÉTAIL MÉTRIQUE	
95	1

7

Bouton double imitation ivoire ovale de 0.060.

NUMÉROS DU DÉTAIL MÉTRIQUE	
9B	1
22D	1
36H	1
42	1
54	1
61	1
69	1
75	1
80	1
84	1
	10

8

Bouton rond de tirage en cuivre creux de 0.060.

NUMÉROS DU DÉTAIL MÉTRIQUE	
4A	1
60	1
	2

9

Crémone D. P. de 0.018.

NUMÉROS DU DÉTAIL MÉTRIQUE	
29F	1
39	1
46J	1
58	1
72	1
77	1
81	1
88	1
90	1
	9

10

Piton à vis de 0.06.

NUMÉROS DU DÉTAIL MÉTRIQUE	
15	2
18	2
56	6
64	2
67	2
86	6
	20

11

Equerre simple de 0.16.

NUMÉROS DU DÉTAIL MÉTRIQUE	
12C	4
62	4
	8

12

Equerre simple de 0.19.

NUMÉROS DU DÉTAIL MÉTRIQUE	
28F	8
39	8
45J	8
58	8
72	8
77	8
81	8
88	8
90	8
	72

13

Patte à scellement de 0.14.

NUMÉROS DU DÉTAIL MÉTRIQUE	
3B	3
10C	5
26F	7
39	7
61	3
62	5
72	7
77	7
	44

14

Patte à scellement de 0.14 coudée.

NUMÉROS DU DÉTAIL MÉTRIQUE	
1A	7
33	14
41	14
43J	7
58	7
60	7
74	14
79	14
81	7
88	7
90	7
	105

15

Paumelle double laminée de 0.08.

NUMÉROS DU DÉTAIL MÉTRIQUE	
24E	2
30G	4
71	2
73	4
	12

16

Paumelle double laminée de 0.11.

NUMÉROS DU DÉTAIL MÉTRIQUE	
7B	3
11C	2
20D	3
27F	6
34H	3
39	6
42	3
44J	6
54	3
58	6
61	3
62	2
69	3
72	6
75	3
77	6
80	3
81	6
84	3
88	6
90	6
	88

17

Paumelle double laminée de 0.14.

NUMÉROS DU DÉTAIL MÉTRIQUE	
2A	3
60	3
	6

TABLEAU DE CLASSEMENT *(Suite)*

18

Trou fraisé.

NUMÉROS DU DÉTAIL MÉTRIQUE	
50^{K}	6
59	6
82	6
89	6
	24

19

Trou taraudé

NUMÉROS DU DÉTAIL MÉTRIQUE	
51^{K}	6
59	6
82	6
89	6
	24

20

Fer à moulures de 0.035.

NUMÉROS DU DÉTAIL MÉTRIQUE	
48^{K}	$1^{m}50$
59	1.50
82	1.50
89	1.50
	6.00

21

Ajustement d'angle à double onglet sur fer à moulures de 0.035.

NUMÉROS DU DÉTAIL MÉTRIQUE	
49^{K}	2
59	2
82	2
89	2
	8

22

Plate-bande en fer de 0.030×0.006 entaillée et posée.

NUMÉROS DU DÉTAIL MÉTRIQUE	
6^{B}	$0^{m}45$
53	0.75
61	0.45
83	0.75
	2.40

23

Plate-bande de limon d'escalier en fer de 0.041×0.007, cintrée et débillardée, entaillée et posée.

NUMÉROS DU DÉTAIL MÉTRIQUE	
92	$8^{m}00$

24

Pilastre en fonte ornée de 0.081.

NUMÉROS DU DÉTAIL MÉTRIQUE	
94	1

25

Rampe à col-de-cygne à barreaux ronds de 0.018 avec rosaces et astragales en fonte.

NUMÉROS DU DÉTAIL MÉTRIQUE	
93	$17^{m}80$

26

Ressort en acier avec mentonnet à vis.

NUMÉROS DU DÉTAIL MÉTRIQUE	
31^{G}	1
73	1
	2

27

Serrure 2 pênes 1re qualité de 0.14.

NUMÉROS DU DÉTAIL MÉTRIQUE	
35^{H}	1
42	1
54	1
75	1
80	1
84	1
	6

28

Serrure de sûreté à 6 gorges bénarde 1re qualité de 0.14 à pêne à nervure et chanfrein à 32 degrés.

NUMÉROS DU DÉTAIL MÉTRIQUE	
3^{A}	1
60	1
	2

29

Targette 1/2 forte picolet rond, de 0.040.

NUMÉROS DU DÉTAIL MÉTRIQUE	
13^{C}	1
62	1
	2

30

Targette de sûreté en cuivre à pêne rond de 0.045.

NUMÉROS DU DÉTAIL MÉTRIQUE	
25^{E}	1
32^{G}	1
71	1
73	1
	4

31

Tirefond de suspension à tige taraudée de 0.25 de longueur garni d'écrou.

NUMÉROS DU DÉTAIL MÉTRIQUE	
37^{I}	1
76	1
	2

32

Vis à métaux.

NUMÉROS DU DÉTAIL MÉTRIQUE	
52^{K}	6
59	6
82	6
89	6
	24

33

Piton à scellement.

NUMÉROS DU DÉTAIL MÉTRIQUE	
16	2
19	2
57	6
65	2
68	2
87	6
	20

34

Sommier en fer de 0.040 ×0.009 de 0.70 de longueur percé d'un trou taraudé.

NUMÉROS DU DÉTAIL MÉTRIQUE	
38^{I}	1
76	1
	2

35

Tendeur de cloison en fil de fer galvanisé n° 14 cordelé à 2 fils.

NUMÉROS DU DÉTAIL MÉTRIQUE	
14	$2^{m}60$
17	1.30
55	6.20
63	2.60
66	1.30
85	4.80
	$18^{m}80$

RÉSUMÉ

SÉRIE PAGES	SÉRIE Nos	Numéros du tableau de classement				
406	75	1	Gros fers coudés....................	34k400	0.32	11.00
411	170	2	Balcon saillant en fonte modèle du commerce, monté sur châssis en fer carré pour baie de moins de 1m,50..........	148k000	1.13	167.24
413	253	3	Balcon en fonte modèle du commerce.	55.500	0.34	18.87
416	332	4	Bec-de-cane 1re qualité, de 0.11......	2	2.80	5.60
416	332-344	5	» » » à verrou de nuit........................	2	3.60	7.20
419	425-435	6	Boule de rampe en cuivre de 0.100 de diamètre avec sous-plaque............	1	»	7.80
420	477	7	Bouton double imitation ivoire ovale de 0.060..........................	10	1.25	12.50
421	527	8	Bouton rond de tirage en cuivre creux de 0.060..........................	2	1.90	3.80
425	664	9	Crémone D. P. de 0.018.............	9	2.90	26.10
424	646-652	10	Piton à vis de 0.06.................	20	0.15	3.00
426	700	11	Equerre simple de 0.16.............	8	0.15	1.20
426	701	12	Equerre simple de 0.19.............	72	0.20	14.40
431	883	13	Patte à scellement de 0.14...........	44	0.25	11.00
431	883-885	14	Patte à scellement de 0.14 coudée....	105	0.30	31.50
435	1044	15	Paumelle double laminée de 0.08 ...	12	0.65	7.80
435	1046	16	Paumelle double laminée de 0.11....	88	0.80	70.40
435	1047	17	Paumelle double laminée de 0.14....	6	0.95	5.70
436	1116 1122	18	Trou fraisé........................	24	0.12	2.88
436	1116 1123	19	Trou taraudé.......................	24	0.16	3.84
437	1155	20	Fer à moulures de 0.035............	6m00	1.95	11.70
438	1167 1170	21	Ajustement d'angle à double onglet sur fer à moulures de 0.035...........	8	1.05	8.40
439	1230	22	Plate-bande en fer de 0.030 × 0.006, entaillée et posée.......	2m40	3.05	7.32
440	1238	23	Plate-bande de limon d'escalier en fer de 0.041 × 0.007 cintrée, débillardée, entaillée et posée....................	8.00	5.00	40.00
438	1180	24	Pilastre en fonte ornée de 0.081	1	»	14.50
440	1263	25	Rampe à col-de-cygne à barreaux ronds de 0.018 avec rosaces et astragales en fonte	17m80	11.25	200.25
445	1493	26	Ressort en acier avec mentonnet à vis.	2	0.70	1.40
447	1559	27	Serrure 2 pênes 1re qualité de 0.14..	6	4.95	29.70
448	1580 1599	28	Serrure de sûreté à 6 gorges, bénarde 1re qualité de 0.14 pêne à nervure et chanfrein à 32 degrés.................	2	8.55	17.10
453	1749	29	Targette 1/2 forte, picolet rond de 0.040	2	0.85	1.70
454	1787	30	Targette de sûreté en cuivre à pêne rond de 0.045........................	4	1.20	4.80
454	1807 1810	31	Tirefond de suspension à tige taraudée de 0.25 de longueur, garni d'écrou.....	2	3.70	7.40
459	2025	32	Vis à métaux.......................	24	0.20	4.80
Estim	ation	33	Piton à scellement..................	20	0.25	5.00
»	»	34	Sommier en fer de 0.040 × 0.009 de 0.70 de longueur, percé d'un trou taraudé.	2	1.40	2.80
»	»	35	Tendeur de cloison en fil de fer galvanisé n° 14, cordelé à 2 fils............	18m80	0.35	6.58

2° Travaux d'entretien.

	Troisième étage.		
	Appartement de gauche.		
	Porte d'entrée sur le grand escalier.		
1	Déposé la serrure à gorges, nettoyée, réparée et reposée	1	Serrure à gorges, déposée, nettoyée, réparée et reposée.
2	Fourni 2 paillettes en acier	2	Paillette en acier.
3	Fourni un bouton à cor-de-chasse en cuivre, ajusté et goupillé	1	Bouton de coulisse en cuivre.
4	Déposé la gâche	1	Gâche déposée.
5	Reposée en place neuve	1	Gâche reposée en place neuve.
6	Déposé un bouton de tirage	1	Bouton de tirage déposé.
7	Pour ledit, fourni une tige carrée faite exprès avec épaulement taraudé garni d'écrou, ajusté et goupillé	1	Tige carrée faite exprès avec épaulement taraudé garni d'écrou pour bouton de tirage.
8	Reposé le bouton de tirage	1	Bouton de tirage reposé.
	Porte de la cuisine.		
9	Dégondé la porte	1	Porte dégondée.
10	Nettoyé les 3 paumelles et huilées	3	Paumelle nettoyée et huilée.
11	Pour lesdites, fourni 3 bagues en cuivre	3	Bague en cuivre.
12	Fait l'ajustement desdites, alésées à la lime ronde, posées et réglées	3	Bague en cuivre ajustée, alésée, posée et réglée.
13	Rengondé la porte	1	Porte rengondée.
14	Déposé le bec-de-cane, nettoyé, réparé et reposé	1	Bec-de-cane déposé, nettoyé, réparé et reposé.
15	Fourni un foliot en cuivre	1	Foliot en cuivre.
16	Rajusté le bouton double et goupillé	1	Bouton double ajusté et goupillé.
17	Donné du jeu à la gâche	1	Jeu de gâche.
	Croisée de la cuisine.		
18	Déposé 6 fiches hors de service	6	Fiche déposée.
19	En remplacement, fourni 6 paumelles doubles laminées de 0.11 et posées, en réparation	6	Paumelle double laminée de 0.11, fournie en réparation.
20	Déposé une espagnolette supprimée	1	Espagnolette déposée.
21	Déposé les 2 gâches	2	Gâche déposée.
22	Déposé le support	1	Gâche déposée.
23	En remplacement, fourni une crémone DP de 0.018 et posée	1	Crémone DP de 0.018.
24	Sous les gâches, fourni 2 plaques de recouvrement de 0.20 à l'équerre, entaillées et posées	2	Plaque de recouvrement de 0.20 à l'équerre, entaillée.
25	Pour fixer les gâches sur lesdites, percé 4 trous et taraudés	4	Trou taraudé.
26	Fourni 4 vis à métaux et posées	4	Vis à métaux.
	Garde-manger.		
27	Déposé 4 charnières hors de service	4	Charnière déposée.
28	En remplacement, fourni 4 paumelles doubles laminées de 0.095 et posées, en réparation	4	Paumelle double laminée de 0.095, fournie en réparation.
29	Pour le ressort, fourni un mentonnet à vis et posé	1	Mentonnet à vis pour ressort d'armoire.

30	Déposé la targette cassée................	1	Targette déposée.
31	Déposé la gâche.........................	1	Gâche déposée.
32	En remplacement, fourni une targette de sûreté en cuivre de 0.040 et posée..........	1	Targette de sûreté en cuivre de 0.040.
	Armoire sous évier.		
33	Déposé 2 charnières hors de service......	2	Charnière déposée.
34	En remplacement, fourni 2 paumelles doubles laminées de 0.095 et posées, en réparation................................	2	Paumelle double laminée de 0.095 fournie en réparation.
35	Huilé la targette sur place..............	1	Targette nettoyée et huilée sur place.
36	Déposé la gâche.........................	1	Gâche déposée.
37	Reposée en place neuve..................	1	Gâche reposée en place neuve.
	Croisée de l'antichambre sur la courette.		
38	Débroché 5 fiches nettoyées, huilées et rebrochées................................	5	Fiche débrochée, nettoyée, huilée et rebrochée.
39	Déposé une fiche cassée.................	1	Fiche déposée.
40	En remplacement, fourni une fiche mortaisée à broche tournée et à boule de 0.12 posée en réparation et sur huisserie à l'échelle................................	1	Fiche mortaisée à broche tournée de 0.12, posée en réparation et sur huisserie à l'échelle.
41	Fait marcher l'espagnolette, huilé les conduits, jeu aux gâches.....................	1	Espagnolette, fait marcher, huilé les conduits, jeu aux gâches.
	Porte des W.-C.		
42	Nettoyé 3 fiches sur place et huilées......	3	Fiche nettoyée sur place et huilée.
43	Donné du jeu à la porte..................	1	Jeu de porte au rabot.
44	Nettoyé le bec-de-cane sur place, huilé, fait marcher............................	1	Bec-de-cane, nettoyé sur place et huilé.
45	Pour le bouton double, fourni une tige de foliot, ajustée et goupillée.................	1	Tige de foliot.
46	Déposé la targette cassée................	1	Targette déposée.
47	Déposé la gâche.........................	1	Gâche déposée.
48	En remplacement, fourni un verrou automatique en cuivre nickelé de 0.047 et posé..	1	Verrou automatique en cuivre nickelé de 0.047.
	Châssis.		
49	Déposé 2 fiches.........................	2	Fiche déposée.
50	Huilées et reposées......................	2	Fiche reposée.
51	Donné du jeu au châssis..................	1	Jeu de châssis au rabot.
52	Huilé le loqueteau sur place, jeu au mentonnet.................................	1	Loqueteau huilé sur place, jeu au mentonnet.
	Porte de l'antichambre sur le dégagement.		
53	Pour le travail du menuisier, déposé 3 paumelles doubles.......................	3	Paumelle double déposée.
54	Reposées en place neuve..................	3	Paumelle double reposée en place neuve.
55	Déposé le bec-de-cane hors de service....	1	Bec-de-cane déposé.
56	Déposé la gâche et la rosette............	2	Gâche déposée.
57	En remplacement, fourni une serrure 2 pênes 1re qualité de 0.14 et posée........	1	Serrure 2 pênes, 1re qualité de 0.14.
58	Fourni un bouton double imitation ivoire ovale SZ de 0.060........................	1	Bouton double imitation ivoire ovale SZ de 0.060.

59	Fourni une plaque de recouvrement de 0.18 à l'équerre, entaillée et posée	1	Plaque de recouvrement de 0.18 à l'équerre, entaillée.
60	Façon d'une entrée	1	Entrée découpée pour clef.
61	Façon d'une rosette	1	Rosette découpée pour bouton.
	Porte de la salle de bains.		
62	Déposé 3 charnières	3	Charnière déposée.
63	Reposées en place neuve	3	Charnière reposée en place neuve.
64	Déposé la serrure 2 pênes, nettoyée, réparée et reposée	1	Serrure 2 pênes, déposée, nettoyée, réparée, reposée.
65	Fourni un ressort à boudin	1	Ressort à boudin.
66	Allongé et réglé les barbes du pêne	1	Barbes du pêne, allongées et réglées.
67	Rajusté le bouton double et goupillé	1	Bouton double, ajusté et goupillé.
68	Donné du jeu à la gâche	1	Jeu de gâche.
69	Huilé la targette sur place	1	Targette huilée sur place.
70	Déposé la gâche	1	Gâche déposée.
71	Reposée en place neuve	1	Gâche reposée en place neuve.
	Croisée.		
72	Nettoyé 6 paumelles sur place et huilées	6	Paumelle nettoyée, huilée sur place.
73	Déposé la crémone, nettoyée, réparée et reposée	1	Crémone déposée, nettoyée, réparée et reposée.
74	Fourni un disque	1	Disque de crémone.
75	Rajusté le bouton et goupillé	1	Bouton ajusté et goupillé.
76	Fourni un vasistas en fer rainé de 0.016, de 0.40 × 0.30, soit en développé	1m40	Vasistas en fer rainé de 0.016.
77	Valeur des 4 assemblages, de la traverse mobile et de la pose	1	Assemblage complet de vasistas.
78	Fourni 2 paumelles doubles à boules ajustées et posées sur fer	2	Charnière de vasistas posée sur fer.
79	Fourni un loqueteau en cuivre renforcé de 0.070, posé sur fer	1	Loqueteau en cuivre renforcé de 0.070, posé sur fer.
80	Fourni un double châssis en tôle, en feuillure, formant battement de 0.40 × 0.30, posé avec vis, soit en développé	1m40	Double châssis en tôle pour vasistas.
	Porte de la chambre sur la cour.		
81	Déferré la porte pour le travail du menuisier. Déposé 3 charnières	3	Charnière déposée.
82	Déposé la serrure 2 pênes	1	Serrure 2 pènes déposée.
83	Déposé la gâche, l'entrée et la rosette	3	Gâche déposée.
84	Referré la porte. Fourni 3 paumelles doubles laminées de 0.11 et posées	3	Paumelle double laminée de 0.11.
85	Réparé la serrure 2 pênes, nettoyée, réparée, huilée, fait marcher	1	Serrure 2 pênes, nettoyée réparée, huilée.
86	Fourni un foliot en cuivre	1	Foliot en cuivre.
87	Reposé la serrure 2 pênes en place neuve.	1	Serrure à foliot reposée en place neuve.
88	Fourni une entrée et posée	1	Entrée pour serrure 2 pênes.
89	Fourni une rosette et posée	1	Rosette en fer.
90	Pour l'ancien bouton double, fourni une tige de foliot, ajustée et goupillée	1	Tige de foliot.

	Croisée.		
91	Nettoyé 6 paumelles sur place et huilées..	6	Paumelle nettoyée sur place et huilée.
92	Déposé la crémone hors de service........	1	Crémone déposée.
93	Déposé 4 gâches et chapiteaux	4	Gâche déposée.
94	En remplacement, fourni une crémone DP de 0.018 et posée	1	Crémone DP de 0.018.
	Persienne.		
95	Déposé le loqueteau, nettoyé, réparé et reposé.....................................	1	Loqueteau déposé, nettoyé, réparé et reposé.
96	Fourni un ressort à pompe en cuivre	1	Ressort à pompe en cuivre pour loqueteau.
97	Fourni un tirage en fil de fer cordelé avec anneau étamé............................	1	Tirage en fil de fer cordelé avec anneau étamé.
98	Déposé un arrêt cassé	1	Arrêt déposé.
99	En remplacement, fourni un arrêt en fonte à anneau et paillette et posé	1	Arrêt en fonte à anneau et paillette.
100	Déposé le fléau..........................	1	Fléau déposé.
101	Pour ledit, fourni une platine en forte tôle, percée d'un trou d'axe et de 4 trous fraisés..	1	Platine en forte tôle, percée d'un trou d'axe et de 4 trous fraisés.
102	Fourni un clou d'axe et rivé	1	Clou d'axe rivé pour fléau.
103	Reposé le fléau..........................	1	Fléau reposé.
104	Pour le crochet, fourni un piton à vis et posé.....................................	1	Piton à vis.
	Armoire.		
105	Déposé 3 charnières......................	3	Charnière déposée.
106	Huilées et reposées......................	3	Charnière reposée.
107	Déposé une targette hors de service	1	Targette déposée.
108	Déposé la gâche.........................	1	Gâche déposée.
109	En remplacement, fourni une serrure polie à canon 1re qualité de 0.070...............	1	Serrure d'armoire 1re qualité de 0.070.
	Porte du dégagement à la chambre sur la rue.		
110	Nettoyé 3 paumelles sur place et huilées..	3	Paumelle huilée sur place.
111	Nettoyé la serrure sur place et huilée.....	1	Serrure huilée sur place.
112	Jeu à la gâche...........................	1	Jeu de gâche.
	Porte sous tenture sur débarras.		
113	Nettoyé 3 charnières sur place et huilées..	3	Charnière huilée sur place.
114	Déposé la serrure tour et demi, nettoyée, réparée et reposée.......................	1	Serrure tour et demi déposée, nettoyée, réparée, reposée.
115	Fourni un bouton de coulisse en cuivre, ajusté et goupillé........................	1	Bouton de coulisse en cuivre.
	Croisée sur la rue.		
116	Déposé 3 paumelles doubles cassées	3	Paumelle double déposée.
117	En remplacement, fourni 3 paumelles doubles laminées de 0.11 et posées en réparation	3	Paumelle double laminée de 0.11 en réparation.
118	Nettoyé 3 paumelles sur place et huilées..	3	Paumelle huilée sur place.
119	Déposé la crémone, nettoyée, réparée et reposée	1	Crémone déposée, nettoyée, réparée, reposée.
120	Fourni un tourillon fait exprès, épaulé, rivé et brasé	1	Tourillon fait exprès, épaulé rivé et brasé pour crémone.
121	Rajusté le bouton, fourni une goupille....	1	Bouton rajusté et goupillé.

	Porte à 2 vantaux de la chambre au salon.		
122	Déferré cette porte pour le travail du menuisier. Déposé 6 paumelles doubles..........	6	Paumelle double déposée.
123	Déposé 2 verrous........................	2	Verrou déposé.
124	Déposé une serrure à foliot............	1	Serrure à foliot déposée.
125	Déposé l'entrée, la rosette et la gâche.....	3	Gâche déposée.
126	Referré la porte après le travail du menuisier. Fourni 6 paumelles doubles laminées de 0.16 et posées...........................	6	Paumelle double laminée de 0.16.
127	Nettoyé 2 verrous et huilés..............	2	Verrou nettoyé et huilé.
128	Reposés en place neuve.................	2	Verrou reposé en place neuve.
129	Donné du jeu à la gâche du bas..........	1	Jeu de gâche.
130	Fourni une serrure 2 pênes 1re qualité de 0.14 et posée............................	1	Serrure 2 pênes 1re qualité de 0.14.
131	Pour l'ancien bouton double, fourni une tige de foliot............................	1	Tige de foliot.
	Salon.		
	Croisée.		
132	Nettoyé 6 paumelles sur place et huilées..	6	Paumelle huilée sur place.
133	Déposé la crémone, nettoyée, réparée et reposée................................	1	Crémone déposée, nettoyée, réparée et reposée.
	Porte à 2 vantaux sur le dégagement.		
134	Dégondé un vantail.....................	1	Porte dégondée.
135	Nettoyé 3 paumelles et huilées...........	3	Paumelle huilée sur place.
136	Pour lesdites, fourni 3 bagues en cuivre...	3	Bague en cuivre.
137	Ajusté ces 3 bagues, limées et posées, *idem.*	3	Bague ajustée, limée, réglée.
138	Rengondé le vantail	1	Porte rengondée.
139	Nettoyé 2 verrous sur place, huilés, fait marcher................................	2	Verrou nettoyé sur place et huilé.
140	Nettoyé la serrure sur place, huilée, fait marcher................................	1	Serrure nettoyée sur place et huilée.
141	Donné du jeu à la gâche.................	1	Jeu de gâche.
	Porte à 2 vantaux sur l'antichambre.		
142	Nettoyé 6 paumelles et huilées	6	Paumelle nettoyée sur place.
143	Nettoyé 2 verrous et huilés..............	2	Verrou nettoyé, huilé.
144	Nettoyé la serrure sur place et huilée.....	1	Serrure nettoyée, huilée.
145	Déposé la gâche	1	Gâche déposée.
146	Reposée en place neuve.................	1	Gâche reposée en place neuve.
	Porte à 2 vantaux du salon à la salle à manger.		
147	Nettoyé 5 paumelles sur place et huilées ..	5	Paumelle nettoyée, huilée.
148	Déposé une paumelle double cassée	1	Paumelle double déposée.
149	En remplacement, fourni une paumelle double laminée de 0.16 et posée en réparation	1	Paumelle double laminée de 0.16, fournie en réparation.
150	Nettoyé le verrou du haut sur place, huilé, fait marcher...........................	1	Verrou nettoyé, huilé.
151	Déposé le verrou du bas hors de service ..	1	Verrou déposé.
152	En remplacement, fourni un verrou à coquille en cuivre FT de 0.020, de 0.40 de longueur, entaillé et posé................	1	Verrou à coquille en cuivre FT de 0.020 de 0.40 de longueur, entaillée.
153	Déposé la serrure 2 pênes, nettoyée, réparée, reposée	1	Serrure 2 pênes déposée, nettoyée, réparée, reposée.
154	Fourni un ressort à boudin	1	Ressort à boudin.

155	Fourni une clef bénarde à embase tournée et polie et panneton taillé en chiffre........	1	Clef bénarde à embase tournée et polie et panneton à chiffre.
156	Déposé la gâche........................	1	Gâche déposée.
157	Reposée en place neuve..................	1	Gâche reposée en place neuve.
	Salle à manger.		
	Croisée.		
158	Déposé 3 paumelles doubles cassées......	3	Paumelle double déposée.
159	En remplacement, fourni 3 paumelles doubles laminées de 0.11 et posées en réparation..................................	3	Paumelle double laminée de 0.11, en réparation.
160	Nettoyé 3 paumelles sur place et huilées..	3	Paumelle huilée sur place.
161	Nettoyé la crémone sur place et huilée...	1	Crémone nettoyée, huilée sur place.
162	Déposé une gâche......................	1	Gâche déposée.
163	Reposée en place neuve..................	1	Gâche reposée en place neuve.
	Porte à 2 vantaux sur l'antichambre.		
164	Nettoyé 4 paumelles sur place et huilées..	4	Paumelle huilée, sur place.
165	Déposé 2 paumelles doubles.............	2	Paumelle double déposée.
166	Huilées et reposées.....................	2	Paumelle double reposée.
167	Nettoyé les 2 verrous sur place, huilés, fait marcher................................	2	Verrou huilé, fait marcher.
168	Nettoyé la serrure sur place, huilée, fait marcher................................	1	Serrure huilée, fait marcher.
169	Jeu à la gâche..........................	1	Jeu de gâche.
	Porte de l'office.		
170	Déposé la serrure 2 pênes, nettoyée, réparée et reposée.........................	1	Serrure 2 pênes, déposée, nettoyée, réparée, reposée.
171	Fourni une barbe au pêne, ajustée à queue d'aronde et soudée au cuivre..............	1	Barbe au pêne, fournie, ajustée à queue d'aronde et soudée au cuivre.
172	Rajusté une clef........................	1	Clef de sûreté rajusté.
173	Fourni un canon à pattes, ajusté et rivé..	1	Canon à pattes en cuivre pour serrure à foliot.
174	Déposé la gâche cassée..................	1	Gâche déposée.
175	En remplacement, fourni une gâche encloisonnée et posée........................	1	Gâche encloisonnée pour serrure de sûreté.
	Châssis.		
176	Déposé un vasistas.....................	1	Vasistas déposé.
177	Réparé ledit, dégauchi, redressé les feuillures à la lime...........................	1	Vasistas réparé, dégauchi, redressé les feuillures à la lime.
178	Déposé le loqueteau cassé...............	1	Loqueteau déposé.
179	En remplacement, fourni un loqueteau en cuivre à douille, à boule dessus de 0.042 et posé sur fer............................	1	Loqueteau en cuivre à douille à boule dessus de 0.042, posé sur fer.
	Armoire.		
180	Déposé la serrure, nettoyée, réparée et reposée..................................	1	Serrure d'armoire déposée, nettoyée, réparée et reposée.
181	Fourni une broche et rivée..............	1	Broche pour serrure d'armoire.
182	Déposé la gâche cassée..................	1	Gâche déposée.
183	Fourni une gâche platine et posée........	1	Gâche platine.

	Porte d'entrée sur l'escalier de service.		
184	Déposé 3 paumelles doubles.............	3	Paumelle double déposée.
185	Reposées en place neuve................	3	Paumelle double reposée en place neuve.
186	Déposé la serrure de sûreté, nettoyée, réparée et reposée......................	1	Serrure de sûreté déposée, nettoyée, réparée et reposée.
187	Fourni une broche et rivée	1	Broche pour serrure de sûreté.
188	Fourni un rouet croisé..................	1	Rouet croisé pour serrure de sûreté.
189	Rajusté une ancienne clef	1	Clef de sûreté rajustée.
190	Fourni une clef forée à garnitures cintrées.	1	Clef forée à garnitures cintrées.
191	Déposé la gâche........................	1	Gâche déposée.
192	Reposée en place neuve..................	1	Gâche reposée en place neuve.
193	Déposé le bouton de tirage cassé	1	Bouton de tirage déposé.
194	En remplacement, fourni un bouton rond de tirage en cuivre creux de 0.060 et posé...	1	Bouton rond de tirage en cuivre creux de 0.060.
	Escalier de service.		
195	Rampe. Déposé 4m,50 de main-courante en bois et reposée ensuite	4m50	Main-courante en bois déposée reposée.
196	Déposé 5 barreaux.......................	5	Barreau de rampe déposé.
197	Dans lesdits, percé 5 trous de 0.010 et taraudés..................................	5	Trou de 0.010 taraudé.
198	Reposé les 5 barreaux et réglés...........	5	Barreau de rampe reposé et réglé.
199	Fourni 5 vis à métaux de 0.015 et posées..	5	Vis à métaux.
200	Fourni 2 colliers à patte de façon, entaillés et posés................................	2	Colliers à patte de façon pour rampe d'escalier.
	Appartement de droite.		
	Porte d'entrée sur l'escalier de service.		
201	Nettoyé les 3 paumelles sur place et huilées	3	Paumelle nettoyée, huilée.
202	Déposé la serrure à gorges, nettoyée, réparée et reposée............................	1	Serrure de sûreté à gorges, déposée, nettoyée, réparée et reposée.
203	Fourni 3 paillettes en acier	3	Paillette en acier.
204	Fourni une équerre	1	Equerre pour serrure à gorges.
205	Pour la fixer, fourni une vis à métaux	1	Vis à métaux.
206	Fourni une bouterolle	1	Bouterolle pour serrure de sûreté.
207	Rajusté une ancienne clef................	1	Clef de sûreté rajustée.
208	Fourni une clef forée à 6 gorges et à garnitures 1/2 baroques	1	Clef forée à 6 gorges et à garnitures 1/2 baroques.
209	Fourni un pied de foncet	1	Pied de foncet.
210	Déposé la gâche.........................	1	Gâche déposée.
211	Sous ladite, fourni une plate-bande en fer de 0.025 × 0.005, de 0.30 de longueur, entaillée et posée avec vis..................	0m30	Plate-bande en fer de 0.025 × 0.005 entaillée.
212	Fait l'encastrement de la têtière dans ladite.	1	Têtière de gâche encastrée sur fer.
213	Reposé la gâche.........................	1	Gâche reposée.
214	Pour la fixer sur la plate-bande, percé 2 trous et taraudés.......................	2	Trou taraudé.
215	Fourni 2 vis à métaux et posées	2	Vis à métaux.

	Porte d'entrée sur le grand escalier.		
216	Pour le travail du menuisier, déferré la porte. Déposé 6 fiches	6	Fiche déposée.
217	Déposé 2 verrous	2	Verrou déposé.
218	Déposé 2 gâches	2	Gâche déposée.
219	Déposé une serrure sans foliot	1	Serrure sans foliot, déposée.
220	Pour le bâti, fourni 7 pattes à scellement de 0.14 coudées et posées	7	Patte à scellement de 0.14, coudée.
221	Fourni 7 pattes à chambranle de 0.11	7	Patte à chambranle de 0.11.
222	Referré la porte. Fourni 6 paumelles doubles laminées de 0.14 et posées	6	Paumelle double laminée de 0.14.
223	Nettoyé les 2 verrous, huilés, fait marcher.	2	Verrou nettoyé, huilé.
224	Reposé celui du haut	1	Verrou reposé.
225	Reposé le verrou du bas en place neuve	1	Verrou reposé en place neuve
226	Fourni un conduit à pattes pour verrou boîte cuivre de 0.032 et posé en réparation	1	Conduit à patte pour verrou à boîte cuivre de 0.032, en réparation.
227	Pour le verrou du haut, fourni une gâche à pattes renforcée en cuivre et posée	1	Gâche à pattes renforcée en cuivre pour verrou.
228	Dans le bas, fourni une gâche platine de façon en cuivre de 0.20 à l'équerre, entaillée et posée	1	Plaque de recouvrement en cuivre de 0.20 à l'équerre entaillée.
229	Façon d'un empênage	1	Entrée découpée pour clef.
230	Réparé la serrure à pompe, nettoyée et huilée	1	Serrure à pompe nettoyée, réparée et huilée.
231	Fourni 2 barrettes en acier et ajustées	2	Barrette en acier pour serrure à pompe.
232	Reblanchi une clef	1	Clef reblanchie.
233	Fourni une clef à pompe	1	Clef à pompe.
234	Reposé la serrure à pompe en place neuve.	1	Serrure sans foliot, reposée en place neuve.
235	Fourni une plaque de recouvrement en cuivre de 0.13 à l'équerre, chanfreinée et posée	1	Plaque de recouvrement en cuivre de 0.13 à l'équerre chanfreinée.
236	Façon d'une entrée	1	Entrée pour clef.
237	Pour la gâche, fourni une bride de sûreté de façon en fer méplat, coudée, 4 fois chanfreinée et posée avec vis	1	Double gâche de sûreté chanfreinée et posée avec vis.
238	Reposé le bouton de tirage	1	Bouton de tirage reposé.
239	Fourni un écrou en cuivre	1	Ecrou en cuivre.
240	Déposé un verrou de sûreté à gorges, nettoyé, réparé et reposé	1	Serrure à gorges, déposée, nettoyée et reposée.
241	Fourni une gorge en cuivre faite exprès	1	Gorge en cuivre faite exprès.
242	Fourni 2 paillettes en acier	2	Paillette en acier.
243	Déposé la gâche	1	Gâche déposée.
244	Reposée en place neuve	1	Gâche reposée en place neuve.
	Porte de la cuisine.		
245	Déposé 3 fiches dont une cassée	3	Fiche déposée.
246	En remplacement, fourni une fiche chanteau de 0.120 et posée, en réparation	1	Fiche chanteau de 0.12 fournie en réparation.
247	Reposé 2 fiches en place neuve	2	Fiche reposée en place neuve
248	Déposé le bec-de-cane, nettoyé, réparé et reposé	1	Bec-de-cane déposé, nettoyé, réparé et reposé.
249	Fourni un foliot en cuivre	1	Foliot en cuivre
250	Rajusté le bouton double et goupillé	1	Bouton double rajusté et goupillé.

251	Fourni une rondelle en fer...............	1	Rondelle en fer pour bouton double.
252	Déposé une rosette cassée................	1	Gâche déposée.
253	En remplacement, fourni une rosette à douille en fer et posée.....................	1	Rosette à douille en fer.
254	Déposé une gâche cassée.................	1	Gâche déposée.
255	En remplacement, fourni une gâche encloisonnée et posée...........................	1	Gâche encloisonnée pour bec-de-cane.
	Armoire sous évier.		
256	Déposé la targette, nettoyée, huilée et reposée en place neuve.....................	1	Targette déposée, nettoyée, huilée et reposée en place neuve.
	Croisée.		
257	Pour le travail du menuisier, débroché 4 fiches, nettoyées, huilées et rebrochées....	4	Fiche débrochée, nettoyée, huilée, rebrochée.
258	Fourni 2 broches et ajustées.............	2	Broche de fiche.
259	Déposé 6 équerres simples dont 4 hors de service..................................	6	Equerre déposée.
260	En remplacement, fourni 4 équerres simples de 0.19 et posées en réparation.....	4	Equerre simple de 0.19 fournie en réparation.
261	Reposé 2 équerres en place neuve........	2	Equerre reposée en place neuve.
262	Pour les entures, fourni 2 plates-bandes en fer de 0.030 × 0.006 de chacune 0m,40 de longueur, entaillées et posées avec vis, ensemble..................................	0m80	Plate-bande en fer de 0.030 × 0.006 entaillée.
263	Déposé l'espagnolette....................	1	Espagnolette déposée.
264	Fait marcher ladite, huilé les conduits....	1	Espagnolette nettoyé, huilé les conduits.
265	Fait une coupe..........................	1	Coupe de fer rond de 0.018.
266	Fourni 0.06 de fer rond de 0.018	0m06	Tringle de 0.018.
267	Façon d'une soudure......................	1	Soudure pour espagnolette.
268	Refait le crochet..........................	1	Crochet refait pour espagnolette.
269	Fourni une poignée évidée................	1	Poignée évidée pour espagnolette.
270	Fourni un clou d'axe rivé................	1	Clou d'axe pour espagnolette.
271	Reposé l'espagnolette en place neuve.....	1	Espagnolette reposée en place neuve.
272	Déposé un support cassé..................	1	Gâche déposée.
273	Fourni un support évidé et posé..........	1	Support évidé pour espagnolette.
274	Déposé la gâche du bas hors de service ...	1	Gâche déposée.
275	En remplacement, fourni une gâche coudée de façon en tôle de 0.24 à l'équerre, entaillée et posée................................	1	Plaque de recouvrement de 0.24 à l'équerre coudée, entaillée.
276	Façon d'un empênage....................	1	Entrée pour clef.
277	Fourni une broche d'arrêt................	1	Broche d'arrêt pour gâche d'espagnolette.
	Armoire à 2 vantaux.		
278	Ferré ladite. Fourni 6 paumelles doubles en cuivre à olive de 0.14, entaillées et posées ..	6	Paumelle double en cuivre à olive de 0.14.
279	Fourni une bascule en cuivre à queue de poireau de 0.050 et posée..................	1	Bascule en cuivre à queue de poireau de 0.050.

280	Fourni 2 becs-de-cane de tirage en cuivre encloisonnés à queue de 0.030 × 0.065 et posés....................................	2	Bec-de-cane de tirage en cuivre, encloisonné à queue de 0.030 × 0.065.
281	Fourni 2 tirages en fil de fer étamé n° 14 de chacun 0m,65 de longueur et posés, ensemble..................................	1m30	Fil de fer étamé n° 14.
282	Fourni une serrure d'armoire 1re qualité de 0.070 et posée..........................	1	Serrure d'armoire 1re qualité de 0.070.
283	Fourni une gâche platine et posée........	1	Gâche platine.
	Châssis sur la trémie des W.-C.		
284	Huilé 2 charnières sur place	2	Charnière huilée sur place.
285	Déposé 2 équerres simples	2	Equerre déposée.
286	Redressées et reposées..................	2	Equerre reposée.
287	Déposé le loqueteau cassé...............	1	Loqueteau déposé.
288	En remplacement, fourni un loqueteau à bascule en fer sur platine de 0.040 avec tirage et posé..................................	1	Loqueteau à bascule en fer sur platine de 0.040 avec tirage.
289	Fourni un mentonnet à vis et posé.......	1	Mentonnet à vis.
	Porte des W.-C.		
290	Déferré ladite pour le travail du menuisier déposé 3 fiches..........................	3	Fiche déposée.
291	Déposé un bec-de-cane	1	Bec-de-cane déposé.
292	Déposé la gâche et la rosette............	2	Gâche déposée.
293	Referré la porte à la main opposée. Fourni 3 paumelles doubles laminées de 0.11 et posées...................................	3	Paumelle double laminée de 0.11.
294	Réparé le bec-de-cane, nettoyé, huilé et fait marcher............................	1	Bec-de-cane démonté, nettoyé, réparé et huilé.
295	Retourné le chanfrein du pêne...........	1	Chanfrein retourné pour bec-de-cane.
296	Reposé le bec-de-cane en place neuve....	1	Bec-de-cane reposé en place neuve.
297	Fourni un bouton double en cuivre creux ovale n° 4, fourni en réparation...........	1	Bouton double en cuivre creux ovale n° 4, fourni en réparation.
	Abattant.		
298	Déposé 2 pivots et crapaudines hors de service..................................	2	Pivot et crapaudine déposée.
299	Fourni 2 pivots en cuivre à équerre sur champ n° 2 (*fig.* 500) et posés.............	2	Pivot de siège en cuivre à équerre sur champ n° 2.
	0m.10 Fig. 500.		
300	Fourni un bouton à lentille en cuivre de 0.030 avec tige à vis et posé...............	1	Bouton à lentille en cuivre de 0.030 à tige à vis.

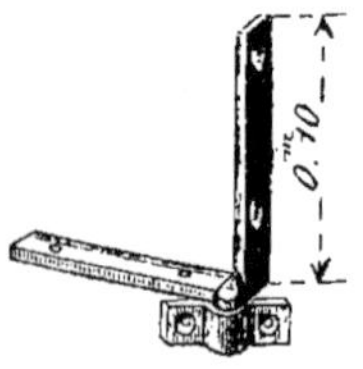

	Châssis.		
301	Fourni un vasistas en fer rainé de 0.014, de 0.36 × 0.45, soit en développé	1^m62	Vasistas en fer rainé de 0.014.
302	Valeur fixe des 4 assemblages, de la traverse mobile et de la pose	1	Assemblage complet de vasistas.
303	Fourni 2 pivots en fer avec bourdonnières, ajustés et posés sur fer.....................	2	Pivot en fer avec bourdonnière pour vasistas.
304	Fourni un col-de-cygne en fer de façon, ajusté et posé sur fer......................	1	Col-de-cygne de façon, ajusté et posé sur fer.
305	Fourni 2 paillettes de renvoi, montées sur équerre en cuivre........................	2	Paillette de renvoi montée sur équerre en cuivre.
306	Fourni 2 coulisses-guides en fer, évidées de 0.30 de longueur et posées.................	2	Coulisse-guide en fer, évidée de 0.30 de longueur.
307	Fourni une poulie à charnière en cuivre n° 3 et posée............................	1	Poulie à charnière en cuivre n° 3.
308	Fourni 2 poulies de renvoi en fer et cuivre de 0.030 et posées.........................	2	Poulie en fer et cuivre de 0.030.
309	Percé 8 trous de chacun 0.04 de profondeur et tamponnés, ensemble..................	0^m32	Trou tamponné.
310	Fourni $4^m,50$ de corde septain de 0.005 ...	4^m50	Septain de 0.005.
311	Fourni un arrêt à fourchette monté sur platine et posé...........................	1	Arrêt à fourchette sur platine.
312	Percé 2 trous de chacun 0.04 et tamponnés, ensemble...............................	0^m08	Trou tamponné.
	Porte à 2 vantaux de la salle à manger.		
313	Dégondé les 2 vantaux..................	2	Porte dégondée.
314	Nettoyé les 6 paumelles et huilées........	6	Paumelle huilée.
315	Fourni 6 bagues en cuivre..............	6	Bague en cuivre.
316	Ajustées, limées, alésées, posées et réglées..................................	6	Bague limée, alésée et posée.
317	Rengondé les 2 vantaux................	2	Porte rengondée.
318	Déposé la serrure 2 pênes, nettoyée, réparée et reposée.........................	1	Serrure 2 pênes, déposée, nettoyée, réparée, reposée.
319	Fourni un foliot à rondelles	1	Foliot à rondelles.
320	Fourni un cache-entrée en cuivre	1	Cache-entrée en cuivre pour serrure 2 pênes.
321	Pour le fixer, percé un trou et taraudé...	1	Trou taraudé.
322	Fourni une vis à métaux et posée.........	1	Vis à métaux.
323	Pour la clef, fourni un anneau soudé en cuivre....................................	1	Anneau de clef soudé au cuivre.
324	Déposé la gâche	1	Gâche déposée.
325	Reposé avec longues vis................	1	Gâche reposée.
	Croisée de gauche.		
326	Déposé la crémone, nettoyée, réparée, fait marcher..................................	1	Crémone déposée, nettoyée, réparée, fait marcher.
327	Fourni un ressort.....................	1	Ressort pour crémone.
328	Fourni une platine....................	1	Platine pour crémone.
329	Fourni un bouton en fonte, ajusté et goupillé	1	Bouton en fonte pour crémone.
330	Reposé la crémone en place neuve.......	1	Crémone reposée en place neuve.
331	Dans le haut, fourni un chapiteau en fonte et posé.................................	1	Chapiteau de crémone.
332	Fourni une gâche en fonte et posée......	1	Chapiteau de crémone.

	Croisée de droite.		
333	Nettoyé la crémone sur place, huilée, fait marcher	1	Crémone nettoyée sur place et huilée.
334	Rajusté le bouton, fourni une goupille	1	Bouton rajusté et goupillé.
	Porte de la salle à manger sur le dégagement.		
335	Nettoyé la serrure sur place et huilée	1	Serrure huilée sur place.
336	Déposé la gâche	1	Gâche déposée.
337	Reposée en place neuve	1	Gâche reposée en place neuve.
338	Reposé une targette	1	Targette reposée.
	Porte vitrée de la salle à manger au salon.		
339	Déposé la serrure 2 pênes, nettoyée, réparée et reposée	1	Serrure 2 pênes, déposée, nettoyée, réparée, reposée.
340	Rajusté une clef	1	Clef bénarde rajustée.
341	Rajusté un bouton simple, fourni une goupille	1	Bouton rajusté et goupillé.
342	Déposé une entrée hors de service	1	Gâche déposée.
343	En remplacement, fourni une entrée et rosette d'une seule pièce et posée	1	Entrée et rosette d'une seule pièce.
344	Au plafond, fourni un tirefond de suspension Gollot n° 2 à serrage automatique et posé avec recherche du point de centre	1	Tirefond de suspension Gollot n° 2, posé en plafond, compris recherche du point de centre.
	Croisée de gauche.		
345	Déposé la crémone, nettoyée, réparée et reposée	1	Crémone déposée, nettoyée, réparée, reposée.
346	Fourni une boîte en fonte et posée	1	Boîte de crémone.
347	Fourni un coulisseau en fonte et posé	1	Chapiteau de crémone.
348	Déposé la gâche du bas	1	Gâche déposée.
349	Reposée en place neuve	1	Gâche reposée en place neuve.
	Persienne.		
350	Déposé 4 paumelles simples à équerre dont 2 cassées	4	Paumelle simple à équerre déposée.
351	En remplacement, fourni 4 paumelles simples à équerre de 0.19 avec gond à scellement, entaillées et posées	2	Paumelle simple à équerre de 0.19 et gond à scellement en réparation.
352	Reposé 2 paumelles simples à équerre	2	Paumelle simple à équerre reposée.
353	Pour les entures, fourni 2 plates-bandes en fer de 0.030 × 0.006, de chacune 0m,40 de longueur, entaillées et posées, ensemble	0m80	Plates-bandes en fer de 0.030 × 0.006, entaillée.
354	Déposé le loqueteau cassé	1	Loqueteau déposé.
355	En remplacement, fourni un loqueteau à pompe avec boîte et mentonnet acier et posé	1	Loqueteau à pompe, boîte et mentonnet acier.
356	Déposé un arrêt cassé	1	Arrêt déposé.
357	En remplacement, fourni un arrêt renforcé à anneau et paillette tout acier et posé	1	Arrêt de persienne, renforcé à anneau et paillette en acier.
	Croisée de droite.		
358	Nettoyé une crémone, huilée, fait marcher	1	Crémone huilée sur place.
359	Reposé la crémone	1	Crémone reposée.
360	Fourni un chapiteau en fonte et posé	1	Chapiteau de crémone.

	Persienne.		
361	Déposé 3 paumelles simples.............	3	Paumelle simple déposée.
362	Reposé 2 desdites......................	2	Paumelle simple reposée.
363	Reposé une paumelle simple en place neuve..................................	1	Paumelle simple reposée en place neuve.
364	Fourni 3 clous à tête élargie et rivés......	3	Clou à tête élargie rivé.
365	Huilé le loqueteau sur place............	1	Loqueteau huilé sur place.
366	Pour le tirage fourni un anneau étamé et posé..................................	1	Anneau de tirage en fer étamé.
	Porte à 2 vantaux du salon sur le dégagement.		
367	Déposé 3 paumelles doubles hors de service.	3	Paumelle double déposée.
368	En remplacement, fourni 3 paumelles doubles en fer blanchi de façon à olive à bague de 0.16, entaillées et posées en réparation..............................	3	Paumelles doubles en fer blanchi de façon, à olive à bague de 0.16 fournie en réparation.
369	Huilé 3 paumelles sur place.............	3	Paumelle huilée sur place.
370	Nettoyé le verrou du haut sur place, huilé, fait marcher............................	1	Verrou huilé sur place.
371	Déposé le verrou du bas................	1	Verrou déposé.
372	Nettoyé, huilé, fait marcher.............	1	Verrou nettoyé, huilé.
373	Fourni un picolet, ajusté et rivé.........	1	Picolet pour verrou.
374	Reposé le verrou.......................	1	Verrou reposé.
375	Déposé la serrure 2 pênes, nettoyée, réparée et reposée..........................	1	Serrure 2 pênes, déposée, nettoyée, réparée, reposée.
376	Rajusté une ancienne clef..............	1	Clef bénarde rajustée.
377	Donné du jeu à la gâche................	1	Jeu de gâche.
	Porte du salon à la chambre.		
378	Nettoyé la serrure sur place, huilée, fait marcher................................	1	Serrure nettoyée, huilée sur place.
379	Déposé le bouton double cassé..........	1	Bouton double déposé.
380	En remplacement, fourni un bouton double en chêne rond avec filets et moulures, en réparation..............................	1	Bouton double en chêne rond avec filets et moulures fourni en réparation.
	Croisée.		
381	Déposé une espagnolette hors de service..	1	Espagnolette déposée.
382	Déposé les 2 gâches....................	2	Gâche déposée.
383	Déposé le support......................	1	Gâche déposée.
384	En remplacement, fourni une crémone DP de 0.18 de $2^{m},10$ de longueur et posée......	1	Crémone D. P. de 0.018 de $2^{m},10$.
385	Façon d'une soudure....................	1	Soudure pour crémone.
386	Sous les gâches, fourni 2 plaques de recouvrement en forte tôle de $0^{m},20$ à l'équerre, chanfreinées et posées...................	2	Plaque de recouvrement de 0.20 à l'équerre, chanfreinée.
387	Pour fixer les gâches sur lesdites, percé 6 trous et taraudés......................	6	Trou taraudé.
388	Fourni 6 vis à métaux de 0.020 et posées..	6	Vis à métaux de 0.020.
	Armoire à 2 vantaux.		
389	Fourni un crochet plat poli de 0.09 de longueur posé avec vis et piton...............	1	Crochet plat garni de 0.09.
390	Déposé la serrure, nettoyée, réparée et reposée.................................	1	Serrure d'armoire, déposée, nettoyée, réparée et reposée.
391	Fourni une broche et rivée..............	1	Broche pour serrure d'armoire.

392	Fourni un cul-de-lampe en cuivre........	1	Cul-de-lampe pour serrure d'armoire.
393	Rajusté une ancienne clef	1	Clef d'armoire rajustée.
394	Déposé l'entrée cassée...................	1	Gâche déposée.
395	Fourni une plaque de recouvrement de 0.08 à l'équerre, entaillée et posée.........	1	Plaque de recouvrement de 0.08 entaillée.
396	Façon d'une entrée.....................	1	Entrée de clef.
397	Déposé la gâche cassée	1	Gâche déposée.
398	Fourni une gâche platine et posée........	1	Gâche platine.
	Porte de la chambre sur le dégagement.		
399	Déferré la dite. Déposé 3 fiches...........	3	Fiche déposée.
400	Déposé la serrure 2 pênes................	1	Serrure à foliot déposée.
401	Déposé la gâche, l'entrée et la rosette.....	3	Gâche déposée.
402	Referré la porte à la main opposée. Fourni 3 paumelles doubles laminées de 0.11 et posées..................................	3	Paumelle double laminée de 0.11
403	Réparé la serrure 2 pênes, nettoyée, réparée et remontée.........................	1	Serrure 2 pènes démontée, nettoyée, réparée, huilée et remontée.
404	Retourné le chanfrein du pène	1	Chanfrein retourné par serrure 2 pênes.
405	Allongé la clef, fait 2 ajustements brasés ..	1	Clef allongée, fait 2 ajustements brasés.
406	Reposé la serrure 2 pênes en place neuve.	1	Serrure à foliot, reposée en place neuve.
407	Pour masquer d'anciennes entailles, fourni 2 plaques de recouvrement de 0.16 à l'équerre, entaillées et posées......................	2	Plaque de recouvrement de 0.16 à l'équerre, entaillée.
408	Fourni un arrêt en bois, garniture caoutchouc, posé avec vis.....................	1	Arrêt de porte en bois, garniture caoutchouc.
	Armoires dans le dégagement.		
409	Déposé 2 serrures, nettoyées, réparées et reposées	2	Serrure d'armoire, déposée nettoyée réparée et reposée.
410	Pour l'une, fourni une gâchette	1	Gâchette fournie.
411	Fourni un ressort de gâchette............	1	Ressort de gâchette.
412	Redressé la clef et reblanchie	1	Clef redressée et reblanchie.
413	A l'autre serrure, changé les gardes.......	1	Gardes changées pour serrure.
414	Fourni une entrée et posée	1	Entrée pour serrure d'armoire.
	Châssis dans le dégagement.		
415	A l'un, posé un loqueteau en place neuve.	1	Loqueteau reposé en place neuve.
	A l'autre :		
416	Déposé un loqueteau, nettoyé, huilé et reposé en place neuve....................	1	Loqueteau déposé, nettoyé, reposé en place neuve.
417	Fourni un tirage en corde septain de 0.005 de $1^{m},50$ de longueur.....................	$1^{m}50$	Septain de 0.005.
418	Déposé un châssis grillagé, hors de service....................................	1	Châssis grillagé, déposé.
419	En remplacement fourni un châssis grillagé en fil de fer galvanisé n° 10, mailles de 0.025		

	de 0.90 × 0.70, soit en superficie... 0m63 Plus-value pour fil de fer galvanisé 20 0/0........................ 0.13 Plus-value pour grillage de moins de 1m00 superficiel 20 0/0........... 0.13		
	Ensemble........................	0m89	Grillage à la main en fil de fer n° 10, mailles de 0.025.
420	Fourni un encadrement en fil de fer galvanisé n° 25 de 0.90 × 0.70, soit en développé.	3m20	Encadrement de grillage en fil de fer galvanisé n° 25.
421	Pour la pose de ce châssis, fourni 6 colliers à pointe et posés........................	6	Collier à pointe pour châssis grillagé.
	Porte de la chambre du fond.		
422	Nettoyé la serrure sur place, huilée fait marcher..................................	1	Serrure huilée sur place.
423	Jeu à la gâche.........................	1	Jeu de gâche.
	Croisée.		
424	Fait marcher l'espagnolette sur place, huilé les conduits, jeu aux gâches..........	1	Espagnolette huilée, fait marcher, jeu aux gâches.
425	Fourni un clou d'axe, rivé sur place......	1	Clou d'axe rivé sur place pour espagnolette.
	Volets intérieurs.		
426	Déposé une agrafe cassée.................	1	Agrafe de volet déposée.
427	Déposé un contre-panneton..............	1	Contre-panneton de volet déposé.
428	En remplacement, fourni une agrafe et contre-panneton à patte entaillé et posé....	1	Agrafe et contre-panneton à patte, entaillé et posé.
429	Fourni un bec-de-cane de volet en cuivre à anneau de 0.050 et posé..................	1	Bec-de-cane de volet en cuivre à anneau de 0.050.
	Porte de communication à la dernière chambre.		
430	Déposé le bec-de-cane et reposé..........	1	Bec-de-cane déposé et reposé.
431	Nettoyé ledit, huilé, fait marcher.........	1	Bec-de-cane huilé sur place,
432	Déposé la rosette hors de service.........	1	Gâche déposée.
433	Fourni une rosette en cuivre, à douille et posée....................................	1	Rosette en cuivre à douille.
	Croisée.		
434	Déposé l'espagnolette et reposée ensuite..	1	Espagnolette déposée et reposée.
435	Fait marcher ladite, huilé, fait marcher...	1	Espagnolette huilée, fait marcher.
436	Fourni une poignée pleine...............	1	Poignée pleine pour espagnolette.
437	Fourni un clou d'axe et rivé..............	1	Clou d'axe rivé pour espagnolette.
438	Déposé le support cassé..................	1	Gâche déposée.
439	En remplacement, fourni un support plein et posé....................................	1	Support d'espagnolette.
440	Sous ledit, vu le mauvais bois, fourni une plate-bande en fer de 0.020 × 0.005 de 0m,15 de longueur, chanfreinée et posée..........	0m15	Plate-bande en fer de 0.025 × 0.005, entaillée.
441	Pour fixer le support sur ladite, fait un ajustement à tenon et mortaise.............	1	Ajustement à tenon et mortaise.
442	Fait marcher un vasistas, huilé les ferrures et nettoyé les feuillures.....................	1	Vasistas nettoyé, huilé, fait marcher.
443	Fourni 2m,50 de corde septain de 0.005...	2m50	Septain de 0.005.
444	Déposé un arrêt cassé....................	1	Arrêt déposé.

445	Fourni un arrêt à boule en cuivre n° 3 et posé	1	Arrêt à boule en cuivre n° 3.
	Persienne.		
446	Déposé le loqueteau nettoyé, huilé et reposé	1	Loqueteau déposé, nettoyé huilé et reposé.
447	Fourni un ressort à pompe en cuivre	1	Ressort à pompe en cuivre pour loqueteau.
448	Fourni un tirage en fil de fer cordelé avec anneau étamé et posé	1	Tirage en fil de fer cordelé avec anneau étamé.
449	Fourni 2 arrêts à broche et chaînette et posés	2	Arrêt à broche et chaînette.
450	Percé 2 trous de chacun 0.10 de profondeur et tamponnés, ensemble	0m20	Trou tamponné.
451	Pour faire le raccord de la corniche en plâtre, fourni au maçon un calibre en tôle découpée de 1.23 développé	1m23	Calibre en tôle découpé.
	Porte de la descente sur le dégagement.		
452	Huilé les 3 paumelles sur place	3	Paumelle huilée.
453	Déposé le bec-de-cane, nettoyé, réparé et reposé	1	Bec-de-cane déposé, nettoyé, réparé et reposé.
454	Fourni une rosette en cuivre et posée	1	Rosette en cuivre.
455	Fourni une boucle double, à boules en cuivre n° 4, fournie en réparation	1	Boucle double à boules en cuivre n° 4 fournie en réparation.
	Chambre de la bonne au 6me étage.		
	Porte n° 5.		
456	Déposé la serrure de sûreté de comble à tour et demi, nettoyée, réparée et reposée	1	Serrure de sûreté, déposée, nettoyée, réparée et reposée.
457	Fourni une broche et rivée	1	Broche pour serrure tour et demi.
458	Fourni un bouton de coulisse en fer	1	Bouton de coulisse en fer.
459	Fourni un rouet ordinaire	1	Rouet ordinaire pour serrure de sûreté.
460	Fourni une clef forée à garnitures droites.	1	Clef forée à garnitures droites.
	Châssis à tabatière.		
461	Déposé ledit de 0.70 × 0.55, soit en développé	2m50	Châssis à tabatière déposé.
462	Dérivé un piton cassé	1	Piton dérivé.
463	Fourni une crémaillère de fabrique de 0m,55 de longueur	1	Crémaillère de fabrique de 0.55 de longueur.
464	Pour la fixer, percé 2 trous et taraudés	2	Trou taraudé.
465	Fourni 2 vis à métaux et posés	2	Vis à métaux.
466	Reposé le châssis à tabatière, développant.	2m50	Châssis à tabatière reposé.
	Porte n° 6.		
467	Déposé la serrure tour et demi, nettoyée, réparée et reposée	1	Serrure tour et demi, déposée, nettoyée, réparée et reposée.
468	Fourni un ressort à boudin	1	Ressort à boudin.
469	Fourni un canon à pattes en cuivre, ajusté et rivé	1	Canon à pattes en cuivre pour serrure tour et demi.
470	Fourni un picolet	1	Picolet fourni pour serrure.
471	Déposé l'entrée hors de service	1	Gâche déposée.
472	Fourni une entrée en fer et posée	1	Entrée pour serrure tour et demi.

473	Déposé la gâche cassée	1	Gâche déposée.
474	Fourni une gâche encloisonnée et posée	1	Gâche encloisonnée pour serrure tour et demi.
475	Déposé le bouton de tirage cassé	1	Bouton de tirage déposé.
476	En remplacement, fourni un bouton rond de tirage en fer de 0.050 monté sur platine, entaillée et posée	1	Bouton rond de tirage en fer de 0.050 sur platine.
477	Pour masquer d'anciennes entailles, fourni une plaque de recouvrement de 0.11 à l'équerre, entaillée et posée	1	Plaque de recouvrement de 0.11, entaillée.
	Porte des W.-C. communs.		
478	Déposé le loquet	1	Loquet déposé.
479	Réparé, huilé, fait marcher	1	Loquet réparé, huilé, fait marcher.
480	Fourni un bouton en fer à olive et à bascule pour loquet renforcé et posé	1	Bouton en fer à olive et à bascule pour loquet renforcé
481	Reposé le loquet en place neuve	1	Loquet reposé en place neuve.
482	Fourni un clou d'axe et posé	1	Clou d'axe pour loquet.
483	Fourni un crampon à pattes et posé	1	Crampon à pattes pour loquet.
484	Fourni un mentonnet à 2 pointes et posé	1	Mentonnet à 2 pointes.
485	Fourni une targette en fer 1/2 forte, picolet carré de 0.048 et posée	1	Targette en fer 1/2 forte, picolet carré de 0.048.
486	Fourni une gâche platine à empênage et posée	1	Gâche platine.
	Rez-de-Chaussée.		
	Boutique.		
	Porte d'entrée.		
487	Déposé la serrure à gorges, nettoyée, réparée et reposée	1	Serrure à gorges, déposée, nettoyée, réparée, reposée.
488	Fourni 2 paillettes en acier	2	Paillette en acier.
489	Fourni une clef bénarde à 6 gorges	1	Clef bénarde à 6 gorges.
490	Déposé la gâche	1	Gâche déposée.
491	Reposée en place neuve	1	Gâche reposée en place neuve.
492	Déposé le bec-de-cane, nettoyé, réparé et reposé	1	Bec-de-cane déposé, nettoyé, réparé, reposé.
493	Fourni un foliot en cuivre	1	Foliot en cuivre.
494	Fourni une béquille simple en cuivre à volute n° 4	1	Béquille simple à volute en cuivre n° 4.
495	Fourni un bouton simple en cuivre creux ovale n° 4, fourni en réparation	1	Bouton simple en cuivre creux ovale n° 4, en réparation.
496	Jeu à la gâche	1	Jeu de gâche.
497	Fourni un seuil en tôle striée de 0.007 de 0.80 × 0.40, pesant	16k000	Tôle striée.
498	Planage	0m32	Planage de tôle.
499	Dressement des rives	2m40	Dressement de rive pour tôle.
500	Pour le fixer, percé 8 trous fraisés	8	Trou fraisé.
501	Fourni 8 tiges à scellement faites exprès en fer carré de 0.016 de 0.08 de longueur	8	Tige à scellement faite exprès en fer carré de 0.016 de 0.08 de longueur.
502	Percé 8 trous de 0.010 et taraudés	8	Trou taraudé de 0.010.
503	Fourni 8 vis à métaux de 0.015 et posées	8	Vis à métaux.
504	Percé 8 trous de 0.10 de profondeur dans la pierre dure (taille n° 2) et fait les scellements au ciment	8	Trou de 0.10 de profondeur en pierre dure (taille n° 2) et scellement au ciment.

505	Dressé le seuil en pierre partiellement au ciseau et fait la pose du seuil en tôle à bain de ciment	1	Seuil en pierre dressé partiellement au ciseau et pose d'un seuil en tôle à bain de ciment.
	Devanture.		
	Caisson.		
506	Déposé 3 charnières cassées............	3	Charnière déposée.
507	En remplacement, fourni 3 charnières carrées en fer renforcées de 0.110 et posées en réparation............	3	Charnière carrée en fer renforcé de 0.110, fournie en réparation.
508	Déposé un verrou hors de service........	1	Verrou déposé.
509	En remplacement, fourni un verrou en cuivre à cuvette de 0.060 et posé...........	1	Verrou en cuivre à cuvette de 0.060.
510	Pour consolider un assemblage, fourni une équerre de façon en fer de 0.030 × 0.006 de 0.50 développé, entaillée et posée avec vis...	1	Equerre de façon en fer de 0.030 × 0.006 de 0.50 développée, entaillée.
	Volets.		
511	Déposé 2 charnières de caisson hors de service............	2	Penture déposée.
512	En remplacement, fourni 2 charnières de caisson en cuivre, de 0.045 × 0.105 avec penture à pivot en fer de 0.35 de branche, entaillée et posée............	2	Charnière de caisson en cuivre, de 0.045 × 0.105.
513	Fourni 2 clous à tête élargie, rivés et affleurés............	2	Clou à tête élargie, rivé.
514	Nettoyé une charnière de caisson sur place et huilée............	1	Charnière nettoyée, huilée sur place.
515	Déposé 4 charnières longues hors de service.	4	Penture déposée.
516	En remplacement, fourni 2 charnières longues à nœuds soudés de 0.035 de hauteur de nœuds, de 0.94 développé, entaillées et posées............	2	Charnière longue à nœuds soudés de 0.035 de hauteur de nœud de 0.94 développé.
517	Fourni 2 autres charnières *idem* de 0.82 développé............	2	Charnière longue à nœuds soudés de 0.035 de hauteur de nœud de 0.82 développé.
518	Fourni 8 clous à tête élargie, rivés et affleurés............	8	Clou à tête élargie, rivé.
519	Déposé 2 charnières longues............	2	Penture déposée.
520	Huilées et reposées en place neuve.......	2	Penture reposée en place neuve.
521	Fourni 4 clous à tête élargie, *idem*........	4	Clou à tête élargie, rivé.
522	Déposé 2 supports à charnière cassés.....	2	Gâche déposée.
523	En remplacement, fourni 2 supports à charnière (*fig.* 501), entaillés et posés.......	2	Support à charnière.
	Fig. 501.		
524	Fourni un boulon de fermeture carré à boîte en fonte, nouveau système et posé	1	Boulon de fermeture carré à boîte en fonte, nouveau système.

525	Ferré un volet portatif, fourni 2 panneton droits de 0.19 avec gâche, entaillés et posés.	2	Panneton droit de 0.19 avec gâche.
526	Fourni 2 poignées à olive tournante sur platine renforcée de 0.16, entaillées et posées.	2	Poignée à olive tournante sur platine, renforcée de 0.16.
527	Fourni un boulon de fermeture carré à boîte en fonte, *idem*	1	Boulon de fermeture carré, à boîte en fonte *idem*.
	Trappe de cave.		
528	Ferré ladite. Fourni 2 charnières de trappe à empattement à T de 0.50 de branche, entaillées et posées......................	2	Charnière de trappe à empattement à T de 0.50 de branche.
529	Fourni un anneau de trappe à charnière de 0.11 sur platine, entaillé et posé avec vis....................................	1	Anneau de trappe à charnière de 0.11 sur platine.
530	Fourni un arrêt à tourniquet double, monté sur support à pointe et posé.........	1	Arrêt à tourniquet double monté sur support à pointe.
531	Percé un trou de 0.08 de profondeur et tamponné	0^{m}08	Trou tamponné.
	Abattant.		
532	Fourni 2 charnières à briquet en fer de 0.050, entaillées et posées...............	2	Charnière à briquet en fer de 0.050.
533	Fourni un loqueteau à douille à pans en fonte de 0.068 et posé.....................	1	Loqueteau à douille à pans en fonte de 0.068.
	Cloison entre la boutique et l'arrière-boutique.		
534	Fourni 6 pattes à scellement de 0.16 et posées....................................	6	Patte à scellement de 0.16.
535	Au droit de la porte, fourni 2 équerres de balustrade à congé renforcé avec branches en fer 1/2 rond de 1.00 de hauteur, posées, fixées avec fortes vis, les 2 branches du bas cintrées sur champ........................	2	Équerre de balustrade à congé renforcé avec branches en fer 1/2 rond de 1^{m},00 de hauteur, la branche du bas cintrée sur champ.
	Porte va-et-vient à 2 vantaux.		
536	Fourni 2 pivots va-et-vient à bain d'huile JQ n° 2, avec ferrure du haut (*fig.* 502).........	2	Pivot va-et-vient à bain d'huile JQ n° 2 avec ferrure du haut.

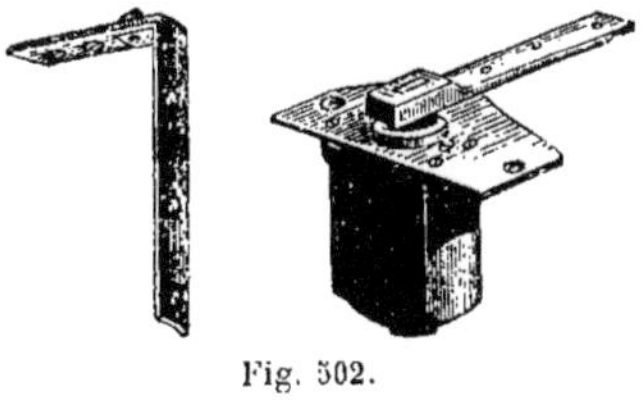

Fig. 502.

537	Pose des 2 pivots y compris ferrure du haut..	2	Pose de pivot va-et-vient compris ferrure du haut.
538	Fourni 4 boutons ronds de tirage en cuivre creux de 0.060 et posés..................	4	Bouton rond de tirage en cuivre creux de 0.060.
539	Pour lesdits, fourni 2 tiges carrées faites exprès à double épaulement taraudé, ajustées et goupillées..............................	2	Tige carrée faite exprès à double épaulement taraudé, ajusté et goupillé.

541	Pour maintenir les vantaux ouverts, fourni 2 arrêts à galets en cuivre, mentonnet à lyre en fer monté sur platine n° 3, dits arrêts Renaud et posés..........................	2	Arrêt à galet en cuivre avec mentonnet à lyre en fer monté sur platine n° 3.
	Cloison entre l'arrière-boutique et la cuisine.		
542	Fourni 6 pattes à scellement de 0.14 et posées....................................	6	Patte à scellement de 0.14.
543	Fourni une équerre de balustrade à congé renforcé avec branches en fer 1/2 rond de 0.80 de hauteur, posée avec fortes vis, la branche du bas cintrée sur champ..................	1	Équerre de balustrade à congé renforcé avec branches 1/2 rondes de 0.80 de hauteur, la branche du bas cintrée.
	Porte va-et-vient à un vantail.		
544	Fourni 2 charnières américaines à ressort de Bommer à double action n° 33, entaillées et posées avec vis	2	Charnière Bommer à double action n° 33.
	Armoire dans la cuisine.		
545	Fourni 2 charnières en cuivre fondu de 0.11, entaillées et posées avec vis................	2	Charnière en cuivre fondu de 0.11.
546	Fourni un loqueteau va-et-vient en cuivre de 0.020 × 0.088, avec gâche platine, entaillé et posé..................................	1	Loqueteau va-et-vient en cuivre de 0.020 × 0.088, avec gâche platine.
547	Fourni un bouton à lentille en imitation ivoire de 0.030 avec tige à vis et posé.......	1	Bouton à lentille imitation ivoire de 0.030 avec tige à vis.
	Châssis.		
548	Déposé le loqueteau hors de service	1	Loqueteau déposé.
549	En remplacement, fourni un loqueteau en fer noir VF, droite et gauche de 0.035 et posé.	1	Loqueteau en fer noir VF droite et gauche de 0.035.
	Armoire sous évier.		
550	Déposé 2 paumelles doubles hors de service.	2	Paumelle double déposée.
551	En remplacement, fourni 2 charnières en cuivre à section droite, lames de 0.004, à hélice de 0.095, entaillées et posées	2	Charnière en cuivre à section droite, lames de 0.004, à hélice de 0.035.
552	Déposé la targette cassée	1	Targette déposée.
553	Déposé la gâche..........................	1	Gâche déposée.
554	En remplacement, fourni une targette en cuivre à pêne plat de 0.045 et posée	1	Targette en cuivre à pêne plat de 0.045 et posée.
	Porte à 2 vantaux de la cuisine sur la cour.		
555	Nettoyé les 6 paumelles sur place et huilées.	6	Paumelle huilée sur place.
556	Déposé le verrou du haut hors de service..	1	Verrou déposé.
557	En remplacement, fourni un verrou à tige 1/2 ronde, boîte fonte automatique VF de 0.032, de 0m,60 de longueur et posé.........	1	Verrou à tige 1/2 ronde boîte fonte automatique VF de 0.032 de 0.60.
558	Déposé la serrure de sûreté à foliot, nettoyée, réparée et reposée	1	Serrure de sûreté déposée, nettoyée, réparée et reposée.
559	Fourni une béquille simple à pans et à boule n° 4	1	Béquille simple à pans et à boule n° 4.
560	Fourni un bouton simple en cuivre creux ovale n° 4................................	1	Bouton simple en cuivre creux ovale n° 4, en réparation.
561	Déposé la gâche hors de service	1	Gâche déposée.
562	Fourni une gâche encloisonnée à tassement variable et posée	1	Gâche encloisonnée à tassement variable.

563	Fourni un ferme-porte à barillet avec branche ronde n° 2 et posé	1	Ferme-porte à barillet avec branche ronde n° 2.
	Porte-persienne à 4 vantaux.		
564	Déferré ladite pour le travail du menuisier. Déposé 6 paumelles simples	6	Paumelle simple déposée.
565	Déposé 6 paumelles doubles à T	6	Paumelle double à T déposée.
566	Déposé 16 équerres simples	16	Equerre déposée.
567	Déposé 2 verrous	2	Verrou déposé.
568	Déposé un loqueteau	1	Loqueteau déposé.
569	Déposé une poignée à pattes	1	Poignée à pattes déposée.
570	Déposé un fléau	1	Fléau déposé.
571	Déposé un support	1	Gâche déposée.
572	Après le travail du menuisier, referré la porte-persienne. Reposé 2 paumelles simples en place neuve	2	Paumelle simple reposée en place neuve.
573	Fourni 4 paumelles simples à boules et à gond de 0.22, entaillées et posées, en réparation	4	Paumelle simple à boules et à gond de 0.22, fournie en réparation.
574	Reposé 2 paumelles doubles à T	2	Paumelle double à T reposée.
575	Reposé 2 paumelles doubles à T en place neuve	2	Paumelle double à T reposée en place neuve.
576	Fourni 2 paumelles doubles à T de 0.22, entaillées et posées, en réparation	2	Paumelle double à T de 0.22, fournie en réparation.
577	Reposé 4 équerres simples en place neuve.	4	Equerre reposée en place neuve.
578	Reposé 5 équerres simples	5	Equerre reposée.
579	Fourni 7 équerres simples de 0.19 et posées, en réparation	7	Equerre simple de 0.19 fournie en réparation.
580	Plus-value pour les 16 équerres posées avec vis tournées	16	Plus-value pour pose avec vis tournées d'équerres simples.
581	Pour les entures, fourni 8 plates-bandes en fer de 0.030 × 0.006, de chacune 0.40 de longueur, entaillées et posées avec vis, ensemble	3m20	Plate-bande en fer de 0.030 × 0.006, entaillée.
582	Nettoyé le verrou du haut, huilé, fait marcher	1	Verrou nettoyé, huilé.
583	Reposé en place neuve	1	Verrou reposé en place neuve.
584	Pour ledit, fourni une gâche platine de façon en tôle de 0.13 à l'équerre, chanfreinée et posée	1	Plaque de recouvrement de 0.13 à l'équerre chanfreinée.
585	Façon d'un empênage	1	Entrée découpée pour clef.
586	Percé 4 trous de chacun 0.04 et tamponnés, ensemble	0m16	Trou tamponné.
587	Dans le bas, fourni un verrou à ressort à arrêt à vis, pêne de 0.034 × 0.010, de 0.40 de longueur et posé	1	Verrou à ressort à arrêt à vis, pêne de 0.034 × 0.010 de 0.40.
588	Fourni une gâche platine de façon en tôle de 0.20 à l'équerre, chanfreinée et posée	1	Plaque de recouvrement de 0.20 à l'équerre chanfreinée.
589	Façon d'un empênage	1	Entrée découpée pour clef.
590	Façon d'un empênage dans la pierre	1	Empênage en pierre.
591	Percé 4 trous de chacun 0.04 et tamponnés, ensemble	0m16	Trou tamponné.
592	Sur la gâche, fourni un buttoir à champignon en fonte ajusté et rivé	1	Buttoir en fonte à champignon, ajusté et rivé.

593	Fourni un loqueteau à pompe boîte fonte, mentonnet cuivre n° 4 et posé	1	Loqueteau à pompe, boîte fonte, mentonnet cuivre n° 4.
594	Fourni une poignée à pattes de 0.11 et posée.	1	Poignée à pattes de 0.11.
595	Fourni une serrure à pêne dormant de sûreté 1re qualité de 0.14 et posée	1	Serrure à pêne dormant de sûreté 1re qualité de 0.14.
596	Fourni une targette en fer double force VF de 0.055 et posée	1	Targette en fer à double force VF de 0.055.
	Porte de la cuisine à la salle à manger.		
597	Déposé un bec-de-cane supprimé.........	1	Bec-de-cane déposé.
598	Déposé la gâche et la rosette.............	2	Gâche déposée.
599	En remplacement, fourni une serrure 2 pênes 1re qualité de 0.14 et posée.........	1	Serrure 2 pênes 1re qualité de 0.14.
600	Fourni un bouton double imitation ivoire ovale de 0.060............................	1	Bouton double imitation ivoire ovale de 0.060.
601	Fourni une plaque de recouvrement de 0.18 à l'équerre, entaillée et posée..............	1	Plaque de recouvrement de 0.18 à l'équerre, entaillée.
602	Façon d'une entrée......................	1	Entrée pour clef.
603	Façon d'une rosette......................	1	Rosette pour bouton.
604	Fourni un buttoir en caoutchouc avec monture en bois des îles..................	1	Arrêt de porte en caoutchouc, monture bois des îles.
	Porte de la salle à manger sur cour.		
605	Déposé 3 paumelles doubles hors de service.	3	Paumelle double déposée.
606	En remplacement, fourni 3 paumelles doubles laminées de 0.16 et posées, en réparation	3	Paumelle double laminée de 0.16, fournie en réparation.
607	Déposé la serrure à gorges, nettoyée, réparée et reposée............................	1	Serrure à gorges déposée, nettoyée, réparée et reposée.
608	Fourni une clef bénarde à 6 gorges.......	1	Clef bénarde à 6 gorges.
609	Fourni une targette en fer très forte, bouton à piedouche de 0.055 et posée	1	Targette en fer très forte, bouton à piédouche de 0.055.
	Châssis d'imposte.		
610	Déposé le loqueteau cassé...............	1	Loqueteau déposé.
611	En remplacement, fourni un loqueteau en cuivre à panneton avec mentonnet et tirage et posé..	1	Loqueteau en cuivre à panneton avec mentonnet et tirage.
612	Dans le bas de la porte, fourni un seuil en fonte pour châssis de 0.041, de 1.00 de longueur	1	Seuil en fonte pour châssis de 0.041 de 1.00.
613	Pour le fixer, fourni 3 vis à bois de 0.070 et posées......................................	3	Vis à bois de 0.070.
	Porte-persienne		
614	Déposé 2 paumelles simples hors de service.	2	Paumelle simple déposée.
615	En remplacement, fourni 2 paumelles simples à boules et à gond de 0.22, entaillées et posées, en réparation..................	2	Paumelle simple à boules et à gond de 0.22, en réparation.
	Croisée.		
616	Débroché 2 fiches, nettoyées, huilées et rebrochées..................................	2	Fiche débrochée, nettoyée, huilée et rebrochée.
617	Déposé une fiche cassée	1	Fiche déposée.
618	En remplacement, fourni une fiche Chanteau de 0.12 et posée en réparation.........	1	Fiche Chanteau de 0.12 fournie en réparation.

619	Fait marcher l'espagnolette, huilé les conduits, jeu aux gâches	1	Espagnolette fait marcher, huilé les conduits, jeu aux gâches.
	Persienne.		
620	Nettoyé 4 paumelles sur place et huilées..	4	Paumelle nettoyée, huilée.
621	Déposé un loqueteau cassé	1	Loqueteau déposé.
622	Fourni un ferme-persienne en fonte à refouloir de 0.90 de longueur et posé	1	Ferme-persienne à refouloir de 0.90.
623	Fourni 2 loqueteaux à pompe, boîte fonte, mentonnet cuivre n° 4 et posés	2	Loqueteau à pompe, boîte fonte, mentonnet cuivre n° 4.
	Armoire du compteur.		
624	Fourni 4 charnières en cuivre fondu à nœuds carrés de 0.095 et posées	4	Charnière en cuivre fondu à nœuds carrés de 0.095.
625	Fourni 2 verrous à tige 1/2 ronde, 1/4 placard automatique VF de 0.20 de longueur et posés	2	Verrou à tige 1/2 ronde, 1/4 placard automatique VF de 0.20 de longueur.
626	Fourni une targette en cuivre à pêne rond automatique VF de 0.047 et posée	1	Targette en cuivre à pêne rond automatique VF de 0.047.
	Escalier montant au 1er étage.		
627	Déposé le pilastre hors de service	1	Pilastre déposé.
628	En remplacement, fourni un pilastre en fer tourné de 0.054 de diamètre et posé	1	Pilastre en fer tourné de 0.054 de diamètre.
	Porte d'entrée de la salle à manger au vestibule.		
629	Déposé la serrure à gorges, nettoyée, réparée et reposée	1	Serrure à gorges, déposée, nettoyée, réparée et reposée.
630	Fourni 2 paillettes en acier	2	Paillette en acier.
631	Fourni une clef forée à 6 gorges et à garnitures baroques	1	Clef forée à 6 gorges et à garnitures baroques.
632	Déposé une chaînette hors de service	1	Bec-de-cane déposé.
633	En remplacement, fourni une chaînette ronde en cuivre, guillochée de 0.060 et posée.	1	Chaînette ronde en cuivre, guillochée de 0.060.
634	Fourni une tige de rallonge faite exprès avec crochet cintré et épaulement taraudé et ajusté	1	Tige de rallonge fait exprès avec crochet cintré et épaulement taraudé pour chaînette.
635	Rajusté l'ancien bouton double et goupillé.	1	Bouton double rajusté et goupillé.
636	Fourni 2 rondelles en fer	2	Rondelle en fer pour bouton.
	Porte des W-C. communs dans la cour.		
637	Déposé le pivot hors de service	1	Penture déposée.
638	Déposé une crapaudine à patte	1	Paumelle simple déposée.
639	En remplacement, fourni un pivot à équerre ordinaire à congé de 0.25, entaillé et posé ..	1	Pivot à équerre ordinaire à congé de 0.25.
640	Fourni une crapaudine à patte pour pivot ordinaire	1	Crapaudine à patte pour pivot ordinaire.
641	Déposé le loquet	1	Loquet déposé.
642	Réparé, huilé	1	Loquet nettoyé, huilé.
643	Reposé ensuite	1	Loquet reposé.
644	Fourni une bascule en fer, ajustée et goupillée	1	Bascule pour loquet.
645	Fourni une rosette et posée	1	Rosette pour loquet.
646	Fourni un crampon à pointes et posé	1	Crampon à pointes pour loquet.

647	Déposé le mentonnet cassé	1	Gâche déposée.
648	Fourni un mentonnet à patte pour loquet renforcé..................................	1	Mentonnet à patte pour loquet renforcé.
	Porte du débarras dans la cour.		
649	Déposé 2 paumelles doubles à T, hors de service..................................	2	Paumelle double à T déposée.
650	En remplacement, fourni 2 paumelles doubles à T de 0.22, entaillées et posées, en réparation..............................	2	Paumelle double à T de 0.22, fournie en réparation.
651	Déposé le loquet.......................	1	Loquet déposé.
652	Réparé, huilé..........................	1	Loquet nettoyé, huilé.
653	Reposé ensuite.........................	1	Loquet reposé.
654	Fourni une boucle à bascule en fer pour loquet renforcé et posé..................	1	Boucle à bascule en fer pour loquet renforcé.
655	Fourni un ressort à torsion en fil d'acier limé, trempé de $2^{m},10$ de longueur et posé avec pattes...........................	$2^{m}10$	Ressort à torsion en fil d'acier, limé, trempé, posé avec pattes.
	Porte du bureau sur la cour.		
656	Nettoyé la serrure sur place, huilée, fait marcher..................................	1	Serrure huilée sur place.
657	Déposé le verrou de sûreté à gorges, nettoyé, réparé et reposé	1	Serrure de sûreté à gorges, déposée, nettoyée, réparée, reposée.
658	Fourni 2 paillettes en acier	2	Paillette en acier.
659	Fourni une clef forée à 4 gorges	1	Clef forée à 4 gorges.
660	Déposé la gâche........................	1	Gâche déposée.
661	Reposée en place neuve.................	1	Gâche reposée en place neuve.
662	Fourni une chaîne de sûreté nickelée et posée..................................	1	Chaîne de sûreté nickelée.
	Cloison vitrée de la caisse.		
663	Déposé 3 petits bois en fer à moulures....	3	Petit bois déposé.
664	A l'un desdits fait une coupe............	1	Coupe de fer à moulures de 0.035.
665	Fourni une traverse en fer à moulures de 0.035 de 0.30 de longueur, dressée et dégauchie.	$0^{m}30$	Petit bois en fer à moulures de 0.035.
666	Pour la fixer sur les petits bois, fait 3 ajustements simples à tenon et mortaise et rivés.	3	Ajustement simple sur fer à moulures de 0.035.
667	Reposé les 3 petits bois.................	3	Petit bois reposé.
668	Fourni un vasistas à coulisses en fer rainé de 0.014 de 0.50 $\times$ 0.30, soit en développé ..	$1^{m}60$	Vasistas en fer rainé de 0.014.
669	Valeur des 4 assemblages, de la traverse mobile et de la pose.....................	1	Assemblage complet de vasistas.
670	Au milieu, fourni un montant en fer à double rainure de 0.014 de 0.50 de longueur, dressé et dégauchi	$0^{m}50$	Fer à double rainure de 0.014.
671	Façon de 2 assemblages	2	Assemblage sur fer à double rainure pour vasistas.
672	Fourni 4 tenons plats en fer épaulés, rivés et soudés au cuivre	4	Tenon plat en fer épaulé, rivé, soudé au cuivre.
673	Fourni un doigtier en cuivre à patte en T.	1	Doigtier en cuivre à patte en T.
674	Pour le fixer, percé 2 trous et taraudés ...	2	Trou taraudé.
675	Fourni 2 vis à métaux et posées.........	2	Vis à métaux.
676	Fourni un loqueteau en cuivre à douille, à boule dessus de 0.042 et posé sur fer......	1	Loqueteau en cuivre à douille à boule dessus de 0.042, posé sur fer.

677	Pour ce loqueteau, fourni une tige de rallonge faite exprès en fil de fer clair de 0.10 de longueur, taraudée aux extrémités et ajustée..................................	1	Tige de rallonge faite exprès en fil de fer clair de 0.10, taraudée aux extrémités et ajustée pour loqueteau.
678	Fourni un petit conduit à pattes de façon.	1	Conduit à pattes de façon pour loqueteau.
679	Pour le fixer, percé un trou et taraudé....	1	Trou taraudé.
680	Fourni une vis à métaux et posée........	1	Vis à métaux.
681	Fourni 2 coulisses en fer raîné de 0.014 de chacune 1.00 de longueur, dressées et dégauchies, ensemble....................	2m00	Vasistas en fer raîné de 0.014.
682	Dans le bas, fait 2 arasements droits, limés et affleurés............................	2	Arasement droit sur fer de 2 centimètres de section.
683	Dans le haut, fait 2 pattes d'arrêt enlevées à même le fer et coudées..................	2	Pattes d'arrêt coudées, enlevées à même le fer raîné de 0.014.
684	Sur ces coulisses, fourni 3 arrêts triangulaires en fer de façon, ajustés et rivés, soudés au cuivre..............................	3	Arrêts triangulaires en fer de façon ajustés et rivés, soudés au cuivre.
685	Pour fixer les coulisses sur les petits bois, fourni 8 petites pattes en fer, ajustées à queue d'aronde, rivées et soudées au cuivre.	8	Petite patte en fer ajustée à queue d'aronde, rivée et soudée au cuivre.
686	Percé 8 trous et taraudés................	8	Trou taraudé.
687	Fourni 8 vis à métaux et posées..........	8	Vis à métaux.
	Porte d'entrée du bureau sur le vestibule.		
688	Nettoyé la serrure sur place, huilée, faite marcher..................................	1	Serrure huilée sur place.
689	Fourni une chaînette en cuivre montée sur platine en fer n° 3 de 0.122 × 0.062 et posée.	1	Chaînette en cuivre montée sur platine en fer n° 3 de 0.122 × 0.062.
690	Fourni une tige de rallonge faite exprès avec crochet cintré, taraudé et ajusté.......	1	Tige de rallonge faite exprès avec crochet cintré et épaulement taraudé pour chaînette.
	Porte de la remise.		
691	Déposé 3 paumelles doubles hors de service.	3	Paumelle double déposée.
692	En remplacement, fourni 3 paumelles doubles à boules, broche, bague fer de 0.25, entaillées et posées, en réparation..........	3	Paumelle double à boules broche bague fer de 0.25, fournie en réparation.
693	Nettoyé la serrure sur place, huilée, fait marcher................................	1	Serrure nettoyée sur place, huilée, fait marcher.
694	Jeu à la gâche	1	Jeu de gâche.
	Trappe du grenier à fourrages.		
695	Déposé une poignée hors de service	1	Poignée déposée.
696	En remplacement, fourni une poignée en fer 1/2 rond à charnière sur platine de 0.19, entaillée et posée	1	Poignée en fer 1/2 rond à charnière sur platine de 0.19.
	Croisée.		
697	Déposé le verrou du bas cassé...........	1	Verrou déposé.
698	En remplacement, fourni un verrou à ressort 1/4 placard de 0.19 de longueur et posé	1	Verrou à ressort 1/4 placard de 0.19 de longueur.

	Porte charretière.		
699	Déposé 2 paumelles simples hors de service.	2	Paumelle simple déposée.
700	En remplacement, fourni une paumelle simple à boules à équerre, broche, bague fer de 0.50 avec gond à scellement, entaillée et posée	1	Paumelle simple à boules à équerre, broche, bague fer de 0.50 avec gond à scellement.
701	Dans le haut, fourni une paumelle simple à boules, à double gond, broche, bague fer de 0^m,50 entaillée et posée....................	1	Paumelle simple à boules à double gond, broche, bague fer de 0.50.
702	Déposé un châssis grillagé	1	Châssis grillagé déposé.
703	Pour la repose dudit, fourni 8 colliers à patte de façon, posés avec vis..............	8	Collier à patte de façon pour châssis grillagé.
	Escalier de descente de cave.		
	Petite armoire.		
704	Déposé un verrou.......................	1	Verrou déposé.
705	Nettoyé, réparé, huilé..................	1	Verrou nettoyé et huilé.
706	Reposé ensuite.........................	1	Verrou reposé.
	Cave.		
707	A une porte de cave. Déposé 2 pentures ..	2	Penture déposée.
708	Reposé celle du haut....................	1	Penture reposée.
709	Réparé la penture du bas, coupée, soudée et redressée sur les rives	1	Penture réparée, coupée, soudée, redressée sur les rives.
710	Reposée en place neuve	1	Penture reposée en place neuve.
711	Fourni un moraillon à lacet de 0.19, garni et posé................................	1	Moraillon à lacet de 0.19 garni.

TABLEAU DE CLASSEMENT

N°	Désignation	Numéros du détail métrique	Quantités
1	Tôle striée.	497	16k000
2	Planage et tôle.	498	0m32
3	Dressement de rives pour tôle.	499	2m40
4	Arasement droit sur fer de 0.02 carrés de section.	682	2
5	Agrafe et contre-panneton de volet à patte, entaillé et posé.	428	1
6	Anneau de trappe à charnière entaillé sur platine, de 0.11 de diamètre.	529	1
7	Arrêt à boule en cuivre n° 3.	445	1
8	Arrêt à fourchette sur platine.	311	1
9	Arrêt de porte en bois des îles, garniture en caoutchouc.	408 604	1 1 2
10	Arrêt à broche et chainette.	449	2
11	Arrêt en fonte à anneau et paillette.	99	1
12	Arrêt à anneau et paillette tout acier.	357	1
13	Arrêt de porte à galet en cuivre, mentonnet à lyre n° 3.	541	2
14	Bascule à queue de poireau en cuivre de 0.050.	279	1
15	Bec-de-cane de volet en cuivre à anneau de 0.050.	429	1
16	Bec-de-cane de tirage en cuivre encloisonné à queue de 0.030 × 0.065.	280	2
17	Béquille simple en fer à pans et à boule n° 4.	559	1
18	Béquille simple en cuivre à volute n° 4.	494	1
19	Boucle à bascule en fer pour loquet renforcé.	654	1
20	Boucle double à boules en cuivre, n° 4, en réparation.	455	1
21	Boulon de volet carré, à boite en fonte, nouveau système.	524 527	1 1 2
22	Bouton double en cuivre creux ovale n° 4, en réparation.	297	1
23	Bouton simple en cuivre creux ovale n° 4, en réparation.	495 560	1 1 2
24	Bouton double imitation ivoire ovale de 0.060.	600	1
25	Bouton double imitation ivoire ovale SZ de 0.060.	58	1
26	Bouton double rond en bois avec filets et moulures, en réparation.	380	1
27	Bouton rond de tirage en fer de 0.050 sur platine.	476	1
28	Bouton rond de tirage en cuivre creux de 0.060.	194 539	1 4 5

TABLEAU DE CLASSEMENT (*Suite*)

NUMÉROS DU DÉTAIL MÉTRIQUE	QUANTITÉS
29	
Chainette en cuivre montée sur platine en fer de 0.122 × 0.062.	
689	1
30	
Chainette ronde en cuivre, guillochée de 0.060.	
633	1
31	
Charnière carrée en fer, renforcée de 0.11, en réparation.	
507	3
32	
Charnière de caisson en cuivre de 0.045 × 0.105 avec penture à pivot en fer.	
512	2
33	
Charnière en cuivre fondu à nœuds ronds de 0.110.	
545	2
34	
Charnière en cuivre à nœuds carrés de 0.095.	
624	4
35	
Charnière en cuivre fondu à section droite, lame de 0.004 à hélice de 0.095.	
551	2
36	
Charnière à briquet en fer de 0.050.	
532	2
37	
Charnière de trappe à empattement à T de 0.50.	
528	2
38	
Charnière longue à nœuds soudés de 0.035 de 0.82.	
517	2
39	
Charnière longue à nœuds soudés de 0.035 de 0.94.	
516	2
40	
Piton à vis.	
104	1
41	
Collier à pointe.	
421	6
42	
Collier à patte de façon.	
703	8
43	
Collier à patte de façon pour rampe d'escalier.	
200	2
44	
Crémaillère de fabrique de 0.55.	
463	1
45	
Crémone D. P. de 0.018.	
23	1
94	1
	2
46	
Crémone DP de 0.018 de 2^{m},10.	
384	1
47	
Crochet plat de 0.09 garni.	
389	1
48	
Equerre simple de 0.19, en réparation.	
260	4
579	7
	11
49	
Plus-value pour pose avec vis tournées d'équerres simples	
580	16
50	
Equerre de façon en fer de 0.030 × 0.006 de 0^{m},50 développée, entaillée.	
510	1
51	
Ferme-persienne à refouloir de 0^{m},90 de longueur.	
622	1
52	
Ferme-porte à barillet, à branche ronde n° 2.	
563	1
53	
Fiche à broche tournée de 0.12, en réparation, posée sur huisserie à l'échelle.	
40	1
54	
Fiche Chanteau de 0.120, en réparation.	
246	1
618	1
	2
55	
Gâche platine.	
183	1
283	1
398	1
486	1
	4

TABLEAU DE CLASSEMENT (*Suite*)

NUMÉROS DU DÉTAIL MÉTRIQUE | QUANTITÉS

56

Gâche à pattes renforcée en cuivre pour verrou.

227 | 1

57

Gâche à tassement variable.

562 | 1

58

Poulie en fer et cuivre de 0.030.

308 | 2

59

Poulie à charnière en cuivre n° 3.

307 | 1

60

Loqueteau en fer monté sur platine de 0.040.

288 | 1

61

Loqueteau à pompe, boîte fonte, mentonnet cuivre n° 4.

593 | 1
623 | 2
 | 3

62

Loqueteau à pompe tout acier

355 | 1

63

Loqueteau à douille à pans en fonte de 0.068.

533 | 1

64

Loqueteau en cuivre à panneton avec tirage à anneau.

611 | 1

NUMÉROS DU DÉTAIL MÉTRIQUE | QUANTITÉS

65

Loqueteau en cuivre à douille à boule dessus de 0.042, posé sur fer.

179 | 1
676 | 1
 | 2

66

Loqueteau de vasistas en fer VF droite et gauche de 0.035.

549 | 1

67

Loqueteau va-et-vient en cuivre 0.020 × 0.088.

546 | 1

68

Mentonnet à 2 pointes.

484 | 1

69

Mentonnet à patte pour loquet renforcé.

648 | 1

70

Mentonnet à vis.

29 | 1
289 | 1
 | 2

71

Moraillon à lacet de 0.19.

711 | 1

72

Panneton droit de 0.19.

525 | 2

73

Patte à chambranle de 0.11.

221 | 7

74

Patte à scellement de 0.14.

542 | 6

NUMÉROS DU DÉTAIL MÉTRIQUE | QUANTITÉS

75

Patte à scellement de 0.14 coudée.

220 | 7

76

Patte à scellement de 0.16.

534 | 6

77

Paumelle simple à équerre de 0.19, en réparation.

351 | 2

78

Paumelle double à T de 0.22, en réparation.

576 | 2
650 | 2
 | 4

79

Paumelle simple à boules et à gond de 0.22 en réparation.

573 | 4
615 | 2
 | 6

80

Paumelle simple à boules à double gond de 0.50.

701 | 1

81

Paumelle simple à boules, à équerre de 0.50.

700 | 1

82

Paumelle double à boules, broche bague fer de 0.25, en réparation.

692 | 3

83

Paumelles doubles à olive, à bague en fer blanchi de 0.16.

368 | 3

TABLEAU DE CLASSEMENT (*Suite*)

84

Paumelle double laminée de 0.095, en réparation.

Numéros du détail métrique	Quantités
28	4
34	2
	6

85

Paumelle double laminée de 0.11.

Numéros du détail métrique	Quantités
84	3
293	3
402	3
	9

86

Paumelle double laminée de 0.11 en réparation.

Numéros du détail métrique	Quantités
19	6
117	3
159	3
	12

87

Paumelle double laminée de 0.14.

Numéros du détail métrique	Quantités
222	6

88

Paumelle double laminée de 0.16.

Numéros du détail métrique	Quantités
126	6

89

Paumelle double laminée de 0.16, en réparation.

Numéros du détail métrique	Quantités
149	1
606	3
	4

90

Paumelle double en cuivre à olive de 0.14.

Numéros du détail métrique	Quantités
278	6

91

Trou fraisé.

Numéros du détail métrique	Quantités
500	8

92

Trou taraudé.

Numéros du détail métrique	Quantités
25	4
214	2
321	1
387	6
464	2
674	2
679	1
686	8
	26

93

Trou de 0.010 taraudé.

Numéros du détail métrique	Quantités
197	5
502	8
	13

94

Trou tamponné.

Numéros du détail métrique	Quantités
309	0^m32
312	0.08
450	0.20
531	0.08
586	0.16
591	0.16
	1^m00

95

Petit bois en fer à moulures de 0.035.

Numéros du détail métrique	Quantités
665	0.30

96

Ajustement simple sur fer à moulures de 0.035.

Numéros du détail métrique	Quantités
666	3

97

Pilastre en fer tourné de 0.054.

Numéros du détail métrique	Quantités
628	1

98

Pivot ordinaire de 0.25.

Numéros du détail métrique	Quantités
639	1

99

Crapaudine à patte pour pivot ordinaire.

Numéros du détail métrique	Quantités
640	1

100

Pivot de siège en cuivre, à équerre sur champ n° 2.

Numéros du détail métrique	Quantités
299	2

101

Pose de pivot va-et-vient à bain d'huile, compris ferrure du haut.

Numéros du détail métrique	Quantités
538	2

102

Plate-bande en fer de 0.025 × 0.005, entaillée.

Numéros du détail métrique	Quantités
211	0.30
440	0.15
	0.45

103

Plate-bande en fer de 0.030 × 0.006, entaillée.

Numéros du détail métrique	Quantités
262	0.80
353	0.80
581	3.20
	4.80

104

Poignée à pattes de 0.11.

Numéros du détail métrique	Quantités
594	1

105

Poignée à olive tournante de 0.16 sur platine renforcée.

Numéros du détail métrique	Quantités
526	2

106

Poignée en fer 1/2 rond à charnière sur platine de 0.19.

Numéros du détail métrique	Quantités
696	1

107

Anneau étamé.

Numéros du détail métrique	Quantités
366	1

108

Bec-de-cane déposé.

Numéros du détail métrique	Quantités
55	1
291	1
597	1
632	1
	4

TABLEAU DE CLASSEMENT (*Suite*)

109

Bec-de-cane déposé et reposé.

430	1

110

Bec-de-cane reposé en place neuve.

296	1

111

Bec-de-cane déposé, nettoyé, réparé et reposé.

14	1
248	1
453	1
492	1
	4

112

Bec-de-cane nettoyé, réparé et huilé, sans dépose ni repose.

294	1

113

Bec-de-cane nettoyé, huilé sur place.

44	1
431	1
	2

114

Chanfrein retourné pour bec-de-cane.

295	1

115

Rosette en fer.

89	1

116

Rosette à douille en fer.

253	1

117

Rosette en cuivre.

454	1

118

Rosette à douille en cuivre.

433	1

119

Bouton double rajusté et goupillé.

16	1
67	1
75	1
121	1
250	1
334	1
341	1
635	1
	8

120

Rondelle pour bouton.

251	1
636	2
	3

121

Calibre en tôle découpée.

451	$1^{m},23$

122

Charnière huilée sur place.

113	3
284	2
514	1
	6

123

Charnière déposée.

27	4
33	2
62	3
81	3
105	3
506	3
	18

124

Charnière reposée.

106	3

125

Charnière reposée en place neuve.

63	3

126

Clef bénarde à panneton taillé en chiffre.

155	1

127

Clef de sûreté forée à garnitures droites.

460	1

128

Clef de sûreté forée à garnitures cintrées.

190	1

129

Clef forée à 4 gorges.

659	1

130

Clef bénarde à 6 gorges.

489	1
608	1
	2

131

Clef forée à 6 gorges et à garnitures 1/2 baroques ou clef à pompe.

208	1
233	1
	2

132

Clef forée à 6 gorges et à garnitures baroques.

631	1

133

Clef reblanchie.

232	1

134

Clef forée redressée et reblanchie.

412	1

135

Tige de clef allongée, fait 2 ajustements brasés.

405	1

TABLEAU DE CLASSEMENT (*Suite*).

136

Clef d'armoire rajustée.

393	1

137

Clef bénarde rajustée.

340	1
376	1
	2

138

Clef de sûreté rajustée.

172	1
189	1
207	1
	3

139

Anneau de clef soudé au cuivre.

323	1

140

Crémone huilée sur place.

161	1
333	1
358	1
	3

141

Crémone déposée.

92	1

142

Crémone reposée.

359	1

143

Crémone reposée en place neuve.

350	1

144

Crémone déposée, nettoyée, réparée et reposée.

73	1
119	1
133	1
345	1
	4

145

Crémone déposée, nettoyée, fait marcher, sans repose.

326	1

146

Bouton de crémone.

329	1

147

Ressort pour crémone.

327	1

148

Disque de crémone.

74	1

149

Platine pour crémone.

328	1

150

Boite de crémone.

346	1

151

Chapiteau, gâche ou conduit pour crémone.

331	1
332	1
347	1
360	1
	4

152

Soudure pour crémone.

385	1

153

Ecrou en cuivre.

239	1

154

Equerre simple déposée.

259	6
285	2
566	16
	24

155

Equerre simple reposée.

286	2
578	5
	7

156

Equerre simple reposée en place neuve.

261	2
577	4
	6

157

Espagnolette déposée.

20	1
263	1
381	1
	3

158

Espagnolette déposée et reposée.

434	1

159

Espagnolette reposée en place neuve.

271	1

160

Espagnolette huilée, fait marcher.

41	1
264	1
424	1
435	1
619	1
	5

161

Soudure pour espagnolette.

267	1

162

Crochet refait pour espagnolette.

268	1

TABLEAU DE CLASSEMENT (*Suite*).

163

Clou d'axe pour espagnolette.

270	1
437	1
	2

164

Clou d'axe rivé sur place.

425	1

165

Poignée pleine pour espagnolette.

436	1

166

Poignée évidée pour espagnolette.

269	1

167

Support pour espagnolette.

273	1
439	1
	2

168

Fiche débrochée, huilée et rebrochée.

38	5
42	3
257	4
616	2
	14

169

Fiche déposée.

18	6
39	1
49	2
216	6
245	3
290	3
399	3
617	1
	25

170

Fiche reposée.

50	2

171

Fiche reposée en place neuve.

247	2

172

Broche de fiche.

258	2

173

Gâche déposée.

4	1
21	2
22	1
31	1
36	1
47	1
56	2
70	1
83	3
93	4
108	1
125	3
145	1
156	1
162	1
174	1
182	1
191	1
210	1
218	2
243	1
252	1
254	1
272	1
274	1
292	2
324	1
336	1
342	1
348	1
382	2
383	1
394	1
397	1
401	3
432	1
438	1
471	1
473	1
490	1
522	2
553	1
561	1
571	1
598	2
647	1
660	1
	63

174

Gâche reposée.

213	1
325	1
	2

175

Gâche reposée en place neuve.

5	1
37	1
71	1
146	1
157	1
163	1
192	1
244	1
337	1
349	1
491	1
661	1
	12

176

Jeu de gâche.

17	1
68	1
112	1
129	1
141	1
169	1
377	1
423	1
496	1
694	1
	10

177

Gâche encloisonnée pour bec-de-cane.

255	1

178

Gâche encloisonnée pour serrure tour et demi.

474	1

179

Gâche encloisonnée pour serrure de sûreté.

175	1

180

Double gâche de sûreté chanfreinée.

237	1

TABLEAU DE CLASSEMENT (*Suite*).

181

Loquet déposé.

478	1
641	1
651	1
	3

182

Loquet reposé.

643	1
653	1
	2

183

Loquet reposé en place neuve.

481	1

184

Loquet réparé et huilé.

479	1
642	1
652	1
	3

185

Bascule pour loquet renforcé.

644	1

186

Bouton à olive et à bascule pour loquet renforcé.

480	1

187

Clou d'axe pour loquet.

482	1

188

Rosette pour loquet.

645	1

189

Crampon à pointes.

646	1

190

Crampon à pattes.

483	1

191

Loqueteau déposé.

178	1
287	1
354	1
548	1
568	1
610	1
621	1
	7

192

Loqueteau reposé en place neuve.

415	1

193

Loqueteau huilé, sur place.

365	1

194

Loqueteau huilé sur place, jeu au mentonnet.

52	1

195

Loqueteau déposé, nettoyé, réparé et reposé.

95	1
446	1
	2

196

Loqueteau déposé, nettoyé, réparé et reposé en place neuve.

416	1

197

Plaque de recouvrement de 0.08 à l'équerre, entaillée.

395	1

198

Plaque de recouvrement de 0.11 à l'équerre, entaillée.

477	1

199

Plaque de recouvrement de 0.11 à l'équerre, entaillée.

584	1

200

Plaque de recouvrement de 0.16 à l'équerre, entaillée.

407	2

201

Plaque de recouvrement en cuivre de 0.13 à l'équerre, entaillée.

235	1

202

Plaque de recouvrement de 0.20 à l'équerre, entaillée.

24	2
386	2
588	1
	5

203

Plaque de recouvrement en cuivre de 0.20 à l'équerre, entaillée.

228	1

204

Plaque de recouvrement de 0.18 à l'équerre, entaillée.

59	1
601	1
	2

205

Plaque de recouvrement de 0.24 à l'équerre entaillée, coudée.

275	1

206

Entrée découpée pour clef.

60	1
229	1
236	1
276	1
396	1
585	1
589	1
602	1
	8

TABLEAU DE CLASSEMENT (*Suite*).

207

Rosette découpée pour bouton.

61	1
603	1
	2

208

Paumelle simple déposée.

361	3
564	6
614	2
638	1
699	2
	14

209

Paumelle simple reposée.

362	2

210

Paumelle double à T déposée.

565	6
649	2
	8

211

Paumelle double à T reposée.

574	2

212

Paumelle double à T reposée en place neuve.

575	2

213

Paumelle double déposée.

53	3
116	3
122	6
148	1
158	3
165	2
184	3
367	3
550	2
605	3
691	3
	32

214

Paumelle double reposée.

166	2

215

Paumelle double reposée en place neuve.

54	3
185	3
	6

216

Paumelle nettoyée, huilée sur place,

10	3
72	6
91	6
110	3
118	3
132	6
135	3
142	6
147	5
160	3
164	4
201	3
314	6
369	3
452	3
555	6
620	4
	73

217

Bague en cuivre pour paumelle.

11	3
136	3
315	6
	12

218

Penture déposée.

511	2
515	4
519	2
637	1
707	2
	11

219

Penture reposée.

708	1

220

Penture reposée en place neuve.

520	2
710	1
	3

221

Penture coupée, soudée, et redressée sur les rives.

709	1

222

Serrure sans foliot déposée.

219	1

223

Serrure à foliot déposée.

82	1
124	1
400	1
	3

224

Serrure sans foliot reposée en place neuve.

234	1

225

Serrure à foliot reposée en place neuve.

87	1
406	1
	2

226

Serrure d'armoire déposée, nettoyée, réparée et reposée.

180	1
390	1
409	2
	4

227

Serrure à tour et demi déposée, nettoyée, réparée et reposée.

114	1
467	1
	2

228

Serrure 2 pênes déposée, nettoyée, réparée et reposée.

64	1
153	1
170	1
318	1
339	1
375	1
	6

TABLEAU DE CLASSEMENT (*Suite*).

229

Serrure de sûreté déposée, nettoyée, réparée et reposée.

186	1
456	1
558	1
	3

230

Serrure de sûreté à gorges déposée, nettoyée, réparée et reposée.

1	1
202	1
240	1
487	1
607	1
629	1
657	1
	7

231

Serrure à pompe, nettoyée, réparée, huilée, sans dépose ni repose.

230	1

232

Serrure 2 pênes, nettoyée, réparée, huilée, sans dépose ni repose.

85	1
403	1
	2

233

Serrure nettoyée sur place, huilée, fait marcher.

111	1
140	1
144	1
168	1
335	1
378	1
422	1
656	1
688	1
693	1
	10

234

Bouton de coulisse en fer.

458	1

235

Bouton de coulisse en cuivre.

3	1
115	1
	2

236

Broche pour serrure d'armoire.

181	1
391	1
	2

237

Broche pour serrure tour et demi.

457	1

238

Broche pour serrure de sûreté.

187	1

239

Cache-entrée pour serrure de sûreté.

320	1

240

Chanfrein retourné pour serrure 2 pênes.

404	1

241

Cul-de-lampe pour serrure d'armoire.

392	1

242

Canon à pattes pour serrure tour et demi.

469	1

243

Canon à pattes en cuivre pour serrure à foliot.

173	1

244

Equerre pour serrure de qualité.

204	1

245

Entrée pour serrure d'armoire.

414	1

246

Entrée pour serrure tour et demi.

472	1

247

Entrée pour serrure de sûreté.

88	1

248

Entrée avec rosette d'une seule pièce.

343	1

249

Barbes de pêne allongées.

66	1

250

Foliot à rondelles.

319	1

251

Foliot en cuivre.

15	1
86	1
249	1
493	1
	4

252

Gorge faite exprès en cuivre.

241	1

253

Tige de foliot.

45	1
90	1
131	1
	3

TABLEAU DE CLASSEMENT (*Suite*).

254
Gardes changées.

413	1

255
Gâchette.

410	1

256
Paillette en acier.

2	2
203	3
242	2
488	2
630	2
658	2
	13

257
Picolet.

470	1

258
Pied de foncet.

209	1

259
Ressort à boudin.

65	1
154	1
375	1
468	1
	4

260
Ressort de gâchette.

411	1

261
Rouet ordinaire pour serrure de sûreté.

459	1

262
Rouet croisé ou bouterolle pour serrure de sûreté.

188	1
206	1
	2

263
Targette déposée.

30	1
46	1
107	1
552	1
	4

264
Targette reposée.

338	1

265
Targette huilée sur place.

35	1
69	1
	2

266
Targette déposée, nettoyée, huilée et reposée en place neuve.

256	1

267
Tirage en fil de fer cordelé avec anneau étamé.

97	1
448	1
	2

268
Vasistas réparé, redressé et dégauchi, redressé les feuillures à la lime.

177	1

269
Vasistas nettoyé, huilé, fait marcher.

442	1

270
Verrou déposé.

123	2
151	1
217	2
371	1
508	1
556	1
567	2
697	1
704	1
	12

271
Verrou reposé.

224	1
374	1
706	1
	3

272
Verrou reposé en place neuve.

128	2
225	1
583	1
	4

273
Verrou nettoyé, huilé, fait marcher.

127	2
139	2
143	2
150	1
167	2
223	2
370	1
372	1
582	1
705	1
	15

274
Picolet pour verrou.

373	1

275
Conduit à pattes pour verrou à boîte cuivre de 0.032.

226	1

276
Ressort à torsion en acier trempé, posé avec pattes.

655	2m10

277
Septain de 0.005.

310	4m50
417	1.50
443	2.50
	8m50

TABLEAU DE CLASSEMENT *(Suite)*

278

Serrure d'armoire 1re qualité de 0.070.

109	1
282	1
	2

279

Serrure à pêne dormant de sûreté 1re qualité de 0.14.

595	1

280

Serrure à 2 pênes 1re qualité de 0.14.

57	1
130	1
599	1
	3

281

Seuil en fonte pour châssis de 0.041, de 1^{m},00.

612	1

282

Support à charnière.

523	2

283

Targette en fer 1/2 forte, picolet carré de 0.048.

483	1

284

Targette en fer très forte, bouton à piédouche de 0.055.

609	1

285

Targette en fer VF à double force de 0.055.

596	1

286

Targette en cuivre à pêne plat de 0.045.

554	1

287

Targette en cuivre à pêne rond de 0.040.

32	1

288

Targette en cuivre à platine découpée, automatique VF de 0.047.

626	1

289

Tringle ronde de 0.018.

266	0.06

290

Ajustement à tenon et mortaise.

441	1

291

Vasistas en fer rainé de 0.014.

301	1.62
668	1.60
681	2.00
	5.22

292

Vasistas en fer rainé de 0.016.

76	1.40

293

Fer à double rainure de 0.014.

670	0.50

294

Ajustement complet pour vasistas.

77	1
302	1
669	1
	3

295

Double châssis en tôle en feuillure formant battement.

80	1.44

296

Charnière ajustée et posée sur fer, pour vasistas.

78	2
303	2
	4

297

Loqueteau en cuivre renforcé de 0.070 posé sur fer.

79	1

298

Col de cygne de façon, ajusté et posé sur fer.

304	1

299

Coulisse-guide en fer évidé de 0.30.

306	2

300

Verrou à ressort 1/4 placard de 0.19.

698	1

301

Verrou à ressort à arrêt à vis, pêne de 0.034 × 0.010, de 0.40.

587	1

302

Verrou VF 1/2 placard n° 3 de 0.40.

625	2

303

Verrou VF automatique, boîte fonte de 0.032, de 0.60.

558	1

304

Verrou à coquille en cuivre FT de 0.018, de 0.30.

152	1

TABLEAU DE CLASSEMENT (*Suite*).

305

Verrou en cuivre à cuvette de 0.060.

509 | 1

306

Verrou automatique VF en cuivre nickelé de 0.047.

48 | 1

307

Vis à bois de 0.070.

613 | 3

308

Vis à métaux de 0.010.

26	4
199	5
205	1
215	2
322	1
388	6
465	2
503	8
675	2
680	1
687	6
	38

309

Grillage à la main, fil de fer n° 10, mailles de 0.025.

419 | 0.89

310

Encadrement de grillage en fil de fer galvanisé n° 25.

420 | 3.20

311

Fil de fer étamé n° 14.

281 | 1.30

312

Châssis à tabatière déposé.

461 | 2.50

313

Châssis à tabatière reposé.

466 | 2.50

314

Main-courante en bois, déposée et reposée.

195 | 4.50

315

Jeu donné à une porte.

43 | 1

316

Jeu donné à un châssis.

51 | 1

317

Agrafe de volet déposée.

426 | 1

318

Arrêt déposé.

98	1
356	1
444	1
	3

319

Arrêt à tourniquet double, monté sur support à pointe.

530 | 1

320

Arrêt triangulaire de façon en fer, ajusté, rivé et soudé au cuivre.

684 | 3

321

Assemblage sur fer à double rainure pour vasistas.

671 | 2

322

Bague en cuivre, ajustée, alésée et posée.

12	3
137	3
316	6
	12

323

Barbe au pêne, ajustée à queue d'aronde et soudée au cuivre.

171 | 1

324

Barreau de rampe déposé.

196 | 5

325

Barreau de rampe reposé et réglé.

198 | 5

326

Barrette en acier pour serrure à pompe.

231 | 2

327

Bouton de tirage déposé.

6	1
193	1
475	1
	3

328

Bouton de tirage reposé.

8	1
238	1
	2

329

Bouton double déposé.

379 | 1

330

Bouton à lentille en cuivre à tige à vis de 0.030.

300 | 1

331

Bouton à lentille imitation ivoire de 0.030 à tige à vis.

547 | 1

332

Broche d'arrêt pour gâche d'espagnolette.

277 | 1

TABLEAU DE CLASSEMENT (*Suite*).

333

Buttoir en fonte à champignon ajusté et rivé.

592	1

334

Chaîne de sûreté nickelée.

662	1

335

Charnière Bommer à double action n° 33.

544	2

336

Châssis grillagé déposé.

418	1
702	1
	2

337

Clou à tête élargie rivé.

364	3
513	2
518	8
521	4
	17

338

Clou d'axe rivé pour fléau.

102	1

339

Contre-panneton de volet déposé.

427	1

340

Coupe de fer rond de 0.018.

265	1

341

Coupe de fer à moulures de 0.035.

664	1

342

Doigtier en cuivre à patte en T.

673	1

343

Dressage partiel de seuil en pierre dure au ciseau et pose de seuil en tôle à bain de ciment.

505	1

344

Empênage dans la pierre dure.

590	1

345

Equerre de balustrade à congé renforcée avec branches en fer 1/2 rond de 0.80 de hauteur, la branche du bas cintrée sur champ.

543	1

346

Equerre de balustrade à congé renforcée avec branches en fer 1/2 rond de 1.00 de hauteur, la branche du bas cintrée sur champ.

543	1

347

Fléau déposé.

100	1
570	1
	2

348

Fléau reposé.

103	1

349

Paillette de renvoi montée sur équerre en cuivre.

305	2

350

Paumelle simple reposée en place neuve.

363	1
572	2
	3

351

Paumelle simple à équerre déposée.

350	4

352

Paumelle simple à équerre reposée.

352	2

353

Patte d'arrêt coudée, enlevée à même le fer rainé de 0.014.

683	2

354

Petit bois déposé.

663	3

355

Petit bois reposé.

667	3

356

Petit conduit à patte de façon pour loqueteau.

678	1

357

Petite patte en fer ajustée à queue d'aronde, rivée et soudée au cuivre.

685	8

358

Pilastre déposé.

627	1

359

Piton dérivé.

462	1

360

Pivot de siège avec crapaudine déposé.

298	2

361

Pivot va-et-vient à bain d'huile JQ n° 2, compris ferrure du haut.

537 | 2

362

Platine en forte tôle percée d'un trou d'axe et de 4 trous fraisés.

101 | 1

363

Poignée à pattes déposée.

569 | 1
695 | 1
| 2

364

Porte dégondée.

9 | 1
134 | 1
313 | 2
| 4

365

Porte rengondée.

13 | 1
138 | 1
317 | 2
| 4

366

Ressort à pompe en cuivre pour loqueteau.

96 | 1
447 | 1
| 2

367

Tenon plat en fer, épaulé, rivé, soudé au cuivre.

672 | 4

368

Têtière de gâche encastrée sur fer.

212 | 1

369

Tige carrée faite exprès avec épaulement taraudé garni d'écrou pour bouton de tirage.

7 | 1

370

Tige carrée faite exprès à double épaulement taraudé, ajustée et goupillée pour bouton de tirage.

540 | 2

371

Tige de rallonge faite exprès avec crochet cintré et épaulement taraudé pour chaînette.

634 | 1
690 | 1
| 2

372

Tige de façon en fil de fer clair de 0.10 taraudée aux extrémités et ajustée pour loqueteau.

677 | 1

373

Tige à scellement faite exprès en fer carré de 0.016 de 0.08.

501 | 8

374

Tirefond de suspension Gollot n° 2, posé au plafond avec recherche du point de centre.

344 | 1

375

Tourillon fait exprès, épaulé, rivé et brasé pour crémone.

120 | 1

376

Trou de 0.10 de profondeur en pierre dure (taille n° 2) et scellement au ciment.

504 | 8

377

Vasistas déposé.

176 | 1

RÉSUMÉ

SÉRIE PAGES	N°s	Numéros du tableau de classement				
411	172	1	Tôle striée	16k000	0.32	5.12
411	174	2	Planage de tôle	0m32	6.00	1.92
411	175	3	Dressement de rives pour tôle	2.40	1.00	2.40
412	229	4	Arasement droit sur fer de 0.02 carrés de section	2	0.08	0.16
415	290	5	Agrafe et contre-panneton de volet à pattes entaillé et posé	1	»	2.10
»	298	6	Anneau de trappe à charnière entaillé sur platine de 0.11 de diamètre	1	»	3.60
»	307	7	Arrêt à boule en cuivre n° 3	1	»	1.05
»	308	8	Arrêt à fourchette sur platine	1	»	0.60
»	312	9	Arrêt de porte en bois des îles, garniture caoutchouc	2	1.10	2.20
416	313	10	Arrêt à broche et chaînette	2	0.20	0.40
»	314	11	Arrêt en fonte à anneau et paillette	1	»	0.85
»	315	12	Arrêt à anneau et paillette tout acier	1	»	1.15
»	320	13	Arrêt de porte à galets en cuivre, mentonnet à lyre n° 3	2	4.70	9.40
»	323	14	Bascule à queue de poireau en cuivre de 0.050	1	»	1.30
417	366	15	Bec-de-cane de volet en cuivre à anneau de 0.050	1	»	3.50
418	370	16	Bec-de-cane de tirage en cuivre encloisonné à queue de 0.030 × 0.065	2	1.45	2.90
»	387	17	Béquille simple en fer à pans et à boule n° 4.	1	»	2.40
»	389	18	Béquille simple en cuivre à volute n° 4	1	»	2.30
419	404	19	Boucle à bascule en fer pour loquet renforcé.	1	»	2.50
419 441	416 1288	20	Boucle double à boules en cuivre n° 4, en réparation	1	»	2.20
419	444	21	Boulon de volet carré, à boîte en fonte, nouveau système	2	1.50	3.00
420 441	448 1292	22	Bouton double en cuivre creux ovale n° 4, en réparation	1	»	1.65
420 421 441	448 501 1293	23	Bouton simple en cuivre creux ovale n° 4, en réparation	2	0.99	1.98
420	477	24	Bouton double imitation ivoire ovale de 0.060	1	»	1.25
»	477	25	Bouton double imitation ivoire ovale SZ de 0.060	1	»	1.65
421 441	485 1292	26	Bouton double rond en bois avec filets et moulures, en réparation	1	»	3.35
 421	510 513	27	Bouton rond de tirage en fer de 0.050 sur platine	1	»	1.40
»	527	28	Bouton rond de tirage en cuivre creux de 0.060	5	1.90	9.50
422	532	29	Chaînette en cuivre montée sur platine en fer n° 3, de 0.122 × 0.062	1	»	2.60
»	535	30	Chaînette ronde en cuivre guillochée de 0.060	1	»	2.35
422 441	559 1299	31	Charnière carrée en fer renforcée de 0.11, en réparation	3	0.94	2.82
422	562	32	Charnière de caisson en cuivre de 0.045 × 0.105 avec penture à pivot en fer	2	2.90	5.80

SÉRIE PAGES	SÉRIE N°s	Numéros du tableau de classement				
		33	Charnière en cuivre fondu à nœuds ronds			
423	578		de 0.110	2	1.35	2.70
»	589	34	Charnière en cuivre à nœuds carrés de 0.095.	4	1.40	5.60
		35	Charnière en cuivre fondu à section droite,			
»	603		lame de 0.004, à hélice de 0.095	2	2.65	5.30
»	610	36	Charnière à briquet en fer de 0.050	2	2.90	5.80
		37	Charnière de trappe à empattement à T			
»	619		de 0.50	2	4.40	8.80
	625	38	Charnière longue à nœuds soudés de 0.035,			
424	635		de 0.82	2	4.20	8.40
	625	39	Charnière longue à nœuds soudés de 0.035,			
»	635		de 0.94	2	4.55	9.10
»	646	40	Piton à vis de 0.06	1	»	0.15
»	658	41	Collier à pointe	6	0.40	2.40
»	659	42	Collier à pattes de façon	8	0.85	6.80
		43	Collier à patte de façon pour rampe d'esca-			
»	660		lier	2	1.25	2.50
»	661	44	Crémaillère de fabrique de 0.55	1	»	2.05
425	664	45	Crémone DP de 0.018	2	2.90	5.80
»	664	46	Crémone DP de 0.018, de 2m,10 de longueur.	1	»	2.96
»	683	47	Crochet plat de 0.09 garni	1	»	0.40
426	701	48	Equerre simple de 0.19, fournie en répara-			
442	1337		tion	11	0.22	2.42
		49	Plus-value pour pose avec vis tournées			
426	703		d'équerre simple	16	0.10	1.60
	709	50	Equerre de façon en fer de 0.030 × 0.006			
»	710		de 0m,50 développé, entaillée et posée	1	»	2.70
		51	Ferme-persienne à refouloir de 0.90 de			
427	742		longueur	1	»	3.05
»	753	52	Ferme-porte à barillet, branche ronde n° 2.	1	»	12.75
»	760					
»	767	53	Fiche à broche tournée de 0.12, en répa-			
442	1357		ration, posée sur huisserie à l'échelle	1	»	1.07
428	769					
442	1357	54	Fiche Chanteau de 0.120, en réparation	2	0.60	1.20
428	778	55	Gâche platine	4	0.60	2.40
»	784	56	Gâche à pattes renforcée en cuivre pour			
			verrou	1	»	0.60
»	793	57	Gâche à tassement variable	1	»	1.40
»	800	58	Poulie en fer et cuivre de 0.030	2	1.05	2.10
»	800	59	Poulie à charnière en cuivre n° 3	1	»	1.90
		60	Loqueteau en fer, monté sur platine de			
429	817		0.040	1	»	1.00
		61	Loqueteau à pompe, boîte fonte, mentonnet			
»	821		cuivre n° 4	3	0.75	2.25
»	822	62	Loqueteau à pompe tout acier	1	»	1.05
»	824	63	Loqueteau à douille à pans en fonte de 0.068.	1	»	1.80
		64	Loqueteau en cuivre à panneton, avec			
»	827		tirage et anneau	1	»	3.70
	834	65	Loqueteau en cuivre à douille, à boule			
430	848		dessus de 0.042, posé sur fer	2	2.05	4.10
		66	Loqueteau de vasistas en fer VF, droite et			
»	851		gauche de 0.035	1	»	0.95
		67	Loqueteau va-et-vient en cuivre de 0.020			
»	854		× 0.088	1	»	1.40
»	859	68	Mentonnet à deux pointes	1	»	0.30

SÉRIE PAGES	SÉRIE Nos	Numéros du tableau de classement				
430	861	69	Mentonnet à patte pour loquet renforcé..	1	»	0.70
»	863	70	Mentonnet à tige à vis..................	2	»	0.30
»	865	71	Moraillon à lacet de 0.19................	1	»	0.95
431	876	72	Panneton droit de 0.19..................	2	0.90	1.80
»	879	73	Patte à chambranle de 0.11..............	7	0.10	0.70
»	883	74	Patte à scellement de 0.14...............	6	0.25	1.50
»	883-885	75	Patte à scellement de 0.14 coudée........	7	0.30	2.10
»	884	76	Patte à scellement de 0.16..............	6	0.30	1.80
»	900	77	Paumelle simple à équerre de 0.19, four-			
443	1398		nie en réparation.......................	2	1.82	3.64
432	912	78	Paumelle double à T de 0.22, en répara-			
443	1402		tion....................................	4	1.43	5.72
		79	Paumelle simple à boule et à gond de 0.22			
432	941		en réparation...........................	6	1.90	11.40
		80	Paumelle simple à boule et à double gond			
»	949		de 0.50.................................	1	»	10.90
433	960	81	Paumelle simple à boule à équerre de 0.50.	1	»	10.50
»	965	82	Paumelle double à boules, broche bague			
443	1406		fer de 0.25, fournie en réparation..........	3	3.03	9.09
		83	Paumelle double à olive, à bague en fer			
434	1031		blanchi de 0.16.........................	3	4.00	12.00
435	1045	84	Paumelle double laminée de 0.095, four-			
443	1406		nie en réparation.......................	6	0.83	4.98
435	1046	85	Paumelle double laminée de 0.11.........	9	0.80	7.20
»	1046	86	Paumelle double laminée de 0.11, fournie			
443	1406		en réparation...........................	12	0.88	10.56
435	1047	87	Paumelle double laminée de 0.14.........	6	0.95	5.70
»	1048	88	Paumelle double laminée de 0.16.........	6	1.10	6.60
»	1048	89	Paumelle double laminée de 0.16, fournie			
443	1406		en réparation...........................	4	1.21	4.84
436	1087	90	Paumelle double en cuivre à olive de 0.14.	6	2.25	13.50
	1116					
»	1122	91	Trou fraisé.............................	8	0.12	0.96
	1116					
»	1123	92	Trou taraudé............................	26	0.16	4.16
	1117					
»	1153	93	Trou de 0.010 et taraudé................	13	0.22	2.86
437	1126	94	Trou tamponné...........................	1m00	5.00	5.00
»	1155	95	Petit bois en fer à moulures de 0.035.....	0.30	1.95	0.58
	1167					
		96	Ajustement simple sur fer à moulures			
438	1170		de 0.035................................	3	1.05	3.15
»	1185	97	Pilastre en fer tourné de 0.054...........	1	»	23.35
»	1191	98	Pivot ordinaire de 0.25.................	1	»	1.95
439	1199	99	Crapaudière à patte pour pivot ordinaire..	1	»	1.10
		100	Pivot de siège en cuivre à équerre sur			
»	1223		champ n° 2..............................	2	3.40	6.80
		101	Pose de pivot va-et-vient à bain d'huile,			
»	1228		compris ferrure du haut..................	2	7.10	14.20
»	1229	102	Plate-bande en fer de 0.025 × 0.05 entaillée.	0m45	2.75	1.23
»	1230	103	Plate-bande en fer de 0.030 × 0.006 entaillée	4m80	3.05	14 64
440	1242	104	Poignée à pattes de 0.11................	1	»	0.35
	1245	105	Poignée à olive tournante de 0.16 sur			
»	1248		platine renforcée.......................	2	0.75	1.50
		106	Poignée en fer 1/2 rond à charnière sur			
»	1255		platine de 0.19.........................	1	»	2.10

SÉRIE PAGES	SÉRIE Nos	Numéros du tableau de classement				
441	1275	107	Anneau étamé	1	»	0.15
»	1276	108	Bec-de-cane déposé	4	0.15	0.60
»	1277	109	Bec-de-cane déposé et reposé	1	»	0.45
»	1276 1278	110	Bec-de-cane reposé en place neuve	1	»	0.75
»	1279	111	Bec-de-cane déposé, nettoyé, réparé et reposé	4	1.25	5.00
»	1277 1279	112	Bec-de-cane nettoyé, réparé et huilé, sans dépose ni repose	1	»	0.80
»	1280	113	Bec-de-cane nettoyé, huilé sur place	2	0.20	0.40
»	1281	114	Chanfrein retourné pour bec-de cane	1	»	1.00
»	1283	115	Rosette en fer	1	»	0.15
»	1284	116	Rosette à douille en fer	1	»	0.40
»	1285	117	Rosette en cuivre	1	»	0.45
»	1286	118	Rosette à douille en cuivre	1	»	0.60
»	1290	119	Bouton double rajusté et goupillé	8	0.10	0.80
»	1291	120	Rondelle pour bouton	3	0.05	0.15
»	1294	121	Calibre en tôle découpée	1m23	4.75	5.84
»	1295	122	Charnière huilée sur place	6	0.10	0.60
»	1296	123	Charnière déposée	18	0.15	2.70
»	1297	124	Charnière reposée	3	0.25	0.75
»	1298	125	Charnière reposée en place neuve	3	0.35	1.05
»	1302 1303	126	Clef bénarde à panneton taillé en chiffre	1	»	2.85
»	1304	127	Clef forée à garnitures droites	1	»	3.85
»	1305	128	Clef forée à garnitures cintrées	1	»	4.70
442	1307	129	Clef forée à 4 gorges	1	»	4.25
»	1307	130	Clef bénarde à 6 gorges	2	4.25	8.50
»	1309	131	Clef forée à 6 gorges et à garnitures 1/2 baroques ou clef à pompe	2	5.45	10.90
»	1310	132	Clef forée à 6 gorges et à garnitures baroques	1	»	6.55
»	1311	133	Clef reblanchie	1	»	0.45
»	1312	134	Clef forée redressée et reblanchie	1	»	1.00
»	1313	135	Tige de clef allongée, fait 2 ajustements brasés	1	»	2.00
»	1314	136	Clef d'armoire rajustée	1	»	0.40
»	1315	137	Clef bénarde rajustée	2	0.70	1.40
»	1316	138	Clef de sûreté rajustée	3	0.85	2.55
»	1317	139	Anneau soudé au cuivre	1	»	0.95
»	1318	140	Crémone huilée sur place	3	0.35	1.05
»	1319	141	Crémone déposée	1	»	0.15
»	1320	142	Crémone reposée	1	»	0.35
»	1319 1321	143	Crémone reposée en place neuve	1	»	0.45
»	1322	144	Crémone déposée, nettoyée, réparée et reposée	4	1.10	4.40
»	1319 1320 1322	145	Crémone déposée, réparée, huilée, fait marcher sans repose	1	»	0.60
»	1323	146	Bouton de crémone	1	»	0.75
»	1324	147	Ressort pour crémone	1	»	0.20
»	1325	148	Disque de crémone	1	»	0.30
»	1326	149	Platine pour crémone	1	»	0.55
»	1327	150	Boîte de crémone	1	»	1.00
»	1328	151	Chapiteau, gâche ou conduit pour crémone	4	0.30	1.20

SÉRIE PAGES	SÉRIE Nos	Numéros du tableau de classement				
442	1329	152	Soudure pour crémone	1	»	0.60
»	1331	153	Ecrou en cuivre	1	»	0.35
»	1334	154	Equerre simple déposée	24	0.10	2.40
»	1335	155	Equerre simple reposée	7	0.15	1.05
»	1336	156	Equerre simple reposée en place neuve	6	0.20	1.20
»	1338	157	Espagnolette déposée	3	0.25	0.75
»	1339	158	Espagnolette déposée et reposée	1	»	0.85
»	1340	159	Espagnolette reposée en place neuve	1	»	0.95
»	1341	160	Espagnolette huilée, fait marcher, jeu aux gâches	5	0.55	2.75
»	1342	161	Soudure pour espagnolette	1	»	0.60
»	1343	162	Crochet refait pour espagnolette	1	»	0.60
»	1345	163	Clou d'axe pour espagnolette	2	0.40	0.80
»	1346	164	Clou d'axe rivé sur place	1	»	0.80
»	1349	165	Poignée pleine pour espagnolette	1	»	1.15
»	1350	166	Poignée évidée pour espagnolette	1	»	1.45
»	1352	167	Support pour espagnolette	2	1.25	2.50
»	1353	168	Fiche débrochée, huilée et rebrochée	14	0.15	2.10
»	1354	169	Fiche déposée	25	0.15	3.75
»	1355	170	Fiche reposée	2	0.25	0.50
»	1356	171	Fiche reposée en place neuve	2	0.35	0.70
»	1358	172	Broche de fiche fournie	2	0.20	0.40
443	1359	173	Gâche déposée	63	0.10	6.30
»	1360	174	Gâche reposée	2	0.15	0.30
»	1361	175	Gâche reposée en place neuve	12	0.30	3.60
»	1362	176	Jeu de gâche	10	0.15	1.50
»	1363	177	Gâche encloisonnée pour bec-de-cane	1	»	0.75
»	1364	178	Gâche encloisonnée pour serrure tour et demi	1	»	0.75
»	1365	179	Gâche encloisonnée pour serrure de sûreté.	1	»	0.95
»	1367 1368	180	Double gâche de sûreté chanfreinée	1	»	1.75
»	1369	181	Loquet déposé	3	0.25	0.75
»	1370	182	Loquet reposé	2	0.35	0.70
»	1371	183	Loquet reposé en place neuve	1	»	0.50
»	1372	184	Loquet réparé et huilé	3	0.35	1.05
»	1373	185	Bascule pour loquet renforcé	1	»	0.45
»	1376	186	Bouton à olive et à bascule pour loquet renforcé	1	»	1.50
»	1377	187	Clou d'axe pour loquet	1	»	0.35
»	1378	188	Rosette pour loquet	1	»	0.30
»	1379	189	Crampon à pointe	1	»	0.40
»	1380	190	Crampon à pattes	1	»	0.50
»	1382	191	Loqueteau déposé	7	0.10	0.70
»	1383	192	Loqueteau reposé en place neuve	1	»	0.40
»	1384	193	Loqueteau huilé sur place	1	»	0.20
»	1385	194	Loqueteau huilé sur place, jeu au mentonnet	1	»	0.35
»	1386	195	Loqueteau déposé, nettoyé, réparé et reposé.	2	0.65	1.30
»	1387	196	Loqueteau déposé, nettoyé, réparé et reposé en place neuve	1	»	0.75
»	1388 1393	197	Plaque de recouvrement de 0.08 à l'équerre, entaillée	1	»	0.54
»	1388 1393	198	Plaque de recouvrement de 0.11 à l'équerre, entaillée	1	»	0.72

SÉRIE PAGES	SÉRIE Nos	Numéros du tableau de classement				
443	1390 1393	199	Plaque de recouvrement de 0.13 à l'équerre, entaillée	1	»	1.02
»	1391 1393	200	Plaque de recouvrement de 0.16 à l'équerre, entaillée	2	1.50	3.00
»	1390 1393 789	201	Plaque de recouvrement en cuivre de 0.13 à l'équerre, entaillée	1	»	1.30
»	1391 1392 1393	202	Plaque de recouvrement de 0.20 à l'équerre, entaillée	5	1.74	8.70
»	1391 1392 1393 789	203	Plaque de recouvrement en cuivre de 0.20 à l'équerre, entaillée	1	»	2.22
»	1391 1392 1393	204	Plaque de recouvrement de 0.18 à l'équerre, entaillée	2	1.62	3.24
» 504	1391 1392 1393 53-54	205	Plaque de recouvrement de 0.24 à l'équerre, entaillée, coudée	1	»	2.25
443	1394	206	Entrée découpée pour clef	8	0.35	2.80
»	1395	207	Rosette découpée pour bouton	2	0.15	0.30
»	1396	208	Paumelle simple déposée	14	0.15	2.10
»	1397	209	Paumelle simple reposée	2	0.30	0.60
»	1399	210	Paumelle double à T déposée	8	0.25	2.00
»	1400	211	Paumelle double à T reposée	2	0.35	0.70
»	1401	212	Paumelle double à T reposée en place neuve	2	0.55	1.10
»	1403	213	Paumelle double déposée	32	0.25	8.00
»	1404	214	Paumelle double reposée	2	0.40	0.80
»	1405	215	Paumelle double reposée en place neuve	6	0.85	5.10
»	1407	216	Paumelle nettoyée, huilée sur place	73	0.10	7.30
»	1408	217	Bague en cuivre pour paumelle	12	0.05	0.60
»	1409	218	Penture déposée	11	0.30	3.30
»	1410	219	Penture reposée	1	»	0.50
»	1411	220	Penture reposée en place neuve	3	0.85	2.55
»	1412	221	Penture coupée, soudée et redressée sur les rives	1	»	0.90
444	1415	222	Serrure sans foliot déposée	1	»	0.20
»	1416	223	Serrure à foliot déposée	3	0.25	0.75
»	1421	224	Serrure sans foliot reposée en place neuve.	1	»	1.05
»	1422	225	Serrure à foliot reposée en place neuve	2	1.30	2.60
»	1423	226	Serrure d'armoire déposée, nettoyée, réparée et reposée	4	0.90	3.60
»	1424	227	Serrure à tour et demi déposée, nettoyée, réparée et reposée	2	1.05	2.10
»	1425	228	Serrure 2 pênes déposée, nettoyée, réparée et reposée	6	1.30	7.80
»	1426	229	Serrure de sûreté déposée, nettoyée, réparée et reposée	3	1.60	4.80
»	1427	230	Serrure à gorges déposée, nettoyée, réparée et reposée	7	2.10	14.70
» » »	1428 1415 1418	231	Serrure de sûreté à pompe nettoyée, réparée, huilée, sans dépose ni repose	1	»	2.05

SÉRIE PAGES	SÉRIE Nos	Numéros du tableau de classement				
	1425					
	1416	232	Serrure 2 pênes nettoyée, réparée, huilée,			
444	1419		sans dépose ni repose.....................	2	0.60	1.20
		233	Serrure nettoyée sur place, huilée, fait			
»	1429		marcher................................	10	0.40	4.00
»	1430	234	Bouton de coulisse en fer................	1	»	0.65
»	1431	235	Bouton de coulisse en cuivre.............	2	0.75	1.50
»	1432	236	Broche pour serrure d'armoire...........	2	0.20	0.40
»	1433	237	Broche pour serrure tour et demi........	1	»	0.30
»	1434	238	Broche pour serrure de sûreté...........	1	»	0.35
»	1436	239	Cache-entrée pour serrure de sûreté......	1	»	0.55
»	1439	240	Chanfrein retourné pour serrure 2 pênes..	1	»	1.40
»	1440	241	Cul-de-lampe pour serrure d'armoire.....	1	»	0.55
»	1444	242	Canon à pattes pour serrure tour et demi.	1	»	0.80
		243	Canon à pattes en cuivre pour serrure à			
»	1448		foliot....................................	1	»	0.90
»	1450	244	Equerre pour serrure de qualité..........	1	»	0.60
»	1452	245	Entrée pour serrure d'armoire...........	1	»	0.20
»	1453	246	Entrée pour serrure tour et demi.........	1	»	0.25
»	1454	247	Entrée pour serrure de sûreté............	1	»	0.30
445	1455	248	Entrée avec rosette d'une seule pièce.....	1	»	0.50
»	1456	249	Barbes du pêne allongées................	1	»	0.25
»	1457	250	Foliot à rondelles........................	1	»	0.75
»	1458	251	Foliot en cuivre..........................	4	0.65	2.60
»	1459	252	Gorge faite exprès en cuivre.............	1	»	1.50
»	1460	253	Tige de foliot............................	3	0.65	1.95
»	1461	254	Gardes changées..........................	1	»	0.40
»	1462	255	Gâchette..................................	1	»	0.50
»	1463	256	Paillette en acier........................	13	0.25	4.25
»	1464	257	Picolet...................................	1	»	0.35
»	1465	258	Pied de foncet............................	1	»	0.35
»	1466	259	Ressort à boudin.........................	4	0.55	2.20
»	1467	260	Ressort à gâchette.......................	1	»	0.40
»	1469	261	Rouet ordinaire pour serrure de sûreté...	1	»	0.85
		262	Rouet croisé ou bouterolle pour serrure			
»	1472		de sûreté.................................	2	1.40	2.80
»	1474	263	Targette déposée.........................	4	0.10	0.40
»	1475	264	Targette reposée.........................	1	»	0.20
»	1476	265	Targette huilée sur place, fait marcher....	2	0.10	0.20
		266	Targette déposée, nettoyée, huilée et			
»	1477		reposée en place neuve...................	1	»	0.55
		267	Tirage en fil de fer cordelé avec anneau			
»	1480		étamé....................................	2	0.35	0.70
		268	Vasistas, réparé, dégauchi, redressé les			
»	1481		feuillures à la lime......................	1	»	1.60
»	1482	269	Vasistas nettoyé, huilé, fait marcher......	1	»	0.60
»	1483	270	Verrou déposé...........................	12	0.15	1.80
»	1484	271	Verrou reposé............................	3	0.25	0.75
»	1485	272	Verrou reposé en place neuve............	4	0.55	2.20
»	1486	273	Verrou nettoyé, huilé fait marcher.......	15	0.35	5.25
»	1488	274	Picolet pour verrou......................	1	»	0.35
445	1489	275	Conduit à pattes pour verrou à boîte			
457	1922		cuivre de 0.032..........................	1	»	0.55
		276	Ressort à torsion en acier trempé posé			
445	1492		avec pattes..............................	2m10	2.20	4.62
446	1494	277	Septain de 0.005.........................	8.50	0.30	2.55

SÉRIE PAGES	SÉRIE Nos	Numéros du tableau de classement				
447	1546	278	Serrure d'armoire 1re qualité de 0.07	2	3.10	6.20
447	1553	279	Serrure à pêne dormant de sûreté 1re qualité de 0.14	1	»	7.35
447	1559	280	Serrure 2 pênes 1re qualité de 0.14	2	4.95	9.90
453	1723	281	Seuil de porte, en fonte, pour châssis de 0.041 de 1m,00	1	»	4.30
453	1731	282	Support à charnière	2	1.25	2.50
453	1743	283	Targette 1/2 forte, picolet carré de 0.048	1	»	0.75
454	1758	284	Targette très forte, bouton à piédouche de 0.055	1	»	1.70
454	1772	285	Targette en fer VF à double force de 0.055.	1	»	1.55
454	1778	286	Targette en cuivre à pêne plat de 0.045	1	»	1.05
454	1786	287	Targette en cuivre à pêne rond de 0.040	1	»	1.05
454	1795	288	Targette en cuivre à platine découpée automatique VF de 0.047	1	»	1.10
455	1819	289	Tringle ronde de 0.018	0.06	1.30	0.07
455	1827	290	Ajustement à tenon et mortaise	1	»	0.75
455	1833	291	Vasistas en fer raîné de 0.014	5m22	2.45	12.78
455	1834 1833	292	Vasistas en fer raîné de 0.016	1.40	3.10	4.34
455	1837	293	Fer à double rainure de 0.014	0.50	3.67	1.83
455	1838	294	Ajustement complet pour vasistas	3	5.70	17.10
455	1839	295	Double châssis en tôle en feuillure formant battement	1m44	1.95	2.80
455	1840	296	Charnière ajustée et posée sur fer	4	1.60	6.40
455	1853	297	Loqueteau en cuivre renforcé de 0.070, posé sur fer	1	»	3.25
455	1857	298	Col-de-cygne de façon, ajusté et posé sur fer	1	»	1.50
455	1860 1862	299	Coulisse-guide en fer évidé de 0m,30	2	2.30	4.60
456	1863	300	Verrou à ressort 1/4 placard de 0.19	1	»	1.15
456	1873	301	Verrou à ressort à arrêt à vis, pêne de 0.034 × 0.010, de 0.40	1	»	4.75
456	1892	302	Verrou VF 1/2 placard no 3 de 0.40	2	1.70	3.40
457	1910	303	Verrou VF automatique, boîte fonte de 0.032, de 0.60	1	»	2.65
458	1911 1958	304	Verrou à coquille en cuivre FT de 0.018, de 0.30	1	»	4.10
458	1979	305	Verrou en cuivre à cuvette de 0.060	1	»	2.30
458	1997	306	Verrou automatique VF en cuivre nickelé de 0.047	1	»	2.40
459	2007	307	Vis à bois de 0.070	3	0.139	0.41
459	2025	308	Vis à métaux de 0.010	38	0.20	7.60
464	126	309	Grillage à la main, fil de fer no 10, mailles de 0.025	0.89	4.60	4.09
467	660	310	Encadrement de grillage en fil de fer galvanisé no 25	3m20	0.40	1.28
503	39	311	Fil de fer étamé no 14	1.30	0.21	0.27
610	226	312	Châssis à tabatière déposé	2.50	0.15	0.37
610	225	313	Châssis à tabatière reposé	2.50	0.31	0.77
721	448	314	Main courante en bois déposée et reposée.	4.50	1.25	5.62
731	718	315	Jeu donné à une porte	1	»	0.41
731	720	316	Jeu donné à un châssis	1	»	0.31
Estim	ation	317	Agrafe de volet déposée	1	»	0.15
»	»	318	Arrêt déposé	3	0.10	0.30

SÉRIE PAGES	SÉRIE Nos	Numéros du tableau de classement				
Série de Paris	Ville 2153	319	Arrêt à tourniquet double, monté sur support à pointe	1	»	0.70
Estim	ation	320	Arrêt triangulaire de façon en fer, ajusté, rivé et soudé au cuivre	3	1.20	3.60
Ana 455	logie 1838	321	Assemblage sur fer à double rainure pour vasistas	2	1.43	2.86
Estim	ation	322	Bague en cuivre ajustée, alésée et posée...	12	0.15	1.80
»	»	323	Barbe au pêne ajustée à queue d'aronde et soudée au cuivre	1	»	1.00
»	»	324	Barreau de rampe déposé	5	0.20	1.00
»	»	325	Barreau de rampe reposé et réglé	5	0.25	1.25
»	»	326	Barrettes en acier pour serrure à pompe..	2	0.60	1.20
»	»	327	Bouton de tirage déposé	3	0.15	0.45
»	»	328	Bouton de tirage reposé	2	0.20	0.40
»	»	329	Bouton double déposé	1	»	0.10
»	»	330	Bouton à lentille en cuivre à tige à vis de 0.030	1	»	0.75
»	»	331	Bouton à lentille imitation ivoire de 0.030, à tige à vis	1	»	1.00
»	»	332	Broche d'arrêt pour gâche d'espagnolette..	1	»	0.20
»	»	333	Buttoir en fonte à champignon ajusté et rivé.	1	»	1.00
»	»	334	Chaîne de sûreté nickelée	1	»	5.00
»	»	335	Charnière Bommer à double action nº 33..	2	10.25	20.50
»	»	336	Châssis grillagé déposé	2	0.40	0.80
»	»	337	Clou à tête élargie, rivé	17	0.15	2.55
Ana 443	logie 1377	338	Clou d'axe ajusté, rivé pour fléau	1	»	0.35
Estim	ation	339	Contre-panneton de volet déposé	1	»	0.15
»	»	340	Coupe de fer rond de 0.018	1	»	0.10
»	»	341	Coupe de fer à moulures de 0.035	1	»	0.25
»	»	342	Doigtier en cuivre à patte en T	1	»	1.50
»	»	343	Dressage partiel de seuil en pierre dure au ciseau et pose de seuil en tôle à bain de ciment	1	»	2.50
»	»	344	Empênage dans la pierre	1	»	0.35
»	»	345	Equerre de balustrade à congé renforcé avec branche en fer 1/2 rond de $0^m,80$ de hauteur, la branche du bas cintrée sur champ.	1	»	8.85
»	»	346	Equerre de balustrade à congé renforcée avec branche en fer 1/2 rond de $1^m,00$ de hauteur, la branche du bas cintrée sur champ.	2	7.80	15.60
»	»	347	Fléau déposé	2	0.15	0.30
»	»	348	Fléau reposé	1	»	0.25
»	»	349	Paillette de renvoi montée sur équerre en cuivre	2	1.00	2.00
»	»	350	Paumelle simple reposée en place neuve..	3	0.50	1.50
Ana 442 443	logie 1334 1396	351	Paumelle simple à équerre déposée	4	0.25	1.00
442 443	1335 1397	352	Paumelle simple à équerre reposée	2	0.45	0.90
Estim	ation	353	Patte d'arrêt coudée, enlevée à même le fer raîné de 0.014	2	0.75	1.50
»	»	354	Petit bois déposé	3	0.25	0.75
»	»	355	Petit bois reposé	3	0.40	1.20
»	»	356	Petit conduit à patte de façon pour loqueteau	1	»	0.50

SÉRIE PAGES	N°s	Numéros du tableau de classement				
Estim	ation	357	Petite patte en fer ajustée à queue d'aronde, rivée et soudée au cuivre	8	0.75	6.00
»	»	358	Pilastre déposé..........................	1	»	0.40
»	»	359	Piton dérivé	1	»	0.10
»	»	360	Pivot de siège avec crapaudine déposé....	2	0.25	0.50
»	»	361	Pivot va-et-vient à bain d'huile JQ n° 2, compris ferrure du haut..................	2	21.80	43.60
»	»	362	Platine en forte tôle, percée d'un trou d'axe et de 4 trous fraisés	1	»	1.25
»	»	363	Poignée à pattes déposée	2	0.15	0.30
»	»	364	Porte dégondée	4	0.20	0.80
Ana	logie	365	Porte rengondée	4	0.25	1.00
505	60	366	Ressort à pompe en cuivre pour loqueteau.	2	0.40	0.80
Estim	ation	367	Tenon plat en fer, épaulé, rivé et soudé au cuivre...................................	4	1.00	4.00
»	»	368	Têtière de gâche encastrée sur fer........	1	»	1.25
»	»	369	Tige carrée faite exprès, avec épaulement taraudé garni d'écrou pour bouton de tirage.	1	»	1.25
»	»	370	Tige carrée faite exprès, à double épaulement taraudé, ajustée et goupillée pour bouton de tirage	2	1.00	2.00
»	»	371	Tige de rallonge faite exprès avec crochet cintré et épaulement taraudé pour chaînette.	2	1.00	2.00
»	»	372	Tige de façon en fil clair de 0.12, taraudée aux extrémités et ajustée pour loqueteau ...	1	»	0.75
»	»	373	Tige à scellement faite exprès en fer carré de 0.016, de 0.08	8	0.50	4.00
»	»	374	Tirefond de suspension Gollot n° 2, posé au plafond avec recherche du point de centre..	1	»	3.00
»	»	375	Tourillon fait exprès, épaulé, rivé et brasé pour crémone..........................	1	»	0.60
»	»	376	Trou de 0.10 de profondeur en pierre dure (taille n° 2) et scellement au ciment	8	2.28	18.24
»	»	377	Vasistas déposé	1	»	0.20

DEVIS N° 1

Maison de rapport, 104, rue de Ménilmontant, à Paris.

(Élévation et Coupe, *fig.* 503 et 504.)

Architecte, M. H. Boyer.

DEVIS DESCRIPTIF

Description sommaire.

Les travaux ont pour effet :

1° La construction d'un bâtiment de rapport, élevé en façade sur rue, composé d'un étage de caves, d'un rez-de-chaussée et de six étages carrés ;

2° D'un mur de soutènement, limitant la cour, avec perron, pour donner accès au pavillon existant au fond de la propriété.

Description détaillée des travaux.

Serrurerie.

Pans de fer. — Le pan de fer de la cage d'escalier montera jusqu'au faux plancher; les sablières de ce pan de fer seront posées dans l'épaisseur des planchers, sauf au

Fig. 503. — Façade.

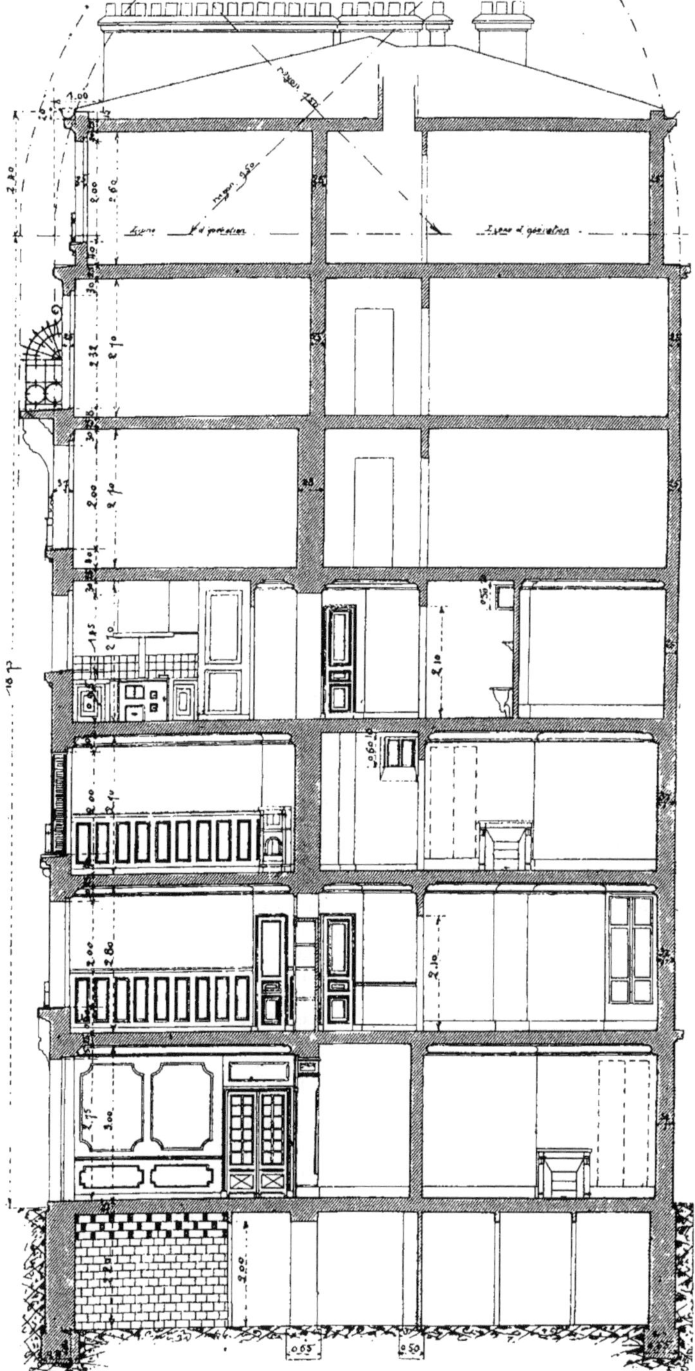

Fig. 504. — Coupe.

6me étage où la sablière sera posée sous le faux plancher.

Les sablières se composeront de 2 solives I 0.12 assemblées avec boulons et fourrures tous les mètres.

Les sablières seront interrompues au droit des poteaux A et les parties entre ces poteaux posées à mi-étage, formant linteaux aux baies de l'escalier.

Les 2 poteaux A seront composés de 2 solives I 0.12 sans âme, les 2 poteaux B se composeront chacun de 2 I 0.12 et d'une âme I 0.080.

Les pans de fer parallèles à la façade s'arrêteront sous le plancher haut du 5me étage. Les sablières de ces pans de fer se composeront de 2 solives I 0,12 et seront placées sous le plancher. Les deux poteaux C seront composés de 2 solives I 0,12 sans âme.

Planchers. — Les planchers ou faux planchers en fer sont au nombre de huit.

Tous ces planchers seront composés de fers à I des poids suivants :

I 0,08	6k,750
I 0,10	8 ,750
I 0,12	10 ,000
I 0,14	13 ,000
I 0,16	14 ,000

Le plancher haut du sous-sol ou caves sera établi pour supporter une charge de 375 kilogrammes pour mètre superficiel.

Les planchers des étages seront établis pour une charge de 300 kilogrammes.

Filets. — Sous les cloisons, les solives seront doublées et assemblées au moyen de boulons ou d'agrafes avec croisillons à l'intérieur. Ces assemblages seront espacés d'environ 1m,20.

Linteaux. — Tous les linteaux seront composés de 2 solives en fer à I assemblées avec boulons ou agrafes et croisillons.

Les linteaux en façade au 1er étage ne se composeront que d'une lame en fer carré de 0m,035 pour soulager les arcs.

Les linteaux des soupiraux seront également composés d'une seule lame, mais en fer à I 0,08.

Lorsque des baies contiguës ne seront espacées que par des trumeaux de peu de largeur, le linteau sera continu au-dessus de ces baies et d'une seule longueur.

Poitrails. — Tous les poitrails seront assemblés avec brides en fer forgé et croisillons. Les brides auront 0,040 × 0,007 et les croisillons seront en fer carré de 0,018, espacés de 1m,20.

Travail du fer. — Les sections des fers à I devront correspondre à un coefficient de 8 kilogrammes par millimètre carré.

Portées. — Les portées des poitrails, filets et linteaux seront de 30 centimètres au minimum sur chacun des appuis.

Celles des solives sur les murs de 20 centimètres.

Semelles et cales. — Il sera placé des semelles en fer plat sous les portées des poitrails, filets et linteaux.

La mise de niveau des solives sera réglée au moyen de cales en fer.

Il est interdit de se servir de cales en bois.

Planchers assemblés. — Les solives seront assemblées au moyen d'équerres et boulons, partout où besoin sera.

Entretoises. — Les entretoises seront en fer carré de 0,014 espacées environ de 1 mètre.

Fentons. — Les fentons seront en fer carré de 0,009, deux par travées.

Il n'y aura ni entretoises, ni fentons au plancher haut du sous-sol, qui sera hourdé en briques.

Linteaux en fer carré. — Partout où le besoin l'exigera, les linteaux seront en fer carré.

Minium. — Tous les fers pour les planchers des caves et les baies desdites seront imprimés au minium avant la pose.

Chaînages. — Sur chacun des murs, à partir du plancher haut du rez-de-chaussée et à chaque plancher, il sera placé des chaînes en fer de 0,045 × 0,007 avec œils pour ancres en fer carré, mentonnets, bagues et clefs de serrage. Les extrémités des poitrails seront armées de tirants en forme de V fixés avec boulons.

Chaque trumeau sera chaîné; à cet effet les filets ou solives, placés dans ces parties, seront armés de tirants.

Les chaînes seront placées sous les solives des planchers.

Celles passant au droit des baies d'escalier seront en fer rond.

Ancres. — Les ancres seront en fer carré de 0,025 et auront 0m,55 de longueur.

Ferrage du comble. — Pour le comble, il sera fourni des plates-bandes, tirants, harpons et queues de carpe nécessaires.

Le faîtage et les pannes seront ancrés.

Divers pour colonnes. — Il sera fourni des semelles, chapeaux, cales et coins forgés, pour les colonnes en fonte.

Ceintures de poteries. — Les tuyaux adossés seront munis de ceintures en fer forgé de 0,030 × 0,006, une par étage et par chaque groupe de tuyaux.

Barre de languette. — A chaque âtre, barre de languette en fer carré de 0m,025.

Fers pour hottes. — A chaque hotte de fourneau de cuisine, manteau à scellement en fer carré de 0,020, agrafe de suspension en fer de 0,035 × 0,006, pour paillasses, ceintures et armatures en fer forgé et fentons, suivant besoins.

Colliers. — NOTA. — Ne pas prévoir de colliers pour chutes, descentes et autres tuyaux. Ces parties seront fournies par un entrepreneur spécial.

Clous et rappointis. — Clous à bateaux et rappointis nécessaires pour le maçon et le menuisier.

Pattes et équerres. — Les poteaux d'huisserie en rive des murs seront ferrés de pattes à scellement droites ou coudées, les huisseries contiguës seront réunies par trois équerres ou plates-bandes, sept pattes à scellement pour chaque bâti, sept pattes à chambranle pour contre-bâti. La pose de ces dernières sera faite par le menuisier.

Tendeurs. — Pour les cloisons légères, dans la hauteur de chaque étage, deux cours de tendeurs horizontaux en fil de fer galvanisé n° 14, cordelés à deux fils, les extrémités maintenues par des pitons à vis ou à scellement.

NOTA. — La pose de ces tendeurs sera faite par le maçon.

Crochet de descente. — Pour la descente des pièces de vin, il sera fourni un crochet forgé en corne de bélier.

Soupiraux. — Chaque soupirail sera défendu par une plaque en tôle de 0,003 d'épaisseur avec ajours découpés. Celles droites seront montées sur deux cours de fer méplats coudés et à scellement; celles coudées réunies par un fer cornière, le tout rivé.

NOTA. — Les entailles sur pierre pour ces plaques seront faites par le maçon.

L'entrepreneur de serrurerie devra la pose des plaques fixées par des vis, ainsi que les trous tamponnés.

Tirefond de suspension. — Au centre des plafonds de chaque salle à manger et celui de loge, il sera fourni un tirefond de suspension à tige taraudée avec écrou et clavette de sûreté, monté sur sommier.

La retombée sera de $0^m,08$ sans comprendre l'œil.

Fers neufs. — Tous les fers employés seront neufs, parfaitement dressés, et coupes franches et nettes. Tout fer attaqué par la rouille sera refusé.

Fonte.

Colonnes. — Les colonnes seront pleines, en fonte; elles auront les diamètres fixés sur les détails.

L'entrepreneur en devra la pose.

Les colonnes seront à base ronde et chapiteau à consoles, les bases enfoncées et non apparentes au-dessus du plancher bas.

Balcons. — Les balcons en saillie, pour les croisées de la loge, des salles à manger et chambres à coucher au rez-de-chaussée et dans les étages, seront en fonte ornée, modèle du commerce, d'un poids moyen de 20 kilogrammes, montés sur châssis en fer carré de 0,020 avec main-courante en fer demi-rond de 0,040, compris ajustements, trous percés, taraudés, fraisés et vis à métaux

Les balcons des croisées d'escalier seront en tableaux et pèseront chacun environ 16 kilogrammes.

Grand balcon. — Le grand balcon du 5e étage pèsera 31 kilogrammes le mètre courant; il sera monté sur châssis en fer carré de 0,020 avec arcs-boutants à congé, main-courante fer demi-rond de 0,040, trous percés, fraisés, taraudés et vis à métaux.

Séparation, même construction avec défense.

Le choix des balcons sera laissé à l'architecte.

Chutes et descentes. — Ces parties sont fournies par un entrepreneur spécial.

Quincaillerie.

Les objets de quincaillerie seront de première qualité, les serrures et becs-de-cane de la marque FT, les serrures à foliot et les becs-de-cane seront à rondelles avec pêne à nervure et chanfrein à 32°.

Le modèle des crémones des croisées sera choisi par l'architecte; ces crémones seront marquées R.G. ou D.P.

Caves.

Portes. — Chaque porte sera ferrée de deux pentures à collet élargi de $0^m,80$ de longueur non entaillées, à chacune deux boulons, gonds à pattes pour les portes avec huisserie et à scellement pour les portes en gros murs. Deux battements à pointe pour chaque huisserie, et deux battements forgés pour les portes sans huisserie. A chaque porte, une serrure noire à bouterolle 1re qualité avec entrée et gâche plate ou à scellement.

Rez-de-chaussée et étages.

Croisées. — Chaque croisée sera ferrée de sept pattes à scellements, droites ou coudées, six paumelles doubles laminées de 0,11, huit équerres de 0,19 renforcées, une crémone de 0,018. Les croisées des cuisines seront ferrées de même, mais n'auront que cinq pattes à scellement.

Châssis de W.-C. (étages). — Lesdits à un vantail seront ferrés chacun de cinq pattes *idem*, deux paumelles, 4 équerres de 0,16 et un loqueteau Deny avec tirage en corde septain et anneau.

Porte de W.-C. (rez-de-chaussée). — La porte des W.-C. sera ferrée d'une paumelle double de 0,14, un pivot à équerre et à boules de 0,25 avec crapaudine à patte et à boule, une serrure demi-tour, deux clefs, une targette, très forte, polie. A l'extérieur, un bouton de tirage en fer de 0,055 de diamètre, monté sur platine entaillée.

Pattes pour huisseries. Pour la persienne d'imposte, quatre équerres de 0,19.

Porte de vestibule sur cour. — Elle sera ferrée de trois paumelles *idem* de 0,14, deux équerres doubles forgées, un bec-de-cane et bouton double imitation ivoire SZ, un ressort ferme-porte Courtois n° 2, un crochet pour tenir la porte ouverte avec piton et tirefond. Deux petits bois en fer à moulures de 0,030 avec pattes en T bien faites et trous de vitrage. Pattes au bâti.

Porte du vestibule (en refend). — La porte sera ferrée de cinq paumelles doubles de 0,14, quatre équerres doubles forgées, deux verrous à coquille semblables à ceux décrits à la porte de la loge, un bec-de-cane Gollot, une béquille double, manche buffle à garnitures nickelées, un buttoir à champignon. Un ressort ferme-porte Courtois n° 2 et accessoires, deux crochets pour tenir la porte ouverte.

Dix pattes à scellement ordinaires.

Porte sur vestibule (sur rue). — Pour le bâti, dix pattes à scellement de façon, six paumelles doubles à boules de 0,25, quatre équerres doubles à congé, fer de 0,030 $\times$ 0,006 entaillées et fixées avec vis, une crémone de 0,020, gâche plate en cuivre et accessoires.

Un battement à champignon en cuivre.

Deux crochets pour tenir la porte ouverte. Trous tamponnés.

Deux panneaux en fonte de chacun 20 kilogrammes. Derrière chaque panneau, un vasistas en fer raîné de 0,014 avec tous accessoires.

A l'extérieur, deux poignées dites à bâton de maréchal en cuivre, montées sur marbre, au choix de l'architecte.

Pour l'imposte quatre équerres de 0,19 vissées.

Les portes à deux vantaux sur vestibule seront ferrées chacune de six paumelles doubles de 0,14.

Portes. — Toutes les autres portes seront ferrées de trois paumelles *idem* de 0,11. La porte de la loge sera fermée par une serrure de sûreté à six gorges, clef bénarde, un bec-de-cane Gollot en fonte et béquille double en buffle à garnitures nickelées, deux verrous à coquille marqués, nouveau modèle, tout cuivre entaillés, pour porte de 0,034, gâche en cuivre, pattes pour huisserie. La porte à deux vantaux de la boutique sur vestibule sera fermée par une serrure à six gorges *idem* à foliot avec bouton double SZ.

Deux verrous FT, tige demi-ronde, boîte en fonte de 0,032 dont un de 0,40 et un de 0,60 avec conduits et gâches. Pattes à l'huisserie.

La porte de descente de cave sera ferrée de trois paumelles doubles de 0,16 et fermée par un bec-de-cane et bouton double *idem*. Pattes à l'huisserie.

Armoires. — Celles à un vantail des chambres seront ferrées chacune de trois charnières renforcées de 0,11 et d'une serrure d'armoire avec gâche.

Celles des salles à manger et des cuisines auront deux vantaux sur la hauteur; elles seront ferrées chacune de cinq charnières, et de deux serrures *idem*.

Sous chaque pierre d'évier et sous chaque paillasse, la porte sera ferrée de deux fiches chanteaux de 0,12 et d'une targette en cuivre pêne plat de 0,050.

Divers. — Pattes diverses à scellement et tendeurs, comme il est dit ci-avant dans le texte général.

Devanture. — Pour les bâtis, pattes en fer forgé de $0^m,20$ à $0^m,30$ de longueur, coudées, contre-coudées ou droites.

A la contre-face des tableaux, fourniture de plates-bandes de 0,030 $\times$ 0,006 avec vis, les dites posées par le menuisier.

Plates-bandes en équerres, au surplus à la demande.

Pattes à goujons pour les chambranles ravalés de la porte avec trous et pose.

La porte sera ferrée de 6 paumelles doubles de 0,19.

A chaque vantail de porte, deux équerres doubles de façon à congé, fer de 0,030 $\times$ 0,006 d'environ $1^m,25$ de développement.

Un bec-de-cane Gollot noir avec béquille buffle à garnitures nickelées, une serrure pêne dormant de sûreté de 0,14 avec gâche.

Deux verrous semblables à la porte de boutique sur vestibule.

A l'imposte, quatre équerres simples de 0,19 deux paumelles doubles de 0,14, deux ressorts de renvoi, un col de cygne, deux coulisses guides de $0^m,20$, deux poulies, tirage et arrêt à feuille de sauge.

Petits bois. — Petit bois en fer à moulures de 0,035 pour châssis et portes compris pattes en T bien faites et trous pour vitrage.

Châssis, chambre de loge. — Il sera ferré de cinq pattes à scellement, deux paumelles doubles de 0,11, quatre équerres de 0,16, une targette cuivre pêne plat de 0,050. A l'extérieur pour défense, trois barreaux fer rond de 0,16 à scellement.

Portes-croisées (5e étage). — Même ferrage que les croisées, deux pattes à scellement en sus.

Nota. — La pièce d'appui en fonte sera fournie et posée par le menuisier.

Jours de souffrance. — Les cinq jours de souffrance seront ferrés chacun de cinq pattes, quatre équerres de 0,16, deux paumelles doubles de 0,11, un loqueteau D.N, avec tirage. A l'extérieur, trois barreaux fer rond de 0,016 à scellement, grillage en fil de fer galvanisé, mailles de 0,015, mis en place et fixé.

Pour mémoire, prévoir les linteaux de ces baies.

Châssis de toit. — Pour les deux châssis de toit à chacun deux barreaux de défense de 0,016 fixés avec pattes sur les costières.

Pour la manœuvre, à chaque châssis corde septain de 0,007 avec arrêt à feuille de sauge de 0,12, le tout fixé et mis en place, anneau à l'extrémité du septain.

Portes palières. — Aux portes palières à chacune, trois paumelles doubles de 0,14, une serrure de sûreté à six gorges, clef benarde avec entrée et gâche, un bouton de tirage en cuivre uni de 0,060 de diamètre dont le modèle sera désigné. Pattes aux bâtis ou huisseries.

Portes intérieures. — Les portes intérieures seront ferrées chacune par trois paumelles *idem* de 0,11, celles des chambres ferrées chacune par une serrure deux pènes et bouton double *idem* SZ.

Toutes les autres portes seront ferrées chacune par un bec-de-cane de 0,11 *idem* avec rosette, gâche et bouton double semblable.

Aux becs-de-cane des W.-C., il y aura un verrou de nuit.

Nota. — Ne pas prévoir de petits bois en fer pour les portes vitrées.

Châssis des débarras. — A chacun des cinq châssis éclairant les débarras en second jour, la partie mobile sera ferrée de deux paumelles de 0,11, un loqueteau Deny avec mentonnet et tirage en corde septain et anneau.

Siège des W.-C. — Nota. — Ne rien prévoir pour ces parties, elles seront fournies par un entrepreneur spécial.

Cordon. — Etablissement d'un cordon pneumatique et sonnette d'annonce, y compris serrure et tous accessoires; le travail sera fait avec le plus grand soin, l'entrepreneur devant la garantie pendant deux années.

A l'extérieur, pour la sonnerie, un tirage ou poussoir en cuivre nickelé monté sur marbre, modèle riche à choisir.

Sonneries électriques. — A chacune des portes palières des étages, une sonnerie électrique d'annonce avec tous accessoires, façon et pose, le tout au complet; l'établissement sera fait d'après les ordres de l'architecte.

Marquise. — Au rez-de-chaussée, au-dessus du passage conduisant à la cour à gauche des W. C., fourniture, façon et pose d'une marquise en fer à T avec petits bois de 0,035, sablière faîtage et rive en cornière, le tout posé et fixé avec trous percés, fraisés, taraudés, vis à métaux, pattes rapportées, rivées, arrêts garde-verre, etc.

Armoire du compteur à gaz. — Elle sera ferrée de six pattes à scellement, deux charnières renforcées de 0,110, une serrure d'armoire de 0,070.

Escalier.

La trappe pour accès au grenier sera ferrée de huit pattes à scellement, deux paumelles de 0,11 et fermée par une serrure d'armoire avec gâche.

Pour l'échelle de service, un support en fer rond de 0,018, coudé et à scellement.

Pour la trappe de service du comble deux crochets avec pitons et tirefonds.

Escalier. — A chaque joint de la crémaillère une plate-bande d'assemblage chantournée, entaillée, fixée avec vis, fer de 0,040 × 0,007 de chacune $0^{m},50$ de longueur.

La rampe sera à pitons, barreaux fer rond de 0,018; le modèle des pitons sera choisi par l'architecte.

Un pilastre en fonte de 0,092 à la base surmonté d'une boule de rampe en cristal taillé de 0,110 de diamètre au choix de l'architecte.

En général, au surplus, l'entrepreneur devra toutes les fournitures et travaux nécessaires qui ne seraient que le complément des travaux décrits ci-avant pour terminer d'une façon entière et complète la présente entreprise.

Raccords chez les voisins. — Par suite de démolition et reconstruction d'une partie du mur de clôture et de mur mitoyen de gauche, l'entrepreneur devra tous les raccords quels qu'ils soient dans la propriété voisine, ainsi que les fournitures et mains-d'œuvre pouvant découler des travaux décrits et prévus.

Devanture et fermeture. — Nota. — Ne rien prévoir pour ces parties, elles seront fournies par un entrepreneur spécial.

Tableau de location. — Pour la location, fourniture et pose d'un tableau en tôle émaillée fond blanc, lettres noires avec inscription aux deux faces « Petits appartements à louer », y compris armature et pose.

Cloison, cuisine de loge. — Pour le montant, une équerre à balustrade à la demande, la porte ferrée de trois paumelles doubles de 0,14, fermée par un bec-de-cane et bouton double *idem*. Pattes pour poteaux.

Nota. — Cette cloison ne monte pas jusqu'au plafond. Ne pas prévoir de petits bois.

DEVIS ESTIMATIF des travaux de **SERRURERIE** à exécuter pour la construction d'une Maison de rapport à élever pour le compte de M. X..., 104, rue de Ménilmontant.

Monsieur H. Boyer, Architecte.

SAVOIR :

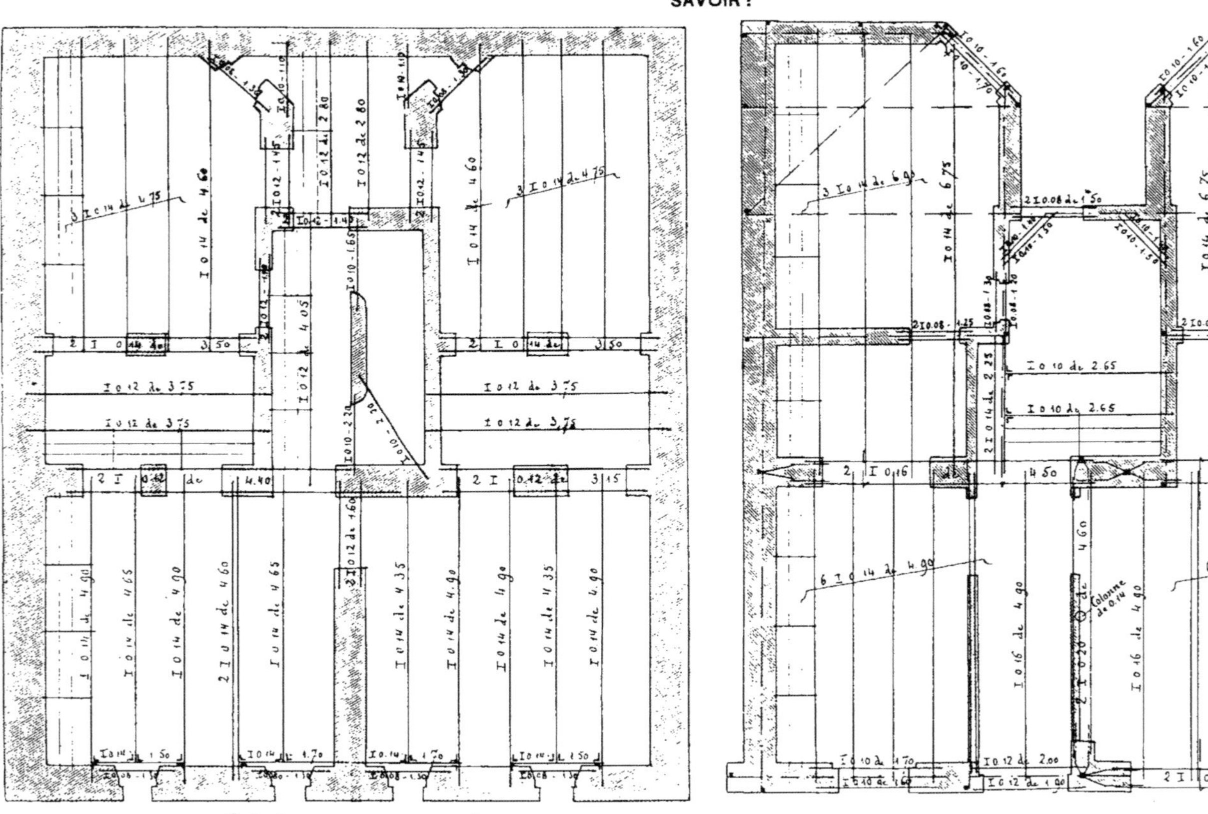

Fig. 505. — Plancher haut des caves.

Fig. 506. — Plancher haut du rez-de-chaussée.

GROS FERS ET FONTES

Planchers

SÉRIE PAGES	N°s			I 0,08	I 0.10	I 0.12	I 0.14	I 0.16	Poids		
			Caves.								
			1er PLANCHER (*fig.* 505).								
			(Contrairement à l'indication de la figure 505, il n'y a ni entretoises ni fentons au plancher des caves.)								
			Travée en façade.								
		2	Solives I 0.14 de $4^{m}20 + 0^{m}40 = 4^{m}60$....	»	»	»	$9^{m},20$				
		2	— 4.15 + 0.20 = 4.35....	»	»	»	8 ,70				
		5	— 4.20 + 0.70 = 4.90....	»	»	»	24 ,50				
		2	— 4.15 + 0.50 = 4.65....	»	»	»	9 ,30				
		2	— 1.50 + 0.20 = 1.70....	»	»	»	3 ,40				
		2	— 1.50....................	»	»	»	$3^{m},00$				
		20	Equerres et boulons pour I 0.14 à $1^{k},000$..	»	»	»	»	»	$20^{k},000$		
		5	Boulons pour solive jumelle à $0^{k},300$.......						1 ,500		
			Travées du milieu.								
		4	Solives I 0.12 de $3^{m}35 + 0^{m}40 = 3^{m}75$.....	»	»	$15^{m},00$					
			Travée de l'escalier.								
		1	Solive I 0.12 de $3^{m}65 + 0^{m}40 = 4^{m}05$....	»	»	$4^{m},05$					
		2	— I 0.10 de 1.80 + 0.40 = 2.20....	»	$4^{m},40$						
		1	— 1.25 + 0.40 = 1.65....	»	$1^{m},65$						
			Travées du fond en ailes.								
		6	Solives I 0.14 de $4^{m}35 + 0^{m}40 = 4^{m}75$....	»	»	»	$28^{m},50$				
		2	— 4.20 + 0.40 = 4.60....	»	»	»	9 ,20				
			Travée sur cour.								
		2	Solives I 0.12 de $2^{m}40 + 0^{m}40 = 2^{m}80$....	»	»	$5^{m},60$					
		2	— I 0.10 de 0.70 + 0.40 = 1.10....	»	$2^{m},20$						
			Soupiraux.								
		6	Linteaux I 0.08 de $0^{m}80 + 0^{m}50 = 1^{m}30$...	$7^{m},80$							
			A reporter..................	$7^{m},80$	$8^{m},25$	$24^{m},65$	$95^{m},80$	»	$21^{k},500$		

SÉRIE PAGES	Nos			I 0,08	I 0,10	I 0,12	I 0,14	I 0,16	Poids		
			Report	7m,80	8,m25	24m,65	95m,80		21k,500		
			Rez-de-Chaussée.								
			2e PLANCHER (*fig.* 506).								
			Travée en façade.								
		6	Solives I 0.14 de $4^m30 + 0^m60 = 4^m90$	»	»	»	29 ,40				
		6	— $4.30 + 0.80 = 5.10$	»	»	»	30 ,60				
		2	— I 0.16 de $4.30 + 0.60 = 4.90$	»	»	»	»	9m,80			
		10	Boulons pour solives jumelles à 0k,300						3k,000		
			Travées du fond en ailes.								
		6	Solives I 0.14 de $6^m50 + 0^m40 = 6^m90$	»	»	»	41m,40				
		2	— $6.35 + 0.40 = 6.75$	»	»	»	13 ,50				
			Travée d'escalier.								
		2	Solives I 0.10 de $2^m45 + 0^m20 = 2^m65$	»	5m,30						
		4	Equerres et boulons pour I de 0.10 à 0k,550.	»	»	»	»	»	2k,200		
		8	Tirants et harpons (compris boulons) à 2kg.	»	»	»	»	»	16 ,000		
			1er Etage.								
			3e PLANCHER (*fig.* 507).								
			Travée en façade.								
		12	Solives I 0.14 de $4^m40 + 0^m40 = 4^m80$	»	»	»	57m,60				
		2	— I 0.16 de $4.40 + 0.40 = 4.80$	»	»	»	»	9m,60			
		10	Boulons pour solives jumelles à 0k,300						3k,000		
			Travées du fond en ailes.								
		6	Solives I 0.14 de $6^m50 + 0^m40 = 6^m90$	»	»	»	41m,40				
		2	— $6.40 + 0.40 = 6.80$	»	»	»	13 ,60				
			Travée d'escalier.								
		2	Solives I 0.10 de 2m,45	»	4m,90						
		8	Equerres et boulons pour I 0.10 à 0.550	»	»	»	»	»	4k,400		
		12	Tirants et harpons, compris boulons à 2kg	»	»	»	»	»	24 ,000		

	2e, 3e et 4e Étages.						
	4e, 5e et 6e Planchers.						
	En tout semblables au précédent, soit :						
	Solives I 0.10 = 4m90 × 3	»	14m,70				
	— 0.14 = 112.60 × 3		»	»	337m,80		
	— 0.16 = 9.60 × 3		»	»	»	28m,80	
	Divers : 31k,400 × 3	»	»	»	»	»	94k,200
	5e Etage.						
	7e PLANCHER.						
	Travée en façade.						
12	Solives I 0.14 de 4m65 + 0m40 = 5m05	»	»	»	60m,60		
2	— 0.16 de 4.65 + 0.40 = 5.05	»	»	»	»	10m,10	
10	Boulons pour solives jumelles à 0k,300						3k,000
	Travées du fond en ailes.						
6	Solives I 0.14 de 6m50 + 0m40 = 6m90	»	»	»	41m,40	»	
2	— 6.40 + 0.40 = 6.80	»	»	»	13 ,60	»	
	Travée d'escalier.						
2	Solives I 0.10 de 2m,45	»	4m.90				
8	Equerres et boulons pour I de 0.10 à 0k,550	»	»	»	»		4k,400
12	Tirants et harpons *idem* à 2k,000	»	»	»	»		24 ,000
	6e Etage.						
	FAUX PLANCHER (*fig.* 508).						
	Travée en façade.						
12	Solives I 0.12 de 4m35 + 0m40 = 4m75	»	»	57m,00			
	Travées du fond.						
4	Solives I 0.12 de 3m50 + 0m35 = 3m85	»	»	15m,40			
2	— — de 3.30 + 0.40 = 3.70	»	»	7 ,40			
4	— 0.10 de 2.35 + 0.15 = 2.50	»	10m,00				
	A reporter	7m,80	48m,05	104m,45	776m,70	58m,30	199k,700

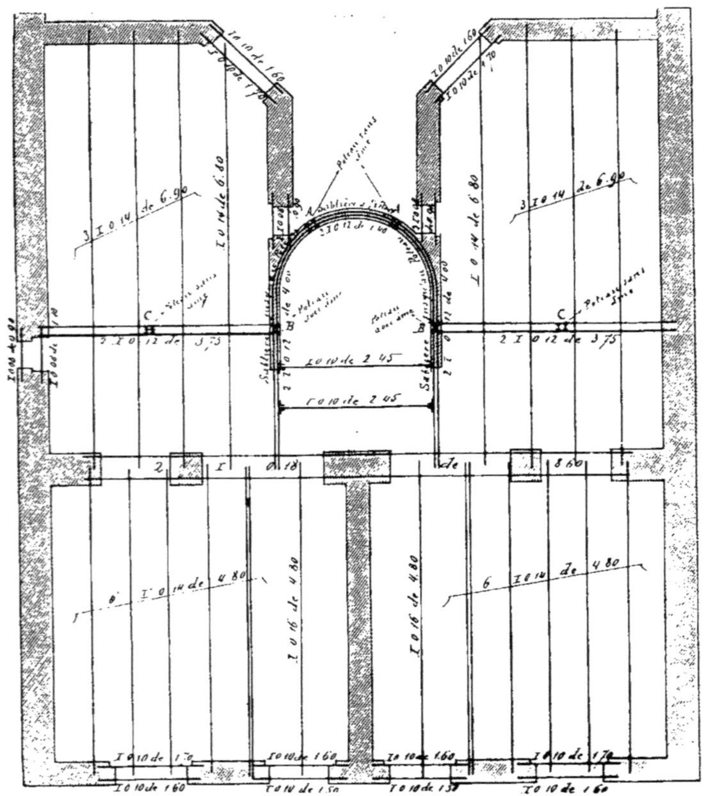

Fig. 307. — Plancher haut des étages.

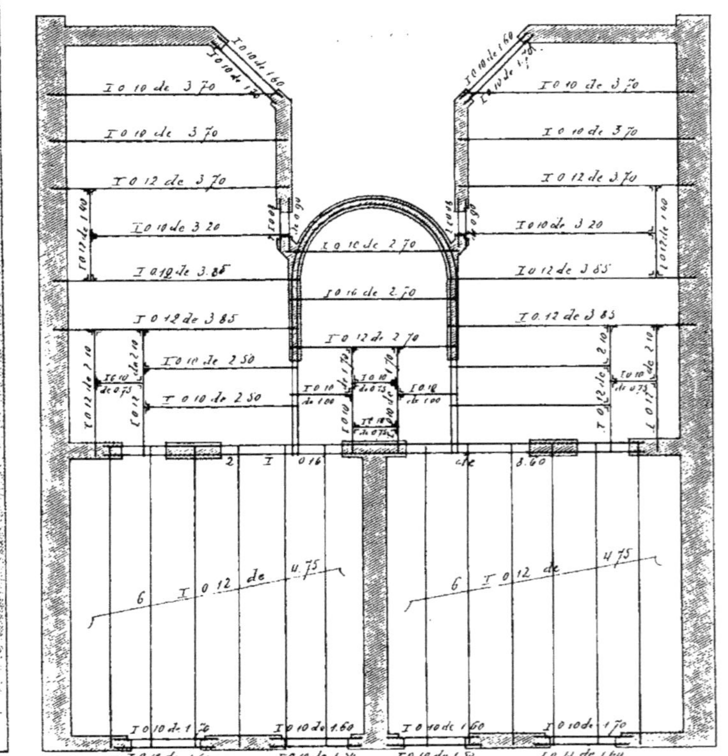

Fig. 308. — Plancher haut du 6ᵉ étage.

SÉRIE PAGES	SÉRIE N^os			I 0,08	I 0,10	I 0,12	I 0,14	I 0,16	Poids		
			Report	7m,80	48m,05	104m,45	776m,70	58m,30	199k,700		
		4	Solives I 0.10 de 3.30 + 0.40 = 3.70	»	14m,80						
		2	— — de 3.00 + 0.20 = 3.20	»	6 ,40						
		4	— 0.12 de 1.90 + 0.20 = 2.10	»	»	8m,40					
		2	— — de 1.40	»	»	2 ,80					
		2	— 0.10 de 0.75	»	1m,50						
		16	Equerres et boulons pour I 0.12 à 0.800 ...	»	»	»	»	»	12k,800		
		20	— — — 0.10 à 0 550 ...	»	»	»	»	»	11 ,000		
			Travée de l'escalier.								
		1	Solive I 0.12 de 2m40 + 0m30 = 2m70	»	»	2m,70					
		2	Solives I 0.10 de 2.40 + 0.30 = 2.70		5m,40						
		2	— 1.50 + 0.20 = 1.70		3 ,40						
		2	— 0.85 + 0.15 = 1.00		2 ,00						
		2	— 0.75		1 ,50						
		16	Equerres et boulons pour I 0.10 à 0k,550 ..						8k,800		
		16	Tirants et harpons *idem* à 2k,000						32 ,000		
			Ensemble	7m,80	83m,05	118m,35	776m,70	58m,50			
			Soit :								
			I 0.08 = 7m.80 à 6k.750 le mètre						52k,700		
			I 0.10 = 83 .05 à 8 .750 —						726 ,700		
			I 0.12 = 118 .35 à 10 .000 —						1183 ,500		
			I 0.14 = 776 .70 à 13 .000 —						10 097 ,100		
			I 0.16 = 58 .30 à 14 .000 —						816 ,200		
	81										
406	83										
407	89		Ensemble						13 140k,500	0,29 (1)	3 810f,75

1. Prix moyen pour plancher ordinaire, plancher assemblé et solives jumelles confondus.

FILETS	I 0,08	I 0.10	I 0,12	I 0.14	I 0.16	I 0,18	I 0.20	I 0,22	POIDS
Caves (*fig.* 505).									
1 filet 2 Solives I 0.12 de 3m90 + 0.50 = 4.40...	»	»	8.80	»	»	»	»	»	
1 » 2 » » 2.65 + 0.50 = 3.15...	»	»	6.30	»	»	»	»	»	
2 » 4 » 0.14 » 3.00 + 0.50 = 3.50...	»	»	»	14.00	»	»	»	»	
1 » 2 » 0.12 » 1.10 + 0.50 = 1.60...	»	»	3.20	»	»	»	»	»	
2 » 4 » » 0.95 + 0.50 = 1.45...	»	»	5.80	»	»	»	»	»	
2 » 4 » » 0.90 + 0.50 = 1.40...	»	»	5.60	«	»	»	»	»	
Rez-de-Chaussée (*fig.* 506).									
1 filet 2 Solives I 0.22 de 3m90 + 0.60 = 4.50...	»	»	»	»	»	»	»	9m00	
1 » 2 » 0.20 » 4.00 + 0.60 = 4.60...	»	»	»	»	»	»	9.20	»	
1 » 2 » 0.18 » 3.15 + 0.60 = 3.75...	»	»	»	»	»	7.50	»	»	
1 » 2 » 0.16 » 3.90 + 0.60 = 4.50...	»	»	»	»	9.00	»	»	»	
1 » 2 » 0.14 » 1.75 + 0.50 = 2.25...	»	»	»	4.50	»	»	»	»	
1 » { 1 » 0.10 » 1.10 + 0.50 = 1.60...	»	1.60	»	»	»	»	»	»	
{ 1 » 0.10 » 1.20 + 0.50 = 1.70...	»	1.70	»	»	»	»	»	»	
1 » { 1 » 0.12 » 1.40 + 0.50 = 1.90...	»	»	1.90	»	»	»	»	»	
{ 1 » 0.12 » 1.50 + 0.50 = 2.00...	»	»	2.00	»	»	»	»	»	
2 » 4 » 0.08 » 0.75 + 0.50 = 1.25...	5.00	»	»	»	»	»	»	»	
1 » { 1 » 0.08 » 0.70 + 0.50 = 1.20...	1.20	»	»	»	»	»	»	»	
{ 1 » 0.08 » 0.80 + 0.50 = 1.30...	1.30	»	»	»	»	»	»	»	
2 » { 2 » 0.10 » 0.90 + 0.50 = 1.40...	»	2.80	»	»	»	»	»	»	
{ 2 » 0.10 » 1.00 + 0.50 = 1.50...	»	3.00	»	»	»	»	»	»	
2 » { 2 » 0.10 » 1.10 + 0.50 = 1.60...	»	3.20	»	»	»	»	»	»	
{ 2 » 0.10 » 1.20 + 0.50 = 1.70...	»	3.40	»	»	»	»	»	»	
1 » 2 » 0.08 » 1.00 + 0.50 = 1.50...	3.00	»	»	»	»	»	»	»	
1er Etage (*fig.* 507).									
1 filet 2 Solives I 0.18 de 8m10 + 0.50 = 8.60...	»	»	»	»	»	17.20	»	»	
1 » { 1 » 0.08 » 0.40 + 0.50 = 0.90...	0.90	»	»	»	»	»	»	»	
{ 1 » 0.08 » 0.60 + 0.50 = 1.10...	1.10	»	»	»	»	»	»	»	
2 » 4 » 0.08 » 0.40 + 0.50 = 0.90...	3.60	»	»	»	»	»	»	»	
2 » { 2 » 0.10 » 1.10 + 0.50 = 1.60...	»	3.20	»	»	»	»	»	»	
{ 2 » 0.10 » 1.20 + 0.50 = 1.70..	»	3.40	»	»	»	»	»	»	

2e Etage.									
4 filets { 4 Solives I 0.10 de 1m10 + 0.50 = 1.60...	»	6.40	»	»	»	»	»	»	
{ 4 » 0.10 » 1.20 + 0.50 = 1.70...	»	6.80	»	»	»	»	»	»	
2 » { 2 » 0.10 » 1.00 + 0.50 = 1.50...	»	3.00	»	»	»	»	»	»	
{ 2 » 0.10 » 1.10 + 0.50 = 1.60...	»	3.20	»	»	»	»	»	»	
1 » 2 » 0.18 » 8.10 + 0.50 = 8.60...	»	»	»	»	»	17.20	»	»	
1 » { 1 » 0.08 » 0.40 + 0.50 = 0.90...	0.90	»	»	»	»	»	»	»	
{ 1 » 0.08 » 0.60 + 0.50 = 1.10...	1.10	»	»	»	»	»	»	»	
2 » 4 » 0,08 » 0.40 + 0.50 = 0.90...	3.60	»	»	»	»	»	»	»	
3e, 4e et 5e Etages.									
Semblables aux précédents, soit :									
I 0.08 = 5m,60 × 3................	16.80	»	»	»	»	»	»	»	
I 0.10 = 19m,40 × 3................	»	58.20	»	»	»	»	»	»	
I 0.18 = 17m,20 × 3................	»	»	»	»	»	51.60	»	»	
Sous les murs d'attique.									
1 filet 2 Solives I 0.10 de 9m65 + 0.50 = 10.15...	»	20.30	»	»	»	»	»	»	
2 » 4 » 0.10 » 3.00................	»	12.00	»	»	»	»	»	»	
2 » 4 » 0.10 » 2.35................	»	9.40	»	»	»	»	»	»	
2 » 4 » 0.16 » 4.00................	»	»	»	»	16.00	»	»	»	
6e Etage (*fig.* 508).									
4 filets { 4 Solives I 0.10 de 1m10 + 0.50 = 1.60...	»	6.40	»	»	»	»	»	»	
{ 4 » 0.10 de 1,20 + 0.50 = 1.70...	»	6.80	»	»	»	»	»	»	
2 » { 2 » 0.10 » 1.00 + 0.50 = 1.50...	»	3.00	»	»	»	»	»	»	
{ 2 » 0.10 » 1.10 + 0.50 = 1,60...	»	3.20	»	»	»	»	»	»	
1 » 2 » 0.16 » 8.10 + 0.50 = 8.60...	»	»	»	»	17.20	»	»	»	
2 » 4 » 0.08 » 0.40 + 0.50 = 0.90...	3.60	»	»	»	»	»	»	»	
Ensemble........................	42m10	161m00	33m60	18m50	42m20	93m50	9m20	9m00	
Soit :									
I 0.08 = 42m10 à 6k750 le mètre........									284k200
I 0.10 = 161.00 à 8.750 »									1 408.700
I 0.12 = 33.60 à 10.000 »									336.000
I 0.14 = 18.50 à 13.000 »									240.500
I 0.16 = 42.20 à 14.000 »									590.800
I 0.18 = 93.50 à 18.500 »									1 729.800
I 0.20 = 9.20 à 21.500 »									197.800
I 0.22 = 9.00 à 23.500 »									211.500
A reporter........									4 999k300

SÉRIE PAGES	SÉRIE Nos				
		Report	4 999ᵏ300		
		20 armatures en V pour grands filets, à 3ᵏ,500	70.000		
		52 brides et croisillons pour grands filets, à 4ᵏ,000	208.000		
		177 boulons et croisillons pour linteaux, à 2ᵏ,000	354.000		
407	90	Ensemble	5 631ᵏ300	0.33	1 858.33
		Pans de fer			
		Pan de fer de la cage d'escalier.			
		Au départ :			
		4 semelles en fer de 0.140 × 0.011 de chacune 0.50 de longueur, ensemble 2ᵐ,00, à 12ᵏ,000 le mètre	24ᵏ000		
		12 sablières avec parties circulaires, 24 solives I 0.12 de 4ᵐ,00, ensemble ... 48ᵐ00			
		6 sablières circulaires entre poteaux, 12 solives I de 0.12 de 1ᵐ,40 réduit, ensemble ... 8.40			
		Ensemble ... 56ᵐ40			
		à 10ᵏ,000 le mètre	564.000		
		60 boulons et fourrures à 0ᵏ,500	30.000		
		48 équerres et boulons pour I 0.12, à 0.800.	38.400		
		12 tirants et boulons à 2ᵏ,000	24.000		
		4 poteaux, 8 solives I 0.12 de 16ᵐ,98, ensemble 135ᵐ,84, à 10ᵏ,000 le mètre	1 358.400		
		Pour les poteaux B, 2 âmes I 0.08 de 17ᵐ,70, ensemble 35.40, à 6ᵏ,750 le mètre	239.000		
		16 équerres et boulons pour I 0.12, à 0ᵏ,800.	12.800		
		72 boulons et fourrures pour poteaux sans âmes, à 0ᵏ,500	36.000		
		72 boulons pour poteaux avec âmes, à 0ᵏ,300	21.600		
		16 éclisses et boulons pour âmes, à 2ᵏ,000.	32.000		
		Pans de fer parallèles à la façade.			
		10 sablières, 20 solives I 0.12 de 3ᵐ,75, ensemble 75ᵐ,00, à 10ᵏ,000	750.000		
		30 boulons et fourrures à 0ᵏ,500	15.000		
		20 tirants et boulons à 2ᵏ,000	40.000		
		2 poteaux, 4 solives I 0.12 de 14ᵐ,25, ensemble 57ᵐ,00, à 10ᵏ,000 le mètre	570.000		
		40 équerres et boulons à 0ᵏ,800	32.000		
		60 boulons et fourrures à 0ᵏ,500	30.000		
407	85	Ensemble	3 817ᵏ200	0.43	1 641.40
		Fentons de 0.009			
		(2 PAR TRAVÉES)			
		1er *Plancher.*			
		Le 1er plancher étant hourdé en briques, il n'est pas dû de fentons.			

SÉRIE PAGES	N^{os}					
		2e Plancher.				
		28 fentons de $4^{m}50$ ..... $126^{m}00$				
		16 — 6.70...... 107.20				
		4 — 6.50...... 26.00				
		4 — 2.55...... 10.20				
		Ensemble................	$269^{m}40$			
		3e Plancher.				
		28 fentons de $4^{m}60$ ..... $128^{m}80$				
		16 — 6.70...... 107.20				
		4 — 6.50...... 26 00				
		4 — 2.45...... 9.80				
		Ensemble................	271.80			
		4e, 5e et 6e Planchers semblables.				
		Soit 3 fois 271.80...............	815.40			
		7e Plancher.				
		28 fentons de $4^{m}85$ ..... $135^{m}80$				
		16 — 6.70...... 107.20				
		4 — 6.50...... 26.00				
		4 — 2.45...... 9.80				
		Ensemble................	278.80			
		Faux-plancher.				
		28 fentons de $4^{m}55$ .... $127^{m}40$				
		12 — 2.40..... 28.80				
		4 — 3.65..... 14.60				
		4 — 3.30..... 13.20				
		4 — 3.10..... 12.40				
		8 — 3.50..... 28.00				
		4 — 3.00^{R} ... 12.00				
		4 — 1.00..... 4.00				
		12 — 0.90..... 10.80				
		4 — 0.75..... 3.00				
		4 — 2.50..... 10.00				
		2 — 2.00^{R} ... 8.00				
		Ensemble................	272.20			
		Ensemble................	$1907^{m}60$			
406	72	à 0.631 le mètre...........................		$1\ 203^{k}700$	0.20	240.74
		Gros fers coupés.				
		27 linteaux de cheminées en fer carré de 0.020, de 1.00 de longueur, ensemble $27^{m},00$, à $3^{k},120$.........	$84^{k}200$			
		Pour les 4 baies en façade au 1er étage, 4 linteaux en fer carré de 0.035, dont 2 de 1.70 et 2 de 1.60 de longueur, ensemble 6.60, à $9^{k},555$.	63.000			
		265 ancres en fer carré de 0.025, de 0.55 de longueur, ensemble $145^{m},75$, à $4^{k},875$ le mètre.........	710.500			
		Cales et semelles...............	150.000			
406	73	Ensemble........................		1 007.700	0.24	241.85

SÉRIE PAGES	SÉRIE Nos					
		Gros fers coudés.				
		Entretoises en fer carré de 0.014.				
		1er plancher (il n'y en a pas).				
		2e plancher		84		
		3e, 4e, 5e, 6e et 7e planchers, semblables au 2e plancher, soit 5 fois 84..		420		
		Faux plancher		81		
		Ensemble....................		585		
		à 1k,700 l'une		994k500		
		Chaînage en fer méplat de 0.045 × 0.007.				
		Rez-de-chaussée.				
		En façade, 1 cours de...	5m00			
		Murs de refend parallèles à droite et à gauche de l'escalier.				
		2 cours de chacun 4m,00..	8.00			
		Mur de l'escalier sur cour et en prolongement à droite et à gauche.				
		1 cours de............	10.50			
		Murs de refend perpendiculaires.				
		2 cours de 6.25.........	12.50			
		Pans coupés.				
		2 cours de chacun 2m,00..	4.00			
		2 diagonales de chacune 4m,50, ensemble..........	9.00			
		Murs en façade sur cour.				
		2 cours de chacun 3m,40..	6.80			
		Murs mitoyens.				
		2 cours de 12.25........	24.50			
		1er étage.				
		En façade, 1 cours de ..	10.50			
		Mur de refend perpendiculaire.				
		1 cours de............	5.25			
		Murs à droite et à gauche de l'escalier.				
		2 cours de chacun 6m20..	12.40			
		Pans coupés et murs sur cour en suivant.				
		2 cours de chacun 2m00.	4.00			
		2 — 3.25.	6.50			
		4 — 4.25.	17.00			
		Murs mitoyens.				
		2 cours de 12.25........	24.50			
		A reporter	160.45	994k500		

SÉRIE PAGES	N°s					
		Report........... 160.45 994k500				
		2e, 3e, 4e et 5e étages, semblables au 1er étage.				
		4 fois 80.15, ensemble.. 320.60				
		6e étage.				
		En façade, 1 cours de... 10.50				
		Mur de refend perpendiculaire.				
		1 cours de............. 4.75				
		Murs à droite et à gauche de l'escalier.				
		2 cours de 5.75......... 11.50				
		Pans coupés et murs sur cour en suivant.				
		2 cours de chacun 1.90. 3.80				
		2 — 2.90. 5.80				
		2 diagonales de 4.00. 8.00				
		Murs mitoyens.				
		2 cours de 11.60........ 23.20				
		Ensemble........ 548m90				
		1/7 en plus pour œils, bagues et talons.......... 78.40				
		Ensemble........ 627m30				
		à 2k,454 .... 1539k400				
		13 armatures de hottes pour fourneaux de cuisine, à 15k,000... 195.000				
		Ceintures pour tuyaux de cheminées........................... 30.000				
		Ferrage du comble.............. 50.000				
406	75	Ensemble..........................	2 808k900	0.32	898.85
413	246	*Clous à bateaux* (0k,420 par étage et par mètre superficiel)........................	350.000	0.49	171.50
413	251	*Rappointis* (0k,200 par étage et par mètre superficiel)............................	165.000	0.34	56.10
		Fontes.			
414	267	3 colonnes en fonte pleine de 0.14 de diamètre avec chapiteau à consoles de 3m,00 de longueur, pesant..........................	1 120.000	0.18	201.60
414	281	Pose desdites..........................	1 120.000	0.02	22.40
		Balcons.			
411	170	25 balcons saillants en fonte, modèle du commerce, montés sur châssis en fer carré de 0.020, pesant 33k,000 l'un..............	825.000	1.13	932.25
Estimation		35m,00 de main-courante en fer 1/2 rond de 0.040 × 0.007, compris ajustements, trous et vis à métaux.........................	35m00	3.00	105.00
		1 grand balcon en fonte, modèle du commerce, monté sur châssis en fer carré de 0.020, avec arcs-boutants en fer de 0.040 × 0.020, développant 10m,60, compris les			

SÉRIE PAGES	SÉRIE Nos				
411	168	2 retours et la séparation, pesant 43k,000 le mètre, ensemble........................	456k000	0.90	410.40
Estim	ation	10m,00 de main-courante en fer 1/2 rond de 0.040 × 0.007 compris ajustements, trous et vis à métaux..........................	10m00	3.00	30.00
»	»	1 herse de séparation en fonte............	1	»	25.00
413	253	6 balcons en tableau en fonte, modèle du commerce, pesant 16k,000 l'un, ensemble ...	96k000	0.34	32.64
		Nota. — Les tuyaux de chûte et de descente en fonte ne sont pas dus par le serrurier.			
414	287	Impression au minium du plancher et des linteaux des caves, pesant	2 161.300	0.01	21.61

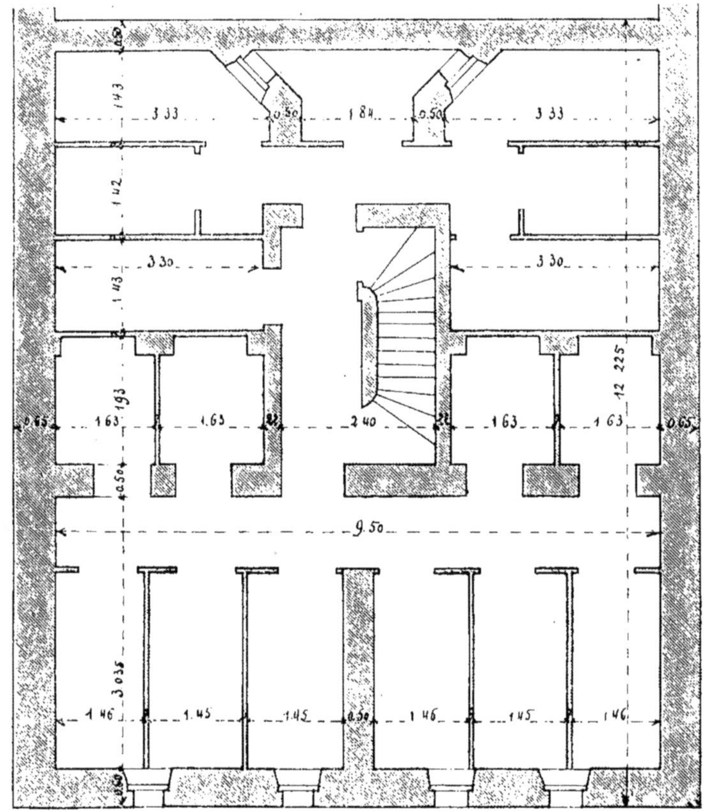

Fig. 509. — Plan des caves.

SÉRIE PAGES	SÉRIE N°s	Numéros du tableau de classement					
			Quincaillerie.				
			Caves (*fig.* 509).				
			13 *portes de cave.*				
			Détail d'une :				
436	1105	2	Pentures ordinaires de 0^m,80....	2	2.60	5.20	
419	437	4	Boulons à tête ronde et collet carré.	4	0.25	1.00	
429	809	2	Gonds à patte..................	2	1.20	2.40	
447	1548	1	Serrure pêne dormant, noire, 1re qualité de 0^m,14..................	1	»	4.20	
428	791	1	Gâche à pattes.................	1	»	1.10	
416	324	2	Battements à pointe...........	2	0.10	0.20	
			Ensemble...............				14.10
			12 autres portes semblables.....	12	14.10	»	169.20
			5 *autres portes.*				
			Détail d'une :				
436	1105	2	Pentures *idem* de 0.80..........	2	2.60	5.20	
419	437	4	Boulons *idem*.................	4	0.25	1.00	
429	807	2	Gonds à scellement............	2	0.75	1.50	
447	1548	1	Serrure pêne dormant 1re qualité de 0.14..........................	1	»	4.20	
428	791	1	Gâche à scellement........	1	»	1.10	
416	326	2	Battements à scellement faits exprès..........................	2	0.55	1.10	
			Ensemble...............				14.10
			Les 4 autres portes semblables..	4	14.10	»	56.40
			Armoire du compteur.				
431	883	6	Pattes à scellement de 0.14.....	6	0.25	1.50	
422	546	2	Charnières en fer renforcées de 0.11..........................	2	0.50	1.00	
447	1546	1	Serrure polie à canon 1re qualité de 0.070........................	1	»	3.10	
			Ensemble...............				5.60
Estim	ation	6	Plaques de soupiraux en tôle de 0.003, ajourées..................	6	6.00	»	36.00
»	»	1	Crochet de descente des fûts, enroulé en corne de bélier d'un bout et à scellement fendu de l'autre...	1	»	»	5.00
			Rez-de-Chaussée (*fig.* 510).				
			Porte du vestibule sur rue.				
431	886	10	Pattes à scellement faites exprès.	10	0.60	6.00	
433	965	6	Paumelles doubles à boules, broche bague fer de 0.25..........	6	2.75	16.50	
Estim	ation	4	Equerres doubles forgées.......	4	6.70	26.80	
425	665	1	Crémone RG de 0.020, de 2^m,80..	1	»	4.41	
425	665	1	Coulisseau en plus.............	1	»	0.15	
Estim	ation	1	Gâche platine en cuivre, posée avec vis tamponnées.............	1	»	1.75	
Estim	ation	1	Buttoir à champignon en cuivre, rivé sur la gâche..............	1	»	1.50	
»	»	2	Poignées en cuivre à bâton de maréchal sur marbre............	2	15.00	30.00	
425	685	2	Crochets ronds garnis..........	2	0.35	0.70	
			A reporter..............			87.81	

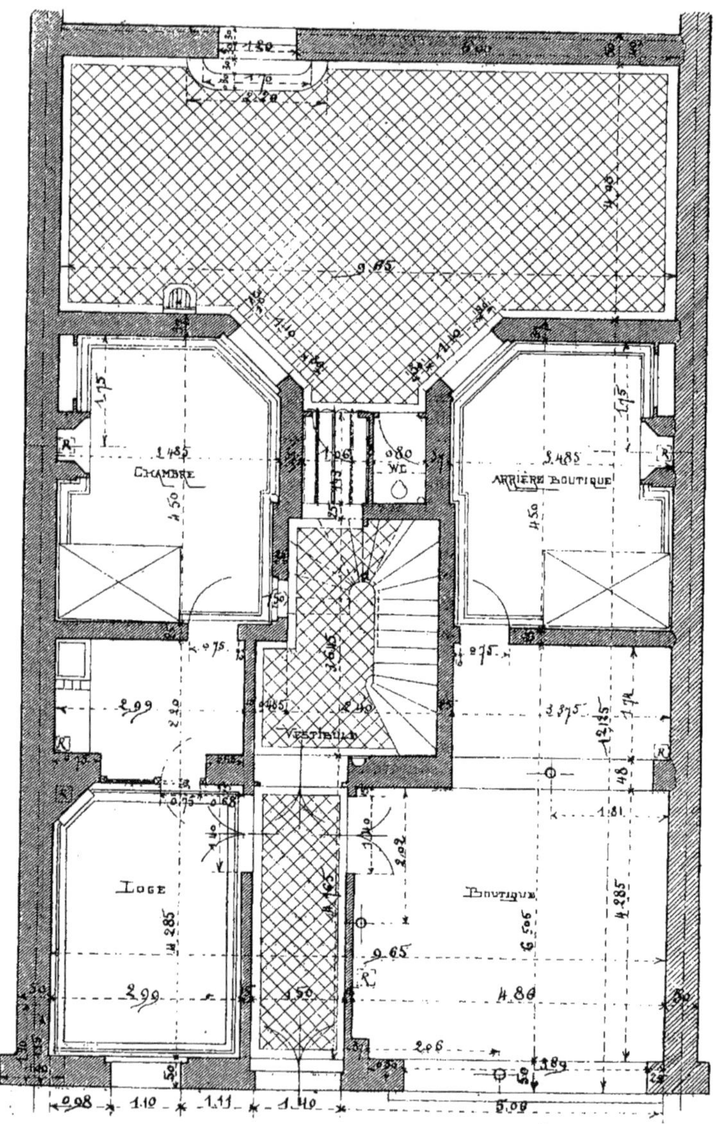

Fig. 510. — Plan du rez-de-chaussée.

SÉRIE PAGES	N°s						
			Report..................			87.81	
414	273	2	Panneaux en fonte, modèle du commerce, pesant 20k,000 l'un, ensemble.	40k000	0.67	26.80	
Estim	ation	2	Vasistas en fer raîné de 0.014, avec fiches et loqueteau	2	21.60	43.20	
			Ensemble...............				157.81
			(La serrure comptée au cordon.)				
			Imposte.				
426	701-703	4	Equerres simples de 0.19 avec vis tournées	4	0.30	»	1.20
			Porte du vestibule.				
435	1047	6	Paumelles doubles laminées de 0.14...........................	6	0.95	5.70	
Estim	ation	4	Equerres doubles forgées	4	6.50	26.00	
458 458	1958 1964 1959	2	Verrous à coquille nouveau modèle, à bascule à levier FT de 0.020 dont 1 de 0.40 et un de 0.60, valeur pour 0.30 .... Tige en plus	2 0m40	5.40 3.00	10.80 1.20	
428	778-789	2	Gâches platines en cuivre.......	2	0.80	1.60	
418	377-381	1	Bec-de-cane Gollot de 0.060, nickelé...........................	1	»	9.65	
418	396	1	Béquille double manche buffle à garnitures nickelées.............	1	»	5.65	
Estim	ation	1	Buttoir à champignon en cuivre à scellement......................	1	»	1.50	
427	753	1	Ferme-porte Courtois n° 2.......	1	»	12.75	
425	685	2	Crochets ronds garnis	2	0.35	0.70	
			Ensemble...............				75.55
			Porte du vestibule sur cour.				
435	1047	3	Paumelles doubles laminées de 0.14...........................	3	0.95	2.85	
Estim	ation	2	Equerres doubles forgées	2	6.50	13.00	
416	332	1	Bec-de-cane 1re qualité de 0.11..	1	»	2.80	
420	477	1	Bouton double imitation ivoire, ovale SZ de 0.060................	1	»	1.65	
437	1154	2	Petits bois en fer à moulures de 0.30, de 1.25 de longueur, ensemble.	2m50	1.85	4.62	
438	1164	4	Pattes bien faites formant T....	4	1.55	6.20	
427	753	1	Ferme-porte Courtois n° 2	1	»	12.75	
437	1150	6	Trous de vitrage	6	0.05	0.30	
425	685	1	Crochet rond garni............	1	0.35	0.70	
			Ensemble...............				44.87
			Porte des W.-C. communs.				
435	1047	1	Paumelle double laminée de 0.14..	1	»	0.95	
439	1023	1	Pivot à équerre et à boule de 0.25.	1	»	3.10	
439	1215	1	Crapaudine à patte et à boule ...	1	»	1.85	
446	1506	1	Serrure 1/2 tour de 0.11	1	»	2.95	
446	1507	1	Clef en plus....................	1	»	0.90	
421	511-513	1	Bouton de tirage en fer tourné de 0.055 sur platine..............	1	»	1.45	
454	1759	1	Targette fer à piédouche de 0.060.	1	»	1.80	
			Imposte.				
426	701-703	4	Equerres de 0.19 avec vis tournées.	4	0.30	1.20	
			Ensemble...............				14.20

SÉRIE PAGES	Nos						
			Marquise.				
»	»		Au-dessus de la porte du vestibule sur cour une petite marquise de 1.50 × 1.06 en fer à vitrage de 0.035, composée d'un faîtage, une sablière, petits bois, cornières de rives et pattes à scellement, évaluée.......	1	»	»	40.00
			Porte de descente de cave.				
435	1048	3	Paumelles doubles laminées de 0.16...........................	3	1.10	3.30	
416	332	1	Bec-de-cane 1re qualité de 0.11..	1	»	2.80	
420	477	1	Bouton double imitation ivoire SZ de 0.060........................	1	»	1.65	
			Ensemble................				7.75
			Porte à 2 vantaux de la loge.				
435	1047	6	Paumelles doubles laminées de 0.14...........................	6	0.95	5.70	
458	1958 1964	2	Verrous à coquille nouveau modèle à bascule à levier FT de 0.020, dont 1 de 0.40 et un de 0.60, valeur pour 0.30.......................	2	5.40	10.80	
459	1959		Tige en plus..................	0.40	3.00	1.20	
428	778-789	2	Gâches platines en cuivre.......	2	0.80	1.60	
418	377-381	1	Bec-de-cane Gollot de 0.060, nickelé...........................	1	»	9.65	
418	396	1	Béquille double, manche buffle à garnitures nickelées..............	1	»	5.65	
Analogie 448	1580	1	Serrure pêne dormant de sûreté à 6 gorges 1re qualité de 0.14......	1	»	8.30	
			Ensemble................				42.90
			Cloison entre cuisine et loge.				
Estim	ation	1	Equerre de balustrade à branches 1/2 rondes, de 1.00 de hauteur à congé renforcé, avec branche du bas cintrée......................	1	»	6.00	
435	1047	3	Paumelles doubles laminées de 0.14...........................	3	0.95	2.85	
416	332	1	Bec-de-cane 1re qualité de 0.11..	1	»	2.80	
420	477	1	Bouton double *idem* SZ de 0.060.	1	»	1.65	
			Ensemble................				13.30
			2 *portes intérieures.*				
			Détail d'une :				
435	1046	3	Paumelles doubles laminées de 0.11	3	0.80	2.40	
447	1559	1	Serrure 2 pênes 1re qualité de 0.14.	1	»	4.95	
420	477	1	Bouton double imitation ivoire SZ de 0.060....................	1	»	1.65	
			Ensemble................				9.00
			L'autre porte semblable.........	1	»	»	9.00
			2 *armoires à un vantail.*				
			Détail d'une :				
422	546	2	Charnières en fer renforcées de 0.11	3	0.50	1.50	
447	1546	1	Serrure polie à canon 1re qualité de 0.070........................	1	»	3.10	
			Ensemble................				4.60
			L'autre armoire semblable......	1	»	»	4.60

SÉRIE PAGES	N°s						
			Armoire sous évier.				
428	769	2	Fiches Chanteau de 0.12........	2	0.55	1.10	
454	1779	1	Targette en cuivre, pêne plat de 0.050..........................	1	»	1.25	
			Ensemble...............				2.35
			Vestibule.				
			1 porte à 2 vantaux sur boutique.				
435	1047	6	Paumelles doubles laminées de 0.14..........................	6	0.95	5.70	
457	1928	2	Verrous à tige 1/2 ronde, boîte fonte FT, de 0.032, dont 1 de 0.40 et 1 de 0.60, valeur pour 0.40........	2	3.05	6.10	
457	1929		Tige en plus.................	0m20	1.00	0.20	
457	1937	2	Conduits à pattes..............	2	0.60	1.20	
428	778	1	Gâche platine.................	1	»	0.60	
428	784	1	Gâche à pattes renforcée........	1	»	0.60	
448	1582	1	Serrure de sûreté à 6 gorges, bénarde à foliot, 1re qualité, de 0.14, pêne à nervure et chanfrein à				
449	1599		32 degrés......................	1	»	10.45	
420	477	1	Bouton double, *idem*, SZ de 0.060.	1	»	1.65	
			Ensemble...............				26.50
			Devanture.				
			Pattes à scellements ordinaires et de façon, pattes à goujon, plates-bandes, équerres et supports. Évalués..........................	1	»	»	40.00
			Porte à 2 vantaux sur rue.				
435	1049	6	Paumelles doubles laminées de 0.19..........................	6	1.30	7.80	
Estim	ation	4	Équerres doubles forgées........	4	6.50	26.00	
457	1928	2	Verrous à tige 1/2 ronde, boîte fonte FT de 0.032 dont 1 de 0.40 et 1 de 0.60, valeur pour 0.40........	2	3.05	6.10	
457	1929		Tige en plus.................	0.20	1.00	0.20	
457	1937	2	Conduits à pattes..............	2	0.60	1.20	
428	778	1	Gâche platine.................	1	»	0.60	
428	784	1	Gâche à pattes *idem*............	1	»	0.60	
418	377	1	Bec-de-cane Gollot noir de 0.060..	1	»	6.90	
418	396	1	Béquille double manche buffle à garnitures nickelées.............	1	»	5.65	
447	1553	1	Serrure, pêne dormant de sûreté, 1re qualité de 0.14.............	1	»	7.35	
			Ensemble...............				62.40
			Imposte.				
435	1047	2	Paumelles doubles laminées de 0.14..........................	2	0.95	1.90	
426	701-703	4	Équerres simples de 0.19, avec vis tournées..................	4	0.30	1.20	
424	657	1	Col-de-cygne à patte à T	1	»	0.75	
455	1858	2	Paillettes de renvoi...........	2	0.60	1.20	
			A reporter.............			5.05	

SÉRIE PAGES	SÉRIE Nos						
			Report....................			5.05	
455	1859	2	Coulisses-guides de 0.20.........	2	1.90	3.80	
428	801	1	Poulie à pivot tout cuivre n° 4...	1	»	2.85	
428	800	1	Poulie fer et cuivre, de 0.030....	1	»	1.05	
446	1494		Septain de 0.005...............	3.00	0.30	0.90	
		1	Arrêt à feuille de sauge en cuivre de 0.12.........................	1	»	0.70	
415	310		Ensemble..............				14.35
		9	Petits bois en fer à moulures de 0.035, dont : 4 de 1.95 = 7.80............. 5 de 0.50 = 2.50.............				
437	1155		Ensemble...............	10.30	1.95	»	20.09
438	1164	12	Pattes bien faites formant T....	12	1.55	»	18.60
437	1150	26	Trous de vitrage...............	26	0.05	»	1.30
			3 croisées.				
			Détail d'une :				
431	883-885	7	7 pattes à scellement de 0.14, coudées.........................	7	0.30	2.10	
435	1046	6	Paumelles doubles laminées de 0.11..........................	6	0.80	4.80	
426	701	8	Equerres simples de 0.19........	8	0.20	1.60	
425	664	1	Crémone RG. de 0.018..........	1	»	2.90	
			Ensemble...............				11.40
			Les 2 autres croisées semblables.	2	11.40	»	22.80
			1 châssis sur escalier.				
431	883-885	5	Pattes à scellement de 0.14, coudées............................	5	0.30	1.50	
435	1046	2	Paumelles doubles laminées de 0.11..........................	2	0.80	1.60	
426	700	4	Equerres simples de 0.16........	4	0.15	0.60	
454	1779	1	Targette cuivre à pêne plat de 0.050........................	1	»	1.25	
455	1818	3	Barreaux en fer rond de 0.016, de 1.50, ensemble...............	4.50	1.25	5.62	
			Ensemble...............				10.57
			Pattes, plates-bandes, tendeurs et pitons........................	»	»	»	20.00
»	»	1	Tire-fond de suspension monté sur sommier.....................	1	»	»	5.00
			1er Etage (*fig.* 511).				
			2 portes d'entrée.				
			Détail d'une :				
435	1047	3	Paumelles doubles laminées de 0.14..........................	3	0.95	1.95	
448 449	1580 1599	1	Serrure de sûreté 6 gorges bénarde, 1re qualité de 0.14 avec pêne à nervure et chanfrein à 32 degrés.	1	»	8.55	
421	527	1	Bouton de tirage en cuivre creux de 0.060.......................	1	»	1.90	
			Ensemble...............				12.40
			L'autre porte semblable.........	»	»	»	12.40

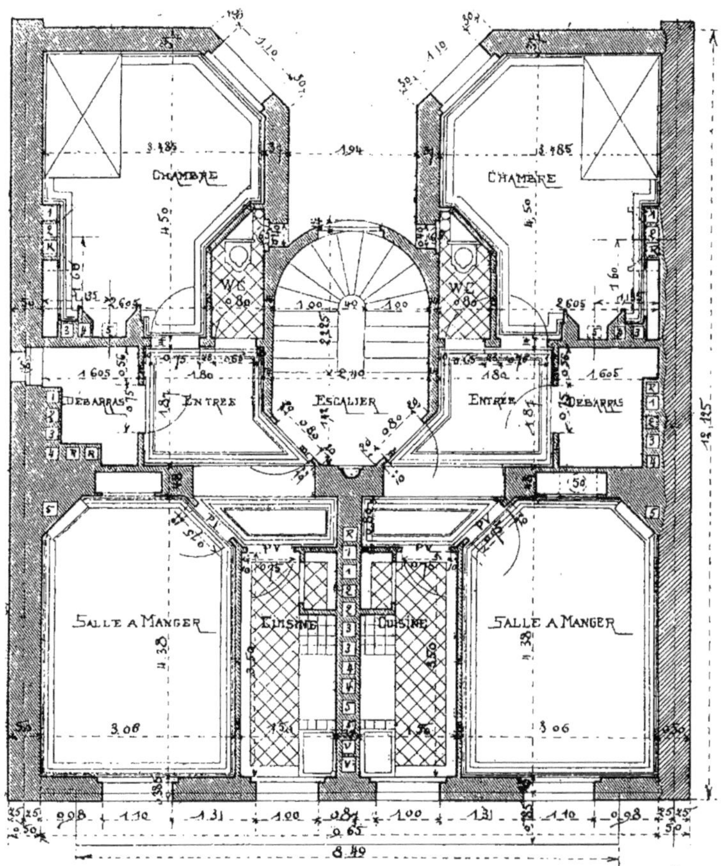

Fig. 511. — Plan des étages.

SÉRIE PAGES	Nos						
			2 portes de chambres.				
			Détail d'une :				
435	1046	3	Paumelles doubles laminées de 0.11	3	0.80	2.40	
447	1559	1	Serrure 2 pênes, 1re qualité de 0.11	1	»	4.95	
420	477	1	Bouton double imitation ivoire SZ de 0.060	1	»	1.65	
			Ensemble				9.00
			L'autre porte semblable	1	»	»	9.00

SÉRIE PAGES	SÉRIE Nos						
			8 autres portes.				
			Détail d'une :				
435	1046	3	Paumelles doubles laminées de 0.11	3	0.80	2.40	
416	332	1	Bec-de-cane 1re qualité de 0.11	1	»	2.80	
420	477	1	Bouton double imitation ivoire SZ de 0.060	1	»	1.65	
			Ensemble				6.85
			Les 7 autres portes semblables	7	6.85	»	47.95
417	344		Aux becs-de-cane des 2 portes des W.-C., plus-value pour 2 verrous de nuit	2	0.80	»	1.60
			2 armoires à un vantail.				
			Détail d'une :				
422	546	3	Charnières en fer renforcées de 0.11	3	0.50	1.50	
447	1546	1	Serrure polie à canon 1re qualité de 0.070	1	»	3.10	
			Ensemble				4.60
			L'autre armoire semblable	1	»	»	4.60
			4 armoires à un vantail et à 2 corps.				
			Détail d'une :				
422	546	5	Charnières en fer renforcées de 0.11	5	0.50	2.50	
447	1546	2	Serrures polies à canon de 0.070.	2	3.10	6.20	
			Ensemble				8.70
			Les 3 autres armoires semblables à 8.70 l'une	»	»	»	26.10
			4 armoires sous évier et paillasse.				
			Détail d'une :				
428	769	2	Fiches Chanteau de 0.12	2	0.55	1.10	
454	1779	1	Targette en cuivre, pêne plat de 0.050	1	»	1.25	
			Ensemble				2.35
			Les 3 autres armoires semblables à 2.35 l'une	»	»	»	4.70
			5 croisées à 2 vantaux.				
			Détail d'une :				
431	883-885	7	Pattes à scellement de 0.14 coudées	7	0.30	2.10	
435	1046	6	Paumelles doubles laminées de 0.11	6	0.80	4.80	
426	701	8	Equerres de 0.19	8	0.20	1.60	
425	664	1	Crémone RG de 0.018	1	»	2.90	
			Ensemble				11.40
			Les 4 autres croisées semblables.	4	11.40	»	45.60
			2 croisées de cuisine à 2 vantaux.				
			Détail d'une :				
431	883-885	5	Pattes à scellement de 0.14 coudées	5	0.30	1.50	
435	1046	6	Paumelles doubles laminées de 0.11	6	0.80	4.80	
426	701	8	Equerres de 0.19	8	0.20	1.60	
425	664	1	Crémone RG de 0.018	1	»	2.90	
			Ensemble				10.80
			L'autre croisée semblable	»	»	»	10.80

SÉRIE PAGES	SÉRIE Nos						
			2 châssis de W.-C.				
			Détail d'un:				
431	883-885	5	Pattes à scellement de 0.14, coudées	5	0.30	1.50	
435	1046	2	Paumelles doubles laminées de 0.11	2	0.80	1.60	
426	700	4	Equerres simples de 0.16	4	0.15	0.60	
455	1846	1	Loqueteau DN	1	»	2.10	
446	1494	1	Tirage septain de 0.005 de	1.00	»	0.30	
441	1275	1	Anneau étamé	1	»	0.15	
			Ensemble				6.25
			L'autre châssis semblable	1	»	»	6.25
			1 châssis de jour de souffrance.				
431	883	5	Pattes à scellement de 0.14	5	0.25	1.25	
435	1046	2	Paumelles doubles laminées de 0.11	2	0.80	1.60	
426	700	4	Equerres de 0.16	4	0.15	0.60	
455	1846	1	Loqueteau DN	1	»	2.10	
446	1494	1	Tirage septain de 0.005 de	1.00	»	0.30	
441	1275	1	Anneau étamé	1	»	0.15	
455	1818	3	Barreaux en fer rond de 0.016, de 0.80, ensemble	2.40	1.25	3.00	
Estim	ation	1	Châssis grillagé	1	»	5.00	
			Ensemble				14.00
			1 châssis de débarras.				
431	883-885	5	Pattes à scellement de 0.14 coudées	5	0.30	1.50	
435	1046	2	Paumelles doubles laminées de 0.11	2	0.80	1.60	
455	1846	1	Loqueteau DN	1	»	2.10	
446	1494	1	Tirage en septain de 0.005, de 1m,00	1.00	»	0.30	
441	1275	1	Anneau étamé	1	»	0.15	
			Ensemble				5.65
		2	Tirefonds de suspension sur plate-bande	2	5.00	»	10.00
			Pattes, plates-bandes, tendeurs et pitons	1	»	»	35.00
			2e, 3e, 4e, 5e et 6e étages.				
			Semblables au 1er étage, soit : 306f,00 × 5 = ... 1 530.00				
			A déduire :				
			Au 6e étage :				
			1 châssis de jour de souffrance..... 14.00				
			1 châssis de débarras........... 5.65				
			Ensemble....... 19.65				
			Reste	»	»	»	1510.35
			6e étage (*fig.* 512.)				
			2 châssis à tabatière.				
			Détail d'un :				

SÉRIE PAGES	Nos						
446	1495		Septain de 0.007.................	4.00	0.35	1.40	
415	310	1	Arrêt à feuille de sauge en cuivre de 0.12.........................	1	»	0.70	
455	1818	2	Barreaux en fer rond de 0.016, de 0.80, ensemble...............	1.60	1.25	2.00	
»	»	4	Pattes aplaties et coudées, fixées avec vis	4	0.85	3.40	
			Ensemble................				7.50
			L'autre châssis semblable.......	1	»	»	7.50
			1 trappe de grenier.				
431	883	8	Pattes à scellement de 0.14......	8	0.25	2.00	
435	1046	2	Paumelles doubles laminées de 0.11.............................	2	0.80	1.60	
447	1546	1	Serrure d'armoire polie à canon, 1re qualité de 0.070..............	1	»	3.10	
425	685	2	Crochets ronds de 0.11, garnis...	2	0.35	0.70	
»	»	1	Support de façon en fer rond de 0.018, coudé et à scellement pour échelle	»	»	1.20	
			Ensemble..............				8.60

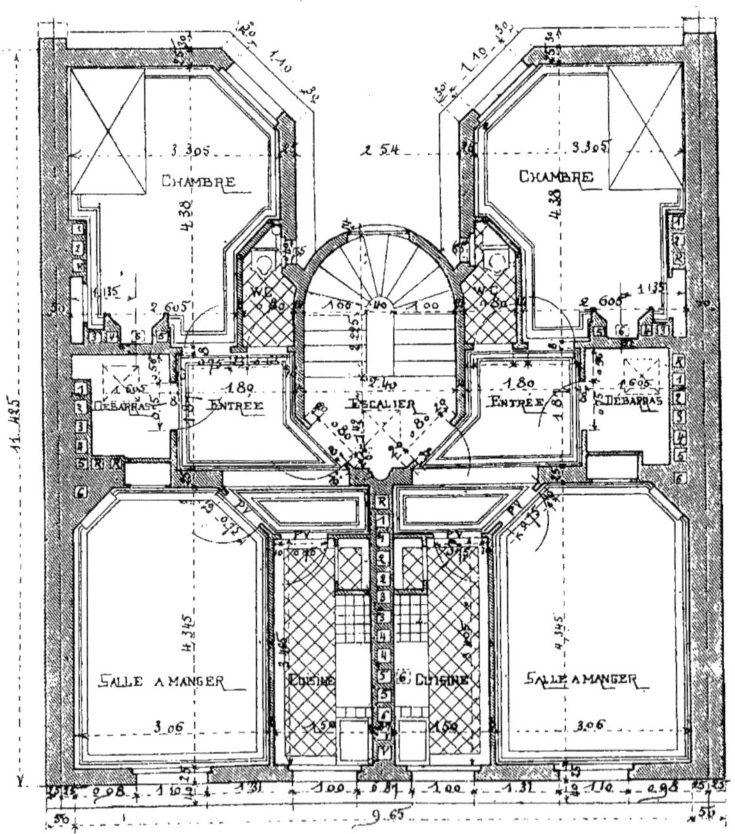

Fig. 512. — Plan du 6e étage.

SÉRIE PAGES	SÉRIE Nos						
		1	Tableau de location en tôle émaillée, fond blanc, lettres noires avec inscription aux 2 faces « Petits appartements à louer », armature				
»	»		et pose	1	»	»	25.00
			Raccords chez les voisins	1	»	»	20.00
			Escalier.				
		24	Plates-bandes en fer de 0.040				
440	1238		× 0.007, de 0.50, ensemble	12.00	5.00	»	60.00
		1	Rampe à pitons en fonte avec rosaces et chapiteaux à boule, barreaux ronds de 0.018, développant.				
441	1269			26.70	22.80	»	608.76
438	1182	1	Pilastre en fonte ornée de 0.092.	1	»	»	15.25
		1	Boule en cristal blanc taillé de				
419	431		0.110 de diamètre	1	»	»	20.50

SÉRIE PAGES	SÉRIE Nos				
		Cordon à air et sonneries électriques.			
		Installation d'un cordon à air, avec serrure, gâche à air, percements, tranchées, tuyaux, 2 poires en caoutchouc et tous accessoires ..	1	»	100.00
		Installation d'une sonnerie électrique de la porte d'entrée à la loge, comprenant 1 poussoir en cuivre nickelé, monté sur marbre modèle riche, percements, tranchées, câbles et fils, 1 sonnerie n° 2 et 3 éléments Leclanché n° 1, boîte sapin et accessoires	1	»	55.00
		12 sonneries d'appartement, composées chacune d'un bouton, percements, fils, sonnerie n° 2, 2 éléments n° 1, boîte sapin, crochets, isolateurs, etc	12	25.00	300.00

		RÉSUMÉ			
		Gros fers et fontes 10 700.42			
		Quincaillerie 3 570.02			
		Cordon et sonneries 455.00			
		MONTANT DU DEVIS A LA SÉRIE	»	»	14725.44

ÉTABLISSEMENT DU DÉBOURSÉ D'UN DEVIS

Nous donnons ci-dessous la manière d'établir le deboursé, en faisant observer que les prix d'achat varient suivant le cours des fers et fontes. Les prix de façon sont également variables suivant la composition du bâtiment et les faux-frais changent avec chaque entrepreneur.

En ce qui concerne le pourcentage à déduire du total de la quincaillerie et des sonneries pour trouver le déboursé de ces articles, on l'obtient en ajoutant aux prix d'achat les vis et accessoires, la pose et les faux-frais calculés sur le prix de façon et pose seulement, et en faisant la différence entre les prix ainsi obtenus et les prix de la Série.

Déboursé (*Cours des fers et fontes du 5 mai 1906*).

Fers à I (poids total des planchers, filets et pans de fer) 22 589^{k},000 à 24^{f},10 les 100 kilogrammes		5 443^{f} 95
Fers marchands (poids total des fentons, fers coupés et fers coudés) 5 020^{k},300 à 20^{f},50 les 100 kilos (Prix moyen pour les 3 premières classes confondues)		1 029.16
Façon sur les 2 poids ci-dessus 27 609^{k},300 à 4^{f},50 les 100 kilos		1 242.42
Faux-frais 25 0/0 sur 1 242^{f},42		310.61
Plus-value pour équerres et boulons		70.00
Clous à bateaux 350^{k},000 à 40^{f},00 les 100 kilos		140.00
Rappointis 165^{k},000 à 25^{f},00 les 100 kilos		41.25
Colonnes pleines 1 120^{k},000 à 19^{f},00 les 100 kilos		212.80
Pose desdites 1 120^{k},000 à 2^{f},00		22.40
Balcons saillants :		
Fonte 500^{k},000 à 35^{f},40 les 100 kilos	177.00	
Fer carré 325^{k},000 à 20^{f},00 les 100 kilos	65.00	
Fer 1/2 rond 60^{k},000 à 24^{f},60 les 100 kilos	14.76	
Façon 885^{k},000 à 38^{f},00 les 100 kilos	336.30	
Faux-frais 25 0/0	84.07	
Charbon, goupilles et vis	4.50	
Ensemble		681^{f} 63
Grand balcon :		
Fonte 328^{k},000 à 33^{f},40 les 100 kilos	109.55	
Fer carré 128^{k},000 à 20^{f},00 les 100 kilos	25.60	
Fer 1/2 rond 17^{k},000 à 24^{f},60 les 100 kilos	4.18	
Façon 473^{k},000 à 33^{f},00 les 100 kilos	156.09	
Faux-frais 25 0/0	39.02	
Charbon, goupilles et vis	2.50	
Ensemble		336.94
Balcons en tableaux 96^{k},000 à 33^{f},40 les 100 kilos		32.06
Herse de réparation		15.00
Impression au minium 2 161^{k},300 à 0^{f},85 les 100 kilos		18.37
Quincaillerie à la Série	3 570.02	
Rabais pour obtenir le déboursé 30/00	1 071.01	
Reste		2 499.01
Cordon et sonneries électriques	455.00	
Rabais pour obtenir le déboursé 25 0/0	113.75	
Reste		341.25
DÉBOURSÉ NET		12 436.85

OBSERVATION. — Pour obtenir le chiffre à forfait auquel il faut traiter, il y a lieu d'ajouter au déboursé calculé comme ci-dessus, les frais de devis, les frais d'adjudication s'il y en a, ainsi que le bénéfice de l'entrepreneur.

DEVIS N° 2

Pavillon à Ris-Orangis (S.-et-O.) (*Élévation et coupe, fig.* 513 *et* 514).

ARCHITECTE : MONSIEUR CH. GUILLAUME, AUTEUR DU *Traité*.

DEVIS DESCRIPTIF

Ferronnerie.

Le plancher haut du sous-sol sera en acier à double I de 0.16 pour la travée de gauche et de 0.12 pour celle de droite.

Le plancher de la fosse et le plancher bas de la cuisine au-dessus de la fosse, en acier I 0.10.

Les solives espacées de $0^m,75$ d'axe en axe au maximum.

Sous les cloisons, solives en acier I profil normal.

Entretoises en fer carré de 0.014 tous les $1^m,30$ et 2 cours de fentons de 0.007 par travée.

Les linteaux des portes et croisées seront en acier I 0.08, 0.10 et 0.12 à la demande, assemblés avec boulons.

Les solives du plancher auront $0^m,20$ de portée dans les murs et les linteaux $0^m,25$ de portée au minimum.

Le plancher de l'annexe sera en acier I 0.10.

Les 2 murs de façade de cette annexe reposeront sur un filet à 2 lames I 0.12.

Il y aura sur tous les murs 2 cours de chaîne en fer de 0.040 × 0.007 avec ancres en fer carré de 0.025 de 0.50 de longueur.

L'entrepreneur devra en outre les armatures de hottes de fourneaux de cuisines, linteaux de cheminées, semelles et cales, colliers pour tuyaux, etc.., en un mot tout ce qui est nécessaire au complet et parfait achèvement de la construction.

Le ferrage des planchers en bois et du comble est à la charge du charpentier.

Les balcons seront en fonte d'un modèle du commerce au choix de l'architecte, pesant environ 15 kilogrammes le mètre courant, posés en saillie sur pitons à scellement en fonte avec main-courante en fer demi-rond.

Il n'y a pas de balcons à la croisée de l'annexe, ni à celle de l'escalier.

Quincaillerie.

Les châssis à un vantail du sous-sol seront ferrés de 4 pattes à scellement de 0.14, 2 paumelles doubles laminées de 0.080, 4 équerres de 0.16 et une targette en fer de 0.040.

A l'extérieur de ces châssis il y aura un barreau en fer carré de 0.020 posé horizontalement et sur l'angle.

Il n'y aura pas de portes à prévoir dans la cave.

La porte de descente des fûts sera ferrée de 2 pentures à collet élargi de 0.70 avec gonds à scellements, une serrure à pêne dormant noire de 0.14 avec gâche platine à scellement.

La porte d'entrée du vestibule sera ferrée de 7 pattes à scellement de 0.16, 3 paumelles doubles à nœuds bouchés renforcées de façon en fer blanchi de 0.22, 2 équerres doubles forgées, une serrure de sûreté à 6 gorges, bénarde de 0.14, une chaînette carrée encloisonnée en fer poli de 0.070 avec bouton rond en fonte bronzée, forme marguerite à l'extérieur et bouton simple imitation ivoire ovale AI de 0.060 à l'intérieur.

Dans le haut, il y aura un panneau en fonte au choix de l'architecte et un vasistas en fer raîné de 0.014 avec 3 fiches et un loqueteau en cuivre.

La porte d'entrée de l'annexe sera ferrée de 6 pattes à scellement de 0.14 coudées, 3 paumelles doubles laminées de 0.16, 4 équerres simples de 0.22 fixées avec vis tournées, une serrure à 6 gorges à foliot de 0.14 avec bouton double imitation ivoire AI de 0.060. Dans le haut, il y aura 3 petits bois en fer à moulures de 0.035 avec pattes en T et trous de vitrage.

Les portes à 2 vantaux seront ferrées de 6 paumelles doubles laminées de 0.11, 2 verrous à tige 1/2 ronde boîte fonte FT de 0.032 avec conduits et gâches, une serrure 2 pênes de 0.14, avec bouton double imitation ivoire.

Les portes à un vantail seront ferrées de 3 paumelles doubles laminées de 0.11, une serrure 2 pênes de 0.14 et un bouton double imitation ivoire.

Les portes de cuisines, W.-C. et toilette auront un bec-de-cane au lieu de serrure.

Verrou de nuit à celles des W.-C. et toilette.

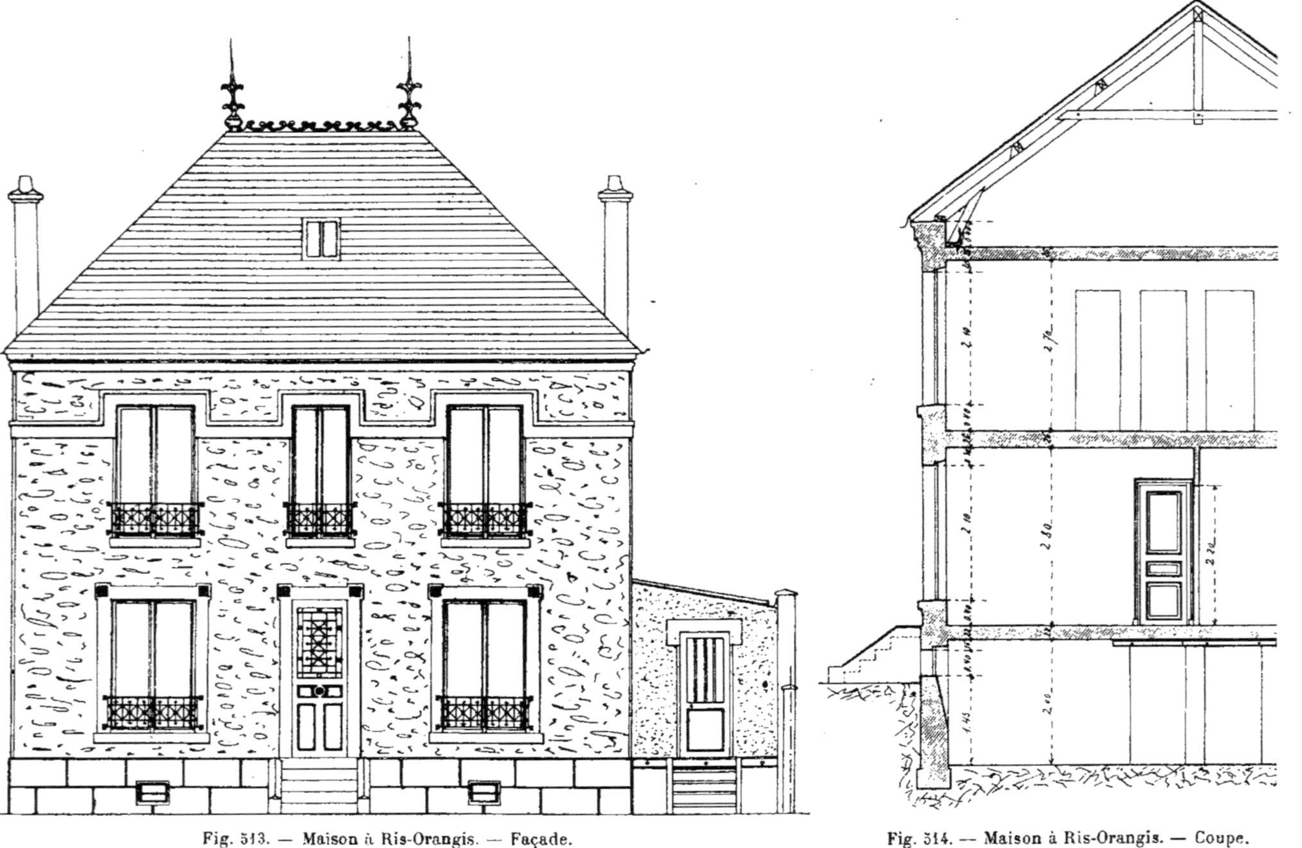

Fig. 313. — Maison à Ris-Orangis. — Façade.

Fig. 314. — Maison à Ris-Orangis. — Coupe.

Toutes les croisée y compris celles à 4 vantaux, seront ferrées de 7 pattes à scellement de 0.14, 6 paumelles doubles de 0.11, 8 équerres de 0.19 et une crémone D. P. de 0.018.

Le châssis des W.-C. sera ferré de 4 pattes à scellement de 0.14, 2 paumelles doubles laminées de 0.080, 4 équerres de 0.16 et un loqueteau d'école.

A l'extérieur, il y aura 2 barreaux de défense en fer carré de 0.020 posés sur l'angle.

Les persiennes seront en fer de la maison Jomain, modèle C n° 1, ferrées sur tapées en bois, à l'exception de celle de l'annexe qui sera en bois, ferrée de 4 paumelles simples à **T** de 0.19 avec gonds à scellement, 8 équerres simples de 0.19, un loqueteau à pompe boîte fonte, mentonnet cuivre n° 4, 2 arrêts en fonte à anneau et paillette, une poignée à pattes de 0.11, un crochet rond, 2 battements coudés et un battement droit tamponnés.

Pas de persiennes à la croisée de l'escalier, pour laquelle il faudra prévoir une grille de défense composée de 2 traverses en fer méplat de 0,040 × 0,016 et barreaux en fer rond de 0,018.

Les deux armoires sous évier auront chacune 2 paumelles de 0,080 et une targette V. F. de 0,040.

Il y aura un tirefond de suspension sur plate-bande dans les deux salles à manger.

L'entrepreneur devra également toutes les pattes, plates-bandes et équerres pour bâtis et huisseries.

Les tendeurs des cloisons seront fournis et posés par le maçon.

Les plates-bandes d'assemblage du limon de l'escalier seront en fer de 0.035 × 0.005. La rampe de l'escalier sera à col-de-cygne, barreaux ronds de 0.018, avec rosaces et astragales en fonte, pilastre en fonte ornée de 0.081, macaron en cuivre de 0.060.

L'armoire dans la cuisine au-dessus des W.-C. sera ferrée de 6 paumelles doubles de 0.080, un ressort en acier, avec mentonnet à vis, une serrure de 0.070.

Toute la quincaillerie sera de première qualité marquée « Union des Quincailliers ».

L'entrepreneur devra également la ferrure de l'échelle du grenier, composé de 2 crochets, une tringle en fer rond et un support pour accrocher cette échelle au mur.

La trappe du grenier sera ferrée de 2 paumelles de 0.080.

Ne font pas partie du présent forfait, les clous à bateaux, rappointis, tuyaux et tampons en fonte.

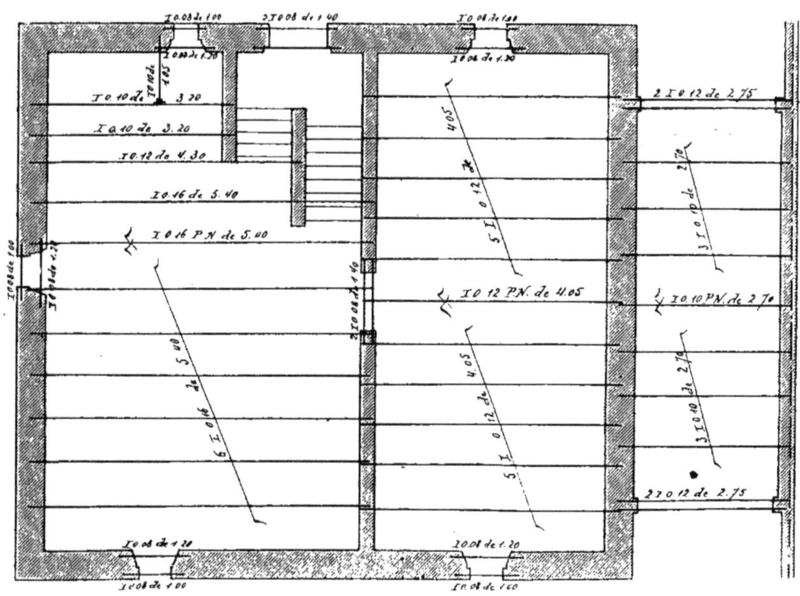

Fig. 516. — Plancher haut du sous-sol.

DEVIS ESTIMATIF
GROS FERS ET FONTES
PLANCHERS

	I 0.10	I 0.12	I 0.16	I 0.10 PN	I 0.12 PN	I 0.16 PN	POIDS		
Plancher de la fosse (fig. 515).									
Fig. 515. — Plancher haut de la fosse.									
6 Solives I 0.10 de 1.60 + 0.40 = 2^m,00	12^m00	»	»	»	»	»	»		
Plancher haut du sous-sol (fig. 516).									
Travée de gauche :									
7 Solives I 0.16 de 5.00 + 0.40 = 5.40	»	»	37^m80	»	»	»	»		
1 » I 0.16 PN de 5.00 + 0.40 = 5.40........	»	»	»	»	»	5^m40	»		
1 » I 0.12 de 3.90 + 0.40 = 4.30...........	»	4.30	»	»	»	»	»		
2 » I 0.10 de 2.80 + 0.40 = 3.20...........	6.40	»	»	»	»	»	»		
1 » I 0.10 de 0.85 + 0.20 = 1.05...........	1.05	»	»	»	»	»	»		
2 Equerres cornières et boulons pour I 0.10 à 0.550.	»	»	»	»	»	»	1^k100		
Travée de droite.									
10 Solives I 0.12 de 3.65 + 0.40 = 4.05...........	»	40.50	»	»	»	»	»		
1 » I 0.12 PN de 3.65 + 0.40 = 4.05........	»	»	»	»	4^m05	»	»		
Plancher de l'annexe.									
6 Solives I 0.10 de 2.30 + 0.40 = 2.70...........	16.20	»	»	»	»	»	»		
1 » I 0.10 PN de 2.30 + 0.40 = 2.70........	»	»	»	2^m70	»	»	»		
Ensemble..........................	35^m65	44^m80	37^m80	2^m70	4^m05	5^m40	1^k100		

SÉRIE PAGES	SÉRIE Nos	Désignation			
		Report....................	1k100		
		Soit :			
		I 0.10 acier......... 35m65 à 7k700 le mètre....................	274.500		
		I 0.12 acier......... 44.80 à 9.500 »	425.600		
		I 0.16 acier......... 37.80 à 13.300 »	502.700		
		I 0.10 PN........... 2.70 à 8.300 »	22.400		
		I 0.12 PN........... 4.05 à 11.100 »	45.000		
		I 0.16 PN........... 5.40 à 17.900 »	96.700		
406 407	81 82 83	Ensemble....................	1 368k000	0f,275 (1)	376.20

LINTEAUX

	I 0.08	0.10	I 0.12	POIDS		
Sous-sol.						
5 linteaux { 5 solives I 0.08 de 0.50 + 0.50 = 1.00....................	5.00	»	»			
{ 5 » I » de 0.70 + 0.50 = 1.20....................	6.00	»	»			
2 » 4 » I » de 0.90 + 0.50 = 1.40....................	5.60	»	»			
Rez-de-chaussée.						
Sous les 2 murs de façade de l'annexe :						
2 filets 4 solives I 0.12 de 2.30 + 0.45 = 2.75....................	»	»	11.00			
1 linteau 2 » I 0.08 de 0.80 + 0.50 = 1.30....................	2.60	»	»			
1 » 2 » I » de 1.00 + 0.50 = 1.50....................	3.00	»	»			
2 » 4 » I » de 0.70 + 0.50 = 1.20....................	4.80	»	»			
1 » 2 » I » de 0.90 + 0.50 = 1.40....................	2.80	»	»			
1 » 2 » I 0.10 de 2.35 + 0.50 = 2.85....................	»	5.70	»			
1 » { 1 » I » de 1.10 + 0.50 = 1.60....................	»	1.60	»			
{ 1 » I » de 1.30 + 0.50 = 1.80....................	»	1.80	»			
3 » { 3 » I » de 1.30 + 0.50 = 1.80....................	»	5.40	»			
{ 3 » I » de 1.50 + 0.50 = 2.00....................	»	6.00	»			
A reporter....................	29.80	20.50	11.00			

1. Prix moyen pour planchers en acier I ordinaire, I profils normaux et planchers assemblés.

SÉRIE PAGES	SÉRIE Nos	Désignation	I 0.08	I 0.10	I 0.12	POIDS		
		Report	29.80	20.50	11.00			
		1 linteau { 1 » I 0.12 de 1.80 + 0.50 = 2.30	»	»	2.30			
		{ 1 » I » de 2.00 + 0.50 = 2.50	»	»	2.50			
		1 » { 1 » I 0.08 de 0.40 + 0.50 = 0.90	0.90	»	»			
		{ 1 » I » de 0.60 + 0.50 = 1.10	1.10	»	»			
		1er *étage.*						
		1 linteau { 1 solive I 0.08 de 0.90 + 0.50 = 1.40	1.40	»	»			
		{ 1 » I » de 1.10 + 0.50 = 1.60	1.60	»	»			
		4 » { 4 » I 0.10 de 1.30 + 0.50 = 1.80	»	7.20	»			
		{ 4 » I » de 1.50 + 0.50 = 2.00	»	8.00	»			
		1 » { 1 » I 0.10 de 1.10 + 0.50 = 1.60	»	1.60	»			
		{ 1 I » de 1.30 + 0.50 = 1.80	»	1.80	»			
		1 » { 1 » I » de 1.00 + 0.50 = 1.50	»	1.50	»			
		{ 1 » I » de 1.20 + 0.50 = 1.70	»	1.70	»			
		1 » 2 » I 0.08 de 1.80 + 0.50 = 2.30	4.60	»	»			
		1 » 2 » I » de 0.70 + 0.50 = 1.20	2.40	»	»			
		64 boulons à 0k,500	»	»	»	32k000		
		Ensemble	41.80	42.30	15.80			
		Soit :						
		I 0.08 = 41m80 à 6k500 le mètre				271.700		
		I 0.10 = 42.30 à 7.700 »				325.700		
		I 0.12 = 15.80 à 9.500 »				150.100		
407	89	ENSEMBLE				779k500	0.32	249.44

SÉRIE PAGES	SÉRIE Nos				
		Fentons.			
		(2 par travée).			
406	72	260^{m},00 de fentons de 0.007, pesant 0^{k},382 le mètre..................................	99^{k}300	0.20	19.86
		Gros fers coupés.			
		20 ancres en fer carré de 0.025 de 0.50, ensemble 10^{m},00 à 4^{k},875 le mètre........................ 48^{k}.750			
		5 linteaux de cheminées en fer carré de 0.020 de 1^{m},00, ensemble 5^{m},00 à 3^{k},120 le mètre........... 15 .600			
		Semelles et cales.............. 30 .000			
406	73	Ensemble........................	94^{k}350	0.24	22.64
		Gros fers coudés.			
		66 entretoises en fer carré de 0.014, pesant 1^{k},700 l'une........ 112^{k},200			
		Chaînage en fer de 0.040 $\times$ 0.007.			
		Rez-de-chaussée :			
		2 cours de chacun 9.70, ensemble = ... 19.40			
		3 cours de chacun 8.65, ensemble = ... 25.95			
		1er étage :			
		Semblable au rez-de-chaussée 45.35			
		Ensemble 90.70			
		1/7 en plus pour œils, bagues et talons......... 12.95			
		Ensemble 103.65			
		à 2^{k},181 le mètre............... 226^{k},000			
		2 armatures de hottes pour fourneaux de cuisine à 15^{k},000....... 30^{k},000			
		Colliers pour tuyaux........... 5^{k},000			
406	75	Ensemble	373.200	0.32	119.42
		Balcons.			
		11 balcons en fonte, modèle du commerce, dont :			
		1 pour baie de............. 1.80			
		7 — — 1.30			
		2 — — 1.10			
		1 — — 0.90			
413	253	pesant ensemble........................	210.000	0.34	71.40
		44 pitons en fonte à scellement..........	44	0.65	28.60
»	»	15^{m},10 de main-courante en fer 1/2 rond de 0.035$\times$0.007, compris trous et vis à métaux.	15^{m}10	3.00	45.30

SÉRIE PAGES	Nos		**Quincaillerie.**				
			Sous-sol (*fig.* 517.)				
			4 châssis à un vantail.				
			Détail d'un :				
431	883	4	Pattes à scellement de 0.14	4	0.25	1.00	
435	1044	2	Paumelles doubles laminées de 0.080	2	0.65	1.30	
426	700	4	Equerres simples de 0.16	4	0.15	0.60	
453	1749	1	Targette en fer 1/2 forte de 0.040.	1	»	0.85	
Analogie 455	1821	1	Barreau en fer carré de 0.020, de 0.60 de longueur................	0.60	1.80	1.08	
			Ensemble................				4.83
			Les 3 autres châssis semblables..	3	4.83	»	14.49
			Porte de descente des fûts.				
436	1104	2	Pentures de 0.70	2	2.15	4.30	
429	807	2	Gonds à scellement............	2	0.75	1.50	
447	1548	1	Serrure pêne dormant noire, 1re qualité de 0.14..............	1	»	4.20	
Estimation		1	Gâche platine à scellement......	»	»	1.25	
			Ensemble................				11.25

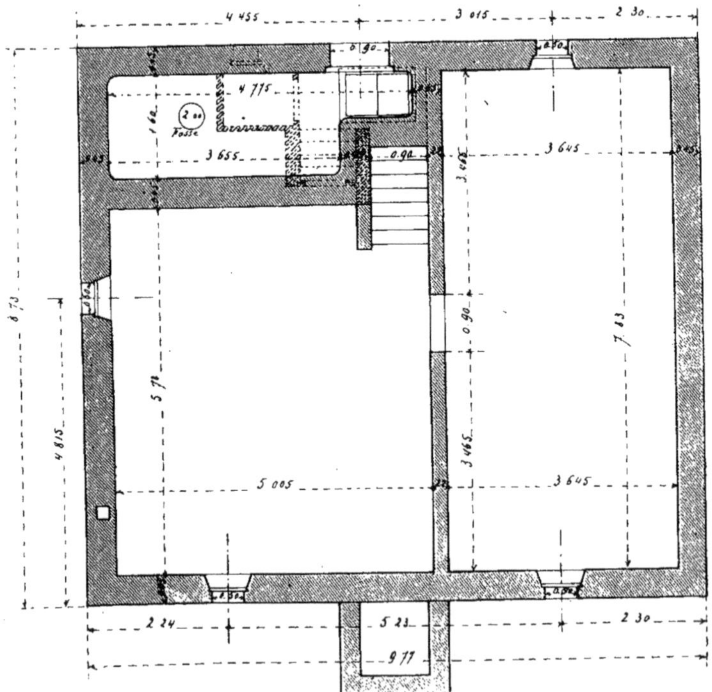

Fig. 517. — Plan du sous-sol.

SÉRIE PAGES	N^os						
			Rez-de-chaussée (*fig.* 518).				
			Porte d'entrée du vestibule.				
431	884	7	Pattes à scellement de 16	7	0.30	2.10	
		3	Paumelles doubles à nœuds bouchés, renforcées de façon en fer				
434	1007		blanchi de 0.22	3	2.30	6.90	
»	»	2	Equerres doubles forgées	2	7.50	15.00	
		1	Serrure de sûreté 6 gorges, bénarde de 0.14, pêne à nervure et				
448	1580						
449	1599		chanfrein 32 degrés..............	1	»	8.55	
		1	Chaînette carrée encloisonnée en				
422	538		fer poli de 0.070................	1	»	4.25	
		1	Bouton rond de tirage en fonte bronzée, forme marguerite, compris				
»	»		tige spéciale.....................	1	»	4.00	
420	477	1	Bouton simple imitation ivoire				
421	501		ovale AI de 0.060................	1	»	0.75	
		1	Panneau en fonte, modèle du				
414	273		commerce de 1.10 × 0.70, pesant..	20k000	0.67	13.40	
		1	Vasistas en fer raîné de 0.014 avec				
»	»		3 fiches et 1 loqueteau en cuivre...	1	»	22.50	
			Ensemble................				77.45

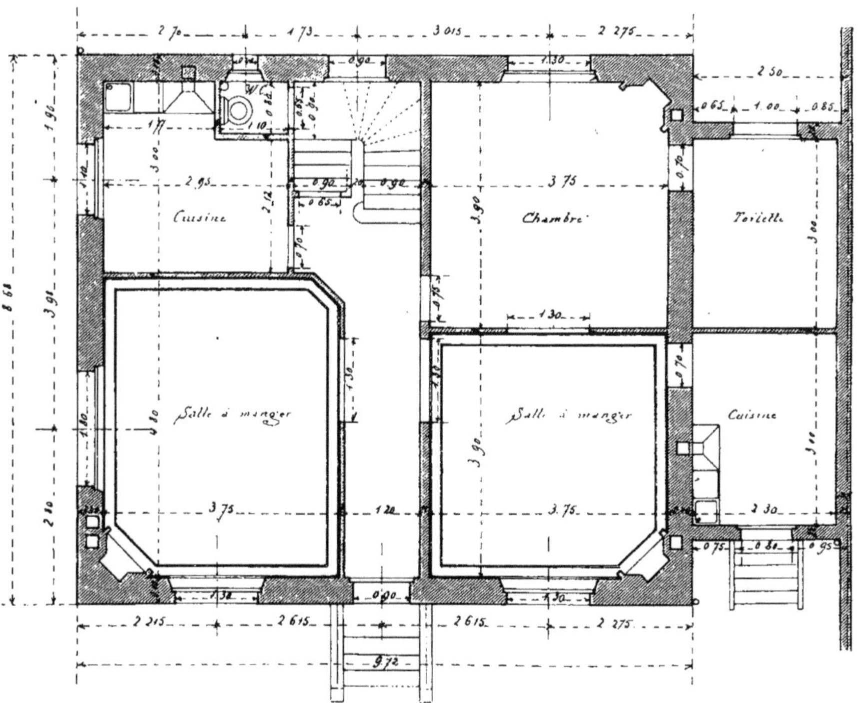

Fig. 518. — Plan du rez-de-chaussée.

SÉRIE PAGES	SÉRIE Nos						
			Porte d'entrée de l'annexe.				
431	883-885	7	Pattes à scellement de 0.14, coudées...........................	7	0.30	2.10	
435	1048	3	Paumelles doubles laminées de 0.16...........................	3	1.10	3.30	
426	702-703	4	Equerres simples de 0.22 avec vis tournées........................	4	0.40	1.60	
448 449	1582 1599	1	Serrure de sûreté 6 gorges bénarde, à foliot de 0.14 avec pêne à nervure et chanfrein 32 degrés....	1	»	10.45	
420	477	1	Bouton double imitation ivoire ovale de 0.060..................	1	»	1.25	
437	1155	3	Petits bois fer à moulures de 0.035, de 1.05, ensemble...............	3m15	1.95	6.14	
438	1164	6	Pattes en T..................	6	1.55	9.30	
437	1150	9	Trous de vitrage................	9	0.05	0.45	
			Ensemble...............				34.59
			3 portes à 2 vantaux.				
			Détail d'une :				
435	1046	6	Paumelles doubles laminées de 0.11...........................	6	0.80	4.80	
		2	Verrous à tige 1/2 ronde, boîte fonte FT de 0.032...............				
457	1928		1 de............. 0.40	1	»	3.05	
457	1928 1929		1 de............. 0.60	1	»	3.25	
457	1937	2	Conduits à pattes..............	2	0.60	1.20	
428	784	1	Gâche à pattes renforcée........	1	»	0.60	
428	778	1	Gâche platine..................	1	»	0.60	
447	1559	1	Serrure 2 pênes de 0.14........	1	»	4.95	
420	477	1	Bouton double imitation ivoire de 0.060....................	1	»	1.25	
			Ensemble...............				19.70
			Les 2 autres portes semblables...	2	19.70	»	39.40
			2 portes à un vantail.				
			Détail d'une :				
435	1046	3	Paumelles doubles laminées de 0.11...........................	3	0.80	2.40	
447	1559	1	Serrure 2 pênes de 0.14.........	1	»	4.95	
420	477	1	Bouton double *idem*............	1	»	1.25	
			Ensemble...............				8.60
			L'autre porte semblable.........	1	»	»	8.60
			4 portes de cuisines, W.-C. et toilette.				
			Détail d'une :				
435	1046	3	Paumelles doubles laminées de 0.11...........................	3	0.80	2.40	
416	332	1	Bec-de-cane de 0.11............	1	»	2.80	
420	477	1	Bouton double *idem*............	1	»	1.25	
			Ensemble...............				6.45
			Les 3 autres portes semblables..	3	6.45	»	19.35
417	344		Plus-value pour 2 verrous de nuit aux becs-de-cane des W.-C et toilette............................	2	0.80	»	1.60

SÉRIE PAGES	SÉRIE Nos						
			6 croisées.				
			Détail d'une :				
431	883	7	Pattes à scellement de 0.14......	7	0.25	1.75	
435	1046	6	Paumelles doubles laminées de 0.11...........................	6	0.80	4.80	
426	701	8	Equerres simples de 0.19........	8	0.20	1.60	
425	664	1	Crémone DP de 0.018...........	1	»	2.90	
			Ensemble...............				11.05
			Les 5 autres croisées semblables.	5	11.05	»	55.25
			1 Paire de persiennes.				
431	892	4	Paumelles simples à T de 0.19 à gonds à scellement............	4	0.90	3.60	
426	701	8	Equerres simples de 0.19........	8	0.20	1.60	
429	821	1	Loqueteau à pompe n° 4........	1	»	0.75	
416	314	2	Arrêts à paillette..............	2	0.85	1.70	
440	1242	1	Poignée à pattes de 0.11........	1	»	0.35	
425	685	1	Crochet rond garni de 0.11......	1	»	0.35	
416	325	2	Battements coudés.............	2	0.15	0.30	
416	324	1	— droit	1	»	0.10	
»	»	3	Trous tamponnés..............	3	0.25	0.75	
			Ensemble...............				9.50
			Châssis de W.-C.				
431	883	4	Pattes à scellement de 0.14......	4	0.25	1.00	
435	1044	2	Paumelles doubles laminées de 0.08...........................	2	0.65	1.30	
426	700	4	Equerres simples de 0.16........	4	0.15	0.60	
429	826	1	Loqueteau d'école.............	1	»	2.20	
Ana 455	logie 1821	2	Barreaux de défense en fer carré de 0.020 de chacun 0.70 de longueur, ensemble.......................	1.40	1.80	2.52	
			Ensemble...............				7.62
			2 armoires sous évier.				
			Détail d'une :				
435	1044	2	Paumelles doubles laminées de 0.080..........................	2	0.65	1.30	
454	1765	1	Targette fer VF de 0.040........	1	»	0.80	
			Ensemble...............				2.10
			L'autre armoire semblable......	1	»	»	2.10
			1 armoire à 2 vantaux.				
435	1044	6	Paumelles doubles laminées de 0.080..........................	6	0.65	3.90	
445	1493	1	Ressort d'armoire et mentonnet.	1	»	0.70	
447	1546	1	Serrure polie à canon de 0.070..	1	»	3.10	
			Ensemble...............				7.70
			2 Tirefonds de suspension montés sur plate-bande.................	2	5.00	»	10.00
			Pattes plates-bandes pour bâtis et huisseries.....................	1	»	»	18.00
			1er étage (*fig.* 519.)				
			3 portes de chambre.				
			Semblables à l'accolade A.......	3	8.60	»	25.80

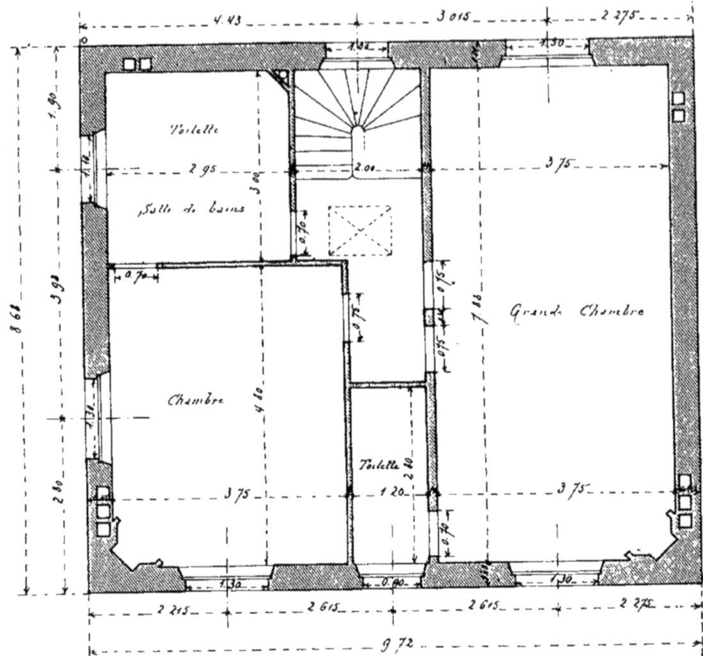

Fig. 519. — Plan du 1er étage.

SÉRIE PAGES	Nos						
			3 portes de toilette.				
			Détail d'une :				
435	1046	3	Paumelles doubles de 0.11.......	3	0.80	2.40	
416-417	332-344	1	Bec-de-cane à verrou de nuit....	1	»	3.60	
420	477	1	Bouton double *idem*............	1	»	1.25	
			Ensemble...............				7.25
			Les 2 autres portes semblables .	2	7.25	»	14.50
			7 Croisées.				
			Semblables à B................	7	11.05	»	77.35
			Croisée de l'escalier.				
			1 Grille de défense composée de 2 traverses en fer méplat de 0.040 × 0.016 et de 5 barreaux en fer rond de 0.018, estimée................	1	»	»	18.00
			1 Trappe de grenier.				
435	1044	2	Paumelles doubles laminées de 0.08.........................	2	0.65	1.30	1.30
			Ferrage d'une échelle de grenier avec 2 crochets, 1 tringle en fer rond et 1 support de façon............	1	»	»	7.50
			Pattes et plates-bandes	1	»	»	12.50

SÉRIE PAGES	N°s						
			Escalier.				
440	1237	4	Plates-bandes en fer de 0.035 × 0.005 de chacune 0.50 de longueur, ensemble	2m00	3.95	»	7.90
440	1263	1	Rampe à col-de-cygne, barreaux ronds de 0.018 avec rosaces et astragales en fonte de 4m,50 développé..	4.50	11.25	»	50.62
438	1180	1	Pilastre en fonte ornée de 0.081.	1	»	»	14.50
Estim	ation	1	Macaron en cuivre de 0.060	1	»	»	3.75
			Persiennes en fer.				
			11 Paires de persiennes en fer système Jomain, modèle C n° 1 ou équivalent, ferrées sur dormant en bois, dont :				
			1 à 8 vantaux de 2m,10 × 1.66, soit en superficie	3.49	16.50	»	57.58
			7 à 6 vantaux de 2.10 × 1.19 = 17.50	17.50	17.50	»	306.25
			2 à 6 vantaux de 2m,10 × 0.99 =	4.16	20.75	»	86.32
			1 à 4 vantaux de 2m,10 × 0.81 =	1.70	18.50	»	31.45
			Pose des persiennes hors Paris :				
			1 paire à 8 vantaux	1	»	»	7.00
			9 paires à 6 —	9	6.50	»	58.50
			1 — à 4 —	1	»	»	6.25
			Transport	1	»	»	10.00

Résumé.

Gros fers et fontes	932f86
Quincaillerie	610.60
Persiennes en fer	563.35
Montant du devis a la série	2 106f81

Déboursé (*Cours des fers et fontes du 5 mai 1906*).

Fers à I (poids total des planchers et linteaux) 2 147k,500 à 20f,50 les 100 kilogrammes		440f24
Fers marchands (poids total des fentons, fers coupés et fers coudés) 566k,850 à 20f,50 les 100 kilos (Prix moyen pour les 3 premières classes confondues)		116.20
Façon sur les 2 poids ci-dessus 2 714k,350 à 3f,50 les 100 kilos		95.00
Balcon fonte 210k,00 à 33f,40 les 100 kilos		70.14
Pitons en fonte		22.00
Mains-courantes en fer 1/2 rond 15m,10 à 2f,50 le mètre		37.75
Quincaillerie à la Série	610f60	
Rabais pour obtenir le déboursé 30 0/0	183.18	
Reste		427.42
Persiennes en fer	563f,35	
Remise du fabricant 15 0/0	84.50	
Reste		478.85
Déboursé net		1 687f,60

SUPPLÉMENT

POIDS DES FERS

POIDS PAR MÈTRE COURANT DES FERS PLATS.

ÉPAISSEURS	LARGEURS																		
	10	15	20	25	30	35	40	45	50	55	60	65	70	75	80	85	90	95	100
2	0.156	0.234	0.312	0.390	0.467	0.545	0.623	0.701	0.779	0.857	0.935	1.013	1.096	1.169	1.246	1.324	1.402	1.480	1.558
3	0.234	0.351	0.467	0.584	0.701	0.818	0.935	1.051	1.169	1.285	1.402	1.519	1.636	1.753	1.870	1.986	2.103	2.220	2.337
4	0.312	0.467	0.623	0.779	0.935	1.091	1.246	1.402	1.558	1.713	1.870	2.025	2.181	2.337	2.493	2.649	2.804	2.960	3.115
5	0.390	0.584	0.779	0.974	1.169	1.363	1.558	1.753	1.948	2.142	2.337	2.532	2.727	2.921	3.115	3.311	3.506	3.700	3.895
6	0.467	0.701	0.935	1.169	1.402	1.636	1.870	2.103	2.337	2.571	2.804	3.038	3.271	3.506	3.739	3.973	4.207	4.440	4.674
7	0.545	0.818	1.091	1.363	1.636	1.909	2.181	2.454	2.727	2.999	3.272	3.544	3.816	4.089	4.362	4.635	4.908	5.180	5.453
8	0.623	0.935	1.246	1.558	1.870	2.181	2.493	2.804	3.115	3.428	3.739	4.051	4.362	4.674	4.986	5.297	5.609	5.920	6.232
9	0.701	1.051	1.402	1.753	2.103	2.454	2.804	3.155	3.506	3.856	4.207	4.557	4.908	5.258	5.609	5.959	6.310	6.660	7.011
10	0.779	1.169	1.558	1.948	2.337	2.727	3.115	3.506	3.895	4.285	4.674	5.062	5.453	5.843	6.232	6.622	7.010	7.401	7.790
11	0.857	1.285	1.713	2.142	2.571	2.999	3.428	3.856	4.285	4.713	5.141	5.570	5.998	6.425	6.856	7.284	7.712	8.141	8.569
12	0.935	1.402	1.870	2.337	2.804	3.272	3.739	4.207	4.674	5.141	5.609	6.076	6.544	7.011	7.478	7.946	8.411	8.878	9.346
13	1.013	1.519	2.025	2.532	3.038	3.544	4.051	4.557	5.062	5.570	6.076	6.583	7.089	7.593	8.102	8.608	9.114	9.618	10.13
14	1.090	1.636	2.181	2.727	3.271	3.816	4.362	4.908	5.453	5.998	6.544	7.089	7.634	8.180	8.723	9.270	9.815	10.36	10.91
15	1.169	1.753	2.337	2.921	3.506	4.089	4.674	5.258	5.843	6.425	7.011	7.593	8.180	8.764	9.348	9.932	10.52	11.10	11.69
16	1.246	1.870	2.493	3.115	3.739	4.362	4.986	5.609	6.232	6.856	7.478	8.102	8.725	9.348	9.971	10.59	11.22	11.84	12.46
17	1.324	1.986	2.649	3.311	3.973	4.635	5.297	5.959	6.622	7.284	7.946	8.608	9.270	9.932	10.59	11.26	11.92	12.58	13.24
18	1.402	2.103	2.804	3.506	4.207	4.908	5.609	6.310	7.011	7.712	8.411	9.114	9.815	10.52	11.22	11.92	12.62	13.32	14.02
19	1.480	2.220	2.960	3.700	4.440	5.180	5.920	6.660	7.401	8.141	8.878	9.618	10.36	11.10	11.84	12.58	13.32	14.06	14.80
20	1.558	2.337	3.115	3.895	4.674	5.453	6.232	7.011	7.790	8.569	9.346	10.13	10.91	11.69	12.46	13.24	14.02	14.80	15.58
21	1.636	2.454	3.272	4.090	4.907	5.726	6.544	7.362	8.180	8.997	9.820	10.63	11.45	12.27	13.09	13.91	14.72	15.54	16.36
22	1.713	2.571	3.428	4.285	5.141	5.998	6.856	7.712	8.569	9.426	10.28	11.14	12.00	12.85	13.71	14.57	15.42	16.28	17.14
23	1.792	2.688	3.585	4.479	5.375	6.271	7.170	8.063	8.959	9.854	10.75	11.65	12.54	13.44	14.33	15.23	16.13	17.02	17.92
24	1.870	2.804	3.739	4.674	5.609	6.544	7.478	8.411	9.348	10.28	11.22	12.15	13.09	14.02	14.96	15.89	16.83	17.76	18.70
25	1.948	2.921	3.895	4.869	5.843	6.816	7.790	8.764	9.738	10.71	11.69	12.66	13.63	14.61	15.18	16.55	17.53	18.50	19.48
26	2.025	3.038	4.051	5.062	6.076	7.089	8.102	9.114	10.13	11.14	12.15	13.17	14.18	15.19	16.20	17.22	18.23	19.24	20.25
27	2.103	3.155	4.207	5.258	6.310	7.362	8.414	9.465	10.52	11.57	12.63	13.67	14.72	15.77	16.83	17.88	18.98	19.98	21.03
28	2.181	3.271	4.362	5.453	6.544	7.634	8.723	9.815	10.91	12.00	13.09	14.18	15.27	16.36	17.45	18.54	19.63	20.72	21.81
29	2.259	3.389	4.518	5.648	6.777	7.907	9.036	10.17	11.30	12.43	13.55	14.68	15.81	16.94	18.07	19.20	20.33	21.46	22.59
30	2.337	3.506	4.674	5.843	7.010	8.180	9.348	10.52	11.69	12.85	14.02	15.19	16.36	17.53	18.70	19.86	21.03	22.20	23.37
35	2.727	4.090	5.453	6.816	8.180	9.543	10.91	12.27	13.63	14.99	16.36	17.72	19.09	20.45	21.81	23.17	24.54	25.90	27.27
40	3.116	4.674	6.232	7.790	9.348	10.91	12.46	14.02	15.58	17.14	18.70	20.25	21.81	23.37	24.93	26.40	28.04	29.60	31 15
45	3.506	5.258	7.011	8.764	10.52	12.27	14.02	15.77	17.53	19.28	21.03	22.78	24.54	26.29	28.04	29.80	31.55	33.30	35.06
50	3.895	5.843	7.790	9.738	11.69	13.63	15.58	17.53	19.48	21.42	23.37	25.32	27.27	29.21	31.15	33.11	35.06	37.00	38.95

Poids par mètre courant des fers carrés.

COTÉ	POIDS	COTÉ	POIDS	COTÉ	POIDS	COTÉ	POIDS	COTÉ	POIDS
	kilos		kilos		kilos		kilos		kilos
1	0.008	21	3.439	41	13.111	61	29.023	81	51.175
2	0.031	22	3.775	42	13.759	62	29.983	82	52.447
3	0.070	23	4.126	43	14.422	63	30.956	83	53.734
4	0.124	24	4.492	44	15.100	64	31.948	84	55.036
5	0.195	25	4.875	45	15.795	65	32.955	85	56.355
6	0.280	26	5.272	46	16.504	66	33.976	86	57.688
7	0.382	27	5.686	47	17.230	67	35.014	87	59 038
8	0.499	28	6.115	48	17.971	68	36.067	88	60.403
9	0.631	29	6.559	49	18.727	69	37.135	89	61.783
10	0.780	30	7.010	50	19.500	70	38.220	90	63.180
11	0.943	31	7.495	51	20.287	71	39.319	91	64.591
12	1.123	32	7.987	52	21.091	72	40.435	92	66.019
13	1.318	33	8.494	53	21.910	73	41.566	93	67.462
14	1.528	34	9.016	54	22.744	74	42.712	94	68.920
15	1.755	35	9.555	55	23.595	75	43.875	95	70.395
16	1.996	36	10.108	56	24.460	76	45.052	96	71.884
17	2.254	37	10.678	57	25.342	77	46.246	97	73.390
18	2.527	38	11.263	58	26.239	78	47.455	98	74.911
19	2.815	39	11.863	59	27.151	79	48.679	99	76.447
20	3.115	40	12.480	60	28.080	80	49.920	100	78.000

Poids par mètre courant des fers ronds.

DIAMÈTRE	POIDS	DIAMÈTRE	POIDS	DIAMÈTRE	POIDS	DIAMÈTRE	POIDS	DIAMÈTRE	POIDS
	kilos		kilos		kilos		kilos		kilos
1	0.005	21	2.701	41	10.297	61	22.794	81	40.191
2	0.024	22	2.964	42	10.805	62	23.547	82	41.191
3	0.055	23	3.240	43	11.326	63	24.314	83	42.202
4	0.097	24	3.528	44	11.859	64	25.091	84	43.225
5	0.153	25	3.828	45	12.405	65	25.892	85	44.260
6	0.220	26	4.140	46	12.962	66	26.684	86	45.307
7	0.300	27	4.465	47	13.532	67	27.499	87	46.368
8	0.392	28	4.802	48	14.113	68	28.328	88	47.438
9	0.496	29	5.151	49	14.708	69	29.165	89	48.524
10	0.612	30	5.513	50	15.314	70	30.019	90	49.620
11	0.741	31	5.886	51	15.933	71	30.881	91	50.729
12	0.881	32	6.272	52	16.563	72	31.757	92	51.850
13	1.035	33	6.671	53	17.207	73	32.645	93	52.983
14	1.200	34	7.082	54	17.863	74	33.545	94	54.128
15	1.378	35	7.504	55	18.530	75	34.457	95	55.287
16	1.568	36	7.939	56	19.209	76	35.384	96	56.456
17	1.770	37	8.385	57	19.903	77	36.321	97	57.639
18	1.984	38	8.846	58	20.607	78	37.270	98	58.823
19	2.211	39	9.317	59	21.324	79	38.232	99	60.040
20	2.448	40	9.792	60	22.053	80	39.168	100	61.259

Poids des poutrelles a I.

HAUTEUR en centimètres	FERS		ACIER	
	Ailes ordinaires	Larges ailes	Ailes ordinaires	Profils normaux
	kil.	kil.	kil.	kil.
I 0.08	6.750	8.000	6.500	6.500
I 0.10	8.750	10.000	7.700	8.200
I 0.12	10.000	14.000	9.500	11.100
I 0.14	13.000	18.000	11.500	14.300
I 0.16	14.000	22.000	13.300	17.900
I 0.18	18.500	27.000	15.800	25.400
I 0.20	21.500	29.000	19.000	26.840
I 0.22	23.500	33.000	21.700	31.000
I 0.24	»	35.000	»	36.200
I 0.25	»	37.000	»	39.000
I 0.26	31.000	44.000	»	41.900
I 0.30	»	56.000	»	52.400
I 0.34	»	»	»	68.000
I 0.35	»	73.000	»	»

Poids des fers a U.

Dimensions en m/m.	60 × 30 / 6	80 × 40 / 6	100 × 39 / 6	100 × 50 / 7	120 × 45 / 7	120 × 60 / 7.5	140 × 50 / 7
Poids	5.500	7.700	9.500	11.100	13.000	14.000	14.000

Dimensions en m/m.	140 × 60 / 8	160 × 60 / 7.5	175 × 60 / 8	200 × 70 / 8.5	220 × 70 / 10	250 × 80 / 10
Poids	15.830	17.750	18.800	24.500	27.500	32.000

Poids des fers a T a vitrage.

Dimensions en m/m.	16 × 16 / 3	18 × 18 / 3	20 × 20 / 3	25 × 20 / 3.5	25 × 25 / 4	30 × 25 / 4.5	35 × 30 / 5
Poids	0.680	0.770	0.865	1.130	1.430	1.770	2.335

Dimensions en m/m.	40 × 35 / 5.5	45 × 40 / 6	50 × 45 / 7	55 × 50 / 7	60 × 55 / 8	70 × 65 / 8.5	80 × 75 / 10
Poids	2.975	3.690	4.800	5.340	6.670	8.500	11.300

POIDS DES FERS A MOULURES A VITRAGE.

Hauteur en m/m.	18	20	25	30	35	40	45	50	60
Poids	1.116	1.350	1.750	1.760	2.200	2.630	3.300	3.700	4.800

POIDS DES FERS CORNIÈRES ÉGALES.

Dimensions en m/m.	14 × 14 / 2.5	16 × 16 / 3	18 × 18 / 3	20 × 20 / 3	23 × 23 / 3	25 × 25 / 3.5
Poids	0.500	0.670	0.765	1.000	1.100	1.200
Dimensions en m/m.	27 × 27 / 3.5	30 × 30 / 3	30 × 30 / 4	35 × 35 / 3.5	35 × 35 / 4.5	40 × 40 / 4
Poids.	1.330	1.330	1.800	1.900	2.400	2.370
Dimensions en m/m.	40 × 40 / 5	45 × 45 / 4.5	45 × 45 / 5.5	50 × 50 / 5	50 × 50 / 6	55 × 55 / 5.5
Poids.	2.800	3.200	3.500	3.700	4.300	4.500
Dimensions en m/m.	55 × 55 / 6.5	60 × 60 / 6	60 × 60 / 7	65 × 65 / 6.5	65 × 65 / 7.5	70 × 70 / 7
Poids.	5.300	5.335	6.135	6.260	7.000	7.300
Dimensions en m/m.	70 × 70 / 8	80 × 80 / 8	80 × 80 / 9	90 × 90 / 9	90 × 90 / 10	100 × 100 / 10
Poids.	8.000	9.500	10.500	12.000	13.200	15.000
Dimensions en m/m.	100 × 100 / 11	110 × 110 / 11	120 × 120 / 12	150 × 150 / 14		
Poids.	16.000	17.750	21.350	31.230		

Poids des fers cornières inégales.

Dimensions $^m/_m$.	$\frac{20 \times 14}{3}$	$\frac{25 \times 17}{3}$	$\frac{30 \times 18}{4}$	$\frac{30 \times 20}{3}$	$\frac{35 \times 18}{4}$	$\frac{35 \times 20}{3.5}$
Poids.	0.720	0.880	1.370	0.980	1.800	1.400
Dimensions en $^m/_m$.	$\frac{40 \times 20}{4}$	$\frac{40 \times 25}{5}$	$\frac{40 \times 30}{4}$	$\frac{45 \times 20}{5}$	$\frac{45 \times 25}{4.5}$	$\frac{45 \times 30}{4.5}$
Poids.	1.700	2.310	2.000	2.000	2.300	2.440
Dimensions en $^m/_m$.	$\frac{50 \times 30}{5}$	$\frac{50 \times 35}{5}$	$\frac{55 \times 35}{5}$	$\frac{55 \times 40}{5}$	$\frac{60 \times 30}{5}$	$\frac{60 \times 40}{5}$
Poids.	2.920	3.000	3.200	3.470	3.400	3.700
Dimensions en $^m/_m$.	$\frac{60 \times 40}{6}$	$\frac{65 \times 45}{6}$	$\frac{70 \times 35}{5}$	$\frac{70 \times 40}{6}$	$\frac{70 \times 50}{6}$	$\frac{80 \times 40}{8}$
Poids.	4.465	4.800	3.850	4.900	5.250	6.900
Dimensions en $^m/_m$.	$\frac{80 \times 50}{7}$	$\frac{80 \times 60}{7}$	$\frac{90 \times 60}{9}$	$\frac{90 \times 70}{9}$	$\frac{100 \times 40}{7}$	$\frac{100 \times 60}{10}$
Poids.	6.600	7.200	10.000	10.500	6.200	11.630
Dimensions en $^m/_m$.	$\frac{100 \times 70}{9}$	$\frac{100 \times 80}{9}$	$\frac{110 \times 70}{9}$	$\frac{115 \times 60}{6.5}$	$\frac{120 \times 80}{10}$	$\frac{130 \times 90}{11}$
Poids.	11.300	12.000	11.800	8.650	14.700	17.700
Dimensions en $^m/_m$.	$\frac{150 \times 90}{12}$					
Poids.	21.500					

Poids des fers demi-ronds

Dimensions en m/m.	20 × 7	20 × 9	25 × 7	25 × 9	30 × 7	30 × 9
Poids..............	0.800	1.000	1.050	1.330	1.260	1.620
Dimensions en m/m.	35 × 7	35 × 9	35 × 11	40 × 7	40 × 9	40 × 11
Poids..............	1.500	1.940	2.380	1.700	2.300	2.750
Dimensions en m/m.	45 × 9	45 × 11	45 × 14	50 × 9	50 × 11	50 × 14
Poids..............	2.500	3.060	3.850	2.820	3.450	4.400

POIDS MOYEN DES ÉQUERRES D'ASSEMBLAGE POUR PLANCHERS, COMPRIS BOULONS

ÉQUERRES POUR I DE	LONGUEUR DES ÉQUERRES	POIDS POUR UNE ÉQUERRE ET BOULONS
0.08	0.06	0k500
0.10	0.075	0.550
0.12	0.09	0.800
0.14	0.11	1.000
0.16	0.13	1.550
0.18	0.14	1.800
0.20	0.16	2.160
0.22	0.18	2.600

Poids des boulons

Pour trouver le poids des boulons, on ajoute à celui de la tige en fer rond les poids ci-après pour la tête et l'écrou.

POUR BOULONS	DIAMÈTRE DE LA TIGE EN MILLIMÈTRES						
	12	14	16	18	20	22	25
Tête et écrou 6 pans...	0k050	0k079	0k122	0k171	0k240	0k318	0k460
Tête et écrou carrés...	0k117	0k197	0k293	0k404	0k540	0k863	1k057

Poids des tôles par mètre carré.

Épaisseur en m/m.	5/10	6/10	7/10	8/10	9/10	1	1 1/2	2
Poids.	3.894	4.673	5.452	6.230	7.000	7.788	11.680	15.580
Épaisseur en m/m.	2 1/2	3	3 1/2	4	5	6	7	8
Poids.	19.470	23.360	27.250	31.150	38.940	46.730	54.520	62.300
Épaisseur en m/m.	9	10	11	12	13	14	15	
Poids.	70.090	77.880	85.670	93.460	101.240	109.040	116.820	

POIDS DES FONTES

Poids des colonnes pleines en fonte.

DIAMÈTRE des COLONNES à la base	POIDS DU MÈTRE linéaire	Les poids ci-contre n'étant que ceux du fût, il faudra ajouter pour la base et le chapiteau.
0.081	37.000	10k,000 pour chapiteaux carrés.
0.095	51.000	
0.108	66.000	20k,000 pour chapiteaux à consoles de 0.28.
0.120	81.000	
0.135	103.000	40k,000 pour consoles de 0.40.
0.140	111.000	55k,000 pour consoles de 0.48.
0.160	145.000	
0.180	183.000	60k,000 pour consoles de 0.48.
0.200	226.000	
0.220	274.000	

Les épaisseurs des colonnes creuses en fonte sont celles données par les fabricants aux colonnes commandées sans désignation d'épaisseur.

Poids des colonnes creuses en fonte.

DIAMÈTRE EXTÉRIEUR	DIAMÈTRE INTÉRIEUR	ÉPAISSEUR EN m/m	POIDS DU MÈTRE linéaire
0.095	0.059	18	32.000
0.108	0.068	20	40.000
0.120	0.080	20	45.000
0.135	0.095	20	52.000
0.140	0.100	20	55.000
0.160	0.110	25	76.000
0.180	0.130	25	88.000
0.200	0.150	25	98.000
0.220	0.150	35	146.000

Les poids indiqués n'étant que ceux du fût, il faudra ajouter pour la base et le chapiteau les mêmes poids qu'aux colonnes pleines suivant la forme du chapiteau.

Poids moyens des tuyaux unis.

Désignation des pièces	Diamètre des tuyaux 0.081	0.094	0.108	0.135	0.162	0.189
	Poids approximatifs					
Tuyau de 1.00	10ᵏ500	12ᵏ500	14ᵏ000	18ᵏ000	21ᵏ000	26ᵏ000
» de 0.65	8.300	9.000	10.200	12.800	14.500	17.000
Raccords : bout de 0.50	7.200	8.000	9.000	11.000	13.000	14.500
» » 0.25	3.500	4.500	5.400	6.100	8.000	9.000
» » 0.16	2.300	2.900	3.400	4.000	5.000	5.500
Embranchements simples	6.000	7.500	9.500	12.500	15.000	18.500
» doubles	10.000	12.000	15.000	16.000	19.000	23.000
Coudes au 1/8	3.000	3.300	3.500	5.000	7.500	10.000
» au 1/4	4.000	4.500	6.500	9.000	12.000	13.500
Culottes simples	9.000	10.500	12.500	15.000	19.000	22.000
» doubles	11.000	13.000	16.000	22.000	27.000	30.000
Tés	6.500	7.500	9.500	12.000	15.000	19.000
Dauphins de 1.00	13.000	15.500	19.000	»	»	»
» de 0.50	6.800	8.300	9.600	17.500	18.700	25.000
Coudes à tubulures	»	»	»	9.800	12.300	15.300

Désignation des pièces	Diamètre des tuyaux 0.216	0.243				
	Poids approximatifs					
Tuyau de 1.00	29ᵏ000	34ᵏ000	»	»	»	»
» de 0.65	18.000	25.000	»	»	»	»
Raccords : bouts de 0.50	17.000	21.000	»	»	»	»
» » 0.25	11.000	13.000	»	»	»	»
» » 0.16	6.000	8.000	»	»	»	»
Embranchements simples	25.000	30.000	»	»	»	»
» doubles	32.000	44.000	»	»	»	»
Coudes au 1/8	12.000	14.000	»	»	»	»
» au 1/4	19.000	22.000	»	»	»	»
Culottes simples	30.000	36.000	»	»	»	»
» doubles	38.000	44.000	»	»	»	»
Tés	22.000	26.000	»	»	»	»
Coudes à tubulures	22.800	28.800	»	»	»	»

Lorsque le ou les moignons d'embranchements des tuyaux sont d'un diamètre inférieur à celui dudit tuyau, ce tuyau est appelé embranchement. Lorsque, au contraire, ce ou ces moignons ont le même diamètre que le tuyau, le tuyau prend le nom de culotte.

Le développement moyen des culottes avec leurs branchements est de 0.90.

Les coudes au 1/8 ont en moyenne 0.30 de développement.

Les coudes au 1/4 ont en moyenne 0.40 de développement.

Poids moyens des tuyaux cannelés.

Désignation des pièces	Diamètre des tuyaux 0.081	0.094	0.108	0.135
	Poids approximatifs			
Tuyaux de 1.00	14^{k}000	18^{k}000	20^{k}000	25^{k}000
Raccords : bout de 0.50	8.000	11.000	12.000	13.500
» » 0.25	5.000	6.500	7.000	8.000
» » 0.125	3.500	4.000	5.000	6.000
Embranchements simples	10.500	12.500	13.000	17.000
Coudes	5.000	6.500	7.500	9.500
Dauphins de 0.50	10.000	11.000	13.500	16.500

Poids moyens des tuyaux a pans de 0.140 × 0.085 (*Modèle du Comptoir des Fontes*).

Tuyau de 1^m,00	Poids	33^{k}000
» 0^m,92	»	28.000
» 0^m,60	»	26.000
Bouts de 0^m,50	»	19.000
» 0^m,25	»	11.000
Dauphins 0^m,50	»	14.000

Poids des caniveaux avec plaques.

Désignation des pièces	Longueur	Caniveaux avec plaques — Poids approximatifs — 0.081 Caniveaux	0.081 Plaques	0.108 Caniveaux	0.108 Plaques	0.122 Caniveaux	0.122 Plaques	0.135 Caniveaux	0.135 Plaques
Caniveaux	**1.00**	8.500	6.500	10.000	9.000	13.000	10.000	14.500	10.500
Demi-caniveaux	**0.50**	4.500	3.250	5.500	4.500	7.500	4.000	8.500	5.500
Quarts de caniveaux	**0.25**	2.500	1.500	3.000	2.000	4.500	2.000	4.500	2.250
Manchons à T	**0.50**	7.000	»	8.000	»	9.000	»	11.000	»
Sabots	**0.45**	6.500	2.500	7.000	3.000	7.500	3.500	8.500	4.000
Coudes d'équerre	**0.25**	3.000	1.750	3.250	2.000	3.750	»	4.500	3.000
» au 1/8	»	1.800	0.750	2.000	0.900	3.000	»	3.000	1.000

Désignation des pièces	Longueur	Caniveaux avec plaques — Poids approximatifs — 0.162 Caniveaux	0.162 Plaques	0.189 Caniveaux	0.189 Plaques	0.216 Caniveaux	0.216 Plaques
Caniveaux	**1.00**	17.000	12.500	20.500	14.000	26.000	16.000
Demi-caniveaux	**0.50**	9.500	6.900	11.650	7.500	14.000	8.000
Quarts de caniveaux	**0.25**	5.500	3.000	7.200	3.500	8.000	4.000
Manchons à T	**0.50**	10.500	»	14.500	»	16.000	»
Sabots	**0.45**	9.000	4.000	»	»	11.000	6.000
Coudes d'équerre	**0.25**	6.500	4.000	»	»	9.000	5.000
» au 1/8	»	4.000	1.500	6.850	»	5.500	2.000

POIDS DES PLAQUES DE CANIVEAUX CANNELÉES OU GAUFRÉES													
Largeurs	0.11	0.12	0.13	0.14	0.15	0.16	0.17	0.18	0.19	0.20	0.22	0.24	0.25
Poids d'un mètre de longueur	6.750	7.250	7.750	8.250	8.750	9.250	9.750	10.250	10.750	11.250	13.250	15.250	15.750

POIDS DES PLAQUES A DAMIER								
Largeurs	0.15	0.20	0.25	0.30	0.35	0.40	0.45	0.50
Poids d'un mètre de longueur	7.750	12.500	17.500	20.750	24.000	27.500	32.000	37.000

Poids des gargouilles carrées pour trottoirs.

DÉSIGNATION DES PIÈCES	LONGUEURS	LARGEURS		
		0.14	0.22	0.27
Le mètre linéaire	1. »	32.000	62.000	72.000
Sabots à grille	0.40	26.000	»	»
» sans grille	0.40	15.000	»	»
Embranchements simples	0.50	27.500	42.500	»
» doubles	0.75	34.000	»	»
T à droite ou à gauche	0.50	26.750	»	»
T double	0.50	29.000	»	»
Coudes au quart	0.20	5.500	21.500	»

A partir de 0.15 de longueur, les gargouilles de 0.14 et celles de 0.22 de largeur se font de diverses longueurs, de 0.05 en 0.05 jusqu'à 2.00. Celles de 0.27 à partir de 0.30 de longueur se font de 0.10 en 0.10 jusqu'à 2.00.

Poids des châssis de regard en fonte et tampons quadrillés ou a pointe de diamant.

DIMENSION DU châssis	DIAMÈTRE DU tampon	POIDS APPROXIMATIF		
		Série légère	Demi-lourde	Série lourde
0.30	0.19	11.00	14.00	16.00
0.35	0.21	15.00	18.00	21.00
0.40	0.25	19.00	24.00	28.00
0.45	0.30	27.00	32.00	38.00
0.50	0.35	37.00	45.00	52.00
0.55	0.40	47.00	56.00	66.00
0.60	0.45	56.00	70.00	82.00
0.65	0.50	66.00	82.00	98.00
0.70	0.55	75.00	95.00	105.00
0.75	0.60	95.00	115.00	135.00
0.80	0.65	105.00	130.00	155.00
0.85	0.70	120.00	150.00	175.00
0.90	0.75	135.00	165.00	200.00
0.95	0.80	155.00	190.00	225.00
1.00	0.80	185.00	225.00	270.00
1.05	0.94	200.00	265.00	330.00

Poids des tampons de fosse.

Dimensions réglementaires :
Extérieurement .... 1.25 × 0.89
Intérieurement .... 1.03 × 0.675
Modèle extra-léger .... Poids 107.000
» léger .... » 125.000
» 1/2 lourd .... » 150.000
» lourd .... » 175.000
» très lourd .... » 230.000

Poids des réchauds ronds ou carrés, compris grilles, *mais* non compris couvercles.

MESURES INTÉRIEURES						
0.14	0.16	0.19	0.22	0.25	0.27	0.30
2k500	2k800	3k200	4k500	5k750	7k500	9k500

Poids des réchauds économiques, compris grilles, mais non compris couvercles.

DIAMÈTRES INTÉRIEURS				
0.19	0.22	0.25	0.27	0.30
8k500	10k500	13k500	17k000	19k000

TABLE DES MATIÈRES

BIBLIOTHEQUE NATIONALE DE FRANCE
3 7531 03106115 4

www.ingramcontent.com/pod-product-compliance
Ingram Content Group UK Ltd.
Pitfield, Milton Keynes, MK11 3LW, UK
UKHW020311200726
13857UKWH00001B/142

9 782012 923249